U0351778

"十三五"国家重点图书
经典化学高等教育译丛

分 析 化 学

（原著第七版）（上）

ANALYTICAL CHEMISTRY
(7th Edition)

〔美〕Gary D. Christian Purnendu K. Dasgupta Kevin A. Schug

李银环 马剑 黄维雄 杨丙成 **译**

华东理工大学出版社
EAST CHINA UNIVERSITY OF SCIENCE AND TECHNOLOGY PRESS
·上海·

图书在版编目(CIP)数据

分析化学：原著第七版.上/(美)盖瑞·克瑞斯汀,(美)颇南都·达斯古普塔,(美)凯文·树革著；李银环等译.—上海：华东理工大学出版社,2017.8
（经典化学高等教育译丛）
ISBN 978-7-5628-5042-7

Ⅰ.①分… Ⅱ.①盖… ②颇… ③凯… ④李… Ⅲ.①分析化学 Ⅳ.①O65

中国版本图书馆 CIP 数据核字(2017)第 085380 号

ANALYTICAL CHEMISTRY.—— Seventh Edition/Gary D. Christian Purnendu K. Dasgupta Kevin A. Schug.

原著 ISBN：978-0-470-88757-8

Copyright © 2004 John Wiley & Sons，Inc.

All Rights Reserved. This translation published under license.

著作权合同登记号：图字 09-2015-1080 号

Copies of this book sold without a Wiley sticker on the cover are unauthorized and illegal.

策划编辑 / 周永斌
责任编辑 / 陈新征
装帧设计 / 靳天宇
出版发行 / 华东理工大学出版社有限公司
　　　　　地址：上海市梅陇路 130 号,200237
　　　　　电话：021-64250306
　　　　　网址：www.ecustpress.cn
　　　　　邮箱：zongbianban@ecustpress.cn
　　　　　　　　ligong@ecustpress.cn(实验资料咨询)
印　　刷 / 江苏凤凰数码印务有限公司
开　　本 / 710 mm×1000 mm　1/16
印　　张 / 30.25
字　　数 / 580 千字
版　　次 / 2017 年 8 月第 1 版
印　　次 / 2017 年 8 月第 1 次
定　　价 / 148.00 元

译者前言

《分析化学(原著第七版)》汇聚了三代分析化学家在其各自专业领域积累的丰富教学经验和科研成果。三位作者对分析化学深刻的理解贯穿于全书对分析化学概念和原理的解释中。这是一本特别值得借鉴的国外分析化学教科书,详细阐述了基本原理的来龙去脉,让读者知其然,更知其所以然。本书的特点是内容丰富、格式新颖。从内容上来看,书中既简明扼要介绍了经典的分析化学内容,又增加了近年来分析化学的新概念、新方法以及新发展,同时简要介绍了分析化学未来发展方向。本书另外一大特点是在每章内容中增加了来自不同大学的几十位知名教授分享的"教授推荐案例和问题",这些主要针对所学知识内容的实际应用,做到与理论知识紧密结合;从格式上来看,利用网络多媒体(书中共有 200 多个网址和二维码,方便链接至补充资料,或用智能手机登录网站。但遗憾的是,由于部分网址和二维码都在国外的服务器上,打开并不顺利)承载多种学习资料,包括视频、电子计算表格、相关技术的代表性实例、分析技术优势介绍以及实验内容等。

由于本书篇幅较大,因此分为上下两册。《分析化学(上)》包括前言、第 1 章至第 11 章以及附录。内容主要涉及分析化学的基本知识、误差和数据处理、化学平衡、酸碱平衡与滴定、络合反应与滴定、沉淀平衡与滴定以及重量分析法;《分析化学(下)》包括第 12 章至第 26 章,主要涉及和电化学相关的分析方法、光谱分析、色谱分析、质谱分析、样品前处理、临床化学、动力学分析方法、测量过程中的自动化、环境样品采集与分析和基因组学等。

本次翻译工作由西安交通大学李银环和华东理工大学杨丙成负责组织。参加翻译工作的有华东理工大学杨丙成(前言、第 18、19、20、21、22 章)、西安交通大学李银环(第 1、2、7、8、16 章)、厦门大学马剑(第 3、4、5、26 章)、美国得克萨斯大学阿灵顿分校黄维雄(第 6、9、10、11 章)、东北大学杨婷(第 12、13、14、15、17、23、24 章、附录)、浙江大学沈宏(第 25 章、第 27 章)。杨丙成、李银环进行了译校、统稿和编排方面的协调工作。

在本书翻译过程中,厦门大学黄晓佳、东北大学陈明丽、陕西师范大学杜建修给予了很大支持,在此一并向他们表示感谢!

在本书翻译出版过程中,华东理工大学出版社的编辑们付出了辛勤劳动。在此一并向他们表示衷心的感谢!

限于译者水平,译文中难免存在不足和疏漏之处,恳请读者不吝批评指正,深表感谢。

译　者
2017 年 6 月

前　言

Teachers open the door，but it is up to you to enter——Anonymous

本书第七版新增了两位共同作者，分别是美国得克萨斯大学阿灵顿分校的 Purnendu K. (Sandy) Dasgupta 和 Kevin A. Schug 教授。由此本书汇聚了三代分析化学大家，他们均在其专业领域累积了丰富的教学与研究经验。所有章节虽由三位作者共同校正修订，但每位作者侧重撰写的章节不同。此版本与之前所有版本的不同之处在于：Kevin A. Schug 编写了一章全新介绍质谱的章节（第 22 章）；Purnendu K. (Sandy) Dasgupta 重新撰写了光谱化学方法（第 16 章）、原子光谱分析法（第 17 章）和气相色谱法与液相色谱法（第 20 章和第 21 章），并新增了 Excel 使用方法和练习。Gary D. Christian 编辑并整理了课本配套网站的所有补充资料和网站信息二维码，并整理了教学 PPT 内的图表。

本书适用人群

本书适用于化学专业或化学相关专业的学生，应用于本科生的**定量分析课程**。书中教学内容远超过其他一学期或三个月的短学期课程的所有内容，授课老师可选择其认为最重要的内容进行授课，其余章节或可作为补充资料。基于分析实验的设计顺序，本书或可适用于定量分析和**仪器分析**两门课程。无论如何，期望读者花费一定时间阅读课堂上并未讲授但自己感兴趣的章节，其一定会为将来所用。

什么是分析化学？

分析化学是研究物质化学特性的学科，进行定性定量分析在人类生活中尤为重要，因为日常用品几乎全由化学品组成。

本书讲述定量分析的原理与技术，即如何检测样品中某一物质的含量。掌握如何依据所需获取的信息（了解所需检测项目与检测目的十分重要！）设计分析方法，了解获取代表性实验样品的方法，掌握如何进行样品前处理，如何选择检测分析仪器，并理解分析数据结果的意义。

医生从血液样品的分析结果中得出挽救病人生命的信息,制造商通过质量控制分析保障产品质量避免次品。当意识到这一切结果背后的真正作用,才会顿悟分析化学的非凡意义。

此版本更新内容

此版本(第七版)对很多章节重新进行了撰写,并加入了很多新的内容。其目的是为广大学生提供基本的分析过程、仪器工具和计算方法与资源,以实例阐述实际样品的分析问题,令读者理解分析化学的重要性。同时,利用数字媒体技术提供补充资料,包括视频、网站、电子计算表格等;加入相关技术的代表性实例,介绍分析技术的独特能力,介绍为何优先选择某一技术与其限制范围。每章卷首列出该章重点,有助于同学们在阅读该章节时重点学习核心概念。

以下是部分新增内容:

- **教授推荐案例和问题**:本书邀请全世界的教授和分析化学工作者提供新分析案例和问题,特别是实际样品的分析,经筛选后收录于此版本中,在此对于那些慷慨提供趣味盎然且字字珠玑的实例与问题的学者表示万分的感谢。书中**教授推荐案例**和**教授推荐问题**,标有 👍 标志,并分别收录于相应的章节中,而且选取部分内容放置在课程网站中。希望读者阅读自己感兴趣的内容,并接受难度挑战。

对于以下为本书提供分析问题、实例、更新部分与实验部分的同行表示诚挚的感谢! 排名不分先后:

- Christine Blaine, Carthage College
- Andre Campiglia, University of Central Florida
- David Chen, University of British Columbia
- Christa L. Colyer, Wake Forest University
- Michael DeGranpre, University of Montana
- Mary Kate Donais, Saint Anselm College
- Tarek Farhat, University of Memphis
- Carlos Garcia, The University of Texas at San Antonio
- Steven Goates, BrighhamYoung University
- Amanda Grannas, Villanova University
- Gary Hieftje, Indiana University
- Thomas Isenhour, Old Dominion University
- Peter Kissinger, Purdue University
- Samuel P. Kounaves, Tufts University
- Ulrich Krull, University of Toronto

- Thomas Leach，University of Washington
- Dong Soo Lee，Yonsei University，Seoul，Korea
- Milton L. Lee，Brigham Young University
- Wen-Yee Lee，University of Texas at El Paso
- Shaorong Liu，University of Oklahoma
- Fred McLafferty，Cornell University
- Peter Griffiths，University of Idaho
- Christopher Harrison，San Diego State University
- James Harynuk，University of Alberta
- Fred Hawkridge，Virginia Commonwealth University
- Yi He，John Jay College of Criminal Justice，The City University of New York
- Charles Henry，Colorado State University
- Alexander Scheeline，University of Illinois
- W. Rudolph Seitz，University of New Hampshire
- Paul S. Simone，Jr.，University of Memphis
- Nicholas Snow，Seton Hall University
- Wes Steiner，Eastern Washington University
- Apryll M. Stalcup，City University of Dublin，Ireland
- Robert Synovec，University of Washington
- Michael D. Morris，University of Michigan
- Noel Motta，University of Puerto Rico，Río Piedras
- Christopher Palmer，University of Montana
- Dimitris Pappas，Texas Tech University
- Aleeta Powe，University of Louisville
- Alberto Rojas-Hernández，Universidad Autónoma Metropolitana-Iztapalapa，Mexico
- Galina Talanova，Howard University
- Yijun Tang，University of Wisconsin，Oshkosh
- Jon Thompson，Texas Tech University
- Kris Varazo，Francis Marion University
- Akos Vertes，George Washington University
- Bin Wang，Marshall University
- George Wilson，University of Kansas
- Richard Zare，Stanford University

- **质谱**：是一种日益强大与常用的分析方法，特别适用于色谱联用技术，作为第22章新编入本书中。同样，**液相色谱**，包括检测阴离子的**离子色谱**在内，是现今应用最广泛的技术，甚至超越了气相色谱。应用不同分析方法时，有一系列系统、仪器、分析柱和检测器可供选择。液相色谱一章（第21章）在本科教材范围内达到全面覆盖，不仅介绍了许多分析技术的基础、发展历史和操作，还阐述了不同系统的性能和为特定应用选择合适系统的指导。

- **修改的章节**：所有章节都进行了修改，对部分涉及最新仪器技术发展的章节改动较多，包括光谱化学(第 16 章)、原子光谱(第 17 章)、气相色谱(第 20 章)，并加入很多最新技术。有些章节也适用于**仪器分析课程**，也为定量分析课程提供基础。授课老师可选择特定章节进行授课。

- **历史资料**：全文新增了仪器的发展改进历史，以图片和注释的形式收录于页边栏(原著中)，介绍专业领域发展中的领军人物，现对该内容进行加粗处理。

- **Excel 程序的教学视频**：教材的主要新编内容和网站补充资料，包括如何利用 Excel 程序进行复杂计算，创建滴定曲线，如 $\alpha - pH$, $\lg c - pH$ 等。同时收录了 Dasgupta 教授的学生所制作的程序教学视频，在网站上按章节和页码排序。每章节都提供了二维码(如下所示，页码为原著页码)，可使用智能手机进行扫描，读者会发现 Excel 软件的强大功能。

第 3 章

1. Solver, 87
2. Data Analysis Regression, 87, 120
3. F-test, 88
4. t-test for Paired Samples, 94
5. Paired t-test from Excel, 94
6. Plotting in Excel, 102, 118
7. Error bars, 102
8. Introduction to Excel, 113
9. Absolute Cell Reference, 115
10. Average, 116
11. STDEV, 116
12. Intercept Slope and r-square, 119
13. LINEST, 120

第 6 章

1. Goal Seek Equilibrium, 201
2. Goal Seek Problem 6.2, 219

第 7 章

1. Goal Seek pH NH_4F, 238
2. Goal Seek mixture, 244

第 8 章

1. Excel H_3PO_4 titration curve, 302

第 9 章

1. H_4Y alpha plot Excel 1, 328
2. H_4Y alpha plot Excel 2, 328
3. Example 9.6, 339

感谢以下美国得克萨斯大学阿灵顿分校的同学：Barry Akhigbe, Jyoti Birjah, Rubi Gurung, Aisha Hegab, Akinde Kadjo, Karli Kirk, Heena Patel, Devika Shakya, Mahesh Thakurathi。

其他修改内容

本书第六版出版至今近乎十年，而在这十年中许多技术发生了翻天覆地的变化。《分析化学》第七版对新材料、相关问题与实例以及参考文献进行了修改和更新。

- **电子数据表**：书中详细介绍了如何使用电子表格中的分析计算、绘图和数据处理功能。该部分在第 3 章末作为独立部分，或在课堂讲授或作为补充资料。读者可利用 Excel 单变量求解和规划求解功能处理复杂问题和建立滴定曲线。在线教材指导读者如何使用程序在输入平衡常数、浓度与体积后建立滴定曲线和导数滴定曲线等。

- **参考文献**：每章都有很多推荐的参考文献，值得一读。已故的托马斯·赫希菲尔德曾说过，研究者应该阅读相关领域所有发展时期的文献。本书中相关文献已进行更新，剔除过早的内容，但保留了首创性的经典报告和方法学基础的文献。

- **调整至在线教材的内容**：原书中部分章节（如下所示）调整至在线教材中作为补充资料，而在书中更详细地介绍了最新的分析技术。
  - 适用范围较少的**单盘天平**（第 2 章）和**正态计算**（第 5 章）。
  - **实验**。
  - 不同章节的辅助电子表格计算。
  - 分析化学特定领域应用的章节，如**临床化学**（第 25 章）和**环境取样与分析**（第 26 章）。
  - **基因组学与蛋白组学**一章介绍分析化学如何在人类基因组计划中起到关键作用，这部分内容并非定量分析课程的主流，所以调整至第 27 章。如授课教师或其他相关学生需要可自行下载学习。[①]

电子表格

本教材介绍了如何利用 Excel 电子表格进行计算、数据分析和作图，例如通过电子表格导出滴定曲线，计算 α 值，绘制 α - pH 曲线与浓度对数图表。如何建立电子表格的教学演示 PPT 简单易懂。电子表格目录中按主题列有不同类型的电子表格。

单变量求解（Goal Seek）

单变量求解是 Excel 中解决复杂问题的一种方法，利用试错法或逐次逼近法解出答案。在多数的平衡计算中某个参数需要不断变化，使用单变量求解功能可高效完成计算。第 6.11 节介绍了单变量求解，在线教材在目录后给出了应用实例。

规划求解（Solver）

Excel 规划求解功能更为全能强大，单变量求解只能完成单个方程中某一参数的求解，而无法设定求解参数的约束限制。规划求解可同时求解一个以上的参数变量（或一个以上的方程）。例题 7.21 运用了规划求解，在线教材给

---

① 译者注，第 25～27 章已收录于译著下册。

出了应用实例，并辅以具体说明。

数据回归分析

数据分析中的回归分析功能可能是计算所有校正曲线回归相关系数最强大的工具，不仅可计算出 r，r^2，截距和斜率（X 作为变量），还可得出标准偏差和 95％置信水平的上下限。此外，还可选择根据原始数据直接拟合直线（通过选中常数为零对话框选项，确信零浓度对应的响应为零）。名为"数据回归分析"的教学视频收录于在线教材第 3 章中。第 16.7 节介绍了其使用教程，第 20.5 节和第 23 章中的例题 23.1 与例题 23.2 给出实例应用。

程序使用

如上文所述，在线教材有许多补充资料，包括用于不同计算的 Excel 表格。许多表格适用于特定案例，具有指导性。然而另外有一些表格只需输入数据无须设计函数即可完成不同应用的计算，例如计算滴定曲线及其导数，或求解二次方程或方程组的实例。以下列出一些实用案例，可在相应的在线教材中下载。

第 2 章
● 玻璃器皿校准，表 2.4。

第 6 章
● 活度系数的计算，式（6.19）和式（6.20）（辅助数据）。
● 二次方程的求解（例题 6.1）（或可见单变量求解二次方程）。

第 7 章
● Stig Johannson pH 值计算器，易于计算复杂混合物的 pH 值。
● CurtiPotpH 复杂混合物 pH 值计算器，也可建立 pH 相关曲线。
● $\lg c$ - pH 智能电子表，第 7.16 节具体介绍如何使用。

第 8 章
● 导数滴定——简易方法（第 8.11 节）。
● 通用型酸滴定仪——Alex Scheeline——简易方法（第 8.11 节），多元酸滴定曲线。
● 弱酸滴定的智能电子表——简易方法。

第 10 章
● 方程组的求解（例题 10.5）。

第 14 章
● 导数滴定曲线（接近终点）。

第 16 章
● 校准曲线未知量的计算。

- 样品浓度的标准差。
- 比尔定律二元组分溶液。

第 17 章

- 标准加入曲线与未知量的计算。

第 20 章

- 内标校准曲线和未知量的计算(第 20.5 节)。

实验

全书共收录 46 个实验,以不同主题分组阐述大部分的检测技术,均可从网站上下载。每个实验都详细介绍了实验原理和涉及的化学反应,所以读者可对检测对象和检测方法有清晰的了解。同时列出实验前需准备的溶液与试剂,以保证实验高效完成。所有实验都以产生最少废料为宗旨,特别是需要测定体积的,所配制试剂量为所需最少量,如滴定标准液。

两个团队实验(实验 45 和实验 46)实例说明了第 4 章统计验证的原理。一个是方法验证和质量控制,实验团队各成员执行同一实验不同验证部分。另一个是能力验证,全班学生使用同一方法检测 z 值,每个学生的实验结果与班级结果对比以验证其实验完成能力。

新实验由分析同行及使用者提供,其中蒙大拿大学(University of Montana)的 Christopher Palmer 教授提供的 3 个实验使用了**分光光度酶标仪**(实验 3,24,29)。

实验视频资源:圣地亚哥州立大学(San Diego State University)的 Christopher Harrison 教授有一个不同实验类型的 Youtube 视频库,讲解实验室和滴定技术:http://www.youtube.com/user/crharrison。

在实验前,推荐观看有关滴定管冲洗、移液和等分样品的视频。或可观看酸碱滴定使用甲基红或酚酞指示剂在滴定终点的颜色突变。有些实验视频与课本相关,例如 EDTA 滴定钙或法扬司法滴定氯化物。葡萄糖分析视频良好地显示了碘量滴定法的终点。

授课教师与学生的补充资料

网页地址和二维码:书中共有 200 多个网页地址,链接至有效补充资料。在线教材的每一章节都列出了推荐网址,直接点击无须再输入网址即可登录。

每章卷首还添加了网址的二维码,以便智能手机登录网站。二维码会出现在相关内容的页边栏上(译著二维码在文内),本页的二维码链接至所有章节的网址列表。

全部网址链接

部分章节的网站资料创建二维码,作为教材的补充。读者可使用智能手机和 iPad 等扫描二维码获取补充资料,以便浏览补充资料的网页和观看教学视频。

在线教材网站

约翰威利国际出版公司为《分析化学》维持在线教材网站,提供有价值的补充资料。

网站地址:www.wiley.com/college/christian

网站资料包含书中不同章节的简要介绍内容的扩展补充资料,包括:

- 视频
- 网址
- 补充资料:WORD 文档,PDF 档案,Excel 电子表格,PowerPoint 演示文档,JPEG 图片

演示文档

在线教材每一章节的演示文档都收录了相应教材中所有的图片和表格,任一图表都附有注释,可供授课教师下载以作课堂演示 PPT。

习题解答

授课教师和学生用的全面解题指南共 824 页,如需购买和询价可至 www.wiley.com 了解更多信息。文后列有书中问题的参考答案,在线教材中含有电子表格的答案。

致谢

本书得到许多人的耐心帮助与专业指导,也诚挚欢迎读者对本书提出改进意见与建议。感谢很多同事审阅教材内容,提出宝贵修改意见。事实上,对于某些项目或章节有时会有完全不同的想法,但最终给出了易于读者阅读与学习的结果。

首先,感谢斯托克顿学院的 Louise Sowers 教授、泽维尔大学的 Gloria McGee 教授、奥克兰大学的 Craig Taylor 教授、马里兰大学的 Lecturer Michelle Brooks 教授和印第安纳大学的 Jill Robinson 高级讲师对第六版的修订与改进;其次,感谢迪肯大学的 Neil Barnett 教授、得克萨斯大学圣安东尼奥分校的 Carlos Garcia 教授、维拉诺瓦大学的 Amanda Grannas 教授、弗吉尼亚

理工学院的 Gary Long 教授、伊利诺伊大学的 Alexander Scheeline 教授和康考迪亚大学的 Mathew Wise 教授校对第七版原稿；最后感谢安捷伦科技知名色谱专家 Ronald Majors 博士对液相色谱一章提出的宝贵建议。

感谢约翰威利国际出版公司，出版如此高品质的书籍。感谢高等教育化学和物理出版社副社长 Petra Recter 的全程指导，感谢助理编辑 Lauren Stauber，Ashley Gayle 和 Katherine Bull 高效仔细的校对。感谢制作编辑 Joyce Poh 负责文字印刷，确保书本质量。感谢 Laserwords Pvt Ltd 公司负责插图。感谢市场部经理 Kristy Ruff 为拓宽市场所作的努力。感谢整个团队的专业精神。

最后感谢家人在我们专注于写作过程时给予的关心与耐心。Gary 的夫人 Sue 作为最大的支持者已陪伴其经历本书的七次出版。Purnendu 在过去三年中对夫人 Kajori 及其学生或多或少有所忽视，此外他还感谢 Akinde Kadjo 对很多插图的绘制。Kevin 的夫人 Dani 推迟了其另一个很感兴趣的项目，以便照顾孩子和先生。

GARY D. CHRISTIAN

华盛顿州，西雅图

PURNENDU K. (SANDY) DASGUPTA

KEVIN A. SCHUG

得克萨斯州，阿灵顿

2013 年 9 月

"To teach is to learn twice"——Joseph • Joubert

电子表格目录

本书在各相关章节中分别介绍了如何使用电子表格绘制图表曲线和进行复杂计算。序言中所列出的电子表格是实用案例,仅是完整目录的一部分。以下列表是 Microsoft Excel 各应用的介绍,分类列出以便于参考学习。[1] 所有电子表格都可在在线教材中下载,思考题中的表格只收录于在线教材,而其他表格同时收录于课本与在线教材中。参考在线答案前,读者应先自行练习如何利用电子表格完成作业。在线教材中的电子表格都可免费下载。

使用电子表格(第 3.20 节)

统计计算

使用电子表格绘制校正曲线

---

[1]　该部分所列页码对应原著页码。

斜率,截距和决定系数(无图表)(第 3.22 节;第 3 章,问题 47,51,52)

附加回归统计的 LINEST 函数(第 3.23 节,图 3.11)

十个函数:斜率,斜率的标准偏差,相关系数,F,回归平方和,截距,截距标准偏差,估计标准误差,d.f.,残差平方和

绘制 α - pH 曲线(图 7.2,H_3PO_4),251

绘制 $\lg c$ - pH 曲线

第 7 章,问题 66(HOAc)

使用 α 值绘制 $\lg c$ - pH 图(第 7.16 节)

第 7 章,问题 69(苹果酸,H_2A)

第 7 章,问题 73(H_3PO_4,H_3A)

绘制滴定曲线

HCl 对 NaOH(图 8.1),283,285

HCl 对 NaOH,电荷平衡(第 8.2 节),285

HOAc 对 NaOH(第 8.5 节),293

Hg^{2+} 对 EDTA:第 9 章,问题 24

SCN^-,Cl^- 对 $AgNO_3$:第 11 章,问题 12

Fe^{2+} 对 Ce^{4+}(图 14.1):例题 14.3

导数滴定(第 8.11 节),305;第 14 章,458

绘制 $\lg K'$ - pH 图(图 9.2):第 9 章,问题 23

绘制 β 值对[配体]图($Ni(NH_3)_6^{2+}$ β 值对[NH_3]):第 9 章,问题 25

电子表格计算/绘图

玻璃器皿校准(表 2.4),38

真空质量误差与取样密度(第 2 章)

重量法计算

重量法计算 Fe 的质量分数,362

第 10 章,问题 40(例题 10.2,P_2O_5 质量分数)

$BaSO_4$ 溶解度对[Ba^{2+}]绘图(图 10.3):第 10 章,问题 41

溶解度对离子强度绘图(图 10.4):第 10 章,问题 42

范迪姆特曲线:第 19 章,问题 13

Excel Solver(规划求解)

Excel 规划求解功能可同时计算出几个参数或等式的解,例题 7.21 中详细介绍了此功能。

第 3 章 Solver 教学视频(求解二次方程,例题 6.1)

例题 7.21 规划求解计算多组分溶液(H_3PO_4,NaH_2PO_4,Na_2HPO_4,

单变量求解（Goal Seek）

以下电子表格收录于在线教材的对应章节，其页码指的是介绍程序如何设置相关内容的页数。单变量求解的介绍与基本应用见第 6.11 节，可计算出多数平衡问题中一元方程的解。

数据回归分析

此 Excel 工具计算标准曲线的所有回归参数，可计算决定系数 r，相关系

数 r^2,截距和斜率,标准差和 95％置信区间的上下限

第 3 章数据回归分析视频,87,120

第 16 章,16.7 节末,Excel 练习。利用 Excel 数据分析-回归分析计算标准曲线及其不确定性,并应用其计算未知浓度和吸收的不确定性,502

第 20.5 节,GC 内标法检测,640

第 20 章,问题 11,GC 内标法检测

例题 23.1,K_m双倒数作图

例题 23.2,根据反应速率计算未知浓度

例题 23.17,K_m双倒数作图

作者简介

Gary Christian：美国俄勒冈州人，求学过程中受老师影响终身致力于教育和研究事业。获得俄勒冈大学学士学位，马里兰大学博士学位。后在沃尔特里德陆军研究院开始临床和生物分析化学的研究。1967年就职于肯塔基大学，1972年就任华盛顿大学的荣誉教授和理学院荣誉系主任。

Gary于1971年撰写本书的初版，他对于Dasgupta教授和Schug教授加入成为第七版的共同作者深感荣幸，感谢他们将其专业知识与个人经验从各角度更新加入本书内容中。

Gary荣获多项国家级和国际级奖项，以表彰其在教育和研究领域的杰出贡献，其中包括美国化学学会（ACS）分析化学卓越教学奖和ACS分析化学Fisher奖，获得清迈大学的荣誉博士学位和马里兰大学的杰出校友称号。

他还著有包括《仪器分析》在内的其他五本专著，发表300多篇研究论文，并于1989年开始担任国际分析化学期刊 *Talanta* 的主编。

Purnendu K. (Sandy) Dasgupta：印度人，就读于爱尔兰传教士创办的教会大学化学专业，1968年以优异成绩毕业。1970年获得印度柏德旺大学的无机化学硕士学位，短暂担任印度科学研究协会研究员后，于1973年远赴美国位于巴吞鲁日的路易斯安那州立大学攻读博士研究生。1977年获得分析化学博士学位与电子工程第二专业学位，并在读博期间获得电视修理技师证书。1979年，作为气溶胶化学家加入加州大学戴维斯分校的加州灵长类动物研究中心的空气污染物吸入毒理学研究

课题组。他也曾是孟加拉语(其母语)诗人,并涉猎小说撰写,但最后发现其对于分析化学深沉的爱。1981 年加入得克萨斯理工大学,1992 年被授予"Horn 教授"荣誉称号(此称号以得克萨斯理工大学第一任校长 Horn 命名),成为获此殊荣最年轻的教授。就职得克萨斯理工大学 25 年后,2007 年作为系主任加入得克萨斯大学阿灵顿分校。目前他已辞去系主任职务,最近荣获"Jenkins Garrett 教授"荣誉称号。

Sandy 发表 400 多篇论文/专著章节,获 23 项美国专利,多数专利已商品化。荣获陶氏化学 Traylor 创意奖、离子色谱研讨会杰出成就奖(两次)、微量化学 Benedetti-Pichler 纪念奖、美国化学学会色谱奖、分离科学 Dal Nogare 奖、得克萨斯州参议院荣誉公告等。他是分析化学国际期刊 *Analytica Chimica Acta* 的编辑之一。他的主要贡献在于大气监测,离子色谱,高氯酸盐所处环境的分析及其对碘营养的影响,完整的仪器系统。Sandy 对于 Excel 电子表格在分析化学领域的使用登峰造极。

Kevin Schug:弗吉尼亚州黑堡人,弗吉尼亚理工大学物理化学教授之子。从小在化学系教学楼之间嬉戏长大,骑在父亲的肩上看化学教材。1998 年获得威廉与玛丽学院化学学士学位,之后师承弗吉尼亚理工大学 Harold McNair 教授,2002 年获得博士学位。随后在奥地利维也纳大学 Wolfgang Lindner 教授课题组完成两年博士后工作,2005 年加入得克萨斯大学阿灵顿分校化学与生物化学系,现在是该校"分析化学 Shimadzu 杰出教授"。

Kevin 课题组研究领域广泛,包括样品前处理、分离科学和质谱的理论研究与应用。此外,他还带领另一课题组致力于化学教育研究。荣获 Eli Lilly ACACC 分析化学青年研究家奖,LCGC 分离科学新兴领袖奖和美国化学学会分析化学分离科学青年研究家奖。

Kevin 以第一作者或共同作者发表了 65 篇学术论文。他是 *Analytica Chimica Acta* 和 LCGC 杂志的编辑顾问委员会委员,LCGC 在线论文的定期撰稿人,同时也是 *Journal of Separation Science* 期刊的副编辑。

目　录

第 7 章　酸碱平衡 246

第 8 章　酸碱滴定　　　　　　　　　　　　　　　　　　　　314

第 9 章　络合反应与滴定　　　　　　　　　　　　　　　　　　360

下册目录

第1章
分析化学的目标

"Unless our knowledge is measured and expressed in number, it does not amount to much." ——Lord Kelvin

第1章网址

学习要点

- 分析科学研究物质的化学特性——是什么,有多少
- 分析者必须知道真正需要获得什么信息,如何获得具有代表性的样本
- 专属性的测量方法甚少。因此,如何通过适当的步骤去提高方法的选择性
- 选择适当的测量方法
- 方法校准非常重要
- 与分析化学相关的一些有用的网站

分析化学主要研究物质的化学特征并回答两个重要的问题:是什么(定性)以及有多少(定量)。我们所使用和消耗的一切都是由化学物质组成的,所以了解日常生活中物质的化学成分是非常重要的。分析化学几乎在化学的各个领域中都扮演着至关重要的作用,如农业、临床、环境、法医、制造业、冶金以及药物化学。化学肥料中氮的含量决定了其价值。对食物而言,必须分析其中的污染物(比如杀虫剂残留)和必要的营养成分(如维生素含量)。对我们所呼吸的空气而言,必须分

Lord Kelvin (William Thomson, 1824—1907 年)

析其中的有毒气体一氧化碳的含量。糖尿病患者需要监测血糖变化(事实上,大多数疾病都是通过化学分析来诊断的)。谋杀嫌疑犯手上残留的火药中痕量元素可以证明他是这把枪的射击者。出厂产品的质量通常取决于适当的化学成分比例,对产品化学组成的测定是质量保证中必不可少的环节。钢铁中碳的含量影响了其质量,药物的纯度影响了其药效。

---

① 边栏方框内页码为原版图书页码。

任何事物都是由化学物质组成的,分析化学确定是什么和有多少。

在本书中,我们将介绍检测不同类型分析物时所需用到的工具和技术。网站上有很多非常有用的辅助材料,包括你能用到的 Excel 程序,配有视频教你如何使用它们。你应该首先阅读引言以了解你可以获得哪些工具,进而使用这些工具。

1.1 分析科学

通过以上描述,我们对分析化学这门学科有了一个大致的了解。为了更确切地定义这门学科,人们也曾有过种种尝试。已故的 Charles N. Reilley 曾说过:"分析化学就是分析化学家所从事的工作"(文献 2)。分析化学这一学科的发展现已超出了纯化学的范畴,许多人已提倡使用"分析科学"这一术语来描述该领域。在国家自然科学基金"分析科学的课程发展"专题讨论会上已使用这一术语。但这一术语未能涵盖仪器开发和应用这一部分。有人建议使用"分析科学和技术"这一术语(文献 3)。

在 1992 年,欧洲化学会联合会就分析化学的定义举办了一次专题会议,K. Cammann 所提出的如下建议被采纳[*Fresenius' J. Anal. Chem.*, 343 (1992) 812 – 813]。

分析化学为我们提供了认识物质世界所需的方法和工具,回答了关于某一物质样品的四个基本问题:

- 是什么?
- 在何处?
- 有多少?
- 何种排列、结构或形态?

这四个基本问题涵盖了分析科学领域中的定性分析、空间分析、定量分析以及形态分析。此处摘录了美国化学会分析化学分会对分析化学定义的部分内容:

分析化学探索改进的方法,测量天然和人工合成材料的化学组成。此种科学技术手段被用来鉴别某种材料中可能存在的物质,测定有关物质的准确含量。

分析化学服务于很多领域:

- 在医药领域中,分析化学是临床实验室检测的基础。通过检验可以帮助医生诊断疾病,绘制病人康复过程图。
- 在工业领域中,分析化学提供原材料的测试方法,确保对化学成分要求严格的最终产品的质量。许多家庭用品、燃料、涂料、药物等在出售给消费者之前都需要对其产品质量进行检测,这些分析流程都是由分析化学家们发展建立的。
- 环境质量常常是通过运用分析化学技术对疑似污染物进行检测评价的。
- 食品的营养价值常常是通过分析其主要成分如蛋白质、碳水化合物以及微量元素(如维生素和矿物质)等得以判断。事实上,食物中的卡路里含量也是通过化学分析计算得到的。

分析化学在其他众多领域如法医学、考古学和航天科学中也做出了重要的贡献。

1935 年,美国国家标准局的一位顶级分析化学家 G.E.F. Lundell 发表了一篇十分有趣的文章:"The Analysis of Things As They Are"。该文阐述了我们为什么要进行分析测试和分析过程(*Industrial and Engineering Chemistry*,*Analytical Edition*,5(4) (1933) 221 - 225)。网站上有该论文的全文。

Gary Christian 发表了题为:"What Analytical Chemists Do:A Personal Perspective"的文章。这篇文章简要概述了分析化学对社会的重要性,并举例说明了其如何影响我们的生活、工具和能力。这一论文发表在 *Chiang Mai Journal of Science*,32(2) (2005) 81 - 92。http: // it. science. cmu. ac. th/ejournal/journalDetail. php? journal_id= 202

What Analytical
Chemists Do

在学习这门课程之前,阅读这篇文章有助于你充分了解所要学习的内容。网站上有这篇文章的单行本。

1.2　定性分析和定量分析

分析化学学科包括定性分析和定量分析。前者回答样品中存在什么元素、离子或化合物(我们感兴趣的仅仅是样品是否存在某种给定的物质),而后者回答一个或多个成分的含量是多少。需要分析的样品可能是固体、液体、气体,也可能是混合物。手上的火药残留检验通常只需要定性分析,并不需要知道残留量是多少。但煤炭的价格则由煤炭中有害杂质硫的含量所决定。

定性分析告诉我们所含的化学物质。定量分析告诉我们其含量是多少。

分析化学是如何起源的?

这是一个很好的问题。事实上,一些工具和基本化学测量可以追溯到很久以前的历史记载中。在 Zechariah 13:9 中提及了火试金法。巴比伦王向埃及法老阿门菲斯四世(Ammenophis the Fourth,公元前 1375—前 1350 年)抱怨:法老送来的金子在放入火炉中后,其质量会减轻。事实上,对金的价值的感知很有可能是人们获取分析知识的一种主要激励。阿基米德(Archimedes,公元前 287—前 212 年)曾对叙拉古王喜朗二世的金冕进行无损纯度测试分析。他将与金冕相同质量的金块与银块分别放入三个盛满水的罐子中,测量三个罐子溢出的水的量。根据放置金冕的那个罐子中水的溢出量处于放置金块和银块的罐子中水的溢出量之间,证实了金冕非纯金制作。

根据最早的文献记载发现,天平的最初起源归咎于神。在公元前 2600 年,巴比伦人创造了标准砝码。考虑到其重要性,标准砝码的使用由神父监管。

炼金术士积累的化学知识为我们今天所熟知的定量分析奠定了基础。罗伯特·波义耳(Robert Boyle)在 1661 年所写的《怀疑派的科学家(*The Sceptical Chymist*)》一书中提出了分析化学师(Analyst)这一术语。基于拉瓦锡(Antoine Lavoisier)利用分析天平所做的关于质量守恒的定量分析实验,他被誉为"分析化学之父"。(实际上,拉瓦锡是一位税收员,研究科学是他的兴趣爱好。1793 年 5 月 8 日,在法国大革命期间,他因担任过税收员而被处以死刑。)

1661 年,罗伯特·波义耳(Robert Boyle)在《怀疑派的科学家》这本书中提出"分析化学师"这一术语

拉瓦锡(Antoine Lavoisier)采用精密天平定量测定得出了质量守恒定律,被誉为"分析化学之父"

重量分析法发展起源于 17 世纪,滴定分析法发展起源于 18 世纪和 19 世纪。滴定分析法的起源可以追溯到 1729 年,Geoffroy 通过在反应终止前称量所加入 K_2CO_3 的量来估测醋酸的质量,他视气泡的不再产生作为反应终点的判定(参考文献 4)。1829 年,Gay-Lussac 通过滴定法测定银含量,其相对准确度和精密度为 0.05%!

2000 年前的天平,出现于 10 世纪的汉代,收藏于台湾"国立"博物馆。图片由 G. D. Christian 收集

分析化学教材问世于 19 世纪。1845 年,Karl Fresenius 在德国出版了 *Anleitung zur Quantitaven Chemischen Analyse* 一书。1894 年,Wilhelm Ostwald 出版了一本对分析化学科学基础相当有影响力的书,书名为 *Die Wissenschaflichen Grundagender Analytischem Chemie*。这本书利用平衡常数对分析化学中的一些现象给予了理论解释(感谢他对第 6 章的贡献,这一方法也被应用在别的章节)。

仪器分析技术问世于 20 世纪。1927 年,Steven Popoff 在 *Quantitative Analysis*(第二版)中介绍了电化学分析法、电导滴定法和比色分析法。当然,强有力的、精密的计算机控制仪器的出现促进了今天分析技术的发展,这使得我们有能力分析十分复杂的样品,测量浓度极低的分析物。

本书将讲述一些基础知识及处理分析化学问题的方法,希望能够帮助大家开启快乐学习之旅。该领域更多的发展演化请阅读参考文献 8。

1846 年,Karl Remigius Fresenius(1818—1897 年)出版了《定量分析》一书,该书历经六版,被人们视为该领域的标准。他于 1862 年创刊了第一本分析化学期刊 *Zeitschrift Fur Analytische Chemie*

1894 年,Wilhelm Ostwald (1853—1932 年)出版了一本相当有影响力的书,书名为 *Die Wissenschaflichen Grundlagender Analytischem Chemie* (*The scientific fundamentals of analytical chemistry*)。在该书中,他将理论解释引入分析化学现象之中,还引入了平衡常数的概念

定性检验可以利用选择性的化学反应或借助于仪器而实现。当把含硝酸银的稀硝酸溶液加入某溶解样品溶液时,若有白色沉淀生成,则说明样品溶液中存在卤化物。通过特定颜色反应可以判断是否含有某类有机化合物,例如酮类化合物。红外光谱可以为有机化合物或者官能团提供“指纹图谱”。

要明确地区分选择性和专属性这两个术语:

- 选择性的反应或检验指某一物质可以与其他物质发生反应,但对敏感物质具有一定程度的倾向性。
- 专属性的反应或检验指某一物质只与敏感物质发生反应。

具有专一性的分析方法甚少。通过适当的预处理和测量可以实现选择性。

遗憾的是,尽管许多反应具有选择性,但只有极少数反应才具有真正意义上的专属性。通过许多方法可以实现选择性,例如:

5

- 样品预处理(如萃取、沉淀)
- 使用仪器(选择性检测器)
- 目标分析物的衍生化(如特定官能团的衍生化)
- 色谱法,分离样品成分

对于定量分析,样品的组成通常是已知的(我们知道血液中含有葡萄糖)。否则,在进行较为复杂的定量分析之前,分析工作者需要先对样品进行定性分析。现代化学检测系统往往具有足够好的选择性,定量分析测试也可用于定性分析测试。然而,简单的定性检验通常比定量过程更快速、更便宜。定性分析历来被分为无机定性分析和有机定性分析。前者通常在化学课程导论中介绍,而后者则一般在学习有机化学这门课程后给予介绍。

例如,在奥林匹克运动会上,对违禁药物的定性分析与定量分析遵循的分析流程如下。所列出的违禁药物中包含约500种不同的活性成分:兴奋剂、类固醇、β-受体阻滞剂、利尿剂、麻醉剂、镇痛药、局部麻醉药和镇静剂。某些物质只检测其代谢产物。由于要对运动员们进行快速测试,因而对每种物质都给予详细的定量分析是不切实际的。分析包含三个阶段:快速筛选、鉴定及可能的定量。在快速筛选阶段,需要对尿液成分进行快速测试以检测是否有异常化合物的存在。所用到的技术有免疫分析法、气相色谱-质谱法和液相色谱-质谱法。需要对大概5%的样品确认其所含的未知化合物是否是违禁药物做进一步鉴定。在快速筛选阶段发现的含有疑似化合物的样品,则要根据该疑似化合物的性质,对样品进行重新处理(可能要水解、萃取或衍生化)。然后

6

借助于高选择性的气相色谱-质谱法对该疑似化合物进行鉴定。在气相色谱-质谱技术中,复杂化合物在气相色谱中分离后,被质谱检测器捕获检测。质谱检测器可以提供这些化合物的分子结构数据。质谱数据结合气相色谱的洗脱时间在很大程度上可以作为判定所检测化合物是否存在的依据。气质联用仪价格昂贵且耗时,仅在必要时才使用。一些含量甚少的化合物通常也有可能来源于食物、药物制剂或者甾体激素,这时就必须对其精确定量,以确定其含量是否升高。这就会用到诸如分光光度法、气相色谱法等定量分析技术。

本书主要讨论定量分析技术。通过不同技术在生命科学、临床化学、环境化学、职业健康与安全和工业分析中的具体实例来讲述其应用。

在本章中,我们仅对分析过程予以简述,更详细的讨论将在随后各章节中一一学习。

Quantitative analysis　Qualitative analysis

定量分析　　　　　定性分析

(本图由默克公司提供,授权转载)

1.3　入门指南:分析过程

通常的分析过程如图 1.1 所示。其中的每一步都会涉及分析化学家。实际上,分析化学家既是问题的解决者,也是一个团队中的关键成员,决策是什么、为什么、怎么样。对大多数分析物来说,分析化学的基本操作单元是相同的,下面将详细予以讨论。

这本书的文本网站上可以找到对文献检索和分析方法的选择有用的章节,这些内容来源于《分析化学百科全书》(文献 9)。

明确分析问题——我们到底需要什么样的信息? (并非所有问题都要了解)

在设计分析方案之前,分析化学工作者必须清楚自己想要什么样的信息。客户是谁? 为何而分析? 分析什么类型的样品? 分析化学工作者必须与客户有良好的沟通。这一点对分析化学工作者来说至关重要。客户可能是环境保护署的工作人员、工业化学家、工程师,甚至是你的祖母。他们每个人都有自己的标准和需求,对所涉及的分析化学方法也都有自己的理解。因此,双方进行语言上的沟通交流是非常重要的。如果有人在你桌子上放一个瓶子,然后问"瓶子里是什么"或"它是否是安全的?"这时,你必须向他说明瓶子里有1 000万种已知的化合物和物质。当一个仅仅对瓶子里几种元素感兴趣的客户说:"我想知道里边都有哪些元素?"这时,他应该清楚假如里边一共含有 85 种元素,每种元素的分析测试需要 $20 的话,测试全部元素他需要花费 $1 700。

7

明确问题
要素

● 问题是什么？——需要找到什么样的信息？定量分析还是定性分析？

● 要这些信息是干什么用的？谁会用到这些信息？

● 什么时候需要这些信息？

● 需要达到什么样的准确度与精密度？

● 预算是多少？

● 分析人员应当与客户协商确定可行、有效的分析方法及如何获得代表性的样品

选择分析方法
要素

● 样品类型

● 样品大小

● 样品的制备

● 浓度和范围(所需灵敏度)

● 选择性(干扰因素)

● 所要达到的准确度与精密度

● 具有的工具和仪器

● 专业知识与经验

● 花费

● 速度

● 是否需要自动化？

● 是否有可用的文献方法？

● 是否有可用的标准方法？

● 是否有需要遵循的规则？

获取代表性的样品
要素

● 样品类型、均一性、大小

● 样品的统计资料及误差

制备可用于分析的试样
要素

● 固态、液态或者气态？

● 是否可溶？

● 灰化还是消解？

● 对其干扰成分进行化学分离还是掩蔽？

● 是否需要浓缩？

● 是否需要对分析物进行改变(衍生化)以供检测？

● 是否需要改变溶液条件(pH,添加其他试剂)？

实行必要的化学分离

● 蒸馏

● 沉淀

● 溶剂萃取

● 固相萃取

● 色谱法(可能包含一些测量步骤)

● 电泳(可能包含一些测量步骤)

测量
要素

● 校准

● 验证/控制/空白实验

● 重复测量

计算实验结果和报告

● 统计分析(可信度)

● 报告结果(局限性/准确度等信息)

● 向目标人群解释结果、批判性评价结果、是否有必要取代

图 1.1　分析步骤

　　H. A. Laitinen 在 *The Aim of Analysis*，*Anal*. *Chem*.，38 (1966) 1441 这篇编者按中写到:"对许多……化学分析的目标是获得样品的组成……这看似是一小点……对样品的分析不是分析化学的真正目的……分析化学的真正目的是解决问题……"

一些外行人希望寻求分析化学家的帮助以实现化妆品的"逆向工程"，这样他们就可以将其推向市场赚大钱。当意识到要确定其配方原料，不仅需要进行一系列复杂的分析测试，还需要花费一大笔钱时，他们通常会重新考虑他们的目标。另一方面，一位带着一种白色药丸的母亲可能会找你，她担心这种白色药丸可能是毒品，而她十几岁的儿子坚持说是维生素 C。虽然确定白色药丸是什么并非一件易事，但是如果该药丸能够发生仅有抗坏血酸（维生素C）才能发生的化学反应的话，作出判断就相当简单直接。这样，你或许能够大大缓解母亲的担忧。

进行分析的方式取决于需要获得的信息。

许多人发现难以定义或理解"安全"或者"零/无"这样的概念。分析化学家不会告诉某人水源是安全的，他们所能做的仅仅是呈现分析数据（并给出准确度范围说明其精确度的标示）。客户必须作出判断是否适于安全饮用，当然，作出这一判断或许还需要依靠别的专家建议。不要给出答案为"零"的报告。分析结果取决于我们所用到的测量设备/仪器，当样品含量低于仪器的检出限时，仪器将检测不到。我们的报告受限于我们的方法和设备。即使是现在有些仪器能够检测到超低含量或浓度的样品，例如万亿分之一，也没有一个显示结果是"零"的。这给政策制定者带来了一个两难的困境（通常是政治上的）。当排入水中的化学废水浓度为零时，法律上是可以通过的。实际上，可接受的水平受限于能够检测到多低的浓度；非常低的检测能力也可能远低于化学自然发生或低于其能降解的合理水平。分析师和化学家需要与客户就测量内容进行有效的沟通。

问题一旦确定，这将决定如何获取样品？需要多少？方法需达到什么样的灵敏度？需要达到什么样的准确度和精密度？（准确度是指测量值与真实值之间的符合程度。精密度是指对同一样品重复测量所得结果间的符合程度。精密度好并不意味着准确度高。这些术语将在第 3 章中详细讨论）采用什么样的分离方法消除干扰？微量组分的测定一般不要求像常量分析那样精确，但要特别注意的是在分析过程中要消除微量污染物。

你所使用的分析方法取决于你的经验、可用到的设备、成本和时间。

待测样品一旦确定，则所使用的分析方法取决于许多因素，包括分析者的操作技能和不同技术设备的培训、可用到的仪器设备、所需达到的灵敏度与精密度、成本预算、所需分析时间。对某一给定样品类型中的某一分析物（待测组分）的测定，通常可在参考书中查到一个或多个标准流程。这并不意味着该方法一定适用于其他类型的样品。例如，环保局所制定的用于污水分析的标准方法，但如果将其用于地下水的分析测定，则可能会得出错误的结果。化学文献（期刊）中有对许多分析物的具体描述。美国化学会出版的化学文摘（http：//info.cas.org）是文献检索的好工具，它涵盖了世界上主要化学期刊的所有文章摘要。许多图书馆有其计算机搜索功能，年刊及累计目录都可查到。

8

如果你所在的图书馆从化学文摘社订阅了 Scifinder,这是你文献检索的最好途径(www. cas. org/products/scifindr/index. html)。Web of Science 是 Web of Knowledge (www.isiwebofknowledge.com)的一部分,也是文献检索的一个好资源。Web of Science 还提供诸如文章引用及作者等信息。谷歌学术(http://scholar.google.com)也是文献检索的一个不错的资源,任何人都可以通过谷歌学术检索文章和作者等信息。主要的分析化学期刊需要分别查阅,其中一部分为:*Analytica Chimica Acta*,*Analytical Chemistry*,*Analytical and Bioanalytical Chemistry*,*Analytical Letters*,*Analyst*,*Applied Spectroscopy*,*Clinica Chimica Acta*,*Clinical Chemistry*,*Journal of the Association of Official Analytical Chemists*,*Journal of Chromatography*,*Journal of Separation Science*,*Spectrochimica Acta* 和 *Talanta*。当目标物质特殊,文献中没有对其进行具体的描述分析时,分析工作者可以根据文献中的信息制定合适的分析方法。分析工作者在最后也可能不得不依靠自己的经验和知识为给定的样本建立一个分析方法。附录 A 中的参考文献有各种不同物质分析流程的描述。

分析物就是所要分析的物质,其浓度是需要测定的。

化学文摘是一个很好的文献搜索资源。

第 25 和 26 章的文本网站中有特定类型的物质分析方法的应用举例。这些章节主要介绍了临床、生化和环境分析。本书中所描述的各种技术可用于一些给定的分析。因此,不管是现在还是在学习完主要课程后通读这些章节对你们来说都是很有意义的,在很大程度上它有助于理解如何分析实际样品以及分析的原因。

问题一旦确定,就可以进行下面的分析。

获得具有代表性的样品——我们不可能分析全部样品

化学分析通常只需要对一小部分样品进行表征分析。如样品量很少且将来也不会用到,那么整个样品可能都会被用于分析。谋杀嫌疑犯手上火药中痕量元素的残留分析就是一个例子。然而,大多数情况是待表征的材料价值昂贵,在样品收集过程中必须尽可能少地改变它。例如,在鉴定伦勃朗画的真伪性时,取样就必须尽可能的小心,以免损坏它。

样品材料可能是固体、液体或者气体。在组成上可能是均一的,也可能是不均一的。对于前者,简单的"随机取样"就能满足分析的要求;对于后者,我们感兴趣的可能是整个样本的变化,这种情况下将需要几个独立的样品。如果需要获取样品的所有组分,那么就需要特殊的采样技术以获得具有代表性的样品。例如,在分析一船谷物蛋白质的平均含量时,可以从每袋或者从大量货物中每 10 袋中取出小部分作为一个独立样本,将它们混合就得到总样。如果原料量很大,为了易于取样,最好在原料移动过程中进行。样品粒径越大,需要的总样越多。总样必须缩小至几克以获得实验室样本,再从中取出几克到几毫克用于分析(分析样本)。样品量的减少可能需要分成几份(比如 4 份)和混合,在一些步骤中,为获得均匀的粉末用于分析,需要对样品进行粉碎和筛分。固体、液体和气体的取样方法将在第 2 章中讨论。如果有人对样品的空间结构感兴趣,那么一定不能使样品均一化,而要在不同空间范围内取样。

总样由几份待测物组成,实验室样品只是总样均一化后的一小部分,分析样本是用于实际分析的物质,取样方法见第 2 章。

对于生物样品而言,样本收集的条件是至关重要的。例如病人是否刚吃过饭,吃饭前后血液的成分存在着很大的差别。许多分析要求在病人禁食数小时后采集样品。如果要检查血液中胆固醇含量,则需要在取样前禁食长达 12 h。一些生物样品在采集时可能需要外加试剂,如葡萄糖的保存需要加防腐剂氟化钠、血液样品需要加抗凝血剂,这些都可能会影响某个特定的分析。

血液样本可以以全血进行分析,也可以根据特定的分析要求将血浆或血清分离出来。大多数情况下,红细胞外物质的浓度(细胞外浓度)是衡量生理状况的一个重要指标。因此需要对血清或血浆进行分析。

若采集全血并放置几分钟后,可溶性纤维蛋白原经过一系列复杂的化学反应(在钙离子的参与下)转换成不溶性纤维蛋白,这是形成凝胶或凝结的基础。尽管血液中的红细胞和白细胞不是凝血过程中必要的,但一旦它们遇到纤维蛋白网络就有助于凝血的形成。凝血形成后,会发生收缩并挤压出淡黄色液体,即血清。血清永不凝结始终是液态。为了阻止凝血过程,可在采血时添加少量的抗凝剂,如肝素或柠檬酸盐(即钙的复盐)。通常,采血瓶是用不同的颜色编码的,这样可以明显地看出所含有的添加剂。可从采血瓶中取一小份未凝结的全血用于分析;也可以将其离心,这时红细胞会沉在底部,剩余的浅粉色的血浆仍可用于分析。血浆和血清化学成分基本相同,主要区别在于血清中不含纤维蛋白原。本章最后引用的参考文献有关于特定领域分析的一些其他物质的取样的详细介绍。

血清是从凝结的血液中分离出来的液体,而血浆是从未凝结的血液中分离出来的液体。血浆成分与血清相同,但含有凝血蛋白——纤维蛋白原。

在处理和存储样品时,应采取某些预防措施以防止或减少样品污染、损失、分解或基体改变。一般来说,必须防止容器、空气、热/温度或者光对样品的污染或改变。此外,在涉及法律诉讼的分析时,还应建立一系列的监管措施。例如在辛普森案中,有样品处理过程的电视新闻剪辑,据称相关人员并没有妥善保管样品,而是将其放置在一辆车的灼热的后备厢中。或许这可能不会影响到实际分析及样品分析的正确性,但却为被告方提供了怀疑分析结果的论据。

必须小心以防止改变和污染样品。

某些样品保存时可能不得不隔绝空气或避光。例如碱性物质可能会与空

10

气中的二氧化碳反应。如果要分析血样中的二氧化碳含量,则必须隔绝空气。

样品的稳定性也是要考虑的。例如为了尽量减少葡萄糖的降解,需要向血液样品中加入防腐剂,如氟化钠。当然,所加防腐剂不能对分析有干扰。蛋白质和酶在放置过程中易变性,应当及时分析。微量组分在存储过程中可能会因吸附在瓶壁上而产生损失。

尿液样本是不稳定的,磷酸钙会沉淀析出,可能会携带金属离子和其他感兴趣的物质。一般可以通过使尿液酸化(pH 4.5)来防止磷酸钙沉淀析出,通常的做法是向每 100 mL 样品中加入 1 mL 或 2 mL 冰醋酸并在冷藏条件下储存。尿液、全血、血清、血浆以及组织样本也可以冷冻以长期存储。脱去蛋白质的血液样本比未经处理的更加稳定。

腐蚀性气体样品通常会与容器发生反应,以二氧化硫为例,它的分析就比较麻烦。在汽车尾气中,二氧化硫还会通过溶解在排气装置中的冷凝水中而损失掉。在这些情况下,最好采用原位分析仪在一定温度下分析气体。在该温度下,不会发生气体冷凝。

制备分析样品——样品可能需要改变

样品分析的第一步是测量待分析样品的量(如样品的体积或质量)。在计算分析物的含量时需要用到样品量。分析样品的大小必须满足测量时分析所需的精确度和准确度。精度为 0.1 mg 的分析天平通常用于质量测量,能称量到 0.01 mg 以下的分析天平越来越普遍。固体样品通常需要在干燥后进行分析。如果样品在干燥温度下是稳定的,则必须在烘箱中 110~120℃温度下干燥 1~2 h,在干燥器中冷却后称重。一些样品与水的亲和力较强,干燥操作可能需要更高的温度和更长的加热时间(例如过夜)。样品的取样量取决于分析物的浓度以及所需的分离和测定量的多少。常量组分的测定可能只需要100 mg样品,而微量组分则可能需要几克。通常为了获得分析精度的统计数据需要重复取样,这可以提供更可靠的结果。

你必须做的第一件事就是测量待分析样品的大小。

某些测定在本质上可能是无损分析。例如在利用 X 射线荧光法测定涂料中的铅时,用 X 射线轰击样品,通过测量重新发射的特征 X 射线而确定其含量。更经常地,样品必须以溶液形式存在才能被测量,固体样品必须溶解后才能测定。无机材料可以溶解在各种酸中或含有氧化还原剂或配合剂的介质中。耐酸性物质可能需要在熔融状态下与酸性或碱性熔剂融合后才能够溶解在稀酸或水溶液中,例如,与碳酸钠融合可形成酸溶性碳酸盐。

固体样品通常需要配制成溶液。

对有机材料中所含无机成分进行分析时(如微量金属),可采用干法灰化破坏。样品在 400~700℃炉中缓慢煅烧后留下可溶于稀酸的无机残渣。另外,也可以采用湿法消解,即通过加入氧化性酸并加热以破坏有机物。经常用到的是硝酸和硫酸的混合液。最后一种方法是高氯酸消解法,高氯酸消解法可完全氧化消解样品,但存在潜在的爆炸性危险,需要在特殊提取或通风橱中进行。生物液体有时也可以直接分析,但通常必须消除蛋白质的干扰。用干法灰化和湿法消解则可以完全消除这样的影响。也可以先将蛋白质与不同的试剂作用使其沉淀,经离心或过滤即可得到不含蛋白质的滤液。

灰化指的是有机物的燃烧。消解指的是有机物的湿法氧化。

如果分析物是有机物,则不能使用这些氧化方法。相反,可以将分析物从样品中萃取出来或透析,或者将样品溶解在适当的溶剂中。或许可以采用无损分析测定,例如利用近红外光谱法直接测定饲料中的蛋白质含量。

一旦样品溶于溶液中,则必须调整溶液条件以满足后续分析要求(分离、测定步骤中)。例如,可能需要调整 pH 值或添加其他试剂使之与其他组分反应以掩蔽其他组分的干扰。分析物可能需要与某种试剂反应以转化为一种适于测量或分离的形式。例如,一些分析物可能要转化为有色物质才能用分光光度法测定;一些分析物需要转换为可挥发性物质才能用气相色谱法测定。在用重量分析法测定铁离子含量时,通常需要将铁离子全部转化为常见的 $Fe(Ⅲ)$,最终以 Fe_2O_3 形式测定。另一方面,在用重铬酸钾容量法测定铁离子含量时,则需要在反应前将铁离子全部转化为常见的 $Fe(Ⅱ)$。样品制备过程中必须包含还原步骤。

样品溶液的 pH 值通常需要调整。

用于溶解和配制溶液的溶剂和试剂应该是高纯度(试剂级)的。即便如此,它们也可能含有微量的分析物。因此,对于痕量组分的分析来说,制备相同的空白样并对其分析是非常重要的。理论上,空白样应包含整个分析过程中所有未知的和用过的相同量的化学试剂(包括水)。从分析样品结果中减去空白值就是样品溶液中的净分析物浓度。如果空白值显著,则它可能影响分析结果。通常情况下,对任何一个分析而言,没有绝对理想的空白对照。

通常必须做空白实验。

进行必要的化学分离

为了消除干扰,在测量时提供适宜的选择性;或者对分析物进行预富集以实现更灵敏或准确的测量,分析工作者通常必须执行一个或多个步骤的分离操作。为了尽量减少分析物的损失,最好将分析物从样品基质中分离出来。分离步骤可能包括沉淀、在不相混溶的溶剂中的萃取、色谱法、透析和蒸馏。

执行测量——你决定方法

实际定量测定分析物的方法的确定需考虑许多因素,最重要的是待分析物的量和分析所需达到的准确度和精确度。许多可用的技术具有不同程度的选择性、灵敏度、准确度、精密度、成本和速度。分析化学研究经常涉及一个或多个参数的优化,它们与一个特定的分析或分析技术有关。重量分析法通常涉及通过沉淀实现分析物的选择性分离,随后是通过非选择性测定其质量(沉淀物)。在容量或滴定分析中,分析物与一定量的已知浓度的试剂反应,这一过程被称为滴定。滴定过程伴随有某些物理或化学性质的变化,由它们指示反应的完成。重量和容量分析可以提供千分之几(0.1%)甚至更好的准确度和精密度。尽管微滴定可以完成,但重量和容量分析需要相对大量的分析物(毫摩尔或毫克),只适用于主成分的测量。容量分析法比重量分析法具有更快的速度,因此,在应用时优先考虑。

仪器技术被用于许多分析之中,构成了仪器分析这门学科。它们是基于对样品物理性质的测量,例如电学性质或对电磁辐射的吸收。比如分光光度法(紫外、可见或红外)、荧光法、原子光谱法(吸收、发射)、质谱、核磁共振光谱法、X射线光谱法(吸收、荧光)、电化学分析法(电位法、伏安法、电解法)、色谱法(气相、液相)和放射化学分析法。仪器分析技术通常比传统的分析技术更灵敏、选择性更高,但精密度不太好,误差大约为$1\%\sim5\%$。通常这些技术比较昂贵(特别是在初始资本投资方面)。但分析数量较大时,相对人员成本而言,这些技术又有了优势。仪器分析通常更快速,或许能实现自动化,或许能够同时测量一个以上的分析物。对复杂的混合物的分析,色谱分析技术是一种特别强大的技术,它集分离和测定为一体。样品的各组分在流经(洗脱)色谱柱时,与色谱柱中适当材料发生不同程度的相互作用,在流出色谱柱的过程中得以分离。当各组分从色谱柱流出时,能够被合适的检测器所探测,给出一个与各组分的量呈正比关系的瞬态峰值信号。

仪器分析法比滴定分析法和重量分析法选择性更好、更灵敏,但可能不太精确。

表1.1比较了本书中所讲到的各种不同分析方法的灵敏度、精密度、选择性、分析速度和成本。表中所给出的数字或许会超出一些特定的应用,而且这些方法或许会应用于其他领域,但表中所列都是一些典型应用的代表。在用滴定法测定低浓度的物质时,需要使用一些仪器技术测量滴定的完成。当有一种以上的技术可供选择时,技术的选择将依赖于可获取的设备、个人经验及分析工作者的嗜好。例如,你可以在用分光光度法测定河水中浓度数量级为百万分之一的硝酸盐时,首先将硝酸盐还原为亚硝酸盐,然后用重氮化反应生成有色物质进行测定。牙膏中氟化物可以通过电位法测定,该方法使用氟离子选择性电极。汽油中复杂的碳氢化合物的混合物可先经气相色谱法分离,再利用火焰离子化检测器进行检测。血液中的葡萄糖含量是通过动力学测定获得的,即通过测量葡萄糖氧化酶催化的葡萄糖和氧的酶催化反应速率获得,反应速率可通过测定氧气消耗速率或过氧化氢的生成速率而得知。银条的纯

度可以利用重量分析法测定。用硝酸溶解一小部分银条样品，加入氯离子反应生成 AgCl 沉淀，通过称量纯化后沉淀的质量即可求出银条的纯度。

表 1.1 不同分析方法的比较

方 法	范围 /(mol/L)	精密度 /%	选择性	分析速度	成本	主要用途
重量分析法	$10^{-2} \sim 10^{-1}$	0.1	差—中等	慢	低	无机
滴定分析法	$10^{-4} \sim 10^{-1}$	0.1～1	差—中等	中等	低	无机、有机
电位分析法	$10^{-6} \sim 10^{-1}$	2	好	快	低	无机
电重量分析法、库仑分析法	$10^{-4} \sim 10^{-1}$	0.01～2	中等	慢—中等	中等	无机、有机
伏安法	$10^{-10} \sim 10^{-3}$	2～5	好	中等	中等	无机、有机
分光光度法	$10^{-6} \sim 10^{-3}$	2	中等—好	中等—快	低—中等	无机、有机
荧光法	$10^{-9} \sim 10^{-6}$	2～5	中等	中等	中等	有机
原子光谱法	$10^{-9} \sim 10^{-3}$	2～10	好	快	中等—高	无机、多元素
色谱-质谱法	$10^{-9} \sim 10^{-4}$	2～5	好	中等—快	中等—高	有机、多组
动力学方法	$10^{-10} \sim 10^{-2}$	2～10	中等—好	中等—快	中等	无机、有机、酶

测定分析物的各种方法可以分为绝对分析法和相对分析法。在计算分析物的量时，绝对分析法依赖于已知准确的基本常数，如相对原子质量。例如在重量分析法中，对化学组成已知的分析物不溶性衍生物进行制备和称量，就如同氯化物测定中氯化银的生成。沉淀中分析物的质量分数是已知的，在 AgCl 中，$w_{Cl} = M_{r Cl}/M_{r AgCl} = 35.453/143.32 = 0.24737$（$M_{r Cl}$ 为相对原子质量，$M_{r AgCl}$ 为摩尔质量）。这样，很容易得到沉淀中氯离子的量。重量分析法、滴定分析法和库仑分析法是绝对分析法的例子。然而，大多数其他的方法都是相对分析法，它们需要与已知浓度的某些溶液进行比较（也称校准或标准化，见下文）。

大多数方法需要用标准校准。

仪器标准化

大多数仪器分析方法是相对分析法。仪器记录一个信号，这个信号是基于溶液的某些物理性质的。例如，分光光度计测量来自光源的电磁辐射被样品溶液吸收的部分。这部分电磁辐射必须与分析物浓度相关，这需要通过与已知浓度的分析物所吸收的电磁辐射进行比较。换句话说，仪器必须标准化。

校准曲线是仪器对浓度响应的函数。

仪器响应对分析物浓度可能是线性的，也可能是非线性的。要完成校准，就需要配制一系列已知浓度的分析物标准溶液,测量仪器对这些溶液的响应(通常用与样品相同的处理方式处理标准溶液),再制备一个响应信号对浓度的分析校准曲线。图 1.2 为在质谱实验中得到的校准曲线的例子。使用校准曲线,通过一个未知样品的响应就可以确定其浓度。借助现代计算机控制的仪器,这些可以通过电子或数字来完成,并获得浓度的直接输出。

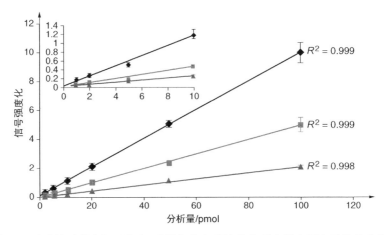

图 1.2   基质辅助激光解吸电离-质谱仪在离子液体介质中测定蛋白质的校准曲线
(Washington University in St. Louis 的 Michael Gross 教授提供。转载经过许可)

标准加入法

样品基质可能会影响仪器对分析物的响应。这种情况下,校准需要通过标准加入法来完成。向一部分样品中加入已知量的标样,这时信号的增加应归于标样。这种情况下,标样与样品处于相同的环境中。在描述某些特殊仪器的使用时,将对校准技术进行更详细的讨论。

17.5 节和本节的网站补充材料中,有对标准加入法及其计算的详细描述,20.5 节中阐述了标准加入法在气相色谱法中的应用;例 14.8 阐述了标准加入法在电位分析法中的应用。文本网站中的实验 33(原子光谱分析法)和实验 35(固相萃取)使用了标准加入法。

标准加入法校准是用来克服样品基质对测量的影响。

内标法校准

受到仪器的测量条件变化的影响,两次测量的仪器响应往往是变化的,这将导致结果不精确。例如在气相色谱法中,用汉密尔顿微升注射器(见第 2 章)注入样品或标样的体积可能会有所不同。在原子吸收光谱法中,可能会发生气体流量和进样时送气速率的波动。为了补偿这些类型的波动,可以使用内标法校准。在这里,向所有的待测样品溶液里加入一个浓度固定的分析物(内标物),内标物通常要与分析物有相似的化学行为。记录这两种物质的信号,利用样品的信号与内标物信号的比值对样品分析物浓度绘制校准曲线。这样,如果注入样品的体积比估计值低 10%,那么各个信号也会相应降低 10%,但给定的样品分析物浓度比值保持恒定。

　　第 17.5 节(原子光谱法)和第 20.5 节(气相色谱法)中有内标法应用的介绍。

计算结果和报告数据

　　所制备的样品溶液中分析物的浓度一旦确定,其结果将用来计算原始样品中分析物的量。可以报告绝对量,也可以报告相对量。通常情况下,会给出样品的相对组成,例如百分比或百万分之一,以及以平均值表达准确度。进行重复分析(三次或更多)时,需要报告分析的精密度,例如标准偏差。对精密度的理解至关重要,它反映了测量结果的不确定度(第 3 章)。分析工作者应谨慎评估分析结果是否合理,这关系到最初要阐释的分析问题。切记,客户通常没有相关的科学背景,他们对这些数字深信不疑。只有你作为分析工作者才能够正确地看待这些数字。因此,与客户进行良好的沟通和互动并向他们讲述分析结果所代表的意义就显得尤为重要。

　　分析工作者必须就分析结果的意义提供专家意见。

1.4　方法验证

　　在分析时必须十分小心以获得准确的分析结果。分析中可能会出现两种类型的误差:随机误差和系统误差。每次测量都会有不精确性,导致结果的随机分布,例如高斯分布。随机误差可以通过设计实验缩小误差范围,但不能消除它。系统误差使实验结果始终偏向同一方向。当样品基质抑制仪器信号时,可能会出现系统误差。分析天平或高或低的倾斜或者样品没有充分干燥,都可能导致称量结果的错误。

　　正确校准仪器仅仅是保证准确度的第一步。在建立一种方法时,需要在样品中加入已知量的分析物(大于样品中分析物的量)。通过分析程序的测得量(回收量)(需减去用相同的程序测定的样品中分析物的实际含量值)应接近最初的加入量。然而,这并不是一个万无一失的方法,它仅仅只能确保目标分析物被测量,但不能保证样品中的干扰物不会被测到。一种新的方法可通过与另一种公认的方法的测定结果作对比以验证新方法的可行性,也可通过分析各种不同来源的标准物或对照物来确保所用方法的准确性。例如,可购买到水中农药残留和土壤中主要污染物的环境质量控制标样。美国国家标准与技术研究所制备了不同基质组成(例如钢铁,地面上的树叶)的标准参考物质,其中特定分析物的含量已通过至少两种不同的技术仔细地测量并认证。测定值均符合统计学规律。不同的机构和商业公司可以提供用于循环试验或盲法

15

试验的控制样,控制样被随机分派到各个实验室。分析前,各个实验室对控制样中控制值毫不知情。

验证方法的最佳方式是分析已知组成的标准参考物质。

标样与样品应间歇运行。控制样至少每天运行,将测量的结果作为时间的函数绘制质量控制图,与一个已知标准偏差的方法相比。假定测量值不随时间变化且符合高斯分布,那么,测量值落在已知值(控制样推荐值)的 2 个标准偏差范围之外的概率是 1/20,落在已知值 2.5 个标准偏差范围之外的概率是 1/100。若次数超出这些值则可能存在未补偿的误差,如仪器故障、试剂变质或校准不当。

在进行官方或法律目的的分析时,政府法规要求应仔细制定协议、验证方法和进行分析。已建立良好实验室操作规范指南(GLP)以确保分析结果的可靠性。当然,理论上,这些规范适用于所有的分析。这将在第 4 章详细讨论。

良好的实验室操作规范(验证)有助于保证分析的准确度。

1.5　分析与测定

分析与测定这两个术语有着不同的含义。我们说分析某一样品中的部分或所有组分。所要测量的物质称为分析物。测量分析物的过程称为测定。因此,在分析血液中氯离子的含量时,我们测定氯离子的浓度。

样品中的成分可分为常量($>1\%$)、微量($0.1\%\sim1\%$)或痕量($<0.1\%$)组分。十亿分之几或更低的成分被称为超痕量组分。

分析可能是完全分析,也可能是部分分析,也就是说,可以测定所有组分或是只测定被选定的组分。通常,分析工作者需要报告的是一个指定的化学物质或元素,或者是一类化学物质或指定的元素。

分析样品是为了测定分析物的含量。

1.6　推荐网站

附录 A(分析化学文献)列出了我们所提到的各种文献和书籍,除了这些之外,还有许多网站可以作为分析化学家非常有用的补充资源。当然这些资源通常会有所变动,也会有新的网站被应用,但以下是获得有用信息的良好起点。

教材配套网站为教师和学生提供重要的补充材料。

教材配套网站

1. www.wiley.com/college/christian　选择"the textbook, 7th edition",然后是"Instructor Companion Site"。需要一个指定的用户名和密码。网站收录了多种教材的补充材料,包括额外的问题、演示、练习和实验。

化学综述

2. www.acs.org 美国化学学会主页。包含杂志,会议,化学新闻,搜索数据库(包括化学文摘),以及更多的信息。

3. www.chemweb.com 化学家的虚拟俱乐部。该网站包含有关化学的数据库和列表,并结合讨论组,专注于特定领域如分析化学。它是免费的,但必须注册。

4. www.rsc.org 英国皇家化学学会的网站,与美国化学学会等同。

5. http：//micro. magnet. fsu. edu/primer/java/scienceopticsu/powersof10/index. html 看看这个十幂的视觉场景,从质子到从地球上看银河系 10 000 000 光年。

分析化学

6. www.analyticalsciences. org/index. php 美国化学学会分析化学师的主页。这个网站上有许多链接和资源,将把你带到涉及分析化学的网站上。

7. http：//wissen. science-and-fun. de/links/index. php? e-id ＝ 11& basis ＝ (CH) AnalyticalChemistry 分析化学的中心环节,链接到世界各地的大学和其他网站。

8. www.nist.gov/mml/ 国家标准与技术研究所材料测量实验室网站。化学、生物和材料科学的国家参考实验室,标准物质来源。

9. http：//www. rsc. org/Gateway/Subject/Analytical 英国化学皇家学会网站,提供与美国化学协会等效的分析科学信息。

10. http：//www. anachem. umu. se/jumpstation. htm 分析化学的跳板,莫奥大学(Umeå University)主办的一个综合性、带注释的分析化学资源网站。

11. www.asdlib.org 分析科学数字图书馆,可供教育学和技术选择同行评审。

12. www.acdlabs.com 高级化学发展专业网站,提供分析方法所需的各种预测、建模工具和演示版本的结构绘图软件(ChemSketch),该绘图软件可免费下载。

13. www.asms.org 美国质谱学会官方网站。介绍先进的质谱技术,一种常见的分析技术的信息。

17

思 考 题

1. 什么是分析化学?
2. 区分定性分析与定量分析。
3. 简述分析过程的一般步骤,并对每一步做简要描述。

4. 区分概念：分析与测定、样品与分析物。

5. 空白试验指的是什么？

6. 列出分析化学中常用的测量技术。

7. 列出分析化学中常用的分离技术。

8. 仪器分析的定义。

9. 什么是标准曲线？

10. 区分专属性反应与选择性反应。

11. 用表 1.1 中所列出的方法设计并完成以下分析：(a) 食盐中 NaCl 的纯化；(b) 食醋中醋酸含量的测定；(c) 游泳池中水的 pH 测定。

 逻辑思考题

逻辑性思维在分析化学中是很重要的。下面是 Stanford University 的 **Richard N. Zare** 教授很喜欢的一个逻辑性脑筋急转弯：

盐溶液(如 NaCl)在电解时，负极生成氢气，正极生成氯气：

$$Na^+ + e^- + H_2O \Longrightarrow NaOH + 1/2H_2$$
$$Cl^- - e^- \Longrightarrow 1/2Cl_2$$

将一个电解槽置于一密闭空间里，外部连接三个开关，只有其中一个可打开电解槽，其他两个均不能。你可以按照自己的意愿多次开启/关闭开关，但只能进入密闭空间一次。所有的开关最初都是关闭的，你将如何找到开启电解槽的开关？可以去网站上查找答案。

18

---------------------------------- **参 考 文 献**[①] ----------------------------------

综述

1. J. Tyson，Analysis. *What Analytical Chemists Do*. London：Royal Society of Chemistry，1988. 这是一本很薄的书，简要介绍了分析化学家做些什么，怎样做。

2. R. W. Murray，"Analytical Chemistry Is What Analytical Chemists Do," Editorial，*Anal. Chem.*，66 (1994) 682A.

3. D. Schatzlein and V. Thomsen，"The Chemical Analysis Process," *Spectroscopy* 23 (10)，October (2008) 30. 关于分析过程的一个很好的总结，共六页，包括采样、样品制备和分析结果。例子包括熔融金属、水和矿石。(www.spectroscopyonline.com)

4. J. Ihde，*The Development of Modern Chemistry*. Harper and Row：New York，1964. 化学发展史的描述，包括早期分析化学。

5. T. Kuwana，Chair，*Curricular Developments in the Analytical Sciences*. 由美国国家科学基金会资助的 1996 至 1997 年研讨会上的报告。

6. R. A. DePalma and A. H. Ullman，"Professional Analytical Chemistry in Industry. A Short Course to Encourage Students to Attend Graduate School," J. Chem. Ed.，68

---

① 为方便读者查阅，本书参考文献著录格式沿用原版图书格式。

（1991）383. 这是宝洁公司科学家们为高校的教师和学生开设的一门工业分析化学短期课程，讲解工业中分析化学家做什么。重点是"分析化学家是问题的解决者"。

7. C. A. Lucy, "How to Succeed in Analytical Chemistry: A Bibliography of Resources from the Literature," *Talanta*, 51 (2000) 1125. 调查关于如何采购设备，如何撰写一份手稿，以及如何在分析化学中找到工作的建议。

8. G. D. Christian, "Evolution and Revolution in Quantitative Analysis," *Anal. Chem.*, 67 (1995) 532A. 从人类的起源开始追溯分析化学的历史。

百科全书和手册

9. R. A. Meyers, editor-in-chief, *Encyclopedia of Analytical Chemistry*. Chichester: Wiley, 1999 - 2010. 15. 卷集，包括理论、仪器以及应用，共 623 篇文章。

10. P. J. Worsfold, A. Townshend, and C. F. Poole, editors-in-chief, *Encyclopedia of Analytical Science*, 2nd ed. London: Elsevier/Academic Press: 2005. 10. 卷集，综合性分析科学实践的报道，涵盖所有技术在任何物质或生物基质中测定特定的元素、化合物和化合物基团。

11. J. A. Dean, *Analytical Chemistry Handbook*. New York: McGraw Hill, 1995. 详细介绍了常规的湿法和仪器技术，分析初步操作、初步分离方法、化学分析中的统计处理。

样品采集

12. F. F. Pitard, *Pierre Gy's Sampling Theory and Sampling Practice*. Vol. I: *Heterogeneity and Sampling*. Vol. II: *Sampling Correctness and Sampling Practice*. Boca Raton, FL: CRC Press, 1989.

13. P. M. Gy and A. G. Boyle, *Sampling for Analytical Purposes*. Chichester: Wiley, 1998. An abridged guide by Pierre Gy to his formula originally developed for the sampling of solid materials but equally valid for sampling liquids and multiphase media. 由 Pierre Gy 编写的简明指南，其公式最初针对固体材料开发的，但对液体采样和多相介质同样有效。

14. P. M. Gy, *Sampling of Heterogeneous and Dynamic Material Systems*. Amsterdam: Elsevier, 1992.

15. G. E. Baiulescu, P. Dumitrescu, and P. Gh. Zugravescu, *Sampling*. New York: Ellis Horwood, 1991.

16. J. Pawliszyn, *Sampling and Sample Preparation for Field and Laboratory*, Wilson & Wilson's Comprehensive Analytical Chemistry, D. Barcelo, Ed., Vol. XXXVII. Amsterdam: Elsevier Science BV, 2002.

17. P. M. Gy, "Introduction to Theory of Sampling I. Heterogeneity of a Population of Uncorrelated Units," *Trends Anal. Chem.*, 14(2) (1995) 67.

18. P. M. Gy, "Tutorial: Sampling or Gambling?" *Process Control and Quality*, 6 (1994) 97.

19. B. Kratochvil and J. K. Taylor, "Sampling for Chemical Analysis," *Anal. Chem.*, 53 (1981) 924A.

20. B. Kratochvil, "Sampling for Microanalysis: Theory and Strategies," *Fresenius' J. Anal. Chem.*, 337 (1990) 808.

21. J. F. Vicard and D. Fraisse, "Sampling Issues," Fresenius' *J. Anal. Chem.*, 348 (1994) 101.

22. J. M. Hungerford and G. D. Christian, "Statistical Sampling Errors as Intrinsic Limits on Detection in Dilute Solutions," *Anal. Chem.*, 58 (1986) 2567.

23. J. P. Lodge, Jr., Ed. *Methods of Air Sampling and Analysis*, 3rd ed. Boca Raton, FL: CRC Press, 1988.

24. American Public Health Association. *Standard Methods for the Examination of Water and Wastewater.* 22nd ed. http://www.standardmethods.org/

干扰

25. W. E. Van der Linden, "Definition and Classification of Interference in Analytical Procedures," *Pure & Appl. Chem.*, 61 (1989) 91.

标准溶液

26. B. W. Smith and M. L. Parsons, "Preparation and Standard Solutions. Critically Selected Compounds," *J. Chem. Ed.*, 50 (1973) 679. 介绍了 72 种无机金属和非金属标准溶液的制备方法。

27. M. H. Gabb and W. E. Latchem, *A Handbook of Laboratory Solutions*. New York: Chemical Publishing, 1968.

28. http://pubs.acs.org/reagents 美国化学学会分析试剂委员会。

方法校准

29. H. Mark, *Principles and Practice of Spectroscopic Calibration*. New York: Wiley, 1991.

标准参考物质

30. H. Klich and R. Walker, "COMAR-The International Database for Certified Reference Materials," *Fresenius' J. Anal. Chem.*, 345 (1993) 104.

31. Office of Standard Reference Materials, Room B311, Chemistry Building, National Institute of Standards and Technology, Gaithersburg, Maryland 20899.

32. National Research Council of Canada, Division of Chemistry, Ottawa K1A OR6, Canada.

33. R. Alverez, S. D. Rasberry, and G. A. Uriano, "NBS Standard Reference Materials: Update 1982," *Anal. Chem.*, 54 (1982) 1239A.

34. R. W. Seward and R. Mavrodineanu, "Standard Reference Materials: Summary of the Clinical Laboratory Standards Issued by the National Bureau of Standards," *NBS (NIST) Special Publications* 260 – 271, Washington, DC, 1981.

35. *Standard Coal Samples*. Available from U. S. Department of Energy, Pittsburgh Mining Technology Center, P.O. Box 10940, Pittsburgh, PA 15236. 已表征样品的 14 个属性,包括主成分和微量元素。

第 2 章
分析化学中的基本操作和工具

"Get your facts first, and then you can distort them as much as you please"
——Mark Twain

第 2 章网址

学习要点

- 做好笔记
- 使用试剂级化学试剂
- 如何使用分析天平
- 容量玻璃仪器及其使用方法
- 如何校准玻璃仪器

- 如何配制标准酸碱溶液
- 用于操作和处理样品的普通实验室设备
- 如何过滤和制备沉淀进行重量分析
- 如何采集固体、液体和气体样品
- 如何配制分析物溶液

在进行实验前请阅读本章。

分析化学需要测量以便得到事实。面向分析工作者的特定分析设备和仪器贯穿全文,这些设备和仪器适用于特定的测量技术。然而,几种标准器具适用于大多数分析,在实验时是必须掌握的。这就是本章所要描述的。它们包括分析天平、容量玻璃仪器、干燥箱、过滤器等。当操作实际设备时,你的实验课老师会对这些仪器的物理操作和使用作最好的说明,特别是当一个实验室仪器的类型和操作与另一个实验室的有所不同时。在下面的讲解过程中,我们将会提及良好实验技术中的一些通用程序。

这本教材的网站上有分析化学实验室常用玻璃器皿和装置的图片。

教材指南网址是 www.wiley.com/college/christian. 选择"the textbook, 7th edition",然后是"Instructor Companion Site"。需要一个指定的用户名和密码。网站含有多种有用的材料补充教材,包括额外的问题、演示、练习和实验。

2.1 实验记录本——你的重要记录

一本保存完好的实验室记录本将有助于确保可靠的分析。

首先,你应该意识到,与其他任何地方相比,在分析化学实验室里,保持干净和整洁是极为重要的。这同样适用于保存一本有条理的实验记录本。在收集数据时,所有的数据应该用墨水笔永久记录。当你进入分析化学实验室时,你会发现条理性是一种优势。首先,这是一种时间的节约,你不必重新组织和重写数据。如果你已经训练自己以一种条理性的方式记录数据的话,这可能是对时间的额外节约,这样你在执行分析操作时会更有条理,出错的概率将会减少。其次,如果你立即记录的话,你将能够发现在测量和计算过程中可能存在的错误。如果将数据直接记录在记录本上而不是一张碎纸上,数据将不会丢失或被不适当地转移。

对于实践分析化学家和在职申请者,使用实验室笔记本电脑直接进行观测和测量是至关重要的。出于法律和专利方面的考虑,完整的文件是法医或工业实验室必不可少的。在工业研究实验室,笔记本通常必须由另一个熟悉这项工作的人签字(见证)和标注日期以确保使用它时的法律专利优先权。

下面是你的实验室对未知含量的苏打灰进行容量分析的一个记录正确并保存完好的记录本的样例。这个例子是一个简化版本,省略了其中的实际计算和数字设置。对于一个完整的记录保存,你应该将计算步骤记录在记录本上,这样如果有必要的话,在以后也可以跟踪到错误。

+·+

日期:2013 年 9 月 7 日
对未知苏打灰含量的分析
原理:苏打灰可溶于水中,用盐酸标准溶液滴定,用溴甲酚绿指示终点。用基准物质碳酸钠标定盐酸。称量不同量的碳酸钠和苏打灰。
参考:实验 8
滴定反应为:$CO_3^{2-} + 2H^+ \Longrightarrow H_2CO_3$
标定

$$c_{HCl} = \frac{m_{Na_2CO_3}}{M_{r\,Na_2CO_3} \times (n_{Na_2CO_3}/n_{HCl}) \times V_{HCl}} = \frac{m_{Na_2CO_3}}{105.99\,(mg/mmol) \times \frac{1}{2} \times V_{HCl}}$$

	1 号	2 号	3 号
称量瓶＋样品	24.268 9 g	24.052 2 g	23.859 7 g
少量样品	24.052 2 g	23.859 7 g	23.626 9 g
Na_2CO_3 质量	0.216 7 g	0.192 5 g	0.232 8 g
Na_2CO_3 质量	216.7 mg	192.5 mg	232.8 mg
滴定管读数	40.26 mL	35.68 mL	43.29 mL
起始读数	0.03 mL	0.00 mL	0.02 mL
净容积	40.23 mL	35.68 mL	43.27 mL
物质的量浓度	0.101 6$_4$ mol/L	0.101 8$_0$ mol/L	0.101 5$_2$ mol/L

平均值(mol/L):0.101 6$_5$

标准偏差：1.6 ppt[①]

范围：2.8 ppt

苏打粉含量(%)

$$\frac{c_{\text{Na}_2\text{CO}_3} \cdot V_{\text{Na}_2\text{CO}_3} \cdot M_{r\,\text{Na}_2\text{CO}_3} \times \frac{1}{2}}{m_{\text{Na}_2\text{CO}_3}} \times 100$$

$$= \frac{0.101\ 6_5\,(\text{mmol/mL}) \times V_{\text{Na}_2\text{CO}_3} \times 105.99\,(\text{mg/mmol}) \times \frac{1}{2}}{m_{\text{Na}_2\text{CO}_3}} \times 100$$

称量瓶＋样品	25.672 8 g	25.467 3 g	25.237 1 g
少量样品	25.467 3 g	25.237 1 g	25.002 7 g
样品质量	0.205 5 g	0.230 2 g	0.234 4 g
样品质量	205.5 mg	230.2 mg	234.4 mg
滴定管读数	35.67 mL	40.00 mL	40.70 mL
起始读数	0.00 mL	0.01 mL	0.05 mL
净容积	35.67 mL	39.99 mL	40.65 mL
Na_2CO_3 含量	93.50%	93.58%	93.42%

平均值(%)：93.50

标准偏差：0.9 ppt

范围：1.7 ppt

不要将实验记录本的空白都填满,建议留出一些作为备用页(例如左边页面,留下右边页面计算和数据汇总)。同样重要的是,你记录数据时应该保留合适的有效数字。有效数字将在第 3 章中讨论,在开始实验之前,你应该回顾这些资料。

测量和计算时正确的有效数字对分析是至关重要的,见第 3 章。

实验记录本文档

实验记录本是分析化学家对工作的记录。它记载着做过的每一件事。它是报告、出版物和管理意见书的来源。一个公司产品或服务的成功与失败很有可能取决于你的记录。这个记录本成为专利问题、政府监管问题(验证、检查、诉讼)等的法律文件。记住,"你没有记录下来,就代表你没有做过"。记录本是记录原创想法的,这可能是形成一个专利的基础。记录是什么使你形成这些想法以及形成这些想法的时间,是至关重要的。

一个保存良好的记录本有哪些特点呢? 它们会因个人喜好而不同,但这里有一些好的规则：

● 使用一个硬封面的笔记本(没有活页)。

---

① 1 ppt＝10^{-12},译者注。

- 页码连续。
- 仅用墨水笔记录。
- 不要撕页。如果不使用,就在页面上画一条线。
- 每一页都注明日期并签字。当你完成了你的报告后,让其他人签字和注明日期,并写上"阅读和理解"。
- 记录项目的名称,为什么要做以及引用哪些文献。
- 记录当天你获得的所有数据。

<!-- 23 -->

基于适当的校准,现代仪器软件允许分析工作者直接从仪器采集信号、存储和处理数据。因此,对软件和校准进行验证是至关重要的,至于其余分析将作为良好实验室操作的一部分,会在第 4 章中讨论。各种电子笔记本和组织工具是市售的,其中大多数有很强大的功能,可以以各种各样的格式存储和管理数据,例如,数据文件和电子表格。此外,也可用实验室信息管理系统来管理数据,其最终目的是完全地消除纸质记录本。见 http://e.wikipedia.org/wiki/Laboratory_information_management system。

2.2　实验材料和试剂

表 2.1 列出了制造常用实验室仪器设备所用材料的性能。硼硅酸盐玻璃(商品名:Pyrex,Kimax)是烧杯、烧瓶、移液管和滴定管等实验室设备最常用的材料。它在热溶液中是稳定的,并随温度急剧变化。对于更特殊的应用,可采用其他材料,它们具有化学稳定性、热稳定性等优点。

表 2.1　实验室材料性能

材　料	最高工作温度/℃	热敏感性	化 学 惰 性	备　　注
硼硅酸盐玻璃	200	150℃变化中	在热碱溶液中不稳定	商标:Pyrex(Corning Glass Works),Kimax(Owens-Illinois)
软质玻璃		差	在碱性溶液中不稳定	无硼。商标:Corning
耐碱瓶		比硼硅酸盐玻璃更敏感		
熔融石英玻璃	1 050	优	耐大部分酸和卤素	用于熔融石英坩埚
高硅玻璃	1 000	优	比硼硅酸盐玻璃更耐碱	类似于熔融石英商标:Vycor(Corning)
瓷器	1 100(上过釉)	良好	优	

（续表）

材　料	最高工作温度/℃	热敏感性	化 学 惰 性	备　注
瓷器	1 400（未上釉）			
铂	大约1 500		耐大部分的酸和熔融盐;不耐王水、熔融硝酸盐、氰化物、氯化物（大于1 000℃）、金、银和其他金属的合金	通常与铱、锇形成合金以增大硬度;铂坩埚用于融合和氟化氢处理
镍和铁			熔融样品易受金属污染	镍和铁的坩埚用于过氧化氢融合
不锈钢	400~500	优	除了浓盐酸、稀硫酸、热浓硝酸外,耐大部分的酸碱	
聚乙烯	115		耐碱性溶液或氟化氢,易受有机溶剂（除丙酮、乙醇）攻击	软塑料
聚丙烯	120	优,易受强氧化剂攻击	半透明的,已取代聚乙烯的许多用途	
聚苯乙烯	70		耐氟化氢,易受大多数有机溶剂的攻击	有点脆
聚四氟乙烯	250		对大多数化学品呈惰性	用于金属分析的溶液和试剂的储存。可渗透氧

附录 D.2 列出了不同等级的化学物质。一般情况下,只有美国化学学会试剂级或一级标准物质才能用于分析化学实验室。

试剂级化学物质几乎总是用在分析化学中;而一级标准物质用于配制标准溶液中。

美国化学学会出版了一本用于评价基本实验室化学物质纯度和质量的测试汇编。如果化学物质不参考美国化学学会标准,只满足制造商的试剂规格,那么化学物质会因供应商的不同而不同。

除了满足最低要求的纯度外,试剂级化学物质还需提供杂质的分析报告（印刷标签）。一级标准化学物质的纯度必须达到 99.95% 以上。它们经过分析,结果被打印在印刷标签上。它们比试剂级化学物质更昂贵,只能用于标准溶液的配制或用于通过滴定反应标定溶液。不是所有的化学物质都能达到一级标准。特殊用途的溶剂有特殊等级,例如光谱或液相色谱/质谱等级。它们经过专门纯化以除去在特定应用中可能会产生干扰的杂质。同样,"半导体级"的酸,它们经过了特殊的提炼,更详细地测定痕量元素杂质含量,通常在十亿分之几范围内。

除了商业生产商,国家标准与技术研究所(NIST)提供一级标准化学物质。*NIST Special Publication 260* 有一级标准化学物质的目录(见 http://ts.nist.gov/ts/htdocs/230/232/232.htm,网站上有 SRM 程序和一级标准化学物质的目录)。参考物质是复杂的材料,如合金,它们的成分已经过仔细地分析,可用于检查和校准一个分析程序。

附录 D.3 给出了市售酸碱的浓度。

2.3 分析天平——必不可少的工具

不管是样品测定,还是标准溶液配制,称量是所有分析中必不可少的一部分。在分析化学中,我们处理的是比较小的质量,几克到几毫克甚至更少。标准实验室称量通常需保留三或四位有效数字,这要求称量装置必须既精确又灵敏。有各种复杂的方法可以实现这一点,但最有用和用途最多的装置是分析天平。

天平测量质量。

现在使用的大多数分析天平是电子天平。现代分析实验室已很少使用机械单盘天平了。电子或数字天平的校准是基于一个质量对于另一个质量的比较。所有类型的天平均必须考虑零点漂移和空气浮力等因素。我们真正处理的是质量而不是重量。物体的重量是万有引力对物体施加的力。这种力在地球上不同地点会有所不同。另一方面,质量是组成物质的质量,是不变的。

与在很大程度上已被淘汰的机械天平相比,现代电子天平为称量提供了便利,误差或机械故障也更小。电子天平淘汰了拨号砝码,调节和阅读千分尺,横梁和机械阻止等操作,这大大加快了称量速度。数字显示电子天平如图2.1 所示,电子天平的工作原理如图 2.2 所示。电子天平没有像机械天平那样的重量和刀刃,秤盘坐落在可移动吊架(2)的臂上,该移动系统由一个恒定的电磁力补偿。悬挂器的位置由位置扫描仪(1)进行监控,这使称重系统返回到零点。该补偿电流正比于放在秤盘上样品的质量,它以数字形式发送给微处理器,并将其转换成相应的质量值,以数字的方式显示。容器的质量会被自动扣除。

这些使用电磁力补偿原理的天平于 1895 年首次由 Angstrom 所描述。但它们仍然使用一个质量与另一个质量进行比较的原理。用一个已知质量的物体调节天平"零"点或者校准天平。当样品放置于秤盘上时,其质量通过电子方式与已知物进行比较。这是一种自我校准的形式。现代天平自带这样的功能,即补偿零点的偏移和平均建筑物的振动引起的差异。

一个单台控制杆被用来切换天平的开启和关闭,设置显示为零,对秤盘上容器的质量自动去皮。由于获得的结果是电信号,它们可以很容易地由计算机进行处理和存储。称量统计可以自动计算。

图 2.1　电子分析天平（由 Denver 仪器公司提供，Denver 仪器公司拥有所有图片的版权）

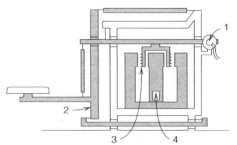

图 2.2　电子天平的工作原理（K. M. Lang，American Laboratory，March，1983，p. 72.经美国实验室许可转载）

1—位置扫描仪；2—吊架；3—线圈；4—温度传感器

市场上可以购买到不同称量范围和灵敏度的电子分析天平。通常一个标准分析天平的最大容量为 $160\sim300$ g，灵敏度为 0.1 mg。当前市售的天平还有半微量天平（灵敏度 0.01 mg，最大容量 200 g），微量天平（灵敏度 1 μg，最大容量 30 g）和超微量天平（灵敏度 0.1 μg，最大容量 2 g）。

更高的精度等于更大的成本。一个灵敏度为 0.1 mg 的天平费用不足 2 000 美元，而微量天平的费用则约 10 000 美元。

电化学石英天平最大容量为 100 μg，可检测到 1 ng（10^{-9} g）的变化。它采用一个薄的石英晶体磁盘振荡，例如 10 MHz，振荡频率随质量的变化而变化，由仪器检测频率变化并转化成质量。将一层金膜蒸镀在石英表面，这样可在金基质表面涂覆任何感兴趣的材料。金表面上很小的质量变化，如包覆度仅有百分之几的单原子层或单分子层都可以检测出来。质量随时间的变化可以被记录。这种天平已被用于空气中颗粒质量的监测，见 http://www.kanomax-usa.com/dust/3521/3521.html。

单盘机械天平

尽管机械天平在很大程度上已被电子天平所取代，但它们仍然被使用着。因此我们在第 2 章的网站上对单盘机械天平进行了描述。

这类天平是基于等臂杠杆原理，就像一个跷跷板，比较杠杆两端的质量。一端质量是未知的，而另一端是标准砝码。它们之间保持了 $m_1L_1=m_2L_2$ 的关系。这种单盘天平实际上有不相等的杠杆长度,操作是从杠杆的未知物那一端移动,移动的质量在数值上等于未知物的质量。详见网站。

早期的机械天平使用杠杆原理:$m_1 L_1 = m_2 L_2$。L_1 和 L_2 分别为杠杆两个臂的长度;m_1 和 m_2 分别为相应的质量。如果构造时 L_1 和 L_2 一致,那么在平衡时,$M_1 = M_2$。

Burns' 称猪法:"(1) 拿一个笔直的木板,平衡在锯木架上;(2) 将猪放置在木板的一端;(3) 将岩石堆积在另一端,直到木板再次完全平衡;(4) 仔细推测岩石的重量"——Robert Burns。

半微量和微量天平

迄今为止的讨论仅限于传统的宏观或分析天平。它们最小称量可以接近 0.1 mg,可以处理的负荷达 160~300 g,可满足大多数常规分析的称量。通过改变影响灵敏度的参数,例如减小横梁(对于机械天平)和称盘的质量、增加横梁的长度和改变横梁的重心等可提高上述各类天平的灵敏度。横梁可以采用更轻的材料,因为它不需要像传统横梁那样坚固。

半微量天平的灵敏度是 0.01 mg,而微量天平的灵敏度是 0.001 mg (1 μg)。这些天平的负荷也相应小于常规天平,在使用时需更加小心。

我们通常定量称量至 0.1 mg。

零点漂移

一个天平的零点并不是固定不变的,它可以被确定、设置或遗忘。很多原因会导致天平的零点发生漂移,包括温度变化、湿度和静电,因此在使用天平期间,至少每半小时检查一次零点。

在真空中的称量——这是最终的准确度

当然,天平上称的质量是在空气中的质量,当一个物体取代了其体积的空气,取代的空气质量会上浮[阿基米德(Archimedes)原理——见第 1 章分析化学如何起源?]。空气的密度是 0.001 2 g(1.2 mg)/mL,如果砝码的密度和被称量物体的密度是相同的,它们上浮量也相同,记录的质量将会等于在真空中的质量,而在真空中是没有浮力的。如果两者密度明显不同,浮力的差异将会导致称量的微小误差,一个将会比另一个上浮得更多些,导致了不平衡的出现。这种情况会发生在称量高密度对象[例如铂容器(相对密度为 21.4)或汞(相对密度为 13.6)],轻的、庞大的物体[例如水(相对密度约为 1)]以及非常细致的工作中。应该校正这一误差。为了进行比较,天平中砝码的相对密度约为 8。单盘天平的空气浮力修正见参考文献 14(参考文献 10 描述了单盘天平中砝码的校准)。

1 mL 体积的物体能使 1.2 mg 质量的物体上浮。

请注意,在大多数情况下,校正是不必要的,因为浮力造成的误差在计算组成时将会被抵消。同样的误差出现在分子(如标准溶液的浓度或沉淀的质量)和分母(样品的质量)中。当然,所有的称量必须使用相同的材料、相同的容器(相同的密度)以保持恒定的误差。

称重容器的浮力忽略不计,因为它已被扣除。

在真空中校正的一个例子是在玻璃器皿的校准中。需要测量玻璃器皿中所移取或容纳水或水银的质量。在指定的温度下,液体的密度已知,则它的体积可以由质量计算得出。即使在这些情况下,浮力校正也只有约千分之一。对于大多数物体的称量,浮力误差可以忽略不计。

浮力修正通常在玻璃器皿校准中相当重要。

空气中物体的质量可以通过式(2.1)校正成真空中的质量

$$m_{vac} = m_{air} + m_{air}\left(\frac{0.001\,2}{\rho_0} - \frac{0.001\,2}{\rho_w}\right) \tag{2.1}$$

式中,m_{vac} 为真空中的质量,g;m_{air} 为空气中的质量,g;ρ_0 为物体相对密度;ρ_w 为标准砝码的相对密度;0.001 2 为空气的相对密度。

黄铜砝码的相对密度为 8.4,不锈钢砝码的相对密度为 7.8。一个以水为对象的计算证明校正结果只占其中的千分之一。

同样的浮力修正适用于机械和电子天平(用已知密度的物体来校准。)

例 2.1　校准移液管的方便的方法是从移液管中称量所释放出水的质量。在给定温度下,由水的精确密度可以计算出释放的体积。假设一个 20 mL 移液管需要校准。一个带有盖子的空烧瓶的质量为 29.278 g,将移液管中的水释放到烧瓶中,烧瓶质量为 49.272 g。如果使用黄铜砝码,在校正为真空质量时,释放出水的质量是多少?

计算方法

增加的质量是空气中水的质量:

$$49.272 - 29.278 = 19.994(g)$$

水的密度是 1.0 g/mL(2 位有效数字,从 10~30℃,见表 2.4)。因此,

$$m_{vac} = 19.994 + 19.994 \times \left(\frac{0.001\,2}{1.0} - \frac{0.001\,2}{8.4}\right) \approx 20.015(g)$$

例 2.2　如果使用的是密度为 7.8 g/cm³ 的不锈钢砝码,重新计算由例2.1中移液管释放出的水的质量。

计算方法

计算过程中不要四舍五入,直到计算结束,得到相同的计算结果:

$$m_{vac} = 19.994 + 19.994 \times \left(\frac{0.001\,2}{1.0} - \frac{0.001\,2}{7.8}\right) \approx 20.015(g)$$

这说明无论采用何种类型的砝码,表 2.4 中的浮力校准都是有效的(见下文玻璃器皿的校准)。

称重中误差的来源

前文已经提到了几种可能的误差来源,包括零点漂移和浮力。环境温度和被称量物体温度的变化可能是误差的最大来源,由于对流驱动空气流动,从而导致零点或不动点的漂移。过热或过冷的物体必须待温度回到室温后再进行称量。易潮解样品可能会吸收水分,尤其是在高湿度的气氛中,在称量前和称量过程中,应尽可能不将其暴露在空气中。

称量一般规则

你所使用的特殊天平的具体操作将由指导老师介绍。其主要目的是保护所有部件免受灰尘和腐蚀,避免负荷的污染或改变(样品或容器),避免气流误差(空气对流)。在称量前,应该熟悉各种类型分析天平的一般性的规则:

1. 永远不要用手指触摸被称量物品,应该使用干净的纸或夹具。
2. 在室温下进行称量,从而避免空气对流。
3. 不要把化学物质直接放在称量盘上,而是将它们放在容器(称量瓶或称量皿)里或称量纸上来称量。一旦化学物质洒出来,应立即用柔软的刷子清理掉。
4. 在称量之前,请务必关闭天平门窗。空气对流会导致天平不稳定。

尽管现代电子天平不需要用户操作砝码,但腐蚀仍然可能发生,故易挥发的腐蚀性物质(例如碘或浓盐酸)不应在敞口容器中进行称量。

学习这些规则!

固体的称量

固体化学物质(非金属)通常在称量瓶中称量和干燥。其中一些称量瓶如图 2.3 所示。它们有标准的磨砂玻璃盖子。称量易潮解样品(从空气中吸收水分)时需盖紧称量瓶盖子。重复称量可通过差值方便得出样品质量。称量称量瓶和称量瓶中样品的质量;将部分样品定量转移至适合溶解样品的容器中(例如,通过敲击);再次称量称量瓶和称量瓶中剩余样品的质量,两次称量的质量差即为样品的质量。移除下一个样品,重复称量,通过质量差获得它的质量等。在苏打灰实验的实验记录本示例中对差量法称量进行了解释。

图 2.3　称量瓶

易潮解样品需采用差量法称量。

显而易见,通过这种技术,除了第一个样品额外的一次称量,平均每一个样品只需要称量一次。每个样品的质量为两次称量的差值,因此,总的实验误差是两次称量的总误差。如果称量的样品易潮解或称量前不能暴露在空气中,利用差量法称量时称量瓶就必须加盖。如果暴露在空气中没有影响,则称量瓶不需加盖。

对于直接称量,需使用称量皿、称量纸或称量舟(这些通常都是一次性的)。先称量空的称量皿、称量纸或称量舟的质量,然后添加样品。每个样品需要称量两次。通过轻拍转移被称量的样品。直接称量只适用于不潮解的样品。

当进行非常精细的称量时(零点几毫克或更少),必须注意不能让外来物质污染称量皿,这可能会影响它的质量。特别需要注意的是,不要让手上的汗液流入称量皿,它的影响可能是非常显著的。最好用一张纸来接触称量皿或者使用指套。指套与防护手套的指间区域类似。固体样品必须干燥至恒重(例如对于 0.5 g 试样,±0.5 mg)。高度绝缘的材料,例如碳氟化合物制成的实验室器皿,很容易获得静电而影响称量读数。一种具有内置电离辐射源的刷子(http://www.amstat.com/solutions/staticmaster.html)有助于驱散静电,因而推荐在称量前轻刷这类材料。

液体的称量

液体的称量通常是通过直接称量法进行的。液体被转移至一个称量容器中(例如称量瓶),加盖以防止在称量过程中蒸发,然后称量。如果液体样品采用差量法称量,利用移液管从称量瓶中移取一部分,移液后移液管内部必须冲洗几次。在转移过程中应该注意不能损失移液管尖端的样品。

称量的类型——你需要怎样的准确度?

分析化学中有两种类型的称量:粗略称量和准确称量。如果被称量的物质的质量只需要知道在百分之几以内,通常采用粗略称量,保留 2~3 位有效数字。例如试剂的溶解,随后用已知标准进行标定;试剂的分配,待干燥后精确称量;试剂的简单添加,用来调节溶液的条件。也就是说,如果称量的量不参与分析结果的计算,则仅需粗略称量。粗略称量不需要在分析天平上完成,但可以在托盘天平上完成。

30

只有一部分称量需要采用分析天平,这些涉及定量计算。

准确称量是获取用于分析的样品的质量,如质量分析中干燥产品的质量或已干燥试剂的质量(在一个测定中被用作标准),所有这些必须保留四位或更多的有效数字以用于分析结果的计算。**这些只能在分析天平上进行,最小称量量通常为 0.1 mg。**很少称量一个试剂的准确预定量(例如,0.500 0 g),而需精确称量一个近似量(约 0.5 g)以得到准确质量(例如 0.512 9 g)。一些化学物质不需要在分析天平上称量。例如,NaOH 颗粒极易潮解,它们不断地吸收水分。称量一个给定量氢氧化钠的质量是无法重复的(它的纯度是未知的)。要获得已知浓度的氢氧化钠溶液,需在托盘天平粗略称取一定质量的氢氧化钠并溶解,然后用标准酸溶液标定该溶液。

2.4　容量玻璃器皿——同样必不可少

溶液体积的准确测量虽然在重量分析法中可以避免,但在其他任何涉及溶液的分析中却是必需的。

容量瓶
容量瓶有一个精确的容积。

　　容量瓶用于将溶液稀释到一定容积。它们有各种规格尺寸,从 1 mL 到 2 L 或者更大,一个典型的容量瓶如图 2.4 所示。这些容量瓶在指定温度下(20℃或 25℃)有精确的容积,此容积是当溶液弯月面的下缘(柱中水的上表面的凹曲率是由毛细管作用引起的——见图 2.10)刚好接触玻璃瓶颈刻蚀的"填充"线时容量瓶的容积。玻璃的膨胀系数很小,对于环境温度的波动,容积可以认为是恒定的。这些容量瓶标有"TC",表示"盛装"。其他精度较低的容器例如量筒,也标有"TC"。这其中的大多数都是由生产厂家直接标注在表面的,表示容器测量的不确定度。例如,250 mL 容量瓶标有"±0.24 mL"或大约 0.1%的误差。

图 2.4
容量瓶

　　向空的容量瓶中先加入少量的稀释剂(通常是蒸馏水)。玻璃是高度吸收的,所以化学试剂决不能直接加入到干燥的玻璃表面。当使用容量瓶时,溶液应该逐步配制。将需要稀释的化学试剂(固体或液体)加入到容量瓶中,然后加入稀释剂至容积的 2/3 处(注意将玻璃瓶唇的试剂冲洗下来)。这有助于在稀释剂加入到该瓶的颈部以前获得最佳的混合(或溶解在固体的情况下)。最后,添加稀释剂,使得弯月面的底部与刻度线的中间持平(眼睛平视)。如果在弯月面上部瓶颈处有小液滴,用一块薄纸将其吸出。此外干燥玻璃瓶塞。

　　最后,按如下操作将溶液彻底混合。用拇指或手掌将塞子牢牢地固定在手上以确保安全,激烈旋流或摇动容量瓶 5~10 s。将容量瓶直立使瓶颈上的液体流下。重复上述过程至少 10 次。

31

　　注意！当配制一昂贵化学物质的溶液,且液体容积超过刻度线时,可以通过如下的方法节约溶液。将一张薄纸贴在容量瓶颈部,用锋利的铅笔标记弯月面的位置,避免视觉误差。将容量瓶中溶液全部移取后,用蒸馏水填充容量瓶至刻度线处,然后用滴定管或小容积的移液管加水至纸上标记的弯月面处,注意记录加入的体积,并使用它来精确地计算溶液浓度。如果是廉价的化学品,则需重新配制。如果体积超过了刻度线,由于不知道超过多少而无法准确计算浓度。当填充容量瓶时一定要非常小心和有耐心,尤其是当容量瓶中物质是不可替代或特别昂贵时。

移液管

移液管通常用于转移特定体积的溶液。因此,它经常被用来转移确定分数(部分)的溶液。为了确保分数,原溶液中的体积以及从中移取的体积必须是已知的,但并非都需要,只要它没有蒸发或被稀释。图 2.5 和图 2.6 所示的是两种常用的移液管类型:转移或容积移液管,测量或刻度移液管。后者的变形也被称为临床或血清学移液管。

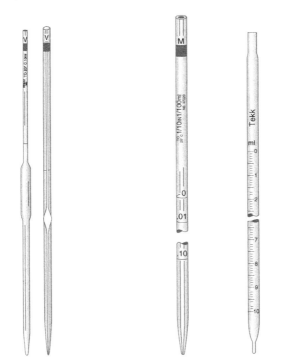

图 2.5 转移或容积移液管 图 2.6 测量或刻度移液管

容积移液管移取一个精确的体积。

移液管被设计为在给定温度下转移特定的体积,它们标记有"TD"。在微小的温度变化下,移液管的体积被认为是恒定的。考虑到残留在玻璃壁上的水膜,移液管需要被校准。该排水膜随着移取时间的变化将会有所变化。通常在重力的作用下,允许溶液排干,当溶液被释放后,缓慢撤离移液管。应采用一个统一的排水时间。

容积移液管可用于精确测量,只能转移特定体积,并在该体积下进行了校准。如果有必要的话,容积移液管可通过适当的校准获得五位有效数字,但通常只需精确到四位有效数字。转移移液管的允许偏差见附录 D.4。测量移液管是一直孔移液管,标有不同的体积间隔。它没有灯泡形状的移液管那么准确,这是由于测量移液管的内直径不均一,与灯泡形状的移液管相比,这可能会对总体积有一个相对更大的影响。此外,排水膜随着移液体积的不同而不同。除非努力校准一给定体积的移液管,否则测量移液管最多精确到三位有效数字。

大多数容积移液管被校准移液时,其末端会残留一定的小体积溶液。这部分溶液不应该被摇晃或吹出来。在移液时,应该垂直拿着移液管,其尖端接触容器侧面使其顺利流下而无飞溅。这样会有适当体积溶液残留在移液管尖端。容器壁上液体之间的吸引力会使其释放其中的一部分。

一些移液管是井喷类型(包括校准到整个尖端的测量移液管)。必须从尖端吹出溶液的最终体积以达到校准量。这些移液管很容易识别,在它们顶部总是会有一到两个圆形的带或环(这些不能与颜色环混淆,颜色环只是作为移液管体积的颜色编码)。直到溶液在重力作用下流尽才可将尖端溶液吹出。液体流下时吹出会增加输送的速率从而改变排液膜的体积。

可供选择的容积移液管容积在 0.5~100 mL,甚至更少。测量和血清学移液管的总容量为 0.1~25 mL。如果测量移液管被校准至想要的特定体积,它们可用于精确的测量,特别是小体积。较大容积的测量移液管通常移液太快,这使得其排液就如同移液一样快。对于精确读数,它们的孔太大了。

在使用移液管时,在填充之后,应该擦干移液管尖端外侧。如果所用的溶剂不是水或者溶液是黏稠的,则考虑到排液速的差异,对于新的溶剂或溶液,移液管必须重新进行校准。

移液管利用吸力填充,使用一个橡胶移液管吸球、移液泵或其他这样的移液设备。在使用移液管以前,用水练习填充和移液。**没有溶液是可以用嘴来移液的。**

注射吸量管
注射吸量管对移取微升体积溶液是非常有用的。

注射吸量管可用于宏观和微观体积的测量。注射器上的校准刻度可能不是很准确,但如果采用自动移取,重复性是非常好的。例如一个弹簧加载装置,每次拔出活塞都达到相同的预定值。因为溶液是被活塞挤压出来的,所以以这种方式移取的体积是没有排水误差的。移取的体积可以被精确地校准。微升注射吸量管被用来将样品引入气相色谱仪。典型的注射器如图 2.7 所示。它们都配有一个针头,而且公差同其他微量移液管一样好。此外,在注射器的整个范围内任何

图 2.7　汉密尔顿微升注射器

体积都可以被移取。注射器的总体积小至 0.5 μL,活塞在针内进行线性移动,因此,整个注射器体积为针内体积。

上述注射吸量管可用于精确移取黏稠性溶液或挥发性溶剂,避免了使用常规移液管移取这些材料时的排水薄膜问题。注射吸量管非常适用于快速移取,也适用于将移取的溶液与另一种溶液快速彻底混合。

第二种类型的注射吸量管如图 2.8 所示。这种吸量管便于在常规程序中快速单手分配固定(或可变)体积,被广泛使用在分析化学实验室中。它包含了一次性不润湿塑料尖端(如聚丙烯)以降低薄膜误差和污染。拇指按钮操作一个弹簧柱塞,弹簧柱塞停在一个进液口或排液口处。排液口在进液口以上以确保完全释放。样品永远不会接触柱塞,而是完全包含在塑料尖端内。注射吸量管可供选择的体积在0.1～5 000 μL。根据所取体积,重复测量误差达 1%～2% 或更好。这种类型的可变体积的移液器通常跨越一个限定的范围,比如 0.1～10 μL,20～200 μL,100～1 000 μL 以及 500～

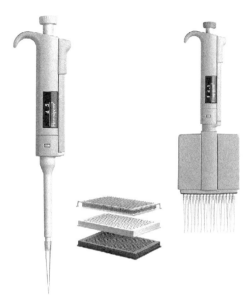

图 2.8　单通道和多通道数字排量移液管和微孔板(由 Thermo Fisher 公司提供)

5 000 μL。在相关程序中,使用不同的移液管时需要保持一致(如在移取100 μL时,总是用一个20～200 μL的移液管),这一点非常重要。

有时当这些注射吸量管和其他微量移液管被用于相对测量中时,它们移取的精确体积是不需要知道的。例如,同一移液管可以用于移取样品和与样品等体积的标准溶液以用于校准测量仪器。移取的精确度比移取的绝对体积更加重要。在欧洲,移液管校准标准是德国 DIN126650(或类似的国际标准 ISO 8655)。该校准是基于重量测试(水的质量)的。DIN 标准没有给准确度和精密度一个单独的限制,而是使用合并误差极限,相当于准确度的百分比加上 2 倍标准偏差,也就是说,它给出了一个范围,我们有 95% 的置信度使其落在这个范围内(见第 3 章标准偏差和置信区间的讨论)。表 2.2 列出了单通道排量移液管的 DIN 误差限。表 2.3 列出了一个典型单通道可变容积移液管的准确度和精密度。

注射吸量管体积可能不能准确知道,但它是可重复的。

Joseph Gay-Lussac (1778—1850 年)设计了第一根滴定管,并命名为滴定管和移液管。

表 2.2   DIN12650 单通道固定容积空气排量移液管的误差限[①]

标称容积/μL	最大误差/μL	相对误差/%
1	±0.15	±15.0
2	±0.20	±10.0
5	±0.30	±6.0
10	±0.30	±3.0
20	±0.40	±2.0
50	±0.80	±1.6
100	±1.50	±1.5
200	±2.00	±1.0
500	±5.00	±1.0
1 000	±10.00	±1.0
2 000	±20.00	±1.0
5 000	±50.00	±1.0
10 000	±100.00	±1.0

① 这些限制适用于制造商的受控环境。如果测试由用户在正常实验室环境中执行,则表中的范围会增加一倍。数据由芬兰 Thermo Labsystems Oy 提供。

表 2.3   型号为 F1 单通道可变容积移液管的准确度和精密度

范围 /μL	增量 /μL	体积 /μL	准确度		精密度[①]	
			/μL	/%	s.d./μL	CV/%
0.2~2	0.002	2	±0.050	±2.50	0.040	2.00
		1	±0.040	±4.00	0.040	3.50
		0.2	±0.024	±12.00	0.020	10.00
0.5~5	0.01	5	±0.080	±1.50	0.050	1.00
		2.5	±0.062 5	±2.50	0.037 5	1.50
		0.5	±0.030	±6.00	0.025	5.00
1~10	0.01	10	±0.100	±1.00	0.050	0.50
		5	±0.080	±1.50	0.040	0.80
		1	±0.025	±2.50	0.020	2.00
1~10	0.02	10	±0.100	±1.00	0.080	0.80
		5	±0.080	±1.50	0.040	0.80
		1	±0.035	±3.50	0.030	3.00
2~20	0.02	20	±0.20	±1.00	0.08	0.40
		10	±0.15	±1.50	0.06	0.60
		2	±0.06	±3.00	0.05	2.50

(续表)

范围 /μL	增量 /μL	体积 /μL	准确度		精密度[①]	
			/μL	/%	s.d./μL	CV/%
2～20	0.02	20	±0.20	±1.00	0.08	0.40
		10	±0.15	±1.50	0.06	0.60
		2	±0.06	±3.00	0.05	2.50
5～50	0.1	50	±0.30	±0.60	0.15	0.30
		25	±0.25	±1.00	0.13	0.50
		5	±0.15	±3.00	0.125	2.50
5～50	0.1	50	±0.30	±0.60	0.15	0.30
		25	±0.25	±1.00	0.13	0.50
		5	±0.15	±3.00	0.125	2.50
10～100	0.2	100	±0.80	±0.80	0.20	0.20
		50	±0.60	±1.20	0.20	0.40
		10	±0.30	±3.00	0.10	1.00
20～200	0.2	200	±1.2	±0.60	0.4	0.20
		100	±1.0	±1.00	0.4	0.40
		20	±0.36	±1.80	0.14	0.70
30～300	1	300	±1.8	±0.60	0.6	0.20
		150	±1.5	±1.00	0.6	0.40
		30	±0.45	±1.50	0.18	0.60
100～1 000	1	1 000	±6.0	±0.60	2.0	0.20
		500	±4.0	±0.80	1.5	0.30
		100	±1.0	±1.00	0.6	0.60
0.5～5 mL	0.01 mL	5 000	±25.0	±0.50	10.0	0.20
		2 500	±17.5	±0.70	7.5	0.30
		500	±10.0	±2.00	4.0	0.80
1～10 mL	0.02 mL	10 000	±50.0	±0.50	20.0	0.20
		5 000	±40.0	±0.80	15.0	0.30
		1 000	±20.0	±2.00	8.0	0.80

① s.d.=标准偏差，CV=变异系数。https://fscimage.fishersci.com/images/D11178～.pdf

　　除了手动操作注射器，还有电子控制和可变容积马达驱动的注射器可用于自动重复移液。当应用电动注射器泵驱动的注射器缓慢注入溶液时，**可能存在黏滑行为**，从而导致脉冲流动。实验室廉价的自动化分配器是由注射器制成的[例如"Inexpensive Automated Electropneumatic Syringe Dispenser"，P. K. Dasgupta and J. R. Hall，Anal. Chim. Acta 221 (1989) 189]。你也可以购买具有多个注射器的移液管用于同时移取,例如 12 或 16 个通道。这些对于生物技术或临床化学实验室中将溶液加到微孔板上是非常有用的。因为它们需要处理成千上万的样品(图 2.8)。你可以从代表性的生产企业中获得更多关于排量移液管的信息,例如,www.thermoscientific.com/finnpipette 或 www.eppendorf.com。

35

滴定管

滴定管用于精确转移可变体积的溶液,其主要用于滴定。在滴定中,标准溶液被加入到样品溶液直至达到终点(检测反应的完成)。用于常量滴定的常规滴定管从 0~50 mL,被标记为 0.1 mL 的增量,如图 2.9 所示。利用内插法,实际上移取的体积可读到近似 0.01 mL(± 0.02 mL 或 ± 0.03 mL)。此外还有容量为 10 mL,25 mL 和 100 mL 的滴定管和容量小至 2 mL 的微量滴定管。2 mL 微量滴定管标记为 0.01 mL 的增量,可估读近似至 0.001 mL。容量为 0.1 mL 的超微量滴定管相邻刻度间隔 0.001 mL (1 μL),适用于微升滴定。

如同移液管一样,排水薄膜也是常规滴定管的一个影响因素。如果转移速率不是恒定的,那么排水薄膜也是变化的。通常的做法是以一个相当缓慢的速度滴加,大约每分钟 15~20 mL,在滴加后再等待几秒钟允许排水"追赶"上来。在实际的应用中,接近终点时滴加速率只有每分钟几滴,这样在滴加速率和排水速率之间就不会存在时间滞后。随着终点的临近,微微开启(或打开)活塞使液滴的一部分流出,以滴定管的尖端触碰滴定容器的内壁,然后用蒸馏水将其洗涤到溶液中。

图 2.9　典型的滴定管

玻璃器皿的保管与使用

上文介绍了在使用容量瓶、移液管和滴定管时的一些注意事项。实验课指导老师会对这些工具的使用进行详细的说明。一些常规的注意事项和良好的实验室技术的讨论如下。

玻璃器皿的清洁是极为重要的。如果存在污垢或油脂膜,液体不会均一流下,在壁上会有不连续水膜或水滴残留。在这种情况下,校准将是错误的。最初的清洁应使用实验室清洁剂与水反复冲洗,然后用稀硝酸进行清洗,随后用大量的水淋洗。使用滴定刷或试管刷有助于清洗滴定管和容量瓶颈部,但应十分小心以免划伤内壁。移液管应旋转使洗涤剂涂布于它的整个表面。目前已有商品化的清洁溶液,它们是非常有效的。

用待测量溶液润洗移液管和滴定管。

在读取移液管或滴定管体积时应避免视觉误差。

　　用待填充溶液润洗移液管和滴定管至少两次。如果它们是湿润的,应该首先用水漂洗;如果它们不是湿润的,用待填充溶液润洗至少三次。每次润洗时使用体积为移液管或滴定管的大约 1/5 的待填充溶液就足够了。如果一个容量瓶里有原来所盛装的溶液,则要用水来冲洗 3 次。因为稍后将会填充水至刻度线。容量瓶不需要干燥。

　　请注意,分析玻璃器皿不应采用有机化学实验室普遍做法来处理,如在烘箱中烘干(这可能会影响到校准玻璃器皿的容积),用毛巾干燥,或者用挥发性有机溶剂如丙酮(可能会导致污染)清洗。分析玻璃器皿通常不必进行干燥,首选的方法是用待填充溶液润洗它。

　　体积读取时应十分小心以避免视觉误差,即观察者视线与弯月面和刻度线不正确地对齐而导致的错误。正确的位置是观察者视线应与弯月面在同一水平线上。如果视线高于弯月面,读取的体积将会比实际体积小;反之如果视线低于弯月面,读取的体积将会比实际体积大。使用过的玻璃器皿,通常应立即用水彻底冲洗干净。如果玻璃器皿已经干燥,则应该用洗涤剂清洗。容量瓶存放时应插上瓶塞,且最好装有蒸馏水。滴定管在不使用时应装满蒸馏水和塞上橡胶塞。

　　已有商品化的玻璃器皿清洗机,它们可以自动清洗玻璃器皿。以下介绍使用洗涤剂和去离子水进行清洗和漂洗。见 L. Choplo, "The Benefits of Machine Washing Laboratory Glassware Versus Hand Washing," Amer. Lab. October (2008) 6 (http://new. americanlaboratory. com/914-Application-Notes/ 34683- The-Benefits-of-Machine- Washing- Laboratory- Glass ware- Versus- Hand- Washing/)和 M. J. Felton, "Labware Washers," Today's Chemist at Work, November (2004) 43 (http://pubs. acs. org/subscribe/archive/tcaw/13/i11/ pdf/1104prodprofile.pdf)。

准确和精确滴定的一般技巧

　　你所使用的滴定管可能会有一个聚四氟乙烯旋塞,使用时不需要润滑。确保它被固定得足够紧,以防止漏液,但不要太紧,使旋转困难。如果你使用的滴定管有一个圆玻璃旋塞,你可能需要润滑旋塞。将一薄层旋塞润滑脂(无硅树脂润滑剂)均匀地涂布到旋塞上,使其尽可能地靠近孔,但注意不要让任何润滑剂进入孔内。将旋塞插入并旋转形成均匀且透明的油脂层,且旋塞不应发生漏液。如果有太多的润滑剂,它会被压迫进入旋塞孔内或进入到滴定管尖端堵塞它。滴定管尖端和旋塞孔内的润滑剂可通过使用一根细的金属丝去除。

如果滴定管有一个聚四氟乙烯旋塞,它将不需要润滑。

　　接下来,我们将向滴定管里填充待释放的溶液。充满溶液至滴定管零刻度线以上,打开旋塞使溶液充满滴定管的尖端。检查滴定管的尖端是否有气泡。如果滴定管尖端有气泡,在滴定过程中,气泡将会离开尖端,引起读数误差。可通过快速开启和关闭旋塞,使滴定液喷射出尖端或当溶液流动时轻敲尖端从而带走排除气泡。滴定管内不应有气泡。如果有的话,滴定管可能是不干净的。

滴定管的初始读数采取使溶液慢慢流至零刻度线。等待几秒钟以确保排水膜已经赶上了弯月面。读取滴定管到 0.01 mL(对于 50 mL 滴定管)。初始读数可以是 0.00 mL 或稍大些。读数时最好采取将手指放在弯液面的背面或通过使用弯月面照明板(图 2.10)的方式。弯月面照明板有白区和黑区,将黑区位于弯月面正下方。读数时应平视,从而避免视觉误差。

滴定进行时样品溶液盛放在锥形瓶中。锥形瓶放置于白色背景上。滴定管的尖端位于瓶颈内。右手摇动锥形瓶,左手控制旋塞,如图 2.11 所示。也可采用其他舒适的方法。滴定管的这种握法保持了对旋塞轻微的向内压力,以确保不会发生泄漏。可以利用磁力搅拌器和搅拌棒更有效地搅拌溶液。

图 2.10　用于滴定管的照明半月板　　　　图 2.11　滴定的正确技术

随着滴定的进行,由于局部过量,加入滴定剂附近指示剂的颜色发生改变。但很快恢复到原来的颜色,这是由于滴定剂扩散进入溶液中,与样品发生反应。随着滴定终点的临近,返回到原来的颜色速度变慢,这是因为稀溶液必须更彻底地混合才能消耗所有的滴定剂。此时,应停止滴定,用洗瓶内的蒸馏水冲洗锥形瓶的内壁。滴定管的一滴大约为 0.02~0.05 mL,而体积读取近似为 0.02 mL。因此,有必要拆分接近滴定终点的液滴。这可以通过缓慢地转动旋塞直到一滴溶液的一小部分出现在滴定管尖端,然后将旋塞关闭。用锥形瓶的内壁将这部分液滴碰触下来,随后用洗瓶将其冲洗进锥形瓶溶液中;或者用玻璃搅拌棒将这部分液滴转移。当这部分液滴被加入后,终点的颜色会有一个突然和"永久"(持续至少 30 s)改变。

通常滴定需要重复三次。完成第一次滴定后,根据样品的质量和滴定剂的物质的量浓度,可以计算出重复滴定所需滴定剂的近似体积。这将节省滴定的时间。为了避免读取体积时的偏见,计算体积时不应接近至 0.1 mL。

使用第一次滴定估计终点体积,可以加快随后的滴定。

滴定结束后,未使用的滴定液不应倒回原瓶,而应丢弃。如果滴定剂 pH 值不在 4～8 时,周期表上短周期名单上的物质则不能直接排放进入下水道,而应收集到回收容器中进行处理。

如果通过测量溶液的物理性质如电位来指示滴定终点,那么滴定需要在磁力搅拌下的烧杯中进行,这样电极可以放置在溶液中。

玻璃器皿的允许偏差和精密度

美国国家标准与技术研究院(NIST)规定了不同的玻璃器皿的允许误差或绝对误差,其中的一部分列于附录 D.4。对于容积大于 25 mL 的玻璃器皿,相对允许误差在 0.1% 以内。但对于较小容积的玻璃器皿,相对允许误差则较大些。容量瓶、滴定管和移液管上标记的字母"A"表明它符合 A 级公差。这里没有提及移取的精密度。容量玻璃量器符合 NIST 规范或经 NIST 认证的价格显著高于未经认证的容量玻璃量器。较便宜的容量玻璃器皿允许误差可能是 NIST 认证的容量玻璃器皿允许误差的 2 倍。但是,校准容量玻璃量器是一件简单的事情,通过校准,容量玻璃量器的准确度可以达到甚至超过 NIST 技术规范(见实验 2)。

A 级玻璃器皿的准确度可以满足大多数分析的要求。它可以被校准到 NIST 规范。

一个 50 mL 滴定管的读数精度大约为 ±0.02 mL。由于一个滴定管常常需要读两次读数,那么总绝对误差可能高达 ±0.04 mL。而相对误差的变化与移取的总体积成反比。这是很明显的,对于一个 50 mL 的滴定管,如果要达到 1 ppt 精度,则涉及 40 mL 滴定剂。对于较小的体积,使用较小的滴定管可以提高精确度。在读数时移液管也有一定精度,但容积移液管只需读取一次。

每次读数的方差或不确定度都是迭加的,见第 3 章"误差的传递"。

玻璃器皿的校准——为了最终的准确度

例 2.1 说明了在玻璃器皿校准中如何使用式(2.1),在校准中以校正水的浮力,也就是,校正到真空中的质量。把水的质量除以给定温度下的密度就可将其换算成体积。

表 2.4 列出了常压下 1 g 水在不同温度时在空气中的体积,其用密度为 7.8 g/cm³ 不锈钢砝码校准浮力。利用玻璃器皿容纳或移取水的质量,就可以得出所要校准玻璃器皿的容积(这些值与应用密度为 8.4 g/cm³ 的黄铜相比,没有显著的差异,见例 2.2)。

容量玻璃器皿的容积是在标准温度 20℃下计算得到的,其中包括对硼硅玻璃容器(高硼或欧文斯)的轻微调整。硼硅玻璃容器随着温度变化膨胀或收

缩(容量玻璃器皿有一个膨胀立方系数,约 0.000 025/℃,这导致有
0.002 5%/℃的变化。对于 1 mL,则每摄氏度变化 0.000 025 mL)。在 20℃时,
水的膨胀系数约为 0.02%/℃。体积(浓度)修正可以用表 2.4 中水的密度数
据,采用相对密度的比值。

教材网站上有表 2.4 的电子表格,公式如表中所示。可从容量瓶、移液管
或滴定管获得水在空气中的特定质量。在 B 列中测量温度下,得到温度 t 和
20℃时计算的校准容积。在第 3 章中我们将描述该电子表格的使用。在教材
网站上,也有根据样品密度的真空质量表和百分比误差数据。

对于那些在高海拔地区生活的人们来说,空气密度略小于 0.001 2 g/mL(海
平面),例如,在海拔 5 000 英尺[①]的空气,密度为 0.001 0 g/mL。你可以在下载的
表 2.4 电子表格中,替换单元格 C14 公式中的相应值,并在新的一列复制新公式。

表 2.4　玻璃器皿校准

	A	B	C	D	E	F	G	H
1	表 2.4　玻璃器皿的校准							
2	真空中质量,假设不锈钢砝码的密度为 7.8 g/mL。							
3	硼硅玻璃的膨胀系数,0.000 025 mL/(mL/℃)。							
4	实际的电子表格可在网站(表 2.4)查阅。							
5	将它保存到桌面上,并用它来计算玻璃器皿的校准体积。							
6	代入适当的 B 值,温度 t 时水的质量。							
7	在空气中,在测量(A 区)温度下,得到玻璃器皿。							
8	在该温度下的校准体积(D 区),计算在 20℃的体积(F 区)。							
9	通常,将计算值四舍五入到合适的有效数字,四到五位。							
10								
11								
12	t/℃	空气中 H_2O 的质量	真空质量	温度 t 时体积	玻璃膨胀系数	20℃时体积	密度	
13		/g	/g	/mL	20℃/mL	/mL	/(g/mL)	
14	10	1.000 0	1.001 0	1.001 3	−0.000 250	1.001 6	0.999 702 6	
15	11	1.000 0	1.001 0	1.001 4	−0.000 225	1.001 7	0.999 608 1	
16	12	1.000 0	1.001 0	1.001 5	−0.000 200	1.001 7	0.999 500 4	
17	13	1.000 0	1.001 0	1.001 7	−0.000 175	1.001 8	0.999 380 1	
18	14	1.000 0	1.001 0	1.001 8	−0.000 150	1.002 0	0.999 247 4	
19	15	1.000 0	1.001 0	1.001 9	−0.000 125	1.002 1	0.999 102 6	

---

①　1 英尺=30.48 cm

（续表）

	A	B	C	D	E	F	G	H
20	16	1.000 0	1.001 0	1.002 1	−0.000 100	1.002 2	0.998 946 0	
21	17	1.000 0	1.001 0	1.002 3	−0.000 075	1.002 3	0.998 777 9	
22	18	1.000 0	1.001 0	1.002 5	−0.000 050	1.002 5	0.998 589 6	
23	19	1.000 0	1.001 0	1.002 6	−0.000 025	1.002 7	0.998 408 2	
24	20	1.000 0	1.001 0	1.002 8	0.000 000	1.002 8	0.998 207 1	
25	21	1.000 0	1.001 0	1.003 1	0.000 025	1.003 0	0.997 995 5	
26	22	1.000 0	1.001 0	1.003 3	0.000 050	1.003 2	0.997 773 5	
27	23	1.000 0	1.001 0	1.003 5	0.000 075	1.003 4	0.997 541 5	
28	24	1.000 0	1.001 0	1.003 8	0.000 100	1.003 7	0.997 299 5	
29	25	1.000 0	1.001 0	1.004 0	0.000 126	1.003 9	0.997 047 9	
30	26	1.000 0	1.001 0	1.004 3	0.000 151	1.004 1	0.996 786 7	
31	27	1.000 0	1.001 0	1.004 5	0.000 176	1.004 4	0.996 516 2	
32	28	1.000 0	1.001 0	1.004 8	0.000 201	1.004 6	0.996 236 5	
33	29	1.000 0	1.001 0	1.005 1	0.000 226	1.004 9	0.995 947 8	
34	30	1.000 0	1.001 0	1.005 4	0.000 251	1.005 2	0.995 650 2	
35								
36	如下黑体字单元所示的公式，它们被复制到所有温度。有关电子表格设置请参阅第 3 章							
37								
38	**Cell C14:** $m_{vac} = m_{air} + m_{air}(0.001\ 2/\rho_o - 0.001\ 2/\rho_w)$ $= m_{air}(0.001\ 2/1.0 + 0.001\ 2/7.8)$							
39			=	B14+B14*(0.001 2/1.0− 0.001 2/7.8)	Copy down			
40	**Cell D14:** $V_t(mL) = m_{vac,\ t}(g)/\rho_t(g/mL)$							
41			=	C14/G14	Copy down			
42	**Cell E14:** 玻璃膨胀系数 $=(t-20)(℃)$ $\times 0.000\ 025[mL/(mL/℃)]$ $\times V_t(mL)$							
43			=	(A14−20)* 0.000 025 * D14	Copy down			
44	**Cell F14:** $V_{20℃} = V_t -$ 玻璃膨胀系数 $=$		D14 - E14	Copy down				

例 2.3　（a）使用表 2.4 计算例 2.2 中 20 mL 移液管的容积（不锈钢砝码），由它在空气中的质量计算。假定温度为 23 ℃。（b）给出在 20 ℃时的相应

容积作为玻璃收缩的结果。（c）将在空气中计算的容积与用水的密度在真空中计算的体积作比较（例 2.2）。

计算方法

（a）从表 2.4 可知，23℃时在空气中每克的移液管的体积为 1.003 5 mL：

$$19.994 \text{ g} \times 1.003\ 5 \text{ mL/g} = 20.064 \text{ mL}$$

（b）玻璃在 20℃相对于 23℃收缩了 0.001 5 mL[0.000 025 mL/(mL/℃)×20 mL×3℃]，所以移液管在 20℃时的容积是 20.062 mL。

（c）在 23℃时水的密度是 0.997 54 g/mL，因此它在真空中的体积：

$$20.015 \text{ g}/(0.997\ 54 \text{ g/mL}) = 20.064 \text{ mL}$$

体积几乎是相等的。

例 2.4　配制盐酸溶液，用碳酸钠基准物质标定它。在标定过程中温度为 23℃，测定的浓度为 0.112 7$_2$ mol/L。当用酸滴定一个未知物时，实验室加热系统发生故障，此时溶液的温度为 18℃。那么滴定剂的浓度是多少？

计算方法

$$\begin{aligned}
n_{18℃} &= n_{23℃} \times (\rho_{18℃}/\rho_{23℃}) \\
&= 0.112\ 7_2 \times (0.998\ 59/0.997\ 54) \\
&= 0.112\ 8_4 \text{ mol/L}
\end{aligned}$$

（参见第 3 章有效数字和下标的含义。）

容量玻璃器皿的校准技术

通常校准玻璃器皿到五位有效数字，这是填充或释放溶液时可能得到的最大精度。因此，水的净质量必须是五位有效数字。如果玻璃器皿超过 10 mL，这意味着你需要称至 1 mg。这可以很容易且方便地在托盘天平上完成，而不需使用一个更灵敏的分析天平。[注：如果体积数量很大而不需要考虑小数点，例如 99，则四个有效数字就足够了。见第 3 章对有效数字的讨论。例如，一个 10 mL 移液管可以被校准并显示实际移取 9.997 mL。这和移液管被确定移取 10.003 mL 一样准确（最后的有效数字在这两种情况下均是万分之一）]。

1. 容量瓶校准

要校准一个容量瓶，首先称量干净且干燥的容量瓶和瓶塞。然后用蒸馏水填充至刻度线。颈部不应该有液滴。如果有，用薄纸吸干。将烧瓶和水平衡至室温。称量填充水后容量瓶的质量，然后记录水的温度到 0.1℃。增加的质量代表的是容量瓶盛装的水在空气中的质量。

2. 移液管校准

要校准一个移液管，称量一个干燥且带有橡胶塞的锥形瓶或者一个带有玻璃塞或玻璃盖的称量瓶，这取决于被称量的水的体积。用正确的移液技术,用蒸馏水填充移液管(记录其温度)并将水释放到锥形瓶或称量瓶。迅速塞住容器,避免挥发损失。再次称量以获得用移液管移取的水在空气中的质量。

3. 滴定管校准

除了需要移取几部分体积,校准滴定管的程序与移液管类似。滴定管的内径并不是完美的圆柱形,它会有点"波浪"。因此实际移取量会在滴定管上标明体积的正负值之间变化,作为移取体积的增量。在每次填充滴定管时,必须确定增量体积是满量程体积的 20%(例如,对于 50 mL 滴定管,每次10 mL),然后释放标准称量体积到干燥的瓶内(每次填充滴定管以使蒸发误差最小。也可以一次性填充滴定管,快速连续移取到同一个烧瓶内)。移取量不需要十分准确,但需接近标准称量容量,可以相当快速地释放,但需等待大约 10～20 s 使液膜排液。以校准体积对标准称量容积作图,得极准直线。对于一个 50 mL 的滴定管,典型的容积校正范围可达 0.05 mL 左右。

 教授推荐典型实验

由 University of Illinois 的 Alex Scheeline 教授提供。

这可能是一个更为精确的或确定的最佳校正滴定管的替代方法,如下所述。将盛有水的烧杯放置在天平的称量室内,使称量室内的空气被水蒸气饱和。装满滴定管并放置在天平称量室顶部,这样流出的水就会进入称量台上的烧杯里。去皮并记录滴定管读数。现在从滴定管放出零点几毫升液体。记录体积,当天平稳定后记录质量。继续这样做,以使滴定管分为 100 个点。重复三次。计算每次放出的体积。现在回答这些问题:

● 哪个更精确:滴定管加工制造时的标准标记还是你尝试校准的滴定管?

● 是否有一个平滑曲线通过数据或平滑曲线上是否有显著差异?

● 是否有任何迹象表明,要校准至 ±0.01 mL,且最大限度地减少校准点的数目,适宜的测量区间多大?

● 你校准的滴定管与其他两名学生校准的滴定管相比,怎么样?

● 如果一个人忽略滴定管校准的结果,他能得到的最好精度是多少?

例 2.5　你以 10 mL 增量校准一个 50 mL 滴定管,每次填充滴定管的质量和释放的标准称量容积,有如下结果:

滴定管读数/mL	释放水的质量/g
10.02	10.03
20.08	20.03
29.99	29.85
40.06	39.90
49.98	49.86

构建容积校正量与释放量关系图。水的温度是 20℃,使用的是不锈钢砝码。

计算方法

从表 2.4(或使用来自网站的表 2.4 体积的自动计算):

$$W_{vac} = 10.03 + 10.03 \times 0.001\,05 = 10.03 + 0.01 = 10.04\ g$$

$$V = 10.04\ g/(0.998\,2\ g/mL) = 10.06\ mL$$

同样对于其他,我们绘制下表:

标准称量容积/mL	实际体积/mL	校准/mL
10.02	10.06	+0.04
20.08	20.09	+0.01
29.99	29.93	−0.06
40.06	40.01	−0.05
49.98	50.00	+0.02

绘制标准称量容积(y 轴)与容积校正量间的曲线图。用 10 mL、20 mL、30 mL、40 mL、50 mL作为标准称量容积。

玻璃器皿的选择——它必须有什么样的准确度?

称重操作中将会遇到这些情况:一种情况是你需要准确地知道测量或移取试剂或样品溶液的体积(精确测量);而在其他情况下,你只需要知道它们的近似体积(粗糙测量)。

如果需要配制 0.1 mol/L 盐酸标准溶液,你不可能通过测量准确体积的浓盐酸,并将它稀释到一个已知的体积而实现,这是因为商业浓盐酸的浓度是不可能准确地知道的。因此,需要先配制一个近似浓度的盐酸溶液,然后对其进行标定。在教材的附录中,我们可以看到商业浓盐酸的浓度约为 12.4 mol/L。要配制 1 L 0.1 mol/L 盐酸溶液,需要量取大约 8.1 mL 浓盐酸,然后稀释它。准确测量浓盐酸的体积(或稀释水的体积)将是时间的浪费。一个 10 mL 量筒或 10 mL 测量移液管就够了,酸被稀释到一个 1 L 无刻度玻璃瓶中。相反,如果你需要准确地稀释一个储备标准溶液,那么你就必须使用移液管转移溶液,并且必须在容量瓶中完成稀释。任何体积的测量都是实际分析测量的一部分,都必须按照分析测量所要求的准确度和精密度来完成。这通常意味着需要达到四位有效数字的准确性,并需要使用转移移液管和容量瓶。这些包括准确移取一部分样品、由一个准确称量的试剂配制标准溶液以及准确稀释。滴定管用于可变体积的准确测量,如滴定。在分析中,如配制只需提供适当的溶液条件(例如用来调节 pH 的缓冲液)的试剂时,则不需要高度准确地配制,也可以使用准确度较低的玻璃器皿,例如量筒。

只有那些参与定量计算的体积需要准确地测量。

2.5　碱标准溶液的配制

当需要碱时,氢氧化钠通常用作滴定剂。它含有大量的水和碳酸钠,因此不能被用作基准物质。对精确的研究工作,碳酸钠必须从 NaOH 溶液中除去,这是因为它发生反应形成的缓冲区降低了滴定终点的敏锐度。此外,在标定氢氧化钠溶液时,若以酚酞指示终点(在这种情况下,CO_3^{2-} 仅滴定到 HCO_3^-);再在样品滴定中以甲基橙指示终点(在这种情况下,CO_3^{2-} 滴定到 CO_2),将导致错误。换句话说,由于 HCO_3^- 的进一步反应,增加了碱的有效物质的量浓度。

通过配制 NaOH 饱和溶液除去碳酸钠。

Na_2CO_3 几乎不溶于接近饱和的 NaOH 溶液。因此,可以通过下面的步骤很方便地除去 Na_2CO_3。将称量的 NaOH 溶解在与其质量(g)在数量上相等体积(mL)的水中。静置数天使不溶的 Na_2CO_3 沉淀下去后,将上层澄清的液体小心倒出(浓碱与玻璃反应,而二氧化碳可以渗透大多数有机聚合物。解决的办法就是在玻璃瓶内插入聚乙烯塑料袋,并采用橡胶塞)。或可以在一个古氏坩埚中用石英纤维过滤垫过滤(不要洗涤被过滤掉的 Na_2CO_3)。K_2CO_3 是可溶的,故这一过程对 KOH 不起作用。

NaOH 溶液的配制和标定见实验 7。

水溶解空气中的 CO_2。在许多常规的不需要太高准确度的测定中,水中的碳酸盐或二氧化碳所导致的误差足够小,可以忽略不计。然而对于高的精度要求,在配制用于酸碱滴定中的溶液时,特别是碱性溶液,应该除去水中的 CO_2。这很方便做到,先将水加热煮沸,再用一个冷水龙头冷却它。

通常,通过滴定一定量的基准物质邻苯二甲酸氢钾实现 NaOH 标定。邻苯二甲酸氢钾是一个中等强度的弱酸($K_a = 4 \times 10^{-6}$),强度与乙酸大致相似。用酚酞指示终点。NaOH 溶液应储存在一个有塑料内衬的玻璃瓶内,以防吸收空气中的二氧化碳。如果瓶子必须是开口的(例如虹吸瓶),则用烧碱石棉管(浸渍有氢氧化钠的纤维状硅酸盐)或碱石灰管[$Ca(OH)_2$ 和 NaOH]保护瓶口。

2.6　酸标准溶液的配制

HCl 是滴定碱的常用滴定剂。大多数氯化物都是可溶的,一些可能会与盐酸发生副反应。这很方便处理。HCl 不是基准物质(尽管恒定沸点的 HCl 是一个基准物质,也可以制备得到)。但是通过稀释浓 HCl 配制一个近似浓度的 HCl 更简单。对于最精确的工作,配制溶液所使用的水应煮沸,但不如配制

NaOH 溶液那么关键。CO_2 在强酸性溶液中有低溶解度,在晃动溶液时将会逸出。

基准物质碳酸钠通常用于标定盐酸溶液。它的缺点是终点不够灵敏,除非使用甲基红或甲基紫作指示剂,且在终点时需加热煮沸溶液。一种改进的无需煮沸的甲基橙指示终点方法可以被采用,但终点变色不是那么灵敏。另一个缺点是 Na_2CO_3 的低相对分子质量。三(羟甲基)氨基甲烷是另一种基准物质,使用更方便。三(羟甲基)氨基甲烷是不吸湿的,但它仍然是一个弱碱($K_b = 1.3 \times 10^{-6}$),且相对分子质量低。终点释放 CO_2 不是很复杂。除非用盐酸来滴定碳酸样品,三(羟甲基)氨基甲烷是被推荐首选的基准物质。

盐酸溶液的配制和标定见实验 8。

如果有已标定的 NaOH 溶液,盐酸溶液可以通过用一定量的氢氧化钠溶液来标定。滴定终点更灵敏且滴定速度更快。NaOH 溶液是一个二级标准物质,标定过程中的任何误差都会影响盐酸溶液的准确性。为减少 CO_2 在滴定瓶中的吸收,用碱直接滴定盐酸,而不是用其他方法。以酚酞或溴百里酚蓝作为指示剂。

二级标准物质没有一级标准物质准确。

2.7 其他设备——处理样品

除了用于测量质量和体积的仪器,还有许多其他的仪器设备常用于分析过程中。

血液采样器

注射器/针头通常被用于收集血样进入真空的玻璃瓶(真空采血管)。(除非受过专门训练,否则不应该尝试收集血液样本。一个训练有素的技术人员通常会被分配做这项工作)。玻璃或塑料注射器通常使用的是不锈钢针头。这些通常不存在污染问题,但在分析样品中的痕量元素(例如金属)时需要特别的谨慎。真空采血管是带有橡胶帽被抽真空的试管。在将针的一端插入静脉后,将针的另一端推入橡胶帽,血液被抽吸进入真空管中。如果血浆或全血样品被用来分析时,真空采血管可能含有抗凝血剂以防止血液絮凝。

当需要少量血液进行微量分析时,用手指穿刺代替静脉穿刺采集血样。使用无菌的尖刀状物体刺破手指,将大约 0.5 mL 血液从刺破的手指上挤入一个小的收集管。手指穿刺采样通常与血糖监测装置相结合。

干燥器

干燥器可用来在样品冷却过程中和称量前保持样品干燥或在某些情况下,干燥潮湿的样品。干燥或加热的样品和容器在干燥器中冷却。一个典型

的玻璃干燥器如图 2.12 所示。干
燥器是一个密闭容器，能保持低湿
度的气氛。干燥剂如氯化钙被放
置在底部，以吸收水分。干燥剂必
须周期性更换，因为它会被"耗
尽"。通常当干燥剂需要更换的时
候，它在外观上看起来是湿的或者
受潮结块。一个陶瓷板通常放置

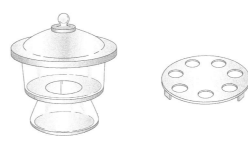

图 2.12 干燥器和干燥板

于干燥器中以支撑称量瓶、坩埚和其他容器。空气密封是通过在干燥器顶部
的毛玻璃边缘涂敷旋塞润滑脂而实现的。真空干燥器的顶部装有用于抽真空
的侧手臂，以便干燥器内保持一个真空状态，而不仅仅是干燥的空气氛围。

烘干样品或试剂在称量前在干燥器中冷却。

除非必要，干燥器的顶部不应被除去。因为除去从空气中引入的水分是
相当缓慢的。持续的暴露将限制干燥剂的寿命。灼热的坩埚或其他容器在放
置于干燥器中之前，应在空气中冷却大约 60 s，否则，在关闭干燥器前，干燥器
中的空气将会被明显加热。当空气冷却时，将会产生部分真空。当干燥器被
打开时，导致空气突涌，因而可能会造成样品的溢出或损失等后果。热称量瓶
干燥时瓶盖也应一起放置于干燥器中，但此时不应塞紧瓶盖，因为当冷却时，
产生的部分真空有可能把瓶盖卡住。

表 2.5 列出了一些常用的干燥剂及其性质。三氧化二铝、高氯酸镁、氧化
钙、氯化钙和硅胶可以分别加热至 150℃、240℃、500℃、275℃和 150℃再生。

表 2.5 一些常用的干燥剂

试 剂	能力	潮解性[①]	商 标 名
氯化钙（无水）	高	是	
硫酸钙	中等	否	Drierite (W. A. Hammond Drierite Co.)
氧化钙	中等	否	
高氯酸镁（无水）	高	是	Anhydrone (J. T. Baker Chemical Co.); Dehydrite (Arthur H. Thomas Co.)
硅胶	低	否	
三氧化二铝	低	否	
五氧化磷	低	是	

① 通过吸收水分生成液体。注意液体的产生，例如，P_2O_5 生成 H_3PO_4。

炉子和烘箱

马弗炉(图 2.13)可用来加热样品到高温，或将沉淀转化为可称量形式，或在
进行无机分析以前燃烧有机材料。因为当温度超过 500℃时可能会损失一些金

属,因此马弗炉应该有一些温度调节装置。马弗炉的温度可以高达约 1 200℃。

45 烘箱是称量前用于干燥样品的,一个典型的烘箱如图 2.14 所示。这些烘箱通风良好且加热均匀。通常的干燥温度约为 110℃,但许多实验室用烘箱可加热到 200~300℃。

图 2.13 马弗炉(由 Arthur H. Thomas 提供)　　图 2.14 烘箱(由 Arthur H. Thomas 提供)

通风橱

化学品或溶液需要蒸发时,需要使用通风橱。当高氯酸溶液或高氯酸盐溶液被蒸发时,烟气应该被收集,蒸发应在专为高氯酸设计的(即成分可以抵抗高氯酸腐蚀)通风橱中进行。

在进行痕量分析时,如在痕量金属分析中,必须注意防止污染。传统的通风橱一般是实验室"最脏"的区域之一,这是因为实验室空气会被吸入到通风橱和样品之上。层流通风橱或工作站可以被用来提供非常干净的工作区。不是让未过滤的实验室空气进入工作区,而是空气首先被预过滤,然后流过工作区和外面的空间,创造一个正压以防止未经过滤的空气流入。一个典型的层流工作站如图 2.15 所示。高效微粒空气过滤器可去除空气中大于 0.3 μm 的所有颗粒。当产生的烟雾不应吹到操作者时,垂直层流工作站是首选。一些设备可使有毒烟雾排放。生物安全柜也可以在许多现代分析和临床实验室发现。它们不同于排气通风橱,而主要是为了提供一个安全的地方,以开展存在潜在感染材料和颗粒的工作。它们通常配有高强度的紫外线灯管,在工作前或工作后打开(从不在工作中打开)以消毒工作区。所有分析工作者在处理生物危害材料前应接受适当的培训。

高效微粒空气最终过滤器

工作区

预滤器

风机

图 2.15 层流工作站(由 Dexion, Inc., 344 Beltine Boulevard, Minneapolis, MN 提供)

层流通风橱提供一个清洁的工作区。

洗瓶

在任何分析实验室里,洗瓶都应该是便于使用的,它被用来定量转移沉淀、溶液或洗涤沉淀物。市面上可以购买到各种形状和大小的洗瓶,如图 2.16 所示。它们也可以由一个平底烧瓶和玻璃管构成,如图 2.16 (b)所示。

(a) 聚乙烯, 挤压式　　(b) 玻璃, 吹式

图 2.16　洗瓶

离心机和过滤器

离心机有很多非常有用的用途,特别是在临床实验室,血液可能会被分离成不同的部分如血清或血浆,蛋白质可能必须通过离心沉淀分离。许多实验室也有超速离心机。这种离心机具有更大的容量,可以实现更高的速度(引力),以便更容易地分离样品组分。离心过滤器有截留不同相对分子质量的过滤器元件。它们由一次性离心管构成,通过一个水平放置的滤芯分离。将样品(通常为生物样品)放置在顶部的隔室,然后进行离心。感兴趣的无论是低相对分子质量的材料(通常是一个透明的滤液)或高相对分子质量的材料均由过滤器保留。

不同类型的过滤器被用来过滤沉淀物(例如在重量分析中)。古氏坩埚、烧结玻璃坩埚和陶瓷过滤坩埚如图 2.17 所示。古氏坩埚是瓷的,底部有孔,它的上面支撑着一个玻璃纤维过滤盘。玻璃纤维过滤盘被用于处理超细沉淀。烧结玻璃坩埚包含一个烧结玻璃底部,有细、中或粗三种孔隙度可用。陶瓷过滤坩埚含有多孔无釉底部。玻璃过滤器不建议用于过滤浓碱溶液,因为浓碱溶液可能与玻璃过滤器反应。不同类型的坩埚材料的最高工作温度参见表 2.1。

(a) 古氏坩埚　　　　　(b) 烧结玻璃坩埚　　　　　(c) 陶瓷过滤坩埚

图 2.17　过滤坩埚

凝胶状沉淀,如水合氧化铁,不应在过滤器被过滤,因为它们会堵塞孔道。即使是用滤纸,沉淀的过滤也可能会很慢。

过滤坩埚通过坩埚支架安装在过滤烧瓶上(图 2.18)。在过滤烧瓶与抽吸器之间连接一个安全瓶。

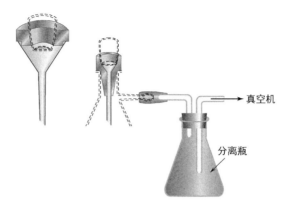

图 2.18   坩埚支架

无灰滤纸通常用于定量分析工作。滤纸被燃烧后,余下适合称量的沉淀物(第 10 章)。不同类型的沉淀需要不同等级的滤纸,在表 2.6 中列出了 Whatman 滤纸。

表 2.6   **Whatman 滤纸**

沉 淀	滤 纸 型 号
很细(例如 $BaSO_4$)	50 (2.7 μm)
小或中等(例如 AgCl)	52 (7 μm)
凝胶状或大晶体 (例如 $Fe_2O_3 \cdot xH_2O$)	54 (22 μm)

见 http://www.whatman.com/QuantitativeFilterPapersHardenedLowAshGrades.aspx。

过滤技术

通过正确的折叠滤纸,可以提高过滤的速度。一个正确折叠的滤纸如图 2.19 所示。滤纸被折叠成锥形,2/4 的重叠边缘不完全汇合(相距 0.5 cm)。从内侧边缘角撕掉大约 1 cm。这将允许与漏斗之间有一个良好密封以防止气泡被吸入。将折叠好的滤纸放置在漏斗中,并用蒸馏水润湿。在漏斗颈部充满水,湿滤纸的顶部对着漏斗形成一个密封压。通过适当的配合,没有气泡会被吸入漏斗中。通过漏斗颈部水的重量提供的吸力将增加过滤速度。过滤应立即开始。由于许多沉淀物倾向于"蠕动",沉淀物不应添加超过漏斗中滤纸的三分之一到二分之一。不要让水位超过滤纸的顶部。

在过滤开始以前,将沉淀放置在烧杯中。在沉淀填充到滤纸的孔隙之前,将大部分的清澈液体倒出并快速过滤。

图 2.19   正确的滤纸
折叠方法

在倾倒和转移沉淀时必须小心避免损失。通过使用搅拌棒和洗瓶进行正确的操作如图 2.20 所示。注意：洗涤液不是蒸馏水，见第 10 章。沿着玻璃棒倾倒溶液，玻璃棒可引导溶液进入过滤器而无飞溅。洗涤沉淀物仍然是在烧杯中最方便。当母液被倾倒出后，用几毫升的洗涤液洗涤烧杯的内壁，再让沉淀物像之前一样沉降。将洗涤液倒进过滤器，并重复洗涤二到三次。如图 2.20 所示，一手拿着玻璃棒和烧杯，将沉淀转移到滤纸上，并用洗涤液洗出烧杯中的沉淀，用洗瓶冲洗烧杯。

在过滤前让沉淀沉降。

当沉淀在烧杯中时洗涤沉淀。

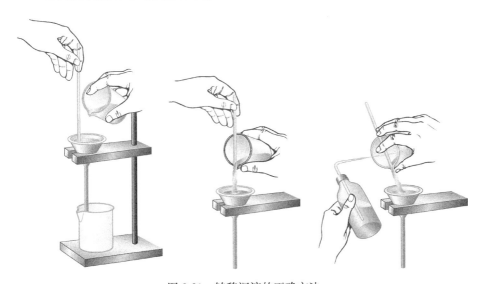

图 2.20　转移沉淀的正确方法

如果必须定量收集沉淀，如在重量分析中，最后一部分沉淀通过用一个潮湿的橡胶淀帚刮烧杯内壁去除下来，橡胶淀帚包含一个连接到玻璃棒的柔性橡胶刮板（图 2.21）[关于其名字的由来的描述，请参见 J. W. Jensen, J. Chem. Ed., 85 (6) (2008) 776]。洗涤烧杯和橡胶淀帚上分散沉淀的残留物。如果该沉淀被收集在滤纸上，用一小块无灰滤纸代替橡胶淀帚擦烧杯壁上以除去最后的沉淀并添加到过滤器中。此时应该使用一副钳子。

将沉淀物转移到过滤器后，用少量洗涤液洗涤五到六次。这比一次大体积洗涤更有效。将洗涤液转移到滤纸的顶部边缘，洗涤液流下时洗涤沉淀物成锥形。在继续加入洗涤液之前应该保证上次洗涤液完全流下。检查洗涤的完全性是检测最后的几滴洗涤液中是否有沉淀。注意：在洗涤中由于有限的溶解度，即有限的 K_{sp}，总会有一些沉淀存在，但这在充分洗涤后将检测不到。

图 2.21
橡胶淀帚

48 检测洗涤的完全性。

2.8 灼烧沉淀——重量分析法

如果在陶瓷过滤坩埚中灼烧沉淀,首先应在较低的温度赶走水分。灼烧既可以在马弗炉里进行,也可以使用燃烧器加热。如果使用燃烧器,应放置在陶瓷或铂坩埚中,以防止火焰产生的还原性气体扩散通过过滤坩埚的孔中。

当沉淀物被收集在滤纸上时,将含有沉淀的锥形滤纸从漏斗中取出。上边缘是平的,将锥形角折叠到里面,然后将顶部折叠。将滤纸和其中的沉淀物放置于坩埚中,并且将大部分沉淀物置于坩埚底部。滤纸必须被干燥和烧焦。将坩埚以一定角度放置在一个三角形支架上,并且使坩埚盖微微开启,如图2.22所示。通过低热将燃烧器里的水分除去,注意避免飞溅。随着水分的挥发,加热温度逐渐增高,滤纸开始被烧焦。应注意避免将燃烧物引入到坩埚中。烟气量的突然增加表明,滤纸即将被点燃,应将燃烧器移除。如果有火焰燃起,通过更换坩埚盖迅速将它熄灭。毫无疑问,碳颗粒将会出现在坩埚盖上,这些最终都会被灼烧。最后,当检测不到烟雾时,通过逐渐增加火焰温度将烧焦的滤纸烧尽。炭渣应发光,但不应燃烧。继续加热,直到坩埚及坩埚盖上所有的碳和焦油被烧掉。现在准备灼烧坩埚和沉淀。继续使用燃烧器在最高温度灼烧或使用马弗炉灼烧。

49

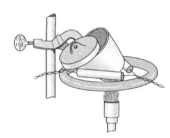

图 2.22 坩埚和坩埚盖支撑在一个三角形支架上使滤纸炭化

最初缓慢灼烧。

在沉淀物被收集到过滤坩埚或转移到坩埚中之前,应将坩埚干燥至恒重(例如加热 1 h,然后冷却、称重,如此重复循环)。如果沉淀物被干燥,或如果沉淀物被灼烧,它应该被灼烧至恒重。恒重被认为是在使用分析天平进行连续称量时,彼此偏差约为 $0.3\sim0.4$ mg。以类似的方式将坩埚和沉淀都加热至恒重。第一次加热后,加热的时间可以减少一半。在称重前,坩埚应在干燥器中冷却至少 0.5 h。炽热的坩埚应冷却到不发红后才将它们放置在干燥器中(使用坩埚钳,通常使用镀镍或不锈钢坩埚钳以减少生锈污染)。在称量覆盖的坩埚之前,请把手放在它附近检查是否存在任何辐射热(不要接触)。

在加入沉淀物以前,干燥和称量坩埚!

2.9 获取样品——固体、液体或气体

收集有代表性的样品是分析化学的一个方面。然而,刚开始学分析的学

生对此不关心,因为他或她拿到的样品被假定为均匀的和有代表性的。然而,这一过程却是分析最关键的方面。测量的重要意义和准确度受采样过程限制。如果进行了不正确的采样,它就成为分析链中的薄弱环节。一个生命有时可能取决于采样期间和采样后对血样的正确处理。如果一个分析工作者获得了一个样本,而没有实际参与采样过程,那么所获得的结果只能归因于样品"正如它被接收那样"。由此,必须记录在案,前面监管链提到的。

参见第 3 章统计学考虑采样的重要意义。

许多专业协会明确指定了给定材料采样的详细说明[例如美国材料与试验协会(ASTM:www.astm.org)、官方分析化学家协会(AOAC International:www.aoac.org)和美国公共卫生协会(APHA:www.apha.org)]。通过对经验和统计数据的正确应用,这些材料可以被准确地进行采样,以进行分析。然而,这件事通常是留给分析工作者的。当然,抽样的简单与复杂取决于样品的性质。

这个问题涉及要获得一个能代表全部的样本。这个样本被称为总样,根据整体材料的类型,总样的大小可能会有所不同,从几克或更少到几磅(1 磅＝0.454 千克)。一旦被获得,代表性总样可能会被减少到足够小,以便进行处理。这一部分样本被称为分析样本。对同一样本进行几次重复分析可以通过取等分试样进行。

重复在采样和分析中是关键的考虑因素。

在临床实验室中,总样被用作样品通常是令人满意的,因为它不是很大,而且是均匀的(例如血液样本和尿液样本)。在数量上,分析样品通常是从几毫升到一滴(几微升)。

以下是一些与获得固体、液体和气体总样相关联的问题。

1. 固体

材料的不均匀性、颗粒粒径的变化以及颗粒内部的变化使得固体的取样比其他材料的取样更难。最简单但通常最不可靠的材料取样方式是随机抓取样品,这是一个随机抽样的样本,并假定其具有代表性。只有当所取样的材料是均匀的,随机抓取的样品才是令人满意的。对于最可靠的结果,最好是采取总样本的 1/50~1/100,除非该样本是相当均匀的。粒度越大,总样量应该越大。

对于大体积固体材料的取样,在它们正在移动时取样是最简单和最可靠的。以这种方式,大体积材料的任何部分通常都可以被暴露进行采样。因此,系统抽样可以得到代表大体积材料的所有部分。一些例子如下。

在水泥袋的装卸过程中,代表性的样本可

采样(来自化学遗产基金会 Othmer 图书馆的期刊全文)

以通过从每五十个左右的袋中抽取1袋或从每袋中取一个样本获得。在用独轮手推车移动谷物时,样本可以通过抽取代表性的独轮手推车荷载或从每个独轮手推车取一铲谷物获得。所有这些等分试样的组合形成总样。

2. 液体

液体样品往往是均匀的,更容易得到代表性的样品。

要得到一个均匀的混合物,必须摇晃液体,因为只通过扩散混合液体是非常缓慢的。如果材料确实是均匀的,简单的抓取(单随机)样就足够了。应用这种方法采取血液样本以达到检测目的是令人满意的。某些样品的组成随采样而变化。尿样就是这种情况。因此收集24 h的尿样通常比单一的"点样"更具有代表性。

然而,生物液体取样的时间是非常重要的。血液成分在饭前饭后变化很大。对于许多分析,样品是在患者禁食数小时后收集的。在收集血液样本时,防腐剂如氟化物(为了葡萄糖的保存)和抗凝剂可能被加入样本中。

血液样本可以分析为全血,或者根据特定分析的要求,它们可能被分离以产生血浆或血清。最常见的是,红细胞外物质的浓度(细胞外浓度)是生理状况的一个重要标志,因此,可用血清或血浆分析指标。

更多关于生物液体的采样请阅读第 25 章。

如果液体样品是不均匀的,并且量足够少,可以摇晃它们并立即取样。例如,样品中可能含有颗粒,并趋于沉降。大体积的液体样品最好是转移后采样。如果是在管道中,则经过泵的转送后,它们得到了彻底的混合。大体积的固定的液体样品可以用"窃贼"取样器取样。"窃贼"取样器是一种装置,用于在不同水平上获取等分试样。最好是在对角线的不同深度处取样,而不是直线下降取样。可以将等分试样单独进行分析后对结果进行合并;也可以将等分试样组合成一个总样后,重复进行分析。后一种过程可能是首选,因为分析工作者会考虑分析的精度问题。

3. 气体

气体取样常用的方法是将气体采集到一个真空容器里,通常使用的是经过特殊处理的不锈钢罐或惰性聚氟乙烯(泰德拉)袋。样本可以快速被收集(一个随机样品)或经过很长一段时间被收集,由小孔慢慢填充袋。在许多情况下,随机样品可以得到令人满意的结果。例如收集呼吸样本,受试者可以吹气到抽空袋或聚酯薄膜气球内;汽车尾气可以被收集在一个大的真空塑料袋内。在环境温度下,样品可能被取样容器中的水汽过饱和。样品收集后,取样容器中的水分会凝结,凝结的水分将会带走部分分析物(例如,呼吸气中的氨或汽车尾气中的亚硝酸)。如果分析物是需要回收的,则必须对取样容器加热,并通过加热的传输管线转移样品。

更多关于环境样品的采样请阅读第 26 章。

收集的气体样品的体积可能需要知道,也可能不需要知道。通常情况下,需要测定的是气体样品中某一分析物的浓度,而不是数量。当然,样品的温度和压力在确定样品的体积和浓度时是很重要的。

这里所提到的气体采样技术并不涉及溶于液体中的气体,例如血液中的 CO_2 或 O_2。这些气体都被视为液体样品,其处理方式为测量液体中的气体量或在分析前将它们从液体中释放出来。

2.10 干燥操作和分析物溶液的制备

样品被收集后,在继续分析之前,必须准备好分析物的溶液。这时,可能需要干燥的试样用来称取质量或测得体积。如果样品已经是溶液(例如血清、尿液或水),则需按顺序依次对分析物进行萃取、沉淀、富集。这同样适用于其他样品。

在这一节中,我们将介绍无机和有机材料常用的溶液制备方法,包括:在各种酸或碱性焊剂(熔化)中溶解(熔融)金属和无机化合物;采用湿法消解或干灰化破坏有机和生物材料,测定无机成分;去除生物材料中的蛋白质使它们不会干扰有机或无机成分的分析。

干燥样品

固体样品通常含有可变量的吸附水。对于无机材料来说,一般在样品称量前进行干燥。将样品放置在一个干燥箱中,在 $105 \sim 110 ℃$ 下干燥 $1 \sim 2$ h。其他非结晶水(如包埋在晶体内的)可能需要更高的温度去除。

在干燥过程中,必须考虑样品的分解或副反应。热不稳定的样品可以在干燥器中干燥,使用真空干燥器将会加快干燥过程。冻干机(冷冻干燥器)可以用于去除包含在热不稳定材料中的相当大量的水。在放置在容器中或附着于装置之前,样品必须冷冻。如果样品无需烘干直接称量,则在报告结果中需标注"原样"。

植物和组织样本通常可以通过加热进行干燥,见第 1 章各种称量基础(湿润、干燥、灰化)的讨论,这些用于样品分析结果的报告中。

样品溶解

分析物被测定之前,一般需要对样品进行处理,使分析物进入溶液中,如果是生物样品,则需消除干扰物质,如蛋白质。复杂的样品在分析之前可经离心过滤(例如,牛奶中的高氯酸盐和碘化物经离心过滤后用色谱法测定)。有两种类型的样品制备方法:完全破坏样品基质的、非破坏性或部分破坏性的。前一种类型一般只适用于分析物是无机物或可转化为无机衍生物的测量(例如凯氏定氮法,其中有机氮转化为铵离子,见下文)。食物中的碘经氧化消解全部转化成 HIO_3 后进行测量。如果在大量的有机基质中进行痕量元素分析时,通常必须使用破坏性消化。

溶解无机固体

强的无机酸是许多无机物的良好溶剂。盐酸是普遍应用的良好溶剂,用于溶解电势高于氢的金属。硝酸是一种强氧化性酸,能溶解大多数常见金属、有色金属合金和"不溶于酸"的硫化物。

高氯酸在加热时会失掉水,在脱水状态成为一个非常强的和高效的氧化性酸。它能溶解大多数常见的金属,破坏痕量有机物。在使用高氯酸时必须非常小心,它会与许多易氧化物质发生爆炸性反应,特别是有机物。

目前,一些仪器是非常灵敏的。例如,在测量半导体硅中痕量杂质时电感耦合等离子体质谱仪(ICP-MS)是非常必要的。在分析之前,硅样品被溶解在硝酸和氢氟酸的混合酸中。要进行这样的超痕量分析,所用的酸也必须是超纯的。这种超纯"半导体级"的酸非常昂贵。

一些无机材料不溶于酸,在熔融状态下必须用酸性或碱性熔剂来熔解它们。将样品与熔剂以1~10或20的比例混合,在适当的坩埚中加热混合组合直至达到熔融状态。当熔体变得澄清,通常约30 min,反应完成。然后将冷却后的固体溶解在稀酸或水中。在熔化过程中,样品中不溶性物质与熔剂反应形成可溶性产物。碳酸钠是一种最有用的基础熔剂,可形成可溶碳酸盐。

当样品不溶于酸时用熔融法。

无机分析:破坏有机材料——燃烧或酸氧化

动物和植物组织、生物液体和有机化合物通常通过沸腾的氧化酸或酸的混合物进行湿法消解或通过干灰化在马弗炉中高温下(400~700℃)进行干法灰化。在湿法消解中,酸将有机物氧化成二氧化碳、水和其他挥发性产物,这些产物被赶走,留下无机成分的盐或酸。在干法灰化中,大气中的氧气作为氧化剂,有机物被燃烧掉,留下无机残留物。辅助氧化剂(例如硝酸钠)在干法灰化中可以用作熔剂。

1. 干法灰化法

尽管不同类型的干法灰化和湿法消解在分解有机和生物材料时使用的频率相当,但无化学助剂的简单干灰化法可能是最常用的技术。通过保留或挥发,痕量铅、锌、钴、锑、铬、钼、锶和铁可以几乎没有损失地回收。通常使用瓷坩埚。在超过约500℃的温度下,特别是在氯离子存在时铅易挥发,如在血液或尿液中。为了铅保留损失最少,铂金坩埚是首选。

在干法灰化中,有机物被烧尽。

如果将氧化材料加入到样品中,则会提高灰化效率。硝酸镁是最有效的助剂之一,除了前文列举的元素,它还有可能还原砷、铜和银。

液体和湿组织被放置在马弗炉以前,宜用蒸气浴或文火干燥。炉内的热量应逐步升高到全温度,以防止快速燃烧和起泡。

干法灰化完成后,通常用 1～2 mL 热的浓盐酸或 6 mol/L 的盐酸将残留物从容器中浸出,并转移至容量瓶或烧杯中作进一步处理。

另一种干燥技术是低温灰化。射频放电被用来产生活性氧自由基,活性氧自由基是非常活跃的,它将在低温下"攻击"有机物。温度保持在 100℃ 以下,挥发损失最小。从容器中引入元素,大气压降低,从而保留损失。放射性示踪剂研究表明,17 种具有代表性的元素在有机基质完全被氧化后,能被定量回收。

有机化合物的元素分析(例如碳或氢)通常是通过与氧在试管中燃烧进行的,接着进行吸收操作。氧气通过铂容器中的样品,样品被加热,定量地将碳转化为 CO_2,氢气转化为 H_2O。这些燃烧后的气体通过吸收管并被吸收,吸收管被吸收剂填充,并预先称重。例如,烧碱石棉 Ⅱ 被用来吸收 CO_2,高氯酸镁被用来吸收水。吸收管增加的质量是样品释放的二氧化碳和水的质量。这项技术的细节很重要。如果有机会使用它,则应参考对元素分析描述得更为全面的文章。现代的元素分析仪更加自动化,燃烧气体经色谱分离后,通过热导池检测器检测——第 20 章(http://www-odp. tamu. edu/publications/tnotes/tn30/tn30_10.htm)。

2. 湿法消解

用硝酸和硫酸混合物的湿法消解是紧随干法灰化后的第二种常用的氧化过程。酸混合物通常由少量的硫酸(例如 5 mL)和较大体积的硝酸(20～30 mL)混合而成。湿法消解通常在凯氏烧瓶(图 2.24)中进行。硝酸会破坏大部分有机物,但它不足以热到破坏最后的痕量部分。在消化过程中,硝酸被蒸发掉,直到最后只剩浓缩硫酸,白色 SO_3 烟雾逐渐形成,开始在烧瓶中回流。这时,溶液变得非常热,硫酸作用于剩余的有机物。此时相当大的或非常稳定的有机物有可能发生炭化。如果有机物持续存在,则需要加入更多的硝酸。消解继续进行,直至溶液澄清。所有的消解过程必须在通风橱中进行。

在湿法灰化中,用氧化性酸氧化有机物。

一种更有效的消解混合液是体积比为 3∶1∶1 的硝酸、高氯酸和硫酸混合物。对于 10 g 新鲜组织或血液,通常 10 mL 消解混合液就足够了。当高氯酸脱水和加热时,它是一种非常有效的氧化剂,会相对容易地破坏最后的痕量有机物。样品加热直至硝酸蒸发掉,出现高氯酸烟雾。在这里,高氯酸烟雾没有 SO_3 烟雾浓密,但很容易充满烧瓶。煮沸高氯酸,当出现 SO_3 烟雾时表明全部的高氯酸已蒸发。在开始,必须加入足量的硝酸以溶解和破坏大量的有机物,还必须加入硫酸以防止样品被干燥以及高氯酸的爆炸。专为高氯酸设计的通风橱必须用于所有涉及高氯酸的消解。典型地,在高氯酸消解法进行之前,用硝酸-硫酸消化去除更容易被氧化的物质。

如果加入少量的钼(Ⅵ)催化剂,高氯酸消解的效率将更高。一旦水和硝酸蒸发后,氧化剧烈进行并伴随泡沫产生,消解在几秒钟内完成。消解时间大大减少。

硝酸和高氯酸混合液也是常用的。硝酸首先汽化,必须注意防止高氯酸蒸发至近干而导致剧烈的爆炸。除非你在消解过程方面有着相当丰富的经验,否则不推荐使用这一程序。高氯酸不应该被直接加入到有机或生物材料中,通常需要先加入过量的硝酸。高氯酸的爆炸总是伴随着过氧化物的形成,在爆炸前,酸变成深颜色(例如黄棕色)。某些有机化合物如乙醇、纤维素和多元醇可引起热的浓的高氯酸剧烈爆炸,这大概是由生成高氯酸乙酯造成的。

使用高氯酸时必须小心。

硝酸、高氯酸和硫酸的混合酸能使锌、硒、砷、铜、钴、银、镉、锑、铬、钼、锶和铁定量回收。如果使用硫酸,铅经常丢失。硝酸和高氯酸的混合酸可用于铅和上述所有的元素。硒回收中,高氯酸必须存在,以防止硒的损失,且须保持强氧化条件,并防止炭化形成挥发性硒低氧化态的化合物。含汞的样品不能用干法灰化。因为汞及其化合物的挥发性,含汞样品的湿法消解必须在加热条件下使用回流装置完成。为了得到有机物的部分破坏,通常优选低温或室温的消解过程。例如尿样与血液相比,其中含有的有机物相对较少,汞可以被铜(Ⅰ)和盐酸羟胺还原为元素汞,在室温下有机物可以被高锰酸钾破坏。随后汞可以被再次溶解以继续进行分析。尿样中的汞可以使用 Fenton 试剂[铁(Ⅱ)和 H_2O_2]矿化,加入强的还原剂硼氢化钠还原,测定气态元素汞。

许多含氮的化合物都可以通过凯氏消解法将氮转化成硫酸铵。消解混合物由硫酸和硫酸钾组成,这增加了酸的沸点,从而提高酸的消解效率。反应中还需加入催化剂(如铜或硒)。有机物被破坏后,加入氢氧化钠溶液使溶液呈碱性将氨根离子转化为氨气。氨气被蒸馏出来,进入过量的盐酸标准溶液中。剩余的酸用标准碱溶液回滴定,以确定收集的氨气的量。已知化合物中的氮质量分数,就可以从测定的氨气的量来计算化合物的量。这是确定蛋白质含量最准确的方法。蛋白质中含有确切比例的氮,在消解过程中被转化为硫酸铵,详细讲解参见第 8 章。注:当然如果有其他含氮物种存在,测定的氮将不能准确地反映蛋白质含量。这在中国已被充分证明。三聚氰胺是一种廉价的含有 6 个氮原子的有机胺,它被添加到配方奶粉中以增加表观"蛋白质"含量。这在中国导致了许多婴儿的死亡。

在凯氏消解法中,氮转化为铵离子,然后蒸馏成氨气,并进行滴定。

各种氧化方法的相对优点已被广泛研究,然而可能没有通用的、普遍适用的干灰化法。由于很少或者没有添加试剂,干法灰化具有简单和相对小的正面误差(污染)的特点,因此被推荐。干法氧化的潜在误差是元素的挥发和吸附在容器壁上造成的损失。吸附在容器壁上的金属反过来可能会污染将来的样品。湿法消解的优势在于快速(尽管它确实需要注意多步操作)、保持低的温度和免于保留损失。湿法消解的主要误差归因于加入反应所必需的试剂时引入的杂质。这个问题已经被最小化，因为可以购买到较高纯度的商业试剂级酸；也可以购买到特制的高纯度酸，但费用较高。灰化或消解所需要的时间会因样品和所使用的技术不同而不同。干法灰化通常为 2～4 h，而湿法消解通常为 0.5～1 h。

干法灰化和湿法消解各有优点和局限性。

微波制备样品

微波炉目前已被广泛用来快速和有效地干燥和酸解样品。实验室微波炉是专门设计的，以克服家用微波炉的局限性，这些都将在下文讨论。微波消解的优势包括减少溶解时间，从几小时缩短到几分钟；降低空白水平，所需的试剂的量减少了。

1. 微波炉如何加热

微波区位于电磁波谱的红外辐射和无线电波之间，频率范围为 300～300 000 MHz（3×10^8～3×10^{11} Hz，或波长大约从 1 000 μm 开始，见图 16.2）。微波炉由电场和垂直于电场的磁场组成，电场负责在微波源和样品之间传输能量。微波能量通过两种途径影响分子：偶极旋转和离子传导，第一种通常更重要。当微波能量穿过样品时，具有非零偶极矩的分子将试图与电场匹配，极性更大的分子与电场有更强的相互作用。这种分子运动（旋转）将导致加热。能量传递是偶极矩和介电常数的一个函数，当分子迅速弛豫时，即弛豫时间与微波频率相匹配时，能量传递是最有效的。大分子（如聚合物）弛豫缓慢，但是一旦温度上升，它们弛豫加快，可以更有效地吸收能量。虽然小分子（如水）的弛豫比谐振微波能量更快，但它们在一个远离共振频率的地方移动，因此当它们被加热时，吸收能量较少。

离子传导效应的产生是由于当存在一种电场时，离子将从一个方向迁移到另一个方向。能量从电场中传递，导致了离子相互作用，加速了溶液的加热。当离子吸收剂被加热时，由于离子电导增加了温度，它们成为微波能量的强吸收剂。去离子水加热较慢，但如果加入盐，加热就会迅速。当然，酸是良好的导体，可以迅速加热。

因此，微波能量加热是因偶极旋转引起分子的运动和离子电导引起离子的运动。微波能量以不同的方式与不同材料相互作用。反射材料（如金属）是热的良导体，它们不被加热，反而会反射微波能量。（将金属放进微波炉是不好的做法，因为从一个非常高电荷的金属端到另一个非常高电荷的金属端之间会发生电子泄露。）透明材料是绝缘体，因为它们传导微波能量，而不被加热。吸收材料，上面所讨论的分子和离子，是可以接收微波能量和被加热的物质。微波能量太低，不足以打开化学键（利用微波能量可以加速化学合成反应）。反射和绝缘材料的性能被用于设计微波消化系统。

微波加热使分子发生旋动和离子发生迁移。

2. 实验室微波炉的设计

家用微波炉最初用于实验室,但很快就被发现需要进行改进。实验室样品通常比食物小得多,仅能吸收由磁控管产生能量的一小部分,不被样品吸收的能量反弹回磁控管,会导致它过热而被烧坏。此外,会形成电弧。因此实验室微波炉被设计出来旨在防止杂散能量毁坏磁控管。实验室微波炉主要部件(图 2.23)包括磁控管、隔离器、波导、微波腔和模式搅拌器。由磁控管产生的微波能量由波导向下传播到空腔中,搅拌器从不同的方向分配能量。隔离器由铁磁材料制成,放置于磁控管和波导之间,使返回到风扇冷却的陶瓷负载的微波能量发生偏离,使其远离磁控管。

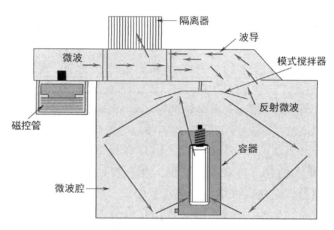

图 2.23　微波系统示意图[From G. Le Blanc, LC/GC Suppl., 17(6S) (1999) S30.](由 LC/GC 杂志提供)

用于烹饪的频率已被证明也能很好地用于化学反应,标准是 2 450 MHz。通常使用 1 200 W 的功率。

家用微波炉不适合小样品的加热。

3. 酸消解

消解通常在密闭塑料容器、聚四氟乙烯(全氟烷氧基乙烯)或者聚碳酸酯(绝缘体)中完成。这是为了避免在微波炉中出现酸雾。它还有另外一个优点,即压力升高,酸的沸点升高(该酸是过热的),因此,消解发生更迅速。此外,挥发性金属也不会丢失。现代微波炉提供可控的压力和温度,所使用的光纤温度探头能透过微波能量。温度控制可使微波炉用于微波辅助的分子提取,通过保持足够低的温度以避免分子分解。

部分损坏或不损坏样品基体

很显然,当要测定的物质是有机物时,必须使用非破坏性的制样方法。对于金属元素的测定,有时也不需要破坏样品的分子结构,特别对于生物流体。例如,血清或尿液中的若干金属可通过原子吸收光谱测定,通过直接抽吸样品或稀释的样品到火焰中。固体材料中的成分(如土壤)有时可以通过适当的试剂进行提取。彻底地研磨、混合和回流是提取分析物所必要的步骤。可以用 1 mol/L 氯化铵或醋酸溶液从土壤中提取许多微量金属。一些物质(如硒)可被蒸馏为挥发性氯化物或溴化物。

不含蛋白质的滤液

生物体液中的蛋白质会干扰许多分析,必须无损除去。有些试剂会析出(凝结)蛋白质,常见的有三氯乙酸、钨酸(钨酸钠加硫酸)和氢氧化钡加硫酸锌(中性混合物)。测量体积的样品(例如血清)通常用测量体积的试剂来处理。沉淀蛋白质以后(约 10 min),样品经干燥滤纸过滤,不需要洗涤沉淀或者通过离心分离。然后部分不含蛋白质的滤液被用于分析。有时可以使用相对分子质量选择离心过滤。第 25 章给出了制备特定类型的不含蛋白质的滤液(在收集和保存样品之后)以及实验室要求的细节。

不含蛋白质的滤液的制备参见第 25 章。

干燥和溶解的实验技术

当一个固体样品在一个称量瓶中干燥后,将瓶盖从称量瓶上去除。为了避免溢出,两者都必须放置在一个烧杯中,并盖上一个有棱的表面皿。某种形式的鉴定应放在烧杯中。

在干燥和溶解样品时必须小心。

将称量的样品溶解在烧杯或锥形瓶中。如果有任何嘶嘶响声,用表面皿盖住容器。溶解完成后,用蒸馏水向下冲洗容器的壁,并冲洗表面皿使洗液落入容器中。你可能需要蒸发溶液以减小体积。最好的做法是用有棱的表面皿盖住烧杯给予蒸发空间。应采用低温加热以防止暴沸,蒸气浴或温度可变的加热板是较好的选择。

为了避免飞溅或暴沸,使用凯氏烧瓶溶解。凯氏烧瓶也用于消解。它们的名字来源于最初用在凯氏定氮法中消解样品。它们非常适合于所有类型的有机样品的湿消化和金属的酸溶解。凯氏烧瓶有各种大小,从 10 mL 到 800 mL,其中一些如图 2.24 所示。样品和合适的酸被放置在烧瓶的圆形底部,在加热时将烧瓶倾斜。以这种方式酸可以被煮沸或回流而不会因"暴沸"而损失。烧瓶可以用火焰加热或使用特殊电加热凯氏消化架。电加热凯氏消化架可以同时加热多个样品。

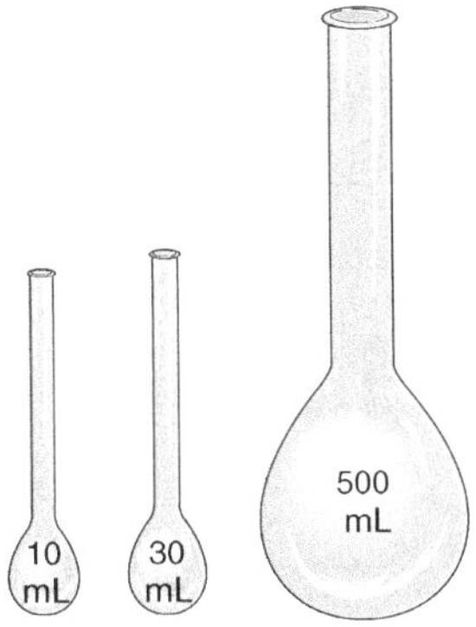

图 2.24 凯氏烧瓶

2.11　实验室安全

在开始任何实验之前,都必须熟悉实验室的安全程序。在实验开始前,应该阅读安全规则相关材料。指导教师会提供实验室操作和处理化学物质的具体的操作指南和操作规程。为了更全面地讨论实验室的安全性,可参考由美国化学学会出版的 *Safety in Academic Chemistry Laboratories*(参考文献31)。这一指南讨论了个人防护和实验室的协议、推荐的实验室技术、化学危害、阅读和理解材料安全数据表说明书和安全设备以及应急程序。规则给出了垃圾处理、垃圾分类术语、职业安全与健康管理局实验室标准对暴露危险化学品和 EPA 的要求。详细地讨论了无机和有机过氧化物的处理,给出了一个广泛的不兼容的化学药品名单,列出了易燃和可燃液体的最大容器容量。这本资源丰富的小册子被推荐给学生和教师阅读。它可向位于华盛顿特区(1-800-227-5558)的美国化学学会免费索取。

Always wear eye protection in the laboratory!

(由 Merck KGaA 公司提供。未经许可,不得转载)

在进行实验之前,必须了解实验室安全规则和程序,阅读附录 D 和由指导教师提供的材料。获取参考文献 31 的免费复印件。

由美国化学学会出版的 *The Waste Management Manual for Laboratory Personnel* 提供了政府法规的概述(参考文献32)。

　教授典型事例

由 George Washington University 的 Akos Vertes 教授提供

都灵裹尸布的年代——采样问题

已有很多手段被用来确定都灵裹尸布的有效期和年代(http://en.wikipedia.org/wiki/Shroud_of_Turin)。1988年,采用放射性碳年代测定法对这一研究进行了确定。样品被分派至三个独立的实验室进行独立分析,详情见 $http://www.shroud.com/nature.htm$。文中详细描述了这些重要的样品是如何获得的,以及不同的实验室所采用的不同的样品制备过程。文中还以相同的方式对三个已知的古纺织品对照样进行处理和分析。请在文中寻找结果!

那么争论的结论是什么?

思 考 题

1. 描述用于容积测量的基本仪器。列表说明每个装置是否设计为容纳或转移特定的体积。
2. 描述分析天平的工作原理和操作方法。
3. 为什么微量天平比分析天平更加灵敏?
4. 玻璃器皿上的 TD 是什么意思? TC 呢?
5. 解释差量法称量。
6. 列出使用分析天平的一般规则。
7. 描述 HCl 标准溶液和 NaOH 标准溶液的配制方法。
8. 描述干法灰化和湿法消解有机和生物材料的原理,并列出各自的优点。
9. 溶解无机材料的两种主要手段是什么?
10. 什么是 PFF? 将如何准备它呢?
11. 在使用高氯酸消化有机材料时,应必须小心避免什么情况?
12. 什么是总样? 什么是样本? 什么是分析样本? 什么是随机取样?
13. 当微波能量加热样品时会发生什么?

习　　题

玻璃器皿的校准/温度校正

14. 在 22℃下,通过将蒸馏水填充到刻度处来校准一个 25 mL 的容量瓶。带有塞子的干燥容量瓶的质量为 27.278 g,填充水的容量瓶和瓶塞的总质量为 52.127 g。分析天平用的是不锈钢砝码。那么,该容量瓶的容积是多少? 在 20℃下,它的容积又是多少? 此外,将该容量瓶在 22℃下,空气中的质量添加进表 2.4 中,并比较所得的值。

15. 在 25℃下使用不锈钢砝码校准 25 mL 移液管,移取水的质量为 24.971 g,那么 25℃ 和 20℃时,移液管的容积分别是多少?

16. 在冬天,20℃下校准一个 50 mL 滴定管,校正数据如下:

滴定管读数/mL	校正值/mL
10	+0.02
20	+0.03
30	0.00
40	−0.04
50	−0.02

若在炎热的夏天 30℃下使用该滴定管,则校正值应该是多少?

17. 在 21℃时配制了一个标准溶液,而在 29℃下使用它。如果标准溶液的浓度为 0.051 29 mol/L。当使用该溶液时,它的浓度是多少?

 教授推荐例题

由 Marshall University 的 Bin Wang 教授提供

18. 对于一个可读性为 0.1 mg 的电子分析天平,最大称量质量(负荷)是多少?
(a) 500~1 000 g;(b) 100~300 g;(c) 10~20 g;(d) 几克或更少

19. 空气、校准砝码和盐各自的密度分别为 10.001 2 g/mL,7.8 g/mL,2.16 g/mL。如果盐(例如氯化钠)在空气中称量时的表观质量为 15.914 g,那么它的真实质量是多少?

参 考 文 献

试剂和标准

1. *Reagent Chemicals*, *Specifications and Procedures*, 10th ed. Washington, DC: American Chemical Society, 2005.

2. *Dictionary of Analytical Reagents*. London: Chapman & Hall/CRC, 1993. 超过 14 000 个试剂的数据。

3. J. R. Moody and E. S. Beary, "Purified Reagents for Trace Metal Analysis," *Talanta*, 29 (1982) 1003. 文献描述使用亚沸蒸馏系统准备高纯酸。

4. R. C. Richter, D. Link, and H. M. Kingston, "On-Demand Production of High-Purity Acids in the Analytical Laboratory," *Spectroscopy*, 15 (1) (2000) 38. www.spectroscopyonline.com. 文献描述使用一个商品化亚沸蒸馏系统准备高纯酸。

5. www.thornsmithlabs.com. Thorn Smith 实验室为学生分析化学实验提供预包装材料(未知和标准);www.sigma-aldrich.com/analytical. 标准溶液的一个供应商。

分析天平

6. D. F. Rohrbach and M. Pickering, "A Comparison of Mechanical and Electronic Balances," *J. Chem. Ed.*, 59 (1982) 418.

7. R. M. Schoonover, "A Look at the Electronic Analytical Balance," *Anal. Chem.*, 54 (1982) 973A.

8. J. Meija, "Solution to Precision Weighing Challenge," *Anal. Bioanal. Chem.*, 394 (2009) 11. 文献详细地讨论了一个不锈钢的表观质量相对于一个铂的表观质量的微小变化的定量修正。(不锈钢的表观质量相对于铂的表观质量随着空气密度的降低而增加。)

称量校准

9. W. D. Abele, "Laboratory Note: Time-Saving Applications of Electronic Balances," *Am. Lab.*, 13 (1981) 154. 文献讨论了利用国家标准和技术研究所校准的质量标准来校准称量。

10. D. F. Swinehart, "Calibration of Weights in a One-Pan Balance," *Anal. Lett.*, 10 (1977) 1123.

容量仪器校准

11. G. D. Christian, "Coulometric Calibration of Micropipets," *Microchem. J.*, 9 (1965) 16.

12. M. R. Masson, "Calibration of Plastic Laboratory Ware," *Talanta*, 28 (1981) 781. 聚丙烯容器校准用表。

13. W. Ryan, "Titrimetric and Gravimetric Calibration of Pipettors: A Survey," *Am. J. Med. Technol.*, 48 (1982) 763. 文献介绍了 1～500 μL 移液器的校准。

14. M. R. Winward, E. M. Woolley, and E. A. Butler, "Air Buoyancy Corrections for Single-Pan Balances," *Anal. Chem.*, 49 (1977) 2126.

15. R. M. Schoonover and F. E. Jones, "Air Buoyancy Corrections in High-Accuracy Weighing on Analytical Balances," *Anal. Chem.*, 53 (1981) 900.

实验室清洁

16. J. R. Moody, "The NBS Clean Laboratories for Trace Element Analysis," *Anal. Chem.*, 54 (1982) 1358A.

采样

17. J. A. Bishop, "An Experiment in Sampling," *J. Chem. Ed.*, 35 (1958) 31.

18. J. R. Moody, "The Sampling, Handling and Storage of Materials for Trace Analysis," *Phil. Trans. Roy. Soc.* London, Ser. A, 305 (1982) 669. Christian7e c02.tex V2‐08/12/2013 10:52 P.M. Page 61.

19. G. E. Baiulescu, P. Dumitrescu, and P. Gh. Zugravescu, *Sampling*. Chichester: Ellis Horwood, 1991.

样品的溶解与配制

20. G. D. Christian, "Medicine, Trace Elements, and Atomic Absorption Spectroscopy," *Anal. Chem.*, 41 (1) (1969) 24A. 文献描述了生物液体和组织的制备方法。

21. G. D. Christian, E. C. Knoblock, and W. C. Purdy, "Polarographic Determination of Selenium in Biological Materials," *J. Assoc. Offic. Agric. Chemists*, 48 (1965) 877; R. K. Simon, G. D. Christian, and W. C. Purdy, "Coulometric Determination of Arsenic in Urine," *Am. J. Clin. Pathol.*, 49 (1968) 207. 文献介绍了钼(VI)催化剂在消解方面的应用。

22. T. T. Gorsuch, "Radiochemical Investigations on the Recovery for Analysis of Trace Elements in Organic and Biological Materials," *Analyst*, 84 (1959) 135.

23. S. Nobel and D. Nobel, "Determination of Mercury in Urine," *Clin. Chem.*, 4 (1958) 150. 文献描述了室温消解。

24. G. Knapp, "Mechanical Techniques for Sample Decomposition and Element Preconcentration," *Mikrochim. Acta*, II (1991) 445. 文献列出了混合酸及其在消化

和其他分解方法中的应用。

微波消解

25. H. M. Kingston and L. B. Jassie, eds., *Introduction to Microwave Sample Preparation: Theory and Practice*. Washington, D.C.: American Chemical Society, 1988.

26. H. M. Kingston and S. J. Haswell, eds., *Microwave-Enhanced Chemistry: Fundamentals, Sample Preparation, and Applications*. Washington, DC: American Chemical Society, 1997.

27. H. M. Kingston and L. B. Jassie, "Microwave Energy for Acid Decomposition at Elevated Temperatures and Pressures Using Biological and Botanical Samples," *Anal. Chem.*, 58 (1986) 2534.

28. R. A. Nadkarni, "Applications of Microwave Oven Sample Dissolution in Analysis," *Anal. Chem.*, 56 (1984) 2233.

29. B. D. Zehr, "Development of Inorganic Microwave Dissolutions," *Am. Lab.*, December (1992) 24. 文献同时列出了有用的酸混合物的性质。

30. www.cem.com.   CEM 是一家实验室微波炉的生产商。

实验室安全

31. *Safety in Academic Chemistry Laboratories*, 7th ed., Vol. 1 (Student), Vol. 2 (Teacher), American Chemical Society, Committee on Chemical Safety. Washington, DC: American Chemical Society, 2003. http://portal.acs.org/portal/PublicWebSite/about/governance/committees/chemicalsafety/publications/WPCP_012294 (vol. 1) and http://portal.acs.org/portal/PublicWebSite/about/governance/committees/chemicalsafety/publications/WPCP_012293 (vol. 2).

32. *The Waste Management Manual for Laboratory Personnel*, Task Force on RCRA, American Chemical Society, Department of Government Relations and Science Policy. Washington, DC: American Chemical Society, 1990.

33. A. K. Furr, ed., *CRC Handbook of Laboratory Safety*, 4th ed. Boca Raton, FL: CRC Press, 1993.

34. R. H. Hill and D. Finster, *Laboratory Safety for Chemistry Students*. Hoboken, NJ: Wiley, 2010.

35. M.-A. Armour, *Hazardous Laboratory Chemicals Disposal Guide*. Boca Raton, FL: CRC Press, 1990.

材料安全数据表

36. http://siri.org/msds.   在线搜索数据,可链接到其他 MSDS 以及危险品化学网站。

37. www.env-sol.com.   溶液相关软件公司,供应 MSDS 数据的 DVD 或 CD-ROM.

第3章
分析化学中的统计方法与数据处理

"Facts are stubborn, but statistics are much more pliable." ——Mark Twain

"43.8% of all statistics are worthless." ——Anonymous

"Oh, peple can come up with statistics to prove anything. 14% of peple know that." ——Homer Simpson

第3章网址

学习要点

- 准确度与精密度
- 测量中误差的类型
- 测量和计算中的有效数字
- 绝对和相对不确定性
- 标准偏差
- 误差传递
- 质控图
- 统计学概念(Statistics):置信界限 (Confidence limits),t-检验,F-检验

- 可疑值取舍(Rejection of a result)
- 最小二乘法和决定系数
- 检测限(Detection limit)
- 采样中的统计学(Statistics of sampling)
- 功效分析(Power analysis)
- 如何利用电子表格
- 使用电子表格绘制校正曲线

　　尽管数据处理是获取分析数据之后的工作,但是在本书中此部分内容被放在较前面的位置,因为在实验室进行实验时必须具备一定的统计分析知识。此外,统计分析对理解所采集数据的重要性十分必要,因此可设定每步分析的限值。实验设计(包括需要的样品量、测定准确度和测定次数)依赖于对数据代表性的正确理解。

　　采用电子表格处理数据使得统计和其他计算变得十分方便。本书中首先详细地介绍不同计算的细节,使读者充分理解计算的原理。本章后面部分列出了各种相关的电子表格计算实例,演示如何使用这一软件进行日常计算。

3.1　准确度和精密度：两者不同

1) 准确度

准确度是测定值与真实值之间的一致程度。因为绝对真实值很少存在,

所以更为真实的准确度的定义是测定值与可接受真实值的一致程度。

63 通过可靠的分析方法测定与待测样品组分相近的标准物质,可以获取标准物质中目标物的浓度值,并可近似认为其为"已知浓度"。但是这一标准物质浓度的准确度最终仍取决于某种测定方法的确定度。

以打靶为例,准确度描述靶点与靶心的接近程度,精密度描述多次射击靶点之间距离的接近程度。如果没有好的精密度,准确度基本上无从谈起。

2) 精密度

精密度被定义为重复测定同样浓度样品时的一致程度,即反映结果的重现性。精密度可以通过标准偏差、变异系数、数据范围或中间值的置信度(如95%)来表示。精密度好不一定能保证准确度高,因为分析过程中可能存在系统偏差。如用于稀释样品的移液管可能存在偏差,这种偏差不会体现在精密度上,但会影响准确度。另一方面,精密度可能相对较差,准确度可能较好,但是坦率来讲这种情况较为少见。因为所有的真实样品都是未知的,所以精密度高的时候,获取真实值的可能性就更大一些。希望在差精密度的情况下获取准确数据是不可能的,因此分析化学家们努力获得重复性的结果以保证取得尽可能准确的数据。

精密度好不能保证准确度高。

如图3.1所示,这些概念可以通过打靶来进行说明。射击练习时如果多次都打中靶心(图3.1左图),说明精密度和准确度都很好。图3.1中间图所示的是精密度很好(手和眼睛都很稳定),但是准确度差,可能是枪瞄准器失准了。图3.1右图中精密度很差,一般也就很难保证准确度。所以说精密度好是准确度高的必要条件,但不是充分条件。

  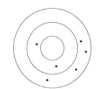

精密度好、准确度好　　　精密度好、准确度差　　　精密度差、准确度差
　　　　　　　　　　　　　　　　　　　　　　　　（如对称性射击,则可能准确度好)

图3.1　准确度和精密度的对比

为了保证打中靶心,先射击,然后把打中的地方叫作靶心。——Ashleigh Brilliant

下文中会提到,可靠性会随着测定次数增加而增加。所需要的测定次数由可接受的不确定度和方法的重现性决定。

3.2　可测定误差:系统误差

影响测定准确度或者精密度的误差可以分为两类,即可测定误差和不可测定误差。可测定误差如其名称所示,表示该误差可被测定并被认为是可以避免或者校正的。该误差可能是一个常数,比如使用未校正的移液管移取液体时带来的误差。该误差也可能是一个变数,但是可以查找到这种变数的原因并进行校正,如滴定管的体积读数在不同体积时带来的误差不同。

测定误差或系统误差不是随机产生的,是测定过程存在的本质错误引起的。

可测定误差可能与样品体积正相关,也可能以更复杂的形式变化。通常这种变化是单向的,如由于沉淀物的溶解造成其溶解度的损失即为负误差。但是这种变化也会随机出现,即正负误差都有可能。例如溶液体积和浓度均会随着温度变化而变化,并可通过测定温度来进行校正。这种可测定的误差被归为系统误差。

常见的可测定误差包括:

1. 仪器误差:包括使用有问题的设备,如未经校正的玻璃器皿。
2. 操作误差:包括个人误差,可通过提高操作者的熟练程度和小心操作来减少。操作误差也可通过使用操作清单来达到最小。这些可能引起误差的操作包括溶液转移、样品溶解时产生气泡和"爆沸"、样品干燥不完全,等。这些误差难以校正。其他个人误差包括计算公式的数学错误和估算测定时的偏差。
3. 方法误差:这是分析中最为严重的误差。上述两种误差可以尽量减小或者进行校正,但是除非可以改变测定条件,测定方法本身带来的误差无法改变。方法误差的来源包括不纯物的共沉淀、沉淀的微量溶解、副反应、反应不完全和试剂不纯等。有时校正相对简单,比如测定一个**空白试剂**。空白样指的是只加入试剂而没有目标物的样品。进行多次空白测定并从样品结果中减去空白值是标准操作。但是单纯一个好的空白分析并不能保证正确的测定。比如如果这种方法受样品中其他物质的干扰,那么就应该选择另一种方法。因此当误差变得难以接受时,就必须选择另外的分析方法。但是很多时候我们不得不接受某种方法,因为没有更好的方法可以选择。

64

进行空白测定总是一个好的想法。

可测定误差可能会累加或者翻倍,这取决于误差的特性或其是如何参与计算的。为了确定分析中的系统误差,经常向样品中加入一定量的标准物质(加标)之后测其回收率(参见第 1 章"方法验证")。需要注意的是,好的加标回收率并不能校正来自非目标物(即干扰物质)的响应。分析参考物质有利于避免方法误差或仪器误差。

3.3　不可测定误差:随机误差

第二类误差包括**不可测定误差**,也被称为偶然误差或随机误差,表示任何测定中的实验不确定性。这种误差表现为同一个操作者在近似相同的条件下,多次测定之间的微小变化,该误差无法被预测或者评估。这些偶然误差遵循一定的随机分布规律,所以概率中的数学法则可以应用于获取一系列测量中最为可信的结果。

不可测定误差是随机产生的,不可避免。

本书中不会深入讨论数学概率问题,但是不可测定误差一般遵循**正态分布**或者叫作**高斯曲线**,如图 3.2 所示。符号 σ 表示无数次测量的标准偏差,这种精密度的测量定义了图 3.2 中正态总体分布。显然非常大的误差几乎没有,正和负偏差的数目应该相等。

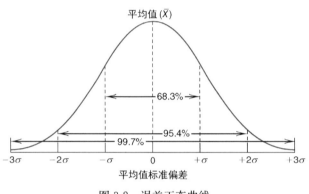

图 3.2　误差正态曲线

不可测定的误差千变万化,与之相反的是,根据定义可测定的误差是有限的。——Tom Gibb

实际上不可测定误差来源于分析者对外部环境进行控制或校正的能力有限,或者分析者无法辨认出可能造成误差的因素。一些随机误差起源于事物的本质。以放射性核素[129]I 为例,该同位素半衰期很长,短时期内察觉不到其数目的变化。但是,如果样品量足够大,基于半衰期,每 60 s 就可以发现衰减。实际上,可能不是每 60 s 就发生衰减,但是平均每 60 s 会发生波动。有时通过改变条件,一些未知的误差会消失。当然,在实验中不可能消除所有可能的随机误差,分析者必须尽量将误差减小到可接受的或者是无显著性的水平。

3.4　有效数字

测定的最后一位数字具有不确定性,无法增加更多的数字了。

在任何分析中最薄弱环节在于只能用最小的准确度或精密度进行测量。努力使其他测量比此限制性测量更准确是没有用的。有效数字的位数被定义为表达测定结果与测定精度相一致所需要的数字个数。由于任何测量的不确定性(不准确性)均至少与最后一位有效位相差±1,有效数字包括所有的已知数字加第一个未知数字。在报告结果时,在第一个不确定数字之后再增加位数是没有意义的。以数字 237 为例,其中百位为 2,十位为 3 和个位为 7。如果这一数字为最终结果,它包含的不确定度在个位数字,即 ± 1。

数字"0"在测定时起到重要作用,或者可以用它确定小数点的位置。测定结果中有效数字的个数与小数点的位置无关。以数字 92 067 为例,该数字无论小数点放在哪里,都有 5 位有效数字。比如 92 067 μm、9.206 7 cm、0.920 67 dm 和 0.092 067 m 具有相同的有效数字位数,只不过是用不同的方式(单位)来表示同一个尺寸。最后一个数字中,小数点和数字 9 之间的 0 只是用于定位。毫无疑问,小数点后的 0 是有效的,可用于定位。数字 727.0 中的 0 不是用于定位的,而是这个数字中重要的部分。小数点之前 0 的作用可能会出现歧义。如果 0 在两个非 0 整数之间,它就是有效的,如数字 92 067。但是对于数字 936 600,则无法判断其中数字 0 的作用,是定位还是测定结果的一部分,不得而知。在这种情况下,最好是写出确定的有效数字,然后使用科学计数法确定小数点的位置。因此,$9.366\ 0 \times 10^5$ 有 5 位有效数字,但是 936 600 有 6 位有效数字,其中一位表示十进制(one to place the decimal)。有时候,在数字最后加一个句点表示所有的数字都是有效的,以避免误解,如 936 000。

使用科学计数法可以避免有效数字有效位的模棱两可。

例 3.1 列出以下数字的有效数字位数,并说明哪个 0 是有效的。

$$0.216;90.7;800.0;0.067\ 0$$

解:

0.216:三位有效数字;

90.7:三位有效数字;0 是有效的;

800.0:四位有效数字;所有的 0 都是有效的;

0.067 0:三位有效数字;只有最后一个 0 是有效的。

如果一个数字的写法是 500,它可以表示 500 ± 100。如果写为 5.00×10^2,则表示的是 500 ± 1。

下面的例子可以说明测定结果最后一位的有效性。假设全班同学都使用相同的米尺测量教室桌子的宽度,这把米尺的最小刻度是 1 mm,那么测定结果可以通过插值法估读到 0.1 mm,但是最后一位只是估读的值,并不准确。比如班级同学的一系列读数如下:

565.4 mm

565.8 mm

565.0 mm

<u>566.1 mm</u>

565.6 mm(平均值)

1) 绝对和相对不确定度

当一个测定或者计算的结果以数字表示时,就意味着其最后一位数有 ± 1 的不确定性。在上述例子中,桌子的平均宽度为 565.6 mm,可以理解为该值在 565.5 mm 和 565.7 mm 之间。这里例子中结果的不确定度也被称为绝对不确定度,是在十分位,即 0.1 mm。另一个例子是华盛顿州西雅图市距离得克萨斯州阿灵顿市的距离是 2.99×10^3 km,绝对不确定度是 10 km,即两个城市距离在 2 980 km 到 3 000 km 之间。相对不确定度等于绝对不确定度除以该数字,在第一个例子中为 0.1/565.6 或者 1/5 656,第二个例子中为 10/(2.99×10^3) 或者 1/299。

一个数字的不确定一般称为绝对不确定度,相对不确定度等于绝对不确定度除以该数字。

2) 不确定度的传递

我们使用加减乘除等方式进行数学运算,正如同一条锁链不会比它最弱的一环坚实,这种运算结果的确信度由运算数据中最大的不确定度所决定。其中在加减运算中,最终结果的不确定度由最大绝对不确定度的一个所决定。例如 56 个(表示 55~57)25 美分硬币与 2 300 美分(表示 2 299~2 301)相加,最终结果的不确定度不可能优于 25 美分。另一方面,当驾车从得克萨斯州阿灵顿市前往华盛顿州西雅图市时,Kevin 根据里程表说距离是 2 990 km(表示 2 980~3 000 km,相对不确定度为 1/299),Gary 负责计时说需要 27 h(表示 26~28 h,相对不确定度为 1/27)到达。如果想计算车速时,以距离除以时间,最终结果的不确定度不会优于最大相对不确定度,即 1/27。

3) 加法和减法——考虑绝对值

经过加减运算的结果,其数字位数和参与运算数字中最少有效位的位数相同。

加减运算时,小数点的位置决定了有多少位有效数字。以根据单个相对原子质量计算 Ag_2MoO_4 相对分子质量为例,Ag = 107.870 amu,Mo = 95.94 amu,O = 15.999 4 amu,amu 为原子质量单位。

其中钼相对原子质量的不确定度为 0.01 amu,而 Ag 和 O 相对原子质量的不确定度分别为 0.001 amu 和 0.000 1 amu。我们不能理直气壮地说我们知道含有钼物质的相对分子质量的不确定度小于 0.01 原子单位。因此,Ag_2MoO_4 最为精确的相对分子质量[1]是 375.68 amu。所有参与加减运算的数字可以修约到最小有效位后参与计算,但是为了结果的一致性,运算前可以多保留一个有效位进行计算,最终结果再减去一个有效位。

---

① 　译者注,原文中为 atomic weight,是错的。

Ag	107.87	0
Ag	107.87	0
Mo	95.94	
O	15.99	94
O	15.99	94
O	15.99	94
O	<u>15.99</u>	<u>94</u>
	375.67	76

4）乘法和除法——考虑相对值

经过乘除运算的结果的准确度不高于参与运算的最不精确的数。

所有测量结果中,所报告的最后一位数字都是不准确的。这是最后一位有效数字,其后的所有数值都是无意义的。在乘除运算中,这个有效位是由数学运算决定的,因此限制了结果的位数。乘除运算最终结果的相对不确定度和参与运算的数字中具有的最大相对不确定度相同。结果的有效位不应多于参与运算的数字中的最少有效位。如果有不止一个数字具有相同的有效位数,则数值最小的数字具有最大的相对不确定度,可控制最终结果的表达形式。例如 0.034 4 和 5.39 具有相同的有效位数,但是前者的相对不确定度更大（1/344 与 1/539 比较）。

例 3.2　计算下列运算,并给出结果的正确有效位。

$$\dfrac{\left(\dfrac{97.7}{32.42}\times 100.0\right)+36.04}{687}$$

解： $\dfrac{301._{36}+36.04}{687}=\dfrac{337._4}{687}=0.491_1$[①]

第一步运算中,97.7 具有最大相对不确定度,所以结果是 $301._{36}$。在加法运算前仍然保持 5 位有效数字,加法运算后修约为 4 位有效数字,因为除数只有 3 位有效数字。在除法运算中,具有最大相对不确定度的数字是 687。如果选择结果 0.491 1,其有效位多于 687 的有效位；如果选择结果为 0.491,其不确定性高于 687 的不确定性。因此应该保留所有的数字,但是把最后一位置于下标中。注意,如果第一步计算中将结果修约为 $301._4$,则分子的数字变为 $337._4$,最终结果为 0.491_1（仍在实验不确定度之内）。

例 3.3　在下列几组数据中,选择具有最大不确定度、可控制乘除运算结果的数字。（a）42.67 和 0.096 7；（b）100.0 和 0.457 0；（c）0.006 7 和 0.10。

---

① 译者注,原书有误。

解：

(a) 0.096 7(具有 3 位有效数字)；

(b) 100.0(都具有 4 位有效数字，但是不确定度约为 1/1 000 比 1/4 600)；

(c) 0.10(都具有 2 位有效数字，但是不确定度约为 1/10 比 1/70)。

　　例 3.4　给出下面运算结果中的最大有效位数，并指出哪个数字具有最大相对不确定性。

$$\frac{35.63 \times 0.548\ 1 \times 0.053\ 00}{1.168\ 9} \times 100\% = 88.547\ 057\ 8\%$$

　　解：

　　具有最大相对不确定度的数字是 35.63，因此最终计算结果为 88.55%，将其表达为五位以上的有效位是没有意义的(第 5 个有效位是用来修约到 4 位用的)。计算中的 100% 是绝对数只是用于改变小数点的位置，可认为具有无穷多的有效位。前面例子中需计算 Ag_2MoO_4[①] 的相对分子质量，公式中的数字系数如 2 和 4 均为绝对数，具有无穷多的有效位。注意 35.63 的相对不确定度约为 1/3 600，所以最终结果的相对不确定度不会优于该值，处在与之相当的水平(即 2.5/8 900)。计算的目标是尽量精确和准确的表达结果，但是需要认清不确定度的量级。最终结果由有效数字的运算所决定(类似地，多次测量时也应该尽量使每次测定的相对不确定度在相同量级上)。

　　会存在一种情况，最终结果选取了最少的有效位数，这使得该数据的相对不确定度小于参与运算的具有最大不确定数字的相对不确定度。这种情况下，结果中仍然保留同样的有效数字，但是最后一位数字列为下标以示不确定性。

　　下标的数字表示最终结果多一位的不确定度。当结果的相对不确定度比参与运算的最不确定数字的相对不确定度还小时，可采用这种方式。

　　例 3.5　解释下列运算。

$$\frac{1.001 \times 10^3 \times 99.89}{1.006 \times 10^2 \times 1\ 120} = 8.87_4 \times 10^{-1}$$

　　解：

　　上式中所有参与运算的数字都有 4 位有效数字，其中数字 1.001×10^3 具有最大的相对不确定度，即 1/1 001。如果最终结果中保持相同的有效位数，那么相对不确定度低了将近一个数量级，即 1/8 874，所以最后一位数字用下标表示。

　　在乘除运算中，分步计算结果的有效位可以统计性地修约到与最终结果

――――――――――

①　译者注，原书有误。

保留的位数相同,但是为了结果的一致性,分步运算时最好多保留一位有效数字,最后再进行修约。

5）综合考虑

总结有效数字重要性的时候,有两个问题需要注意。第一,一个特定结果的准确程度需要达到什么水平才满足要求? 如果只是想知道样品中某物质的含量是 12% 还是 13%,只要控制所有测量过程,使得最终结果偏差在 ±1% 即可(包括其中需要乘法的步骤和运算)。如果样品质量约为 2 g,那么就没有必要精确到 0.1 g 以下。第二个问题是,每步测量能够达到什么样的准确度? 显然,如果一个有色溶液的吸光值读数只能有三位有效数字时(比如 $A = 0.447$),那么称量样品时的质量如果有三位以上有效数字就没有意义了(比如 6.67 g)。

当测定中的一个数字相对于其他测定较小时(不考虑小数点位置),可以增加一位有效数字。下例中可以直观说明。比如称量同样质量的两个物质,并希望两者均达到相同的精度,如 0.1 mg 或者千分之一。第一个物质质量为 99.8 mg,第二个为 100.1 mg。两者的准确度一致,但是为了保证两者的相对不确定度在同一水平,必须保证其中一个多一位有效数字。计算最终结果的相对不确定度小于计算数据中最大相对不确定度时,需要将结果的最后一位用下标标示。

如果一系列测定中具有最大相对不确定度的数字已知,总体的准确度根据需要可以进一步提高,比如增大该数值(如增加样品体积)或增加测定时的有效数字(如更加精确地称量以增加一位有效数字)。如果有的数字有较大的相对不确定度,则需要将其不确定度调节至与其他数字相近。

在分析操作的过程中,进行加减时应尽量保持相同的**绝对**不确定度,而进行乘除时尽量保持相同的**相对**不确定度。

如果计算同时包括了加减或者乘除,那么分步计算需要单独考虑。一个好的做法是中间步骤计算时多保留一位有效位(除非在后续步骤中约掉),最后再进行修约。如果使用计算器的话,所有的数字都可以保留,最终进行修约。但是不要想当然地认为计算器的结果都是正确的,输入数字时,尤其是仓促输入时,经常会出错,所以需要评估你所期望结果的大小。如果期望结果是 2% 的话,计算结果为 0.02% 时,那么可能是忘记乘以 100 了;如果期望结果是 20%,而计算结果是 4.3 时,可能是计算错误或者测量错误。需要经常自问:结果是否有意义? 数据是否合理?

分步计算时多保留一位有效数字,在最终结果时修约是一种好的处理方式。

在你准备把测定结果告诉别人之前,再检验一次。——Edmund C. Berkely

6）对数:考虑小数部分

当从对数转换为反对数时,或者反对数转换为对数时,被运算的数和对数的位数有同样的有效数字(查看附录 B 理解对数的使用)。小数中所有的零都是有效的。例如根据公式 $pH=-lg[H^+]$ 计算 2.0×10^{-3} mol/L 的 HCl 溶液的 pH 值。

$$pH=-lg(2.0\times10^{-3})=-(-3+0.30)=2.70$$

式中 -3 是特征值(由 10^{-3} 计算所得),是由小数位所确定的首数。0.30 是 2.0 做对数计算所得的尾数,只有两位有效数字。因此,尽管浓度值只有两位有效数字,但计算的 pH 值(对数运算所得)有三位有效数字。如果对尾数进行反对数计算,则相应的数字与尾数的有效位相同。如 0.072(小数有三位数字.072)反对数计算结果为 1.18,12.1 的对数计算结果为 1.083(1 是特征数,小数有三位数字,.083)。

如果 pH=2.70,其中的"2"为特征值,"70"为小数。做对数计算时,小数部分的有效位数决定了最终结果的有效位数。小数中所有的 0 都是有效数字。

3.5　数字修约

71

如果最后一位是 5,则要修约到偶数。

数字修约遵循"四舍六入五成双"的规则。如果最后一位有效数字大于 5,则修约数字时向上加一位;如果这一数字小于 5,则舍去。如

$$9.47=9.5$$
$$9.43=9.4$$

当最后一位是 5 时,数字修约至最接近的偶数:

$$8.65=8.6$$
$$8.75=8.8$$
$$8.55=8.6$$

基于统计预测认为 5 以前的最后一个有效位是偶数或奇数的概率是一样的。也就是说如果有足够多的样品数,5 之前出现的奇数数目和偶数数目相同。所有的非有效数字必须一次性修约完。"五成双"规则只适用于该数字刚好是 5(而不是 51)。(例如,如果需要四位有效数字,45.365 修约为 45.36,而 45.365 1 修约为 45.37。)

3.6　表达准确度的方式

测量准确度可以通过不同方式和单位进行表示。在每种情况下,首先假设有一个"真"值可以用于比较。

1) 绝对误差

真值和测定值之间的差值被定义为**绝对误差**,与测定值的单位相同。如

果分析者把 2.62 g 铜的质量报告成 2.51 g,那么绝对误差为 −0.11。如果测定值是多次测量的平均值,那么这个误差被称为**平均误差**。平均误差也可以通过计算单次测定与真值之间差值的平均值来获取。

2) 相对误差

绝对误差或者平均误差除以真值即为**相对误差**。上面例子中的相对误差为 $(−0.11/2.62) \times 100\% = −4.2\%$。**相对准确度**为测定值或平均值除以真值。上例中的相对准确度为 $(2.51/2.62) \times 100\% = 95.8\%$。但是需要指出的是,通常无法知道"真值",相对误差或者相对准确度都是基于两组测量的平均值得到的。所谓真值,除非这个数值是参考标准物质中已经被核准的数据,否则是假设其为"真"的数值。

相对误差的表达方式不只是百分比。在非常准确的分析中,相对偏差经常会远远小于 1%,所以使用更小的单位更为方便。1% 的误差表示为 1/100,也是 10/1 000,后者可以用来表示更小的不确定度,即**千分比**。2.62 中 0.11 的误差为 0.11/2.62,即 42/1 000。千分比经常用于表示测定的精密度。更小的相对数值还有百万分之一(parts per million,ppm)和十亿分之一(parts per billion,ppb)。

例 3.6　测定结果为 36.97 g,与可接受值 37.06 g 相比,用千分比表示的相对偏差是多少?

解:

$$绝对偏差 = 36.97 \text{ g} − 37.06 \text{ g} = −0.09 \text{ g}$$

$$相对偏差 = \frac{−0.09}{37.06} \times 1\,000‰ = −0.24\%$$

其中 ‰ 表示千分比,如同 % 表示百分比。

395 ppb 和 0.412 ppm 中哪个表示更大的相对偏差?解答:ppm 乘以 1 000 得到以 ppb 为单位的数据。因此 0.412 ppm = 412 ppb,显然大于 395 ppb,构成的偏差更大。

3.7　标准偏差:最重要的统计学数据

如果重现性不好,就只做一次。——佚名

每组分析结果都应该包括分析的**精密度**情况。多种表示精密度的形式都可以被接受。

一组无限多数据的标准偏差(σ)理论上定义为:

$$\sigma = \sqrt{\frac{\sum (x_i − \mu)^2}{N}} \tag{3.1}$$

式中, x_i 表示每次测定的结果; μ 表示无限次测定结果的平均值(应为"真值")。该公式严格来讲只有当测定次数 N 趋向于无穷大时才成立。实际上,我们只能进行有限次测定,尽管我们不能确定,但是此时可以用平均值 $\bar{x}$ 代替 μ,并假设 N 趋向于无穷大时 $\bar{x}$ 趋向于 μ。 $\bar{x} = \sum (x_i/N)$。

对于 N 次测定,相对于某参考值,共有 N 个(独立变量)偏差。但是对于测定平均值 $\bar{x}$ 来说,各个偏差(保留正负号)的总和必然等于0,所以 $N-1$ 个偏差即可定义第 N 个数值。也就是说平均值中只有 $N-1$ 个独立偏差,当有 $N-1$ 个数值被选定后,最后一个也就确定了。实际上,我们用一个自由度来计算平均值,用剩余的 $N-1$ 个**自由度**来计算精密度。

参考 3.25 节和式(3.17)了解 4 个或 4 个以下数字的 s 的另外一种计算方式。

因此,如果以自由度 $N-1$ 代替 N,有限次实验数据(一般 $N<30$)的标准估计偏差更加接近于 σ。使用 $N-1$ 代替 N 可以区分 $\bar{x}$ 和 μ。

$$s = \sqrt{\frac{\sum (x_i - \bar{x})^2}{N-1}} \tag{3.2}$$

73

s 只是 σ 的估值,当测定次数增加时, s 会更加接近 σ。因为我们只能进行少量次数的测定,所以精密度用 s 表示更为合适。

例 3.7 计算下列分析结果的平均值和标准偏差:15.67,15.69 和 16.03 g。

解:

x_i	$|x_i - \bar{x}|$	$(x_i - \bar{x})^2$
15.67	0.13	0.016 9
15.69	0.11	0.012 1
16.03	0.23	0.052 9
$\sum 47.39$	$\sum 0.47$	$\sum 0.081\ 9$

$$\bar{x} = \frac{\sum x_i}{N} = \frac{47.39}{3} = 15.80 \text{(g)}$$

$$s = \sqrt{\frac{0.081\ 9}{3-1}} = 0.20 \text{(g)}$$

最终报告中,这一结果可以严谨地表示为(15.80±0.2) g(平均值±标准偏差)。

标准偏差也可以通过以下公式计算:

$$s = \sqrt{\frac{\sum x_i^2 - (\sum x_i)^2/N}{N-1}} \qquad (3.3)$$

用计算器进行计算十分便捷。实际上很多计算器具有标准偏差计算的程序,只要输入每个单独的数据即可自动计算出标准偏差。所有的电子表格都可以计算出一行或者一列数据的平均值和标准偏差。微软的 Excel 表格使用 AVERAGE 和 STDEV 功能进行计算。更多详细介绍请参见 3.19 节。

例 3.8　使用式(3.3)计算例 3.7 中数据的标准偏差。

解:

x_i	x_i^2
15.67	245.55
15.69	246.18
16.03	256.96
$\sum$ 47.39	$\sum$ 748.69

$$s = \sqrt{\frac{748.69 - (47.39)^2/3}{3-1}} = 0.21(\text{g})$$

这一结果与例 3.7 中计算的结果相差 0.01 g,而变化量至少有 ±0.2 g,所以两种计算的结果没有统计上的显著性差异。使用该方程时,计算 x_i^2 要保留一位甚至两位有效数字。

测定次数开平方,方法精密度会得到提高。

截至目前所考虑的标准偏差计算是关于单次测定可能带来误差的估算。从无穷大样本中所做的 N 次测定的算数平均值与单次测定相比,更加接近于"真值"。N 值越大,偏差越小,当 N 值足够大时,样品平均值将会接近总体平均值 μ,偏差会趋向于 0。N 次测定算术平均值的可信度是单次测定结果可信度的 $\sqrt{N}$ 倍。因此,连续 4 次测定平均值的随机误差只有单次测定随机误差的一半。也就是说,一系列 N 次**测定平均值的精密度**为单次测定偏差的 $1/\sqrt{N}$。因此,

$$\text{平均值的标准偏差} = s_{\text{平均}} = \frac{s}{\sqrt{N}} \qquad (3.4)$$

平均值的标准偏差有时也被称为标准误差。

标准偏差有时以**相对标准偏差**(rsd)表示,用标准偏差除以平均值作为结果。相对标准偏差一般以平均值百分比的形式(%)表示,也被称为变异系数。

$$\text{rsd} = s\sqrt{x}; \quad \%\text{rsd} = (s\sqrt{x}) \times 100\%$$

例 3.9　4 次称量的质量分别为 29.8,30.2,28.6 和 29.7 mg。计算单个值的标准偏差和平均值的标准偏差,使用绝对值(测量值的单位)和相对值(测量

值的百分比)来表示结果。

解：

x_i	$\lvert x_i - \overline{x} \rvert$	$(x_i - \overline{x})^2$
29.8	0.2	0.04
30.2	0.6	0.36
28.6	1.0	1.00
29.7	0.1	0.01
$\sum 118.3$	$\sum 1.9$	$\sum 1.41$

$$\overline{x} = \frac{118.3}{4} = 29.6 (\mathrm{mg})$$

$$s = \sqrt{\frac{1.41}{4-1}} = 0.69(\mathrm{mg})(绝对值); \frac{0.69}{29.6} \times 100\% = 2.3\%(变异系数)$$

$$s_{平均} = \frac{0.69}{\sqrt{4}} = 0.34(\mathrm{mg})(绝对值); \frac{0.34}{29.6} \times 100\% = 1.1\%(相对值)$$

75

  测定的精密度可以通过增加测定次数得到提高。也就是说,在图 3.2 所示的正态曲线中 $\pm s$ 伸展随着测定次数的增加而减少,当测定次数趋近于无穷大时接近于 0。但是,如式(3.4)所示,平均值的偏差不与测定次数本身反相关,而与测定次数的平方根反相关,因此测定次数增加到一定程度后,精密度增加变得十分有限。比如标准偏差降为 1/10,需要的测定次数为 100 次。

  在例 3.9 中,需要测定多少次才可以将变异系数降低到 1%? 解答: 现在已经有了 4 次测定,还需要再将变异系数降低至 1/2.3。所以总的测定次数 = $4 \times 2.3^2 \approx 21$(次)。

  当随机误差的标准偏差与可测定/系统误差的标准偏差接近时,重复性测定就不一定十分有效了。因为除非可以确定系统误差的来源并进行校正,否则多次测定不会消除系统误差。

  为了使统计计算结果正确,不可测性十分必须。——无名氏

  s 在正态分布曲线的显著性如图 3.2 所示。曲线中的数学计算表明,对无穷大的数据来说,个体偏差 68% 落在 1 倍的平均值标准偏差内,95% 落在 2 倍标准偏差内,99% 落在 2.5 倍标准偏差内。所以,可以近似认为数据中 68% 的值在 $\overline{x} \pm s$ 之间,95% 的值在 $\overline{x} \pm 2s$ 之间,99% 的值在 $\overline{x} \pm 2.5s$ 之间,以此类推。

  对无穷多次测定来说,有 95% 概率的真值落在 $\overline{x} \pm 2s$ 之间。参看置信界限和例 3.5。

  实际上,这些比例范围推导的前提是假设测定次数为无穷大。分析者不能保证 95% 的真值落在 $\overline{x} \pm 2s$ 之间的原因有两个。第一,测定次数只能是有限的,测定次数越少,确信程度越低;第二,正态分布曲线假定没有可测定误差,只有随机误差。实际上可测定误差会使正态误差曲线偏离真值。通过计算置信界限可以估计一个数字落在 s 内的真实确信度。

显然有很多方法可以表示一个数字的精密度。当一个数字是 $\bar{x} \pm y$ 时,需要考虑的是在什么条件下得到的 $\pm y$。比如 y 可能代表 s,$2s$,s(平均值)或者变异系数。

方差是一个可能有用的术语,它等于标准偏差的平方,即 s^2。在计算误差传递和 F-检验时会用到方差的概念(见 3.12 节)。

方差等于 s^2。

3.8 误差传递:不仅仅是加和

在前文讨论有效数字时指出乘除运算中结果的相对不确定度会劣于参与运算数据中最差的相对不确定度。同样,乘除运算中结果的绝对不确定度会劣于参与运算数据中最差的绝对不确定度。在不知道不确定度的确切值时,一般认为每个数字最后一位存在至少 ± 1 的不确定度。

如果知道每个数字的不确定度,就可以估算最终结果的真实不确定度。每个数字的误差将会在一系列运算中进行传递,如果是乘除运算需考虑相对误差,而加减运算则需考虑绝对误差。

1)加法和减法:考虑绝对方差

计算下式的结果:

$$(65.06 \pm 0.07) + (16.13 \pm 0.01) - (22.68 \pm 0.02) = 58.51 \ (\pm? \ )$$

上式中列出的不确定数字是随机或者不可测定性误差,用各个数字的标准偏差表示。以标准偏差表示的最大误差的加和为 ± 0.10,即如果所有的不确定度正好具有相同趋势时,该结果可能是 $+0.10$ 或 -0.10。最小误差可能因为正负相抵恰好为 0。这两种极限情况都不是非常有可能发生,统计上来说不确定度应该落在一定范围内。对加法和减法运算,绝对不确定度是加和性的。最可能的误差通过绝对方差加和的平方根表示,即结果的绝对方差是各个方差的总和。对 $a = b + c - d$,

$$s_a^2 = s_b^2 + s_c^2 + s_d^2 \tag{3.5}$$

$$s_a = \sqrt{s_b^2 + s_c^2 + s_d^2} \tag{3.6}$$

上例中

$$s_a = \sqrt{(\pm 0.07)^2 + (\pm 0.01)^2 + (\pm 0.02)^2}$$
$$= \sqrt{(49 \times 10^{-4}) + (1 \times 10^{-4}) + (4 \times 10^{-4})}$$
$$= \sqrt{54 \times 10^{-4}} = \pm 7.3 \times 10^{-2}$$

所以结果是 58.51 ± 0.07。数字 ± 0.07 表示绝对不确定度,将其转换为相对不确定度,结果为:

$$\frac{\pm 0.07}{58.51} \times 100\% = \pm 0.1_2\%$$

例 3.10   有三份同样质量的含微量铈的独居石砂样品,其中铈的浓度分别为 (397.8 ± 0.4) ppm、(253.6 ± 0.3) ppm 和 (368.0 ± 0.3) ppm（1 ppm $= 10^{-6}$）。求这些矿石中铈的平均含量为多少? 绝对和相对不确定度为多大?

解:

$$\bar{x} = \frac{(397.8 \pm 0.4) + (253.6 \pm 0.3) + (368.0 \pm 0.3)}{3}(\text{ppm})$$

不确定度的总和等于:

$$\begin{aligned}
s_a &= \sqrt{(\pm 0.4)^2 + (\pm 0.3)^2 + (\pm 0.3)^2} \\
&= \sqrt{0.16 + 0.09 + 0.09} \\
&= \sqrt{0.34} = \pm 0.58(\text{ppm})
\end{aligned}$$

因此,绝对不确定度等于:

$$\bar{x} = \frac{1\,019.4}{3} \pm \frac{0.6}{3} = 339.8 \pm 0.2(\text{ppm})$$

因为除数 3 没有不确定度,所以铈浓度的相对不确定度等于:

$$\frac{0.2 \text{ ppm}}{339.8 \text{ ppm}} = 6 \times 10^{-4} \text{ 或 } 0.06\%$$

2）乘法和除法：考虑相对方差
计算下式的结果:

$$\frac{(13.67 \pm 0.02) \times (120.4 \pm 0.2)}{4.623 \pm 0.006} = 356.0(\pm ?\,)$$

此时,相对不确定度具有加和性,最可能的误差通过相对方差加和的平方根表示,即结果的相对方差是各个相对方差的总和。

对 $a = bc/d$,

$$(s_a^2)_{\text{相对}} = (s_b^2)_{\text{相对}} + (s_c^2)_{\text{相对}} + (s_d^2)_{\text{相对}} \tag{3.7}$$

$$(s_a)_{\text{相对}} = \sqrt{(s_b^2)_{\text{相对}} + (s_c^2)_{\text{相对}} + (s_d^2)_{\text{相对}}} \tag{3.8}$$

所求式中

$$(s_b)_{相对} = \frac{\pm 0.02}{13.67} = \pm 0.001\ 5$$

$$(s_c)_{相对} = \frac{\pm 0.2}{120.4} = \pm 0.001\ 7$$

$$(s_d)_{相对} = \frac{\pm 0.006}{4.623} = \pm 0.001\ 3$$

$$
\begin{aligned}
(s_a)_{相对} &= \sqrt{(\pm 0.001\ 5)^2 + (\pm 0.001\ 7)^2 + (\pm 0.001\ 3)^2} \\
&= \sqrt{(2.2 \times 10^{-6}) + (2.9 \times 10^{-6}) + (1.7 \times 10^{-6})} \\
&= \sqrt{6.8 \times 10^{-6}} = \pm 2.6 \times 10^{-3}
\end{aligned}
$$

绝对不确定度等于：

$$s_a = a \times (s_a)_{相对} = 356.0 \times (\pm 2.6 \times 10^{-3}) = \pm 0.93$$

所以结果为 356.0±0.9。

例 3.11　滴定三份体积为 25.00 mL 的含氯离子样品,消耗氯化银 (0.116 7± 0. 000 2) mmol/mL 的体积分别为 36. 78 mL、36.82 mL 和 36.75 mL。计算 250.0 mL 样品中氯离子的物质的量(毫摩尔)。

解:

平均体积等于：

$$\frac{36.78 + 36.82 + 36.75}{3} = 36.78 \text{(mL)}$$

标准偏差等于：

x_i	$|x_i - \bar{x}|$	$(x_i - \bar{x})^2$
36.78	0.00	0.000 0
36.82	0.04	0.001 6
36.75	0.03	0.000 9
		$\sum$ 0.002 5

$$s = \sqrt{\frac{0.002\ 5}{3-1}} = 0.035 \text{(mL)} \quad 平均体积 = (36.78 \pm 0.04) \text{mL}$$

被滴定的氯离子的物质的量(mmol) = (0.116 7 ± 0. 000 2) × (36.78 ± 0.04) = 4.292 (±?)

$$(s_b)_{相对} = \frac{\pm 0.000\ 2}{0.116\ 7} = \pm 0.001\ 7$$

$$(s_c)_{相对} = \frac{\pm 0.035}{36.78} = \pm 0.000\ 95$$

$$\begin{aligned}(s_a)_{相对} &= \sqrt{(\pm 0.001\ 7)^2 + (\pm 0.000\ 95)^2} \\ &= \sqrt{(2.9 \times 10^{-6}) + (0.90 \times 10^{-6})} \\ &= \sqrt{3.8 \times 10^{-6}} \\ &= \pm 1.9 \times 10^{-3}\end{aligned}$$

以毫摩尔计的 Cl^- 的物质的量等于:

$$4.292 \times (\pm 0.001\ 9) = \pm 0.008\ 2(mmol)$$
$$25\ mL\ 中氯离子的物质的量 = (4.292 \pm 0.008\ 2)(mmol)$$
$$250\ mL\ 中氯离子的物质的量 = 10 \times (4.292 \pm 0.008\ 2)$$
$$= (42.92 \pm 0.08)(mmol)$$

注意在运算中多保留一位有效数字,最终再进行修约。此处绝对不确定度与样品体积正相关,例如样品体积翻倍,绝对不确定度不会保持恒定。

如果运算中既包含加减运算又包含乘除运算,则不确定度必须综合考虑。一种计算方式是每步都计算不确定度。

例 3.12 有三批铁矿石货物,质量分别是 2 852 磅、1 578 磅和 1 877 磅(1 磅=0.453 6 千克),质量的不确定度是 ±5 磅。其中铁含量的分析结果分别是36.28%±0.04%、22.68%±0.03% 和 49.23%±0.06%。每短吨(1 短吨=2 000磅=0.907 吨)铁的价格是 300 美元,那么购买这三批货物应支付多少钱? 其不确定度是多少?

解:
首先计算每批货物中铁的质量和不确定度,再通过加和得到铁的总质量和相应的不确定度。

质量的相对不确定度分别等于:

$$\frac{\pm 5}{2\ 852} = \pm 0.001\ 7 \qquad \frac{\pm 5}{1\ 578} = \pm 0.003\ 2 \qquad \frac{\pm 5}{1\ 877} = \pm 0.002\ 7$$

铁含量分析结果的相对不确定度分别等于:

$$\frac{\pm 0.04\%}{36.28\%} = \pm 0.001\ 1 \qquad \frac{\pm 0.03\%}{22.68\%} = \pm 0.001\ 3 \qquad \frac{\pm 0.06\%}{49.23\%} = \pm 0.001\ 2$$

(1) 第一批货物中铁的质量等于:

$$\frac{(2\ 852 \pm 5) \times (36.28\% + 0.04\%)}{100} = 1\ 034.7(\pm?\ )(磅)$$

乘法造成的相对标准偏差等于：

$$(s_a)_{相对} = \sqrt{(\pm 0.001\,7)^2 + (\pm 0.001\,1)^2} = \pm 0.002\,0$$
$$s_a = 1\,034.7 \times (\pm 0.002\,0) = \pm 2.1(磅)$$

第一批样品中铁的质量 $= (1\,034.7 \pm 2.1)$(磅)

（后续计算中均多保留一位有效数字。）

(2) $\dfrac{(1\,578 \pm 5) \times (22.68\% \pm 0.03\%)}{100} = 357.89\,(\pm?\,)$(磅)

$$(s_a)_{相对} = \sqrt{(\pm 0.003\,2)^2 + (\pm 0.001\,3)^2} = \pm 0.003\,4$$
$$s_a = 357.89 \times (\pm 0.003\,4) = \pm 1.2(磅)$$

第二组样品中铁的质量 $= (357.9 \pm 1.2)$(磅)

(3) $\dfrac{(1\,877 \pm 5) \times (49.23\% \pm 0.06\%)}{100} = 924.05\,(\pm?\,)$(磅)

$$(s_a)_{相对} = \sqrt{(\pm 0.002\,7)^2 + (\pm 0.001\,2)^2} = \pm 0.003\,0$$
$$s_a = 924.05 \times (\pm 0.003\,0) = \pm 2.8(磅)$$

第三批样品中铁的质量 $= (924.0 \pm 2.8)$(磅)

铁的总质量 $= (1\,034.7 \pm 2.1) + (357.9 \pm 1.2) + (924.0 \pm 2.8) = 2\,316.6\,(\pm?)$(磅)

绝对不确定度等于：

$$s_a = \sqrt{(\pm 2.1)^2 + (\pm 1.2)^2 + (\pm 2.8)^2} = \pm 3.7(磅)$$

铁的总质量 $= (2\,317 \pm 4)$(磅)

由于 1 短吨 $= 2\,000$ 磅，300 美元/短吨相当于 0.15 美元/磅。

价格 $= (2\,316.6 \pm 3.7) \times 0.15 = 347.49 \pm 0.56$(美元)

所以，应该支付 347.5 美元 ± 0.6 美元。

例 3.13　以酚酞为指示剂，使用已知浓度的 NaOH 标准溶液滴定醋中的醋酸(HOAc)。量取约 5 mL 醋样品于称量瓶中(使用分析天平称重称量瓶质量的增加量即为样品质量)，实际称重 5.026 8 g。单次称重的不确定度为 ± 0.2 mg。NaOH 溶液的准确浓度通过滴定已知质量的高纯邻苯二甲酸氢钾进行标定，三次滴定测得的浓度分别为 0.116 7 mmol/mL、0.116 3 mmol/mL 和 0.116 4 mmol/mL。滴定醋样品时，消耗 NaOH 溶液 36.78 mL，滴定管的读数误差为 ± 0.02 mL。求醋中醋酸的质量分数，结果包括标准偏差。

解：

获得样品质量需要进行两次称量：一次称空的称量瓶，一次称样品加称量瓶。每次称量都有 ± 0.2 mg 的不确定度，所以样品净重(两次称量之差)的不确定度等于：

$$s_{wt} = \sqrt{(\pm 0.2)^2 + (\pm 0.2)^2} = \pm 0.3 (mg)$$

NaOH 溶液物质的量浓度的平均值为 0.116 5 mmol/mL,标准偏差为 ± 0.000 2 mmol/mL(可通过电子表格进行计算,见 3.20 节)。类似地,滴定消耗的碱溶液需要两次滴定管读数(初始和结束),总不确定度等于:

$$s_{vol} = \sqrt{(\pm 0.02)^2 + (\pm 0.02)^2} = \pm 0.03 (mL)$$

醋酸的物质的量和滴定用的 NaOH 的物质的量相同,等于:

$$(0.116\ 5 \pm 0.000\ 2)\ mmol/mL \times (36.78 \pm 0.03)\ mL = 4.284_9 (\pm ?\ )\ mmol$$

如前所示,产物的相对标准偏差等于各自相对标准偏差平方和之后开方,即:

$$(s_{product})_{相对} = \sqrt{(\pm 0.000\ 2/0.116\ 5)^2 + (\pm 0.03/36.78)^2} = \pm 0.001\ 9$$

乘以 4.285 可以得到标准偏差 s:

$$s = \pm 4.285 \times 0.001\ 9 = 0.008\ 1 (mmol)$$

醋酸的相对分子质量为 60.05 mg/mmol(假设相对分子质量没有明显的不确定性),所以可将$(4.285 \pm 0.008\ 1)$mmol 转换为质量,得到$(257.3_1 \pm 0.49)$mg。

纯醋酸质量除以样品质量就是醋酸的质量分数:

$$(257.3_1 \pm 0.49)/(5\ 026.8 \pm 0.3) \times 100\% = 5.119\% (\pm ?\ )\%$$

再次计算相对标准偏差:

$$(s_{product})_{相对} = \sqrt{(\pm 0.49/257.3)^2 + (\pm 0.3/5\ 026.8)^2} = \pm 0.001\ 9$$

乘以 5.119 得到标准偏差为 0.01,最终结果为醋中醋酸质量分数为 $5.12\% \pm 0.01\%$。

不确定度的增加受 NaOH 物质的量浓度的影响最大,这也反映了小心校正的重要性(参照第 2 章讨论)。

	A	B
1	N1	0.116 7
2	N2	0.116 3
3	N3	0.116 4
4	STDEV:	0.000 208
5	Cell B4:	
6	STDEV (B1:B3)	

3.9　有效数字和误差传递

81

前文我们注意到运算中总的不确定度决定了结果的准确度。也就是说，不确定度确定了有效数字的位数。以下式为例：

$$(73.1 \pm 0.2) \times (2.245 \pm 0.008) = 164.1 \pm 0.7$$

尽管第一个数只有 3 位有效数字，但最终结果保留了 4 位有效数字。此处，因为真实不确定度已经显示了，不需要再用下标标识多的一位有效数字。注意，乘数中最大的相对不确定度是 $0.008/2.245 = 0.0036$，结果的不确定度是 $0.7/164.1 = 0.0043$，所以由于误差传递，结果的准确度一定程度上低于最大不确定的数字。当真实不确定度已知时，具有最大不确定度的数字不一定是位数最少的数字。比如 78.1 ± 0.2 的相对不确定度是 0.003，而 11.21 ± 0.08 的相对不确定度是 0.007。

假设有如下计算：

$$(73.1 \pm 0.9) \times (2.245 \pm 0.008) = 164.1 \pm 2.1 = 164 \pm 2$$

现在结果的不确定度在个位，所以个位之后的数字都是无意义的。在这种情况下，数字 73.1 具有最大不确定度，该值与结果的不确定度相似（± 0.012），这是因为另一个乘数的不确定度要小得多，不影响最后结果。

例 3.14　给出下列计算结果中不确定度的有效数字：

(a)
$$(38.68 \pm 0.07) - (6.16 \pm 0.09) = 32.52$$

(b)
$$\frac{(12.18 \pm 0.08) \times (23.04 \pm 0.07)}{3.247 \pm 0.006} = 86.43$$

解：

（a）计算得出结果的绝对不确定度为 ± 0.11，所以结果等于 32.5 ± 0.1。

（b）计算得出结果的相对不确定度为 0.0075，因此绝对不确定度为 $0.0075 \times 86.43 = 0.65$，所以结果等于 86.4 ± 0.6。尽管其他数字有 4 位有效数字，但是第四位数具有巨大的不确定性，导致了最终结果的不确定度。结果的相对不确定度为 0.0075，与其他数字中的最大相对不确定度 0.0066 非常接近。

 教授推荐案例

由 Seton Hall University 的 Nicholas H. Snow 教授提供

为什么对这些误差进行传递计算？

误差传递是计算和理解分析方法精密度最有用和最直观的方式。工业生产中,精密度十分重要。分析者需要进行成百上千次测试,以确保产品被正确加工。在接受工业界科学家关于怎样提高他们化学分析方法精密度的咨询时,我首先使用误差传递这一工具去评估分析方法,并进一步给出可进行提高的建议。

例如,在一个测定 β-胡萝卜素的方法中需要用到以下步骤。这一方法要求测定精密度小于±2%。

(1) 转移约 50 mg β-胡萝卜素至 100 mL 容量瓶中,稀释至刻度。

(2) 移取 5 mL(1)中所配溶液至另外一个 100 mL 容量瓶中,稀释至刻度。

(3) 移取 5 mL(2)中所配溶液至一个 25 mL 容量瓶中,稀释至刻度。

玻璃器皿和天平的不确定度,请参考附录 D.4 A 级玻璃器皿的信息(假设使用 A 级或 B 级玻璃器皿,并比较其不确定度):

玻璃器皿	不确定度	相对不确定度/%
100 mL A 级容量瓶	±0.08 mL	0.08
100 mL B 级容量瓶	±0.16 mL	0.16
25 mL A 级容量瓶	±0.03 mL	0.12
25 mL B 级容量瓶	±0.06 mL	0.24
5 mL A 级移液管	±0.01 mL	0.2
5 mL B 级移液管	±0.02 mL	0.4
分析天平	±0.000 2 g	0.4

对有溶液转移的步骤来说,相对不确定度的增加形式与公式中乘积计算的方式类似。对这一过程来说,需要用到 2 个 100 mL 容量瓶,1 个 25 mL 容量瓶,2 个 5 mL 移液管和 2 次称量步骤(采用差减法称重)。

A 级玻璃器皿造成的相对不确定度为:

$$\sqrt{0.08^2+0.08^2+0.12^2+0.2^2+0.2^2+0.4^2+0.4^2}=0.65\%$$

B 级玻璃器皿造成的相对不确定度为:

$$\sqrt{0.16^2+0.16^2+0.24^2+0.4^2+0.4^2+0.4^2+0.4^2}=0.86\%$$

完整的方法包括照此配制所有的标准品和样品,以及仪器分析和计算步骤,总的不确定度为±1.3%(使用 A 级玻璃器皿)或±1.7%(使用 B 级玻璃器皿)。对优于±2%的要求来说,基本上不允许犯错或使用较差的技术。

注意,如果称取样品时采用较难操作和更昂贵的微量天平,则称量中增加一位有效数字(不确定度降低至 0.04%)可以大幅提高精密度。这样样品预处理步骤中不确定度则为 0.33%(使用 A 级玻璃器皿)或 0.66%(使用 B 级玻璃器皿)(自己做计算!)。

误差传递告诉我们一个操作和相应计算**能够**达到的最好程度。对样品进行连续测定所获取的标准偏差只是告诉我们程序**可行**。通常我们的实际操作结果比通过误差传递预期的精密度更差，所以似乎某些地方弄错了，需要进一步调查才可以。在商业界，很多程序需要运行无数次，考虑到其成本和精度，误差传递是评价这些程序最简单和有用的工具。

3.10　质量控制图

　　质量控制图是测定值随时间变化的图，可用于确定测量值保持在统计学上可接受的范围内，其中测定值被认为是符合高斯分布的常数。这种测定可以是每天间隔式地随样品一起测定标准物质。质控图包括一条中线（表示已知或假定的控制值）和一对或者两对限制线，即**内控限**和**外控限**。通常测定过程的标准偏差已知，并用于建立控制限。

　　质控图由定期测定"已知"控制样品组成。

　　图 3.3 是一个典型的质量控制图，图中展示了日常测定合并尿样中钙浓度的结果或每天随机测定质控盲样的结果。一条有效的内控限指的是 2 倍标准偏差，因为每次测定只有 1/20 的概率超出这个限值。这条线可以用作警告线。外控限可能为 2.5 倍或 3 倍标准偏差，此时如果不考虑系统误差，每次测定只有 1/100 或者 1/500 的概率超出这个限值。通常一批样品（如 20 个）中需要测定一次质控样，所以每天可能有若干个质控点的数据。这些质控数据的平均值可以每天作图。较之单点数据，这些多点测定的随机偏差会降低 $\sqrt{N}$ 倍。

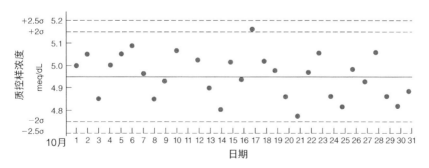

图 3.3　典型的质量控制图

　　如果质控图的趋势趋向于一个方向时需要特别注意，即此时质控点大幅偏向中间线的单独一侧，这表明质量控制出现问题或者测定中有系统误差。质控点偏离控制限表示存在一个或多个可测定误差，所以分析者应该检查试剂是否变质、仪器是否正常、外在环境或者其他可能造成影响的因素。这种趋势会是试剂变质、校正不当、标准溶液错误或者质控样品变化的一种表现。

3.11 置信界限

通过计算一系列数据的标准偏差可以表明一套特定分析程序的精密度。但是除非有足够多的数据,标准偏差本身不能表明实验测定平均值 $\bar{x}$ 和真实平均值 μ 的接近程度。然而,统计学理论允许我们在给定的概率情况下,通过实验平均值和标准偏差预测真值可能落在什么范围内。这个范围被称为**置信区间**,范围的上下限叫作**置信界限**。真值落在这个范围的可能性叫作**概率**,或者叫作**置信度**,通常用百分比表示。置信界限通过标准偏差 s[式(3.2)]表示为:

$$置信界限 = \bar{x} \pm \frac{ts}{\sqrt{N}} \tag{3.9}$$

式中,t 是一个统计学参数,由样品自由度和希望获取的置信度决定。自由度等于测定次数减1。不同置信度和自由度 ν 所对应的 t 值列于表3.1。注意置信界限可简单地由 t 和平均值标准偏差($s/\sqrt{N}$,也叫平均值标准误差)所确定。**(单次测定 x($N=1$)时,置信界限为 $x \pm ts$,比平均值大 $\sqrt{N}$ 倍。)**

表 3.1　不同置信水平和自由度 ν 所对应的 t 值

ν①	置信水平			
	90%	95%	99%	99.5%
1	6.314	12.706	63.657	127.32
2	2.920	4.303	9.925	14.089
3	2.353	3.182	5.841	7.453
4	2.132	2.776	4.604	5.598
5	2.015	2.571	4.032	4.773
6	1.943	2.447	3.707	4.317
7	1.895	2.365	3.500	4.029
8	1.860	2.306	3.355	3.832
9	1.833	2.262	3.250	3.690
10	1.812	2.228	3.169	3.581
15	1.753	2.131	2.947	3.252
20	1.725	2.086	2.845	3.153
25	1.708	2.060	2.787	3.078
∞	1.645	1.960	2.576	2.807

　①$\nu = N-1 =$ 自由度。

例 3.15　在一个分析化学实验室中用标准盐酸滴定苏打粉样品,三次测定 Na_2CO_3 的质量分数结果分别是 93.50%、93.58%和 93.43%。求在 95%的置信水平下,真值落入的范围是多少?

解:

Na_2CO_3 质量分数的平均值是 93.50%,标准偏差 s 通过电子表格计算为 0.075%。在 95% 置信水平,自由度为 2 的情况下,$t=4.303$,所以

$$置信界限 = \bar{x} \pm \frac{ts}{\sqrt{N}} = 93.50\% \pm \frac{4.303 \times 0.075\%}{\sqrt{3}} = 93.50\% \pm 0.19\%$$

置信水平过高,测定范围宽,可能包含了非随机数字。置信水平过低,测定范围窄,可能剔除了有效的随机数字。一般选取 90%~95% 的置信水平。

所以你会 95% 地确信,在没有测定误差的情况下,真值落在 93.31% 和 93.69% 之间。注意:对无穷多次测量,我们已经预测了在 95% 的置信度下,真值会落在 2 倍标准偏差内(图 3.2)。表 3.1 中,当 $\nu = \infty$ 时,t 实际上等于 1.96,所以置信区间确实是约 2 倍的平均值标准偏差(对大的 N 值,该值趋向于 σ)。

比较图 3.2 中,95% 的数字落在 2σ 内。

 教授推荐案例

由 Texas Tech University 的 Dimitri Pappas 教授提供

从平均值的标准误差中,如何计算为控制误差而需要测定的最小次数?

请注意:平均值的标准误差(SE)与样品数量的平方根呈负相关关系。这就意味着在任何分析中都存在一个临界点,超出该点后即便是进行最微小的改进,也必须增加相当多的样品量。平均值标准偏差最有用的应用之一就是估算所需样品量,尤其是在置信区间或公差已知或确定的情况下。需要知道标准偏差不随样品量显著变化的近似值,并不总是正确的。

例如:

分析一系列名义上完全相同的样品。样品的平均质量是 9.78 g,少数几次称量的标准偏差是 0.09 g。如果希望样品平均值和总体平均值的差别在 0.02 g 以下,至少需要称量多少次才可以?

注意从式(3.9)和表 3.1 中可知,无穷大样品量的 95% 置信区间(CI)是

$$CI = \bar{x} \pm 1.96SE$$

我们希望在 95% 的置信水平上,$CI = 9.78$ g ± 0.02 g

如果 $1.96SE$ 是 0.02,那么

$$SE = \frac{0.02}{1.96} = 0.010\ 2(g)$$

因为 $SE = \dfrac{s}{\sqrt{N}}$，那么 $N = \left(\dfrac{s}{SE}\right)^2 = \left(\dfrac{0.09}{0.010\ 2}\right)^2 \approx 78$

在这个例子中，78 次测定可以获取合适的平均值标准偏差。这一简单应用对实验设计，尤其是样品难以获取或分析特别耗时的实验非常有用。

本方法可与例 3.26 进行比较，较之其采用的迭代方式，本方法给出了第一个迭代值。使用表 3.1 时无法进行第二次迭代，因为 78 在表中处于 $n = 25$ 和 $n = \infty$ 之间，必须使用一个更详细的表格才能进行计算。比如在 www.jeremymiles.co.uk(点击该网站上的"Other Stuff"链接)上，95% 置信水平下，70~95 次测定的 t 值为 1.99。这样可以进行第二次(也是最后一次)迭代，即 80 次。所以对于大量样品来说，这种方式(和第一次迭代)可以给出所需最少量样品的近似值。

如在 3.7 节和图 3.2 中所示，我们有 68% 的信心真值落在 $\pm\sigma$ 内，95% 的信心真值落在 $\pm 2\sigma$ 内，99% 的信心真值落在 $\pm 2.5\sigma$ 内。注意：可以从所规定的置信区间推测标准偏差，反之，也可以从标准偏差推测置信区间。如果在 95% 置信水平上，平均值是 (27.37 ± 0.06) g，因为对足够多的测定来说，这是 2 倍标准偏差的数据，所以标准偏差为 0.03 g。如果已知标准偏差是 0.03 g，那么在 68% 置信水平上，置信区间为 0.03 g，或者在 95% 置信水平上，置信区间为 0.06 g。测定次数较少时，t 值会比较大，也会成比例地改变测定次数。

当测定次数增加时，t 和 $s/\sqrt{N}$ 降低，置信区间变窄。所以测定次数越多，真值落在某个范围的可能性越大；或者相反地，在给定的置信水平上，置信范围会变窄。但是 t 随 N 的增加而指数减少，和平均值标准偏差一样(表 3.1)，所以会达到一个临界点，即测定次数增加到一定程度，置信度的增加非常有限。

3.12　显著性检验

在发展了一个新的分析方法后，需要将新方法的测定与已被广为接受的(很可能是标准)方法的测定结果进行对比。但是怎么表示新方法和已接受方法之间是否存在显著性差异呢？统计学可以再次回答这个问题。

确定一组数据是否和另外一组数据存在显著性差异时，不光要比较平均值的差异，还需要考虑有效数据的数量和分散情况。现在有统计学的表格数据表示多大的差异被认为是显著性的，而不是随机产生的。F-检验评估结果的分散情况，而 t-检验着眼于平均值之间的差异。

1. F-检验

F-检验用来确定两组方差之间是否有统计学上的差异。

F -检验根据两种方法的标准偏差来表示它们之间是否有显著性差异。F 被定义为两种方法的方差之比，**方差**等于标准偏差的平方。

$$F = \frac{s_1^2}{s_2^2} \tag{3.10}$$

式中，$s_1^2 > s_2^2$。其中有两个自由度，ν_1 和 ν_2，定义为测定次数为 $N-1$。

如果通过式(3.10)计算的 F 值大于列表中的 F 值，表明两种方法的方差之间有显著性差异。在 95％置信水平上的 F 值如表 3.2 所示。

表 3.2　在 95％置信水平上的 F 值

$\nu_1 = 2$	3	4	5	6	7	8	9	10	15	20	30
$\nu_2 = 2$　19.0	19.2	19.2	19.3	19.3	19.4	19.4	19.4	19.4	19.4	19.4	19.5
3　9.55	9.28	9.12	9.01	8.94	8.89	8.85	8.81	8.79	8.70	8.66	8.62
4　6.94	6.59	6.39	6.26	6.16	6.09	6.04	6.00	5.96	5.86	5.80	5.75
5　5.79	5.41	5.19	5.05	4.95	4.88	4.82	4.77	4.74	4.62	4.56	4.50
6　5.14	4.76	4.53	4.39	4.28	4.21	4.15	4.10	4.06	3.94	3.87	3.81
7　4.74	4.35	4.12	3.97	3.87	3.79	3.73	3.68	3.64	3.51	3.44	3.38
8　4.46	4.07	3.84	3.69	3.58	3.50	3.44	3.39	3.35	3.22	3.15	3.08
9　4.26	3.86	3.63	3.48	3.37	3.29	3.23	3.18	3.14	3.01	2.94	2.86
10　4.10	3.71	3.48	3.33	3.22	3.14	3.07	3.02	2.98	2.85	2.77	2.70
15　3.68	3.29	3.06	2.90	2.79	2.71	2.64	2.59	2.54	2.40	2.33	2.25
20　3.49	3.10	2.87	2.71	2.60	2.51	2.45	2.39	2.35	2.20	2.12	2.04
30　3.32	2.92	2.69	2.53	2.42	2.33	2.27	2.21	2.16	2.01	1.93	1.84

Excel 软件中有 F -检验。首先安装"数据分析（Data Analysis）"插件，这本书网页链接的录像有关于插件安装、Solver 和数据分析回归(Data Analysis Regression)的内容。在 3.24 节最后也有相关内容的讨论。安装插件后，"数据分析"图标会在工具栏右上角上显示。点击该图标，会出现下拉式菜单。选择"F -test Two Sample for variance"（F -检验双样本方差），显示出另一个对话框。选择第一组数据为"Variable 1 Range"（变量 1 的区域），第二组数据为"Variable 2 Range"（变量 2 的区域）。通过选择"α"值确定置信水平。α 为 0.05 表示 95％置信水平，0.01 表示 99％置信水平，默认 α 值为 0.05。显示的 F -检验结果会占据

Video: Solver

Video: Data Analysis Regression

3 列 10 行，其中包括变量 1 和变量 2 的平均值、方差、自由度(d.f.)、F、P 单尾、F 单尾临界等信息(可参见"比较不同样品的 t -检验"，原版第 94 页)。点击输出范围按钮、选择单元格，该单元格会在输出区域最左上角。F 值应该大于 1，如果小于 1 的话，交换两组数据，并选择第二组数据为"Variable 1 Range"

(变量 1 的区域),第一组数据为"Variable 2 Range"(变量 2 的区域)。输出内容中包括 F 的临界值。

例 3.16   你正开发一种测定血清中葡萄糖含量的新光度法,必须比较该方法与标准的 Folin-Wu 血糖测定法测定样品的结果。以下为测定相同样品的两组重复性数据,请问新方法和标准方法的方差是否存在显著性差异。

Folin-Wu 血糖测定法现在已经较少使用了,该方法基于在碱性环境下葡萄糖与二价铜离子反应,将磷钼酸盐还原成钼蓝,也叫作杂多蓝。尝试用 **Excel** 中的 F -检验来解答本题。

新方法测得的葡萄糖含量 (mg/dL)	Folin-Wu 法测得的葡萄糖含量 (mg/dL)
127	130
125	128
123	131
130	129
131	127
126	125
129	
$\bar{x}_1$ 127	$\bar{x}_2$ 128

解:

$$s_1^2 = \frac{\sum (x_{i1} - \bar{x}_1)^2}{N_1 - 1} = \frac{50}{7-1} = 8.3$$

$$s_2^2 = \frac{\sum (x_{i2} - \bar{x}_2)^2}{N_2 - 1} = \frac{24}{6-1} = 4.8$$

$$F = \frac{8.3}{4.8} = 1.7_3$$

调整方差的位置,使得 F 值大于 1。对 $\nu_1 = 6$ 和 $\nu_2 = 5$ 来说,表中列出的 F 值为 4.95,大于计算的 F 值 1.7_3,所以我们可以得出结论认为两种方法的精密度之间没有显著性差异,也就是说标准偏差只来自随机误差,与样品无关。简而言之,从统计学上来讲,你的方法和标准方法一样好。更多关于 F -检验的内容,可以参考第 3 章的网上材料,该材料由美国密歇根大学的 Michael D. Morris 教授提供。

如果 $F_{计算} > F_{表}$,则被比较的两组方差有显著性差异;如果 $F_{计算} < F_{表}$,则被比较的两组方差在统计学上是一样的。

参考网站视频了解如何使用 Excel 计算 F 值。

Video:F-test

2. t-检验：这些方法有差异么？

分析者经常想知道两种不同方法获取的结果之间是否有统计学上的差异，也就是说两种方法是不是确实测定了同样的样品。t-检验在这种比较中非常有用。

t-检验用来确定两组测定之间是否在统计学上不同。如果 $t_{计算} > t_{表}$，那么在给定的置信水平上，两组数据有显著性差异。

在 t-检验中，两种不同方法获取的两组重复性测定的数据被用来比较：一组叫作测试方法，一组为已接受的方法或者基准方法。采用类似的方式，我们可以比较糖尿病病人和对照组人员血液中某特定分析物的浓度。计算出统计学上的 t 值，与一定置信水平和测定次数时的 $t_{表}$ 对比（表 3.1）。如果计算值超出了表格值，则表示两种方法在这个置信水平上存在显著性差异。如果计算值没有超出表格值，则可以预测两种方法在我们选择的置信水平上无显著性差异。并没有方法可以表明两个结果是完全一致的。

在不同的方式和情况下可以使用 t-检验，如下所示。

（1）标准物质的浓度已知或者其确定度远高于新的测试方法，用测试方法多次分析该物质，比较标准值与测定平均值在一定确信度时是否存在差异。

（2）与情况（1）类似，只是标准值的不确定度或参考方法测定值的标准偏差不可忽略。比较使用参考方法和测试方法连续测定相同样品的结果，也叫作平均值比较 t-检验。两种方法的测定次数不必相等。

（3）很多时候在没有合适标准参考物质的情况下，需要比较新开发的方法与其他方法。而且，即使有参考物质，也只能测试一个浓度值，而更多时候需要测试新方法在整个应用浓度范围内的适用程度。选择涵盖一定浓度范围的多个样品，并将其分为两份，分别用基准方法和测试方法进行分析。这样，产生了若干对测试结果，进行配对 t-检验可以确定在一定置信水平上，这两种方法测定的数据是否有显著性差异。这种检验在其他情况下也很有用。比如可以用于回答以下问题：一种新药产生的血压变化是不是和另外一种新药产生的变化有显著性差异？一组人员参与研究，每人分别在服用药物 1 和药物 2 后进行两次血压变化的测定。必然地，进行配对 t-检验的两组数据的个数相同。

（4）比较两组不相关样本总体。例如西弗吉尼亚州和宾夕法尼亚州所产煤的硫含量是否有统计学上的差异？阿尔茨海默病患者死后脑组织中铝含量是否和对照组有统计学上的差异？注意：与情况（3）中不同，此时两组不同的样本总体参与分析，每组样本的数目不一定相同。这种类型的 t-检验可以分为两类：（a）两组样品的方差或标准偏差经比较在统计学上无差异（比如通过 F-检验算得），这两组样品可叫作同方差的；（b）两组样品的方差有显著性不同，被称作异方差的。

合并标准偏差

在使用 t-检验时,经常用到合并标准偏差,首先对其进行讨论。

合并标准偏差用于获取对方法精密度改进性的评估和计算两组数据的精密度。也就是说相对于依赖单组数据来描述方法精密度,使用多组数据,如不同天数或组成稍有不同的样品,更为有效。如果每组数据的非测定(随机)误差是一样的,那么不同组的数据可以进行合并。相对于单组数据,这种评估方法精密度更为可信。**合并标准偏差** s_p 等于:

$$s_p = \sqrt{\frac{\sum(x_{i1}-\bar{x}_1)^2 + \sum(x_{i2}-\bar{x}_2)^2 + \cdots + \sum(x_{ik}-\bar{x}_k)^2}{N-k}}$$

(3.11)

式中,$\bar{x}_1, \bar{x}_2, \cdots, \bar{x}_k$ 是 k 组数据中每组的平均值;$x_{i1}, x_{i2}, \cdots, x_{ik}$ 是每组中各自的数字;N 是总的测定次数,等于$(N_1+N_2+\cdots+N_k)$。如果是 5 组数据,每组测定 20 次的话,那么 $k=5$,$N=100$(每组数据的样品数不一定相同)。$N-k$是从$(N_1-1)+(N_2-1)+\cdots+(N_k-1)$所得到的自由度数据;每组数据的自由度要减 1。这一公式综合表示了每组数据的标准偏差。

在应用 t-检验之前,可以应用 F-检验比较两种方法的方差以确定它们在统计学上是一样的。

1) 当标准值已知时使用 t-检验

注意式(3.9)表示真值 μ,我们可以写成:

$$\mu = \bar{x} \pm \frac{ts}{\sqrt{N}}$$

(3.12)

通过式(3.12)可以计算出置信区间(即 $\bar{x}+ts/\sqrt{N}$ 和 $\bar{x}-ts/\sqrt{N}$ 之间),看期望值是否在区间之内。

有如下公式:

$$t_{计算} = (\bar{x}-\mu)\frac{\sqrt{N}}{s}$$

(3.13)

有时候,样品的"真"值 μ 或参考物质的确信度很高,或者其相对准确度远高于典型实验室的准确度。很多金属和纯化合物纯度很高,可达到 99.999% 甚至 99.999 9%。如果分析这样的金属或者混合物,可使用式(3.12)确定测试方法获取的值是否和标样值有统计学上的差异。这种方式甚至也可以用于标样值有一定不确定度的时候,只是这个不确定度要远小于测试方法获取数据的标准偏差。我们的目的是看应用我们的方法所得的结果是否和标样值不同。这种检验方法的另一个用途是确定一组测定值是否超出限定监管标准,比如水中氟离子浓度。

例 3.17 使用湿法消解结合原子吸收光谱技术测定生物样品中的痕量铜。为了测试方法的准确性,对标准参考物质进行了 5 次测定,结果的平均值为 10.8 ppm,标准偏差为 ±0.7 ppm。该物质的标样值是 11.7 ppm。请问在 95% 置信水平上,相对于标样值,在统计学上测定值是否是正确的?

解:

$$t_{计算} = (\bar{x} - \mu)\frac{\sqrt{N}}{s}$$

$$= (10.8 - 11.7) \times \frac{\sqrt{5}}{0.7}$$

$$= 2._9$$

5 次测定的自由度为 4。从表 3.1 中可以查到在 95% 置信水平上 t 值为 2.776。**因为 $\bar{x} - \mu$ 可能是负值,所以使用 $t_{计算}$ 的绝对值。**

因为 $t_{计算} > t_{表}$,可以 95% 的确定测定值和真值有统计学上的差异(查看表 3.1,不能 99% 的确定这一结论,因为 $t_{表}$ 在 99% 置信水平上为 4.6,但是多数工作都是在 95% 置信水平上)。如果没有找到不符的原因并进行修正的话,测定过程被认为不可接受。可能两者都不容易做到。比如你的方法可能受样品中铁造成的负干扰却未能进行校正。

注意从式(3.13)中可以看出精密度提高,s 变小,则计算的 t 值变大,因此表中的 t 值更有可能小于该值。即,精密度提高后,更容易区分出非随机区别。式(3.13)同样表明,s 变小时,如果要将差别仅归结于随机误差,那么两种方法的差值($\bar{x} - \mu$)也要变小。这就意味着样品量越大(即 s 会降低),越容易发现统计学上显著性的差异。

2) 比较两种方法的平均值

当 t-检验用于两组数据时,式(3.13)中的 μ 被第二组数据的平均值所代替。平均值的倒数($\sqrt{N}/s$)被两组数据的差值所取代,如下式:

$$\sqrt{\frac{N_1 N_2}{N_1 + N_2}}\bigg/ s_p$$

式中,s_p 为两组数据单独测定的合并标准偏差,如式(3.11)所定义;N_1 和 N_2 是每组数据的测定次数。

$$t_{计算} = \frac{\bar{x}_1 - \bar{x}_2}{s_p}\sqrt{\frac{N_1 N_2}{N_1 + N_2}} \tag{3.14}$$

如下文所示,当用两种方法测试同一样品,即比较两组方法时可以使用这一公式。

要进行两种方法平均值 t-检验,必须确定两种方法在统计学上有相同的标准偏差,即先通过 F-检验进行验证。

例 3.18 用一种新的重量分析法测定三价铁离子,方法原理基于铁与有机硼"笼子"物质形成结晶沉淀。通过测定矿石中铁的质量来确定方法的准确度,并与标准沉淀法进行比较。标准沉淀法基于铁与氨反应生成沉淀,称量 $Fe(OH)_3$ 沉淀引发形成的 Fe_2O_3。以铁的质量分数(%)表示的测定结果如下:

重量分析法	标准沉淀法
20.10%	18.89%
20.50%	19.20%
18.65%	19.00%
19.25%	19.70%
19.40%	19.40%
19.99%	$\bar{x}_2 = 19.24\%$
$\bar{x}_1 = 19.65\%$	

请问两种方法是否有显著性差异?

解:

x_{i1}	$\lvert x_{i1}-\bar{x}_1 \rvert$	$(x_{i1}-\bar{x}_1)^2$	x_{i2}	$\lvert x_{i2}-\bar{x}_2 \rvert$	$(x_{i2}-\bar{x}_2)^2$
20.10	0.45	0.202	18.89	0.35	0.122
20.50	0.85	0.722	19.20	0.04	0.002
18.65	1.00	1.000	19.00	0.24	0.058
19.25	0.40	0.160	19.70	0.46	0.212
19.40	0.25	0.062	19.40	0.16	0.026
19.99	0.34	0.116		$\sum (x_{i2}-\bar{x}_2)^2 = 0.420$	
	$\sum (x_{i1}-\bar{x}_1)^2 = 2.262$				

$$F = \frac{s_1^2}{s_2^2} = \frac{2.262/5}{0.420/4} = 4.31$$

计算的 F 值小于表格值 6.26,说明两种方法的标准偏差相当。可以使用 t-检验:

$$s_p = \sqrt{\frac{\sum (x_{i1}-\bar{x}_1)^2 + \sum (x_{i2}-\bar{x}_2)^2}{N_1 + N_2 - 2}}$$

$$= \sqrt{\frac{2.262 + 0.420}{6 + 5 - 2}} = 0.546$$

$$\pm t = \frac{19.65 - 19.24}{0.546} \times \sqrt{\frac{6 \times 5}{6 + 5}} = 1.2_3$$

在 95% 置信水平上,自由度为 9(即 $N_1 + N_2 - 2$)时 t 值为 2.262,所以两种方法的测定结果没有统计学上的差异。

除了使用一个样品比较两种方法,两个样品也可以用同一种方法分析,其比较方式与上例类似。

Excel 中数据分析加载项可以进行平均值 t-检验,但是需要成对的数据。我们用以下的例子进行说明。NIST 不锈钢标准物质(Standard Reference Material, SRM)73c 的分析报道(https://www-s. nist. gov/srmors/certificates/73c.pdf)称四个分析者给出其中 Mo 的质量分数分别为 0.089%、0.092%、0.095%和 0.087%。为了验证一种新方法的准确性,测定四份同样 SRM 的 Mo 的质量分数,结果分别为 0.090%、0.094%、0.098%和 0.096%。NIST 报道的平均值为 0.091%,测定值为 0.094%,请问是否存在显著性差异?

在 Excel 工作表中输入两组数据,NIST 的结果在列 A1:A4,测定结果在列 B1:B4。点击"Data/Data"(数据/数据)分析,在弹出的下拉菜单中向下滚动,选取"t-test: Paired two sample for means"(t-检验:平均值的成对二样本分析)。在新的窗口中,"Variable 1 Range"(变量 1 的区域)中输入 A1:A4,"Variable 2 Range"(变量 2 的区域)中输入 B1:B4。我们没有理由认为两组平均值之间有差异,所以"假定平均值"处留空,即使用默认值 0。如果我们有标志,如在列头使用了"NIST Data"(NIST 数据)、"My Data"(我的数据),则应该勾选该选项,Excel 便会忽略最上面一行。由于我们没有标题,所以此处不选择。α 的意义和 F-检验中一样,默认值 $\alpha = 0.05$ 表示 95%的置信水平。现在可以做检验了。Excel 需要 3 列 14 行来输出结果。点击"Output Range"(输出区域)、制定 D1 作为输出结果开始的单元格。第一列中的内容比默认列宽要大,双击标题栏 D 右侧边界,则列宽和输入内容自动匹配。输出内容包括:平均值、方差、自由度(df)、$t_{计算}$(t-Stat)和 $t_{临界}$值,可用于单尾或双尾检验。$t_{计算}$为负值,但是我们真正关心的是数值大小。如果将 A/B 两列的数据对调,$t_{计算}$就会变为正值,数值大小不变(自己试一下!)。单尾和双尾检验表示正态分布的两边或者单边需要考虑。在此案例的数据比较中,一组数据可能大于(或小于)另一组数据,所以单边检验更为适用。在分析化学中,一组数据只能比另一组数据大或者小,没有明确限制。所以必须使用双尾 $t_{临界}$来比较计算值。在这个例子中,$t_{计算}$为 2.08,明显小于 $t_{临界}$值 3.18。在 95%的置信水平上,测定结果和 NIST 的结果无统计学上的差异。

3) 配对 t-检验

下面讲述应用配对 t-检验比较两种方法测定不同系列样品获得的结果。对新方法验证或方法比对来说,这里描述的配对 t-检验比较适用。新方法经常需要和被接受的方法进行对比,它们同时测定不同浓度的不同类型样品,再对两者结果进行比较。在这种情况下,$t_{计算}$稍有不同。每个样品经常只测定一次,所以可以计算每个样品每次成对测定的区别。首先计算出平均差异 $\overline{D}$,之后各自差异值与 D 的偏差被用于计算标准偏差 s_d。t 值通过以下公式计算:

$$t = \frac{|\overline{D}|}{s_d} \sqrt{N} \tag{3.15}$$

$$s_d = \sqrt{\frac{\sum (D_i - \bar{D})^2}{N-1}} \tag{3.16}$$

式中，D_i 为每个样品两种方法测定结果的差异；$\bar{D}$ 是所有差别值的平均值。

例 3.19 你正在开发一种测定血尿素氮（blood urea nitrogen，BUN）的新方法。你想确定该方法和标准方法在测定常规实验室样品时是否有显著性差异。已知两种方法的精密度相近。以下为测量不同样品时获取的两组数据。

样品	你的方法 /(mg/dL)	标准方法 /(mg/dL)	D_i	$D_i - \bar{D}$	$(D_i - \bar{D})^2$
A	10.2	10.5	-0.3	-0.6	0.36
B	12.7	11.9	0.8	0.5	0.25
C	8.6	8.7	-0.1	-0.4	0.16
D	17.5	16.9	0.6	0.3	0.09
E	11.2	10.9	0.3	0.0	0.00
F	11.5	11.1	0.4	0.1	0.01
			$\sum 1.7$		$\sum 0.87$
			$\bar{D} = 0.28$		

解：

$$s_d = \sqrt{\frac{0.87}{6-1}} = 0.42$$

$$t = \frac{0.28}{0.42} \times \sqrt{6} = 1.6_3$$

在 95% 置信水平上，自由度为 5 时 t 值为 2.571。因为 $t_{计算} < t_{表}$，表明在该置信水平上两种方法无显著性差异。

两个使用配对 t-检验比较一系列数据的例子，t-Test for Paired Samples（使用手工计算方法）和 Paired t-Test from Excel 在两个录像中进行了演示。

Video：t-Test for Paired Samples

通常 95% 置信水平下的检验叫作显著性检验，99% 置信水平下的检验为高度显著性检验。也就是说，$t_{计算}$ 越小，越确信两种方法之间没有显著性差异。如果采用过低的置信水平（如 80%），可能会得出两种方法之间存在显著性差异这样的错误结论（有时称为 Ⅰ 类型误差）；而另一个方面，置信水平过高需要测出非常大的差别（称为 Ⅱ 类型误差）。参考 3.19 节"功效分析"了

Video：Paired t-Test from Excel

解 I 类型误差和 II 类型误差。如果在 95% 置信水平上，$t_{计算}$ 和 $t_表$ 接近，则应该进行更多测试，以确定两种方法之间是否有显著性差异。

4）比较不同样品的 t -检验

我们使用 Excel 来进行演示如何解决下述问题。分别测定两邻县井水中氟离子浓度（mg/L），结果如下。请问 A、B 两县井水中的氟离子浓度是否存在统计学上的差异？

A 县井水中氟离子浓度/(mg/L)	B 县井水中氟离子浓度/(mg/L)
0.76	1.20
0.81	1.41
0.77	1.69
0.79	0.91
0.80	0.50
0.78	1.80
0.76	1.53

我们首先使用 F -检验确定两组数据的方差是否存在显著性差异。按照 3.12 节所示进行 F -检验。以 B 列数据作为可变量 1，A 列数据作为可变量 2（如果两者对调，你会发现 F 小于 1）。F -检验数据列于下方左图。很明显两组数据的方差差异很大（如果相同的话，需要用数据/数据分析/t -检验：双样本等方差检验），所以我们点击"数据/数据分析/t -检验：双样本异方差检验"，再次以 B 列数据作为可变量 1，A 列数据作为可变量 2。t -检验的结果列于下方右图。因为 $t_{计算}$ 值 2.93 超出了双尾 $t_{临界}$ 值 2.45，所以在 95% 的置信水平上，A、B 两县井水中氟离子的浓度有显著性差异。

F -检验双样本方差检验	变量 1	变量 2
均值	1.291 428 6	0.781 429
方差	0.211 447 6	0.000 381
观察值	7	7
自由度	6	6
F		555.05
$P(F<f)$ 单尾		5.8E-08
$F_{临界}$ 单尾		4.283 866

t -检验：双样本异方差检验	变量 1	变量 2
均值	1.291 429	0.781 429
方差	0.211 448	0.000 381
观察值	7	7
假设平均差	0	
自由度	6	
起始 t	2.931 75	
$P(T<t)$ 单尾	0.013 114	
$t_{临界}$ 单尾	1.943 18	
$P(T<t)$ 双尾	0.026 227	
$t_{临界}$ 双尾	2.446 912	

3.13   剔除数据: Q 检验

菲纳格第三定律:在采集的任何数据中,看起来最明显正确的数字,在经过所有的检查后,会是一个错误值。

进行连续多次测定时,其中一个数据与其他数据偏差较大的现象并非罕见,所以必须作出剔除或是保留这个数据的决定。但是没有确定可疑值是随机误差还是偶然变异的统一的标准。一般要删除数据中的极端值,否则计算的统计数据将变得不理想,也就是说标准偏差和方差(散布度量)会增加,最终所报告的平均值也会发生变化。剔除可疑值一定要基于已经明确所获取的结果存在具体错误。如果已知采集数据中出现了错误,则应剔除该数据。

经验和常识也可以像统计检验一样检验特定观察的有效性。有经验的分析者经常可以明确一个特定方法应该具有的精密度,当有可疑数据时能够及时发现。

此外,已知标准偏差的分析者可以剔除落在平均值 $2s$ 或 $2.5s$ 偏差以外的数据,因为只有 $1/20$ 或 $1/100$ 的概率会发生这样的情况。

Q 检验用于确定一个"异常值"是不是可测定误差。如果不是的话,则应该算作可预料的随机误差,并保留这一数据。

多种统计学的检验方式可用于确定一组观测值是否应该被剔除。在所有方式中,都要建立一个统计学上显著性观测应该落入的范围,而难度在于如何确定这个范围。如果范围太小,非常好的数据可能会被剔除;如果范围太大的话,错误的数据会被过高比例地保留。作为其中的一种检验方式,Q 检验是小数目样本检验中统计学上最正确的方法之一,值得推荐。Q 比值计算时首先将数据按照递增或者递减的顺序排列。如果数据量很大时,可以使用 Excel 中的"Data/Sort"(数据/排序)功能将数据按照升序或者降序排列。可疑值和临近值的差值(a)除以数据范围(w),即最大值和最小值之间的差值,即可得到 $Q=a/w$,如右图所示。这个比值可以和表

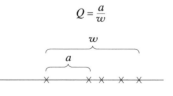

3.3 中的 Q 值进行比较,如果该值等于或大于表中的值,则可以剔除可疑值。表 3.3 中列出了在 90%,95% 和 99% 置信水平上不同的 Q 值。如果在一定的置信水平上,一组数据中 $Q_{计算}$ 超出了 $Q_{表}$,那么可以剔除可疑数据。比如 95% 的确信测定中存在确定的误差。

如果 $Q_{计算} > Q_{表}$(即 $Q_{计算}$ 大于 $Q_{表}$),那么数据点可能是异常值,可以舍去。实际操作中,最好测定多次以确保数据准确。

表 3.3 不同置信水平上的 Q 值[1]

观测次数	置 信 水 平		
	Q_{90}	Q_{95}	Q_{99}
3	0.941	0.970	0.994
4	0.765	0.829	0.926
5	0.642	0.710	0.821
6	0.560	0.625	0.740
7	0.507	0.568	0.680
8	0.468	0.526	0.634
9	0.437	0.493	0.598
10	0.412	0.466	0.568
15	0.338	0.384	0.475
20	0.300	0.342	0.425
25	0.277	0.317	0.393
30	0.260	0.298	0.372

[1] Adapted from D. B. Rorabacher, *Anal. Chem.*, **63** (1991) 139.

现在事件的顺序已没有顺序了。——Dan Rather，电视新闻主播

例 3.20 测定混合血清样品中氯离子的浓度，数据分别为 103 mmol/L、106 mmol/L、107 mmol/L 和 114 mmol/L。其中一个值为疑似离群值，问在 95％置信水平上，确认其是否为随机误差。

解：

可疑值为 114 mmol/L，它与邻近值 107 mmol/L 的差值为 7 mmol/L。范围是 $114-103=11$ mmol/L，则 $Q=7/11=0.64$。表中 4 次测定的 Q 值为 0.829。因为 $Q_{计算}<Q_{表}$，所以可疑值应归于随机误差，不应被剔除。

如果测定次数较少(如 3～5 次)，按照 Q 检验来算的话，可疑值的差值会非常大，所以很可能保留了错误结果。这会导致算术平均值发生显著性新变化，因为平均值受离群值的影响很大。因此测定次数较少无法剔除可疑值时，建议使用中间值代替平均值。**中间值**是当数据按大小顺序排列后，个数为奇数时中间的那个数，或者是个数为偶数时中间两个数的平均值。中间值的好处是不受离群值的影响。上述例子中，中间值等于中间两个数的平均值，为 $(106+107)/2=106$，而平均值 108 受到可疑值的影响更大。

当异常值不能剔除时，考虑报告中间值。

测定次数为 3～5 次时，如果精密度比预期的差很多，或者一个数据与同组其他数据显著不同时，建议采取下列步骤进行数据处理。

1. 估测一下方法可能的精密度,以确定是不是存在有疑问的数据。注意,如果 3 次测定中 2 个数字十分接近时,Q 检验很可能会失败(见下段描述)。
2. 检查可疑值以确定是否存在确定误差。
3. 如果不能再获取新数据,则做 Q 检验。
4. 如果 Q 检验的结果表示保留离群值,考虑使用一小组数据的中间值而不是平均值。
5. 万不得已时,重新测定一次。如果新的结果和之前的结果中明显正确的结果符合良好,则认为可以剔除可疑值。但是,应该避免重复试验以获取"正确"结果。

Q 检验不适用于三个数据中有两个完全相同的情况。这种情况下,无论偏差的数值是多少,检验结果总是表明剔除第三个值,因为 a 和 w 相等,$Q_{计算}$ 总是为 1。如果四个数据中有三个相同的话也有同样问题,依此类推。网上有计算 Q 检验的计算器或应用程序(如:http://asdlib.org/onlineArticles/ecourseware/Harvey/Outliers/OutlierProb1.html)。

此外还有其他进行离散值检验的方法。国际 ASTM(过去称为美国材料试验协会)推荐使用 **Grubbs 检验**。这种检验适用于测定单一变量数据中的离群值,并假设数据符合正态误差曲线[对有限的数据量来说不容易确定,所以 Grubbs 检验只对 $n \geq 7$ 时有意义。但是也存在对应于 $n = 3 \sim 6$[1] 的 $g_{临界}$ 值,可用于评估]。Grubbs 检验值 g 等于偏离平均值最大的数据减去平均值的绝对值(即 $|X_i - \bar{X}|$ 最大的数据)除以标准偏差 s。如果在一定置信水平上,$g_{计算}$ 超过表中的 $g_{临界}$,则舍去该数据。

关于 Grubbs 检验的用法,包括置信水平为 95% 和 99% 时的 Grubbs 临界值可以参考第 3 章网络教材内容,其中还有更多计算实例和应用信息的参考文献。可以登录在线计算器:http://www.graphpad.com/quickcalcs/Grubbs1.cfm。

3.14　少量数据的统计

前文已经讨论了对正态分布样本的评估方式,比如中心值(平均值,$\bar{x}$)、数据伸展(标准偏差,s)和置信界限(t-检验)。这些统计数据严格适用于大量样本。在分析化学中,我们经常处理少于 10 次的测定,有的分析可能为 $2 \sim 3$ 次。对这种小量样本数据,其他的评估方式可能更有效。
大量样本的统计学不一定适用于小量样本。
上一节介绍的 Q 检验可用于少量数据,我们已经提到了处理可疑结果的一些规则。

---

① 译者注:原文中为 $g = 3 \sim 6$,有误。

1) 中间值可能比平均值更好

对于一组 N 个数据,将其按升序或者降序排列,如果 N 为奇数,则该系列数据最中间的那个数为中间值。如果 N 为偶数,中间值等于中间两个数的平均值。中间值用 M 表示,可用于估测中心值。较之平均值 $\bar{x}$,中间值的好处是不容易受到无关联的(离群的)值的影响。M 的效率,定义为这两种表示"真实"平均值的方差之比,以 E_M 表示,并列于表 3.4 中。该值为 $1\sim0.64$,1 表示只有两次测定,中间值和平均值相等;0.64 用于大量数据。比如 100 次测定的效率的数字为 0.64,表示由 100 次测定的中间值的信息和 64 次测定计算的平均值所提供的信息一样多。10 次测定中间值所包含的信息和 $10\times0.71=7$ 次测定平均值的信息相同。为避免使用 Q 检验确定是否为过失误差,可以使用中间值。对于正态总体的三次测定来说,中间值比三个数据中最为接近的两个数据的平均值要好,这在前文已做介绍。

对少量测定来说,中间值可能比平均值更好地反映真值。

平均值是算术平均值,而中间值是一系列数据中间的数值。对一系列样本数少而且精密度差的数据来说,平均值比中间值更容易受到离群值的影响。

表 3.4 针对 2~10 次观测的效率与转换因子[①]

观测次数	效 率		范围偏差因子 K_R	范围置信度因子 t	
	中间值 E_M	范围 E_R		$t_{r0.95}$	$t_{r0.99}$
2	1.00	1.00	0.89	6.4	31.83
3	0.74	0.99	0.59	1.3	3.01
4	0.84	0.98	0.49	0.72	1.32
5	0.69	0.96	0.43	0.51	0.84
6	0.78	0.93	0.40	0.40	0.63
7	0.67	0.91	0.37	0.33	0.51
8	0.74	0.89	0.35	0.29	0.43
9	0.65	0.87	0.34	0.26	0.37
10	0.71	0.85	0.33	0.23	0.33
∞	0.64	0.00	0.00	0.00	0.00

① Adapted from R. B. Dean and W. J. Dixon, *Anal. Chem.*, **23** (1951) 636.

2) 使用范围代替标准偏差

对于较少的测定次数来说,范围 R 用于描述结果离散程度非常有效。范围等于最大值减去最小值,范围效率为 E_R,如表 3.4 所示,实质上和四次以下测定的标准偏差值一样。高的相对效率来自这样一个事实,尽管标准偏差仍然是对一些数据最好的估测,但是对于少量数据它的表现并不好。为了用范围描述离散情况而不受测定次数的影响,我们必须乘以一个**偏差系数** K_R,如

表 3.4 所示。用这个系数调节 R,所以通常来说它可以反映样本的标准偏差,以 s_r 表示:

$$s_r = RK_R \tag{3.17}$$

对于四次或更少次的测定,用范围和用标准偏差描述结果的分散程度一样好。

例 3.9 中,4 次称量的标准偏差为 0.69 mg。数据范围是 1.6 mg,乘以 4 次测量的 K_R 值,可得 $s_r = 1.6 \text{ mg} \times 0.49 = 0.78 \text{ mg}$。可以看出 s 和 s_r 非常接近。当 N 增加时,相对于标准偏差,范围效率会下降。

中间值可以用来计算标准偏差,以降低可疑值的影响。再次以例 3.9 为例,使用中间值 29.8 代替式(3.2)算出的平均值,计算得到的标准偏差是 0.73 mg,代替了 0.69 mg。

3) 使用范围计算置信界限

置信界限可以使用由范围得到的 s_r 代替式(3.9)中的 s 进行计算,结果以 t_r 表示,有另外一个 t 值表可以查询。然而,直接使用范围来计算界限更为方便。

$$置信界限 = \bar{x} \pm Rt_r \tag{3.18}$$

将 R 转换成 s_r 的系数已经定量化,置信水平在 99% 和 95% 的 t_r 值列于表 3.4。在 95% 置信水平上,使用式(3.18)计算例 3.15 中的置信界限为 $93.50\% \pm 0.19\% \times 1.3 = 93.50\% \pm 0.25\% \text{ Na}_2\text{CO}_3$。

3.15   线性最小二乘法:如何绘制正确的直线

如果需要作直线,就选取两个数据点吧。——无名氏

分析者经常面临将数据绘制在直线上,即做分析校正曲线的情况。绘图,也就是曲线拟合,对获取准确的分析结果来说非常重要,因为需要用校正曲线来计算未知浓度。直线的可预测性和一致性将决定未知计算的准确性。所有的测量都有一定的不确定性,直线作图也是一样。绘图经常是直观性地,也就是通过尺子放在散点上面,"目测"出最好的拟合直线,这势必带来一定偏差。而使用统计学确定最可信的直线来拟合数据是更好的方法。电子表格中的统计功能使绘制线性或者非线性拟合变得非常简单。我们首先学习与曲线拟合和统计评价相关的计算。

大家都知道直线是一个关于观测值与目标物数量关系的模型。最小二乘法拟合(如下)可以被盲目地用于任何一组随机的数据。这并不意味着线性模型是合适的,有时数据可能符合对数或者 S 型函数。我们选择适合数据的模型,而不是适合模型的数据。在某种程度上,我们更喜欢线性拟合的系统,因为它们会更容易处理。但是,随着计算能力的提高,也不用刻意回避非线性拟合。

假设数据呈直线关系,则数据可表示为:

$$y = mx + b \quad (3.19)$$

式中,y 是因变量;x 是自变量;m 是曲线的斜率;b 是纵坐标(y 轴)的截距。y 一般是可测定的变量,随着 x 变化而变化,如图 3.4 所示。在分光光度法校正曲线中,y 表示测定的吸光度,x 表示标准溶液的浓度。我们的问题就是确定 m 和 b 的值。

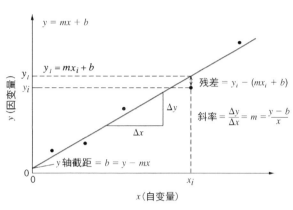

图 3.4　典型的工作曲线图

1) 最小二乘法作图

统计学的数据表明,对一系列实验数据点最好的拟合直线,是指各点与直线偏差平方之和最小,即**最小二乘法**。如果 x 是固定变量(比如浓度),y 是测定变量(如分光光度测量中的吸光度,色谱测量中的峰面积等),那么需要考察在一定 x 值(x_i)时 y 和直线垂直距离的变化。以 y_l 表示直线上的数值,等于 $mx_i + b$。差值总和的平方根 S 如下所示:

$$S = \sum (y_i - y_l)^2 = \sum \left[y_i - (mx_i + b) \right]^2 \quad (3.20)$$

上式默认自变量 x 没有误差。

最小二乘法斜率和截距确定了最可信的直线。

当 S 值最小时($S_{\min}$)所得的直线最好。用不同的微积分公式 $S_{\min}$ 对 m 和 b 求导,导数值为零时可以解得 m 和 b,结果如下:

$$m = \frac{\sum (x_i - \bar{x})(y_i - \bar{y})}{\sum (x_i - \bar{x})^2} \quad (3.21)$$

$$b = \bar{y} - m\bar{x} \quad (3.22)$$

式中,$\bar{x}$ 和 $\bar{y}$ 分别是所有 x_i 和 y_i 的平均值。计算中使用差值十分烦琐,所以式(3.21)可以转换为较为简单的形式:

$$m = \frac{\sum x_i y_i - \left(\sum x_i \sum y_i \right)/n}{\sum x_i^2 - \left(\sum x_i \right)^2 /n} \quad (3.23)$$

式中,n 是数据点的数量。除了电子表格外,通过计算器也可以对一系列的 $x-y$ 数据进行线性回归,得到 m 和 b 的值。

例 3.21 谷物食品中核黄素(维生素 B_2)的浓度可以通过测定其在 5% 乙酸介质中的荧光强度来确定。测定一系列浓度递增的标准溶液的荧光强度,获取工作曲线。使用最小二乘法获取最佳校正曲线,并计算样品溶液中核黄素的浓度。样品荧光强度为 15.4。

核黄素浓度 $x_i/(\mu g/mL)$	荧光强度 y_i	x_i^2	$x_i y_i$
0.000	0.0	0.000 0	0.00
0.100	5.8	0.010 0	0.58
0.200	12.2	0.040 0	2.44
0.400	22.3	0.160$_0$	8.92
0.800	43.3	0.640$_0$	34.6$_4$

$$\sum x_i = 1.500 \qquad \sum y_i = 83.6 \qquad \sum x_i^2 = 0.850_0 \qquad \sum x_i y_i = 46.5_8$$
$$\left(\sum x_i\right)^2 = 2.250$$

$$\bar{x} = \frac{\sum x_i}{n} = 0.300_0 \qquad\qquad \bar{y} = \frac{\sum y_i}{n} = 16.7_2$$

解:

使用式(3.23)和式(3.22)。

$$m = \frac{46.5_8 - (1.500 \times 83.6)/5}{0.850_0 - 2.250/5} = 53.7_5 [FU/(mL/\mu g)]$$

$$b = 16.7_2 - (53.7_5 \times 0.300_0) = 0.6_0 (FU)$$

计算中我们保留了最多的有效数字,因为实验数据 y 只保留在十分位,我们可以将 m 和 b 修约至十分位。工作曲线的公式如下(FU=荧光强度单位):

$$y = 53.8x + 0.6$$

样品浓度:

$$15.4 = 53.8x + 0.6$$
$$x = 0.27_5 \ \mu g/mL$$

请注意线性公式 $y = mx + b$ 中各个变量的单位,这对使用该式计算未知量非常有用。

为绘制曲线的真实图形,任意选取距离较远的 2 个 x 值,计算相应的 y 值(反之亦然),用这些点绘制直线。截距 $y = 0.6$($x = 0$ 时)可以作为一个点。x

为 0.500 μg/mL 时, $y=27.5$。 根据实验数据和最小二乘法绘制的图如图 3.5 所示。该图用 Excel 绘制,其中包含线性方程和相关系数的平方(表示两个变量之间的吻合程度——现在不用考虑这个,后文会进行讨论)。Excel 程序会自动给出更多的有效数字,但是请注意这与我们计算的斜率和截距十分吻合。

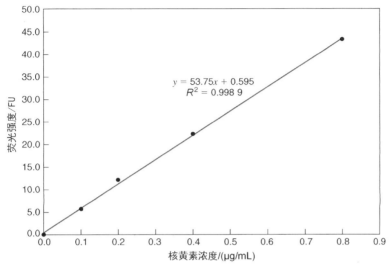

图 3.5　例 3.21 中数据的工作曲线

注意在标准最小二乘法中所有的点都经过同样的处理步骤。对于同样的相对偏差来说,这种处理实际上对高值的 x,y 的权重要大于对其低值的权重。加权最小二乘法使用时要更加小心。相关内容可以参考：T. Strutz：Data Fitting and Uncertainty. Vieweg+Teubner Verlag,2010 以及 J. A. Irvin 和 T. I. Quickenden. Linear Least Squares Treatment When There are Errors in Box x and y. J. Chem. Ed.,1983(60)：711 - 712。

参考录像,了解如何使用 Excel 进行最小二乘法(Plotting in Excel)和误差棒(Error Bars)的绘制。首先复习 3.20 节,如何使用 Excel。

Video：Plotting
in Excel

Video：Error Bars

2) 斜率和截距的标准偏差：它们确定未知的不确定性

最小二乘曲线上的每个点都在 y 轴上呈现正态(高斯)分布。如式(3.20)所列,每个 y_i 与线之间的偏差为 $y_i-y_l=y-(mx+b)$。 这些 y 轴偏差的标准偏差可以通过类似于式(3.2)的方程来表示,只是因为定义了斜率和截距,所以其自由度减 2。

$$s_y = \sqrt{\frac{\sum [y_i - (mx_i + b)]^2}{N - 2}}$$

$$= \sqrt{\frac{[\sum y_i^2 - (\sum y_i)^2/N] - m^2[\sum x_i^2 - (\sum x_i)^2/N]}{N - 2}} \tag{3.24}$$

通过误差传递,可以知道 m 和 b 的标准偏差未知的不确定度是如何计算的。

该值也叫作回归标准偏差,记为 s_r。可用 s_y 值确定最小二乘曲线中斜率 m 和截距 b 的不确定度,因为它们都与 y 的不确定度有关。对斜率来说:

$$s_m = \sqrt{\frac{s_y^2}{\sum (\bar{x} - x_i)^2}} = \sqrt{\frac{s_y^2}{\sum x_i^2 - (\sum x_i)^2/N}} \tag{3.25}$$

式中,$\bar{x}$ 是所有 x_i 的平均值。对截距来说:

$$s_b = s_y\sqrt{\frac{s_y \sum x_i^2}{N \sum x_i^2 - (\sum x_i)^2}} = s_y\sqrt{\frac{1}{N - (\sum x_i)^2/\sum x_i^2}} \tag{3.26}$$

在计算未知浓度即式(3.19)中的 x_i 时,将 y、m 和 b 的不确定度通过常规方式进行传递,即可得到未知浓度的不确定性。

例 3.22 计算例 3.21 中最小二乘曲线中斜率、截距和 y 值的不确定度,以及荧光强度为 15.4 FU 的核黄素样品浓度的不确定度。

解:

为了确定所有的不确定度,我们需要知道 $\sum y_i^2$,$(\sum y_i)^2$,$\sum x_i^2$,$(\sum x_i)^2$ 和 m^2 的值。对例 3.21 来讲,

$$(\sum y_i)^2 = 83.6^2 = 6\,989.0; \quad \sum x_i^2 = 0.850_0;$$

$$(\sum x_i)^2 = 2.250, m^2 = (53.7_5)^2 = 2.88_9 \times 10^{3①}。$$

y_i^2 的值分别为 0.0^2,5.8^2,12.2^2,22.3^2 和 43.3^2,即 0.0,33.6,148.8,497.3 和 $1\,874.9$。

$\sum y_i^2 = 2\,554.6$(多了一位有效数字)。由式(3.24)得

$$s_y = \sqrt{\frac{(2\,554.6 - 6\,989.0/5) - (53.7_5)^2 \times (0.850_0 - 2.250/5)}{5 - 2}} = \pm 0.6_3 \text{(FU)}$$

由式(3.25)得

---

① 译者注:原著误。

$$s_m = \sqrt{\frac{(0.6_3)^2}{0.850_0 - 2.250/5}} = \pm 1.0_1 [\mathrm{FU/(\mu g/mL)}]$$

由式(3.26)得

$$s_b = 0.6_3 \times \sqrt{\frac{0.850_0}{5 \times 0.850_0 - 2.250}} = \pm 0.4_1 (\mathrm{FU})$$

所以，$m = 53._8 \pm 1._0 [\mathrm{FU/(\mu g/mL)}]$[①]，$b = 0.6 \pm 0.4$。

未知核黄素浓度可计算为：

$$x = \frac{(y \pm s_y) - (b \pm s_b)}{m \pm s_m} = \frac{(15.4 \pm 0.6) - (0.6 \pm 0.4)}{53._8 \pm 1._0} = 0.27_5 \pm ? \ (\mu g/mL)$$

应用误差传递的原则(分子加法考虑绝对差异，除法考虑相对差异)，可得 $x = 0.27_5 \pm 0.01_4 (\mu g/mL)$。

参考第 16 章了解如何使用电子表格计算回归标准偏差和未知浓度的标准偏差。

3.16　相关系数和决定系数

相关系数被用于测量两个变量之间的相关性。当变量 x 和 y 相关但是并非功能性关联(即不是直接依附性相关)时，不能说给定 x 值对应的"最佳"y 值，而是"最可能"的 y 值。观测值与最可能值越接近，x 和 y 之间的关系就越确定。这一假设是多种相关度数学计算的基础。

Pearson 相关系数是其中计算最为方便的一种，公式如下：

$$r = \sum \frac{(x_i - \overline{x})(y_i - \overline{y})}{n s_x s_y} \tag{3.27}$$

式中，r 是相关系数；n 是观测次数；s_x 是 x 的标准偏差；s_y 是 y 的标准偏差；x_i 和 y_i 分别是变量 x 和 y 的个体值，$\overline{x}$ 和 $\overline{y}$ 是它们的平均值。计算中使用差值较难处理，该公式可以转换为更方便的形式：

$$\begin{aligned} r &= \frac{\sum x_i y_i - n\overline{x}\,\overline{y}}{\sqrt{\left(\sum x_i^2 - n\overline{x}^2\right)\left(\sum y_i^2 - n\overline{y}^2\right)}} \\ &= \frac{n\sum x_i y_i - \sum x_i \sum y_i}{\sqrt{\left[n\sum x_i^2 - \left(\sum x_i\right)^2\right]\left[n\sum y_i^2 - \left(\sum y_i\right)^2\right]}} \end{aligned} \tag{3.28}$$

---

① 译者注：原文中为"＋"，应该是"±"。

　　式(3.28)看起来很复杂,令人生畏,但它可能是计算 r 值最方便的公式了。计算器通过内置公式,可以直接进行线性回归计算 r 值。

　　r 值最大为 1,说明此时两个变量之间具有精确的相关性。当 r 值为 0 (当 $\sum x_i y_i$ 等于 0 时会出现这种状况) 时,说明变量之间完全独立。r 值最小为 -1。负的相关系数说明假定的因变量与实际值相反,因此相反的关系存在正相关系数。

　　相关系数接近 1 表示两个变量之间存在直接关系,例如吸光度与浓度。

105

　　例 3.23　计算例 3.19 中数据的相关系数,以你的方法为 x,标准方法为 y。

　　解:

　　计算 $\sum x_i^2 = 903.2, \sum y_i^2 = 855.2, \bar{x} = 12.0, \bar{y} = 11.7, \sum x_i y_i = 878.5$

　　因此,通过式(3.28)计算

$$r = \frac{878.5 - 6 \times 12.0 \times 11.7}{\sqrt{(903.2 - 6 \times 12.0^2) \times (855.2 - 6 \times 11.7^2)}} = 0.991$$

　　计算校正曲线的相关系数,可确定测定的仪器响应值与样品浓度的相关关系。一般来说,$0.90 < r < 0.95$ 表示拟合一般的曲线,$0.95 < r < 0.99$ 表示拟合好的曲线,$r > 0.99$ 表示拟合非常好的曲线。$r > 0.999$ 的曲线通过小心操作也可得到,并非罕见。

　　相关系数给自变量和因变量同样的权重,但在科学测量中可能并非如此。相对于确定值,r 值更趋向于拟合值。当 r 小于 0.98 时拟合一定非常差,当 r 小于 0.9 时拟合特别差。

　　一种更为保守地测定拟合线性度的方式是使用相关系数的平方,r^2,这也是大多数统计程序计算的数据(包括 Excel,参考图 3.5)。r 值为 0.90,相当于 r^2 为 0.81;r 值为 0.95,相当于 r^2 为 0.90。拟合得好坏通过几个 9 来评判,所以三个 9(0.999)或者更多,表示拟合得非常好。后文我们使用 r^2,也叫作**决定系数**。

　　决定系数 r^2 是测量拟合的更好方式。"r^2"和"R^2"经常混用,取决于个人喜好。Excel 中使用"R^2"。

　　值得一提的是,有时候两种方法之间相关性很高(r^2 接近于 1),但是做 t - 检验时发现两者在统计学上有显著性差异。如果一种方法存在不变的测定误差时会出现这种情况。这会导致两者差值明显(不是偶然发生),但是两组数据可以直接相关(r^2 接近于 1,但是斜率 m 不一定接近于 1 或者截距 b 不接近于 0)。原则上,在测定的浓度范围内,可以采用一个经验系数(常数)将两种方法的结果校正至相同。

3.17　检测限——不可能为零

前文中讨论了如何在一定置信水平上使用统计方法评价分析的可靠性，但可靠性最终由方法的准确度所决定。所有仪器方法测定时都有一定的噪声，噪声的大小会决定可测定目标物的最小量。噪声通过空白或者背景信号的精密度反映出来，甚至没有明显的空白信号时也会有噪声。这可能由于光电倍增管暗电流的波动、原子吸收仪器的火焰闪烁，或者其他因素引起的。

检测限（LOD）是统计学上算出的不同于目标物空白的最小浓度。关于检测限的计算方法很多。例如，如图 3.6 所示，一系列背景信号测定（或连续记录的背景信号）中 2 倍峰-峰（peak-to-peak）噪声对应的浓度值可被认为是检测限。一个更被普遍接受的 LOD 定义如下：LOD 是高于背景值以上的 3 倍背景信号标准偏差所对应的浓度。对比 2 倍峰-峰基线噪声标准和 3 倍基线标准偏差标准非常有用。注意，如图 3.6 所示的连续记录的曲线，相当于无穷多次观测数据。根据 t 值表（表 3.1），99% 的数据落在 2.576 倍标准偏差的范围内。因此峰-峰噪声相当于约 2.6 倍标准偏差，2 倍的该值即为约 5 倍标准偏差，比 3 倍标准偏差标准更加严格。

检测限为超过平均背景值部分的 3 倍标准偏差所对应的浓度值。

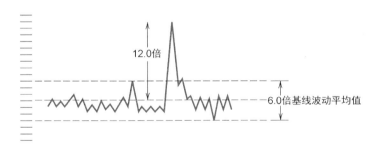

图 3.6　峰-峰噪声水平是检测限计算的基础。背景值波动表示连续采集的背景信号值，峰值信号表示目标物的测定值。一个"可被检测的"目标物信号为基线波动平均值以上 12 倍分量对应的值

例 3.24　为测定药片中阿司匹林的纯度，使用分光光度法连续测定空白溶液的基线吸光值，分别为 0.002、0.000、0.008、0.006 和 0.003。如果 1 $\mu g/g$ 阿司匹林溶液的吸光值为 0.051，求方法的检测限为多少。

解：

空白读数的标准偏差为 $\pm 0.003\,2$，空白读数的平均值为 0.004。检测限为空白信号以上 $3 \times 0.003\,2 = 0.009\,6$ 对应的浓度。标准溶液的净吸光值为 $0.051 - 0.004 = 0.047$。则检测限为 $1 \times (0.009\,6/0.047) = 0.2\ \mu g/g$，总的吸光

值读数为 $0.0096+0.004=0.0014$。

根据定义,检测限的精密度为 33%。对于定量分析,定量限(LOQ)一般为基线以上 10 倍标准偏差对应的数值,大约是 LOD 的 3.3 倍,上例中的 LOQ 差不多是 0.7 μg/g。

研究者用很多统计学的方式来更好地定义检测限的概念。人用药物注册技术要求国际协调会(ICH,参见第 4 章)提出了分析方法验证的指导方针(参考文献 18)。ICH Q2B 关于方法验证部分建议,使用响应的标准偏差 s 和接近于检测限水平的工作曲线的斜率或灵敏度 S 来计算限值。

定量限(LOD)

$$LOD = 3.3(s/S) \tag{3.29}$$

检测限(LOQ)

$$LOQ = 10(s/S) \tag{3.30}$$

响应值的标准偏差可以基于空白的标准偏差、最小二乘回归曲线的剩余标准差,或回归线 y 截距的标准偏差来计算。Excel 中的统计功能可以算出后面两个数据。

基于 95% 的置信水平和多次测定,国际纯粹与应用化学联合会(IUPAC)应用式(3.29)(空白测定)时选取的系数值为 3。当然测定次数不同,置信水平不同,一般要测 7~10 次。底线应该是认为检测限是一个可以测得的大概水平,而不是将其精确测定。在此强烈推荐 Long 和 Winefordner 发表的一篇论文[Anal. Chem. 55:721A (1983)],该论文详细讨论了 IUPAC 对 LOD 的定义。

3.18　采样统计学

对任何分析来说,获取有效的样品可能是最为重要的一个环节。第 2 章讨论了如何对不同类型的材料(固体、液体、气体)进行实体采样。在此我们描述采样时在统计学方面应注意的事项。

1) 结果的精密度:采样是关键

通常,最终分析结果的准确度和精密度是由采样而不是由分析步骤所决定的。分析的偏差由采样偏差和其余分析操作的偏差构成,即:

$$s_o^2 = s_s^2 + s_a^2 \tag{3.31}$$

如果采样的偏差已知(如已经对目标材料进行过多次采样,并使用精密的技术进行了分析),那么把 s_a 减少至 $1/3s_s$ 以下对降低总体偏差的改善将十分有限。例如,如果采样的相对标准偏差为 3.0%,分析的相对标准偏差为 1.0%,整体操作的 $s_o^2 = 1.0^2 + 3.0^2 = 10.0$,即 $s_o = 3.2\%$。这里,94% 的不精确来自采样,只有 6% 来自测定(s_o 从 3.0% 增加到 3.2%,只有 0.2% 来自测定)。如果采样的精密度相对很差,则最好使用快速、低精密度的方法分析更多的样品。

我们对真实数据的数值和偏差都非常感兴趣。总的偏差 $s_{\text{total}}^2 = s_g^2 + s_s^2 + s_a^2$,其中 s_g^2 描述系统中被测物体的"真实"偏差,这一数值也是分析的目的。一个可靠的化学分析,采样和分析的综合偏差不应大于总偏差的 20%。(参考 M. H. Ramsey. Appropriate Precision:Matching Analytical Precision Specifications to the Particular Application. Anal. Proc.,1993 20:110。)

2)"真值"

在一定置信水平上,不同基体中分析物含量的真值落入的范围可以通过 t-检验来估计[式(3.12)]。这里,$\bar{x}$ 是对某种材料分析结果的平均值;s 是过去测定类似样品或现在测定足量样品的标准偏差。

3)最小采样量

基于采样偏差,可以得到采集非均质样品的统计学指导方针。通过 **Ingamell 采样常数** K_s 可以确定混合均匀不同类型颗粒物的最小采样量:

$$wR^2 = K_s \tag{3.32}$$

式中,w 是被测样品的质量;R 是希望得到的测定相对标准偏差,%。K_s 表示在 68% 置信水平和 1% 采样不确定度时样品的质量,通过测定一系列质量为 w 的样品的标准偏差获得。这一方程实际上说明采样偏差与样品质量呈反比例关系。

采样量越大,偏差越小。

例 3.25　小麦样品中氮含量分析的 Ingamell 采样常数是 0.50 g,如果希望分析的精密度是 0.2%,需要采集多少样品?

解:

$$w \times 0.2^2 = 0.50 \text{ g}$$
$$w = 12.5 \text{ g}$$

注意采集所有的样品是不太可能的。仔细研磨 12.5 g 样品,取其中几百微克的均质样品用于分析。如果样品无法均质,那么就要分析所有的样品。

4)最小采样份数

分析结果要达到一定的置信水平,需要分析的样品数量可以通过下式估算:

$$n = \frac{t^2 s_s^2}{g^2 \bar{x}^2} \tag{3.33}$$

式中,t 是在所需要的置信水平上的 t 值;s_s^2 是采样偏差;g 是分析结果平均值 $\bar{x}$ 可接受的相对标准偏差。s_s 是绝对标准偏差,其单位与 $\bar{x}$ 一样,所以 n

的量纲为 1。s_s 和 $\bar{x}$ 的值通过初步测定或背景知识获取。因为 g 等于 $s_x/\bar{x}$，则式(3.33)可以写作：

$$n = \frac{t^2 s_s^2}{s_x^2} \tag{3.34}$$

s_s 和 s_x 可以用绝对或者相对标准偏差表示，只要两者一致即可。n 开始时并不知道，要先预估一个给定置信水平上的 t 值，然后再用迭代法计算 n 值。

例 3.26　一种混合矿材料中铁含量约 5%(质量分数)，采样的相对标准偏差 s_s 为 0.021(2.1%)。在 95% 置信水平上，需要采集多少个样品，才可以得到相对标准偏差 g 为 0.016(1.6%)，即对 5% 铁含量来说标准偏差 s_x 为 0.08%(质量分数)？

解：

可用式(3.33)或者式(3.34)进行求解，我们使用式(3.34)。在 95% 置信水平上设置 $t = 1.96$(表 3.1，n 为无穷大)。计算 n 的初值，然后用这个值选择更接近的 t 值，重新计算 n 值，以此迭代计算直至 n 为常数。

$$n = \frac{1.96^2 \times 0.021^2}{0.016^2} = 6.6$$

当 $n = 7$ 时，$t = 2.365$

$$n = \frac{2.365^2 \times 0.021^2}{0.016^2} = 9.6$$

当 $n = 10$ 时，$t = 2.23$

$$n = \frac{2.23^2 \times 0.021^2}{0.016^2} = 8.6 \equiv 9$$

尝试用式(3.33)是否可以得到相同的结果。

挑战：可以用 Pappas 教授的方式(第 3.11 节)来解决这个问题么？得到的必须采样数是多少？

式(3.33)适用于疏松物质中分析物浓度符合**高斯分布**的情况，也就是说 68% 的数据落在中间值 1 倍标准偏差内，或者 95% 的数据落在 2 倍标准偏差内。这种情况下，总体方差 σ^2 与真值相比非常小。如果浓度符合**泊松分布**，即疏松物质中分析物浓度随机分布，真值或平均值接近方差 s_s^2，那么式(3.33)可以简化为

$$n = \frac{t^2}{g^2 \bar{x}} \cdot \frac{s_s^2}{\bar{x}} = \frac{t^2}{g^2 \bar{x}} \tag{3.35}$$

注意,因为 s_s^2 与 $\bar{x}$ 相等,式(3.35)右侧即等于 1,但是单位需要保留。这种情况下,当浓度分布较宽时,需要分析更多样品来获取代表性结果。

如果被测样品呈块状或者碎片状,采样的策略就变得更复杂了。碎片状可以看成是不同层构成的,可以分别采集。如果散状物质是隔离的或者分层的,需要测定平均浓度的话,每层所取的样品量要和每层大小成正比。

3.19　Power Analysis 功效分析

由 University of Michigan 的 Michael D. Morris 教授提供

在统计学上需要采集多少样品才能得到有效的结果? 当然结果和样本量与置信水平有关。化学家们很少问这样的问题,他们倾向于假设正在测定的名义上的均质样品已经是均质的或者接近均质的,只有仪器的准确性和精密度是需要关注的。

但是这种假设不适用于人类、动物或者植物样品。有报道说美国正出现新兴的碘营养缺乏,那么我们需要检测多少人的碘摄入才可以确定这一假设的真实性呢?

我们需要引入一些新的术语:统计学的显著性检验总是使用零假设,例如 t-检验的零假设是两组样本没有统计学上的差异。检验警示是描述确信还是拒绝零假设,也就是说测定参数和一些标准参数之间没有显著性差异。

Ⅰ 类型误差的检验指当零假设为真时被判定为假(可能性$=\alpha$),**Ⅱ 类型误差**的检验指当零假设为假时被判定为真(可能性$=\beta$)。

统计检验中的 **Power** 是拒绝错误零假设的可能性(即不会存在 Ⅱ 类型误差)。Ⅱ 类型误差的可能性被称为假阴性率(false negative rate,β)。因此,Power 等于 $1-\beta$。Power 值越大,Ⅱ 类型误差发生的可能性越小。功效分析可用于计算在一定置信水平上,接受统计学检验结果时所需要的最少样品量。

一个关于零假设的简单例子:你所在小镇的所有 5 岁男孩的平均身高和所有 2 岁男孩的平均身高相同。一个详尽费力的检验方式是测量所有 5 岁和 2 岁男孩的身高,计算平均值和偏差值。但更为可行的方式可能是在每个年龄组测量一个随机样本然后计算偏差。不管怎样,如果偏差不为零,零假设就(可能)被推翻了。

重要的问题是,需要测量多少个 5 岁和 2 岁的男孩? 如果人数太多,会耗钱耗时,如果人数太少,结果会没有意义。我们说的非零差别是什么意思? 置信水平为多少呢?

一些常见的(但是武断的)水平被使用:我们希望 Ⅰ 类型误差较低,所以一般选择 $\alpha=0.05$。我们希望 Ⅱ 类型误差较低,也就是说正确地测出差值 $(1-\beta)$ 的可能性要高。研究中的功效(Power)是 $(1-\beta)$。一般选择 Power 0.8,经常写作某研究有 80% 的 Power,这也是美国国家卫生署(National Institutes of Health)可接受的最小值。

一般两组使用同样的测定次数 n。平均值分别为 X_1 和 X_2,s^2 是两组数据的方差平均值(本例中为身高)。

一个简单的例子就足够了。

会有很多不同类型,但是我们只考虑其中两个最重要的:

给定的差别 $d = d_{min}$,在 $p = 0.05$(95%置信度)是正负两个方向都显著的,所以 $2\alpha = 0.05$。

在每个方向上的标准偏差的值为 $z_{2\alpha} = 1.96$。

这种情况下,每组所需要的最小样品数 n 等于:

$$n > 2(sz_{2\alpha}/d)^2 \tag{3.36}$$

一般来说我们并不知道 d_{min} 的值,但是我们可以指定一个值,如本例中为 1 cm。我们可以使用疾病控制中心发布的儿童成长数据(http://www.cdc.gov/growthcharts/)来估测两个年龄组中的标准偏差。由增长曲线,我们估测 2 岁男孩组的 $s \approx 2.5$ cm,5 岁男孩组的 $s \approx 3.5$ cm。两组的平均标准偏差 $s = 1/2 \times (2.5 + 3.5) = 3$(cm)。

$$n > 2 \times (3 \times 1.96/1)^2 \tag{3.37}$$

在这种情况下,根据式(3.37),我们计算出 $n > 69.1$,所以最小的样品量是 70。因为样品量是两组平分的,所以 2 岁和 5 岁男孩每组至少需要 35 人。

更常见的是为达到一定的 II 类型误差速率,确定统计功效。给定的统计功效(经常为 80%)可以确定真实的差异,$\delta > \delta_1$。这里 δ 是真实差别,δ_1 是追寻的真实差值阈值。

因此,如果平均值之间测定的差别是 d,那么如果满足式(3.38)和式(3.39)时就是显著性的。

$$\delta_1 > (z_{2\alpha} + z_{2\beta})SE(d) \tag{3.38}$$

$$SE(d) = \frac{s}{\sqrt{n}} \sqrt{1 - \frac{n}{N}} \tag{3.39}$$

因为 β 是 II 类型误差(假阴性率),$1 - \beta$ 是 95% 可能性正确预报差异,所以 $\beta = 0.2$ 时,$z_{2\beta} = 1.64$。

最终的结果是

$$n > 2 \left[\frac{(z_{2\alpha} + z_{2\beta})s}{\delta_1} \right]^2 \tag{3.40}$$

使用以上的数据,$\delta_1 = 2$ cm,可以算得

$$n > 2 \times [(1.96 + 1.64) \times 3/2]^2 = 58.3 \tag{3.41}$$

或者 n 大于 59。

总之,如果总的样本量已知,测定误差可以估测,显著性(或置信区间)和 Power 可以确定的话,需要测定的样本数就可以确定。

关于 Powering studies,可以参考:P. Armitage, G. Berry, J. N. S. Matthews. *Statistical Methods in Medical Research*, 4th Ed. Malden, MA: Blackwell Science, Inc., 2002。

参看网页中 Morris 教授提供的 PowerPoint 文件,其中包括各种统计的专题,如线箱图、信噪比、直方图、非高斯直方图与直方图均衡化/归一化、二元检测的灵敏度与特异性和受试者特性曲线(receiver operating characteristics, ROC)。参看 Morris 博士的网页,了解他关于有问题乳房 X 射线在预防乳腺癌决定的统计学问题。

3.20　电子表格在分析化学中的应用

112

电子表格是非常强大的软件程序,拥有很多功能,比如数据分析和作图。电子表格可用来整理数据、进行重复性计算和以图形图标的形式展示计算结果。它们也有内置功能,如对使用者输入的数据进行标准偏差和其他统计学的计算。目前最流行的电子表格程序是微软的 Excel,这里我们使用 Excel 2010 进行演示。

你过去可能用过电子表格程序,熟悉最基本的操作。在这里我们总结分析化学应用中最有用的一些方面。另外,工具栏里的 Excel 帮助功能提供了很多特定信息。

有问题时使用 Excel 的帮助功能,它可以按部就班地提供绝大多数功能的演示。

Spreadsheet tutorial csustan: Basic functions

Spreadsheet tutorial ncsu: Graphing in Excel

建议大家观看美国加州州立大学斯坦尼斯劳斯分校教师做的非常优秀的关于 Excel 电子表格的教程(http://science. csustan. edu/tutorial/Excel/ index.htm)。其中介绍了电子表格最基本的功能,包括输入数据和公式、设置单元格、绘图和回归分析。即使这个教程基于 Excel 旧版本,你也会发现它用处很大。使用 Excel 2010 的导论也可以在如下网址找到:http://www. gcflearnfree. org/excel2010/1。在这本书的网页上,你可以找到名为 Introduction to Excel

的文件,文件介绍了下面几段的内容。美国北卡罗来纳州州立大学也提供关于 Excel 作图的教程: http://www.ncsu.edu/labwrite/res/gt/gt-menu.html。

电子表格的单元格由列(以 A、B、C 等字母表示)和行(以 1、2、3 等数字表示)组成。所有单元格通过列字母和行号码确定,如 B3。图 3.7 中不同单元格输入了标识符进行图解。当鼠标(十字架)点击到单元格时,单元格变为**活动单元格**(周围被黑线环绕)。活动单元格在左上方公式栏中有指示,其中的内容会在公式栏 f_x 的右方显示。

	A	B	C	D	E
1	A1	B1	C1	依此类推	
2	A2	B2	C2	依此类推	
3	A3	B3	C3	依此类推	
4					
5					

图 3.7 电子表格单元格

1) 填充单元格

在单元格中可以输入文本、数字或者公式,其中公式是电子表格功能的一个重要部分,允许对很多数字进行同样的计算。我们将演示如果计算两个不同的 20 mL 移液管所移取水的质量,该质量通过盛水烧杯和空烧杯的质量差值得到。参考第 3.8 节了解所有的步骤。

	A	B	C	D
1	净重			
2				
3	移液管	1	2	
4	质量(水+烧瓶)/g	47.702	49.239	
5	质量(烧瓶)/g	27.687	29.199	
6	质量(水)/g	20.015	20.040	
7				
8	B6=B4−B5			
9	C6=C4−C5			
10				

图 3.8 填充单元格内容

通过点击 Excel 图标(通过"开始/所有程序/Microsoft Office/Microsoft Excel 2010"打开 Microsoft Excel 程序),可以输入文本、数字和公式,双击某单元格用以激活。输入如下内容(单元格的信息通过敲击 Enter 键输入):

单元格 A1:净重

单元格 A3:移液管

单元格 A4:质量(水+烧瓶)/g

单元格 A5:质量(烧瓶)/g

单元格 A6:质量(水)/g

可以通过双击单元格来进行更正,重新编辑文本(也可以在公式栏进行编辑)。如果是单击的话,新的文本会覆盖旧文本。你可能需要拓宽 A 单元格以适应文本的长度。将鼠标移至 A 列和 B 列顶部中间的线,向右拖动至合适的位置。也可以选择整个列(点击顶部列名 A、B 等),点击"开始"菜单的"格式/自动调整列宽"。

单元格 B3:1

单元格 C3:2

单元格 B4:47.702

单元格 C4:49.239

单元格 B5:27.687

单元格 C5:29.199

单元格 B6:=B4-B5

也可以如此输入公式:先键入"=",再点击"B4",然后键入"-",最后点击"B5"。需要将 B4 至 C6 单元格设置为 3 个小数位。点击"单元格区块(block of cells)"的一个角,拖至该区块的另一个角,选中这一区域。在菜单栏点击"数字/数字",设置小数点后位数为 3,点击"OK"。

通过点击工具栏中合适的按键,可以改变小数点后数字的位数,或进行其他操作。

单元格 C6 也需要输入公式,可以重新输入,但是还有一个更简单的方式,即复制(填充)B6 公式。将鼠标置于单元格 B6 的右下方,拖动至 C6。公式将填充至 C6(或如果有更多移液管列时拖动至右边更多的单元格)。也可以通过其他方式向活动单元格输入公式。

双击 B6,将会在单元格中显示公式和公式中的其他单元格名称。对 C6 也做同样的事情。注意当单击或双击活化单元格时,公式也会显示在公式栏中。

参考网络视频中 Introduction to Excel 获取设置 Excel 电子表格的图解。

Video:
Introduction
to Excel

2) 保存电子表格

要保存电子表格时,只需点击"文件:另存为"。在底部命名文件,如 Pipet Calibration,然后点击保存即可。

3) 打印电子表格

点击"页面布局/纸张方向"。一般来说,工作表以纵向格式打印,即垂直打印在 $8_{1/2}$ 英尺[①]×11 英尺的纸上。如果列数很多,可能需要横向打印,即水平打印。如果需要网格线的话,点击"页面布局/网格线/打印",现在就可以准备打印了。点击 MS Office 的图标,然后点击"打印"。只有电子表格的工作区域会被打印,行和列号码不会被打印。你可以通过选择单元格设置希望打印在一页上的区域。当点击"打印"时,Excel 将会询问是打印选择的区域还是整个电子表格。

4) 相对 VS 绝对单元格引用

在上例中,我们在复制公式时使用相对单元格引用,单元格 B6 中的公式表示 B4 单元格的数字减去 B5 单元格的数字。C6 中复制的公式和 B6 表达同样的意思。

有时候我们需要在计算中使用特定单元格的内容,比如一个常数。因此,我们需要在公式中将其确定为绝对引用。在单元格名称行和列标识符前加入 \$ 即可,如 \$B\$2。添加了 \$可以保证无论移动行或者列时,它会保证为绝对引用值。

我们可以通过建立电子表格计算不同系列数字的平均值进行演示。向电子表格中输入如下信息(如图 3.9 所示):

A1:滴定平均值

A3:滴定次数

B3:系列 A,mL

C3:系列 B,mL

B4:39.27

B5:39.18

B6:39.30

B7:39.20

C4:45.59

C5:45.55

C6:45.63

C7:45.66

A4:1

----

① 1 英尺＝0.304 8 米。

	A	B	C	D
1	滴定平均值			
2				
3	滴定次数	系列 A/mL	系列 B/mL	
4	1	39.27	45.59	
5	2	39.18	45.55	
6	3	39.30	45.63	
7	4	39.22	45.66	
8	平均值	**39.24**	45.61	
9	标准偏差	**0.053 150 729**	0.047 871 355	
10				
11	**Cell B8＝**	SUM (B4:B7)/ \$A \$7 复制公式至 C8 单元格		
12	**Cell B9＝**	STDEV (B4:B7) 复制公式至 C9 单元格		
13	输入公式的单元格加黑			

图 3.9　相对和绝对单元格引用

　　输入滴定次数（1～4），但是有自动增加一列数的方式：点击"Fill/Series"，点击"Columns and Linear"单选按钮，设置 Step Value 为 1。Stop Value 处输入 4，点击"OK"。数字 2 到 4 即可插入到电子表格中。也可以首先选中希望填充的单元格（从 A4 开始），这样就不用输入 Stop Value 了。另外一种方式是使用公式输入一系列数字。在单元格 A5 中输入"＝A4＋1"。然后可以通过选择 A5 和点击"Fill/Down"，从 A5 开始向下填充。

　　现在我们希望在 B8 中输入公式计算平均值，即测定总和数除以测定次数（A7 中的数字）。

$$B8：＝sum(B4:B7)/ \$A \$7$$

　　我们在分母中加入 \$ 符号，因为这个绝对引用值可以被复制到 C8 中。在行和列前面放置 \$ 符，可以保证无论这个单元格横向或纵向移动，都可以被看作绝对引用值。sum(B4:B7)是程序中对一系列数据（即 B4 到 B7）求和的**语法(Syntax)**。如果不输入单元格地址，也可以键入"＝sum("，然后点击 B4 拖至 B7，再键入")"。现在我们已经计算了 A 系列的平均值。［在 B8，我们也可以输入"＝AVERAGE(B4:B7)"来计算平均值，见下文。］我们希望在 B 系列进行同一操作。选中"B8"，点击其右下角，拖至 C8。瞧，下一个平均值也算好了！双击"C8"，可以看到其公式有相同的除数（绝对引用值），但是总数是相对引用值。如果我们没有输入 \$ 符使得被除数为绝对引用值，该公式会被认为是相对引用,C8 中的除数会是 B7。

在本书的网页上,你会看到视频 Absolute Cell Reference,介绍了上述问题的解答。

5) 使用 Excel 的统计功能

如果需要使用高级统计学功能,可以安装免费的分析工具附件,参考第 3.23 节。

Excel 中有大量的数学计算和统计学功能可以直接被使用,不需要输入公式。我们试着用统计学功能自动计算平均值。选择空单元格,点击"Formulas/Insert Function"。显示 Insert Function 对话框,在分类中选择 Statistical,出现如下窗口:

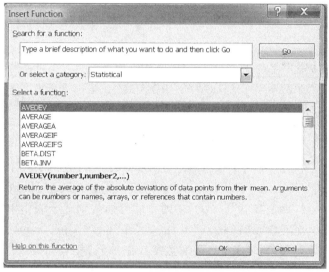

116

在 Function 名目下选择 AVERAGE,再点击 OK,然后出现一个新的窗口。在 Number 1 窗口,输入 B4:B7,然后点击 OK。自己输入公式也可以计算得到相同的平均值。也可以在活动单元格中输入语法=average(B4:B7)。自己试一试!

现在我们来计算结果的标准偏差。选择 C9,在 Statistical 功能处,选择 STDEV,也可以在 B9 输入"=stdev(B4:B7)"。然后复制到 C9 中。使用式(3.2)计算标准偏差,与 Excel 的结果进行对比。系列 A 计算的标准偏差为 ± 0.05 mL,电子表格的结果当然也应该在 ± 0.05 mL 左右。

在本书的网页内容中,有名为 AVERAGE 和 STDEV 的两个视频分别描述这些功能。

6) 有用的语法

Excel 中有非常多数据计算和统计学的功能或语法,可以用来简化计算。精读公式子目录 f_x 下面 Math&Trig 和 Statistical 功能分类中各种功能的名

称,如下所示:

数学和三角函数		统计函数	
LOG10	计算某数以 10 为底的对数	AVERAGE	计算一系列数字的平均值
PRODUCT	计算一系列数字的乘积	MEDIAN	计算一系列数字的中间值
POWER	计算某数的乘幂	STDEV	计算一系列数字的标准偏差
SQRT	计算某数的平方根	VAR	计算一系列数字的方差

如上所述,这些语法也可以人工输入,之后在圆括号中输入相应的单元格名称。

该教程会提供一个其他电子表格应用的基础知识。可以在活动单元格中输入书中任何公式,并插入合适的数据进行计算。当然也可以进行多种多样的数据分析,对数据作图,比如仪器响应对浓度的校正曲线,还有其他一些统计信息。本章后会有描述。在本书的网页内容中,有名为 AVERAGE 和 STDEV 的两个视频描述这些功能。

Video:Average

Video STDEV

7) 网络教程实例

美国杨百翰大学的 Steven Goats 教授在本书的网页内容上提供了教程实例,讲述如何用 Excel 计算置信界限,计算最小二乘法回归曲线和两组数据平均值的 t -检验对比等。美国得克萨斯大学埃尔帕索分校的 W. Y. Lee(Wen-Yee Lee)教授举例说明绘制和计算最小二乘法回归曲线,并使用工作曲线找出未知浓度。

3.21　使用电子表格绘制校正曲线

很多独立的绘图软件可能有更好的灵活性,但是包括 Excel 在内的大多数电子表格程序既可以进行上述的统计和最小二乘法计算,又可以进行图表绘制。我们以例 3.21 中的数据为例,描述如何使用 Excel 制作图 3.5。

打开一个新的电子表格,输入以下内容:

单元格 A1:核黄素/($\mu g/mL$)(调整单元格宽度,使其能容纳文字内容)

单元格 B1:荧光强度

单元格 A3:0.000

单元格 A4:0.100

单元格 A5：0.200
单元格 A6：0.400
单元格 A7：0.800
单元格 B3：0.0
单元格 B4：5.8
单元格 B5：12.2
单元格 B6：22.3
单元格 B7：43.3
设置单元格数字格式，A 列为三位小数，B 列为一位小数。

在 Excel 2010 中，如果点击菜单栏的"Insert"选项卡(tab)，中间会出现图表选项。大多数情况下可以使用散点图（子菜单如左下方所示），点击"Scatter"。如图所示，左上方的散点图显示数据散点无连接线，右上方有平滑曲线连接散点（样条拟合），中间左侧图只有平滑曲线无数据点，中间右侧为散点及其连线，底部图只有直线中间数据点不可见。

以下描述如何用 Excel 2010 绘制曲线：选择 A 和 B 两列的数据，在 Home 栏的右侧，点击 Insert，Column，All Chart Types。选择 XY(scatter)中仅有数据散点的 Scatter。点击 OK，即出现图（也可以直接点击 Insert 下面的 Scatter）。点击该图上的点，显示 Chart Tools（图表工具），然后选择 Trendline。选择 Linear Trendline，勾选图中的 Display Equation 和 Display R-squared value on chart(这些在 More Trendline Options 中)，再点击 Close，数据就加入到图表中。为增加坐标标签，在 Chart Tools 中的 Layout 里点击

Axis Titles。点击 Primary Horizontal Axis Title 和 Vertical
Axis Title 增加坐标,输入真实的名称。可以删除右侧的 Series
注释。通过 Chart Tools/Design 选择 Move Chart,可以将图表
放在不同的工作表中。本书网络教程中名为 Plotting in Excel
的录像演示了如何进行数据作图。

Video: Plotting
in Excel

3.22　斜率、截距和决定系数

即便不作图,也可以使用 Excel 的统计功能计算一系列数据的斜率、截距
和 R^2 值。打开新的电子表格,如图 3.10 所示,在 A3 到 B7 中输入例 3.21 中
的校正数据。在 A9、A10 和 A11 中分别输入 Intercept、Slope 和 R^2。选择
B9,点击 formulas/insert function,再选择统计,在 Function 下拉菜单中选择
INTERCEPT,点击 OK。在 Known_x's 处输入 A3:A7,在 Known_y's 处输
入 B3:B7。点击 OK,则截距显示在 B9 单元格。之后重复操作,
选中 B10,选择 Slope,输入同样的数组,则在 B10 中显示出斜率。
再次操作,选中 B11,选择 RSQ,则在 B11 中显示出 R^2。与图
3.10 中的数据进行对比。

119

Video: Intercept
Slope and r-square

本书网络教程中有 Intercept Slope and r-square 视频演示上例。

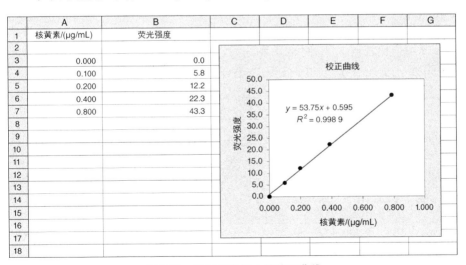

图 3.10　单元格中插入的校正曲线

3.23　LINEST 更多统计功能

Excel 中的 LINEST 程序可以让我们快速获取一系列数据的若干个统计功能,
尤其是斜率及其标准偏差、截距及其标准偏差、决定系数、估计标准误差和其他我

们现在没有讨论的功能。LINEST 将自动计算电子表格 2 列中的 10 个功能。

打开一个新的电子表格,从 A3 到 B7 输入例 3.21 中的校正数据。统计学数据会在 10 个单元格内显示,所以现在可以进行标记。将这些数据置于 B9 到 C13。输入如下标记:

单元格 A9:slope

单元格 A10:std. devn.

单元格 A11:R^2

单元格 A12:F

单元格 A13:sum sq. regr.

单元格 D9:intercept

单元格 D10:std. devn.

单元格 D11:std. error of estim.

单元格 D12:d.f.

单元格 D13:sum sq. resid.

选中 B9 到 C13,点击 f_x,选择 Statistical 功能,下拉至 LINEST,点击 OK。在 Known_y's 处输入 B3:B7,在 Known_x's 处输入 A3:A7。然后在标识着 Const 和 Stats 的框中键入"true"。现在我们需要用键盘执行计算。按住 Control,Shift 和 Enter 键,然后释放,则统计数据就输入到选中的单元格中。这种按键组合必须在使用数组单元格功能时使用,比如本例中。斜率显示在 B9 中,其标准偏差显示在 B10 中。截距显示在 C9 中,其标准偏差显示在 C10 中。决定系数显示在 B11 中。比较例 3.22、例 3.21 和图 3.5 中这些数据的标准偏差。

	A	B	C	D	E
1	核黄素/(μg/mL)	荧光强度			
2					
3	0.000	0.0			
4	0.100	5.8			
5	0.200	12.2			
6	0.400	22.3			
7	0.800	43.3			
8					
9	slope	53.75	0.595	intercept	
10	std. devn	1.017 759	0.419 633	std. devn.	
11	R^2	0.998 926	0.643 687	std. error of estim.	
12	F	2 789.119	3	d.f.	
13	sum sq. regr.	1 155.625	1.243	sum sq. resid.	

图 3.11　使用 LINEST 做统计

单元格 C11 含有预测标准偏差(或回归标准偏差),表示估测 y 值是计算的误差。该值越小,数据越靠近回归线。其他单元格中的数据我们在此不讨论,如 B12 是 F 值,C12 是自由度(计算 F 需要),B13 是回归平方的总和,C13 是残差方的总和。

最小二乘曲线中应该保留多少位有效数字? 标准偏差可以给我们答案。斜率的标准偏差为 $1._0$,所以最多可以将斜率写作 $53.8 \pm 1._0$。截距的标准偏差是 ± 0.42,所以可以将斜率写作 0.6 ± 0.4,参看例 3.22。

本书网络教程中有 LINEST 视频演示上例。

可以计算所有回归相关参数最强大的工具是"Data Analysis"中的"Regression"功能。它不但提供 r、r^2、截距和斜率(列在 X 变量 1 中)的数据,而且提供它们的标准偏差和在 95% 置信水平上的上下限值。它还提供过原点拟合曲线的功能(在确信在 0 浓度时信号值为 0 时,勾选"constant is zero")。原著网络教程中有 Data Analysis Regression 视频演示,第 16.7 节有详细描述,应用实例在第 20.5 节和第 23 章的例 23.1 和例 23.2。

Video: LINEST

Video: Data Analysis Regression

3.24　统计软件包

Excel 通过 Analysis ToolPak Add-in 提供了很多统计学功能。点击屏幕左上角的"MS Office"图标,再点击"Excel Options/Add-Ins"和"Analysis ToolPak",最后点击"OK"回到电子表格。现在可以在 Data 菜单中看到"Data Analysis"出现在右上角了。另一个有用的程序 Solver Add-In 也可以通过同样的方式添加。点击"Data Analysis"链接,你会看到 18 个程序,包括 F -检验、不同类型的 t -检验和回归(Regression)(提供最佳拟合、r^2 和不确定度)。可以通过 Data Analysis 里面的程序处理数据。Solver 的使用参见第 6 章。参考本书网页内容,了解一系列商业化软件包进行的常规和高级统计计算。

 教授推荐案例

由 University of Alberta 的 James Harynuk 教授提供

Journal of Chemical Education (JCE)以进行线性最小二乘计算为例,提供了非常棒的使用 Excel 的在线 Flash 视频教程。网址为:http://jchemed.chem.wisc.edu/JCEDLib/WebWare/collection/reviewed/JCE2009p0879WW/index.html。

只有 JCE 的订阅用户才能观看这一视频，需要账号和密码。如果你的学校是订阅用户，你或许可以使用学校电脑直接登录这一网址，无须账号和密码，或者可以获取这些信息。否则，问问你的导师看看他（她）有没有账号。

本章的方程基于另一本教科书早期的版本，但是一旦你学习了如何建立电子表格，也可以对本书中的内容进行计算。例如，斜率计算的方差由式 (3.23) 重新调整所得到[分子分母同时乘以系数 n 得到式(3.23)]。尝试设置电子表格，用于例 3.21，看是否可以得到同样的答案。

-------------------------------- 思 考 题 --------------------------------

1. 区分准确度和精密度。

2. 什么是可测定误差和不可测定误差？

3. 以下是研究实验室经常碰到的误差，请将其分为可测定误差和不可测定误差，并进一步将可测定误差细分为仪器误差、操作误差或方法误差。（a）某未知物易潮湿；（b）混合物中一种使用气相色谱定量测定的组分会与柱填料反应；（c）某放射性样品被连续计数测定时测定条件一致，但其结果有少许不同；（d）分析中移液管的尖部破裂。

-------------------------------- 习 题 --------------------------------

对统计相关的习题，首先使用手工计算，再使用 Excel 的统计功能计算，比较两种结果是否一致。习题 14~18,20,21,25~30 和 37~40 查看教材网站材料。

有效数字

4. 下例数字的有效数字有几位？

(a) 200.06；(b) 6.030×10^{-4}；(c) 7.80×10^{10}

5. 下例数字的有效数字有几位？

(a) 0.026 70；(b) 328.0；(c) 7 000.0；(d) 0.002 00

6. 计算 $LiNO_3$ 的相对分子质量，使用正确的有效数字。

7. 计算 $PbCl_2$ 的相对分子质量，使用正确的有效数字。

8. 给出下列计算结果的最大有效数字：

$50.00 \times 27.8 \times 0.116\ 7$

9. 给出下列计算结果的最大有效数字：

$2.776 \times 0.005\ 0 - 6.7 \times 10^{-3} + 0.036 \times 0.027\ 1$

10. 分析者想使用分光光度法测定铜样品中铜的含量。如果样品重约 5 g，吸光度（A）可以读至 0.001，那么样品称量时需要精确到什么程度？假设测定溶液的体积根据吸光度的最小误差进行调节，即 $0.1 < A < 1$。

结果表达

11. 用阴离子库仑滴定标准尿样中的氯离子(标准浓度为 102 mmol/L),两次结果分别为 101 和 98 mmol/L。计算：(a) 平均值；(b) 平均值的绝对偏差；(c) 相对偏差(以 %计)。

12. 对一批核燃料芯块进行称重,以确定它们在可控指导限以内。称重结果分别是 127.2, 128.4, 127.1, 129.0 和 128.1 g。计算：(a) 平均值；(b) 中间值；(c) 范围。

13. 计算下列每组数据的绝对偏差和以千分位计的相对偏差

	测定值	可接受值
(a)	22.62 g	22.57 g
(b)	45.02 mL	45.31 mL
(c)	2.68%	2.71%
(d)	85.6 cm	85.0 cm

122

标准偏差

14. 黄铜样品中锡和锌质量分数测定结果分别为：(a) Zn：33.27%, 33.37%, 33.34%；(b) Sn：0.022%, 0.025%, 0.026%。计算每组分析数据的标准偏差和变异系数。

15. 重复测定水样硬度(以 $CaCO_3$ 计)的结果分别为：102.2, 102.8, 103.1 和 102.3 $\mu g/mL$ $CaCO_3$。计算：(a) 标准偏差；(b) 相对标准偏差；(c) 平均值的标准偏差；(d) 平均值的相对标准偏差。

16. 重复测定银合金中银的质量分数,结果分别为：95.67%, 95.61%, 95.71% 和 95.60%。计算：(a) 标准偏差；(b) 平均值的标准偏差；(c) 平均值的相对标准偏差(以 %计)。

 教授推荐问题

由 The University of Texas at El Paso 的 W. Y. Lee 教授提供

17. 对 10 000 套车辆制动器进行调查发现,当其磨损为 80% 时,车辆平均跑了 64 700 英里 (1 英里＝1.609 千米),标准偏差为 6 400 英里。问：
    (a) 行驶 50 000 英里以下的车辆,其制动器磨损 80% 的比例为多少?
    (b) 如果制动器生产厂商为行驶 50 000 英里以下、制动器磨损 80% 的车辆更换免费制动器,那么每生产 100 万个产品需要额外提供多少制动器?

    你需要计算正态概率分布中的 Z 值,属于高斯曲线的一部分。参考：www. intmath. com/Counting-probability/14_Normal-probability-distribution. php 中的讨论。以下网址中有标准正态表,可用于从 Z 值中确定区域：www. statsoft. com/textbook/distribution-tables。

误差传递

18. 计算以下结果的不确定度：
    (a) $(128 \pm 2) + (1\,025 \pm 8) - (634 \pm 4)$；(b) $(16.25 \pm 0.06) - (9.43 \pm 0.03)$；
    (c) $(46.1 \pm 0.4) + (935 \pm 1)$

19. 计算以下结果的不确定度：

(a) $(2.78\pm0.04)\times(0.005\ 06\pm0.000\ 06)$；(b) $(36.2\pm0.4)/(27.1\pm0.6)$；

(c) $(50.23\pm0.07)\times(27.86\pm0.05)/(0.116\ 7\pm0.000\ 3)$

20. 计算以下结果的不确定度：

$$[(25.0\pm0.1)\times(0.021\ 5\pm0.000\ 3)-(1.02\pm0.01)\times(0.112\pm0.001)]\times(17.0\pm0.2)/$$
$$(5.87\pm0.01)$$

 教授推荐问题

由 Texas Tech University 的 Jon Thompson 教授提供

21. 气候变化和不确定传递。导致地球气候变化的因素有很多，其中包括著名的温室气体，如可改变臭氧含量的 CO_2 和甲烷、地球表层的反射效率、大气圈中 nm 级别到 μm 级别可反射和吸收太阳光的气溶胶，等等。其中一些因素导致气候变暖，另外一些因素可能导致地球和大气温度降低。气候科学家希望保持现状，根据这些竞争因素的辐射强迫值（W/m^2）加和计算其净效应。正的辐射强迫值使得气候变暖，负的辐射强迫值使得地球和大气温度降低。这种方式有着深刻见解，因为净辐射强迫（ΔF_{net}）可以与期望平均温度变化（$\Delta T_{surface}$）通过气候敏感系数（λ）联系起来，该系数的值一般为 $0.3\sim1.1$ K/(W/m^2)。

$$\Delta T_{surface} = \lambda \times \Delta F_{net} \tag{3.42}$$

政府间气候变化专门委员会(IPCC)研究了很多科学家的成果，提供了目前各个效应的辐射强迫，即其不确定度的最佳估计，如下图和表所示。

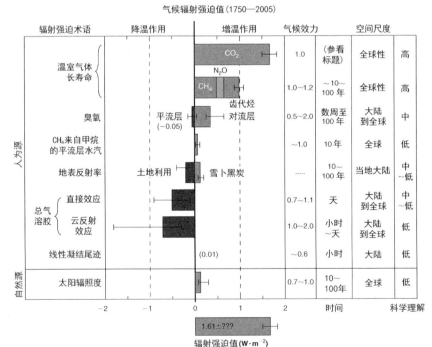

图片来源："*Climate Change 2007: The Physical Science Basis*" *Intergovernmental Panel on Climate Change*（IPCC）.

表 1　气候强迫及其不确定度的最佳估测值

气 候 影 响	最佳估测值±不确定值（W/m²）
长时间存在的温室气体	2.61 ± 0.26
对流层和平流层区	0.30 ± 0.22
地表反射率	-0.10 ± 0.20
直接气溶胶效应	-0.50 ± 0.36
间接气溶胶效应	-0.70 ± 0.7

根据不确定度传递的原则，请问：

(a) 辐射强迫值为 1.61 W/m²，这一估测的不确定度是多少？各自项目中哪个贡献了最大的不确定度？

(b) 如果气候敏感系数（λ）取值为 0.7±0.4 K/（W/m²），期望的表层温度变化为多少？这一估测的不确定度为多少？

(c) 仪器温度记录显示，自 1850 年以来，全球平均表层温度增加了约 0.8℃，这一数据是否与 (b) 计算的结果相符？

124

置信区间

基于 Excel 与置信区间有关的内容，请参考网页中杨百翰大学 Steven Goats 教授提供的例子。

22. 连续测定溶液中物质的量的浓度分别为：0.502 6，0.502 9，0.502 3，0.503 1，0.502 5，0.503 2，0.502 7 和 0.502 6 mol/L。假设没有可测定误差，在 95％置信水平上，真值落入的可信范围是多少？

 教授推荐问题

由 Villanova University 的 Amanda Grannas 教授提供

23. 你在一个分析检测实验室工作，主管要求你买些新的 pH 计代替旧的 pH 计。你发现有 4 种可能购买的品牌，现在需要评价每个 pH 计的性能。

某溶液 pH 已知，为 5.5。用 4 种不同的 pH 计对其进行 10 次连续测定，结果如下所示：

pH 计品牌 A	pH 计品牌 B	pH 计品牌 C	pH 计品牌 D
5.6	5.5	5.8	7.0
5.8	5.6	5.9	6.9
5.6	5.5	6.0	6.8
5.5	5.6	5.9	7.0
5.6	5.6	5.3	6.9
5.7	5.6	5.6	6.9
5.6	5.4	5.7	7.0
5.7	5.5	5.8	6.8
5.1	5.5	5.9	6.9
5.6	5.4	5.1	6.9

如果其他因素一样(如价格、适用性等),你会建议实验室购买哪款 pH 计? 说明你的理由。

24. 使用离子选择性电极测定血液样品中钠离子含量,结果分别为: 139.2,139.8,140.1 和 139.4 mmol/L。假设没有可测定误差,在(a) 90%,(b) 95%和(c) 99%置信水平上,真值落入的可信范围是多少?

25. 用二硫腙分光光度法测定路边叶子上的铅含量,三次测定的标准偏差为 2.3 $\mu g/g$,试问 90%的置信水平是什么?

 教授推荐问题

由 The University of Texas at El Paso 的 W. Y. Lee 教授提供

26. 7 个普通人血细胞浓度(单位为:百万细胞/mL)分别为 5.1,4.8,5.4,5.3,5.1,4.9 和 5.5。实验室分析测得我的血细胞浓度为 4.5 百万细胞/mL,请问我的血细胞浓度是否太低? 你的置信度是多少? 展示出支持你结论的统计数据。

27. 通过库仑滴定法测定血液中氯离子浓度的标准偏差为 0.5 mmol/L,三次测定的 95%置信区间是多少?

 教授推荐问题

由 The University of Texas at El Paso 的 W. Y. Lee 教授提供

28. 一种土壤中有机农药标准物质的标准值为 94.6 $\mu g/g$,你的测定结果是 99.3,92.5,96.2 和 93.6 $\mu g/g$。请问在 95%置信水平上,你的结果与期望值是否有显著性差异? 列出计算步骤。

29. 使用第 40 题的数据,估测在 90%置信水平上,溶液真实物质的量浓度的范围是多少?

 教授推荐问题

由 Marshall University 的 Bin Wang 教授提供

30. 重复测定某物质中 Cl 的含量(%)分别为:2.98,3.16,3.02,2.99 和 3.07。请问:(a) 在 90%置信水平上,这些结果中是否有数据因为统计学原因被剔除? (b) 如果真实值是 3.03%,你是否 95%的确信你的结果与已知值相符?

显著性检验

31. 某些研究希望确定血液中铬浓度和某可疑病之间是否存在一定关系。一些有病史和其他感病体症状的志愿者被采血化验,其结果与对照组(健康控制组)的数据进行对比。从以下结果中,确定两组数据的差别是随机性的还是真实的。对照组(Cr 浓度,$\mu g/L$): 15,23,12,18,9,28,11,19。患病组(Cr 浓度,$\mu g/L$): 25,20,35,32,15,40,16,10,22,18。

125

教授推荐问题

由 The University of Texas at El Paso 的 W. Y. Lee 教授提供

32. 在一个寒冷的冬天,随机测定 9 个哮喘病人在散步前后的最大呼气流速(PEFR)。如下表所示,第一列为散步前的 PEFR,第二列为散步后的 PEFR。每一行是同一个人的数据。在 95% 置信水平上,散步前后的 PEFR 有显著性差异吗?

编号	呼吸流速/(L/min)	
	散步前	散步后
1	312	300
2	242	201
3	340	232
4	388	312
5	296	220
6	254	256
7	391	328
8	402	330
9	290	231

33. 使用酶法测定红酒中的酒精度,并将其结果与气相色谱(GC)法对比。同一样品测定结果(酒精度,单位为%)分别为:酶法 13.1,12.7,12.6,13.3 和 13.3;GC 法 13.5,13.3,13.0 和 12.9。请问在 95% 置信水平上,酶法和 GC 法的结果是否一样?

34. 你的实验室正在评估光度法测定血清中肌酸酐的精密度,该方法基于样品与碱性苦味酸盐反应产生的颜色变化。为了更好地评估方法的精密度,多日内对不同样品进行了多次实验。根据以下吸光度数据,计算合并标准偏差。

第一天(样品 A)	第二天(样品 B)	第三天(样品 C)
0.826	0.682	0.751
0.810	0.655	0.702
0.880	0.661	0.699
0.865		0.724
$\overline{x}_A = 0.845$	$\overline{x}_B = 0.666$	$\overline{x}_C = 0.719$

35. 使用原子吸收光谱法(AAS)和新的分光光度法测定血液中钙含量的结果如下。两种方法的精密度是否有显著性差异?

AAS 法/(mg/dL)	光度法/(mg/dL)
10.9	9.2
10.1	10.5
10.6	9.7
11.2	11.5
9.7	11.6
10.0	9.3
平均值 10.4	10.1
	11.2
	平均值 10.4

教授推荐问题

由 Saint Anselm College 的 Mary K. Donais 教授提供

36. 本题主要描述下列问题：使用质量控制样品考察方法准确性,使用显著性检验对比两种方法,样品均一性和数据精密度。本题基于一个高级研究项目中学生采集的真实数据。

古罗马铜币中的铅含量可以用来估计其年代。不同硬币中的铅含量可以相差几个到20个百分点,可以通过电热板消解-火焰原子吸收光谱法进行测定。但是电热板温度不容易设置,而且其表面温度不均匀。此外还需要定量转移消解溶液。另外一种更为有效的方法是使用配有容量管的可编程温度反馈消解装置。两种消解方法得到的数据如下。四枚硬币(编号 1~4)被均匀地分成两半(编为 a 和 b)后进行消解和分析。同时使用两种方法测定标准参考物质,NIST SRM 872,其标称含量为 $4.13\% \pm 0.03\%$。进行数据分析,评价准确度和精密度。请问：铜币中铅的均匀性是如何影响精密度的?其中一种方法会"优于"或"不同于"另一种方法吗? 如何进行定量描述?

硬币	电热板消解法/%	可编程温度反馈消解法/%
1a	14.44	15.37
1b	8.41	7.24
2a	23.77	24.14
2b	27.23	24.87
3a	6.34	6.77
3b	8.04	7.34
4a	16.16	17.20
4b	19.07	18.26
NIST SRM 872	4.21	4.12

应用 Excel 所得解答可在网页附件中找到。

37. 重铬酸钾是一种氧化剂,可用于滴定二价铁进行定量测定。尽管重铬酸钾是一种高纯物质,可以直接配制已知浓度的标准溶液,但是也需要经常使用该溶液滴定已知浓度的二价铁溶液进行标定。二价铁标准溶液通过高纯铁丝或电解铁进行配制,与样品的制备方法相同。进行重铬酸钾标定的原因是滴定产生的三价铁会掩盖指示剂(用于指示滴定终点)的颜色,造成稍许误差。配制浓度为 0.101 2 mol/L 的溶液,标定浓度分别为0.101 7,0.101 9,0.101 6 和 0.101 5 mol/L 的溶液。请问是否可以假定滴定浓度和真实配制浓度有显著性差异?

38. 在核工业中需要详细记录接收、运输和使用中钚的纯度。收到的每批钚球(pellet)都要进行仔细分析以确认其纯度和供应商声称的纯度相同。多次分析测定某批钚样品的纯度为 99.93%,99.87%,99.91%和 99.86%,供应商列出的纯度为 99.99%。请问该批样品是否合格?

 教授推荐问题

由 Villanova University 的 Amanda Grannas 教授提供

39. 你发明了一种测定血液胆固醇含量的新方法,这一方法便宜、快速,病人可以在家中进行测定(像糖尿病人测血糖一样)。你需要验证你的方法,然后就可以申请专利了! 使用以下的信息和你所学过的各种统计学方法,验证新方法的有效性。

(a) NIST 制作了人体血清胆固醇标准,浓度为 182.1_5 mg/dL。使用新方法 4 次测定的结果分别是 181.83,182.12,182.32 和 182.20 mg/dL。请问你的结果和标准值一样吗?

(b) 为了综合性比较,你对同一样品(不是 NIST 标准)用你的方法和已被接受的方法测定了多次。

(c) 你不想给批评者任何机会,FDA 里就有很多批评者。你用你的方法和已被接受的方法测定了多个不同的样品。使用如下的数据,比较你的方法和已被接受的方法测定胆固醇的结果。你的结果和已被接受的方法的结果一致吗?

样品	你的结果/(mg/dL)	已被接受的方法/(mg/dL)
1	174.60	174.93
2	142.32	142.81
3	210.67	209.06
4	188.32	187.92
5	112.41	112.37

关于用 Excel 进行 t-检验的内容,参考杨百翰大学的 Steven Goats 教授在本书的网页上提供的教程实例。

Q 检验

40. 进行溶液标定时获取的重复测定的物质的量浓度为 0.106 7,0.107 1,0.106 6 和 0.105 0。置信水平为 95% 时,其中一个结果可以因为是偶然误差而被剔除吗?

41. 置信水平为 95% 时,可以剔除第 14 题中的数据吗?

42. 确定一个方法精密度时获得如下数据:22.23%,22.18%,22.25%,22.09% 和 22.17%,置信水平为 95% 时,22.09% 是一个有效的数字吗?

 教授推荐问题

由 The University of Texas at El Paso 的 W. Y. Lee 教授提供

43. 警察处理一个肇事逃逸的案件,需要确定红色车漆的牌子。车漆的红色来自氧化铁,受害人车上刮蹭的红漆中氧化铁的含量(%)测定值分别为 43.15%,43.81%,45.71%,43.23%,41.99% 和 43.56%。

(a) 置信水平为 90% 时,可以用上述所有数字来计算漆样品中氧化铁的平均浓度吗?

(b) 基于(a)的结果,只选择可信的数字计算平均值和不确定度,即平均标准偏差。

(c) 警察发现了一位嫌疑人,并采集其汽车前方保险杠上的红漆样品。5 次测定该红漆中氧化铁的含量(%)为 42.60% ± 0.44%。你认为警察抓住了应该被判定为"肇事逃逸"的人了吗?(置信水平为 95%)?

小数据量的统计学

44. 第 15 题中,根据范围估算标准偏差,并与计算的标准偏差进行对比。

45. 第 25 题中,在 95% 置信水平据范围估算标准偏差,并与计算的标准偏差进行对比。

46. 第 29 题中,在 95% 和 99% 置信水平据范围估算标准偏差,并与计算的标准偏差进行对比。

最小二乘法

47. 使用式(3.22)计算例 3.21 中的斜率,并与式(3.23)计算的结果进行比较。

48. 使用磷钼蓝分光光度法测定尿液中的磷浓度,反应中磷酸盐与钼反应的磷钼杂多酸被还原为特征蓝色物质。以测定的吸光度 A 对磷浓度绘制校正曲线,从以下数据中确定最小二乘曲线,并计算尿样中的磷浓度。

P 浓度/(μg/g)	A
1.00	0.205
2.00	0.410
3.00	0.615
4.00	0.820
尿样	0.625

49. 计算第 48 题中斜率和截距的不确定度,以及尿样中的磷浓度的不确定度。

　　关于 Excel 中最小二乘法的相关问题,参考 Brigham Young University 的 Steven Goats 教授在本书的网页上提供的教程实例。

　　关于用 Excel 进行最小二乘法绘图的内容,参考 The University of Texas at El Paso 的 W. Y. Lee 教授在本书的网页上提供的教程实例。

 教授推荐问题

由 University of Michigan 的 Michael D. Morris 教授提供

50. 解释最小二乘法线性回归不适合和不应该使用的情况,至少有两个常见的重要事例。

相关系数

51. 基于以下数据,计算真菌产生的毒素量和培养基中酵母膏含量(%)的相关系数。

样品	酵母膏含量/%	毒素量/mg
(a)	1.000	0.487
(b)	0.200	0.260
(c)	0.100	0.195
(d)	0.010	0.007
(e)	0.001	0.002

52. 第 51 题中描述的培养物有如下的真菌干重: 样品(a) 116 mg,(b) 53 mg,(c) 37 mg,(d) 8 mg,(e) 1 mg。请确定干重和真菌产生的毒素量之间的相关系数。

53. 一种测定血清中胆固醇的方法,原理如下: 胆固醇在胆固醇氧化酶作用下与氧反应,氧的消耗可以通过氧电极检测。数个样品的检测结果与标准的 Lieberman 分光光度法进行比较。从以下数据中用 t-检验确定两种方法之间是否有显著性差异,并计算相关系数。假设两种方法的精密度相似。

样品	酶法/(mg/dL)	分光光度法/(mg/dL)
1	305	300
2	385	392
3	193	185
4	162	152
5	478	480
6	455	461
7	238	232
8	298	290
9	408	401
10	323	315

检测限

54. 使用荧光法测定植物中的铝,7 个空白溶液的荧光值分别为 0.12,0.18,0.25,0.11,0.16, 0.26 和 0.16。如果 1.0 铝标准溶液的读数为 1.25,那么检测限为多少? 这一水平的总读数是多少?

 教授推荐问题

由 The University of Texas at El Paso 的 W. Y. Lee 教授提供

55. 分光光度法中,分析物的浓度通过其吸光度来测定。9 次空白试剂的吸光度分别是 0.000 6,0.001 2,0.002 2,0.000 5,0.001 6,0.000 8,0.001 7,0.001 0 和 0.000 9。
 (a) 确定最小可测定信号。
 (b) 使用一系列标准溶液配制校正曲线,溶液浓度和吸光度数据列于下表。吸光度是量纲为 1 的数。确定工作曲线的斜率(包括单位)。
 (c) 确定检测限浓度。

浓度/(μg/kg)	吸光度
0.01	0.007 8
0.10	0.088 0
0.50	0.446 7
1.00	0.898 0
2.50	1.877 0

采样统计学

56. 桥上取 0.4 g 漆样品,使用精密方法(相对标准偏差<1%)测定其中铅的含量,相对采样精密度 R 为 5%。如果希望该精密度可以提高到 2.5%,那么采样量需要达到多少?

 教授推荐问题

由 The University of Texas at El Paso 的 W. Y. Lee 教授提供

57. (a) 你和你的朋友在圣诞节期间访问 M&M 糖果工厂。在去的路上发现,200 000 颗红

[130]

色的 M&M 巧克力豆和 50 000 颗绿色的 M&M 巧克力豆散落在地上。你疯狂地捡起这些巧克力豆,并准备在管理人员抓到你之前捡足 1 000 颗。请问可能捡到多少颗红色的巧克力豆?

(b) 接着上问,如果经常碰到这样的场景,那么找回绿色巧克力豆的绝对标准偏差是多少?

58. 矿石样品中铜的含量约为 3%(质量分数),如果采样精度是 0.15%(质量分数),那么在 95% 置信水平上,需要采集多少样品分析结果才可以达到 5% 的相对标准偏差?

除统计学外,真实样品采集考虑的问题

 教授推荐问题

由 Carthage College 的 Christine Blaine 教授提供

59. 即便不是绝大多数,但很多时候环境样品采集问题比统计学考虑的要复杂得多。如前所述,在采集代表性样品时带来的误差最大。当考虑环境样品或大面积采样时,如何获取代表性样品变得十分有挑战性,下文是两个关注于样品采集的例子。

(a) 威斯康星州当局最近要求分析密歇根湖中三文鱼的汞污染问题。密歇根湖表面积为 22 000 平方英里(1 平方英里 = 2.59×10^6 平方米),当采样时需要考虑多少关于三文鱼的因素?

(b) 家禽饲养者经常在鸡饲料中混入一种含砷物质(洛克沙胂)以抵抗寄生虫。常言说,进去什么就出来什么。研究发现几乎所有的洛克沙胂都会被家禽排泄出去 (*Environ. Sci. Technol.* **2003**,37:1509-1514)。随着时间的推移,洛克沙胂降解为五价砷,AsO_4^{3-},所以在实验室中需要分析这两种形态砷的浓度。你最近受命采集一个无砷物质添加的散养鸡舍附近的土地样品,该区域有 1 英亩(1 英亩 = 4 046.86 平方米)的面积。你应如何确定采样点?什么时候去采样?需要进行什么类型的采样?

很显然这些问题没有标准答案。建议的解决办法在 Solution Manual 中。参考网页资料了解 Blaine 教授在小组讨论中提到的更多发人深省的样品采集方案。

参 考 文 献

统计学

1. P. C. Meier and R. E. Zund, *Statistical Methods in Analytical Chemistry*, 2nd ed. New York: Wiley, 2000.

2. J. C. Miller and J. N. Miller, *Statistics and Chemometrics for Analytical Chemistry*, 4th ed. Englewood Cliffs, NJ: Prentice Hall, 2000.

3. J. C. Miller and J. N. Miller, "Basic Statistical Methods for Analytical Chemistry. A Review. Part 1. Statistics of Repeated Measurements." "Part 2. Calibration and Regression Methods," *Analyst*, **113** (1988) 1351; **116** (1991) 3.

4. A series of articles on Statistics in Analytical Chemistry by D. Coleman and L. Vanatta,

Am. Lab.：**Part 24** — Glossary，November/December（2006）25；**Part 26** — Detection Limits：Editorial Comments and Introduction，June/July（2007）24；**Part 30** — Statistically Derived Detection Limits（concluded），June/July（2008）34；**Part 32** — Detection Limits via 3-Sigma，November/December（2008）60；**Part 34** — Detection Limit Summary，May（2009）50；**Part 35** — Reporting Data and Significant Figures，August（2009）34；**Part 40** — Blanks. 打开网页 www.americanlaboratory.com，点击 "article/archives"即可根据题目进行搜索。

Q 检验

5. R. B. Dean and W. J. Dixon，"Simplified Statistics for Small Numbers of Observations," *Anal. Chem.*，**23**（1951）636.

6. W. J. Blaedel，V. W. Meloche，and J. A. Ramsay，"A Comparison of Critiera for the Rejection of Measurements," *J. Chem. Educ.*，**28**（1951）643.

7. D. B. Rorabacher，"Statistical Treatment for Rejection of Deviant Values：Critical Values of Dixon's 'Q' Parameter and Related Subrange Ratios at the 95% Confidence Level," *Anal.Chem.*，**63**（1991）139.

8. C. E. Efstathiou，"A Test for the Simultaneous Detection of Two Outliers Among Extreme Values of Small Data Sets," *Anal. Lett.*，**26**（1993）379.

质量控制

9. J. K. Taylor，"Quality Assurance of Chemical Measurements," *Anal. Chem.*，53（1981）1588A.

10. J. K. Taylor，*Quality Assurance of Chemical Measurements*. Boca Raton, FL：CRC Press/Lewis，1987.

11. J. K. Taylor，"Validation of Analytical Methods," *Anal. Chem.*，**55**（1983）600A.

12. J. O. Westgard，P. L. Barry，and M. R. Hunt，"AMulti-Rule Shewhart Chart for Quality Control in Clinical Chemistry," *Clin. Chem.*，**27**（1981）493.

最小二乘法

13. P. Galadi and B. R. Kowalski，"Partial Least Squares Regression（PLS）：A Tutorial," *Anal. Chim. Acta*，**185**（1986）1.

检测限

14. G. L. Long and J.D. Winefordner，"Limit of Detection. A Closer Look at the IUPAC Definition," *Anal. Chem.*，**55**（1983）712A.

15. J. P. Foley and J. G. Dorsey，"Clarification of the Limit of Detection in Chromatography," *Chromatographia*，**18**（1984）503.

16. J. E. Knoll，"Estimation of the Limit of Detection in Chromatography," *J. Chromatogr. Sci.*，**23**（1985）422.

17. Analytical Methods Committee，"Recommendations for the Definition，Estimation and

Use of the Detection Limit," *Analyst*, **112** (1987) 199.

18. *ICH - Q2B Validation of Analytical Procedures: Methodology* (International Conference on Harmonization of Technical Requirements for Registration of Pharmaceuticals for Human Use, Geneva, Switzerland, November 1996).

采样统计学

19. B. Kratochvil and J. K. Taylor, "Sampling for Chemical Analysis," *Anal. Chem.*, **53** (1981) 924A.

20. M. H. Ramsey, "Sampling as a Source of Measurement Uncertainty: Techniques for Quantification and Comparison with Analytical Sources," *J. Anal. Atomic Spectrosc.*, **13** (1998) 97.

21. G. Brands, "Theory of Sampling. I. Uniform Inhomogeneous Material," *Fresenius' Z. Anal. Chem.*, **314** (1983) 6; II. "Sampling from Segregated Material," *Z. Anal. Chem.*, **314** (1983) 646.

22. N. T. Crosby and I. Patel, eds., *General Principles of Good Sampling Practice*. Cambridge, UK: Royal Society of Chemistry, 1995.

23. S. K. Thompson, *Sampling*, New York: Wiley, 1992.

电子表格

24. D. Diamond and V. C. A. Hanratty, *Spreadsheet Applications in Chemistry Using Microsoft Excel*. New York: Wiley, 1997.

25. H. Freiser, *Concepts and Calculations in Analytical Chemistry: A Spreadsheet Approach*. Boca Rato, FL: CRC Press, 1992.

26. R. De Levie, *Advanced Excel For Scientific Data Analysis*. 2nd ed. Oxford University Press, 2008.

27. J. Workman and H. Mark, "Statistics and Chemometrics for Clinical Data Reporting, Part II: Using Excel for Computations," *Spectroscopy*, October, 20 (2009) Chapter 2. www.spectroscopyonline.com.

28. E. J. Billo, *Excel for Scientists and Engineers: NumericalMethods*. Hoboken, NY: Wiley, 2007.

第 4 章
实验室管理规范：质量保证和方法验证

"We can lick gravity, but sometimes the paperwork is overwhelming."
——Werner von Braun

第 4 章网址

学习要点

- 什么是良好的实验室？如何申请？
- 如何验证一个实验方法：选择性、线性、准确度、精密度、灵敏度、范围、检测限、定量限、实用性
- 质量保证：质量控制图、文件编制、熟练度测试
- 电子记录
- 提供实验室管理规范信息的官方组织

我们在第 1 章中描述了进行定量分析的一般原则，在第 2 章和第 3 章中讨论了取样方法、统计、适当的数据处理和分析。作为一名分析者，遵循这些一般原则，通常可以进行准确的测量。如果使用一些成熟的方法，一般会得到可接受（准确）的结果。但是，对于测试结果的用途来说，这可能不足以满足客户的要求。如果测量是出于监管目的或法医分析时尤其如此，因为所有这些结果都可能要在法庭上作为证据。因此，实验室管理规范（GLP）、方法验证和质量保证等概念被大力推广，以保证报告分析结果在规定或文件范围内保持正确。各政府机构[环境保护署（EPA）、美国食品和药物管理局（FDA）]及私人机构（例如，国际 AOAC，ASTM）已经就 GLP、方法验证和质量保证颁布了他们自己的具体准则。以下我们将简要描述这些准则，尽管类型不同，但它们都有共同的要素。我们先描述 GLP 的基本要素。

基于分析目的、经验、可用的方法、时间和成本限制及类似考虑，GLP 的底线是实验室管理和分析人员应该用常识判断需要执行什么样的质量保证程序。实验结果越接近公认的准则，你（和他人）也就越自信。记住，一个适当的分析并不仅仅是简单地接收样品并进行一次性分析。如果不是以一个成熟的方法进行测试并有合适的记录，那么分析工作、时间和成本都可能被浪费。

+-·+

133

为什么要有实验室管理规范？

　　这个问题的答案是显而易见的。它可以由世界上首屈一指的分析实验室之一，美国联邦调查局(FBI)实验室的一件糗事进行解答。1995 年，该实验室被卷入一起备受瞩目的案件中，俄克拉荷马城的 Alfred P. Murrah 联邦大楼被炸，部分建筑被铲平，168 人死亡，数百人受伤。联邦调查局实验室对现场炸药进行了分析，为审判提供了关键证据。陪审团发现 Timothy McVeigh 犯共谋、炸毁和一级谋杀罪等所有罪状。但 McVeigh 的法律辩护团寻找到这起诉讼案件的漏洞，提供了一份 157 页的司法部报告，其中列出了很多 FBI 实验室最近发布的所谓恶劣政策和做法(只有 3 页被接纳为证据)。该报告是实验室举报人 18 个月的调查结果，他存档了数以百计的投诉，投诉声称在炸药装置实验室有污染物，此外还有很多其他的控告。举报人甚至为审判中的辩护作证！司法部小组没有发现任何污染的证据，而且举报人的大部分指控不成立，但该小组发现了文件记载实验结果不充足、编制实验报告不当、档案管理和档案保留体系不充分的证据。美国司法部的结论是，管理层未能建立和实施有效的程序和规范。调查的结果是大约 40 个体系的建议，纠正或提高实验室的做法和程序，包括实施美国社会犯罪实验室主任/实验室认可委员会(ASCLD/LAB)的认证。

　　实验室应制订的一些做法包括：
- 每一位分析证据的实验者应准备并签署一份单独的报告。
- 任何情况下，文件应包括注释、打印、图表和其他用来得出结论的数据记录。
- 实验室必须制定记录保存和检索系统。
- 撰写处理证据、避免污染的程序应该完善。

　　现在，与 FBI 实验室相关的许多注意事项并不适用于许多其他实验室。但它们说明了制定实验室管理规范的重要性。如果 FBI 实验室在其实践方面更加勤勉，它可能已经避免了这次调查的风暴。

+-·+

4.1　实验室管理规范

　　实验室管理规范的确切定义取决于谁定义它，出于什么目的。一个广泛的定义包括以下问题，如实验室的组织、管理、人员、设施、设备、操作、方法验证、质量保证和实验记录保存等。我们的目标是证明分析的每一步是有效的。需要进行特别处理的方面因实验室不同而不同。

134

　　实验室管理规范已经由全球性机构建立，如经济合作与发展组织(OECD)和国际标准化组织(ISO)。政府机构已经采用了这些规范，作为实验室必须遵循的规则。分析目标物包括各种需要监管的物质，例如药物制剂、食品和环境相关的重要样品。

GLP 确保报道正确的数据。

GLPs 可被定义为"一系列规则、操作程序和由一个被认为是强制性组织建立的规范，这个组织可以确保实验室产生结果的质量和正确性"（M. Valcarcel. Principles of Analytical Chemistry. Berlin：Springer，2000：323）。它们包含两个共同要素：标准操作程序（SOP）和质量保证部门（QAU）。**标准操作程序**提供实验室活动的详细说明。例如，样品保存、样品处理和制备、分析方法、仪器维护、归档（保存记录）等。实验室分析人员或技术人员遵循详细的样品分析程序。这通常比科学出版物提供的方法更详细，尽管训练有素的分析化学家可能需要很少的指导，但是不同实验室工作人员的训练水平和经验有差异。

实验室的每个方法都应该有标准操作程序。

质量保证部门一般独立于实验室，对实验室隶属组织的管理者负责。质量保证部门负责经常实施质量程序和评估；这包括时常审核实验室。

质量保证部门负责确保实验室管理规范的实施。实验室每个人都有责任遵循规范。

4.2 分析方法的验证

方法验证是记录或证明分析方法可提供满足预期用途数据的过程。

首先提出问题和要求，然后选择可以满足这些要求的方法。

验证过程的基本概念包括两个方面：

● **问题和数据要求**

● **方法**及其性能特征

正如第 1 章提到的，当分析人员能定义问题时，分析过程有利于确保提出适当的问题。当数据要求考虑不周或不切实际时，如果选择的方法比实际需要的更准确，那么在分析测量花费方面就会造成不必要的浪费；如果选择方法比需要的准确度低，结果可能是不充分的；如果方法的准确度未知，其结果就值得怀疑。方法建立和验证的第一步是设置最低要求，其本质是为了预期目的而建立方法技术参数。它必须达到怎样的准确度和精密度？目标浓度是什么？

1）方法学的层级

在第 1 章中我们描述了一般程序的建立以及如何进行分析。方法学的层级（表 4.1）被认为如下所示：

$$技术 \longrightarrow 方法 \longrightarrow 程序 \longrightarrow 协议$$

建立用于特定目的的方法有一些关键步骤，最终会形成一个有效的方法，处理上文所列的验证特征。层级结构的水平是否达到要求或是否应用将取决于实际需要。

表 4.1　分析方法学的层级

	定　义	示　例
技术	可提供成分信息的科学原理	分光光度法
方法	对特定的目标进行的技术应用	副品红方法测定二氧化硫
程序	使用方法时所写的必要说明	ASTM D2914-测定大气中二氧化硫含量的标准方法(West-Gaeke 法)
协议	如果分析结果需被给定目标接受,必须遵循的一套明确说明	EPA 参考方法:测定大气中二氧化硫(副品红法)

从 J. K. Taylor. *Anal. Chem*, **55**(1983) 600A 转载。1983 年由美国化学学会出版。

　　技术是选定提供成分信息的科学原理。分光光度法通过所制备样品溶液的光吸收量,给出浓度的信息。**方法**是该技术的应用(使用合适的化学反应),所以它对给定分析物是有选择的。**程序**包括对使用方法的必要说明(这是关于 GLP 更广泛的领域)。它不一定要达到标准方法的状态。最后,**协议**是一组必须严格遵循明确规定的指示,以便分析结果被给定目标接受。如 EPA 的规定或操作规范。如果这些方法已被验证,可以为特定基质中的规定分析物提供准确的结果,则该方法被称为**参考方法**。它类似于飞行过程各个阶段的清单。这种清单减小了着陆起落架缩回的可能性。同样地,分析协议/清单降低了 pH 值调节不当,或省略步骤的可能性。如果程序已经被验证,然后根据指示一步步地按顺序进行所有测量,结果应该是可靠的。此外,如果有问题,那么造成问题的细节应该是显而易见的。

　　2）验证过程

　　方法验证的需求和遵循的程序关乎专业判断;相当好的规定的程序和准则现已存在,可用于辅助政策制定。

　　政府和国际机构对适当的方法验证发布了指导方针,对监管提交相关的方法尤其如此。通常,验证内容包括:

- 选择性　● 灵敏度　● 定量限　● 线性　● 范围
- 准确度　● 检测限　● 耐用性或适应性　● 精密度

　　新的方法的建立会带来很多好处。(如果方法不具备所需的灵敏度,为什么建立这种方法?)图 4.1 给出了验证过程的整体图。下面进行具体讨论。

　　3）选择性

　　选择性是某种方法可以测定被分析样品基质中目标分析物的程度,不受来自基质的干扰(包括其他分析物)。基底效应可以是正或负。存在潜在样品组分的分析物的分析结果与仅含分析物的溶液分析结果比较。选择适当的测量方法是重要的考虑因素。即使已验证过的方法也可能无法保证对特定样品基质有效。

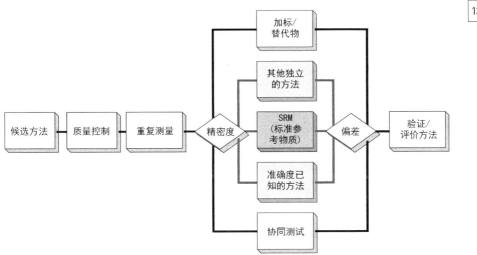

图 4.1　方法评估/验证的一般过程。SRM 是指标准参考物质材料

从 J. K. Taylor. *Anal. Chem*，1983，55：600A 转载。1983 年由美国化学学会出版

基底除不含目标物外，其他与样品一样。基底中的组成可能会干扰目标物的测定（即基底效应）。

4）线性

线性研究证明在样品溶液浓度范围内，响应值正比于分析物浓度。一般使用 5 个浓度水平的标准溶液进行研究，范围为 50% 至 150% 的目标分析物浓度。五个浓度水平应允许检测校正曲线的曲率。每个标准应至少测定三次。

线性数据通常是由决定系数（r^2）和线性回归线 y 截距来判断的。当 $r^2 >$ 0.998 时，可以认为线性回归被接受。y 截距应该是分析物目标浓度小的百分比，例如，小于 2%。尽管这些统计评估是用来评价线性度的一个实用方法，但它们不能保证线性程度。应该经常进行曲线校准。线性度往往会在高和低的值中有所偏离。（这就是加权最小二乘曲线可能更好的原因。在加权最小二乘模型中，回归线上相对偏差较小的点所占的权重更多。）评价线性范围的一种方法是绘制一个响应因子（RF）与浓度的关系图。

图中的 y 值等于每个浓度（0.1，0.2，0.4，0.8 μg/mL）对应的荧光强度减去 y 截距值后，再除以各浓度。

这样的图被称为 Cassidy 图（参考 R. M. Cassidy，M. Janoski. *LC. GC Mag*，1992，10：692）。

$$响应因子 = （信号值 - y 轴截距）/ 浓度 \tag{4.1}$$

如果得到零斜率的曲线图，这表示在该浓度范围内获得线性响应。如果校正浓度范围内的响应因子变化，在目标物浓度水平响应因子或平均响应因

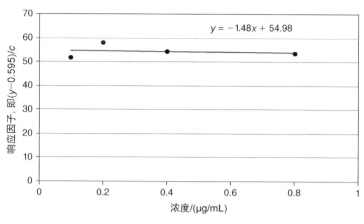

图 4.2　基于图 3.5 的响应因子

子的 2% 到 3% 之间,则认为该线性度可以接受。图 3.5 回归线为 $y = mx + b$,y 截距为 0.595。响应因子与浓度的曲线如图 4.2 所示。该直线的斜率为 -1.48。在浓度为 $0.1 \sim 0.8\ \mu g/mL$ 内响应因子变化为 -1.0,这是平均响应因子 54.4 的 1.8%。这是可以接受的线性度。

如果校正曲线偏离线性 50%~150% 目标浓度范围,则选择较窄的范围,如是目标浓度的 80%~120%,或许可以获得所需的线性度。

目前使用的嵌入式计算机/微处理器可作为仪器整体组成,通常包括机载原始信号操作,并通常由幂转换以增加线性范围。这导致了一些不寻常的效果,参考 *Anal. Chem.*,2010,82:10143。

对好的线性度来说,每单位浓度的响应几乎是恒定的。

5)准确度

方法的准确度指的是样品测定值和真实值的接近程度。这可能是最难验证的参数。除了测量方法的准确度外,还应该考虑采样和样品处理的准确度。方法的准确度可以由三种方法中的任一种来确定,优选第一个,它们是:(a) 分析标准物质;(b) 使用另一种已知的准确方法,比较两者的结果;(c) 回收率实验。其中(a)是首选;如果不能做到(a),则(b)是第二选择,(c)是第三选择。

回收率实验是由添加已知量的分析物到空白基质(其中含有的目标物浓度处在不可测定水平)中进行的,或使用相同的方法测定样品和加标后的样品,并从总值(样品+加标)中减去原始值,以获得回收率数据。加标样品应在三个浓度水平准备,包括两个极端值和中间值,并至少制备三份加标样。

然而,好的加标回收实验也不能确保消除正干扰。一个好的验证方法是由两个独立的分析方法进行的,其中第二种方法针对待测样品基质来说,是公认的准确程序。理想情况下,即使是样品处理也应该是不同的。你经常可以

在科学文献(期刊、参考书、标准方法的书籍)中发现适用于你的样品的方法
(但也可能因为费用、设备不足等原因不适合使用)。如果没有发现已经应用
到样品基底的方法，但存在一个被认为是普遍适用的准确的方法，那么可以使
用此方法。你的方法和第二种方法所得结果一致，那就是它们对样品都适用
的证据。如果结果不一致，那就不可能得出任何结论，因为任何一种方法都可
能会给你的样品带来错误的结果，尽管新方法更可能是罪魁祸首。

**加标回收率等于样品中加标物质量的百分比，通过该方法可测定其存在
(如已知回收量的百分比)。**

验证一种方法理想的方式是分析与样品组成完全相同的标准物质。美国
国家标准研究所(NIST)通过发展、标定、分配标准参考物质(SRMs)，确保测
定结果的准确性和可比性。该 SRM 项目有超过 1 000 种标准物质，可适用于
(a) 科学和计量学(测定科学)的基本测量；(b) 环境分析；(c) 健康测量；
(d) 工业原料和产品。NIST 有化学组成、物理性质、工程材料等相关的标准
物质(http://www.nist.gov/srm/)。它作为主要联结点，联结私营部门、其他
联邦机构、国际组织的类似工作。加拿大也有类似于 NIST 的 SRM 项目，其
网站是 www.nrccnrc.gc.ca/eng/solutions/advisory/crm_index.html。其他类
似项目包括美国试验材料学会(ASTM)、美国临床化学协会(AACC)、国际理
论和应用化学联合会(IUPAC)、国际标准化组织(ISO)和欧盟(EU)。你可以
从他们的网站获取相关信息。

准确度最好通过分析标准物质来确定。

化学组成的标准物质经过认证给出浓度和统计学(标准偏差)范围。如果
你的方法值落在认证值的两倍标准偏差值之间，则结果之间有显著(非随机)
差别的可能性为 95%。根据被测量的浓度，可以确定测量值偏差应在认证值
的 ±2%，对痕量分析来说为 ±10%，以此类推。

检测干扰的一种方法是测定一个 SRM，然后向 SRM 加入潜在的干扰物
质。如果结果不变，则可以确定干扰物不会造成麻烦。

可能没有与样品组成完全相同的可适用标准物质，但有类似的物质。这
仍然会提供验证上的高水平置信。

统计因素表明，为保证验证的准确性，当用标准物质进行测量或通过与其
他方法相比进行测量时，至少进行六个自由度(七次)的测量。

为统计验证进行至少七次测量。

6) 精密度

分析方法的精密度通过对均质样品的多次分析获得。可以判断方法总体
的精密度，包括样品制备。精密度的数据是由一个实验室在同一天，分析已独
立制备的均质样品的等分试样获得的。这样实验室内的精密度称为重复性。
如果可能的话，实验室间的精密度也被称为再现性的测定部分或方法的适用
性(见下文)。

也可以确定分析过程中不同步骤的精密度,例如,注射样品到气相色谱仪的精密度由相同样品溶液的多次注射确定。注意,统计因素表明每个评估步骤应进行至少七次测量。

重复性是实验室内的精密度,而重现性是实验室间的精密度。

7) 灵敏度

灵敏度是由校准曲线的斜率确定的,一般反映了区分两种不同浓度的能力。可以测量斜率或测量高、中和低浓度密切相关的样品。灵敏度和精密度确定测定结果可以有多少有效位。比如,当方法最大分辨率为 0.1% 的差异时,不能报告 11.25% 这样的数据。

灵敏度往往和检测限混淆。

8) 范围

一种方法的工作范围是应用这种方法可获得可接受的准确度和精密度的浓度范围。通常它也包括线性度。可接受的准确度和精密度通常在建立一种方法时就已经明确。当然,精密度随浓度的不同而不同,低浓度下会比较差(图 4.3),有时在高浓度中也会比较差,如在分光光度仪测量中。

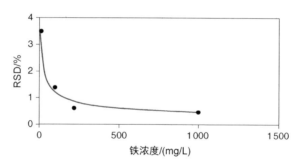

图 4.3　相对标准偏差和浓度的关系

9) 检测限(LOD)

检测限应该由第 3 章给出的定义来确定。例如,多次测定样品基质的空白值,以确定平均空白值及其标准偏差。然后向基质中加入接近定量限的分析物(例如,该浓度对应于空白平均值加 10 倍标准偏差的信号)。检测限为空白值加三倍标准偏差的信号值所对应的浓度。

当有人问,"你的方法灵敏度怎么样?"大部分时候他们只是想知道你的方法的检测限。

10) 定量限(LOQ)

定量限是在精密度和准确度可接受的水平下,在样品基质中可测定的最低浓度。根据测得的浓度水平,相对标准偏差在 10%～20% 为可接受的精密度。没有特定的精密度要求下,一般指高于空白值 10 倍标准偏差的信号值所对应的浓度。

11）耐用性/适用性

我们已经定义了方法的精密度。重复性是在同一个实验室几个星期进行一个分析的长期精密度。耐用性指的是一个实验室很多天的精密度，可能包括多个分析人员、多台仪器、不同来源的试剂、不同色谱柱，等。耐用性研究将确定导致结果变化和不应该改变的因素。这关系到方法的适用性或可信度，即方法灵敏度受其他不可控微小变化的影响，如样品大小、温度、溶液 pH、试剂浓度、反应时间，等等。它包括试剂、标准和样品随时间稳定性的评估。每个参数应单独进行测试，除非设计用于统计学上更复杂的一次改变几个参数的因素分析实验，在此不再赘述。

重现性（或可转移性）是实验室之间对同一样品的分析，由多个实验室分析同一均匀样品，其中一个实验室作为主要的对比实验室。除精密度外，重现性研究一般关注实验室之间的偏差。一定要想办法让偏差在定义的可接受范围内。

耐用性和适用性经常被混淆。耐用性是指中间级别的（实验室间，天与天）精密度，而适用性是指故意的微小变化对方法性能的影响。

实验室间的差异性大约是实验室内差异性的两倍。

实验室之间差异的真实状况

实验室之间的差异显著吗？它与实验室内的差异性不同吗？这两个问题的答案是肯定的。实验室之间的差异随浓度的变化而不同。Willian Horwitz 和合作者通过分析 10 000 份实验室的数据，记录了二十多年的实验室之间的差异（见 R. H. Albert. Chemical & Engineering News，1999 年 9 月 13 日，第 2 页）。他们确定了一种实验室之间结果标准偏差 s_R 与浓度 c（表示为小数，如 1 mg/kg = 10^{-6}）关系的表达公式。他们发现 $s_R = 0.02c^{0.85}$，或实验室之间的相对标准偏差，rsd(%) = $2c^{-0.15}$。这些表达式表明开始用纯物质（$c = 1$）时，s_R 为 2%。浓度每次下降为原值的 1/100，实验室之间的精密度增加 2 倍。这表明，与分析物、方法、基质或日期无关。不同类型分析的精密度，无论在农业、地质或药物领域，在半个世纪以来都没有改变，现代仪器的使用也未影响这一结果。因此，农药残留水平为 1 ppm（1 mg/kg；10^{-6}）时的相对标准偏差为 16%。（可使用上述任一公式进行计算。应用 Excel 计算会更容易。）

经验函数遵循合作研究统计数据，这一事实也由另外一个独立的研究所证实（M. Thompson, P. J. Lowthian. *J. AOAC Int.*，1997，80：6786），这表明实验室之间的差异大约是实验室内差异的 2 倍。在分析过程中使用广泛质量保障的 EPA 测试分析，其结果的差异性比上述预测的要好一些[见 *J. AOC Int.*，1996，79：589]。但是每次分析成本大约为 1 000 美元，而且分析速度缓慢。在质量保证和成本时间之间存在明显的折中。

Wes Steiner 教授（东华盛顿大学）建议使用 GLP 的实验室应该达到如下的质量标准：精密度为相对标准偏差（rsd）±15%；准确度为相对误差±20%；

LOD 由 IUPAC 定义,空白值以上的空白值 3 倍标准偏差;LOQ 定义空白值以上的空白值 10 倍标准偏差(见 3.17,检测限和定量限);线性范围为目标分析物浓度的 50%～150%,决定系数(r^2)必须大于等于 0.995;特异性为除目标物外其他任何干扰物质的信号小于 LOQ 响应的 25%。

图 4.1 中包括了我们讨论的对候选方法的大部分验证概念和步骤。我们将在下文的质量保证内容中讨论质量控制。

 教授推荐案例

由 Eastern Washington University 的 Wes Steiner 教授提供

例 4.1　在 GLP 实验室,分析方法精密度的一个定义是样品平均浓度相对标准偏差(%)的 $\pm15\%$,其中 s 是样本标准偏差,$\bar{x}$ 是样品平均值。

$$\text{rsd}(\%) = \frac{s}{\bar{x}} \times 100$$

单一质量控制(QC)的样品连续测定 8 次,结果分别为:12.1、11.9、11.6、13.3、12.8、12.4、13.1 和 12.6 μg/L。对这组 QC 重复样,这一水平的分析方法精密度可以接受吗?

解:

$$\text{rsd}(\%) = \frac{0.5_8}{12.4_7} \times 100 = 4.7_2$$

则对这组 QC 重复样,这一水平的分析方法精密度可以接受。因为 $4.7_2\%$ 的相对标准偏差值在平均样品浓度的 $\pm15\%$ 阈值内。

例 4.2　在 GLP 实验室,分析方法准确度的一种定义是测量的平均样品浓度与真实浓度相对误差(RE)的 $\pm20\%$,如:

$$\text{RE}(\%) = \frac{\text{测得的平均浓度} - \text{真实浓度}}{\text{真实浓度}} \times 100$$

单个质量控制(QC)的样品浓度为 11.6 μg/L,连续测定 8 次的结果分别为:13.5、11.6、11.2、12.4、14.2、12.2、13.7 和 14.1 μg/L。对这组 QC 样,这一水平的分析方法准确度可以接受吗?

解:

$$\text{RE}(\%) = \frac{12.8_6 - 11.6}{11.6} \times 100 = 10.8_6$$

对这组 QC 重复样,这一水平的分析方法准确度可以接受。因为 $10.8_6\%$ 的相对误差值在真实浓度 $\pm20\%$ RE 阈值内。

例 4.3　在 GLP 实验室,分析方法的检测限(LOD)的一个定义是空白或低浓度样品标准偏差的 3 倍所对应的信号。如果 m 是校准曲线的斜率,则:

$$\text{LOD}=\frac{3s}{m}$$

单一质量控制(QC)的样品连续测定 8 次,质谱峰面积信号结果分别为: 2.2、1.7、1.9、2.3、2.1、1.8、2.7 和 2.3。校正曲线的斜率 $m=0.456[\text{峰面积}/(\mu\text{mol/L})]$。计算可检出的最低浓度。

解:

上述一系列结果的标准差 $s=0.3_2$

$$\text{LOD}=\frac{3\times0.3_2}{0.456}=2._0\ \mu\text{mol/L}$$

例 4.4　GLP 实验室,分析方法的定量限(LOQ)的一个定义是空白或低浓度样品标准偏差的 10 倍所对应的信号。如果 m 是校准曲线的斜率,则:

$$\text{LOQ}=\frac{10s}{m}$$

计算例 4.3 中的 LOQ。

解:

$$\text{LOQ}=\frac{10\times0.3_2}{0.456}=7._0\ \mu\text{mol/L}$$

例 4.5　线性范围

分析方法线性范围的一个定义是,如果分析物的目标浓度为 1.0,设计一个 6 个点的校准曲线使之跨越值 0.5：1.0：1.5,线性 $R^2\geqslant0.995$。目标分析物浓度为 10.20 μg/L,r^2 值为 0.996。6 点校准曲线的浓度分别为: 5.10 μg/L、6.12 μg/L、8.16 μg/L、12.24 μg/L、14.28 μg/L 和 15.30 μg/L。请问(a) 校准曲线的线性度可以接受吗?(b) 校准曲线正确覆盖目标物浓度了吗?

解:

(a) 是,线性相关系数或测量值 $r^2\geqslant0.995$。

(b) 是,校准曲线正确覆盖 0.5～1.0 倍的目标浓度 5.10 μg/L、6.12 μg/L 和 8.16 μg/L,覆盖 1.0～1.5 倍的目标浓度 12.24 μg/L、14.28 μg/L 和 15.30 μg/L。

4.3　质量保证

质量保证是持续的检查过程,以确保方法的最佳效果。

一旦一种方法通过验证,在应用时一个重要方面是确保其正常运行。质量保证(QA)需要履行程序,以确保和用文件规定该方法可以继续按需运行,这也是质量保证单元的部分责任。它包括方法验证的书面文档、需要遵循的程序和样品保存链。许多**质量控制**程序的实现是基于定量测量。典型的质量控制如下。

1) 控制图表

实验室应为每种方法制作持续的质量控制图表(图 3.3)。已知浓度的参考物质每天进行盲样和随机测定,或最好在每批样品中进行测定。如果测量值超出规定标准偏差的限值,那么应该检查是否存在系统误差,如试剂变质或仪器漂移(需要重新校准)。

2) 记录和存档

这是冗长、耗时,但关键的质量保证部分。在实验室进行的所有关于质量保证的活动应以书面形式记录。这包括记录保管样品、仪器的校准和运行、标准操作程序、原始测量数据、结果和报告。文件应追踪到个人,这意味着个人必须签字,并对所签文件负责。

3) 水平测试

考核实验室能力的一种方法是参加实验室之间的合作研究。官方机构为各实验室提供了相同的等份均质材料进行分析,其目的是比较实验室之间的结果和结果的不确定性。如果实际浓度是未知的,参与实验室结果的平均值可作为参考。但如果有浓度和确定性是已知的(不参与实验室)标准物质会更好。当各个实验室使用的方法不同时,后者能提供更多的信息。

表达协同测试结果的一种方式是报告实验室的 z 值,即与已知浓度标准偏差的偏差程度:

$$z = \frac{\overline{X}_i - \hat{X}}{s} \tag{4.2}$$

式中,$\overline{X}_i$ 是实验室 i 重复样测定的平均值;$\hat{X}$ 是可接受的浓度;s 是可接受浓度 $\hat{X}$ 的标准偏差。

例 4.6　在一个测定血清中钙的协同研究中,使用浓度为 5.2 mmol/dL 钙的样品,标准偏差为 ± 0.2 mmol/dL,送到 10 个实验室使用原子吸收光谱法进行分析。如果你的测定结果为 5.0 mmol/dL、4.7 mmol/dL 和 4.8 mmol/dL。你的实验室的 z 值是多少? 这个结果意味着什么?

解:

平均值为 4.8 mmol/dL,标准偏差为 ± 0.2 mmol/dL,z 值是:

$$z = \frac{4.8 - 5.2}{0.2} = -2.0$$

这意味着你测出的平均值低于可接受值的两倍标准偏差以上。这种差异 95%

的可能性是由于系统误差造成的。另外，你测量的一个标准偏差范围为 4.6～5.0 mmol/dL。一倍标准偏差可接受的范围是 5.0～5.4 mmol/dL。你的测定值与可接受值重叠的可能性只有 68%。

z 值大于 2.0 或者小于 −2.0 表示这一差异来自非随机误差。z 检验是 Excel 的统计功能之一。

需要仔细检查你的方法。它的标准偏差很低，或许需要用新的标准重新校准仪器。

图 4.4 展示出了一个有代表性的实验室水平协同试验结果。几个实验室超出可接受范围并不鲜见。

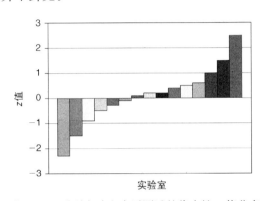

图 4.4　一系列实验室水平测试的代表性 z 值分布

4.4　实验室认证

外部评估的另一种形式是由正规组织或政府机构进行的实验室认证。这通常是自愿的，但对一些监管测定部分需要强制执行。认证是由权威机构给出正式承认实验室有能力执行特定任务的一个过程。认证过程可能需要对实验室操作进行定性检查，以确认其遵循良好的实验室规范政策，即适当的文件和记录、验证、水平测试，等等。有时它可能包括测定提交的标准物质。在任何情况下，认证将涉及定期的实验室审计，审计前可能并无通知。

4.5　电子记录和电子签名

现在大部分的实验室任务，从样品登记到报告都依赖于电脑。记录审计、规范行动等行为的传统方式是通过打印纸质材料再签字、提交和归档进行的。这个过程费时且需要储存设施，记录可能丢失或放错地方，并且部分来说它违背了计算机的目的。如果可以实现可接受的电子记录和签名，这将提高工作效率。它可以更快地访问文件，有能力搜索数据库并从多个角度查看信息，以确定趋势或模式。在当前良好生产规范(GMP)情况下,美国食品和药品监督管理局(FDA)在制药行业用了 6 年时间来发展程序工作以适应无纸化记录系统。1997年,FDA 发布了电子记录、签名和意见书的最终规则,即 21 号联邦法规(CFR),第 11 部分("电子记录;电子签名"Fed, Reg., 1997, 62:1000, 13230; 1999, 64:41442)。内容可参见 http://www.fda.gov/RegulatoryInformation/Guidances/ucm125067.htm。主要的问题是,无论是有意还是无意,电子记录很容易被改变或伪造。FDA 考虑将电子记录等同于纸质档案,电子签名等同于手写签名,以确保存储在系统中信息的完整性、准确性和真实性,在这种情况下,最终规则提供了标准。

1) 电子记录

需要进行电子验证以记录完整的数据、备份和恢复、归档和保存,以及如何使用电子签名。经过验证的系统必须保证软件的有效性。如果它被改变或更新,数据也必须改变。

电子记录是包含在数据库里的,是动态的,也就是说,内容会随新信息的添加而变更。更糟的是,在没有证据显示的情况下数据可以被修改或删除,这在一定程度上,破坏了原始数据。系统访问必须限制为授权的个人,必须有定期的系统检查,必须有时间和日期戳的审计线索。如果数据库更改了,审计跟踪必须显示谁做的改变,什么时候,修改前和修改后的值各是什么,以及为什么对数据进行了修改。

2) 电子签名

只有授权的人才可以访问系统。安全类型取决于该系统是否被打开或关闭。电子签名技术包括识别码(用户名,密码),或者更复杂的生物识别系统(基于物理特性的测定,如掌纹、指纹、虹膜或视网膜模式扫描器)。后者昂贵且不太可能执行,特别是对多个用户更难以适用。用户名必须是唯一的,且不会更改。密码应该是唯一的,并定期更换。

21 CRF,第 11 部分允许但不要求使用电子记录和签名。随着越来越多的系统被验证接受,并且随着越来越多的仪器制造商结合了验证系统,使得电子记录和签名变得更加普遍。很可能其他机构将采取类似的标准。

3) EPA:CROMERR

美国环保署的环境信息环保局办公室(OEI)定义了跨媒体的电子报告和记录规则(CROMERR),以删除环保署电子报告和记录程序中广泛存在的监管问题。相关信息可以查阅 http://www.epa.gov/cromerr/index.html。CROMERR 要求有和 21 CFR,第 11 部分保持一致的电子记录标准。

质量保证的成本有多少?

质量保证必须有合理的文件,记录准确度是多少,以确定可能对准确性造成显著影响的地方,并采取减小不确定度的措施。当然,这不是没有成本的。无论在费用还是时间上,实施质量保证方案将涉及大量的初始投资。据估计,目前质量保证的成本为实验室预算的20%～30%。所以,系统设置合理很重要,要尽可能的高效(这需要了解管理需要什么,你或许就是管理者),而且它对所有实验室人员都很重要(这肯定会包括你)。质量保证计划也不能保证准确的结果,请参见实验室之间差异的现实核查部分。

-+-

QA 成本约为实验室费用的四分之一。把它做好!

4.6　官方组织

　　一些政府机构、国家或国际组织都为方法验证和实验室管理规范建立了自己的规范。这些规范大多数是基于跨国组织信奉的原则。下面列出了一些主要的机构。每个机构详细的信息会在网站中给出。一定要看看这些网站。你可以通过浏览它们的网站获得更多(真的很多!)的信息。它提供了标准化和规范化的现实例子。

　　国际标准化组织(ISO)：www.iso.ch

　　国际协调会议(ICH)：www.ich.org

　　经济合作与发展组织(OECD)：www.oecd.org

　　食品和药品监督管理局(FDA)：www.fda.gov/cder/guidance

　　环境保护署(EPA)：www.epa.gov

　　质量体系：http://www.epa.gov/quality/bestlabs.html

　　固体废物办公室：www.epa.gov/osw

　　美国环保署,4 区,科学和生态系统支持部：www.epa.gov/region4/sesd

　　美国临床化学协会(AACC)：www.aacc.org

　　美国谷物化学协会(AACC)：www.aaccnet.org/

　　美国石油化学协会(AOCS)：www.aocs.org

　　质量保证协会(SQA)：www.sqa.org

　　美国测试和材料协会(ASTM)：www.astm.org

　　国际官方分析化学家协会(AOAC 国际)：www.aoac.org

　　美国国家标准与技术研究院(NIST)：www.nist.gov

练习 GLP 操作程序

　　本书的网站上有一些实验可以使用。实验 45 提供了方法验证和质量控制练习,实验 46 是一个水平测试的练习。这些都是一流团队的实验。即使它们不是你指定的实验室练习部分,也请看看这部分内容。

-------------------------------- 思　考　题 --------------------------------

实验室管理规范

1. 什么是实验室管理规范?
2. 什么是 GLP 实施的共同点?
3. 什么是标准操作规程?
4. 质量保证的特点是什么?

方法验证

5. 验证过程的两个方面是什么?
6. 方法开发的第一步是什么?
7. 区分技术、方法、程序和协议。
8. 大多数方法验证过程的基本特征是什么?
9. 什么是响应因子?
10. 评估校准线性的方式是什么?
11. 评估一个方法准确度的主要方式是什么?
12. 为获得合理的统计验证,应该进行几次测定?
13. 区分一个方法的重复性、耐用性、适用性和重现性。
14. 电子记录和签名验证的主要要求是什么?

质量保证

15. 什么是质量保证? 什么是质量控制?
16. 什么是典型的质量控制程序?
17. 什么是 z 值?
18. 什么是实验室认证?

-------------------------------- 习　　题 --------------------------------

验证

19. 你准备了一个气相色谱测血液中乙醇的校准曲线。所记录的峰面积为浓度的函数:

浓度/%(质量/体积)	峰面积(任意单位)
0	0.0
0.020	43
0.040	80
0.080	155
0.120	253
0.160	302
0.200	425

使用 Excel 绘制校准曲线,并确定最小二乘法趋势线,标明 y 截距和斜率。计算响应因

子和其对应浓度的斜率。在校准范围内,RF 变化占平均响应因子的百分比是多少？看随书网站的电子表格。

20. 使用本章"实验室之间差异的真实情况"中的公式,计算当测定 1 μg/g 农药残留水平时实验室之间的相对标准偏差为什么是 16%。使用其中的两个公式计算,可以将公式输入 Excel 电子表格中进行计算。

148

质量保证

21. 你参加一个测定树叶中铅含量的比对项目,均质的标准参考树叶粉的铅含量为(10.3±0.5) μg/g。你使用酸消解-原子吸收光谱法测定其中的铅含量,7 次测定的结果为 (9.8±0.3) μg/g。计算 z 值。

网络练习

22. 登录第 4.6 节中列出的至少 3 个政府机构和专业协会的网站,找到其主页链接中关于方法验证的部分。对其中的相似点和不同点进行归类。

------- 参 考 文 献 -------

网址

1. http://21cfrpart11.com 这一商业化网站中有关于规范相关的有用链接。
2. www.PDA.org 美国注射药物协会的在线会议有关于计算机确认和 21CRF,11 部分的内容。

实验室管理规范

3. J. M. Miller and J. B. Growther, eds., *Analytical chemistry in a GMP Environment: A Practical Guide*. New York：Wiley, 2000.
4. M. P. Balogh, "How to Build a GLP Bioanalytical Lab," *LCGC North America*, 24 (10), October (2006) 1088. www.chromatographyonline.com.
5. M. Swartz and I. Krull, "Glossary of Terms Related to Chromatographic Method Validation," *LCGC North America*, 25 (8), August (2007) 718. www. chromatographyonline.com.
6. P. Konieczka and J. Namiesnik, *Quality Assurance and Quality Control in the Analytical Laboratory*, Boca Raton, FL：CRC Press, 2009.

质量保证/质量控制

7. H. Y. Aboul-Enein, R-I. Stefan, and G -E. Baiulescu, *Quality and Reliability in Analytical Chemistry*. Boca Raton, FL：CRC Press, 2000.
8. E. Prichard and V. Barwick, *Quality Assurance in Analytical Chemistry*. New York：Wiley, 2007.
9. C. C. Chan, H. Lam, and X-M Zhang, Eds., *Practical Approaches to Method Validation and Essential Instrument Qualification*. Hoboken, NJ：Wiley, 2010.

10. M. Swartz and I. Krull，"21 CFR Part 11 and Risk Assessment：Adapting Fundamental Methodologies to a Current Rule," *LCGC North America*，25(1)，January (2007) 48.

11. M. Swartz and I. S. Krull，*Analytical Method Development and Validation.* New York：Marcel Dekker，1997.

12. H. Marchandise，"Quality and Accuracy in Analytical Chemistry"，*Fresenius' J. Anal. Chem.*，345 (1993) 82.

13. J. M. Green，"A Practical Guide to Analytical Method Validation," *Anal. Chem.*，68 (1996) 305A.

14. M. Stoeppler，W. R. Wolf，and P. S. Jenks，eds.，*Reference Materials for Chemical Analysis: Certification，Availability and Proper Usage.* New York：Wiley，2001.

15. D. G. Rhoads，*Lab Statistics Fun and Easy: A Practical Approach to Method Validation. Washington*，DC：AACC (American Association for Clinical Chemistry)，1999.

16. M. E. Schwartz and I. S. Krull，*Handbook of Analytical Validation.* Boca Raton，FL：CRC Press，2012.

第 5 章

化学计算：分析家的重要工具

学习要点

- 如何计算物质的量浓度和物质的量[重要公式：式(5.4)，式(5.5)]
- 如何表示计算出的结果
- 如何从物质的量浓度、体积、化学计量比计算出质量分数[重要方程：式(5.5)，式(5.17)~式(5.20)，式(5.25)]
- 通过质量间的关系计算质量[重要方程：式(5.28)]

化学计量学的任务是研究化学物质反应的比例关系。

分析化学的任务是测定某种物质在固体中的含量或在液体中的浓度，进而可以计算待测物质的质量，所以我们要用已知浓度的溶液校正仪器或滴定溶液样品。我们可以根据待测物溶液的浓度和体积计算其质量，从反应物的质量也可以计算生成物的质量，所有的这些计算都需要**化学计量学**的知识，也就是化学物质反应的比例，根据这些我们采用正确的换算因子就可以算出正确的结果。

本章我们复习质量、摩尔、当量的基本概念，固体和液体中分析结果的表示方法，容量分析法的原则以及如何利用计量关系计算待测物质的质量。

5.1 基本原理

定量分析是以一些基本的原子和分子的概念为基础的，下面我们将复习这些知识。你肯定已经在普通化学课程中学习过这些知识，但由于它们是定量计算的基础，我们需要简要复习一下。

1) 基本概念：原子、分子和相对分子质量

一种元素的相对原子质量是这种元素的原子在特定数目下的质量，这个数目对于任意一种元素都是相同的。任意一种元素的克相对原子质量包含的该种元素的原子数与 12 g 碳 12 包含的碳原子数相同，这个数就是阿伏加德罗常数 6.022×10^{23}，无论该元素的相对原子质量是多少，1 克当量所包

括的原子数都是阿伏加德罗常数[1]。

自然演变形成的元素包含多种同位素,化学中的相对原子质量是多种同位素的相对原子质量按自然界中相对丰度计算的平均值,比如溴有两种同位素:^{79}Br 的相对原子质量为 78.981 338,所占百分比为 50.69%;^{81}Br 的相对原子质量为 80.916 292 1,所占百分比为 49.31%,平均相对原子质量的结果是 79.904,这就是我们在化学计算时用到的自然界中的相对原子质量。化学家计算时用到的另外一个概念是**相对分子质量**,相对分子质量是组成化合物所用原子的相对原子质量之和。用**化学式量**(M_r)来描述更为准确,因为很多物质不是以分子的形式存在的,而是以离子化合物的形式存在(强电解质,包括酸、碱、盐),**摩尔质量**有时可以代替化学式量。

西奥多·理查德,美国第一位诺贝尔化学家获得者,他的荣誉很大程度上是由于他发明的准确测量方法,尤其是通过氯化银准确测量氯的相对原子质量

我们使用化学式量(M_r)来表达每摩尔的质量。

2)什么是道尔顿?

生物学家和生物化学家有时候使用**道尔顿**(Da)来表达大生物分子和微小生物体的质量,比如染色体、核糖体、病毒和线粒体,此时用相对分子质量就不够准确。一个碳 12 原子的质量为 12 Da,因此 1 Da 为 1.661×10^{-24} g,也就是阿伏加德罗常数的倒数。对单个分子来说,其道尔顿数在数值上与其相对分子质量是相等的(g/mol)。严格来讲,使用道尔顿作为相对分子质量的单位是不正确的,它仅可用于上述提到的几类物质,比如大肠杆菌细胞的质量大约是 1×10^{-12} g,或是 6×10^{-11} Da。

3)摩尔:使物质可以统一衡量的基本单位

化学家知道原子或分子以确定的比例进行反应,然而它们却不能方便地计算参与反应的原子或分子的数量。但是自从化学家确定了物质的相对质量,他们就能不用数量描述反应,而是以参与反应的原子或分子的相对质量为基础。例如,在如下的反应中($Ag^+ + Cl^- \longrightarrow AgCl$),我们知道银离子将会和

---

[1]   为了将 1 千克定义成一个不变的量,有人提出重新定义阿伏加德罗常数。不同于米(长度)、秒(时间)、安培(电流)、开尔文(温度)、摩尔(物质的量)和坎德拉(光强度),在国际单位制(SI)中,千克是唯一一个由具体物体定义而不是由自然界本身不变的性质进行定义的基础单位。1989 年 1 千克被官方定义为一个铂铱合金的小圆筒的质量,这个小圆筒成为国际标准,现在存放于巴黎附近国际度量衡局的地下室里,难以理解的是它随着时间的推移与复制品相比轻了 50 μg。关于千克的不变的定义有两种方案,分别是基于普朗克常数和阿伏加德罗常数,这两种方案都一定程度上改变了阿伏加德罗常数的数值或定义,所以摩尔的定义也发生了改变,但这个改变对于我们使用的单位而言是微不足道的。改变方案的详细情况可以参阅 P. J. Karol. Avogadro's Number Is Up … Chem. & Eng. News, March, 2008,17:48. S. K. Ritter. Redefining the Kilogram. Chem. & Eng. News, 2008, 26:43. 和 P. F. Rusch. Redefining the Kilogram and Mole. Chem. & Eng. News, 2011, 30:58;http://pubs.acs.org/isubscribe/journals/cen/89/i22/html/8922acscomment.html。

氯离子结合。因为银的相对原子质量为 107.870，氯的相对原子质量为 35.453，我们进一步就可以得出 107.870 个质量单位的银可以和 35.435 个质量单位的氯结合。为了简化计算，化学家们提出了**摩尔**的概念，摩尔就是阿伏加德罗常数（6.022×10^{23}）个原子、分子、离子或其他微粒。从数值上来讲，原子、分子或者一种物质的化学式量可以用克来表示[①]。

　　1 摩尔的任意物质包含相同数量的原子或分子，所以原子反应时以摩尔作为单位的计量比与原子之间的数量比是相同的。在上例中，1 个银离子与 1 个氯离子发生反应，所以 1 摩尔的银离子可以和 1 摩尔的氯离子发生反应。（每 107.87 g 的银离子可以和 35.435 g 的氯离子发生反应。）

　　例 5.1　计算 1 摩尔的 $CaSO_4 \cdot 7H_2O$ 的质量。

解：

1 摩尔的分子式量以克作为单位。分子式量是：

Ca	40.08
S	32.06
11 O	176.00
14 H	14.11
	262.25 g/mol

某种物质的物质的量（n）可以按下式计算：

$$n = \frac{m}{M_r} \tag{5.1}$$

其中化学式量代表物质的相对原子质量或相对分子质量。

　　所以

$$n_{Na_2SO_4} = \frac{m(g)}{M_r}(g/mol) = \frac{g}{142.04 \ g/mol}$$

$$n_{Ag^+} = \frac{m(g)}{M_r}(g/mol) = \frac{g}{107.870 \ g/mol}$$

　　一些实验中的待测物数量很少，使用**毫摩尔**作为单位更加简便。用毫摩尔作为单位的计算式如下：

$$n(mmol) = \frac{m(mg)}{M_r(mg/mmol)} \tag{5.2}$$

g/mol＝mg/mmol＝**分子量**；g/L＝mg/mL；mol/L＝mmol/mL＝**物质的量浓度单位**

---

　　① 事实上，术语"克相对原子质量"用于描述原子更恰当，克化学式量用于离子化合物，克相对分子质量用于分子，但是我们使用摩尔囊括所有物质。我们常常将克化学式量简化为化学式量，M_r。

正如我们可以从物质的质量计算出物质的量一样,我们也可以从物质的量计算出质量:

$$m_{\text{Na}_2\text{SO}_4}(\text{g}) = \text{物质的量} \times \text{相对分子质量} = \text{物质的量} \times 142.04 \text{ g/mol}$$
$$m_{\text{Ag}}(\text{g}) = \text{物质的量} \times \text{相对分子质量} = \text{物质的量} \times 107.870 \text{ g/mol}$$

我们经常用毫摩尔作单位,所以

$$\text{mg} = \text{mmol} \times (\text{mg/mmol}) \tag{5.3}$$

注意:g/mol 与 mg/mmol 是相同的,g/L 与 mg/mL 是相同的,mol/L 与 mmol/mL 是相同的。

例 5.2   计算 500 mg Na_2WO_4(钨酸钠)的物质的量。

解:

$$\frac{500 \text{ mg}}{293.8 \text{ mg/mmol}} \times 0.001 \text{ mol/mmol} = 0.001\,70 \text{ mol}$$

例 5.3   0.250 mmol Fe_2O_3 的质量是多少? 用毫克表示。

解:

$$0.250 \text{ mmol} \times 159.7 \text{ mg/mmol} = 39.9 \text{ mg}$$

5.2   如何表示液体的浓度

化学家们有很多方法描述液体的浓度,在化学计算时其中一些方法比其他方法有用。我们接下来将复习化学家们常用的浓度单位,以及详细介绍它们在进行定量体积计算时的使用方法。

1) 物质的量浓度——最常用的单位

在表达液体的浓度时,摩尔的概念非常有用,尤其是在分析化学中,我们需要知道不同物质的溶液在反应时的体积比。**1 摩尔每升**的溶液是指 1 升的溶液中含有 1 摩尔的溶质。配制时我们将 1 摩尔的溶质溶于溶剂中,再用 1 升的容量瓶中定容,也可以将更多或者更少的溶质溶于相应体积的溶剂中(例如将 0.01 摩尔的溶质溶于 10 毫升溶剂中)。溶液的**物质的量浓度**通常用摩尔每升或者毫摩尔每毫升来表示。物质的量浓度简写为 c,我们用物质的量浓度来描述溶液的浓度。1 摩尔每升的硝酸银可以和 1 摩尔每升的氯化钠等体积反应,因为它们以 1:1 的计量比反应:$\text{Ag}^+ + \text{Cl}^- \longrightarrow \text{AgCl}$。我们继续推广,便可以用任何溶液的体积计算该溶液溶质的物质的量。

$$\text{mol} = (\text{mol/L}) \times \text{L} \tag{5.4}$$
$$n(\text{mol}) = c(\text{mol/L}) \times V(\text{L})$$

滴定时消耗的体积较小，此时用升作单位就不适合了，我们通常用毫升作单位，这就是在滴管上读数时的单位。所以，我们可以得出

$$n(\text{mmol}) = c(\text{mmol/mL}) \times V(\text{mL}) \qquad (5.5)$$
$$(\text{或 mmol} = \text{mmol/mL} \times \text{mL})$$

在分析化学中，我们通常用毫升作单位。记住这个公式！

例 5.4 制备硝酸银溶液时，将 1.26 g 的 $AgNO_3$ 在 250 mL 的容量瓶中溶解并定容，计算硝酸银的物质的量浓度。求一共溶解了多少毫摩尔的 $AgNO_3$？

解：

$$c = \frac{1.26 \text{ g}/(169.9 \text{ g/mol})}{0.250 \text{ L}} = 0.029\ 7 \text{ mol/L}(\text{或 } 0.029\ 7 \text{ mmol/mL})$$

则

$$n = (0.029\ 7 \text{ mmol/mL}) \times (250 \text{ mL}) = 7.42 \text{ mmol}$$

请记住计算过程中的所有单位一起决定了最终答案的正确单位。在这个例子中，克被抵消掉，最终结果才是物质的量浓度，用摩尔每升表示。在计算中使用单位来检验计算结果的单位是否正确，这一过程称为**量纲分析**。正确的量纲分析对正确计算是很重要的。

一定要使用量纲分析法，这样可以保证计算的准确。不要只记住公式。

例 5.5 每毫升 0.250 mol/L 的 NaCl 溶液有溶质多少克？

解：

$$0.250 \text{ mol/L} = 0.250 \text{ mmol/mL}$$
$$0.250 \text{ mmol/mL} \times 58.4 \text{ mg/mmol} \times 0.001 \text{ g/mg} = 0.014\ 6 \text{ g/mL}$$

例 5.6 配制 0.100 mol/L 的 Na_2SO_4 溶液 500 mL，需要称量溶质多少克？

解：

$$500 \text{ mL} \times 0.100 \text{ mmol/mL} = 50.0 \text{ mmol}$$
$$50.0 \text{ mmol} \times 142 \text{ mg/mmol} \times 0.001 \text{ g/mg} = 7.10 \text{ g}$$

例 5.7 将 100 mL 0.250 mol/L 的 KCl 溶液与 200 mL 0.100 mol/L 的 K_2SO_4 溶液混合，计算钾离子的浓度，用克每升作为单位。

解：

$$n_{K+}(\text{mmol}) = n_{KCl}(\text{mmol}) + 2 \times n_{K_2SO_4}(\text{mmol})$$
$$= 100 \text{ mL} \times 0.250 \text{ mmol/mL} + 2 \times 200 \text{ mL} \times 0.100 \text{ mmol/mL}$$
$$= 65.0 \text{ mmol}$$

$$c_{K+}=\frac{65.0\ mmol\times39.1\ mg/mmol\times0.001\ g/mg\times1\ 000\ mL/L}{300\ mL}=8.47\ g/L$$

2) 当量浓度

克当量(或者反应单元的数量)取决于化学反应。在氧化还原反应中得到的产物不同时,克当量变化很大。

尽管在化学中物质的量浓度被广泛使用,但是一些化学家在定量分析时使用一种叫作**当量浓度**(N)的单位。当量浓度为1的溶液是指每升溶液中克当量数为1。1克当量指阿伏加德罗常数个反应单元的质量。反应单元是质子或电子。将物质的量乘以每分子或原子反应单元的数量就可以得到物质的克当量数;克当量是化学式量除以反应单元数的结果。表5.1列出了不同反应类型的反应单元。对于酸和碱来说,反应单元的个数是由酸能够提供或者是碱能够消耗的质子数决定的(比如氢离子)。对于氧化还原反应,它是由氧化剂能够接受或者是还原剂失去的电子数决定的。举个例子,H_2SO_4 含有两个质子作为反应单元,也就是每摩尔硫酸的克当量数为2。所以可以得出

$$克当量=\frac{98.08\ g/mol}{2\ eq/mol}=49.04\ g/eq$$

所以硫酸溶液的当量浓度是其物质的量浓度的两倍,即 $N=(g/eq)/L$。克当量数可以由下式得到

$$克当量数(eq)=\frac{质量(g)}{当量质量(g/eq)}=当量浓度(eq/L)\times体积(L)\quad(5.6)$$

克当量: g/eq=mg/meq;**当量浓度:** eq/L=meq/mL。

正如我们通常用毫摩尔(mmol)代替摩尔,我们用毫克当量(meq)代替克当量。

$$meq=\frac{质量(mg)}{当量质量(mg/meq)}=当量浓度(meq/mL)\times mL\quad(5.7)$$

在临床化学中,克当量数经常被定义为某离子所带的电荷数,而不是反应基本单元的个数。所以 Ca^{2+} 的克当量是其原子量的一半,克当量是其物质的量的两倍。这种方法在电中性条件下的计算较为方便。在第5.3节中我们将更为详细地讨论克当量。

物质的量浓度的概念很清晰,目前比当量浓度(eq/L)的使用更为广泛。

表 5.1　不同反应中的反应单元

反 应 类 型	反 应 单 元
酸碱反应	H^+
氧化还原反应	电子

　　当量浓度的使用在过去较为广泛，如在科学文献中经常使用，但是目前物质的量浓度更加普及。对当量使用较多的人可以参考本书网站上的相关内容。在本书的大部分内容中我们将使用物质的量和物质的量浓度，所以对浓度所表达的含义会十分清晰。物质的量浓度计算需要化学计量学的知识，也就是化学反应物质的比例。期刊 *Analytical Chemistry* 中的文章不允许出现当量浓度，但是其他杂志允许。和当量一样，绝大多数杂志也可以接受当量浓度（eq/L）这个单位。

　　3）表观浓度——代替物质的量浓度

　　化学家有时使用**表观浓度**来描述溶液中离子态盐，它与固相或溶液中以分子形态存在的物质不同。浓度以表观浓度 **formal**（F）表示，在使用时与物质的量浓度很类似，前者用于描述溶液的组成（比如总的分析浓度），后者用于平衡浓度。为了方便，我们通常只用物质的量浓度。

　　表观浓度数值上与物质的量浓度相同。

　　4）质量摩尔浓度——不依赖于温度变化的浓度

　　除了物质的量浓度和当量浓度之外，另一个有用的浓度单位是**质量摩尔浓度 m**。某溶液**质量摩尔浓度为 1** 的意思是 1 000 g **溶剂**中有 1 摩尔溶质。质量摩尔浓度适用于物理化学中物质依数性参数的计算，比如凝固点降低、蒸气压以及渗透压下降，因为依数性仅仅取决于每摩尔溶剂中溶解的颗粒数量，与其他无关。物质的量浓度和当量浓度随温度变化而变化，质量摩尔浓度则不同（因为物质的量浓度和当量浓度中溶液的体积受温度影响）。

　　质量摩尔浓度不受温度影响。

　　5）密度的计算——如何转化为物质的量浓度？

　　很多商品化浓酸和浓碱的浓度都是由质量分数表示的，我们经常要用这些溶液配制一定物质的量浓度的溶液，为了方便物质的量浓度的计算，我们必须要知道密度。**密度**是指在特定温度下单位体积溶液的质量，通常是在 20℃时以 g/mL 或者 g/cm³ 作为单位（1 毫升是 1 cm³ 液体占用的体积）。

　　有时候描述物质时用**相对密度**而不是密度。相对密度是某形态的物质（比如液体）在一定温度（通常为 20℃）下的质量与 4℃（或者 20℃）下相同体积水的质量的比值，也可以说比值是两种物质密度的比值，量纲为 1。因为水在 4℃的条件下密度是 1.000 00 g/mL，所以 4℃条件下某物质相对密度和密度是相同的，但我们通常用 20℃ 的水计算相对密度，密度就等于相对密度×0.998 21（水在 20℃的条件下密度是 0.998 21 g/mL）。

溶液在 20℃ 的密度 ＝溶液相对密度×0.998 21 g/mL

　　注意：如果某种溶液的体积膨胀特性与水不同而又不清楚其特性，该溶液不在 20℃时的密度不能够由 20℃时的相对密度准确计算得出。

　　例 5.8　为了配制 1 L 浓度为 0.100 mol/L 的硫酸溶液，需要质量分数为

94.0%(g/100 g 溶液)、密度为 1.831 g/cm³ 的浓硫酸溶液多少毫升?

解:

考虑到 1 cm³ = 1 mL,每克浓硫酸溶液含有硫酸 0.940 g,每毫升的溶液质量为 1.831 g,接下来用这两个数字可以得到每毫升溶液里硫酸的质量:

$$c = \frac{0.940 \text{ g/g} \times 1.831 \text{ g/mL}}{98.1 \text{ g/mol}} \times 1\,000 \text{ mL/L}$$
$$= 17.5 \text{ mol/L}$$

为了配制 1 L 浓度为 0.100 mol/L 的硫酸溶液,我们必须将该溶液稀释。我们取用的浓硫酸溶液中的 H_2SO_4 物质的量(mmol)与最终配制好的溶液相同。因为 mmol = mmol/mL × mL,并且稀释前的硫酸物质的量(mmol)=稀释后的硫酸物质的量(mmol),因此 0.100 mmol/mL × 1\,000 mL = 17.5 mmol/mL × x mL,则 x = 5.71 mL,即需要将 5.71 mL 浓硫酸稀释至 1\,000 mL。

质量守恒: $M_1V_1 = M_2V_2$

如果物质的量浓度为 c_1、体积为 V_1 的溶液稀释为体积为 V_2、浓度为 c_2 的溶液,一般公式 $c_1V_1 = c_2V_2$ 永远成立,只要 c_1 和 c_2 单位相同,可以是任何一个单位。记住这个公式。

在定量分析过程中物质的量浓度与当量浓度的用处最大,下面我们将详细介绍它们用于定量分析时的计算。

在第 5.5 节和本书网站上可以看到使用物质的量浓度(或者是当量浓度)进行定量计算的内容。

6)分析浓度和平衡浓度——它们是不同的

分析化学家配制已知分析浓度的溶液,但是溶解的物质在平衡时可能部分或者全部分解为其他物质。以乙酸为例,乙酸酸性很弱,有一部分会离解,离解的比例由浓度决定。

$$\text{HOAc} \rightleftharpoons \text{H}^+ + \text{OAc}^-$$

形成的质子和醋酸根离子达到平衡。溶液浓度越低,离解程度越大。我们经常使用平衡浓度以及平衡常数进行计算(第 6 章),物质的量浓度较为常见。**分析浓度**由符号 c_X 表示,平衡浓度由符号[X]表示。1 mmol/mL $CaCl_2$ 溶液中 $CaCl_2$ 完全离子化,达到平衡时形成 0 mmol/mL $CaCl_2$,1 mmol/mL Ca^{2+} 以及 2 mmol/mL Cl^-(均为平衡浓度)。所以,我们可以说该溶液有 1 mmol/mL 的 Ca^{2+} 和 2 mmol/mL 的 Cl^-。

分析浓度代表了所有溶解物质的浓度,即溶液中物质各种形态的总和为 c_X。

平衡浓度是物质某个特定形态的浓度[X]。

7）稀释——配制正确的浓度

我们经常用高浓度的储备溶液配制稀溶液,比如稀释高浓度的 HCl 溶液得到稀盐酸用于滴定(标定后),或者我们可以对标准储备液准溶液稀释,得到一系列低浓度标准溶液。标准储备溶液的物质的量与稀释后溶液的物质的量相同。记住 $c_1V_1 = c_2V_2$。

用于稀释的溶液中溶质的物质的量与稀释后相同,即

$$c_{\text{stock}} \times V_{\text{stock}} = c_{\text{diluted}} \times V_{\text{diluted}}$$

例 5.9　你需要绘制一条标准曲线用于分光光度法测定高锰酸盐的含量。你有 0.100 mmol/mL 的 $KMnO_4$ 的储备溶液和若干个 100 mL 的容量瓶。如果要配制 1.00×10^{-3} mmol/mL、2.00×10^{-3} mmol/mL、5.00mmol/mL 和 10.0×10^{-3} mmol/mL的 $KMnO_4$ 溶液,你需要用移液管往容量瓶中加入多少体积的储备溶液?

解:

x mL 0.100 mmol/mL 的储备溶液被稀释到 100 mL 浓度为 c_2 的溶液。根据公式 $c_1V_1 = c_2V_2$。我们先计算第一个浓度的情况,$c_2 = 1.00 \times 10^{-3}$ mmol/L。这里 V_1 设为 x,$c_1 = 0.100$ mmol/mL,$V_2 = 100$ mL,

$$0.100 \text{ mmol/mL} \times x \text{ mL} = 1.00 \times 10^{-3} \text{ mmol/mL} \times 100 \text{ mL}$$
$$x = 1.00 \text{ mL}$$

同样,对于其他浓度的溶液我们需要 2.00、5.00 和 10.0 mL 的储备溶液,并将它们稀释到 100 mL。

例 5.10　为了测定一个矿石样品中锰的含量,你需要将其溶解并氧化成高锰酸盐,用分光光度法进行测定。这个矿石大约含有 5% 的 Mn。一个 5 g 的样品溶解后稀释至 100 mL,接下来进行氧化。为了使稀释后的溶液浓度在例 5.9 的标准曲线范围内,也就是大约 3×10^{-3} mmol/mL,需要加多少溶液进行稀释?

解:

这个溶液含 Mn 0.05×5 g = 0.25 g,这相当于 MnO_4^- 的含量为 $[0.25$ g/$(55$ g/mol$)]/(100$ mL$) = 4.5 \times 10^{-3}$ mol/100 mL $= 4.5 \times 10^{-2}$ mmol/mL。对于3×10^{-3} mmol/mL 的最佳测定浓度来说,我们必须将溶液稀释 $4.5 \times 10^{-2}/(3 \times 10^{-3}) = 15$ 倍。如果我们有 1 个 100 mL 的容量瓶,则根据 $c_1V_1 = c_2V_2$,得

$$4.5 \times 10^{-2} \text{ mmol/mL} \times x \text{ mL} = 3 \times 10^{-3} \text{ mmol/mL} \times 100 \text{ mL}$$
$$x = 6.7 \text{ mL}$$

即需要 6.7 mL 溶液稀释至 100 mL。

因为我们需要准确移液,我们可以准确移取 10 mL 液体,这样得到的高锰

酸盐含量为 4.5×10^{-3} mmol/mL。

8）稀释过程中的更多运算

如果我们需要从高浓度的溶液配制一定浓度的溶液,则可以使用公式 $c_1V_1 = c_2V_2$ 去完成稀释过程中的计算,比如我们想用高浓度溶液配制 500 mL 的 0.100 mmol/mL 的溶液,我们可以使用公式 $c_1V_1 = c_2V_2$ 进行计算。

例 5.11　你要用 0.250 mmol/mL 的溶液配制 500 mL 0.100 mmol/mL $K_2Cr_2O_7$ 溶液,需要将多少体积 0.250 mmol/mL 的溶液稀释至 500 mL?

解:

$$c_{\text{final}}V_{\text{final}} = c_{\text{original}}V_{\text{original}}$$
$$0.100 \text{ mmol/mL} \times 500 \text{ mL} = 0.250 \text{ mmol/mL} \times V_{\text{original}}$$
$$V_{\text{original}} = 200 \text{ mL}$$

例 5.12　将 0.40 mmol/mL 的 $Ba(OH)_2$ 溶液加入到 50 mL 的 0.30 mmol/mL 的 NaOH 溶液中,最终 OH^- 的浓度为 0.50 mmol/mL,那么 $Ba(OH)_2$ 溶液的加入量为多少?

解:

稀溶液的体积可以认为具有可加性,所以如果将 x mL 的 $Ba(OH)_2$ 溶液加入到 50 mL 的 NaOH 溶液中,总体积变为 $(50+x)$ mL。我们可以使用公式 $c_1V_1 = c_2V_2$ 的扩展形式,所有的初始溶液都以这种方式加入,形成最终的溶液组成。

$$\sum c_{\text{in}}V_{\text{in}} = c_{\text{fin}}V_{\text{fin}}$$

在本例中,$c_{\text{NaOH}}V_{\text{NaOH}} + 2 \times c_{Ba(OH)_2}V_{Ba(OH)_2} = c_{OH^-} \times V_{\text{fin}}$,注意 1 mol/L 的 $Ba(OH)_2$ 溶液有 2 mol/L 的 OH^-,所以 0.30 mol/L × 50 mL + 2 × 0.40 mol/L × x mL = 0.50 mol/L × (50+x) mL

解得,$x = 33$ mL。

或者假设 x 为 $Ba(OH)_2$ 加入量,最终体积为 $(50+x)$ mL

$$n_{OH^-} = n_{\text{NaOH}} + 2n_{Ba(OH)_2}$$
$$0.50 \text{ mol/L} \times (50+x)\text{mL} = 0.30 \text{ mol/L} \times 50 \text{ mL} + 2 \times 0.40 \text{ mol/L} \times x \text{ mL}$$
$$x = 33 \text{ mL } Ba(OH)_2$$

通常,分析者会面临连续稀释样品或标准溶液的问题。再次强调,要配制所需浓度的溶液仅仅需要记录物质的量和体积。

例 5.13　Fe^{2+} 与 1,10-邻菲罗啉反应形成橙色络合物,基于此原理可用分光光度法测定样品中铁离子的浓度,这就需要配制一系列标准溶液用于比较吸光度或颜色强度(即绘制标准曲线)。使用硫酸亚铁铵可以配制出铁离子浓度为 1.000×10^{-3} mmol/mL 的标准储备溶液。配制标准样品 A 和 B 的方法是先用移液管分别加入 2.000 mL 和 1.000 mL 的标准储备溶液于 100 mL 的容量瓶中，再定容至刻度。标准样品 C、D、E 的配制方法是分别加入 20.00 mL、10.00 mL、5.000 mL 的 A 标准样品于 100 mL 的容量瓶中，再定容至刻度。请问标准使用液样品的浓度是多少？

解：

溶液 A：$c_{\text{stock}} \times V_{\text{stock}} = c_A \times V_A$

$\qquad (1.000 \times 10^{-3} \text{ mmol/mL}) \times (2.000 \text{ mL}) = c_A \times 100.0 \text{ mL}$

$\qquad c_A = 2.000 \times 10^{-5} \text{ mmol/mL}$

溶液 B：$(1.000 \times 10^{-3} \text{ mmol/mL}) \times (1.000 \text{ mL}) = c_B \times 100.0 \text{ mL}$

$\qquad c_B = 1.000 \times 10^{-5} \text{ mmol/mL}$

溶液 C：$c_A \times V_A = c_C \times V_C$

$\qquad (2.000 \times 10^{-5} \text{ mmol/mL}) \times (20.00 \text{ mL}) = c_C \times 100.0 \text{ mL}$

$\qquad c_C = 4.000 \times 10^{-6} \text{ mmol/mL}$

溶液 D：$(2.000 \times 10^{-5} \text{ mmol/mL}) \times (10.00 \text{ mL}) = c_D \times 100.0 \text{ mL}$

$\qquad c_D = 2.000 \times 10^{-6} \text{ mmol/mL}$

溶液 E：$(2.000 \times 10^{-5} \text{ mmol/mL}) \times (5.000 \text{ mL}) = c_E \times 100.0 \text{ mL}$

$\qquad c_E = 1.000 \times 10^{-6} \text{ mmol/mL}$

溶质＋溶剂的稀释方法不应用于定量稀释。

以上计算可以用于各种各样的反应，包括酸碱反应、氧化还原反应、沉淀反应和络合反应。在计算之前需要知道各物质之间反应的比例，也就是要从平衡反应入手。

在化学类文献中配制溶液的过程经常需要稀释高浓度的储备溶液，不同作者可能使用不同的术语。比如可以说对硫酸进行 1＋9（溶质＋溶剂）稀释，在有些情况下也会出现按 1：10（初始溶液体积：最终溶液体积）进行稀释。第一个过程通过加 9 倍的溶剂将溶液的浓度稀释成原来的 1/10；第二个过程通过稀释将溶液体积变成了原来的 10 倍。第一个过程并不是准确地稀释了 10 倍，因为溶液体积不是完全可加的，除非所有的组分都是浓度低的水溶液。但第二个过程确实是准确稀释了 10 倍（用移液管将 10 mL 溶液加入到 100 mL 的容量瓶里并稀释到刻度线，在加酸之前先在容量瓶里加入一部分水！）。溶质＋溶剂的方法在浓度不需要很精准的情况下可以使用。

加入的溶液体积不一定是完全可加的，尤其是混合溶剂。水和酒精混合起来时超额摩尔体积为负值，意味着每种成分的摩尔体积混合后较之前单一组分时变小，也就是说纯酒精和水的体积总和与混合伏特加不同！

5.3　分析结果的多种表达方式

我们可以用多种方式表达分析结果，初学者应该熟悉常见的表达方式和

159

使用单位。分析结果几乎都以质量或者体积浓度表示：单位质量的样品里待测物质的量或者单位体积的样品里待测物质的量,待测物质的浓度单位有多种。

我们首先复习在分析中常见的质量和体积单位。克(g)是质量的基本单位,是在常量分析中经常用到的单位,对于少量样品或者痕量成分,化学家使用更小的单位。毫克(mg)是 10^{-3} g,微克(μg)是 10^{-6} g,纳克(ng)是 10^{-9} g。体积的基本单位是升(L),毫升(mL)是 10^{-3} L 而且经常用于容量分析中,微升(μL)是 10^{-6} L(10^{-3} mL),纳升(nL)是 10^{-9} L(10^{-6} mL)(表示更小数量级的前缀有兆分之一和千兆分之一,分别代表 10^{-12} 和 10^{-15})。

Y＝yotta＝10^{24}	M＝mega＝10^6	n＝nano＝10^{-9}
Z＝zetta＝10^{21}	k＝kilo＝10^3	p＝pico＝10^{-12}
E＝exa＝10^{18}	d＝deci＝10^{-1}	f＝femto＝10^{-15}
P＝peta＝10^{15}	c＝centi＝10^{-2}	a＝atto＝10^{-18}
T＝tera＝10^{12}	m＝milli＝10^{-3}	z＝zepto＝10^{-21}
G＝giga＝10^9	μ＝micro＝10^{-6}	y＝yocto＝10^{-24}

1) 固体样品

固体样品的计算是以质量为基础的[①]。常量测定结果最常见的表达方式是待测物质质量占样品质量的**百分比**(以质量/质量为基础),待测物质与样品的质量单位是相同的,比如一个石灰石重 1.267 g,其中含铁 0.368 4 g,那么石灰石中铁的质量分数是

$$\frac{0.368\ 4\ \text{g}}{1.267\ \text{g}} \times 100\% = 29.08\%$$

计算质量分数的通用公式与百分数是相同的,如下所示

$$\frac{m_{溶质}(\text{g})}{m_{样品}(\text{g})} \times 100\% \tag{5.8}$$

在这样的计算过程中,一定要注意样品的质量包括溶质的质量,这个比例表示单位质量的样品中溶质的质量,再乘以 100 后表示每 100 g 样品中溶质的质量。无论是以何种单位表示的溶质质量与样品质量,将它们用克表示时所用的转换因子总是相同的,转换因子可以相互抵消,所以在这个定义中我们可以使用任何质量单位。

痕量组分一般以很小的浓度单位来表示,比如**千分之一**(ppt,‰)、**百万分之一**(ppm)、**十亿分之一**(ppb),它们的计算方式与百分数(%)相同:

---

① 它们确实是以质量为基础,但是用重量表述更为常见,在第 2 章中有关于质量和重量的描述和测定。

$$\text{单位为 ppt 时浓度：} \quad \frac{m_{溶质}(g)}{m_{样品}(g)} \times 10^3 \text{ ppt} \tag{5.9}$$

$$\text{单位为 ppm 时浓度：} \quad \frac{m_{溶质}(g)}{m_{样品}(g)} \times 10^6 \text{ ppm} \tag{5.10}$$

$$\text{单位为 ppb 时浓度：} \quad \frac{m_{溶质}(g)}{m_{样品}(g)} \times 10^9 \text{ ppb} \tag{5.11}$$

1 ppt(此处的 t 表示一千 thousand) = 1 000 ppm = 1 000 000 ppb；1 ppm = 1 000 ppb = 1 000 000 ppt (此处的 t 表示万亿 trillion)。通常 ppt 指的是万亿分之一，但是有时也可能表示千分之一。看到这个单位的时候一定要留意！

只要待测物质与样品使用的单位相同，在计算过程中你可以使用任意单位。**万亿分之一**$(1/10^{12})$也简称为 ppt，所以一定要解释你用的单位的意义。一些作者喜欢使用 ppth 来表示千分之一，用 pptr 来表示万亿分之一。在前面的那个例子里，我们的样品里含铁 29.08%，也可以说是 290.8‰或者百万分之三十万(一百万克的样品里有 290 800 g 的铁，一百万磅重的样品里有 290 800 磅的铁)。反过来说，1 ppm 对应于 0.000 1%，或者是 10^{-4}%。表 5.2 总结了 ppm 和 ppb 之间的关系，注意 ppm 仅仅是 mg/kg 或 μg/g，ppb 是 μg/kg 或 ng/g。

ppt = mg/g = g/kg；ppm = μg/g = mg/kg；ppb = ng/g = μg/kg。

痕量的气体成分也可以用 ppb、ppm 等单位来表示，在这里比例指的不是质量比，而是体积比(对于气体来说体积之比与物质的量之比是相同的)。所以，现在大气中 CO_2 的浓度是 390 ppm，意思是每升的空气中(即一百万微升)含有 390 微升的 CO_2。

表 5.2　表示痕量物质浓度的常见单位

单　位	缩写	质量比	质量/体积	体积比
百万分之一	ppm	mg/kg	mg/L	μL/L
(1 ppm = 10^{-4} %)		μg/g	μg/mL	nL/mL
十亿分之一	ppb	μg/kg	μg/L	nL/L
(1 ppb = 10^{-7} % = 10^{-3} ppm)		ng/g	ng/mL	pL/mL[①]
毫克百分比	mg%	mg/100 g	mg/100 mL	

① pL = picoliter = 10^{-12} L。

有时候这些浓度单位写成 ppmv、ppbv，等，意思是通过"体积比"得出的结果。

例 5.14　我们分析 2.6 g 的植物组织样品，发现含锌 3.6 μg。植物中的锌浓度以 ppm 表示是多少？用 ppb 表示呢？

解：

$$\frac{3.6 \ \mu g}{2.6 \ g} = 1.4 \ \mu g/g \equiv 1.4 \text{ ppm}$$

$$\frac{3.6 \times 10^3 \text{ ng}}{2.6 \text{ g}} = 1.4 \times 10^3 \text{ ng/g} \equiv 1\,400 \text{ ppb}$$

1 ppm 等于 1 000 ppb，1 ppb 等于 10^{-7}%。

临床化学家有时候测定低浓度样品时喜欢使用单位**毫克百分数**（mg%）而不使用 ppm，这个单位的意思是每 100 g 样品中所含待分析物质的毫克数，在例 5.14 的样品中含锌（3.6×10^{-3} mg/2.6 g）$\times 100$ mg% = 0.14 mg%。

例 5.15 空气中气体和颗粒物的浓度

美国目前执行的国家环境空气质量标准中包含美国环保署列出的七种重要污染物，可在网站 http://www.epa.gov/air/criteria.html 找到。除了铅和颗粒物，其他污染物均为气体。对于颗粒物，我们使用的单位是质量/体积（$\mu g/m^3$）；这里用的是 m^3（和 1 000 L 相等）而不是 L。气体浓度是用 ppm（v）或者 ppb（v）表示，CO 的浓度也用 mg/m^3 表示，因为 CO 主要来源于汽车的尾气排放，机动车每行驶 1 英里[①]排放的 CO 质量数目前是研究热点。

（a）证明 35 ppm CO 与 40 mg/m^3 是相同的。

（b）75 ppb 的 SO_2 在 25℃下用 $\mu g/m^3$ 来表示是多少？

美国国家环境空气质量标准

污染物	一 级 标 准		二级标准	
	浓度水平	平均时间	浓度水平	平均时间
一氧化碳	9 ppm（10 mg/m^3）	8 h[(1)]	无	
	35 ppm（40 mg/m^3）	1 h[(1)]	无	
铅	0.15 $\mu g/m^3$ [(2)]	三个月移动平均值	同一级标准	
	1.5 $\mu g/m^3$	季度平均值	同一级标准	
二氧化氮	53 ppb[(3)]	年度算数平均值	同一级标准	
	100 ppb	1 h[(4)]	无	
颗粒物（PM_{10}）	150 $\mu g/m^3$	24 h[(5)]	同一级标准	
颗粒物（$PM_{2.5}$）	15.0 $\mu g/m^3$	年度算数平均值[(6)]	同一级标准	
	35 $\mu g/m^3$	24 h[(7)]	同一级标准	
臭氧	0.075 ppm（2008 标准）	8 h[(8)]	同一级标准	
	0.08 ppm（1997 标准）	8 h[(9)]	同一级标准	
	0.12 ppm	1 h[(10)]	同一级标准	
二氧化硫	0.03 ppm	年度算数平均值	0.5 ppm	3 h[(1)]
	0.14 ppm	24 h[(1)]	无	
	75 ppb[(11)]	1 h	无	

---

① 1 英里＝1 609 米。

解：

因为温度和压强会影响气体体积的大小，我们必须要指明温度和压强，当这些条件没有明确指出时，我们一般认为所示条件为 25℃ 和 1 atm（1 atm = 101 325 Pa）。理想气体状态方程 [$pV = RT$，其中 R 是通用气体常数，为 0.082 1 L.atm/(mol. K)]表明，在 25℃（298.15 K）及 1 atm 下，1 mol 任意气体的体积都是 24.5 L（在 0℃ 的体积是 22.4 L）。

（a）35 ppm 的意思是 1 mol 的空气中有 35 μmol 的 CO，在 24.5 L 的空气中，我们可以得到 CO 35 μmol $\times$ 28 μg/μmol = 980 μg

$$\frac{980 \ \mu g}{24.5 \ L} \times \frac{1 \ mg}{1\ 000 \ \mu g} \times \frac{1\ 000 \ L}{1 \ m^3} = 40 \ mg/m^3$$

（b）75 ppb SO_2 的意思是 24.5 L 的空气中含有 SO_2 75 nmol，因为 SO_2 的相对分子质量是 64，所以

$$\frac{75 \ nmol}{24.5 \ L} \times \frac{1 \ \mu mol}{1\ 000 \ nmol} \times \frac{64 \ \mu g}{\mu mol} \times \frac{1\ 000 \ L}{1 \ m^3} = 19_6 \ \mu g/m^3 \ 约为 \ 0.20 \ mg/m^3$$

2）液体样品

液体样品的测定结果可以用质量/质量的形式表示，也可以用**质量/体积**的形式表示。至少在临床化学领域后者更常见。液体样品的计算与上面讨论过的计算很类似。以质量/体积为基础的百分数与 100 mL 液体中待测物质的克数是相等的，mg% 与 100 mL 样品中待测物质的毫克数是相等的。临床化学家经常使用后者测定生物液体，他们普遍接受的术语是毫克每分升（mg/dL），以其与以质量比为基础的 mg% 相区别。当液体的浓度以百分数表示时，必须明确是质量/质量还是质量/体积，除了稀溶液，这个区分十分重要。在稀溶液中，质量/体积和质量/质量在数值上是相同的，因为水的单位在实际使用过程中是恒定的（1 mL = 1 g）。百万分之一、十亿分之一和万亿分之一也可以用质量与体积之比来表示，ppm 由 mg/L 或者 μg/mL 计算得到，ppb 由 μg/L 或者 ng/mL 计算得到，ppt 由 pg/mL 或者 ng/L 计算得到。此外，我们经常会用到下面几个基本公式：

用 % 表示
$$\frac{m_{溶质}(g)}{V_{样品}(mL)} \times 10^2 \ \% \tag{5.12}$$

用 ppm 表示
$$\frac{m_{溶质}(g)}{V_{样品}(mL)} \times 10^6 \ ppm \tag{5.13}$$

用 ppb 表示
$$\frac{m_{溶质}(g)}{V_{样品}(mL)} \times 10^9 \ ppb \tag{5.14}$$

用 ppt 表示 $\quad \dfrac{m_{溶质}(g)}{V_{样品}(mL)} \times 10^{12}$ ppt $\qquad$ (5.15)

1 分升等于 0.1 L 或 100 mL。

在稀溶液中，ppm=μg/mL=mg/L，ppb=ng/mL=μg/L，ppt=pg/mL= ng/L。

注意%(质量/体积)并不是磅/100 加仑的溶液，溶质必须用克表示，溶液必须用毫升表示。为了避免混淆，ppm、ppb 和 ppt 建议不要用来描述溶液浓度；大多数的期刊要求使用 μg/mL 或者 ng/mL。

例5.16 分析一个体积为 25.0 μL 的血清样品，结果表明该样品中含葡萄糖 26.7 μg。计算样品中葡萄糖的浓度，结果以 μg/mL 或者 mg/dL 来表示。

解：

$$25.0\ \mu L \times \dfrac{1\ mL}{1\,000\ \mu L} = 2.50 \times 10^{-2}\ mL$$

$$26.7\ \mu g \times \dfrac{1\ g}{10^5\ \mu g} = 2.67 \times 10^{-5}\ g$$

葡萄糖浓度 $= \dfrac{2.67 \times 10^{-5}\ g\ 葡萄糖}{2.50 \times 10^{-2}\ mL\ 血清} \times 10^6\ \mu g/g = 1.07 \times 10^3\ \mu g/mL$

这个结果用 ppt 表示时在数值上是相同的。接下来，

$$葡萄糖浓度 = 1.07 \times 10^3\ \dfrac{\mu g}{mL} \times \dfrac{0.001\ mg}{1\ \mu g} \times \dfrac{100\ mL}{1\ dL}$$
$$= 107\ mg/dL$$

需注意：10 ppm=1 mg/dL

1 μg/mL 也经常被称作 1 ppm，它如果以每升的物质的量表示是多少？这取决于化学式量。

下面我们利用化学式量在实际的例子中进行单位的转化。我们从一个浓度为 2.5 μg/mL 的苯溶液开始，苯(C_6H_6)的化学式量为 78.1，用摩尔每升表示其浓度为 $(2.5 \times 10^{-3}\ g/L)/(78\ g/mol) = 3.8 \times 10^{-5}\ mol/L$。另有一溶液含有 5.8×10^{-8} mol/L 的铅，用十亿分之一表示其浓度 $(5.8 \times 10^{-8}\ mol/L)/(207\ g/mol) = 1.2_0 \times 10^{-5}\ g/L$，由于十亿分之一等同于 μg/L，故 $(1.2_0 \times 10^{-5}\ g/L) \times (10^6\ \mu g/g) = 1.2_0 \times 10^1\ \mu g/L$ 或者 12 ppb。一个饮用水的样品中含四氯化物 350 pg/L，其浓度用 ng/L 表示为 $(350 \times 10^{-12}\ g/L) \times (10^9\ ng/g) = 350 \times 10^{-3}\ ng/L = 0.35\ ng/L$ 或 0.35 ppt，物质的量浓度为 $(350 \times 10^{-12}\ g/L) \times (154\ g/mol) = 2.3 \times 10^{-12}\ mol/L$。（氯消毒饮用水有痕量的氯代烃化合物——浓度很低。）

μg/mL 与物质的量浓度的关系取决于化学式量(相对分子质量)。

如果以质量/质量或者质量/体积作为基础衡量浓度,溶液浓度即使在数值上相等,其分子数目也不同[①],但是物质的量浓度相同的溶液所含的分子数目相同。

例 5.17　(a) 分别计算 1 mg/L (1.0 ppm)的 Li^+ 溶液和 Pb^{2+} 溶液的物质的量浓度。(b) 如果要配制 100 mg/L(100 ppm)的 Pb^{2+} 溶液,在 1 升水中需要溶解质量为多少的 $Pb(NO_3)_2$?

解:

(a) Li 浓度为 1.00 mg/L:

$$c_{Li} = \frac{1.00 \ mg/L \times 10^{-3} \ g/mg}{6.94 \ g/mol} = 1.44 \times 10^{-4} \ mol/L$$

Pb 浓度为 1.00 mg/L

$$c_{Pb} = \frac{1.00 \ mg/L \times 10^{-3} \ g/mg}{207 \ g/mol} = 4.83 \times 10^{-6} \ mol/L$$

因为铅比锂要重很多,同样质量对应的物质的量就小很多,物质的量浓度也就较低。

(b) 对于 Pb 1 ppm $= 4.83 \times 10^{-6}$ mol/L,100 ppm $= 4.83 \times 10^{-4}$ mol/L,所以我们需要 4.83×10^{-4} mol 的 $Pb(NO_3)_2$,其质量为

$$4.83 \times 10^{-4} \ mol \times 283.2 \ g/mol = 0.137 \ g$$

以质量/质量和质量/体积为基础的浓度单位是通过密度相关联的。**对于稀溶液来说它们在数值上是相同的,因为水的密度是 1 g/mL。**

如果待测物质是液体溶于另一种液体中,结果可能以**体积与体积**之比来表示,但是这种情况较少。确定液相色谱中淋洗液组成时就是这种情况,将 40 体积的甲醇加入到 60 体积的水中,甲醇与水的比例为 40∶60,这种情况下最终体积通常是不知道的。另一方面,用体积/体积表示时,第一个体积指的是溶质,第二个指的是溶液,这种方法经常用于酒精饮料生产中确定乙醇含量。你可以如前文所述以相同的方式处理这些运算,溶质和溶液以相同的体积单位表示,如例 5.15,气体浓度可以用质量/体积、体积/体积表示,很少用质量/质量来表示。

明确每个单位的意义很重要。当缺少清楚的标签时,我们可以认为固体的单位以质量/质量来表示,气体以体积/体积来表示,液体可以以质量/质量来表示(高浓度的酸碱试剂),也可以以质量/体积来表示(大多数稀溶液),或体积/体积(美国酒精饮料行业)。

---

① 　除非它们有相同的化学式量。

　　酒精在葡萄酒和酒精饮料中以体积/体积来表示的(美式酒精纯度 200＝体积/体积×100%),因为酒精的相对密度为 0.8,所以质量/体积的浓度为 0.8×(体积/体积)＝0.4×酒精纯度。

　　临床化学家喜欢使用另外一个单位来表示生物液体中电解质的量(Na^+, K^+, Ca^{2+}, Mg^{2+}, Cl^-, $H_2PO_4^-$ 等),这个单位不是质量,而是**毫当量(meq)**。在本节中,毫当量定义为待分析物质的毫摩尔数乘以待分析物质的电荷数,结果通常以 meq/L 来表示。这个概念给了电解质平衡一个整体的描述,这个单位可以告诉我们电解质浓度的总和是否明显增加或者减少。很明显,阴离子的毫当量数与阳离子的毫当量数是相同的。1 摩尔＋1 价的阳离子(1 eq)和 0.5 摩尔－2 价的阴离子有着相同的正负电荷数(都是 1 摩尔)。作为一个电解质或者电荷平衡的例子,表 5.3 总结了在人体血浆和尿液中主要的电解质组成的平均毫当量数。第 25 章讨论了一些人体中常见化学成分的范围及生理特性。

表 5.3　正常人体血浆中主要电解质成分[1]

阳离子	meq/L	阴离子	meq/L
Na^+	143	Cl^-	104
K^+	4.5	HCO_3^-	29
Ca^{2+}	5	蛋白质	16
Mg^{2+}	2.5	$H_2PO_4^-$	2
		SO_4^{2-}	1
		有机酸	3
总量	155	总量	155

[1] Joseph S. Annino, *Clinical Chemistry*, 3rd ed., Boston: Little, Brown, 1964.

　　血液 pH 为 7.4,磷实际上主要以一磷酸盐和二磷酸盐的形式存在。

　　如下所示,我们可以从一个物质的质量(以毫克表示)计算出毫当量(与我们计算毫摩尔类似)。

$$meq = \frac{mg}{eq \ (mg/meq)} = \frac{mg}{(mg/mmol)/n \ (meq/mmol)} \qquad (5.16)$$
$$n = 价电子数$$

Na^+ 的当量为 23.0 (mg/mmol)/1(meq/mmol)＝23.0 mg/meq。

Ca^{2+} 的当量为 40.1 (mg/mmol)/2(meq/mmol)＝20.0 mg/meq。

任何溶液中阴阳离子的毫当量必须相等。

例 5.18　血清中锌离子的浓度大约是 1 mg/L,将其用 meq/L 表示。

解:

Zn^{2+} 的当量为 65.4 (mg/mmol)/2(meq/mmol)＝32.7 mg/meq

所以,

$$\frac{1\ \text{mg/L}}{32.7\ \text{mg/meq}} = 3.06 \times 10^{-2}\ \text{meq/L}$$

这个单位经常用于描述如表 5.3 中所列的主要电解质成分，而不用于像本例一样的痕量分析。

3）以不同的化学形式来表达浓度

目前为止，我们进行测定时待测物质都以其本身的形式存在，或者以我们表达结果中的形式存在，然而，大多数时候情况并非如此。例如，当我们测定矿石中铁含量时，以 Fe_2O_3 的形式测定，但结果以 Fe 的百分含量来表示，或者以 Fe^{2+} 的形式测定（比如滴定测定），结果以 Fe_2O_3 的形式表示。如果我们知道测量时物质的形态和报告结果中物质形态之间的关系，这样做就是可行的。比如，我们可能知道水中钙的含量，我们却想用 ppm（mg/L）作为单位，以 $CaCO_3$ 的形式表达出来（这是一个表示硬度的典型方法）。我们知道将 Ca^{2+} 的质量乘以 $CaCO_3$ 化学式量 $/Ca^{2+}$ 化学式量就等于（或者转化为）$CaCO_3$ 的质量，这就是说将 Ca^{2+} 的毫克数乘以 100.09/40.08 就可以得到 $CaCO_3$ 的毫克数。钙不一定以此形式存在（我们甚至可能不知道它以什么形式存在），我们仅仅是计算可能存在的质量，并且就当它存在一样表示出来。下面将描述计算特定成分质量时的具体细节。

我们可以用待测物质的任何形式来表达测定结果，以便于其他专业人士通过这种方式进行沟通和交流。

由钙离子造成的水的硬度经常用单位为 ppm 的 $CaCO_3$ 含量来表示。由于 $CaCO_3$ 的化学式量为 100，因此将 $CaCO_3$ 含量转化为摩尔单位很方便！

此时，我们应该给出测定生物组织和固体时用到的不同的质量标准。样品可用以下三种物理形式称重，湿重、干重或者灰分质量。对液体也可以进行称重，但是一般我们测定其体积。对于新鲜的、未经处理的样品，我们测定其湿重。当样品通过加热、干燥、冷冻等方式处理后，我们测定其干重。如果待测物质不能加热，样品就不能通过加热的方式干燥；当有机物质燃烧后，我们测定的是灰分残留的质量，这个明显只能用于矿物（无机）分析。

5.4　容量分析

容量分析法或者滴定分析法是非常有用而且准确的分析方法之一，尤其是适用于毫摩尔级别的分析物质。这种分析方法速度很快而且可以实现自动化，当它与高灵敏度的仪器联用以检测滴定反应是否完成时，这种方法可以应用于更少量分析物质的测定，比如测定 pH。除了教学用途外，目前手工滴定通常在测定样品数量较少、精度要求高的情况下使用，比如它们被用来校正或者确认更常规使用的仪器方法。当我们要测定大量的样品时，自动滴定的方法用处很大。滴定可以实现自动化,比如通过颜色改变或者 pH 改变来激活一个机动的滴定管停止滴定,滴定体积可以被自动记录(自动滴定仪将在第 14 章中进行介绍)。下面我们描述可以应用的滴定类型及应用原则,包括滴定反应和标准溶液的条件。之前本章描述过的体积关系可以用来定量计算被滴定物质的信息,定量计算在第 5.5 节中讨论。

167

1) 滴定——能够进行滴定的前提条件是什么?

在一个**滴定反应**中,待测物质与加入的已知浓度的试剂反应,一般反应速度很快。已知浓度的试剂被称作**标准溶液**,它通常用滴定管滴定,由滴定管滴定的溶液叫作**滴定剂**。(在一些情况下会有相反的情况,我们取已知体积的标准溶液,用未知浓度的待测物质作为滴定剂滴定。)记录可以与待测物质完全反应的滴定剂的体积。因为知道反应试剂的浓度,以及待测物质和反应试剂的计量比,我们便可以计算出待测物质的量。滴定反应的要求如下。

通过加入的滴定剂的物质的量及反应比例,我们可以计算待测物质的物质的量。

1. 反应有确定的**计量比**,也就是说待测物质与滴定剂之间的反应必须是定义明确和已知的,比如氢氧化钠和乙酸的反应就是一个明确的反应:

$$CH_3COOH + NaOH \longrightarrow CH_3COONa + H_2O$$

2. 反应必须迅速。像上面那个反应那样,很多离子反应的速度都很快。

3. 不能有副反应,反应必须选择性好。如果有干扰物质,它们必须要去除或者单独测定,它们的影响应该从总的信号值中去除($c_{analyte} = c_{total} - c_{interference}$),在上面的反应中,溶液中不能有其他的酸存在。

4. 当反应完成时,溶液的性质应该有一个明显的变化。其中变化可能是溶液颜色的改变或者溶液电性、物理性质的改变。用氢氧化钠滴定醋酸时,反应完成时溶液的 pH 会发生明显的上升。通常加入**指示剂**后颜色会发生明显的变化,指示剂的颜色取决于溶液的性质,比如 pH。

5. 当滴入的标准溶液的量与待测定组分的量相当或恰好符合化学反应式所表示的化学计量关系时,称反应达到了**等当点**。我们观察到的反应完全时的点称为**滴定终点**,这时我们检测到溶液的某种性质发生改变。滴定终点应当与等当点吻合或者两者之间有可重现的间隔。

6. 反应需要**定量**完成,也就是反应平衡时应该尽量进行完全,这样在终点才会有足够明显的变化,结果才能够准确。如果平衡时反应进行得不彻底,结果是溶液的某种性质(比如 pH)变化缓慢,这使得终点难以准确检测。

化学计量点是滴定的理论终点,此时待测物质的当量数与加入的滴定剂的当量数相等。滴定终点是通过观察得到的滴定结束的点,两者之间的差异就是滴定误差。

2）标准溶液——多种种类

通过滴定基准物质进行校准的溶液称作二级标准物质，由于滴定误差，二级标准物质的准确度要差一些。

将纯度很高的物质准确称量得到基准物质，将其溶解于已知体积的容量瓶中，配制好标准溶液。如果溶质纯度不是很高的话，配制出溶液的浓度接近所需要的浓度，用其滴定称量过的基准物质实现标定。比如氢氧化钠纯度不高，不能直接配制标准溶液，所以它可以由标准物质配制的酸进行标定，比如邻苯二甲酸氢钾（KHP），它是可以准确称量的固体。下面介绍标定后的计算。

3）基准物质/一级标准物质

基准物质/一级标准物质应当满足以下条件。

1. 基准物质的纯度应该为 100.00%，如果存在 0.01%～0.02% 的杂质且含量已知时，也可以接受。
2. 基准物质应当在干燥的温度下仍旧稳定，在不确定的室温下也保持稳定，基准物质在称量前需要干燥①。
3. 基准物质应当容易获得且相对便宜。
4. 尽管不是必要的，基准物质的化学式量应当较大。在这种情况下，我们需称量的基准物质相对较多，这时产生的相对误差较之称量少量基准物质会更小一些。
5. 如果用于滴定，它应该具备上面列出的滴定所需的所有性质，尤其是平衡时反应进行完全，这样终点明显。

较大的化学式量意味着在滴定剂浓度一定的情况下需要称取的质量较大，这减小了称量的相对误差。

4）滴定方法的分类

通常有四种容量分析法或滴定方法。

（1）酸碱滴定。很多酸或碱化合物，可以分别用标准强碱溶液或强酸溶液进行滴定，有机物或无机物的情况都有。这些滴定反应的终点很容易被检测，可以用 pH 指示剂或者用 pH 计显示溶液 pH 的变化。很多有机酸或有机碱溶于非水溶剂滴定时，其酸度或者碱度可以提高，使得终点更加明显，很多弱酸或者弱碱可以用此方法进行滴定。

（2）沉淀滴定。在沉淀滴定时，滴定剂和待测物质反应生成不溶于水的物质，一个典型的例子是用硝酸银溶液滴定氯离子形成氯化银沉淀。再次强调，指示剂可以用来检测滴定终点，或者通过溶液的电势变化监测终点。

（3）络合滴定。在络合滴定中，滴定剂与待测物质发生反应形成可溶于

---

① 当基准物质是水合物时例外。

水的络合物,待测物质通常是金属离子,滴定剂通常是螯合剂[①]。乙二胺四乙酸(EDTA)是滴定中最常用的络合剂之一,它可以和很多金属离子发生反应,并可通过调节 pH 进行控制。选用与金属离子反应后颜色变化明显的络合物作为指示剂。

(4) 氧化还原滴定。氧化还原滴定中,我们可以用还原剂滴定氧化剂,反之亦可。在反应过程中,氧化剂得到电子,还原剂失去电子。为了使得反应尽量完全而且滴定终点明显,这些试剂的氧化还原能力应当差别明显,也就是说一个是强氧化剂(得到电子的能力很强),另一个应当是强还原剂(失去电子的能力很强)。反应应该有合适的指示剂,各种电位分析方法也可以用来指示滴定终点。

不同类型的滴定反应以及检测终点的方法将在下面几章中分开描述。

5.5 容量计算——物质的量浓度

本节中大部分使用物质的量浓度进行容量计算。一些教师喜欢引入当量的概念,学生很有可能在参考书中遇到,以当量浓度为基础的计算可以查阅本书网页上的内容。

我们之前在式(5.1)~式(5.5)中讨论过用摩尔和毫摩尔为单位的方法。

通过将这些等式变型,我们得到了计算其他物理量的方法。

$$(\text{mol/L}) \times \text{L} = \text{mol} \quad (\text{mmol/mL}) \times \text{mL} = \text{mmol} \qquad (5.17)$$

$$g = \text{mol} \times (\text{g/mol}) \quad \text{mg} = \text{mmol} \times (\text{mg/mmol}) \qquad (5.18)$$

$$g = (\text{mol/L}) \times \text{L} \times (\text{g/mol}) \qquad (5.19)$$

$$\text{mg} = (\text{mmol/mL}) \times \text{mL} \times (\text{mg/mmol})$$

掌握这些关系,它们是容量计算、溶液配制和稀释的基础,注意单位!

我们在滴定时通常使用毫摩尔(mmol)和毫升(mL),所以右边的公式更加有用。但是,请注意无论是以 g/mol 作单位还是以 mg/mmol 作单位,化学式量在数值上都是相同的;使用“毫”数量级别的单位(毫摩尔、毫克、毫升),如不正确使用可能造成结果差 1 000 倍。

假设用 25.0 mL 浓度为 0.100 mol/L 的 $AgNO_3$ 溶液去滴定一个含有氯化钠的样品。反应式是

$$Cl^-(\text{aq}) + Ag^+(\text{aq}) \longrightarrow AgCl(\text{s})$$

因为 Ag^+ 和 Cl^- 按 1:1 进行反应,滴定完成时 Cl^- 的物质的量(mmol)与 Ag^+ 的物质的量(mmol)相同,计算 NaCl 质量的过程如下:

---

① 螯合剂(这个术语来自希腊词语 clawlike)是络合剂的一种,它包括两个或者更多可以与金属离子络合的基团,如 EDTA 有六个基团。

$$n_{\text{NaCl}} = V_{\text{AgNO}_3} \times c_{\text{AgNO}_3}$$

$$= 25.0 \text{ mL} \times 0.100 \text{ (mmol/mL)} = 2.50 \text{ mmol}$$

$$m_{\text{NaCl}} = 2.50 \text{ mmol} \times 58.44 \text{ mg/mmol} = 146 \text{ mg}$$

如果待测物质 A 与滴定剂按 1：1 进行反应，我们可以根据下面的通式计算其含量(%)：

$$含量 \times 100\% = \frac{m_{\text{A}}(\text{mg})}{m_{样品}(\text{mg})} \times 100\% = \frac{n_{\text{A}}(\text{mmol}) \times M_{\text{rA}}(\text{mg/mol})}{m_{样品}(\text{mg})} \times 100\%$$

$$= \frac{c_{滴定剂}(\text{mmol/mL}) \times V_{滴定剂}(\text{mL}) \times M_{\text{rA}}(\text{mg/mmol})}{m_{样品}(\text{mg})} \times 100\%$$

$$(5.20)$$

对于 1：1 的反应, $n_{待测物质}(\text{mmol}) = n_{滴定剂}(\text{mmol})$。

注意这次计算采用合适的量纲分析法,将每个独立的计算步骤总结起来,最终计算出待测物质的含量(%)。你应该以这种方式使用它而不是简单记住它。

例 5.19　一个 0.467 1 g 的样品中含有碳酸氢钠,将其溶于水中并用 0.106 7 mmol/mL 的盐酸溶液滴定,消耗了 40.72 mL 盐酸,反应如下：

$$\text{HCO}_3^- + \text{H}^+ \longrightarrow \text{H}_2\text{O} + \text{CO}_2$$

计算样品中碳酸氢钠的含量(%)。

解：

因为碳酸氢钠与盐酸按 1：1 进行反应,所以两者滴定所消耗的物质的量(mmol)相同：

$$0.106 7 \text{ mmol/mL} \times 40.72 \text{ mL} = 4.344_8 \text{ mmol} \equiv n_{\text{NaHCO}_3}(\text{mmol})$$

(使用剩余数据可以得到答案,这与所有步骤一起进行计算得出的答案是一样的。)

$$m_{\text{NaHCO}_3} = 4.344_8 \text{ mmol} \times 84.01 \text{ mg/mmol} = 365.0_1 \text{ mg NaHCO}_3$$

$$\text{NaHCO}_3 \text{ 的含量} = \frac{365.0_1 \text{ mg NaHCO}_3}{467.1 \text{ mg 样品}} \times 100\% = 78.14\%$$

或者所有的步骤一起进行,

$$\text{NaHCO}_3 \text{ 含量} \quad \frac{c_{\text{HCl}} \times V_{\text{HCl}} \times M_{\text{rNaHCO}_3}}{m_{样品}} \times 100\%$$

$$= \frac{0.106 7 \text{ mmol/mL} \times 40.72 \text{ mL} \times 84.01 \text{ mg/mmol}}{467.1 \text{ mg}} \times 100\%$$

$$= 78.14\%$$

1) 用物质的量浓度计算时一些有用的知识

当反应不是按 1∶1 进行时,我们必须使用配比系数使得待测物质的物质的量与滴定剂的物质的量相等。

很多物质不是按 1∶1 进行反应,所以上例的计算方法不能应用于所有的反应,然而我们能够根据反应的平衡方程写成可以适用于所有反应的通用计算公式。

考虑到一般反应

$$a\mathrm{A} \times t\mathrm{T} \longrightarrow \mathrm{P} \tag{5.21}$$

式中,A 是待测物质;T 是滴定剂,它们以 a/t 的比例反应生成 P,注意单位并使用量纲分析。

$$n_{\mathrm{A}}(\mathrm{mmol}) = n_{\mathrm{T}}(\mathrm{mmol}) \times \frac{a}{t}(\mathrm{mmol/mmol}) \tag{5.22}$$

$$n_{\mathrm{A}}(\mathrm{mmol}) = c_{\mathrm{T}}(\mathrm{mmol/mL}) \times V_{\mathrm{T}}(\mathrm{mL}) \times \frac{a}{t}(\mathrm{mmol/mmol}) \tag{5.23}$$

$$m_{\mathrm{A}}(\mathrm{mg}) = n_{\mathrm{A}}(\mathrm{mmol}) \times M_{\mathrm{rA}}(\mathrm{mg/mmol}) \tag{5.24}$$

$$m_{\mathrm{A}}(\mathrm{mg}) = c_{\mathrm{T}}(\mathrm{mmol/mL}) \times V_{\mathrm{T}}(\mathrm{mL}) \times \frac{a}{t}(\mathrm{mmol/mmol})$$
$$\times M_{\mathrm{rA}}(\mathrm{mg/mmol}) \tag{5.25}$$

| 171 |

注意单位,我们用的是 $n_{待测物}(\mathrm{mmol}) = n_{滴定剂}(\mathrm{mmol})$

系数 a/t 使得待测物质与滴定剂之间的等式成立,为了避免将这个因子算错,我们需要记住当你计算待测物质的量时,你需要将滴定剂的量乘以系数 $a/t(a$ 在前面);相反地,如果已知被滴定的待测物质的量,需要计算滴定剂的量(比如物质的量浓度),你必须将待测物质的量乘以系数 $t/a(t$ 在前面),当然决定系数最好的方法是用量纲分析得到正确的单位。

与得到式(5.22)的方法类似,通过用滴定剂的标准溶液 T 滴定已知质量的样品,我们可以列出计算待测物质 A 含量(%)的通用表达式的步骤:

$$含量(\%) = 含量_{待测物} \times 100\% = \frac{m_{待测物}}{m_{样品}} \times 100\%$$

$$= \frac{n_{滴定剂} \times (a/t)(n_{待测物}/n_{滴定剂}) \times M_{r待测物}(\mathrm{mg/mmol})}{m_{样品}} \times 100\%$$

$$= \frac{c_{滴定剂}(\mathrm{mmol/mL}) \times V_{滴定剂} \times (a/t)(n_{待测物}/n_{滴定剂}) \times M_{r待测物}(\mathrm{mg/mmol})}{m_{样品}}$$

$$\times 100\% \tag{5.26}$$

再次注意，仅仅使用量纲分析法，也就是逐步计算，在计算过程中使用的单位相互抵消得到需要的单位。在这个通用公式计算过程中，量纲分析包括使用配比系数 a/t 将滴定剂的物质的量（mmol）转化为相等的待滴定物质的物质的量（mmol）。

例 5.20　我们需要分析 0.263 8 g 的纯碱样品，用 0.128 8 mmol/mL 的标准盐酸溶液滴定碳酸钠，消耗了 38.27 mL，反应式如下：

$$CO_3^{2-} + 2H^+ \longrightarrow H_2O + CO_2$$

计算样品中碳酸钠的含量（%）。

解：

因为碳酸钠和盐酸是按 1∶2 进行反应的（$a/t = 1/2$），碳酸钠的物质的量等于滴定的酸的物质的量的一半。

$$n_{HCl} = 0.128\ 8\ \text{mmol/mL} \times 38.27\ \text{mL} = 4.929\ \text{mmol}$$

$$n_{Na_2CO_3} = 4.929\ \text{mmol HCl} \times \frac{1}{2}\ (\text{mmol Na}_2\text{CO}_3/\text{mmol HCl}) = 2.464_5\ \text{mmol}$$

$$m_{Na_2CO_3} = 2.464_5\ \text{mmol} \times 105.99\ \text{mg Na}_2\text{CO}_3/\text{mmol} = 261.2_1\ \text{mg}$$

$$Na_2CO_3\ 含量 = \frac{261.2_1\ \text{mg Na}_2\text{CO}_3}{263.8\ \text{mg 样品}} \times 100\% = 99.02\%$$

或者将所有的步骤合在一起，

172

$$Na_2CO_3\ 含量 = \frac{c_{HCl} \times V_{HCl} \times \frac{1}{2}(\text{mmol Na}_2\text{CO}_3/\text{mmol HCl}) \times M_{r\,Na_2CO_3}}{m_{样品}} \times 100\%$$

$$= \frac{0.128\ 8\ \text{mmol/mL HCl} \times 38.27\ \text{mL HCl} \times \frac{1}{2}(\text{mmol Na}_2\text{CO}_3/\text{mmol HCl}) \times 105.99\ (\text{mg Na}_2\text{CO}_3/\text{mmol})}{263.8\ m_{样品}}$$

$$\times 100\%$$

$$= 99.02\%$$

例 5.21　多少毫升 0.25 mmol/mL 的 H_2SO_4 溶液可以与 10 mL 0.25 mmol/mL 的氢氧化钠溶液反应？

解：

反应为：

$$H_2SO_4 + 2NaOH \longrightarrow Na_2SO_4 + 2H_2O$$

反应的 H_2SO_4 的物质的量是 NaOH 的一半，或者

$$c_{H_2SO_4} \times V_{H_2SO_4} = c_{NaOH} \times V_{NaOH} \times \frac{1}{2} (mmol \ H_2SO_4/mmol \ NaOH)$$

所以，

$$V_{H_2SO_4} = \frac{0.25 \ mmol \ NaOH/mL \times 10 \ mL \ NaOH \times \frac{1}{2} (mmol \ H_2SO_4/mmol \ NaOH)}{0.25 \ mmol \ H_2SO_4/mL}$$

$$= 5.0 \ mL$$

注意在本例中，我们将滴定剂的量乘以比例系数 a/t [待测物质物质的量（mmol）/滴定剂物质的量（mmol）]。

例 5.22 我们需要分析一个不纯的水杨酸样品 $[C_6H_4(OH)COOH]$（可以接受一个电子），为了使水杨酸的含量（%）是滴定用去的 $0.0500 \ mmol/mL$ NaOH 的体积的 5 倍，样品应当取多少（mg）？

解：

设 x 为 NaOH 体积；水杨酸（HA）含量为 $5x\%$，则

$$5x\% = \frac{c_{NaOH} \times V_{NaOH} \times 1 \ (mmol \ HA/mmol \ NaOH) \times M_{rHA} \ (mg/mmol)}{m_{样品}} \times 100\%$$

$$= \frac{0.0500 \ mmol/mL \times x \ mL \ NaOH \times 1 \times 138 \ mg \ HA/mmol}{m_{样品}} \times 100\%$$

$$m_{样品} = 138 \ mg$$

你可以运用第 8 章酸碱滴定计算中的例子。

2）标定和滴定计算——它们互为相反的过程

滴定过程中，当我们无法获得高纯度或已知纯度的物质时，我们所配制的滴定溶液必须通过**标定**来获取其准确浓度。标定可以通过滴定已经准确称量的基准物质（已知物质的量）进行。从滴定基准物质消耗的滴定剂的体积，我们可以计算出滴定剂的物质的量浓度。

将式（5.21）中待测物质 A 作为标准物质，

$$n_{基准物质} = \frac{m_{基准物质}}{M_{r基准物质} \ (mg/mmol)}$$

$$n_{滴定剂} = c_{滴定剂} \ (mmol/mL) \times V_{滴定剂}$$

$$= n_{基准物质} \times (t/a) \ (mmol_{滴定剂}/mmol_{基准物质})$$

$$c_{滴定剂} \ (mmol/mL) = \frac{n_{基准物质} \times (t/a) \ (mmol_{滴定剂}/mmol_{基准物质})}{V_{滴定剂}}$$

或者将所有步骤合在一起，得

$$c_{\text{滴定剂}}(\text{mmol/mL}) = \frac{m_{\text{基准物质}}/M_{\text{r基准物质}}(\text{mg/mmol}) \times (t/a)\,(\text{mmol}_{\text{滴定剂}}/\text{mmol}_{\text{基准物质}})}{V_{\text{滴定剂}}}$$

$$(5.27)$$

再次注意,通过量纲分析(单位的抵消)获得了最终需要的单位 mmol/mL。

在标定过程中,通常是滴定剂的浓度未知,分析物(基准物质)的物质的量已知。

例 5.23　将浓盐酸溶液稀释为原溶液的 1/120 可以配制出浓度大约为 0.1 mmol/mL 的稀盐酸溶液,用其滴定 0.187 6 g 的干燥基准物质碳酸钠进行标定:

$$CO_3^{2-} + 2H^+ \longrightarrow H_2O + CO_2$$

滴定需要 35.86 mL 的盐酸,计算盐酸的物质的量浓度。

解:

盐酸的物质的量是被滴定碳酸钠物质的量的两倍:

$$n_{\text{Na}_2\text{CO}_3} = 187.6 \text{ mg Na}_2\text{CO}_3/105.99 \text{ (mg Na}_2\text{CO}_3/\text{mmol)} = 1.770_0 \text{ mmol}$$

$$n_{\text{HCl}} = c_{\text{HCl}}(\text{mmol/mL}) \times 35.86 \text{ mL HCl} = 1.770_0 \text{ mmol Na}_2\text{CO}_3$$
$$\times 2 \text{ (mmol HCl/mmol Na}_2\text{CO}_3)$$

$$c_{\text{HCl}} = \frac{1.770_0 \text{ mmol Na}_2\text{CO}_3 \times 2 \text{ (mmol HCl/mmol Na}_2\text{CO}_3)}{35.86 \text{ mL HCl}}$$

$$= 0.098\,72 \text{ mmol/mL}$$

或者将所有的步骤合在一起,

$$c_{\text{HCl}} = \frac{(m_{\text{Na}_2\text{CO}_3}/M_{\text{r Na}_2\text{CO}_3}) \times (2/1)\,(\text{mmol HCl/mmol Na}_2\text{CO}_3)}{V_{\text{HCl}}}$$

$$= \frac{[187.6 \text{ mg}/105.99 \text{ (mg/mmol)}] \times 2 \text{ (mmol HCl/mmol Na}_2\text{CO}_3)}{35.86 \text{ mL}}$$

$$= 0.098\,72 \text{ mmol/mL}$$

注意我们将待测物质 Na$_2$CO$_3$ 的量乘以比例 t/a[滴定剂物质的量 (mmol)/待测物质的物质的量(mmol)]。注意尽管所有的计算过程都使用 4 位有效数字,但 Na$_2$CO$_3$ 的化学式量使用 5 位有效数字,这是因为如果使用 4 位有效数字,化学式量大约会有千分之一的不确定度,几乎是 187.6 不确定度的一半,通常情况下化学式量的有效数字会多一位。

下面几个例子阐明了不同类型的反应和计量比下的滴定计算。

这是"氧化还原"滴定(见第 14 章)。

例 5.24　用 0.020 6 mmol/mL 的高锰酸钾溶液滴定酸化溶液中的二价铁离子:

$$5Fe^{2+} + MnO_4^- + 8H^+ \longrightarrow 5Fe^{3+} + Mn^{2+} + 4H_2O$$

如果滴定需要 40.2 mL 高锰酸钾溶液,溶液中有多少毫克的铁?

解:

铁离子反应的物质的量是高锰酸根的 5 倍,所以

$$n_{Fe} = \frac{m_{Fe}}{M_{rFe}} = c_{KMnO_4} \times V_{KMnO_4} \times \frac{5}{1} (mmol\ Fe/mmol\ KMnO_4)$$

$$m_{Fe} = 0.020\ 6\ mmol\ KMnO_4/mL \times 40.2\ mL\ KMnO_4$$
$$\times 5\ (mmol\ Fe/mmol\ MnO_4^-) \times 55.8\ mg\ Fe/mmol$$
$$= 231\ mg$$

这样的计算可用于第 14 章中的氧化还原滴定。

下面是一些典型的沉淀和络合反应,以及将滴定剂的物质的量(mmol)转化为待测物质的质量(mg)的换算因子[①]。

$$Cl^- + Ag^+ \longrightarrow AgCl$$

$$m_{Cl^-} = c_{Ag^+} \times V_{Ag^+} \times 1\ (mmol\ Cl^-/mmol\ Ag^+) \times M_{rCl^-}$$

$$2Cl^- + Pb^{2+} \longrightarrow PbCl_2$$

$$m_{Cl^-} = c_{Pb^{2+}} \times V_{Pb^{2+}} \times 2\ (mmol\ Cl^-/mmol\ Pb^{2+}) \times M_{rCl^-}$$

$$PO_4^{3-} + 3Ag^+ \longrightarrow Ag_3PO_4$$

$$m_{PO_4^{3-}} = c_{Ag^+} \times V_{Ag^+} \times \frac{1}{3}(mmol\ PO_4^{3-}/mmol\ Ag^+) \times M_{rPO_4^{3-}}$$

$$2CN^- + Ag^+ \longrightarrow Ag(CN)_2^-$$

$$m_{CN^-} = c_{Ag^+} \times V_{Ag^+} \times 2\ (mmol\ CN^-/mmol\ Ag^+) \times M_{rCN^-}$$

$$2CN^- + 2Ag^+ \longrightarrow Ag[Ag(CN)_2]$$

$$m_{CN^-} = c_{Ag^+} \times V_{Ag^+} \times 1\ (mmol\ CN^-/mmol\ Ag^+) \times M_{rCN^-}$$

$$Ba^{2+} + SO_4^{2-} \longrightarrow BaSO_4$$

$$m_{Ba^{2+}} = c_{SO_4^{2-}} \times 1\ (mmol\ Ba^{2+}/mmol\ SO_4^{2-}) \times M_{rBa^{2+}}$$

$$Ca^{2+} + H_2Y^{2-} \longrightarrow CaY^{2-} + 2H^+$$

$$m_{Ca^{2+}} = c_{EDTA} \times 1\ (mmol\ Ca^{2+}/mmol\ EDTA) \times M_{rCa^{2+}}$$

[175] 这些公式可用于第 8 章和第 11 章中沉淀滴定和络合滴定的计算。

例 5.25 三价铝离子可以由 EDTA 滴定:

$$Al^{3+} + H_2Y^{2-} \longrightarrow AlY^- + 2H^+$$

滴定 1.00 g 的样品时消耗 25.0 mL EDTA。用 EDTA 溶液滴定 25.0 mL

---

① H_4Y 和最后一个公式中的 EDTA 是相同的。

0.100 mmol/mL 的 $CaCl_2$ 溶液，消耗 30.0 mL EDTA。计算样品中 Al_2O_3 的百分数。

解：

因为 Ca^{2+} 与 EDTA 溶液按 1∶1 反应，

$$c_{EDTA} = \frac{0.100 \text{ mmol } CaCl_2/mL \times 25.0 \text{ mL } CaCl_2}{30.0 \text{ mL EDTA}} = 0.083\,3 \text{ mmol/mL}$$

滴定中 Al^{3+} 的物质的量（mmol）与 EDTA 的物质的量（mmol）相同，但是 Al_2O_3 的物质的量（mmol）是它们的一半（因为 $Al^{3+} \longrightarrow \frac{1}{2}Al_2O_3$），所以

Al_2O_3 含量

$$= \frac{c_{EDTA} \times V_{EDTA} \times \frac{1}{2}(\text{mmol } Al_2O_3/\text{mmol EDTA}) \times M_{r\,Al_2O_3}}{m_{样品}} \times 100\%$$

$$= \frac{0.083\,3 \text{ mmol EDTA/mL} \times 20.5 \text{ mL EDTA} \times \frac{1}{2} \times 101.96 \text{ mg } Al_2O_3/\text{mmol}}{1\,000 \text{ mg}}$$

$\times 100\% = 8.71\%$

3）如果待测物质和滴定剂能够以不同的比例反应呢？

你可能在化学导论课程中已经知道一些物质之间的反应产物可能不同，由滴定剂的物质的量计算这类物质的物质的量时，换算的因子取决于特定的反应，比如碳酸钠与两个质子反应或者与一个质子反应：

$$CO_3^{2-} + 2H^+ \longrightarrow H_2O + CO_2$$

$$CO_3^{2-} + H^+ \longrightarrow HCO_3^-$$

在第一种情况下，$n_{Na_2CO_3} = n_{酸} \times \frac{1}{2}(\text{mmol } CO_3^{2-}/\text{mmol } H^+)$。在第二种情况下，$n_{Na_2CO_3} = n_{酸}$。同样地，磷酸作为二元酸被滴定或者作为一元酸被滴定：

$$H_3PO_4 + OH^- \longrightarrow H_2PO_4^- + H_2O$$

$$H_3PO_4 + 2OH^- \longrightarrow HPO_4^{2-} + 2H_2O$$

例 5.26　在酸性溶液中，高锰酸钾可以和 H_2O_2 反应生成 Mn^{2+}：

$$5H_2O_2 + 2MnO_4^- + 6H^+ \longrightarrow 5O_2 + 2Mn^{2+} + 8H_2O$$

在中性溶液中，它可以和 $MnSO_4$ 反应生成 MnO_2：

$$3Mn^{2+} + 2MnO_4^- + 4OH^- \longrightarrow 5MnO_2 + 2H_2O$$

用 0.100 mmol/mL $KMnO_4$ 溶液分别与 50.0 mL 0.200 mmol/mL 的 H_2O_2 和 50.0 mL 0.200 mmol/mL 的 $MnSO_4$ 反应,计算消耗 $KMnO_4$ 溶液的体积(mL)。

记录物质的量(mmol)!

解:

MnO_4^- 的物质的量(mmol)等于反应的 H_2O_2 的物质的量(mmol)的 $2/5$:

$$c_{MnO_4^-} \times V_{MnO_4^-} = c_{H_2O_2} \times V_{H_2O_2} \times \frac{2}{5} (\text{mmol } MnO_4^-/\text{mmol } H_2O_2)$$

$$V_{MnO_4^-} = \frac{0.200 \text{ mmol } H_2O_2/\text{mL} \times 50.0 \text{ mL } H_2O_2 \times \dfrac{2}{5}}{0.100 \text{ mmol } MnO_4^-/\text{mL}} = 40.0 \text{ mL}$$

与 Mn^{2+} 反应的 MnO_4^- 的物质的量(mmol)等于 Mn^{2+} 物质的量(mmol)的 $2/3$:

$$c_{MnO_4^-} \times V_{MnO_4^-} = c_{Mn^{2+}} \times V_{Mn^{2+}} \times \frac{2}{3} (\text{mmol } MnO_4^-/\text{mmol } Mn^{2+})$$

$$V_{MnO_4^-} = \frac{0.200 \text{ mmol } Mn^{2+}/\text{mL} \times 50.0 \text{ mL } Mn^{2+} \times \dfrac{2}{3}}{0.100 \text{ mmol } MnO_4^-/\text{mL}} = 66.7 \text{ mL}$$

例 5.27 草酸 $H_2C_2O_4$ 是一种还原剂,与 $KMnO_4$ 反应如下:

$$5H_2C_2O_4 + 2MnO_4^- + 6H^+ \longrightarrow 10CO_2 + 2Mn^{2+} + 8H_2O$$

它的两个质子也可以用碱进行滴定。求多少毫升 0.100 mmol/mL 的 NaOH 和 0.100 mmol/mL 的 $KMnO_4$ 可以与 500 mg 的草酸 $H_2C_2O_4$ 反应?

解:

$$n_{NaOH} = 2 \times n_{H_2C_2O_4}$$

$$0.100 \text{ mmol/mL} \times x \text{ mL NaOH} = \frac{500 \text{ mg } H_2C_2O_4}{90.0 \text{ mg/mmol}} \times 2(\text{mmol } OH^-/\text{mmol } H_2C_2O_4)$$

$$x = 111 \text{ mL NaOH}$$

$$n_{KMnO_4} = \frac{2}{5} \times n_{H_2C_2O_4}$$

$$0.100 \text{ mmol/mL} \times x \text{ mL KMnO}_4 = \frac{500 \text{ mg } H_2C_2O_4}{90.0 \text{ mg/mmol}} \times \frac{2}{5} (\text{mmol } KMnO_4/\text{mmol } H_2C_2O_4)$$

$$x = 22.2 \text{ mL KMnO}_4$$

例 5.28　将 $Na_2C_2O_4$ 和 $KHC_2O_4 \cdot H_2C_2O_4$ 以一定比例混合后（三个可以交换的质子 KH_3A_2），每克的混合物与 0.100 mmol/mL $KMnO_4$ 溶液和 0.100 mmol/mL NaOH 溶液反应消耗的体积相同，问混合比例是多少？

解：

假设有 10.0 mL 的滴定剂，它可以与 0.100 mmol/mL $KMnO_4$ 溶液和 0.100 mmol/mL NaOH 溶液反应，$KHC_2O_4 \cdot H_2C_2O_4$ 形成溶液的酸度，下面记作 KH_3A_2：

$$n_{KH_3A_2} = n_{NaOH} \times \frac{1}{3} (\text{mmol } KH_3A_2/\text{mmol } OH^-)$$

$$1.00 \text{ mmol NaOH} \times \frac{1}{3} = 0.333 \text{ mmol } KH_3A_2$$

从例 5.27 中可以得知，每毫摩尔的 $H_2C_2O_4(Na_2A)$ 可以与 2/5 毫摩尔的 $KMnO_4$ 反应。

$$n_{KMnO_4} = n_{Na_2A} \times \frac{2}{5}(\text{mmol } MnO_4^-/\text{mmol } Na_2A) + n_{KH_3A_2}$$
$$\times \frac{4}{5}(\text{mmol } MnO_4^-/\text{mmol } KH_3A_2)$$

$$1.00 \text{ mmol } KMnO_4 = n_{Na_2A} \times \frac{2}{5} + 0.333 \text{ mmol } KH_3A_2 \times \frac{4}{5}$$

$$n_{Na_2A} = 1.8_3 \text{ mmol}$$

比例为 1.8_3 mmol Na_2A/0.333 mmol $KH_3A_2 = 5.5_0$ mmol Na_2A/mmol KH_3A_2。

质量比是

$$\frac{5.5_0 \text{ mmol } Na_2A \times 134 \text{ mg/mmol}}{218 \text{ mg } KH_3A_2/\text{mmol}} = 3.38 \text{ g } Na_2A/\text{g } KH_3A_2$$

4）如果反应速度慢的话，可以采用返滴定。

有时候化学反应完成的速度很慢，我们无法获得明显的滴定终点，比如用 HCl 这样的强酸滴定抗酸药片。在这种情况下，**返滴定**的用处很大。在返滴定操作中，将已知量的反应试剂加入样品中，使之稍稍过量。反应试剂通常是滴定剂，当与待测物质的反应完全后，多余的（未反应）试剂通常由另一种标准溶液滴定；待测物质与多余试剂的反应速度可能会提高。这样通过加入试剂的物质的量（mmol）以及测定的未反应物质的物质的量（mmol），我们可以计算出与试剂反应的样品的物质的量（mmol）：

反应试剂量（mmol）＝加入量（mmol）－返滴定消耗量（mmol）

待测物质(mg) ＝ 反应试剂(mmol)×换算因子[待测物质(mmol)/试剂(mmol)]
　　　　　　　×待测物质化学式量(mg/mmol)

在返滴定中,首先加入多于待测物一定物质的量的反应试剂,之后滴定未反应的部分。

例5.29　铬(Ⅲ)与EDTA(H_4Y)的反应很慢,所以要用返滴定的方法测定。据称含有铬(Ⅲ)的吡啶羧酸铬(Ⅲ)$Cr(C_6H_4NO_2)_3$有利于肌肉生长,可作为营养补品对运动员销售。现有样品2.63 g,用5.00 mL 0.010 3 mmol/mL的EDTA进行滴定。反应后,未反应的EDTA用1.32 mL 0.012 2 mmol/mL的锌溶液完成返滴定。求这种营养品中吡啶羧酸铬的质量分数。

解:

Cr^{3+}和Zn^{2+}都按1∶1的比例与EDTA反应:

$$Cr^{3+} + H_4Y \longrightarrow CrY^- + 4H^+$$
$$Zn^{2+} + H_4Y \longrightarrow ZnY^2 + 4H^+$$

加入的EDTA的物质的量(mmol)是

$$0.010\ 3\ mmol\ EDTA/mL × 5.00\ mL\ EDTA = 0.051\ 5\ mmol$$

未反应的EDTA物质的量(mmol)是

$$0.011\ 2\ mmol\ Zn^{2+}/mL × 1.32\ mL\ Zn^{2+} = 0.014\ 8\ mmol$$

反应的EDTA物质的量(mmol)是

$$0.051\ 5\ mmol - 0.014\ 8\ mmol = 0.036\ 7\ mmol \equiv n_{Cr^{3+}}$$

滴定的$Cr(C_6H_4NO_2)_3$的质量是

$$0.036\ 7\ mmol\ Cr(C_6H_4NO_2)_3 × 418.3\ mg/mmol = 15.35\ mg$$

$Cr(C_6H_4NO_2)_3$的质量分数为

$$= \frac{15.35\ mg\ Cr(C_6H_4NO_2)_3}{2\ 630\ mg\ 样品} × 100\%$$
$$= 0.584\%$$

或者将以上步骤组合在一起

$Cr(C_6H_4NO_2)_3$的质量分数为

$$= \frac{(c_{EDTA} × V_{EDTA} - c_{Zn} × V_{Zn^{2+}}) × 1[mmol\ Cr(C_6H_4NO_2)_3/mmol\ EDTA] × M_{r Cr(C_6H_4NO_2)_3}}{m_{样品}} × 100\%$$

$$= \frac{(0.010\ 3\ mmol\ EDTA/mL × 5.00mL\ EDTA - 0.011\ 2\ mmol\ Zn^{2+}/mL × 1.32mL\ Zn^{2+}) × 1 × 418.3\ mg\ Cr(C_6H_4NO_2)_3/mmol}{2\ 630\ mg\ 样品} × 100\%$$

$=0.584\%$

例 5.30 我们按如下步骤分析一个 0.200 g 样品中软锰矿的含量。加入 50.0 mL 0.100 mmol/mL 的七水合硫酸亚铁溶液将 MnO_2 还原成 Mn^{2+}，当还原反应完成后，多余的亚铁离子在酸性溶液中用 0.020 0 mmol/mL 的 $KMnO_4$ 溶液滴定，消耗了 15.0 mL。计算样品中锰的含量，结果以 Mn_3O_4 的含量表示(锰离子不一定以这种形式存在，但是我们可以假设以这种形式存在再计算)。

解：

Fe^{2+} 与 MnO_4^- 之间的反应式为：

$$5Fe^{2+} + MnO_4^- + 8H^+ \longrightarrow 5Fe^{3+} + Mn^{2+} + 4H_2O$$

所以多余 Fe^{2+} 的物质的量是与之反应的 MnO_4^- 的物质的量的 5 倍。

滴定剂和待测物质的反应系数可能会不同。

Fe^{2+} 与 MnO_2 之间的反应式为：

$$MnO_2 + 2Fe^{2+} + 4H^+ \longrightarrow Mn^{2+} + 2Fe^{3+} + 2H_2O$$

所以 MnO_2 的物质的量是与之反应的 Fe^{2+} 的物质的量的一半，Mn_3O_4 的物质的量是 MnO_2 的 $1/3 \left(MnO_2 \longrightarrow \dfrac{1}{3}Mn_3O_4\right)$，所以

$$
\begin{aligned}
n_{Fe^{2+},反应} &= 0.100 \text{ mmol } Fe^{2+}/mL \times 50.0 \text{ mL } Fe^{2+} - 0.020\,0 \text{ mmol } MnO_4^-/mL \\
&\quad \times 15.0 \text{ mL } MnO_4^- \times 5 \text{ mmol } Fe^{2+}/mmol \, MnO_4^- \\
&= 3.5 \text{ mmol}
\end{aligned}
$$

$$
\begin{aligned}
n_{MnO_2} &= 3.5 \text{ mmol } Fe^{2+} \times \frac{1}{2}(\text{mmol } MnO_2/mmol \, Fe^{2+}) = 1.7_5 \text{ mmol}
\end{aligned}
$$

$$
\begin{aligned}
n_{Mn_3O_4} &= 1.7_5 \text{ mmol } MnO_2 \times \frac{1}{3}(\text{mmol } Mn_3O_4/mmol \, MnO_2) \\
&= 0.58_3 \text{ mmol}
\end{aligned}
$$

$$
\begin{aligned}
Mn_3O_4 \text{ 的含量} &= \frac{0.58_3 \text{ mmol } Mn_3O_4 \times 228.8 \, (\text{mg } Mn_3O_4/mmol)}{200 \text{ mg 样品}} \times 100\% \\
&= 66.7\%
\end{aligned}
$$

或者将所有步骤合在一起，Mn_3O_4 的含量为：

$$
\begin{aligned}
&\{[(c_{Fe^{2+}} \times V_{Fe^{2-}} - c_{MnO_4^-} \times V_{MnO_4^-} \times 5(\text{mmol } Fe^{2+}/mmol \, MnO_4^-) \\
&\times \frac{1}{2}(\text{mmol } MnO_2/mmol \, Fe^{2+}) \times \frac{1}{3}(\text{mmol } Mn_3O_4/mmol \, MnO_2) \\
&\times M_{r\,Mn_3O_4}]/m_{样品}\} \times 100\%
\end{aligned}
$$

$$= \frac{(0.100 \times 50.0 - 0.020\,0 \times 15.0 \times 5) \times \dfrac{1}{2} \times \dfrac{1}{3} \times 228.8 \text{ mg/mmol}}{200 \text{ mg 样品}} \times 100\%$$

$$= 66.7\%$$

5.6 滴定度——如何快速进行常规计算

滴定度等于与 1 mL 滴定剂反应的待测物质的质量(mg)。

对于常规的滴定,使用滴定剂的滴定度进行计算十分方便。滴定度是指每 1 mL 某物质的量浓度的滴定液所相当的待测物质的质量,通常用毫克表示。比如重铬酸钾对 Fe 的滴定度可能为 1.267 mg,即每毫升的重铬酸钾会和 1.267 mg 的铁反应,将消耗的滴定剂的体积乘以滴定度就是滴定的铁的质量。滴定度可以用待测物质的任意形式表示,比如用 FeO 或 Fe_2O_3 的质量(mg)来表示。

例 5.31 重铬酸钾标准溶液的质量浓度为 5.442 g/L,它对于 Fe_3O_4 的滴定度是多少毫克?

解:铁以 Fe^{2+} 的形式被滴定,每摩尔的 $Cr_2O_7^{2-}$ 可以与 6 摩尔的 Fe^{2+} 的反应(或者 2 摩尔的 Fe_3O_4):

$$6Fe^{2+} + Cr_2O_7^{2-} + 14H^+ \longrightarrow 6Fe^{3+} + 2Cr^{3+} + 7H_2O$$

$K_2Cr_2O_7$ 溶液的物质的量浓度是

$$c_{Cr_2O_7^{2-}} = \frac{K_2Cr_2O_7 \text{ 质量浓度}}{M_{r\,K_2Cr_2O_7}} = \frac{5.442 \text{ g/L}}{294.19 \text{ g/mol}} = 0.018\,50 \text{ mol/L}$$

所以滴定度是

$$0.018\,50 \left(\frac{\text{mmol } K_2Cr_2O_7}{\text{mL}}\right) \times \frac{2}{1} \left(\frac{\text{mmol } Fe_3O_4}{\text{mmol } K_2Cr_2O_7}\right) \times 231.54 \left(\frac{\text{mg } Fe_3O_4}{\text{mmol } Fe_3O_4}\right)$$

$$= 8.567 \text{ mg } Fe_3O_4/\text{mL } K_2Cr_2O_7$$

5.7 质量关系——质量计算中所需数值

在质量分析过程中(第 10 章),将待测物质转化为可以溶解的形式然后再称量。从形成沉淀的质量以及沉淀和待测物质的质量关系,可以计算出待测物质的质量,这里我们复习一些计算中的概念。

待测物质的称量形式几乎总是与希望表达的形式不同,所以必须从沉淀形式的质量计算出所需的物质的质量。我们可以通过正比例关系实现此目

标，比如通过称量 AgCl 的质量分析样品中氯的含量，可以得到

$$Cl^- \xrightarrow{\text{沉淀试剂}} AgCl(s)$$

即从 1 mol 的 Cl^- 可以得到 1 mol 的 AgCl，所以

$$\frac{m_{Cl^-}}{m_{AgCl}} = \frac{A_{r\,Cl}}{M_{r\,AgCl}} \text{ 或 } m_{Cl^-} = m_{AgCl} \times \frac{A_{r\,Cl}}{M_{r\,AgCl}}$$

式中，A_r 为相对原子质量，M_r 为化学式量。

注意当具体考虑某种物质的质量分数或化学式量的时候，默认使用单位 g 或者 mol。换句话说，AgCl 中含有的或者用于形成 AgCl 的 Cl 的质量等于 AgCl 的质量乘以其中 Cl 的质量分数。

在重量分析中，待测物质的物质的量是形成沉淀的物质的量的倍数（每摩尔的沉淀包括多个摩尔的待测物质）。

样品中相应的 Cl_2 的质量应当这样计算：

$$Cl_2 \xrightarrow{\text{沉淀试剂}} 2AgCl(s)$$

我们可以从 1 mol 的 Cl_2 中得到 2 mol 的 AgCl，所以

$$\frac{m_{Cl_2}}{m_{AgCl}} = \frac{M_{r\,Cl_2}}{2 \times M_{r\,AgCl}} \text{ 和 } m_{Cl_2} = m_{AgCl} \times \frac{M_{r\,Cl_2}}{2 \times M_{r\,AgCl}} \text{ 或 } m_{Cl_2} = m_{AgCl} \times \frac{70.906}{2 \times 143.32}$$

我们也可以这样写

$$m_{AgCl} \times \frac{1\text{ mol AgCl}}{143.32\text{ g AgCl}} \times \frac{1\text{ mol }Cl_2}{2\text{ mol AgCl}} \times \frac{70.906\text{ g }Cl_2}{1\text{ mol }Cl_2} = m_{Cl_2}$$

记住注意计算过程中的单位！

重量分析因数（GF）是待测量组分和被称量组分的化学式量之比，再经调整后的比例：

$$GF = \text{重量分析因数} = \frac{\text{待测组分化学式量}}{\text{被称量组分化学式量}} \times \frac{a}{b}(\text{mol/mol}) \quad (5.28)$$

式中，a 和 b 是使得分子或分母上的化学式量在化学上等值的整数。在上面的几个例子中，重量分析因数是 $(A_{r\,Cl}/M_{r\,AgCl}) \times 1/1$，和 $(M_{r\,Cl_2}/M_{r\,AgCl}) \times \frac{1}{2}$。注意化学式量可能需要乘以整数，目的是使得在分子和分母上重要元素的原子数相同。

重量分析因数是单位质量的沉淀中待测物质的质量。

待测物质的质量等于沉淀的质量乘以重量分析因数。

$$m_{沉淀} \times \frac{M_{r待测组分}}{M_{r被称量组分}} \times \frac{a}{b} = m_{待测} \tag{5.29}$$

注意,等式中物质的形态和单位可以用量纲分析法检查（相同的形态和单位可以抵消）。

同样注意,从样品中计算出 Cl_2 的量而不是 Cl^- 的量,Cl^- 是物质本身存在的形成,Cl_2 是我们称量的形式。如果将 Cl^- 沉淀为 $PbCl_2$,

$$2Cl^- \xrightarrow{\text{沉淀试剂}} PbCl_2 \text{ 并且 } Cl_2 \to PbCl_2$$

得

$$m_{Cl^-} = m_{PbCl_2} \times \frac{2(A_{rCl})}{M_{rPbCl_2}} = m_{PbCl_2} \times GF \text{ 或 } m_{Cl_2} = m_{PbCl_2} \times \frac{M_{rCl_2}}{M_{rPbCl_2}} = m_{PbCl_2} \times GF$$

通过量纲分析法可以从一种物质的质量转化为另一种物质的质量,以这种方式可以计算出待测物质的质量。重量分析因数是计算过程中的一步,它对常规计算很有用,也就是如果知道了重量分析因数,可以将其乘以沉淀的质量,最终计算出待测物质的质量。

待测物质的克数＝沉淀的克数×GF。

例 5.32 计算 25.0 g 的 $BaCl_2$ 中钡的质量和氯的质量。

解:

$$25.0 \text{ g } BaCl_2 \times \frac{A_{rBa}}{M_{rBaCl_2}} = 25.0 \text{ g} \times \frac{137.3}{208.2} = 16.5 \text{ g Ba}$$

$$25.0 \text{ g } BaCl_2 \times \frac{2 \times A_{rCl}}{M_{rBaCl_2}} = 25.0 \text{ g} \times \frac{2 \times 35.45}{208.2} = 8.51 \text{ g Cl}$$

例 5.33 为了测定矿石样品中铝的含量,我们先将其溶解并加碱形成 $Al(OH)_3$ 沉淀,灼烧生成 Al_2O_3 后称量。如果灼烧后沉淀的质量是 0.238 5 g,求样品中铝的质量。

解:

$$m_{Al} = m_{Al_2O_3} \times \frac{2 \times A_{rAl}}{M_{rAl_2O_3}}$$

$$= 0.238 \text{ 5 g} \times \frac{2 \times 26.982}{101.96} = 0.126 \text{ }2_3 \text{ g Al}$$

或重量分析因数是

$$\frac{2 \times A_{rAl}}{M_{rAl_2O_3}} = \frac{2 \times 26.982}{101.96} = 0.529 \text{ 27(g Al/g } Al_2O_3)$$

则 $0.238\ 5$ g $Al_2O_3 \times 0.529\ 27$ (g Al/g Al_2O_3) $= 0.126\ 2_3$ g Al

下面是其他几个例子的重量分析因数

拟测物质	称量物质	重量因子
SO_3	$BaSO_4$	$\dfrac{M_{r\,SO_3}}{M_{r\,BaSO_4}}$
Fe_3O_4	Fe_2O_3	$\dfrac{2 \times M_{r\,Fe_3O_4}}{3 \times M_{r\,Fe_2O_3}}$
Fe	Fe_2O_3	$\dfrac{2 \times A_{r\,Fe}}{M_{r\,Fe_2O_3}}$
MgO	$Mg_2P_2O_7$	$\dfrac{2 \times M_{r\,MgO}}{M_{r\,Mg_2P_2O_7}}$
P_2O_5	$Mg_2P_2O_7$	$\dfrac{M_{r\,P_2O_5}}{M_{r\,Mg_2P_2O_7}}$

在第 10 章中有更多关于质量分析的例子。

思　考　题

1. 区别以质量/质量、质量/体积以及体积/体积为基础的浓度表达方式。
2. 分别解释以质量/质量、质量/体积以及体积/体积为基础的 ppm 和 ppb 的表达方式。
3. 解释临床化学中用于表示电解质的"当量"的含义。为什么使用它？
4. 列出滴定所需要的条件。四大滴定分别是什么？
5. 什么是滴定的化学计量点？滴定终点呢？
6. 什么是标准溶液？如何配制？
7. 基准物质所需条件是什么？
8. 为什么基准物质的化学式量应当要高？

习　　题

9. 计算配制下列溶液所需物质的质量：(a) 250 mL 的 5.00%（质量/体积）$NaNO_3$；(b) 500 mL 的 1.00% NH_4NO_3；(c) 1 000 mL 的 10.0% $AgNO_3$。

10. 在下面几种溶液中溶质的质量浓度是多少（质量/体积，%）？
(a) 52.3 g/L 的 Na_2SO_4；(b) 500 mL 水中的 275 g KBr；(c) 200 mL 水中的 3.65 g SO_2。

11. 计算下列物质的化学式量：(a) $BaCl_2 \cdot 2H_2O$；(b) $KHC_2O_4 \cdot H_2C_2O_4$；(c) $Ag_2Cr_2O_7$；(d) $Ca_3(PO_4)_2$。

12. 分别计算质量为 500 mg 时，下列物质的物质的量（mmol）：(a) $BaCrO_4$；(b) $CHCl_3$；

(c) $KIO_3 \cdot HIO_3$；(d) $MgNH_4PO_4$；(e) $Mg_2P_2O_7$；(f) $FeSO_4 \cdot C_2H_4(NH_3)_2SO_4 \cdot 4H_2O$。

13. 如果将第 12 题中的各种物质分别溶解并稀释到 100 mL,配制成 0.200 mol/L 的溶液,分别计算所需各种物质的克数。

14. 为了配制下列几种溶液,计算需要称量的物质的毫克数:(a) 1.00 L 1.00 mol/L NaCl;(b) 0.500 L 0.200 mol/L 蔗糖 $(C_{12}H_{22}O_{11})$;(c) 10.0mL 0.500 mol/L;(d) 0.010 0 L 0.200 mol/L Na_2SO_4;(e) 250mL 0.500 mol/L KOH;(f) 250mL 0.900% NaCl (g/100mL 溶液)。

15. 化学储藏室中提供了以下几种储备溶液:0.100 mol/L HCl,0.020 0 mol/L NaOH,0.050 0 mol/L KOH,10.0% HBr (质量/体积)以及 5.00% Na_2CO_3(质量/体积)。这几种溶液中溶质的量如下,请问储备溶液的体积是多少?
(a) 0.050 0 mol HCl;(b) 0.010 0 mol NaOH;(c) 0.100 mol KOH;(d) 5.00 g HBr;(e) 4.00 g Na_2CO_3;(f) 1.00 mol HBr;(g) 0.500 mol Na_2CO_3。

16. 取以下溶液各 10 mL 混匀:0.100 mol/L $Mn(NO_3)_2$,0.100 mol/L KNO_3 和 0.100 mol/L K_2SO_4。分别计算混合溶液中阴离子和阳离子的浓度。

17. 将含有 10.0 mmol 的 $CaCl_2$ 溶液稀释到 1 L,计算每毫升的最终溶液中 $CaCl_2 \cdot 2H_2O$ 的克数。

18. 计算下列几种物质的物质的量浓度:(a) 10.0 g H_2SO_4 溶于 250 mL 溶液;(b) 6.00 g NaOH 溶于 500 mL 溶液;(c) 25.0 g $AgNO_3$ 溶于 1.00 L 溶液。

19. 取下列溶液各 500 mL,分别计算各溶液中溶质的克数:(a) 0.100 mol/L Na_2SO_4;(b) 0.250 mol/L $Fe(NH_4)_2(SO_4)_2 \cdot 6H_2O$;(c) 0.667 mol/L $Ca(C_9H_6ON)_2$。

20. 计算配制下列溶液时所需各溶质的质量:(a) 250 mL 的 0.100 mol/L KOH 溶液;(b) 1.00 L 的 0.027 5 mol/L $K_2Cr_2O_7$ 溶液;(c) 500 mL 的 0.050 0 mol/L $CuSO_4$ 溶液。

21. 现有一质量分数为 38.0%,相对密度为 1.19 的浓盐酸溶液,为了配制 1 L 的 0.100 mol/L 的盐酸溶液,需要这样的浓盐酸溶液多少毫升?(假设在三个有效数字之内密度和相对密度相等。)

22. 计算下列各个商品化酸碱溶液的物质的量浓度:(a) 70.0% $HClO_4$,相对密度为 1.668;(b) 69.0% HNO_3,相对密度为 1.409;(c) 85.0% H_3PO_4,相对密度为 1.689;(d) 99.5% CH_3COOH(乙酸),相对密度为 1.051;(d) 28.0% NH_3,相对密度为 0.898(假设密度和相对密度在三位有效数字内是相同的)。

23. 某溶液体积为 250 mL,含有 6.0 μmol 的 Na_2SO_4,试求该溶液中钠离子的质量浓度是多少?(mg/L)?硫酸根离子呢?

24. 某溶液(100 mL)含有 325 mg/L 的 K^+,其分析过程是先将其沉淀为四苯硼酸钾 $K(C_6H_5)_4B$,再用丙酮溶解该沉淀,测定溶液中四苯硼酸离子的浓度。如果丙酮溶液的体积是 250 mL,那么四苯硼酸根离子的质量浓度是多少?结果用 mg/L 来表示。

25. 假设下列溶液的质量浓度为 1.00 mg/L,计算各溶液物质的量浓度。(a) $AgNO_3$;(b) $Al_2(SO_4)_3$;(c) CO_2;(d) $(NH_4)_4Ce(SO_4)_4 \cdot 2H_2O$;(e) HCl;(f) $HClO_4$。

26. 下列各溶液的物质的量浓度为 2.50×10^{-4} mol/L,计算其质量浓度,结果以 mg/L 表示。
(a) Ca^{2+};(b) $CaCl_2$;(c) HNO_3;(d) KCN;(e) Mn^{2+};(f) MnO_4^-。

27. 如果想要配制 Fe^{2+} 浓度为 1.00 mg/L 的溶液 1 L,需要溶解多少克的硫酸亚铁铵 $FeSO_4 \cdot (NH_4)_2SO_4 \cdot 6H_2O$ 并稀释到 1 L? 这个溶液的物质的量浓度是多少?

28. 我们分析一个质量为 0.456 g 的矿石样品中铬的含量,结果发现有 0.560 mg 的 Cr_2O_3,计算样品中 Cr_2O_3 的浓度,结果分别以(a)百分之一,(b)千分之一,(c)百万分之一表示。

29. 在 1 L 的 NaCl 溶液中,当(a) Na^+ 和(b) Cl^- 的浓度分别是 100 mg/L 时,分别需要称量多少克的 NaCl?

30. 目前有 K^+ 浓度为 250 mg/L 的 KCl 溶液,想要配制 0.001 00 mol/L 的 Cl^- 溶液 1 L,请问需要稀释多少毫升的 KCl 溶液?

31. 1 L 浓度为 500 mg/L 的 $KClO_3$ 溶液中含有多少克的 K^+?

32. 将 12.5 mL 的溶液稀释到 500 mL,它的物质的量浓度为 0.125 mol/L,请问原溶液的物质的量浓度是多少?

33. 多少体积的 0.50 mol/L H_2SO_4 加入 65 mL 的 0.20 mol/L H_2SO_4,可以得到 0.35 mol/L的硫酸溶液? 假设体积是可加的。

34. 多少毫升的 0.10 mol/L H_2SO_4 溶液加入 50 mL 0.10 mol/L 的 NaOH 溶液中,可以得到 0.050 mol/L 的 H_2SO_4 溶液? 假设体积是可加的。

35. 你需要从 0.100 mol/L 的葡萄糖标准溶液配制一系列标准溶液,浓度分别为 1.00×10^{-5} mol/L,2.00×10^{-5} mol/L,5.00×10^{-5} mol/L 和 1.00×10^{-4} mol/L。目前你有 100 mL 的容量瓶和体积分别为 1.00 mL、2.00 mL、5.00 mL 和 10.00 mL 的滴定管,简单描述配制标准曲线的步骤。

36. 我们用分光光度法分析 0.500 g 样品中锰的含量,先将样品溶解于酸溶液中并转移到 250 mL 的容量瓶里,稀释至标线。我们共分析三个平行样,将 50 mL 的样品转移至 500 mL 的锥形瓶中,并用过硫酸钾作为氧化剂氧化,将锰转化为高锰酸根。在反应完后,将溶液完全转移至 250 mL 的容量瓶中,稀释至标线后用分光光度法测定。与标准溶液进行比较,最终溶液的浓度为 1.25×10^{-5} mol/L,请问样品中锰的含量是多少?

37. 将 34.83 mg 的六水合醋酸铜(化学式量为 289.73 g/mol)溶于 25.0 mL 水中,配制成待测物质的储备溶液;将 28.43 mg 的氯化铈(I)(化学式量为 190.74 g/mol)溶于 25.0 mL水中,配制成内标液的储备溶液。这些溶液可以配制一系列的标准溶液用于火焰原子吸收法中标准曲线的配制,每种溶液(各 10.00 mL)的铜离子浓度如下: 10.00 μmol/L、25.00 μmol/L、50.00 μmol/L、100.00 μmol/L 和 200.00 μmol/L,每个标准溶液应当有 50.00 μmol/L 的铈。

请问待测物质储备溶液的浓度是多少? 内标液的储备溶液浓度是多少?

Cu 浓度/ μmol/L	分析物储备 溶液体积/mL	内标物储备 溶液体积/mL	稀释液 体积/mL	总体积 /mL
10.00				10.00
25.00				10.00
50.00				10.00
100.0				10.00
200.0				10.00

👍 **教授推荐问题**

由 The University of Texas at El Paso 的 W. F. Lee 教授提供

38. 汤姆是一位分析化学家,他在杂货店买了一包无咖啡因的咖啡,然而汤姆怀疑他可能喝的是常规咖啡,所以他决定检测咖啡中咖啡因的含量。他在实验室里取出了 0.5 mL 的刚煮好的咖啡并用水稀释成 100.0 mL 的溶液,他分析了四次,发现浓度分别为4.69 mg/L、3.99 mg/L、4.12 mg/L、4.50 mg/L(假设所有溶液的密度都是 1.000 g/mL,1 盎司＝28.35 mL)。

    (a) 写出刚煮好的咖啡中咖啡因的浓度(mg/L),结果以平均数±标准差来表示(注意不是稀释后的浓度)。

    (b) 查阅常规咖啡和无咖啡因的咖啡中咖啡因的含量,你认为汤姆是否拿错了咖啡?

    (c) 对于大多数成年人来说,每日咖啡因的摄入量低于 300 mg 时无副作用。如果汤姆每天喝三杯这样的咖啡(8 盎司/杯),那他的摄入量是否在安全区域内?

39. 已知纯碱中含有 98.6% 的 Na_2CO_3,如果 0.678 g 该样品需要 36.8 mL 的硫酸溶液滴定至中性,那么硫酸溶液的物质的量浓度是多少?

40. 通过滴定氨基磺酸标准溶液来标定 0.1 mol/L 的氢氧化钠溶液,为了使得滴定管中NaOH 溶液消耗的体积大约是 40 mL,应该称多少质量的氨基磺酸?

41. 我们要分析一个美国药典级的柠檬酸($H_3C_6H_5O_7$,三个可滴定的质子)样品,用 0.108 7 mol/L 的 NaOH 溶液对其进行滴定,如果滴定 0.267 8 g 的样品时消耗了38.31 mL NaOH,这个样品的纯度是多少? (美国药典级纯度需要达到 99.5%)

42. 现有一 200 μL 的血清样品,用 $1.87×10^{-4}$ mol/L 的 EDTA 溶液滴定其中钙的含量,消耗了 2.47 mL EDTA,血液中钙的浓度以 mg/dL 表示是多少?

43. 用 0.100 mol/L 的 $AgNO_3$ 溶液滴定 0.372 g 样品,样品为不纯的 $BaCl_2 \cdot 2H_2O$ 样品,消耗滴定剂 27.2 mL,计算样品中(a) Cl 的含量(%);(b) 化合物的纯度。

44. 我们需要分析铁矿中铁的含量,先将其溶解于酸溶液中,将铁元素均转化为 Fe^{2+},接下来用 0.015 0 mol/L 的 $K_2Cr_2O_7$ 标准溶液进行滴定。如果滴定 1.68 g 的铁矿消耗35.6 mL 滴定剂,样品中铁的含量是多少?结果以 Fe_2O_3 的含量(%)表示(滴定反应见例5.31)。

45. 我们需要分析 2.00 g 样品中钙的含量,先形成沉淀 CaC_2O_4,再将其溶于酸中,然后用0.020 0 mol/L 的 $KMnO_4$ 溶液滴定草酸根。如果滴定反应消耗了 35.6 mL $KMnO_4$ 溶液,样品中 CaO 的含量是多少? (反应式 $5H_2C_2O_4 + 2MnO_4^- + 6H^+ \longrightarrow 10CO_2 + 2Mn^{2+} + 8H_2O$)

46. 将 4.68 g $KMnO_4$ 固体溶于水中并稀释到 500 mL 配制成高锰酸钾溶液。有一 0.500 g的铁矿样品含有 35.6% 的 Fe_2O_3,用高锰酸钾溶液对铁矿进行滴定,需要消耗多少毫升高锰酸钾溶液? (滴定反应见例5.30)

47. 一个样品中含有 $BaCl_2$ 以及惰性物质,用 0.100 mol/L 的 $AgNO_3$ 溶液进行滴定,为了使消耗的滴定剂的毫升数和 $BaCl_2$ 的百分含量在数值上相同,应该取质量为多少的样品?

48. 一个 0.250 g 的样品中有不纯的 $AlCl_3$,用 0.100 mol/L 的 $AgNO_3$ 溶液进行滴定,消耗了 $AgNO_3$ 溶液 48.6 mL,那么多少体积的 0.100 mol/L 的 EDTA 溶液可以和 0.350 g

的样品反应？(EDTA 可以和 Al^{3+} 以 $1:1$ 的比例反应。)

49. 现有一纯净的 425.2 mg 的一元有机酸样品,用 0.102 7 mol/L 的 NaOH 溶液进行滴定,消耗了 NaOH 溶液 27.78 mL,这个酸的化学式量是多少？

50. 我们测定 0.287 g 样品中 $Zn(OH)_2$ 的纯度时,用标准盐酸溶液滴定,消耗了标准盐酸溶液 37.8 mL；在一份 25.0 mL 的 HCl 溶液中,将 HCl 沉淀为 AgCl 并称量(获得 0.462 g AgCl),$Zn(OH)_2$ 的纯度是多少？

51. 一份纯 $KHC_2O_4 \cdot H_2C_2O_4 \cdot 2H_2O$ 样品(三个可交换的质子)需要 46.2 mL 的 0.100 mol/L NaOH 溶液进行滴定,取同样量的样品,需多少毫升 0.100 mol/L 的 $KMnO_4$ 溶液进行滴定？

52. 一个 0.500 g 的样品中包含 Na_2CO_3 以及惰性物质,我们对其分析时先加入 50.0 mL 的 0.100 mol/L HCl 溶液,这样会稍微过量,加热去除 CO_2,然后用 0.100 mol/L 的 NaOH 溶液返滴定多余的酸。如果返滴定需要 5.6 mL 的 NaOH 溶液,样品中 Na_2CO_3 的含量(%)是多少？

53. 我们分析过氧化氢溶液的含量时,先加入略微过量的 $KMnO_4$ 标准溶液,再用标准 Fe^{2+} 溶液滴定未反应的 $KMnO_4$ 溶液。我们取 0.587 g 的 H_2O_2 溶液样品,加入 25.0 mL 的 0.021 5 mol/L $KMnO_4$ 标准溶液,返滴定消耗了 5.10 mL 的 0.112 mol/L Fe^{2+} 溶液。样品中 H_2O_2 的含量是多少？

54. 黄铁矿中硫的分析过程是先将其转化为 H_2S 气体,再用 10.0 mL 的 0.005 00 mol/L I_2 溶液进行吸收,然后用 0.002 00 mol/L $Na_2S_2O_3$ 的溶液返滴定。如果返滴定需要 2.6 mL 的 $Na_2S_2O_3$ 溶液,那么这个样品中硫有多少毫克？反应：

$$H_2S + I_2 \longrightarrow S + 2I^- + 2H^+$$
$$I_2 + 2S_2O_3^{2-} \longrightarrow 2I^- + S_4O_6^{2-}$$

55. 计算 0.100 mol/L EDTA 溶液对 BaO 的滴定度,以 mg/mL 作单位。

56. 计算 0.050 0 mol/L $KMnO_4$ 溶液对 Fe_2O_3 的滴定度,以 mg/mL 作单位。

57. 硝酸银溶液对 Cl 的滴定度是 22.7 mg/mL,它对于 Br 的滴定度是多少？

58. 计算下列物质作为酸或碱的当量：(a) HCl；(b) $Ba(OH)_2$；(c) $KH(IO_3)_2$；(d) H_2SO_3；(e) CH_3COOH。

59. 假设在问题 58 中酸或碱的当量浓度为 0.250 eq/L,分别计算其物质的量浓度。

60. 计算 KHC_2O_4 在以下两种情况下的当量浓度：(a) 作为酸；(b) 作为与 MnO_4^- 反应的还原试剂。($5HC_2O_4^- + 2MnO_4^- + 11H^+ \longrightarrow 10CO_2 + 2Mn^{2+} + 8H_2O$)

61. 氧化汞 HgO 可以与碘化物发生反应,然后用酸进行滴定分析

$$HgO + 4I^- \longrightarrow HgI_4^{2-} + 2OH^-。$$ 它的当量是多少？

62. 计算下列各物质在指定的反应中一当量的克数：(a) $FeSO_4$($Fe^{2+} \rightarrow Fe^{3+}$)；(b) $H_2S(\rightarrow S^0)$；(c) $H_2O_2(\rightarrow O_2)$；(d) $H_2O_2(\rightarrow H_2O)$。

63. $BaCl_2 \cdot 2H_2O$ 可以用来滴定 Ag^+ 产生 AgCl 沉淀,0.500 g 的 $BaCl_2 \cdot 2H_2O$ 的毫当量是多少？

64. 我们将 7.82 g 的 NaOH 和 9.26 g 的 $Ba(OH)_2$ 溶于水中,并稀释到 500 mL,这样配制出的溶液碱浓度是多少？用 eq/L 来表示。

65. 为了配制 1 L 当量为 0.100 0 eq/L 的砷(Ⅲ)溶液,应该称取多少克的 As_2O_3(As^{3+} 在氧

化反应中被氧化成 As^{5+}）？

66. 如果 2.73 g 的 $KHC_2O_4 \cdot H_2C_2O_4$（三个质子可以离子化）有 2.0% 的惰性杂质，将它与 1.68 g 的 $KHC_8H_4O_4$（一个质子可以离子化）溶于水中并稀释到 250 mL，作为酸其浓度用 eq/L 表示是多少？假设溶质完全电离。

67. 某 $KHC_2O_4 \cdot H_2C_2O_4 \cdot 2H_2O$ 溶液（三个可交换质子）作为酸的浓度是 0.200 eq/L，作为还原剂其浓度用 eq/L 表示是多少？（该物质作为还原剂的反应见习题 45。）

68. $Na_2C_2O_4$ 与 $KHC_2O_4 \cdot H_2C_2O_4$ 以某种质量比混合，混合后的溶液作为还原剂的浓度（eq/L）是作为酸的浓度（eq/L）的 3.62 倍，问混合比例是多少？（该物质作为还原剂的反应见习题 45。）

69. 为了称取 1.000 L 当量为 0.100 0 eq/L 的 $K_2Cr_2O_7$ 溶液，需要称取多少溶质？（化学反应式是：$Cr_2O_7^{2-} + 14H^+ + 6e^- \Longrightarrow 2Cr^3 + 7H_2O$）

70. 一溶液中氯离子的浓度是 300 mg/dL，其浓度用 meq/L 表示是多少？

71. 一溶液中钙离子的浓度是 5.00 meq/L，其浓度用 mg/dL 表示是多少？

72. 一尿样中氯离子浓度是 150 meq/L，如果我们假设尿样中氯离子以氯化钠的形式存在，NaCl 的浓度用 g/L 表示是多少？

73. 请问 2.58 g 的 Mn_3O_4 中锰的质量是多少？

74. 我们用沉淀滴定法测定锌的含量，锌以 $Zn_2Fe(CN)_6$ 的形式存在。

　　(a) 某个样品中得到沉淀 0.348 g，锌的质量是多少？

　　(b) 0.500 g 锌可以得到多少质量的沉淀？

75. 计算下列情况的质量因子：

拟　测　物　质	称　量　物　质
Mn	Mn_3O_4
Mn_2O_3	Mn_3O_4
Ag_2S	$BaSO_4$
$CuCl_2$	AgCl
MgI_2	PbI_2

 教授推荐问题

由 Old Dominion University 的 Thomas L. Isenhour 教授提供。

76. 一个 10.00 g 的样品中含有 NaCl 和 KCl，将样品溶解后用 $AgNO_3$ 滴定形成沉淀 AgCl，沉淀被洗净和干燥过后，称量得 21.62 g，原样品中 NaCl 的质量分数是多少？

参 考 文 献

1. T. P. Hadjiioannou, G. D. Christian, C. E. Efstathiou, and D. Nikolelis, *Problem solving in Analytical Chemistry*. Oxford: Pergamon, 1988.

2. Q. Fernando and M. D. Ryan, *Calculations in Analytical Chemistry*. New York: Harcourt Brace Jovanovich, 1982.

第6章
化学平衡总概念

"The worst form of inequality is to make unequal things equal."

——Aristotle

学习要点
- 平衡常数[重点方程：式(6.12)，式(6.15)]
- 平衡浓度的计算
- 使用 Excel"单变量求解"解单变量方程
- 平衡计算的系统方法：质量平衡和电荷平衡方程式
- 活度和活度系数[重点方程式(6.19)]
- 热力学平衡常数[重点方程式(6.23)]

在一个化学反应中，反应物几乎全部定量地形成产物，但化学反应却从来不只是单向进行的。实际上，当正向反应速率与逆向反应速率相等时，反应才达到平衡。本章中，我们将回顾反应平衡的概念、平衡常数，提出使用平衡常数的一般计算方法，并讨论离子组分中的活度及其活度系数的计算方法。这些值在进行热力学平衡常数的有关计算（异离子效应）时需要用到，将在本章的最后部分提到。这些值也用于电位分析法的计算中。

6.1 化学反应：速率理论

1863 年，挪威化学家 G. W. Guldberg 和 P. Waage 提出了我们称为质量作用的定律，指出化学反应速率正比于处于任意时刻的反应物的"活性质量"。"活性质量"可能是浓度或者分压强。通过以正向反应速率与逆向反应速率相等为条件来定义化学平衡，Guldberg 和 Waage 推导出了一个平衡常数表达式。考虑如下化学反应：

$$a\text{A} + b\text{B} \rightleftharpoons c\text{C} + d\text{D} \tag{6.1}$$

根据 Guldberg 和 Waage 的推导，正向反应速率等于各反应物的浓度的化学计量系数的幂指数乘以一个常数，其中各反应物浓度的幂指数即为基本反应方

程式中该反应物化学计量数的绝对值,即[①]:

$$\text{Rate}_{\text{fwd}} = k_{\text{fwd}} [A]^a [B]^b \qquad (6.2)$$

式中,Rate_{fwd} 为正向反应速率;k_{fwd} 为速率常数,取决于温度和催化剂的存在与否等因素;$[A]$ 和 $[B]$ 分别代表反应物 A 和 B 的物质的量浓度。类似地,Guldberg 和 Waage 写出了逆向反应速率:

$$\text{Rate}_{\text{rev}} = k_{\text{rev}} [C]^c [D]^d \qquad (6.3)$$

对处于平衡状态下的体系,正向反应速率与逆向反应速率相等:

$$k_{\text{fwd}} [A]^a [B]^b = k_{\text{rev}} [C]^c [D]^d \qquad (6.4)$$

整理该方程即可得到该反应的**物质的量浓度平衡常数** K(适用于稀溶液):

$$\frac{[C]^c [D]^d}{[A]^a [B]^b} = \frac{k_{\text{fwd}}}{k_{\text{rev}}} = K \qquad (6.5)$$

在平衡状态下,逆向反应速率等于正向反应速率。

式(6.5)为平衡常数的正确表达式,但其推导方法却不具备一般有效性。原因在于反应速率实际上取决于反应机理,是由反应中碰撞的组分数决定的,然而平衡常数的表达式仅取决于化学反应计量数。在速率常数表达式中,反应级数由反应的组分数之和确定,这可能完全不同于反应的化学计量学(见第 22 章)。以 I^- 还原 $S_2O_8^{2-}$ 的反应速率为例:

$$S_2O_8^{2-} + 3I^- \longrightarrow 2SO_4^{2-} + I_3^-$$

该反应的正向反应速率实际上等于 $k_{\text{fwd}}[S_2O_8^{2-}][I^-]$(二级反应),而不是如化学平衡方程式所预期的 $k_{\text{fwd}}[S_2O_8^{2-}][I^-]^3$(四级反应)。热力学理论才是化学平衡常数的唯一可靠的理论基础。见第 6.3 节中吉布斯自由能部分有关平衡常数值的热力学计算。

平衡常数 K 值可通过测量平衡状态下各反应组分 A、B、C 和 D 的浓度值进行经验计算。请注意:正向反应速率与逆向反应速率比值越大,平衡常数将会越大,达到平衡时该反应往右进行得越完全。

当 A 和 B 反应刚开始时,正向反应速率较大,因为 A 和 B 的浓度都较高;而此时逆向反应则较慢,因为 C 和 D 的浓度都较小(在反应初始时逆向反应速率为零)。随着反应的进行,A 和 B 的浓度降低,而 C 和 D 的浓度则升高,因此正向反应速率减弱,而逆向反应速率则增强(图 6.1)。最终,当两者的速率相等时,体系达到平衡状态。此时,A、B、C 和 D 各自的浓度都保持不变(其相对大小由反应的化学计量、各组分的初始浓度以及平衡向右进行的程度确定)。但是体系处于正向反应和逆向反应速率持续相等的动态平衡状态中。

---

① 　[]单位为 mol/L,在该处代表有效浓度。当我们讲到活度时,有效浓度将会在其中的异离子效应部分讨论。

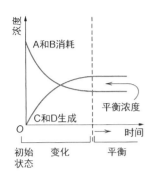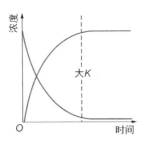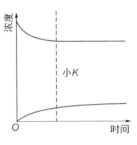

图 6.1　化学反应进程

平衡常数越大,平衡时反应往右进行得越完全。

你会注意到平衡常数的表达式是一个比值,该比值中产物浓度出现在分子中,反应物浓度出现在分母中。此种表达方式相当随意,但却是可接受的一种约定俗成的方式。因此,平衡常数越大表明平衡向右进行得越完全。

应该指出:虽然一个特定的反应可能具有相当大的平衡常数,但是在反应初始时如果产物的浓度足够大,反应也可能逆向地从右向左进行。而且,平衡常数也无法给出反应会以多快的速度趋近平衡。有些反应,实际上可能由于太慢而无法测量。平衡常数仅仅告诉我们反应发生的趋势以及方向,而不是反应是否切实可行。(见第 22 章反应速率测定的动力学分析方法及其在分析中的应用。)

平衡常数大并不能保证反应能以可观的速率进行。

方程 6.1 所示的反应,正向反应与逆向反应很可能以不同的速率达到平衡,即:如果以产物 C 和 D 混合开始进行反应,其达到平衡的速率可能比正向反应慢得多或者快得多。

图 6.2 展示了反应以不同的速率达到平衡的情况。

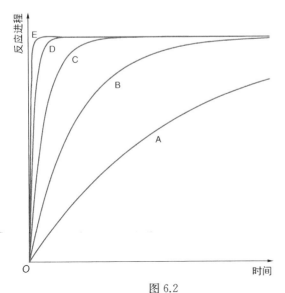

图 6.2

在平衡常数相等的条件下,反应达到平衡的过程由反应的动力学控制,这无法通过经验来预测。离子间的反应通常是瞬时的,除了离子间的反应和涉及燃烧的反应外,大部分其他反应是在可测量的时间范围内进行的。图中从 A 到 E,反应速率依次增加 3 倍,但是反应的终点并没有改变,所以选择合适的催化剂能够加快反应速率。加热也能明显提高反应速率,但它同时可能会影响反应平衡终点

6.2　平衡类型

事实上,我们可以对任何类型的化学过程都写出平衡常数。表6.1列举了一些常见的化学平衡类型。这些平衡可以代表离解(酸/碱、溶解)、产物(复合物)生成、反应(氧化还原)和两相分配(水和非水溶剂——溶剂萃取;从水相到表面的吸附,如色谱过程,等等)。在本章接下来的部分和后续章节中我们将会讨论其中一些平衡。

对离解、结合、反应以及相分配,我们都可以写出平衡常数。

表 6.1　化学平衡类型

平　衡	反应(化学过程)	平 衡 常 数
酸/碱离解	$HA + H_2O \rightleftharpoons H_3O^+ + A^-$	K_a,酸离解常数
溶解	$MA \rightleftharpoons M^{n+} + A^{n-}$	K_{sp},溶度积
复合反应	$M^{n+} + aL^{b-} \rightleftharpoons ML_a^{(n-ab)+}$	K_f,形成常数
氧化/还原反应	$A_{red} + B_{ox} \rightleftharpoons A_{ox} + B_{red}$	K_{eq},反应平衡常数
相分配	$A_{H_2O} \rightleftharpoons A_{organic}$	K_D,分配系数

6.3　吉布斯自由能和平衡常数

一个化学反应发生的趋向是由热力学焓变(ΔH)和熵变(ΔS)决定的。焓变指当一个吸热反应在常压下发生时体系所吸收的热量。当放热时(放热反应),ΔH 为负值。熵是一种物质(或一个体系)的混乱度(或随机度)的量度。

体系总是自发趋向于更低的能量状态和更大的随机度,即更低的焓值和更高的熵值。例如:山上的石头总是倾向于自发向山下(更低的能量状态)滚落;一箱以颜色归类摆放好的石头在箱子摇晃以后将被打乱。焓和熵的综合效应由吉布斯自由能(G)给定:

$$G = H - TS \tag{6.6}$$

式中,T 为绝对温度,单位为开尔文;G 为体系的能量。体系总是自发朝向更低的能量状态。在恒温条件下,体系的能量变化为:

$$\Delta G = \Delta H - T\Delta S \tag{6.7}$$

所以当 ΔG 为负值时正过程为自发;当 ΔG 为正值时,则逆过程自发;当 ΔG 为零时,则过程处于平衡状态。因此,在一个放热反应中,热量的释放

（ΔH 为负）和熵值的增加（ΔS 为正）有助于反应的进行。ΔH 和 ΔS 两者均可为正值或负值，其相对大小以及温度将决定 ΔG 是否为负值，从而决定反应是否自发进行。

单独的焓变或熵变并不能决定一个过程是否自发。很多盐类，如NH_4Cl，自发溶解于水是一个吸热过程（热量被吸收，溶液变冷）。此类情况下，溶解的熵变值大且超出正的焓变值。

宇宙中的任何事物都趋向于增加混乱度（增加熵值）和降低能量（焓值降低）。

标准焓 $H°$，标准熵 $S°$ 以及标准自由能 $G°$ 分别表示一摩尔物质在标准状态（$p=1\,atm, T=298\,K$，单位浓度）下的热力学量值。由此，

$$\Delta G° = \Delta H° - T\Delta S° \tag{6.8}$$

自发反应导致体系放热且自由能降低。在平衡状态下，自由能保持不变。

$\Delta G°$ 与反应的平衡常数由下式关联：

$$K = e^{-\Delta G°/RT} \tag{6.9}$$

或者

$$\Delta G° = -RT\ln K = -2.303RT\lg K \tag{6.10}$$

式中，R 为阿伏加德罗常数（$8.314\,J\cdot K^{-1}\cdot mol^{-1}$）。因此，如果知道一个反应的标准自由能，就能计算出其平衡常数。显然，当 $\Delta G°$（为负值时）越大时，K 值将会越大。请注意：$\Delta G°$ 和 ΔG 只给出反应自发性的信息，它们与反应以何种速率进行无关。氢气和氧气反应生成水这一过程有非常大的负自由能值，但是在室温下，无催化剂（或者火花！）时，这两种气体可以共存数年且不会发生可观测到的反应。

一个大的平衡常数值源自所讨论的反应的自由能变化值，变化值负值越大，平衡常数越大。

J. Willard Gibbs

约西亚·威拉德·吉布斯（J. Willard Gibbs，1839—1903 年）是化学热力学的奠基人。他引入了自由能的概念，为纪念他，现在通称吉布斯自由能。在一个自发的过程中，吉布斯自由能把一个物理或者化学体系自发趋于降低其能量状态与增加其体系的混乱度（熵）这两种趋向联系在一起。吉布斯于 1863 年被美国耶鲁大学授予该校第一个工程博士学位（其博士论文为齿轮传动装置的设计）。得益于吉布斯对热力学的研究及其在统计力学方面的建树，阿尔伯特·爱因斯坦（Albert Einstein）称赞吉布斯的学术思想为"美国历史上最伟大的思想"

6.4　勒夏特列原理

对体系施加外力,可以改变反应物和产物的平衡浓度,例如改变温度、压强或者其中一种反应物的浓度。这些变化所产生的效应可以用勒夏特列原理进行预测。勒夏特列原理指出:当外力施加于一个处于化学平衡条件下的体系时,平衡会朝着减弱或者抵消该外力的方向移动。以下是对化学平衡中温度、压强和浓度效应的讨论。

通过增加反应物的浓度,我们可以改变不利的平衡。

所有的平衡常数和反应速率都取决于温度。

法国化学家亨利·路易·勒夏特列(Henry-Louise Le Châtelier,1850—1936年)于1884年研究热力学时提出了著名的勒夏特列原理。该原理指出:处于平衡状态下的体系,当其中一个状态(比如压强或者温度)改变时,平衡会朝着试图恢复原来平衡条件的方向移动

6.5　平衡常数的温度效应

就像我们已经提到的,温度影响正向和逆向反应的速率从而影响平衡常数[更确切地说,温度影响自由能——见式(6.10)]。升高温度将使平衡往吸热的方向移动,因为这可以消除外力来源。因此,当温度升高时,一个正向吸热的反应将向右移动,平衡常数随之增大;对正向放热反应而言,反应将朝反方向移动。一个放热反应需要释放热量以维持反应进行,而这一过程在更高的温度下是受阻的。对一个反应体系,平衡改变的程度取决于其反应热的大小。

严格来说,焓变和熵变与温度有关。但大多数情况下在适当的温度变化范围内,焓变和熵变可以被合理地近似为常数,从而平衡常数的变化(温度T_1时为K_1和温度T_2时为K_2)可以用克劳修斯-克拉佩龙(Clausius-Clapeyron)方程进行预测:

$$\ln \frac{K_1}{K_2} = \frac{\Delta H}{R}\left(\frac{1}{T_2} - \frac{1}{T_1}\right)$$

除了影响平衡的位置以外,温度对该平衡的正向和逆向反应速率均有显著影响,从而影响达到平衡的反应速率。原因在于反应组分间的碰撞次数和碰撞能量均随着温度的升高而增加。对很多吸热反应来讲,温度每升高 $10℃$,速率能够增大 $2\sim3$ 倍,见图 6.2。

6.6　平衡的压强效应

鲁道夫·尤利乌斯·埃马努埃尔·克劳修斯(Rudolf Julius Emanuel Clausius, 1822—1888 年),德国物理学家和数学家,热力学研究的先驱之一。他引进了熵的概念

压强对气相中化学反应的平衡位置有显著影响。增大压强有利于平衡朝体系体积减小的方向移动,例如:$N_2 + 3H_2 \rightleftharpoons 2NH_3$。 但对发生在溶液中的反应,正常的压强变化对平衡的影响可忽略不计,原因在于液体不像气体那样容易被压缩。然而,应当注意:在高于几个大气压时,即使“不可压缩”的液体发生收缩,这可以通过研究分子的电子能谱及振动谱在一些条件下的变化来证实(例如:使用高压金刚石对砧装置)。

对溶液而言,压强效应通常是可以忽略的。

6.7　平衡的浓度效应

平衡常数的值与反应物和产物的浓度无关。然而,平衡位置却受浓度影响。从勒夏特列原理可以很容易预测出平衡移动的方向。以铁(Ⅲ)与碘离子的反应为例:

$$3I^- + 2Fe^{3+} \rightleftharpoons I_3^- + 2Fe^{2+}$$

如果该反应中四个组分均处于由平衡常数所决定的平衡状态下,那么增加或者去除其中一个组分则会导致该平衡重新建立。例如:假设我们往该溶液中加入更多的铁(Ⅱ),则根据勒夏特列原理,反应会往左移动以抵消该外力;平衡最终会重新建立,但是平衡点仍将由同样的平衡常数确定。

浓度的变化并不影响平衡常数,但它们确实影响平衡位置。

6.8　催化剂

催化剂可通过影响正向和逆向反应速率来加速或者阻碍[①]达到平衡的速率。但是催化剂对正向和逆向反应速率的影响程度是相同的,因此并不影响

---

①　这种“负催化剂”通常称为阻抑剂。

平衡常数,见图 6.2。

催化剂并不影响平衡常数或者平衡位置。

催化剂对化学分析家应对那些通常情况下由于反应太慢而不能用于分析的大量化学反应是至关重要的。例如:使用四氧化锇催化剂加速砷(Ⅲ)与铈(Ⅳ)的滴定反应,该反应的平衡很适于滴定但是由于其在正常条件下反应速率太慢而不能用于滴定。在催化剂存在时,测量一个动力学慢反应的速率变化实际上可用于测定催化剂的浓度。砷(Ⅲ)与铈(Ⅳ)这一反应也可以被碘离子催化,而其反应速率的测定[通过黄色的铈(Ⅳ)的颜色消退程度]恰好构成了一度被广泛应用(如今也被频繁使用)的测定碘的方法基础,该法也称为 Sandell-Kolthoff 法。我们现在使用的碘离子测定的现代分析方法包括离子色谱法、ICP-MS 法和离子选择电极法——见后续章节。

见第 22 章酶催化剂的分析应用。

6.9 反应的完成度

如果一个平衡反应已经向右进行到被测组分(已反应掉)的量太少而无法被测量技术检测到的程度,我们就说反应已经完成。如果我们对这个平衡不满意,则可应用勒夏特列原理改变平衡使其令人满意。我们可以增加反应物的浓度或者降低产物的浓度。更多产物的生成可通过如下方法实现:① 让气态产物挥发;② 使产物发生沉淀;③ 让产物在溶液中形成稳定的离子复合物;④ 选择性萃取。

从以上讨论可明显得出勒夏特列原理对现实世界中的诸多化学反应起着决定性作用的结论。这对生化反应尤为重要,一些外部因子(如温度)能显著影响生物平衡。我们将会在第 22 章中看到:催化剂(酶)在许多生物和生理反应中也起着至关重要的作用。

对于定量分析,平衡至少应该向右进行到 99.9% 的程度以实现准确测量。一个只向右进行到 75% 的反应当然也算"已完成"的反应。

6.10 组分离解或结合的平衡常数——弱电解质与沉淀

194

当一种物质溶解在水中时,它通常会部分或者全部离解或电离。那些只趋向于部分离解的电解质称为弱电解质,而那些趋于完全离解的电解质则称为强电解质。例如:醋酸在水中只有部分电离,因此它属于弱电解质。而盐酸在水中则完全电离,因此它属于强电解质。(酸在水中的离解实际上是质子转移反应: $HOAc + H_2O \rightleftharpoons H_3O^+ + OAc^-$。)有些物质在水中能够完全电离但其溶解度却有限,我们称其为微溶物。还有一些物质可在溶液中结合生成可离解的产物,如复合物。例如:铜(Ⅱ)与氨反应生成 $Cu(NH_3)_4^{2+}$ 复合物。

当离解度小于 100%时,平衡常数为有限值。

弱电解质的离解或微溶物的溶解都可以用平衡常数加以定量描述。完全溶解和离解的电解质的平衡常数值实际上为无限大。考虑组分 AB 的离解:

$$AB \Longrightarrow A + B \tag{6.11}$$

弱电解质只有部分离解。许多微溶物属于强电解质,因为其溶解的那部分是完全电离的。

该离解方程式的平衡常数通常可以写成:

$$\frac{[A][B]}{[AB]} = K_{eq} \tag{6.12}$$

K_{eq}越大,则离解度将越大。例如:酸的平衡常数越大,则其酸性越强。

对于分步电离的物质,我们可以写出每一步离解的平衡常数。例如:一个化合物 A_2B,可能以如下方式离解:

$$A_2B \Longrightarrow A + AB \qquad K_1 = \frac{[A][AB]}{[A_2B]} \tag{6.13}$$

$$AB \Longrightarrow A + B \qquad K_2 = \frac{[A][B]}{[AB]} \tag{6.14}$$

该化合物的总离解过程是以上两个平衡的加和:

$$A_2B \Longrightarrow 2A + B \qquad K_{eq} = \frac{[A]^2[B]}{[A_2B]} \tag{6.15}$$

如果我们把式(6.13)和式(6.14)相乘,则得出总平衡常数:

$$K_{eq} = K_1K_2 = \frac{[A][AB]}{[A_2B]} \cdot \frac{[A][B]}{[AB]} = \frac{[A]^2[B]}{[A_2B]} \tag{6.16}$$

当化学组分以这种方式分步离解时,后续的离解常数一般会逐渐变小。对双质子酸(如 HOOCCOOH)第二个质子的离解相对于第一个质子而言是被阻抑的($K_2 < K_1$),因为一价阴离子的负电荷将使第二个质子更难电离。该效应在质子位点越接近时越明显。请注意:在平衡的计算中,我们是以 mol/L 为溶液的浓度单位。

后续的分步离解常数会越来越小。

如果一个反应被反过来写,相同的平衡也适用,但是平衡常数却变成原来的倒数。因此,对反应 $A + B \Longrightarrow AB$,$K_{eq(reverse)} = [AB]/([A][B]) = 1/K_{eq(forward)}$。 如果正向反应的$K_{eq}$为$10^5$,根据$K_{forward} = 1/K_{backward}$,则逆反应

的 K_{eq} 为 10^{-5}。

$$K_{eq(forward)} = 1/K_{eq(reverse)}$$

除平衡常数通常大于 1 而不是更小以外,类似的概念也适用于结合反应,因为该类反应是有利于产物(如复合物)生成的。我们将会在后续章节中讨论酸、复合物以及沉淀物的平衡常数。

6.11 用平衡常数计算平衡时各组分的浓度

平衡常数对计算平衡时各组分的浓度是非常有用的,例如:计算弱酸离解时氢离子的浓度。在本节中我们讨论用平衡常数进行计算的一般方法。对其在特定平衡中的应用,将在后续章节讲到这些平衡时详述。

1) 化学反应

对于一个化学反应,知道其在平衡时反应物和产物的浓度有时候是很有用的。例如:在建立一条滴定曲线或者在计算溶液中的电极电势时,我们可能需要知道反应物的量。实际上,这些应用我们会在后续章节中讨论。以下计算实例将对平衡问题求解的一般方法加以说明。

例 6.1 化学试剂 A 和 B 进行如下反应生成 C 和 D:

$$A + B \rightleftharpoons C + D \qquad K = \frac{[C][D]}{[A][B]}$$

平衡常数 K 值为 0.30。假设初始时有 0.20 mol A 和 0.50 mol B 溶解在体积为 1.00 L 的溶液中进行反应。计算平衡时反应物和产物的浓度。

解: A 和 B 的初始浓度分别为 0.20 mmol/mL 和 0.50 mmol/mL,C 和 D 的初始浓度均为 0 mmol/mL。在反应达到平衡以后,A 和 B 的浓度将会降低,C 和 D 的浓度则会增加。用 x 表示 C 的平衡浓度或者已反应掉的 A 和 B 的物质的量浓度。因为生成 1 mol C 的同时也生成了 1 mol D,所以平衡时 D 的浓度也是 x。我们可以把 A 和 B 的初始浓度表示成**分析浓度** c_A 和 c_B,它们的平衡浓度则写成 $[A]$ 和 $[B]$。从初始反应到平衡,A 和 B 的浓度将分别减少 x,即:$[A] = c_A - x$,$[B] = c_B - x$。 因此,

	[A]	[B]	[C]	[D]
初始	0.20	0.50	0	0
变化(x=mmol/mL,参与反应)	$-x$	$-x$	$+x$	$+x$
平衡	$0.20-x$	$0.50-x$	x	x

平衡浓度为初始(分析)浓度减去已反应掉的部分。

我们可以将这些值代入平衡常数的表达式中求解 x:

$$\frac{x \times x}{(0.20 - x)(0.50 - x)} = 0.30$$

$$x^2 = (0.10 - 0.70x + x^2) \times 0.30$$

$$0.70x^2 + 0.21x - 0.030 = 0$$

这是一个二次方程,可以使用附录 B 中的二次公式进行代数求解(见网上教材补充材料例 6.1 对二次方程求解计算的 quadratic equation solution.xlsx 和第 3 章中求解二次方程的"规划求解"(solver)视频):

$$x = \frac{-b \pm \sqrt{b^2 - 4ac}}{2a}$$

$$= \frac{-0.21 \pm \sqrt{(0.21)^2 - 4 \times 0.70 \times (-0.030)}}{2 \times 0.70}$$

$$= \frac{-0.21 \pm \sqrt{0.044 + 0.084}}{1.40} = 0.11 (\text{mmol/mL})$$

$$[A] = 0.20 - x = 0.09 (\text{mmol/mL})$$

$$[B] = 0.50 - x = 0.39 (\text{mmol/mL})$$

$$[C] = [D] = x = 0.11 (\text{mmol/mL})$$

本法用于求解这类问题通常被称为创建"ICE"图表法。初始、变化以及平衡条件被列成图表用以帮助建立求解的平衡表达式。见实例 **http://www. youtube.com/user/genchemconcepts♯p/a/u/5/LZtVQnILdrE.**

例 6.1 的 ICE 表

浓度/(mmol/mL)	[A]	[B]	[C]	[D]
初始	0.20	0.50	0.00	0.00
变化	$-x$	$-x$	$+x$	$+x$
平衡	$0.20 - x$	$0.50 - x$	x	x

除了使用二次方程以外,我们也可以使用**逐次逼近法**。此法中,我们首先会把 x 与 A、B 的初始值进行比较后将其忽略以简化计算,然后计算出 x 的一个初始值。再从 c_A 和 c_B 中减去 x 的这个初始估算值,以此得出 A 和 B 的平衡浓度初始估算值,接着再计算出一个新的 x 值。该计算过程如此反复进行,直到 x 趋于一个常数值。

$$第一次计算 \quad \frac{x \times x}{0.20 \times 0.50} = 0.30, \quad x = 0.173$$

如果我们自始至终多保留 x 的一个有效数字位,该计算会收敛得更快。

第二次计算 $\dfrac{x \times x}{(0.20-0.173) \times (0.50-0.173)}=0.30$，$x=0.051$

第三次计算 $\dfrac{x \times x}{(0.20-0.051) \times (0.50-0.051)}=0.30$，$x=0.14_2$

第四次计算 $\dfrac{x \times x}{(0.20-0.142) \times (0.50-0.142)}=0.30$，$x=0.079$

第五次计算 $\dfrac{x \times x}{(0.20-0.079) \times (0.50-0.079)}=0.30$，$x=0.12_4$

第六次计算 $\dfrac{x \times x}{(0.20-0.124) \times (0.50-0.124)}=0.30$，$x=0.093$

第七次计算 $\dfrac{x \times x}{(0.20-0.093) \times (0.50-0.093)}=0.30$，$x=0.11_4$

第八次计算 $\dfrac{x \times x}{(0.20-0.114) \times (0.50-0.114)}=0.30$，$x=0.10_4$

第九次计算 $\dfrac{x \times x}{(0.20-0.104) \times (0.50-0.104)}=0.30$，$x=0.10_7$

在逐次逼近法中,我们以分析浓度作为平衡浓度开始计算得出参与反应的量。然后将分析浓度扣除已计算出的反应掉的量,代入方程中再次进行计算,如此重复进行,直到得到一个常数值。

我们把 0.11 当成 x 的平衡浓度值,因为实际上从第七次计算开始就重复该值了。请注意:在这些迭代中,x 沿着平衡值上下震荡。如果在一个特定问题中解出的 x 值比平衡值 c 大得越多,则震荡幅度越大,而且需要经过更多迭代次数才能到达平衡值(如本例所示——这并非最佳求解方法)。有一个更加有效的方式来完成迭代计算。取第一次与第二次计算结果的平均值进行第三次迭代,这样算出来的值应该会更接近最终值(本例中,该值为 0.11_2)。再多进行一两次迭代我们就知道已经到达平衡值了。试试看!

取前两次计算结果的平均值进行下一次计算,可以缩短迭代次数。

在例 6.1 中,即使反应物 B 是过量的,反应达到平衡后反应物 A 的量仍然相当可观,原因在于该反应的平衡常数不是很大。实际上,平衡只向右进行到一半,因为产物 C、D 与反应物 A 的浓度大致相等。在大多数反应中,平衡常数都很大,因此平衡向右进行得更完全。在此类情况中,未过量反应物的平衡浓度与其他组分的浓度相比要小得多。这简化了我们的计算。

2) 迭代问题的 Excel 单变量求解

Microsoft Excel™ 提供了几种强大的工具来实现迭代法或"试错法"解方程。在一个问题中常常只需要解出一个参数值;这正是大部分平衡计算时所碰到的情况。一个反应可能会有多个反应物和产物,但是当用来计算所有反应物与产物的浓度变化时,只需要一个反应参数与化学计量系数相乘就可以了。在这种情况下,Excel 里的"单变量求解"函数就是最佳选择;它是 Excel 软件的内置函数,不需要安装。考虑例 6.1 的稍微复杂一点的版本,其反应的化学计量如下:

$$\begin{array}{ccccc} A & + & 3B & \rightleftharpoons & C & + & 2D \\ 0.2-x & & 0.5-3x^{①} & & x & & 2x \end{array}$$

其平衡常数为

$$\frac{[\mathrm{C}][\mathrm{D}]^2}{[\mathrm{A}][\mathrm{B}]^3}=3.00$$

反应物 A 和 B 的初始浓度分别为 0.20 mmol/mL 和 0.50 mmol/mL,而 C 和 D 的初始浓度均为零。我们在 Excel 工作表中构建一个 ICE 表格。如下的屏幕截图在单元格中显示的是公式,而不是数值。(我们已经将 B 列和 E 列的单元格格式设置成两位小数。)请注意:与之前在例 6.1 中的 ICE 表等价的"反应参数",在这里被设置在单元格 G2 中,其初始值为 0。(在预设公式时不要将[A]与列 B 相混淆。)单元格 B4 至 E4 中的变化值以 G2 代数式表示;类似地,B5 至 E5 也以各组分的初始浓度值和 G2 的代数式来表示。单元格 C7 中的平衡常数的表达式相应地以各项平衡值来表示。

	A	B	C	D	E	F	G
1	浓度	[A]	[B]	[C]	[D]		变化值
2							0
3	初始值	0.20	0.50	0.00	0.00		
4	变化值	=-G2	=-3*G2	=G2	=2*G2		
5	平衡值	=B3+B4	=C3+C4	=D3+D4	=E3+E4		
6							
7	平衡常数		=D5*E5^2/(B5*C5^3)				

实际的工作表将不会显示公式,其外观如下所示:

	A	B	C	D	E	F	G
1	浓度	[A]	[B]	[C]	[D]		变化值
2							0
3	初始值	0.20	0.50	0.00	0.00		
4	变化值	0.00	0.00	0.00	0.00		
5	平衡值	0.20	0.50	0.00	0.00		
6							
7	平衡常数		0.00				

① 译者注:原书错误。

现在把光标置于单元格 C7 上(平衡常数的表达式),该值已知,应为 3.00 但其目前读数是 0。点击数据标签。(此处以及如下说明只适用于 Excel 2010,与其他版本会有所差别。但是在所有的 Excel 版本中均有"单变量求解"函数,可以通过 Excel 帮助(F1 键)键入"单变量求解"进行查询;它会引导你在当前 Excel 版本中获取该函数。在旧的版本中,可能在工具菜单中找到。)当"数据"菜单栏打开时,定位到"假设分析"子菜单然后点击,一个下拉菜单将会打开。点击"单变量求解",打开后会出现三个数据输入框,它们分别是"目标单元格""目标值"和"可变单元格"。因为之前已经用光标点选了 C7 单元格,此时"单变量求解"操作已经在"目标单元格"中打开单元格 C7 了。若非如此,键入"C7"或者点选平衡常数表达式所在单元格(如果你决定在其他单元格中输入该表达式)。在"目标值"这个选项框中,键入平衡常数值"3"并在"可变单元格"输入框中键入"G2"(或者当你点选了这个输入框后,把光标移到单元格 G2 上并点击)。在"单变量求解"下拉菜单处点击"确定"。很快会得到一个解,同时计算出平衡时的其他浓度值。

	A	B	C	D	E	F	G
1	浓度	[A]	[B]	[C]	[D]		变化值
2							0.0939
3	初始值	0.20	0.50	0.00	0.00		
4	变化值	-0.09	-0.28	0.09	0.19		
5	平衡值	0.11	0.22	0.09	0.19		
6							
7	平衡常数		3.00				

可以打开网上教材(Goal Seek Problem)第 6 章的"Practice Goal Seek spreadsheet, Section 6.11, Setup.xlsx"和"Practice Goal Seek spreadsheet, Section 6.11, answer.xlsx"。

3)使用"单变量求解"解方程

对一个单变量多项式方程,如果它有唯一的实数解,则可应用"单变量求解"函数求得该解。二次方程的"单变量求解"就属于此类情况。在例 6.1 中我们曾尝试求解如下方程:

$$0.70x^2 + 0.21x = 0.03$$

建立一个 Excel 工作表,设置单元格 A2 为我们想要改变的变量 x(当前输入值为 0),在单元格 B2 中输入我们想要求解的以单元格 A2 为未知项(求解对象)的多项式表达式。下图中首先显示公式,后面才是工作表的实际显示样式(poly:函数关系式,下文同)。

	A	B	C
1	x	poly	
2	0	=.70*A2^2+0.21*A2	

接下来点击单元格 B2,然后进入"单变量求解"子菜单,设置 B2 的目标值为"0.03",将 A2 设为可变单元格进行求解。点击确定后立即可得该方程的解为 $x = 0.10_5$,如下所示:

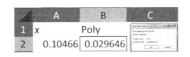

请注意:一个 n 次多项式构成的方程的最终解可能有 n 个,但对实际问题而言,常常只有其中的一个解从逻辑上可行。将由你自行判断所得到的解是否逻辑可行。例如:在本例中 $x < 0$ 或 $x > 0.2$ 从逻辑上讲就是不可能的。

这里给出的答案与真实值接近。但是要注意目标值并不精确地收敛于 0.03。这是"单变量求解"的局限性。有种方法可以规避这种情况,过程如下(基于 Excel 方法的局限性以及如何规避):将目标方程乘以一个大数值(如 10 000),并把目标值放大 10 000 倍,试试看。当你这么做的时候,目标值为 300,解出的 x 值为 0.015 65,这与第 3 章的视频中"规划求解"给出的计算结果以及网上教材中例 6.1 的"二次方程"求解结果相一致。

例 6.2　假设例 6.1 中的平衡常数为 2.0×10^{16} 而不是 0.30。计算 A、B、C 和 D 的平衡常数(在 1.00 L 体积中,A 和 B 的初始值分别为 0.20 mol 和 0.50 mol)。

解:由于 K 值非常大,A 与 B 的反应将会向右进行彻底,当平衡时只剩下痕量的 A,设 A 的平衡浓度为 x。等量的 B 将与 A 反应形成等量的 C 和 D(浓度均约为 0.20 mmol/mL)。各组分的平衡浓度汇总如下:

$$[A] = x$$
$$[B] = (0.50 - 0.20) + x = 0.30 + x$$
$$[C] = 0.20 - x$$
$$[D] = 0.20 - x$$

如果一个反应的平衡常数非常大,则 x 相对于其分析浓度就显得非常小,这简化了计算。
或者,看如下平衡:

$$\begin{array}{ccccccc} A & + & B & \rightleftharpoons & C & + & D \\ x & & 0.30+x & & 0.20-x & & 0.20-x \end{array}$$

基本上,我们可以说除了很小的量 x 以外,其余的 A 已经全部转变成等量的 C

和 D。x 比 0.20 和 0.30 小很多，计算时可以将其忽略。因此我们可以说：

$$[A] = x$$
$$[B] \approx 0.30$$
$$[C] \approx 0.20$$
$$[D] \approx 0.20$$

唯一的未知浓度为[A]。将以上各浓度值代入平衡常数表达式中，我们得到：

$$\frac{0.20 \times 0.20}{x \times 0.30} = 2.0 \times 10^{16}$$

$$x = [A] = 6.7 \times 10^{-18} \text{ mmol/mL （此浓度通常是无法进行分析测定的）}$$

在本例中，通过将 x 与其他浓度值比较后将其忽略，这使计算变得很简单。如果 x 与其他浓度值比起来足够大，则需用二次公式或者"单变量求解"重新求解。**通常情况下，如果 x 值小于其他设定浓度的 5%，则可将其忽略。**在此情况下，x 自身的误差值通常为 5% 甚至更小。**同样的简化方法也适用于平衡时产物浓度小于平衡常数 K_{eq} 的 1%（$\leqslant 0.01\ K_{eq}$）的情况。**然而，如果利用 Excel 计算方法，特别是本书后续章节将要讨论到的 Excel"单变量求解"和"规划求解"函数（基于"规划求解"的平衡计算问题会在参考文献 8 中讨论），你会发现使用 Excel 不需要任何近似算法就能同样简单或者更简单地解决问题。因为不需要判定某一项是否可以忽略。网上教材中有使用"单变量求解"平衡问题的视频。

Video：Goal Seek Equilibrium

如果一个反应中的产物浓度 $c \leqslant 0.01 K_{eq}$，则可忽略 x。

例 6.3 A 与 B 的反应如下：

$$A + 2B \Longrightarrow 2C \qquad K = \frac{[C]^2}{[A][B]^2}$$

假设有 0.10 mol A 与 0.20 mol B 在 1 000 mL 体积中进行反应；$K = 1.0 \times 10^{10}$。问 A、B 和 C 的平衡浓度各为多少？

解：因为 A 与 B 的初始浓度刚好符合反应的化学计量，所以两者实际上可完全反应，留下痕量的反应余量。设 x 为 A 的平衡浓度。当平衡时，则有：

$$
\begin{array}{cccc}
A & + & 2B & \Longrightarrow & 2C \\
x & & 2x & & 0.20 - 2x \approx 0.20
\end{array}
$$

当反应掉（或者生成）1 mol A 时，生成（或者消耗）2 mol C，同时消耗（或者生成）2 mol B。将各组分的浓度值代入平衡常数表达式中，得：

$$\frac{0.20^2}{x \times (2x)^2} = 1.0 \times 10^{10}$$

$$\frac{0.04}{4x^3} = 1.0 \times 10^{10}$$

$$x = [A] = \sqrt[3]{\frac{1.0 \times 10^{-2}}{1.0 \times 10^{10}}} = \sqrt[3]{1.0 \times 10^{-12}} = 1.0 \times 10^{-4}\,(\text{mmol/mL})$$

$$[B] = 2x = 2.0 \times 10^{-4}\,(\text{mmol/mL})$$

（该浓度分析可测，但比起初始浓度来该值相当小。）

4）离解平衡

包含离解组分的计算与前面给出的化学反应实例差别不大。

例 6.4　计算平衡常数为 3.0×10^{-6}，浓度为 0.10 mmol/mL 弱电解质 AB 的溶液中 A 和 B 的平衡浓度。

解：　$\quad\quad AB \Longleftrightarrow A + B \quad\quad K_{eq} = \dfrac{[A][B]}{AB}$

[A] 和 [B] 相等，均为未知量。设 x 为它们的平衡浓度。平衡时 AB 的浓度等于初始分析浓度减去 x。

$$\begin{array}{ccccc} AB & \Longleftrightarrow & A & + & B \\ 0.10-x & & x & & x \end{array}$$

由于 K_{eq} 的值相当小，x 与 0.10 相比小很多所以可忽略。否则，我们就得使用二次方程求解。将各浓度值代入 K_{eq} 的表达式：

$$\frac{x \times x}{0.10} = 3.0 \times 10^{-6}$$

$$x = [A] = [B] = \sqrt{3.0 \times 10^{-7}} = 5.5 \times 10^{-4}\,(\text{mmol/mL})$$

完成计算后，检验所得到的该近似值是否合理。本例计算得到的 x 值确实比 0.10 小很多，因而确实可以将其忽略。

在离解平衡中，如果初始浓度 $c \geqslant 100 K_{eq}$，则可忽略 x 值。

5）基于 Excel 方法的缺点及如何规避

Excel 中的"单变量求解（Goal Seek）"和"规划求解（Solver）"函数试图通过改变其他参数值以达到目标值收敛于给定值的目的。由于软件内部的某些设置，其对收敛于给定值的判定是依据绝对差值而不是相对差值。例如，如果对一个目标值收敛于 3×10^{-6} 的问题进行"单变量求解"，Excel 会认为解接近 0 时精度已经足够了。（如果你是一个要求计算精度到美分的会计师，这种精度可能确实已经足够，但是大部分科学问题并不属于此类情况。）现在让我们来考虑例 6.4，当不进行任何近似计算时，需要求解的方程为：

$$\frac{x^2}{0.10-x} = 3.0 \times 10^{-6}$$

在 Excel 中求解该方程的一个优点是确实不需要在一行中书写这么一个漂亮的方程;我们可以把变量 x 输入到单元格 A2 中,然后把该方程左边的表达式输入到单元格 B2 中,如下所示:

	A	B	C
1	x	Poly	
2	0.00E+00	=A2^2/(0.10-A2)	

如果现在把单元格 B2 设置成目标值 3E−6(这是 3×10^{-6} 在 Excel 中的简化符号),对可变单元格 A2 进行"单变量求解",将会发现 Excel 找到一个解而实际上它什么都没改! 即:单元格 A2 中的答案为 $0.00E+00$,仍然是 0。这是因为该软件错误地认为 0 已经足够接近 3×10^{-6}。如果我们把以上方程式的两边同时乘以一个大数,如 10^{10},则方程将变成:

$$10^{10} \times \frac{x^2}{0.10-x} = 3.0 \times 10^4$$

在 Excel 工作表的单元格 B2 中,必须将原表达式乘以 1E10。当然,从数学的角度来讲,这个新方程与原方程没有区别,两个方程都能解出正确的 x 值。但是这么处理却可以应用 Excel 解出正确的 x 值。从软件的角度出发,现在需要目标值收敛于 3.0×10^4。如果对新方程进行"单变量求解"(把新的表达式输入单元格 B2 中,目标值设为 3E4,解出 A2 值),将会发现这次 Excel 解出了正确的 x 值 5.5E−4。

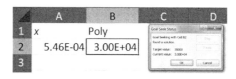

可以参阅网上教材"单变量求解问题(Goal Seek problems)"中工作表的设置及答案。

6.12 同离子效应——平衡的偏移

就像勒夏特列原理所预测的那样,可以通过增加一个或者多个已存在组分的浓度使平衡受到显著影响。例 6.5 阐明了这一原理。

例 6.5 假设由 A 和 B 组成的离子对,可以在溶液中离解成 A(阳离子)和 B(阴离子)。假设溶液也含有 0.20 mmol/mL B,重新计算例 6.4 中 A 的浓度。

解:

各平衡的浓度如下所示:

	[AB]	[A]	[B]
初始	0.10	0	0.20
变化(单位为 mmol/mL,为 AB 的离解部分)	$-x$	$+x$	$+x$
平衡	$0.10-x$	x	$0.20+x$
	≈ 0.10		≈ 0.20

受组分 B 的同离子效应影响,现在 x 值将比之前计算出来的值小,所以与各初始浓度值相比可以将其忽略。将各组分浓度代入平衡常数表达式中:

$$\frac{x \times 0.20}{0.10} = 3.0 \times 10^{-6}$$

$$x = 1.5 \times 10^{-6} \text{ mmol/mL}$$

A 的浓度约为先前值的 1/400。

同离子效应可以使用于分析的反应更有利于定量测定。例如:酸度调节常用来使平衡发生偏移。又如:重铬酸钾的滴定在酸性溶液中进行更有利,原因在于该反应要消耗质子。弱氧化剂碘的滴定,则更常在碱溶液中进行,以使反应趋于完全,如用其滴定砷(Ⅲ)的反应:

$$H_3AsO_3 + I_2 + H_2O \Longrightarrow H_3AsO_4 + 2I^- + 2H^+$$

调节 pH 值通常是使平衡发生偏移的常用方法。

6.13 平衡计算的系统方法——如何求解任何平衡问题

既然已经对平衡问题有所熟悉,接下来我们将考虑对于所有平衡都适用的计算平衡浓度的系统方法,不管平衡有多复杂。这包括找出平衡中未知浓度的个数以及列出与未知量个数相等的联立方程组。为缩短解方程的时间,我们对各组分的相对浓度进行简化设定(这与我们之前已经采用的方法不同)。本方法包括写出各组分的**质量平衡**表达式,外加一个电荷平衡式作为方程组的一部分。我们先讨论如何写出这些表达式。

1) 质量平衡方程

质量平衡这一概念是基于质量守恒定律,它是指在化学反应中元素的原子个数保持不变,因为反应过程中并没有原子生成或者消失。这一概念的数学表达就是对浓度(通常为物质的量浓度)进行列方程。列出所有相关的化学平衡,然后从这些平衡中写出各组分间的浓度关系式。

例 6.6 写出 0.100 mmol/mL 醋酸溶液的质量平衡方程。

解：

该平衡为：

$$HOAc \Longrightarrow H^+ + OAc^-$$
$$H_2O \Longrightarrow H^+ + OH^-$$

我们知道醋酸的分析浓度等于所有与其相关的组分的平衡浓度之和：

$$c_{HOAc} = [HOAc] + [OAc^-] = 0.100 \text{ mmol/mL}$$

第二个质量平衡表达式可以根据 H^+ 的平衡浓度写出，它来自 HOAc 和 H_2O 的电离。每电离出一个 OAc^-，我们就得到一个 H^+，对每一个 OH^- 也是如此，故：

$$[H^+] = [OAc^-] + [OH^-]$$

在质量平衡中，一个组分的分析浓度等于来自同一个（或者多个）母化合物的各个平衡浓度之和。

例 6.7 写出 1.00×10^{-5} mmol/mL$[Ag(NH_3)_2]Cl$ 溶液的质量平衡方程式。

解：

该平衡为：

$$[Ag(NH_3)_2]Cl \longrightarrow Ag(NH_3)_2^+ + Cl^-$$
$$Ag(NH_3)_2^+ \Longrightarrow Ag(NH_3)^+ + NH_3$$
$$Ag(NH_3)^+ \Longrightarrow Ag^+ + NH_3$$
$$NH_3 + H_2O \Longrightarrow NH_4^+ + OH^-$$
$$H_2O \Longrightarrow H^+ + OH^-$$

Cl^- 的浓度等于离解的盐的浓度，即：1.00×10^{-5} mmol/mL。同理，所有含银组分的浓度总和等于离解的盐中银的初始浓度：

$$c_{Ag} = [Ag^+] + [Ag(NH_3)^+] + [Ag(NH_3)_2^+] = [Cl^-]$$
$$= 1.00 \times 10^{-5} \text{ mmol/mL}$$

另外，含氮组分如下：

$$NH_4^+ \quad NH_3 \quad Ag(NH_3)^+ \quad Ag(NH_3)_2^+$$

最后一个组分中 N 的浓度为 $Ag(NH_3)_2^+$ 浓度的两倍。$[Ag(NH_3)_2]Cl$ 中，NH_3 的浓度等于 $Ag(NH_3)_2^+$ 浓度的两倍，因为每分子中含有两分子的 NH_3。因此，我们可写出：

$$c_{NH_3} = [NH_4^+] + [NH_3] + [Ag(NH_3)^+] + 2[Ag(NH_3)_2^+]$$
$$= 2.00 \times 10^{-5} \text{ mmol/mL}$$

最后,我们写出:

$$[OH^-] = [NH_4^+] + [H^+]$$

当平衡中某些组分的浓度与其他组分浓度相比小很多时,这些组分在后续计算中可以忽略不计。

我们已经看到可以写出几个质量平衡表达式。有些表达式在计算中可能不需要用到(我们可能有比未知数个数更多的方程),或者这些表达式中所包含的某些组分浓度比其他组分小得多,从而可以进行简化或者忽略。这在下面的平衡计算中将会很明显。

2) 电荷平衡方程式

根据电中性原理,所有溶液都是电中性的,即:没有一种溶液包含可测得的正电荷或者负电荷余量,因为溶液中正电荷数之和等于负电荷数之和。对一组给定的平衡,我们可能只写出一个电荷平衡方程式。

例 6.8　请写出 H_2CO_3 的电荷平衡方程式。

解:

该平衡为:

$$H_2CO_3 \rightleftharpoons H^+ + HCO_3^-$$
$$HCO_3^- \rightleftharpoons H^+ + CO_3^{2-}$$
$$H_2O \rightleftharpoons H^+ + OH^-$$

在电荷平衡中,平衡时阳离子组分的电荷浓度之和等于阴离子组分的电荷浓度之和。

H_2CO_3 的离解释放出 H^+ 和两种阴离子:HCO_3^- 和 CO_3^{2-};H_2O 的离解释放出 H^+ 和 OH^-。H_2CO_3 完全离解产生的 H^+ 的数量是 CO_3^{2-} 的两倍;而部分电离(一级电离)所产生的 H^+ 的数量与生成的 HCO_3^- 相等,即:H_2CO_3 电离时,每生成一个 CO_3^{2-},将同时产生两个 H^+;每生成一个 HCO_3^- 时,只产生一个 H^+;H_2O 电离时,每生成一个 OH^-,同时生成一个 H^+。对一价组分,电荷浓度与其组分浓度相等。但是对 CO_3^{2-},电荷浓度是其组分浓度的两倍,所以我们必须将 CO_3^{2-} 的组分浓度乘以 2 以表示由其产生的电荷浓度,根据电中性原理,溶液中正电荷浓度必须等于负电荷浓度,因此:

$$[H^+] = 2[CO_3^{2-}] + [HCO_3^-] + [OH^-]$$

请注意:虽然一个给定的组分可能有多个来源(如本例中的 H^+),但是源自各处的给定组分的总电荷浓度总是等于该组分的净平衡浓度乘以其自身所带电荷数。

一个组分所带的电荷数等于其物质的量浓度乘以该组分所带的电荷数。

例 6.9　写出含有 KCl,$Al_2(SO_4)_3$ 和 KNO_3 的溶液的电荷平衡表达式。

忽略水的电离。

解：

$$[K^+] + 3[Al^{3+}] = [Cl^-] + 2[SO_4^{2-}] + [NO_3^-]$$

在此，我们忽略了水的电离。然而，为便于理解，在一个水溶液体系中，总是可以把水电离产生的 H^+ 和 OH^- 写进电荷平衡表达式中。当水溶液中其他离子的浓度降低时，考虑水的电离就会显得更加重要，例如水的电离在非常稀的溶液中就很重要。不考虑水的电离可以正确计算出 10^{-3} mmol/mL HCl 水溶液的 pH 值，但是对 10^{-6} mmol/mL HCl 水溶液却不能得到正确的 pH 值。

例 6.10　写出 $CdCO_3$ 饱和水溶液的电荷平衡方程式。

解：

该平衡为：

$$CdCO_3 \rightleftharpoons Cd^{2+} + CO_3^{2-}$$
$$CO_3^{2-} + H_2O \rightleftharpoons HCO_3^- + OH^-$$
$$HCO_3^- + H_2O \rightleftharpoons H_2CO_3 + OH^-$$
$$H_2O \rightleftharpoons H^+ + OH^-$$

同样，单电荷组分(H^+, OH^-, HCO_3^-)的电荷数将与它们各自的浓度值相等。但是对 Cd^{2+} 和 CO_3^{2-}，其电荷数等于各自浓度的两倍。我们必须再次使正电荷浓度等于负电荷浓度：

$$2[Cd^{2+}] + [H^+] = 2[CO_3^{2-}] + [HCO_3^-] + [OH^-]$$

例 6.11　写出例 6.7 的电荷平衡方程式。

解：

$$[Ag^+] + [Ag(NH_3)^+] + [Ag(NH_3)_2^+] + [NH_4^+] + [H^+] = [Cl^-] + [OH^-]$$

由于所有组分均是单电荷组分，所以其电荷浓度等于物质的量浓度。

　　3) 使用系统方法进行平衡计算——步骤

　　现在讨论包括若干个平衡在内的计算平衡浓度问题的系统方法，基本步骤归纳如下：

(1) 写出体系的各化学反应方程式。

(2) 写出各反应的平衡常数表达式。

(3) 写出所有的质量平衡表达式。

(4) 写出电荷平衡表达式。

(5) 从步骤(2)、(3)和(4)中算出参与反应的化学组分数量和独立方程的个数。如果方程的个数大于或者等于化学组分数，则可能有解。这时，可进一步处理求解。

(6) 对涉及的各化学组分的相对浓度进行简化设定。这时，你需要像化学家一样思考以简化数学运算。

（7）计算求解。

（8）检验所做设定的有效性！

在系统方法中,写出与未知组分个数相等的联立方程。使用近似法进行简化计算时,可以同时求解这些未知数。

让我们使用本方法检验之前的一个实例。

例 6.12　使用以上给出的系统方法重新求解例 6.4。

解：

（1）化学反应

$$AB \Longleftrightarrow A + B$$

（2）平衡常数表达式

$$K_{eq} = \frac{[A][B]}{[AB]} = 3.0 \times 10^{-6} \tag{1}$$

（3）质量平衡表达式

$$c_{AB} = [AB] + [A] = 0.10 \text{ mmol/mL} \tag{2}$$

$$[A] = [B] \tag{3}$$

式中,c_{AB} 表示 AB 的总分析浓度。

使用平衡常数表达式、质量平衡和电荷平衡表达式列方程。

（4）电荷平衡表达式

由于组分不带电所以没有电荷平衡方程式。

（5）表达式的个数对照未知组分数

共有三个未知组分（$[AB]$,$[A]$ 和 $[B]$）和三个表达式（一个平衡表达式和两个质量平衡表达式）。

（6）简化设定

我们要求解出 A、B 以及 AB 的平衡浓度。由于平衡常数 K 很小,AB 离解的量将会非常小,所以从方程（2）可得：

$$[AB] = c_{AB} - [A] = 0.10 - [A] \approx 0.10 (\text{mmol/mL})$$

使用与之前所用的相同规则（离解反应时 $c_A \geqslant 100K_{eq}$,化合反应时 $c \leqslant 0.01K_{eq}$）进行简化设定。

（7）计算

$[AB]$ 已经由上式计算得到。

$[A]$ 可以通过方程（1）和（3）求得：

$$\frac{[A][B]}{0.10}=3.0\times10^{-6}$$

$$[A]=\sqrt{3.0\times10^{-7}}=5.5\times10^{-4}(mmol/mL)$$

[B]可以通过方程(3)求得:

$$[B]=[A]=5.5\times10^{-4}\ mmol/mL$$

(8) 检验

$$[AB]=0.10-5.5\times10^{-4}=0.10\ mmol/mL\ (在有效数字范围内成立)$$

可以看出:我们得到了与例6.4的直观解法相同的答案。你可能会想该系统方法过于复杂和死板。对像例6.4这样极其简单的问题这种看法是合情合理的。然而,你应该意识到:不管求解的问题如何复杂,该系统方法适用于所有的平衡计算。也许你会发现使用直观的方法来求解含有多平衡和(或)多组分的问题是多么复杂且无望。不过,你也该意识到一个好的"直觉反应"对平衡问题的求解是极其有价值的。应该尝试提高涉及平衡问题的"直觉反应性"。这种直觉可以从求解大量不同类型问题的经验中获取。随着经验的获取,你将有能力跳过该系统方法的一些步骤,而且你会发现更容易进行合理的简化设定。当你使用Excel的方法来求解问题时,虽然可能已经不再需要进行一些近似设定,但是你仍然必须具备写出电荷平衡和质量平衡方程式的能力。

该系统方法可应用于多平衡体系。

6.14 应用系统方法进行平衡计算的几点提示

1) 质量平衡
(1) 其中之一用来写出主要组分的总分析浓度。
(2) 其他则用于写出感兴趣的组分,如平衡时的 H^+ 和其他(已离解的)组分。

2) 电荷平衡
(1) 电荷平衡方程式将所有阳离子组分置于方程的一侧,将所有阴离子组分置于方程的另一侧,各组分乘以各自所带的电荷数。
(2) 质量和电荷平衡方程式在求解平衡问题的计算中都很少用到;在离子平衡问题中,电荷平衡方程常常更容易写出来。

3) 平衡浓度的求解
(1) 使用简化设定,至少对一种平衡组分的浓度进行估算。
(2) 以此,其余组分的浓度就可以计算出来了。

遵循例 6.11 后面的规则进行平衡计算。

例 6.13 使用系统方法重新求解例 6.5。设 A 的价态为 +1，B 的价态为 −1。过量的 B(0.20 mmol/mL)来自 MB；MB 可完全离解。

解：

(1) 化学反应：

$$AB \Longrightarrow A^+ + B^-$$

$$MB \longrightarrow M^+ + B^-$$

(2) 平衡表达式

$$K_{eq} = \frac{[A^+][B^+]}{[AB]} = 3.0 \times 10^{-6} \tag{1}$$

(3) 质量平衡表达式

$$c_{AB} = [AB] + [A^+] = 0.10 \text{ mmol/mL} \tag{2}$$

$$[B^-] = [A^+] + [M^+] = [A^+] + 0.20 \text{ mmol/mL} \tag{3}$$

(4) 电荷平衡表达式

$$[A^+] + [M^+] = [B^-] \tag{4}$$

通常情况下并不需要质量平衡和电荷平衡方程式。然而，当绘制滴定曲线时，两者都需要用到。

(5) 表达式的个数与未知组分数

共有三个未知浓度($[AB]$，$[A^+]$ 和 $[B^-]$)；M^+ 的浓度已知，为 0.20 mmol/mL。有三个独立的表达式(一个平衡表达式和两个质量平衡表达式；电荷平衡式与第二个质量平衡表达式相同)。

(6) 简化设定

① 平衡常数 K_{eq} 很小，则只有很少量 AB 离解，所以从式(2)可得：

$$[AB] = 0.10 - [A^+] \approx 0.10 (\text{mmol/mL})$$

② $[A] \ll [M]$，所以从式(3)或式(4)可得：

$$[B^-] = 0.20 + [A^+] \approx 0.20 (\text{mmol/mL})$$

(7) 计算

从式(1)可算出 $[A]$：

$$\frac{[A^+](0.20)}{0.10} = 3.0 \times 10^{-6}$$

$$[A] = 1.5 \times 10^{-6} (\text{mmol/mL})$$

(8) 检验

① $[AB] = 0.10 - 1.5 \times 10^{-6} = 0.10$ (mmol/mL)

② $[B] = 0.20 + 1.5 \times 10^{-6} = 0.20$ (mmol/mL)

例 6.13 的"单变量求解"

在工作表中使用单独的列设置 $[A^+]$, $[B^-]$, $[M^+]$, $[AB]$ 和 K_{eq}。工作表中各列的公式设置如下:

	A	B	C	D	E	F
1	A	B	M	AB	K	
2	0.00E+00	=C2+A2	2.00E-01	=1.00E-01-A2	=1e10*A2*B2/D2	

请注意乘法因子 1E10 的使用是为了避免掉入前文提到的 Excel 的陷阱中。现在进入"单变量求解"菜单,将目标单元格 E2 的值设置成 3E4,求解可变单元格 A2(即 x 值),会发现其收敛于 1.50E-6。参阅网上教材。

总体来说,我们将会使用第 6.10 节和第 6.11 节中给出的近似法进行求解,实际上它们包含了许多用于系统方法中的平衡和假定。使用系统方法求解多平衡问题将在第 8 章中讨论。

现在可以写出近似法求解化学平衡问题的一般规则。这些规则应适用于酸碱离解,配合物生成,氧化还原反应,等。即:所有的平衡问题都可以用相似的方法处理。

(1) 写出体系中包括的平衡。

(2) 写出平衡常数表达式及其数值。

(3) 应用化学知识,设 x 为未知组分的平衡浓度值,该值比其他平衡浓度值小;其余未知组分及小的浓度都将是这个值的倍数。

(4) 对所有组分的平衡浓度列表,当需要时将分析浓度加上或者减去 x 的倍数。

(5) 把 x 与其他有限浓度值进行比较后作出忽略 x 的近似处理。如果这些有限浓度值达到 $100 K_{eq}$ 或者更大,这种处理通常就是有效的;如果计算所得的 x 值小于这些有限浓度值的 5% 左右,则该近似处理也是有效的。

(6) 将各浓度的近似值代入平衡常数表达式中解出 x 值。

(7) 如果步骤(5)中的近似处理无效,则使用二次公式或基于 Excel 的方法对 x 进行求解。

在后续章节中,当我们对特定的平衡问题进行细节上的处理时,将会更加凸显出这些规则的应用。

6.15 异相平衡——不含固体

溶液中("均相"介质)各组分间的平衡通常很快就能达到。如果一个平衡包含两相("异相"),达到平衡的过程通常要比在均相的溶液中慢。例如:难溶固体的溶解和沉淀的生成,这些过程没有一个能够瞬时完成。

异相平衡过程比溶液中的平衡慢。

异相平衡与均相平衡的另一点不同在于不同组分影响平衡的方式。G. W. Guldberg 和 P. Waage 指出:当一种固体为一个可逆化学过程的组分时,其活性质量可以被认为是常数,不管体系中该固体的量有多少。即:当体系中已有任意量的固体存在时,再增加该固体的量并不能使平衡发生偏移。所以平衡常数表达式并不包含固体组分的浓度项。可以认为:固体的标准状态值由其自身决定,或者取单位值 1。如此,对如下平衡:

$$CaF_2 \rightleftharpoons Ca^{2+} + 2F^-$$

其平衡常数为

$$K_{eq} = [Ca^{2+}][F^-]^2$$

对平衡中的纯液体(不溶的),其标准状态值也取 1,例如汞。在稀的水溶液中水的标准状态值同样取 1,因为水也没有出现在平衡常数的表达式中。

纯固体或者液体的"浓度"为 1。

考虑有糖沉积在底部的糖饱和溶液。其相对平衡常数是糖$_{溶液}$/糖$_{固体}$。我们都很清楚往糖的饱和溶液中加入更多的固态糖并不能增加溶液中糖的浓度。如果平衡常数确实是常数,则往溶液中加入更多的固态糖很显然并没有改变固态糖的"浓度"。在饱和溶液体系中,任意量的未溶固体都代表该固体的相同"浓度"。

6.16　活度和活度系数——浓度并不代表一切

通常情况下,不同的盐组分(不含平衡反应中的离子)的存在将会增大弱电解质的离解度和沉淀的溶解度。阳离子吸引阴离子,反之亦然,因此分析物的阳离子吸引不同电解质的阴离子,而其阴离子则被不同电解质的阳离子所环绕。参与平衡反应的离子受溶解的电解质吸引,从而有效地屏蔽了这些离子,降低了它们的有效平衡浓度,并使反应发生偏移。我们说对分析物阴离子和阳离子形成了"离子氛",见图 6.3。随着盐组分或者平衡反应中离子荷电数的增加,盐效应通常会增强。勒夏特列原理并没有预测到平衡中的该效应;但是如果从分析组分的"有效浓度"被改变这一角度来考虑问题,此现象就易于理解了。

当一种离子被其他"惰性"离子屏蔽时,该离子的"有效浓度"降低了。在此,"有效浓度"代表离子的活度。

电解质溶液中离子的"有效浓度"称为离子的活度。为了定量描述平衡常数的盐效应,我们就必须使用活度,而不是浓度(见如下的盐效应)。在电位测

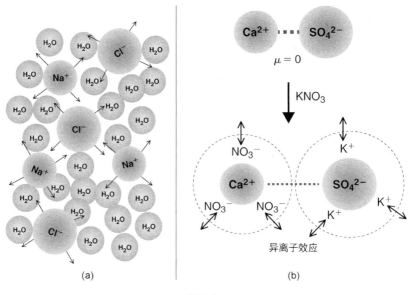

图 6.3

(a) 在溶液中,来自盐的Na^+和Cl^-形成了离子氛,每一种离子都被临近的更多的带相反电荷的离子所围绕。这种结构本身是时刻变化的(所有的组分都在快速移动)。

(b) 惰性盐类(如KNO_3)的加入以屏蔽和减少有效电荷的方式降低了离子对之间的吸引作用,从而增加了难溶盐(如$CaSO_4$)的溶解度(参阅第 6.16 节)。

定中,实际测量到的值是活度而不是浓度(见第 13 章)。在本节中我们将讨论如何对活度进行估算。

活度在电位测定中非常重要,见第 13 章。

1)活度系数

一种离子的活度 a_i 定义如下:

$$a_i = c_i f_i \tag{6.17}$$

式中,c_i 指组分 i 的浓度;f_i 指该组分的活度系数。浓度通常以物质的量浓度表示,活度与浓度单位相同。活度系数量纲为 1,其数值取决于标准状态的选择。活度系数随着溶液中离子的总量以及荷电量的变化而改变,它是离子间引力的一种校正。在浓度小于10^{-4} mmol/mL 的稀溶液中,一种简单电解质的活度系数接近于 1,其活度大致等于浓度。随着电解质浓度的增加或者往溶液中加入盐类,离子的活度系数则降低,其活度值小于浓度值。但是,请注意:在很高的电解质浓度下,必须考虑另一种效应。在水溶液中,离子(特别是阳离子)是水合的,与之结合的溶剂化水分子就不能再视为溶剂。这导致了活度系数作为浓度的函数有一个最小值,当浓度非常高时它的值大于 1。

路易斯(G. N. Lewis)于 1908 年在一篇题为"浓溶液的渗透压和理想溶液定律"的论文中提出了活度的热力学概念。

2）离子强度

从以上讨论中,我们能看到活度系数是溶液中总电解质浓度的函数。**离子强度**是总电解质浓度的度量,其定义如下:

$$\mu = \frac{1}{2} \sum c_i Z_i^2 \tag{6.18}$$

式中,μ 指离子强度;Z_i 指离子组分 i 的荷电荷数。计算时,溶液中所有阴阳离子都包括在内。显然,每一个带正电的组分都有一个带负电的组分与之相对应。

当离子浓度小于 10^{-4} mmol/mL 时,活度系数接近于 1。1921 年路易斯和伦道尔(Randall)首先提出了离子强度的经验公式,指出在稀溶液中,活度系数的对数值正比于离子强度的平方根。

例 6.14　请分别计算 0.20 mmol/mL KNO_3 水溶液和 0.20 mmol/mL K_2SO_4 水溶液的离子强度。

解:

对 KNO_3,

$$\mu = \frac{c_{K^+} Z_{K^+}^2 + c_{NO_3^-} Z_{NO_3^-}^2}{2}$$

$$[K^+] = 0.20 \ \text{mmol/mL} \quad [NO_3^-] = 0.20 \ \text{mmol/mL}$$

$$\mu = \frac{0.2 \times 1^2 + 0.2 \times 1^2}{2} = 0.2$$

对 K_2SO_4,

$$\mu = \frac{c_{K^+} Z_{K^+}^2 + c_{SO_4^{2-}} Z_{SO_4^{2-}}^2}{2}$$

$$[K^+] = 0.40 \ \text{mmol/mL} \quad [SO_4^{2-}] = 0.20 \ \text{mmol/mL}$$

$$\mu = \frac{0.4 \times 1^2 + 0.2 \times 2^2}{2} = 0.6$$

请注意:由于 SO_4^{2-} 带两个负电荷,K_2SO_4 的离子强度为相同物质的量浓度的 KNO_3 的三倍。

离子的价态越高,其对离子强度的贡献越大。

1923 年,荷兰物理学家彼得鲁斯(彼得)·德拜(Petrus (Peter) Debye,1884—1966 年)与他的助手埃里希·休克尔(Erich Hückel,1896—1980 年)提出了电解质溶液的德拜-休克尔理论,改进了斯凡特·阿伦尼乌斯(Svante Arrhenius)的电解质溶液电导理论。

彼得·德拜　　　　　　埃里希·休克尔
(Peter J. W. Debye)　　(Erich A. A. J. Hückel)

如果溶液中的盐多于一种，则离子强度应以所有离子的总浓度和荷电数进行计算。对任意给定的电解质，离子强度与浓度成正比。完全电离的强酸与盐类同等对待。如果酸部分离解，则计算离子强度之前必须先使用电离常数估算出已电离部分的浓度。非常弱的酸可视为非离子组分，它们对离子强度没有贡献。

例 6.15　计算含 0.30 mmol/mL NaCl 和 0.20 mmol/mL Na_2SO_4 的水溶液的离子强度。

解：

$$\mu = \frac{c_{Na^+} Z_{Na^+}^2 + c_{Cl^-} Z_{Cl^-}^2 + c_{SO_4^{2-}} Z_{SO_4^{2-}}^2}{2}$$

$$= \frac{0.70 \times 1^2 + 0.30 \times 1^2 + 0.20 \times 2^2}{2}$$

$$= 0.90$$

3）活度系数的计算

1923 年，德拜和休克尔推导出了计算活度系数的理论方程式。最初的**德拜-休克尔方程**如式（6.19a）所示，因为它仅适用于无限稀释溶液，所以应用有限：

$$-\lg f_i = A Z_i^2 \sqrt{\mu} \tag{6.19a}$$

他们后来提出了一个更有用的方程，称为**扩展的德拜-休克尔方程**：

$$-\lg f_i = \frac{A Z_i^2 \sqrt{\mu}}{1 + B a_i \sqrt{\mu}} \tag{6.19b}$$

该方程适用的离子强度可大至 0.2。

式中,A 和 B 为常数,在溶液温度为 25℃ 时其值分别为 0.51 和 0.33。在其他温度下,它们的值可以从 $A = 1.82 \times 10^6 (DT)^{-3/2}$ 和 $B = 50.3 (DT)^{-1/2}$ 计算得出,其中 D 和 T 分别是介电常数和绝对温度;a_i 为**离子粒径参数**,指的是以埃(Å)为单位的水合离子的有效直径。1 埃等于 100 皮米(10^{-10} 米)。德拜-休克尔方程的局限在于 a_i 的精确估值问题。对很多一价的离子,a_i 通常约为 3Å,为此方程式(6.19b)简化为

$$-\lg f_i = \frac{0.51 Z_i^2 \sqrt{\mu}}{1 + \sqrt{\mu}} \tag{6.20}$$

离子粒径参数的估值决定了活度系数的计算精度。

该方程可应用于离子强度小于 0.01 的溶液体系。

对那些多价的离子,a_i 可能会大至 11Å。但在离子强度小于 0.01 的情况下,分母的第二项比 1 小,a_i 的不确定度就变得相对不重要了,所以式(6.20)可用于离子强度为 0.01 或者更小的情况。式(6.19b)则适用离子强度大至 0.2 的情况。本章结尾的参考文献 10 列出了不同离子的 a_i 值,同时也给出了一张利用式(6.19b)计算得到的活度系数表,离子强度为 0.000 5～0.1。该参考文献以及离子粒径参数的完整表格在网上教材中均可获取。使用式(6.19b)和式(6.20)求解以下两道例题的 Excel 解答(工作表)在网上也能查到。表 6.2 收录了从该参考文献中摘录的一些常见离子的粒径值。

参阅参考文献 10 中 a_i 值列表。

表 6.2 常见离子的粒径参数

离　　子	离子粒径/Å
H^+	9
$(C_3H_7)_4N^+$	8
$(C_3H_7)_3NH^+$,$\{OC_6H_2(NO_3)_3\}^-$	7
Li^+,$C_6H_5COO^-$,$(C_2H_5)_4N^+$	6
$CHCl_2COO^-$,$(C_2H_5)_3NH^+$	5
Na^+,IO_3^-,HSO_3^-,$(CH_3)_3NH^+$,$C_2H_5NH_3^+$	4～4.5
K^+,Cl^-,Br^-,I^-,CN^-,NO_2^-,NO_3^-	3
Rb^+,Cs^+,NH_4^+,Tl^+,Ag^+	2.5
Mg^{2+},Be^{2+}	8
Ca^{2+},Cu^{2+},Zn^{2+},Mn^{2+},Ni^{2+},Co^{2+}	6
Sr^{2+},Ba^{2+},Cd^{2+},$H_2C(COO)_2^{2-}$	5
Hg_2^{2+},SO_4^{2-},CrO_4^{2-}	4

	(续表)
离　　子	离子粒径/Å
Al^{3+},Fe^{3+},Cr^{3+},La^{3+}	9
$Citrate^{3-}$	5
PO_4^{3-},$Fe(CN)_6^{3-}$,$\{CO(NH_3)_6\}^{3+}$	4
Th^{4+},Zr^{4+},Ce^{4+}	11
$Fe(CN)_6^{4-}$	5

摘录自 Kielland,参考文献10(参阅网上教材中无机和有机离子列表)。

例 6.16　计算 0.002 0 mmol/mL K_2SO_4 溶液中 K^+ 和 SO_4^{2-} 的活度系数。

解:

由于离子强度为 0.006 0,所以应用式(6.20)可得:

$$-\lg f_{K^+} = \frac{0.51 \times 1^2 \times \sqrt{0.006\,0}}{1 + \sqrt{0.006\,0}} = 0.037$$

$$f_{K^+} = 10^{-0.037} = 10^{-1} \times 10^{0.963} = 0.91_8$$

$$-\lg f_{SO_4^{2-}} = \frac{0.51 \times 2^2 \times \sqrt{0.006\,0}}{1 + \sqrt{0.006\,0}} = 0.14_7$$

$$f_{SO_4^{2-}} = 10^{-0.147} = 10^{-1} \times 10^{0.853} = 0.71_3$$

例 6.17　计算 0.020 mmol/mL K_2SO_4 溶液中 K^+ 和 SO_4^{2-} 的活度系数。

解:

由于离子强度为 0.060,所以我们使用式(6.19b)。查表 6.2,得 $a_{K^+} = 3$Å,$a_{SO_4^{2-}} = 4.0$Å。对 K^+,应用式(6.20),得:

$$-\lg f_{K^+} = \frac{0.51 \times 1^2 \times \sqrt{0.060}}{1 + \sqrt{0.060}} = 0.10_1$$

$$f_{K^+} = 10^{-0.101} = 10^{-1} \times 10^{0.899} = 0.79_4$$

对 SO_4^{2-},应用式(6.19b),得:

$$-\lg f_{SO_4^{2-}} = \frac{0.51 \times 2^2 \times \sqrt{0.060}}{1 + 0.33 \times 4.0 \times \sqrt{0.060}} = 0.37_8$$

$$f_{SO_4^{2-}} = 10^{-1} \times 10^{0.622} = 0.41_9$$

与之相较,若利用式(6.20)进行计算,则结果为 0.39_6。请注意:与例 6.16 中的 0.002 mmol/mL K_2SO_4 相比较,本例计算所得的各离子的活度系数都降低了,特别是 SO_4^{2-}。

网上教材第 6 章给出了应用式(6.19b)和式(6.20)计算活度系数的工作表。

对离子强度更高的溶液,已有很多经验方程式用于活度系数的计算。其中最有用的方程为戴维斯修正方程(见参考文献 9)。

$$-\lg f_i = 0.51 Z_i^2 \left[\frac{\sqrt{\mu}}{1+\sqrt{\mu}} - 0.3\mu \right] \tag{6.21}$$

该公式的有效使用范围可扩展到离子强度约为 0.5。

在离子强度为 0.2~0.5 的范围内使用该方程。与扩展的德拜–休克尔方程相比,它给出的活度系数值更高。

在电解质浓度非常高的情况下,活度系数会增加甚至超过 1。请注意:式(6.21)预测到了这一点;该方程的最后一项导致了活度系数随 μ 值的增加而增加。这是因为溶剂(水)的活度降低,且被离子(特别是水合阳离子)的第一溶剂化层所束缚的这部分水不能计入溶剂中。考虑如下情形:如果 Na^+ 的溶剂化数为 4(每 1 个钠离子结合了 4 分子水),则每千克水(55.5 mol)中如果含 8 mol NaCl,其中 32 mol 水分子将被 Na^+ 所束缚,只有 43% 的水为自由溶剂。因此其有效浓度是原浓度的 2.4 倍。这种浓度变化最终反映在活度系数的增加上。但实际情形要复杂得多,因为在非常高的浓度下水就变得很稀,其溶剂化数不再是常数,它在比此更稀的溶液中就已经开始降低了。对浓溶液中活度系数的更详细的讨论,请参阅图 6.4 所引用的 Stokes 和 Robinson 的论文。

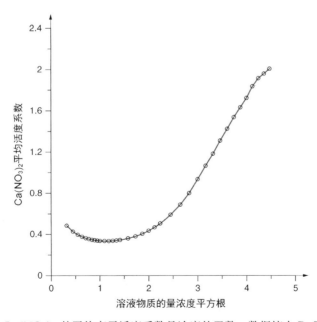

图 6.4 $Ca(NO_3)_2$ 的平均离子活度系数是浓度的函数。数据摘自 R. H. Stokes and R. A. Robinson, *J. Am. Chem. Soc.* 70 (1948) 1870

以 **8 mmol/mL NaCl 水溶液为溶剂配制的 0.01 mmol/mL HCl 溶液,其活度系数比纯水溶剂配制出来的溶液高 100 倍! 实际上其 pH 值为 0.0。请参阅 F. E. Critchfield and J. B. Johnson,** *Anal. Chem.*, **30,** (1958) 1247 **和 G. D. Christian,** *CRC Crit. Rev. in Anal.Chem.*, **5(2)** (1975) 119–153。

适用于 AB 和 AB₂ 型电解质且上限浓度可达数摩尔每升的 Stokes - Robinson 方程如下:

$$-\lg f_{\pm} = \frac{0.51 Z_A Z_B \sqrt{\mu}}{1 + 0.33 a_t \sqrt{\mu}} + \frac{n}{\nu} \lg a_w + \lg(1 - 0.018)(n - \nu)m \quad (6.22)$$

式中,$f_{\pm}$ 为正负离子的平均活度系数(几何平均值);Z_A 和 Z_B 分别为 A、B 离子所带的电荷数;a_w 为水的活度(溶液蒸气压与纯水蒸气压的比值);m 指溶液的物质的量浓度;n 指每个溶质分子的水合数;ν 为形成每个溶质分子的元素个数[如 $Ca(NO_3)_2$ 的 ν 值为 3]。

不同离子的荷电量越多,则它们对活度的影响越大。

非电解质的活度与其浓度值相同,最大离子强度值为 1。

从式(6.22)可以得出活度系数的几点结论。

(1)给定带电量的离子,其活度系数大致与给定离子强度值的溶液相等,该活度系数与它们各自的浓度无关。

(2)当离子的荷电量增大时,离子会偏离理想状态,导致活度系数计算值的置信度降低。

(3)在混合电解质溶液中,一种离子的活度系数计算值的精密度将不如单电解质溶液。

(4)在离子强度为 0.1 时,通常认为非电解质(不带电的分子)的活度系数为 1;当离子强度高到 1 时,其活度系数偏离该近似值的程度不大。不电离的酸(HA)属于非电解质,其活度系数值可取 1。然而,在高浓度的电解质溶液中,非电解质的活度系数确实超过 1,原因主要在于溶剂化效应。这就是非电解质从溶液中"盐析"(通常应用于有机合成中)的基本原理。

"盐析"也可用在分析化学中。往含钴有机螯合物、水与丙酮的混合溶液中加入足够量的 CaCl₂,会导致所有的水被 CaCl₂ 吸收并从含钴螯合物的丙酮层分离出一个高浓度的 CaCl₂ 水溶液层。见参考文献 C. E. Matkovich and G. D. Christian *Anal. Chem.* **45** (1973) 1915。

对活度系数进行最后一点评论:Kenneth S. Pitzer 使用量子力学对活度系数的校正重新建模,提供了浓溶液的严格处理方法,见参考文献 11。

6.17 异离子效应:热力学平衡常数和活度系数

在上一节的开始部分我们提到:不同盐分的存在会增加弱电解质的离解

度,这是因为离解产生的离子被屏蔽了(或活度降低)。我们可以利用平衡中组分的活度来定量预测该效应的影响程度。

到现在为止,我们对平衡常数的理解是:假设没有异离子效应,即其离子强度为 0,活度系数为 1。平衡常数应该更精确地用活度而不是用浓度来表示。考虑 AB 的离解,其热力学平衡常数 K_{eq}°(例如将平衡常数外推到溶液无限稀释的情况下)的表达式为:

$$K_{eq}^{\circ} = \frac{a_A \cdot a_B}{a_{AB}} = \frac{[A] f_A \cdot [B] f_B}{[AB] f_{AB}} \tag{6.23}$$

热力学平衡常数对所有的离子强度都成立,其定性描述见图 6.3(b)。

由于浓度平衡常数 $K_{eq} = [A][B]/[AB]$,则:

$$K_{eq}^{\circ} = K_{eq} \frac{f_A \cdot f_B}{f_{AB}} \tag{6.24}$$

或

$$K_{eq} = K_{eq}^{\circ} \frac{f_{AB}}{f_A \cdot f_B} \tag{6.25}$$

K_{eq}° 的数值对所有活度都成立。在离子强度为零时,$K_{eq}^{\circ} = K_{eq}$,但是在可观的离子强度下,K_{eq} 的数值必须应用式(6.25)在该离子强度下进行计算。附录 C 列举了离子强度为零时的平衡常数,实际上,它们是热力学平衡常数。(对一些反应体系,可通过实验获得不同离子强度条件下的 K_{eq} 值,并在这些离子强度的条件下使用物质的量浓度进行平衡计算,过程中不需要计算活度系数。例如:在海洋化学中,能够获取只适用于海水基质的所有相关的化学平衡就足够了。)

浓度平衡常数必须用离子强度进行校正。

例 6.18 弱电解质 AB 离解成 A^+ 和 B^-,热力学平衡常数 $K_{eq}^{\circ} = 2.0 \times 10^{-8}$,电解质溶液中其他盐的离子强度为 0.1。如果 A^+ 和 B^- 的活度系数分别为 0.6 和 0.7,在 $\mu = 0.1$ 的情况下:

(a) 计算以物质的量浓度计的摩尔平衡常数 K_{eq}。

(b) 计算物质的量浓度为 1.0×10^{-4} mmol/mL 的 AB 水溶液中的离解度(%)。

解:

(a)
$$AB \rightleftharpoons A^+ + B^-$$

$$K_{eq} = \frac{[A^+][B^-]}{[AB]}$$

$$K_{eq}^{\circ}=\frac{a_{A^+}\cdot a_{B^-}}{a_{AB}}=\frac{[A^+]f_{A^+}\cdot[B^-]f_{B^-}}{[AB]f_{AB}}$$

中性组分的活度系数为1,所以

$$K_{eq}^{\circ}=\frac{[A^+][B^-]}{[AB]}\cdot f_{A^+}\cdot f_{B^-}=K_{eq}\cdot f_{A^+}\cdot f_{B^-}$$

$$K_{eq}=\frac{K_{eq}^{\circ}}{f_{A^+}\cdot f_{B^-}}=\frac{2.0\times10^{-8}}{0.6\times0.7}=5\times10^{-8}$$

(b)   AB $\rightleftharpoons$ A^+ + B^-

$1.0\times10^{-4}-x$ x x

① 在水中,$f_{A^+}=f_{B^-}\approx1$(因为 $\mu<10^{-4}$),$x\ll10^{-4}$

$$\frac{[A^+][B^-]}{[AB]}=2.0\times10^{-8}$$

$$\frac{x\times x}{1.0\times10^{-4}}=2.0\times10^{-8}$$

$$x=1._4\times10^{-6}$$

离解度为:$\frac{1._4\times10^{-6}\text{ mmol/mL}}{1.0\times10^{-4}\text{ mmol/mL}}\times100\%=1._4\%$

② 对 0.1 mmol/mL 盐,

$$\frac{[A^+][B^-]}{[AB]}=5\times10^{-8}$$

$$\frac{x\times x}{1.0\times10^{-4}}=5\times10^{-8}$$

$$x=2._2\times10^{-6}$$

离解度为:$\frac{2._2\times10^{-6}\text{ mmol/mL}}{1.0\times10^{-4}\text{ mmol/mL}}\times100\%=2._2\%$

盐的存在使离解增加了 57%。

219 　　第7章将举例说明使用异离子效应计算酸的电离,第10章则讨论将该效应用于计算沉淀溶解度。在整本书中为了简化计算,**我们通常忽略平衡的异离子效应**。在大多数情况下,我们只对平衡浓度的相对变化感兴趣,而忽略活度不会影响我们的讨论。

对带电粒子(如蛋白质,DNA 和其他带电的生物高分子)的行为、毛细管中离子的迁移以及玻璃和离子选择电极的电化学行为,等,静电效应的影响都是很重要的。这里还有个问题：活度系数来自哪里？参阅网上教材中 University of Michigan 的 Michael D. Morris 教授对这个问题的思考。

································ 习　题 ································

平衡的计算

1. A 与 B 的反应如下：$A+B \Longleftrightarrow C+D$。其平衡常数为 2.0×10^3。在 1 L 的体积中,如果有 0.30 mol A 和 0.80 mol B 相混合,问反应平衡后 A,B,C 和 D 的浓度各为多少？

2. A 与 B 的反应如下：$A+B \Longleftrightarrow 2C$。其平衡常数为 5.0×10^6。在 1 L 的体积中,如果有 0.40 mol A 和 0.70 mol B 相混合,问反应平衡后 A、B 和 C 的浓度各为多少？（见网上教材"单变量求解"解方程的视频。）

3. 水杨酸 $[C_6H_4(OH)COOH]$ 的离解常数是 1.0×10^{-3}。计算浓度为 1.0×10^{-3} mmol/mL 的水杨酸的离解百分数。水杨酸分子中只有一个可离解的质子(见下面的 Excel 习题 26。)

4. 氢氰酸(HCN)的离解常数是 7.2×10^{-10}。计算浓度为 1.0×10^{-3} mmol/mL 的氢氰酸的离解百分数。

5. 如果习题 3 中的水杨酸溶液包含 1.0×10^{-2} mmol/mL 的水杨酸钠,计算水杨酸的离解百分数。

6. 硫化氢 (H_2S) 的电离是分步进行的,分步电离常数依次是 9.1×10^{-8} 和 1.2×10^{-15}。写出总离解反应和总平衡常数。

7. Fe^{2+} 和 $Cr_2O_7^{2-}$ 的反应如下：$6Fe^{2+} + Cr_2O_7^{2-} + 14H^+ \Longleftrightarrow 6Fe^{3+} + 2Cr^{3+} + 7H_2O$。反应的平衡常数为 1×10^{57}。如果溶剂为 1.14 mmol/mL HCl,有 10 mL 0.02 mmol/mL $K_2Cr_2O_7$ 与 10 mL 0.12 mmol/mL $FeSO_4$ 反应,计算铁和铬的平衡浓度。

Video: Goal Seek Problem 6.2

平衡计算的系统方法

8. 写出如下溶液的电荷平衡表达式：(a) Bi_2S_3 饱和溶液；(b) Na_2S 溶液。

9. 写出 0.100 mmol/mL $[Cd(NH_3)_4]Cl_2$ 溶液的质量平衡和电荷平衡方程式。

10. 应用电中性和质量平衡原理证明如下关系式。

(a) 对 0.2 mmol/mL HNO_2 溶液,$[NO_2^-] = [H^+] - [OH^-]$。

(b) 对 0.2 mmol/mL CH_3COOH 溶液,$[CH_3COOH] = 0.2 - [H^+] + [OH^-]$。

(c) 对 0.1 mmol/mL $H_2C_2O_4$ 溶液,$[H_2C_2O_4] = 0.1 - [H^+] + [OH^-] - [C_2O_4^{2-}]$。

(d) 对 0.1 mmol/mL KCN 溶液,$[HCN] = [OH^-] - [H^+]$。

(e) 对 0.1 mmol/mL Na_3PO_4 溶液,

$$[H_2PO_4^-] = \frac{[OH^-] - [H^+] - [HPO_4^{2-}] - 3[H_3PO_4]}{2}。$$

(f) 对 0.1 mmol/mL H_2SO_4 溶液(假设 H_2SO_4 定量电离出 H^+ 和 HSO_4^-),

$$[HSO_4^-] = 0.2 - [H^+] - [OH^-]。$$

11. 写出包含 F^-，HF，HF_2^- 和 Ba^{2+} 的饱和 BaF_2 水溶液的质量平衡方程式。

12. 写出 $Ba_3(PO_4)_2$ 水溶液的质量平衡方程式。

13. 使用电荷/质量平衡方法计算 0.100 mmol/mL 醋酸水溶液的 pH。

离子强度

14. 计算以下溶液的离子强度：(a) 0.30 mmol/mL $NaCl$；(b) 0.30 mmol/mL Na_2SO_4；(c) 0.30 mmol/mL $NaCl$ 和 0.20 mmol/mL K_2SO_4；(d) 0.20 mmol/mL $Al_2(SO_4)_3$ 和 0.10 mmol/mL Na_2SO_4。

15. 计算以下溶液的离子强度：(a) 0.20 mmol/mL $ZnSO_4$；(b) 0.40 mmol/mL $MgCl_2$；(c) 0.50 mmol/mL $LaCl_3$；(d) 1.0 mmol/mL $K_2Cr_2O_7$；(e) 1.0 mmol/mL $Tl(NO_3)_3 +$ 1.0 mmol/mL $Pb(NO_3)_2$。

活度

参阅网上教材中的"工作表问题"，用 Excel 求解习题 16～19。

16. 计算 0.001 00 mmol/mL $NaCl$ 溶液中钠离子和氯离子的活度系数。

17. 计算含 0.002 0 mmol/mL Na_2SO_4 和 0.001 0 mmol/mL $Al_2(SO_4)_3$ 的溶液中各离子的活度系数。

18. 计算 0.002 0 mmol/mL KNO_3 水溶液中 NO_3^- 的活度。

19. 计算 0.020 mmol/mL Na_2CrO_4 水溶液中 CrO_4^{2-} 的活度。

20. 2.5 mmol/mL 硫酸 (H_2SO_4)的相对密度为 1.15。溶液上方的相对湿度为 88.8%。如果假定每个质子的溶剂化水分子个数为 4，则根据式(6.22)计算得出的平均活度系数是多少？

热力学平衡常数

21. 写出以下平衡的热力学平衡常数表达式：

(a) $HCN \rightleftharpoons H^+ + CN^-$；

(b) $NH_3 + H_2O \rightleftharpoons NH_4^+ + OH^-$。

22. 计算 5.0×10^{-3} mmol/mL 苯甲酸在以下溶剂中的 pH：(a) 纯水；(b) 含 0.05 mmol/mL K_2SO_4 的水溶液。

Excel 练习

参阅网上教材的"工作表问题(Spreadsheet Problem)"，应用 Excel 求解以下习题。

23. 写出应用式(6.20)计算活度系数的工作表程序。然后将其与网上教材给出的程序相比较。使用这两个程序进行运算，检验精度。

24. 应用网上教材给出的关于式(6.20)的工作表计算例 6.16 中 K^+ 和 SO_4^{2-} 的活度系数。将计算的结果同该例的手算结果相比较。

25. 应用网上给出的关于式(6.19b)和式(6.20)的工作表计算例 6.17 中各组分的活度系数。将计算的结果同该例的手算结果相比较。

26. 应用"单变量求解"计算习题 3 的浓度(求解该题需要使用二次方程)。

27. 使用 Excel 求解习题 16～19。

参 考 文 献

平衡

1. A. J. Bard, *Chemical Equilibrium*. New York: Harper & Row, 1966.

2. T. R. Blackburn, *Equilibrium: A Chemistry of Solutions*. New York: Holt, Rinehart and Winston, 1969.

3. J. N. Butler. *Ionic Equilibrium. A Mathematical Approach*. Reading, MA: Addison-Wesley, 1964.

4. G. M. Fleck, *Ionic Equilibria in Solution*. New York: Holt, Rinehart and Winston, 1966.

5. H. Freiser and Q. Fernando, *Ionic Equilibria in Analytical Chemistry*. New York: Wiley, 1963.

6. A. E. Martell and R. J. Motekaitis, *The Determination and Use of Stability Constants*. New York: VCH, 1989.

逐次逼近法

7. S. Brewer, *Solving Problems in Analytical Chemistry*. New York: Wiley, 1980.

8. J. J. Baeza-Baeza and M. C. Garcia-Alvarez-Coque, "Systematic Approach to Calculate the Concentration of Chemical Species in Multi-Equilibrium Problems," *J. Chem. Educ.* 88 (2011) 169. This article demonstrates the solution of multiple simultaneous equlibria using Excel Solver.

活度

9. C. W. Davies, *Ion Association*. London: Butterworth, 1962.

10. J. Kielland, "Individual Activity Coefficients of Ions in Aqueous Solutions," *J. Am. Chem. Soc.*, 59 (1937) 1675.

11. K. S. Pitzer. *Activity Coefficients in Electrolyte Solutions*, 2nd ed. Boca Raton, FL: CRC Press, 1991.

12. P. C. Meier, "Two-Parameter Debye-Huckel Approximation for the Evaluation of Mean Activity Coefficients of 109 Electrolytes," *Anal. Chim. Acta*, 136 (1982) 363.

第7章
酸碱平衡

Police arrested two kids yesterday, one was drinking battery acid, the other was eating fireworks. They charged one and let the other one off. ——Tommy Cooper

Saying sulfates do not cause acid rain is the same as saying that smoking does not cause lung cancer.

——Drew Lewis

第7章网址

学习要点

● 酸碱理论
● 水中的酸碱平衡[重要方程：式(7.11)，式(7.13)，式(7.19)]
● 弱酸弱碱
● 弱酸弱碱盐[重要方程：式(7.27)，式(7.29)，式(7.32)，式(7.36)，式(7.39)]
● 缓冲液[重要方程：式(7.45)，式(7.58)]
● 多元弱酸——α 值[重要方程：式(7.74)~(7.77)]
● 用电子表格做 α-pH 图
● 多元弱酸盐[重要方程：式(7.96)，式(7.97)，式(7.99)，式(7.100)]
● 浓度的对数图
● pH 计算软件

Sir Humphry Davy（1778—1829 年）。戴维斯最出名的是他发现的几种碱金属和碱土金属，同时确定了氯和碘同为元素。享有男爵之称的戴维斯，在 1806 年做了一个名为"关于电的化学代理"的讲座，其中一个亮点就是丰富了化学的理论基础

溶液的酸碱度通常是化学反应的一个重要因素。使用缓冲液来保持一个

合适 pH 范围很重要。此外,基本的酸碱平衡对于理解酸碱滴定和理解酸对化学物质和化学反应的影响是很重要的,比如酸对于络合平衡和沉淀平衡的影响。在第 6 章中,我们描述了平衡常数的基本概念。在这一章我们考虑更多的是酸碱平衡的计算,包括弱酸、弱碱以及弱酸弱碱盐的水解、缓冲液、多元酸及其盐和生理缓冲液。先来回顾一下酸碱理论和 pH 值的基本概念。

7.1　酸碱概念的起源

　　"酸"一词来源于拉丁语"acere",意思是酸的。在早期历史上碱被称为盐,该词来源于阿拉伯语"al-qili",它是一种植物灰烬,富含碳酸钠。在 17 世纪中叶,人们已经认识到酸和碱(早先称为盐)趋于相互中和(就是后来被人们熟知的 Silvio-Tachenio 理论),但概念是模糊的。例如,酸被认为是会导致石灰岩产生气泡并且遇到碱金属会发生激烈反应的物质。1664 年 Robert Boyle 出版了 *The Experimental History of Colours*,这些色素是从某些植物中提取的。如红玫瑰和巴西木,当溶液的酸性和碱性发生交替变化的时候,它们的颜色也同时发生变化。许多其他植物和花卉提取物也展现出了类似的性质。在 1675 年,Boyle 针对 Silvio-Tachenio 理论中酸碱概念的模糊性,结合它们已知的属性定义了酸碱:酸闻起来是有酸味的,能引起石灰石产生气泡,能使得蓝色植物染料变成红色,并且能从碱性溶液中析出硫化氢气体。碱摸起来是滑的,可以抵消酸的作用。过了几乎一百年后,Antoine-Laurent Lavoisier 提出关于"酸是如何形成的"的观点。主要基于他对燃烧现象和呼吸的观察,其中碳转化为二氧化碳(溶解在水中的二氧化碳明显呈酸性),同时他命名了 Joseph Priestley 最近(1774 年)发现的用于燃烧或呼吸所必需的气体——氧气(oxygen,来自希腊文,意思为酸的前驱),并推测就是因为该物质的存在产生了酸性物质。

　　在 1800 年 Alessandro Volta 提出了电池反应堆,一种早期类型电池。紧随其后 Humphry Davy 开始研究电,通过电解,他发现了一些新的元素。1807 年,他依次电解熔融钾盐和钠盐(这些曾被许多人认为是元素的物质),并分离出了钾和钠。他也同样分离出了镁、钙、锶和钡。Davy 意识到,这些碱金属、碱土金属与氧结合形成了已知的强碱性的氧化物,这对 Lavoisier 的理论(认为氧是酸性元素)是一个挑战。他继续证明了盐酸是酸性的,但它不是 Lavoisier 所谓的含氧酸。通过电解他分离出了氢和氯(后来他在 1810 年命名的),直到后来它都被认为是一种含氧的化合物,而不是氧气。1815 年 Davy 提出氢可能是酸性元素,然而所有含氢的物质并不都是酸。1838 年,Justus von Liebig 确定含氢化合物为酸,这里氢不能被金属取代。

Justus von Liebig(1803—1873 年)是一位德国化学家,他最重要的贡献在于农业和生物化学。作为第一位发现氮是重要的植物营养物质的人,他被称为"肥料工业之父"。作为大学教授他发明了现代面向实验室的教学方法,因为这一创新,他被誉为历史上最伟大的化学教育家之一。他创立了有机化学

7.2 酸碱理论——不是所有理论都被平等对待

为了解释物质的酸碱性及其分类,人们提出了几种酸碱理论。最熟悉的是 Arrhenius 理论,而它仅仅适用于水溶液。其他理论更普遍并适用于其他溶剂,甚至气相中。在这里我们描述常见的酸-碱理论。

Svante Arrhenius(1859—1927 年)于 1884 年向乌普萨拉提交了长达 150 页有关电导的博士论文。他的论文没有打动教授,只被确定为四级水平,但根据他的答辩,它被重新确定为三级。十九年后,这个工作的延伸为他赢得了 1903 年诺贝尔化学奖

Arrhenius 理论被限制只适用于水溶液,见 J. Am. Chem. Soc.,34(1912)353,Arrhenius 描述了为了使他的理论被大家接受所遭遇的困难

1) Arrhenius 理论——H^+ 和 OH^-

Arrhenius 在研究生时期介绍了一个新的引人注目的理论,酸是在水中电离(部分或全部)产生氢离子(与溶剂结合形成水合氢离子,H_3O^+)的任何物质:

$$HA + H_2O \Longrightarrow H_3O^+ + A^-$$

碱在水中电离,产生氢氧根离子。弱碱(部分电离)的电离通常如下:

$$B + H_2O \Longrightarrow BH^+ + OH^-$$

而像金属氢氧化物（如 NaOH）这样的强碱,离解为

$$M(OH)_n \longrightarrow M^{n+} + n\,OH^-$$

显然,该理论只限于水作为溶剂。

2) 溶剂理论体系——溶剂阳离子和溶剂阴离子

1905 年,Franklin 把液氨作为溶剂,发现了和在水中相似的酸碱行为。1925 年,Germann 用液态 $COCl_2$ 作为溶剂也观察到同样的现象,并且阐述了酸碱的一般溶剂系统的概念。这一理论也适用于能够电离出阳离子和阴离子的溶剂,例如,$2H_2O \Longrightarrow H_3O^+ + OH^-$ 或 $2NH_3 \Longrightarrow NH_4^+ + NH_2^-$。酸定义为:能产生所用的溶剂阳离子特性的溶质,而碱是能产生所用溶剂阴离子特性的溶质。因此,氯化铵(其产生氨化 NH_4^+,即 $[NH_4(NH_3)^+]$ 和氯离子)在液氨中是强酸(类似于 HCl 在水中: $HCl + H_2O \longrightarrow H_3O^+ + Cl^-$),同时 $NaNH_2$ 在液氨中是强碱(类似于 NaOH 在水中);这两种化合物电离分别得到了溶剂阳离子和溶剂阴离子。乙醇电离如下: $2C_2H_5OH \Longrightarrow C_2H_5OH_2^+ + C_2H_5O^-$。因此,乙醇钠($NaOC_2H_5$)是在该溶剂中的强碱。

Franklin 和 Germann 的理论与 Arrhenius 的理论相似,但 Franklin 的理论也适用于其他可电离溶剂。

3) Brønsted - Lowry 理论——质子转移理论

Brønsted - Lowry 理论提出了一个假设: 质子是从酸转移到碱的,同时提出了共轭酸碱对等概念。

溶剂系统的理论适用于离子化溶剂,但它并不适用于在非离子化溶剂中的酸碱反应,如苯或二氧六环。1923 年,Brønsted 和 Lowry 各自描述了现在所谓的 Brønsted - Lowry 理论。这一理论指出,酸是一个能够给出质子的物质,碱是一个能够接受质子的物质。因此,我们可以写一个这样的"半反应":

Thomas M. Lowry (1874—1936 年)。1923 年,Lowry 和 Brønsted 各自独立地描述了他们的理论,后来该理论以他们的名字命名

$$酸 = H^+ + 碱 \tag{7.1}$$

半反应中的酸和碱称为共轭酸碱对。自由质子在溶液中不存在,在质子供体(酸)将质子释放之前,必须有一个质子受体(碱)。也就是说,必须有两个半反应相结合。可以换种方式理解这个问题,酸是酸性的,因为它会失去一个质子。但是它不能表现出其酸性的行为,除非有一个接受质子的碱存在。它就像是在一个荒岛上的富翁,没有人会接受他的钱。表 7.1 列出了一些在不同溶剂中的酸碱反应。在第一个示例中,醋酸离子是醋酸的共轭碱,氨根离子是氨的共轭酸。前四个例子代表了溶剂中酸或碱的电离,而其他则代表了溶剂中酸碱中和反应。

表 7.1　**Brønsted 酸碱质子反应：共轭酸碱对用相同的颜色标出**

溶剂	酸 1	+	碱 2	⟶	酸 2	+	碱 1
NH₃(liq.)	HOAc		NH₃		NH₄⁺		OAc⁻
H₂O	HCl		H₂O		H₃O⁺		Cl⁻
H₂O	NH₄⁺		H₂O		H₃O⁺		NH₃
H₂O	H₂O		OAc⁻		HOAc		OH⁻
H₂O	HCO₃⁻		OH⁻		H₂O		CO₃²⁻
C₂H₅OH	NH₄⁺		C₂H₅O⁻		C₂H₅OH		NH₃
C₆H₆	苦味酸(H picrate)		C₆H₅NH₂		C₆H₅NH₃⁺		picrate⁻

从上面的定义很明显可以看出，一种物质不能作为酸，除非存在一个碱接受质子。这样，酸才能在类似水、液氨、乙醇这样的碱性溶剂中完全或部分电离，电离的程度取决于溶剂的碱度和酸的强弱。但在中性或"惰性"溶剂中，电离是无关紧要的。但是，在溶剂中电离不是酸碱反应的先决条件，就像表 7.1 中的最后一个例子，苦味酸与苯胺的反应。

225

4）Lewis 理论——电子转移理论

Lewis 理论假设提供(或共享)的电子是从碱到酸。

同样在 1923 年，G. N. Lewis 介绍了酸碱电子理论。在他的理论中，酸被定义为可以接受一个电子对的物质，碱被定义为可以提供一个电子对的物质。通常碱包含一个氧原子或氮原子作为电子供体。因此，酸也包括不含氢的物质。G. N. Lewis 理论酸碱反应的例子如下：

$$H^+(\text{solvated}) + :NH_3 \longrightarrow H:NH_3^+$$

$$AlCl_3 + :O\underset{R}{\overset{R}{}} \longrightarrow Cl_3Al:OR_2$$

$$\underset{H}{\overset{H}{}}O: + H^+ \longrightarrow H_2O:H^+$$

$$H^+ + :OH^- \longrightarrow H:OH$$

在第二个示例中，氯化铝是酸，醚是碱。

Gilbert N. Lewis（1875—1946 年）发展了共价键理论，从而提出了路易斯酸碱电子理论

7.3　水中的酸碱平衡

从前文我们可以知道溶解在水中的酸或碱会离解或电离，电离的程度依

赖于酸碱的强弱。强电解质是完全离解的,而弱电解质是部分离解的。表 7.2 列出了一些常见的电解质,一些是强的,一些是弱的。其他弱酸和弱碱都列在附录 C。盐酸在水中是一种强酸,会完全电离:

$$HCl + H_2O \longrightarrow H_3O^+ + Cl^- \tag{7.2}$$

反应(7.2)的平衡常数具有重要的意义。H^+ 质子以水合离子(H_3O^+)的形式存在于水中。更高的水合物也可能存在,尤其是 $H_9O_4^+$。为了方便和强调 Brønsted 行为,水合氢离子常写为 H_3O^+。

$$\overset{O}{\overset{\|}{}}$$

醋酸(使用符号 OAc^- 代表乙酸根离子 $CH_3—C—O^-$)是弱酸,在水中只是部分电离(几个百分点):

$$HOAc + H_2O \rightleftharpoons H_3O^+ + OAc^- \tag{7.3}$$

该反应的平衡常数可以表示为:

$$K_a^\circ = \frac{a_{H_3O^+} \cdot a_{OAc^-}}{a_{HOAc} \cdot a_{H_2O}} \tag{7.4}$$

表 7.2　一些常见的电解质

强　电　解　质	弱　电　解　质
HCl	CH_3COOH (乙酸)
$HClO_4$	NH_3
$H_2SO_4$①	C_6H_5OH (苯酚)
HNO_3	$HCHO_2$ (甲酸)
NaOH	$C_6H_5NH_2$ (苯胺)
	CH_3COONa

① 在稀溶液中第一个质子完全离解,但第二个部分离解($K_2 = 10^{-2}$)。

K_a° 是热力学酸度常数(见 6.16 节),a 表示物种的活度。在水中盐离解出的阳离子或阴离子部分也可以和水反应。例如,乙酸离子是从离解的醋酸盐中形成的,然后它和水反应会形成部分 HOAc。

活度被认为是离子的有效浓度(第 6 章)。质子对反应的影响通常和它们的活度有关。活度可以通过使用广泛的酸度计测量(第 13 章)。活度系数的预测数值大小在第 6 章中已经描述。

在稀溶液中,水的活度基本维持不变,标准状态时它是一个定值。因此,式(7.4)可以写成

$$K_a^\circ = \frac{a_{H_3O^+} \cdot a_{OAc^-}}{a_{HOAc}} \tag{7.5}$$

纯水存在着轻微的电离,或者说存在着自身溶解:

$$2H_2O \Longrightarrow H_3O^+ + OH^- \tag{7.6}$$

平衡常数为:

$$K_w^\circ = \frac{a_{H_3O^+} \cdot a_{OH^-}}{a_{H_2O}^2} \tag{7.7}$$

在稀溶液中水的活度是常数(浓度约为 55.5 mmol/mL),所以

$$K_w^\circ = a_{H_3O^+} \cdot a_{OH^-} \tag{7.8}$$

式中,K_w°是热力学自身溶解常数或自身电离常数。

为方便起见我们将使用 H^+ 代替 H_3O^+。此外,活度通常用物质的量浓度代替。

如果我们忽视活动系数,计算就简化了。对于稀溶液,简化的计算会给结果带来微小的误差,在所有的计算中我们将使用物质的量浓度。这种变化对于所涉及的平衡是不影响的。我们所考虑的大多数溶液都是相当稀的溶液,而且通常我们感兴趣的是 pH 值的变化相对大的,在这种情况下小误差是无关紧要的。我们会用 H^+ 代替 H_3O^+ 来简化表达式,这并不矛盾,因为水与其他离子或分子(如金属离子)的溶剂化作用一般不写,同时,H_3O^+ 也不是一个实际存在物种的准确表示,典型的例子是,在稀水溶液中的质子在它的溶剂化产物中至少包含四个水分子。

物质的量浓度用[物种]表示。上述反应简化为:

$$HCl \longrightarrow H^+ + Cl^- \tag{7.9}$$

$$HOAc \Longrightarrow H^+ + OAc^- \tag{7.10}$$

$$K_a = \frac{[H^+][OAc^-]}{[HOAc]} \tag{7.11}$$

$$H_2O \Longrightarrow H^+ + OH^- \tag{7.12}$$

$$K_w = [H^+][OH^-] \tag{7.13}$$

式中,K_a 和 K_w 是摩尔平衡常数。

K_w 在 24℃甚至 25℃时是 1.00×10^{-14},如果用较少的有效数字表示,它仍然可以准确地表示为 1.0×10^{-14}。在室温下,水溶液中氢离子浓度和氢氧根离子浓度的乘积总是等于 1.0×10^{-14}。

$$[H^+][OH^-]=1.0\times10^{-14} \qquad (7.14)$$

在纯水中,这两个离子的浓度是相等的,因为除了水离解出 H^+ 或 OH^- 没有其他来源。

$$[H^+]=[OH^-]$$

因此

$$[H^+][H^+]=1.0\times10^{-14}$$

$$[H^+]=1.0\times10^{-7}\ mmol/mL\equiv[OH^-]$$

将一个酸加入水中,且知道酸离解的氢离子浓度,就可以计算出氢氧根离子的浓度。但当酸离解的氢离子浓度很小的时候,为 10^{-6} mmol/mL 或更小,水电离出的 $[H^+]$ 就不能忽视。

化学家(尤其是学生)很幸运,本质上 K_w 和温度有关,在室温下是一个常数。想象一下一个 K_w 是 2.39×10^{-13} 的溶液在其他温度下的 pH 值是多少。然而,参见第 7.5 节,在该节你会知道如何测量其他温度下溶液的 pH。

例 7.1　计算浓度为 1.0×10^{-3} mmol/mL 的盐酸溶液中的氢氧根离子浓度。

解:

因为盐酸是强电解质,它完全离解,所以氢离子的浓度为 1.0×10^{-3} mmol/mL。

所以:

$$(1.0\times10^{-3})[OH^-]=1.0\times10^{-14}$$

$$[OH^-]=1.0\times10^{-11}\ mmol/mL$$

7.4　pH 的量度

水溶液中 H^+ 或 OH^- 浓度可以在极宽的范围内变化,从 1 mmol/mL 到 10^{-14} mmol/mL 或更小。如果浓度的变化从 10^{-1} mmol/mL 到 10^{-13} mmol/mL,去构建一个相对于浓度为变量的图是非常困难的。这个范围一般应用在滴定中。通过对浓度取对数值是非常方便的,溶液的 pH 值被 Sørenson 定义为:

$$pH=-\lg[H^+] \qquad (7.15)$$

使用负号是因为遇到的大多数浓度都小于 1 mmol/mL,所以这样设计可以给出一个正值。(严格来讲,pH 值定义为 $-\lg a_{H^+}$,但是我们将使用较简单的方式定义式(7.15))。一般来说,p 任何物质 $=-\lg$ 任何物质,后来这个符号被用于大量不同的其他数据,或非常大或非常小的(如平衡常数)。

p 是用于压缩和更方便地表示跨度几十个数量级范围的数字。pH 等于 $-\lg a_{H^+}$。关于什么是 pH 计(玻璃电极)见第 13 章。

Carlsberg 实验室 1909 年档案。Søren Sørenson,Carlsberg 实验室化学部门主管(Carlsberg 啤酒厂)发明了术语 pH 值来描述这种影响并将它定义为 $-\lg[H^+]$。pH 值这一术语仅仅指"氢的大小"。在 1924 年,他意识到溶液的 pH 值是一个 H^+ 离子"活度"的函数,于是就这个主题发表第二篇论文,定义 $pH = -\lg a_{H^+}$

例 7.2   计算 2.0×10^{-3} mmol/mL HCl 溶液的 pH。

解:

HCl 完全离解,所以

$$[H^+] = 2.0 \times 10^{-3} \text{ mmol/mL}$$
$$pH = -\lg(2.0 \times 10^{-3}) = 3 - \lg 2.0 = 3 - 0.30 = 2.70$$

这种定义也适用于氢氧根离子:

$$pOH = -\lg[OH^-] \qquad (7.16)$$

如果氢离子的浓度是已知的,式(7.13)可以用于计算氢氧根离子的浓度,反之亦然。使用对数格式的方程计算 pH 或者 pOH 更直接:

$$-\lg K_w = -\lg([H^+][OH^-]) = -\lg[H^+] - \lg[OH^-] \qquad (7.17)$$

$$pK_w = pH + pOH \qquad (7.18)$$

25℃时,

$$14.00 = pH + pOH \qquad (7.19)$$

1 mmol/mL HCl 溶液 pH 为 0,pOH 为 14。1 mmol/mL NaOH 溶液 pH 为 14,pOH 为 0。

例 7.3   计算 25℃时 5.0×10^{-2} mmol/mL NaOH 溶液的 pOH 和 pH。

解:

$$[OH^-] = 5.0 \times 10^{-2} \text{ mmol/mL}$$

$$pOH = -\lg(5.0 \times 10^{-2}) = 2 - \lg 5.0 = 2 - 0.70 = 1.30$$

$$\text{pH} + 1.30 = 14.00$$

$$\text{pH} = 12.70$$

或

$$[\text{H}^+] = 1.0 \times 10^{-14} / [\text{OH}^-]$$

$$[\text{H}^+] = 1.0 \times 10^{-14} / 5.0 \times 10^{-2} = 2.0 \times 10^{-13} (\text{mmol/mL})$$

$$\text{pH} = -\lg(2.0 \times 10^{-13}) = 13 - \lg 2.0 = 13 - 0.30 = 12.70$$

例 7.4　将 pH 3.00 2.0 mL 的强酸溶液和 pH 10.00 3.0 mL 的强碱溶液混合,计算混合后溶液的 pH。

解:

$$\text{强酸的}[\text{H}^+] = 1.0 \times 10^{-3} \text{ mmol/mL}$$

$$\text{H}^+ \text{ 的物质的量} = 1.0 \times 10^{-3} \text{ mmol/mL} \times 2.0 \text{ mL} = 2.0 \times 10^{-3} \text{ mmol}$$

$$\text{强碱的 pOH} = 14.00 - 10.00 = 4.00$$

$$[\text{OH}^-] = 1.0 \times 10^{-4} \text{ mmol/mL}$$

$$\text{OH}^- \text{ 的物质的量} = 1.0 \times 10^{-4} \text{ mmol/mL} \times 3.0 \text{ mL} = 3.0 \times 10^{-4} \text{ mmol}$$

$$\text{酸是过量的,过量的 H}^+ \text{ 的物质的量} = 0.002\,0 - 0.000\,3 = 0.001\,7 (\text{mmol})$$

$$\text{总体积} = (2.0 + 3.0)\text{mL} = 5.0 \text{ mL}$$

$$[\text{H}^+] = 0.001\,7 \text{ mmol/5.0 mL} = 3.4 \times 10^{-4} \text{ mmol/mL}$$

$$\text{pH} = -\lg 3.4 \times 10^{-4} = 4 - 0.53 = 3.47$$

例 7.5　溶液的 pH 为 9.67,计算溶液 H$^+$ 的浓度。

解:

$$-\lg[\text{H}^+] = 9.67$$

$$[\text{H}^+] = 10^{-9.67} = 10^{-10} \times 10^{0.33}$$

$$[\text{H}^+] = 2.1 \times 10^{-10} \text{ mmol/mL}$$

记住答案保留两位有效数字(2.1×10^{-10} mmol/mL),因为 pH (9.67)是两位有效数字。$[\text{H}^+] = 10^{-\text{pH}}$。

当 $[\text{H}^+] = [\text{OH}^-]$ 时,溶液是中性的;如果 $[\text{H}^+] > [\text{OH}^-]$,该溶液是酸性的;如果 $[\text{H}^+] < [\text{OH}^-]$,该溶液呈碱性。在纯水中,25℃时氢离子和氢氧根离子浓度均为 10^{-7} mmol/mL,而且水的 pH 为 7,因此 pH 为 7 时呈中性。pH 值大于这个值是碱性的,pH 值小于这个值是酸性的。相反的是 pOH 值也是如此。pOH 为 7 也是中性的。注意,在 25℃ 时,$[\text{H}^+]$ 和 $[\text{OH}^-]$ 的乘积总是 10^{-14},pH 值与 pOH 的总和总是 14。如果温度不是 25℃,那么 K_w 就不

是 1.0×10^{-14}，此时中性溶液的 H^+ 和 OH^- 的浓度也不是 10^{-7} mmol/mL(见下文)。

有人可能会错误地认为，一个负的 pH 值是不可能存在的。对此并没有理论依据。负的 pH 仅意味着氢离子浓度大于 1 mmol/mL。在实际应用中，一个负的 pH 是很少见的，原因有两个：首先，即使是强酸在高浓度时也可能只有部分离解。例如，100% 的 H_2SO_4 是弱离解的，它可以被存储在铁容器中；而较稀 H_2SO_4 溶液包含足够的氢质子和铁反应，从而使铁溶解。第二个原因是因为我们考虑的是它的活度，对于稀溶液我们忽视了活度。pH $= -\lg a_{H^+}$(这是通过 pH 计所测量的)，实际上 H^+ 浓度是 1.1 mmol/mL 的溶液可能有正的 pH 值，这是因为 H^+ 的活度小于 1.0 mmol/mL(如将在第 13 章中可以看到，如果酸碱溶液浓度过高而导致 pH 或 pOH 是负值，那它也是难以测量的。因为高浓度的酸或碱在测量 pH 或 pOH 时通过增加未知的液接电位而引入了误差。)。这是因为在这些高浓度下，活度系数小于 1(尽管在更高浓度的活性系数可能大于 1，见第 6 章)。尽管如此，在数学上不具有负的pH 值(或负 pOH 值)也是没有根据的，但它在分析化学方面可能很少遇到。

10 mmol/mL HCl 溶液的 pH 为 -1，pOH 为 15。

10^{-9} mmol/mL HCl 的 pH 不是 9！

如果一种酸或碱的浓度比 10^{-7} mmol/mL 小得多，则其对酸性或碱性的贡献与来自水的贡献相比是微不足道的。10^{-8} mmol/mL 氢氧化钠溶液的pH 值不会与 7 有显著不同。如果酸或碱的浓度约为 10^{-7} mmol/mL，那么水的贡献是不能忽略的，因此必须考虑两者贡献的总和。

10^{-9} mmol/mL 的 HCl，其 pH 不是 9。

例 7.6 计算 1.0×10^{-7} mmol/mL HCl 溶液的 pH 和 pOH。

解：

$$\text{离子方程：} HCl \longrightarrow H^+ + Cl^-$$

$$H_2O \rightleftharpoons H^+ + OH^-$$

$$[H^+][OH^-] = 1.0 \times 10^{-14}$$

$$[H^+]_{H_2O\,diss.} = [OH^-]_{H_2O\,diss.} = x$$

因为水离解出的 H^+ 相对于外加的 HCl 是不能忽视的。

$$[H^+] = c_{HCl} + [H^+]_{H_2O\,diss.}$$

所以 $([H^+]_{HCl} + x)(x) = 1.0 \times 10^{-14}$

$$(1.00 \times 10^{-7} + x)(x) = 1.0 \times 10^{-14}$$

$$x^2 + 1.00 \times 10^{-7}x - 1.0 \times 10^{-14} = 0$$

$$x = \frac{-1.00 \times 10^{-7} \pm \sqrt{1.0 \times 10^{-14} + 4 \times (1.0 \times 10^{-14})}}{2}$$

$$= 6.2 \times 10^{-8} \text{ mmol/mL}$$

因此总的 H^+ 浓度为 $(1.00 \times 10^{-7} + 6.2 \times 10^{-8}) = 1.62 \times 10^{-7} (\text{mmol/mL})$

231

$$pH = -\lg 1.62 \times 10^{-7} = 7 - 0.21 = 6.79$$

$$pOH = 14.00 - 6.79 = 7.21$$

或者，因为 $[OH^-] = x$，

$$pOH = -\lg(6.2 \times 10^{-8}) = 8 - 0.79 = 7.21$$

需要注意的是，由于添加了 H^+，水的离解因为共存离子效应（勒夏特列原理）被抑制了 38%。甚至在较高酸（或碱）的浓度时，抑制程度更大，此时水的离解可忽略不计。如果从酸或碱离解出的质子或氢氧根离子的浓度为 10^{-6} mmol/mL，或更高，那么水的离解可忽略不计。

本例的计算比实际更具学术性，因为水中溶解的二氧化碳实质上超过了这个浓度，约为 1.2×10^{-5} mmol/mL 碳酸。因为二氧化碳在水中可以形成酸，所以在 10^{-7} mmol/mL 的酸溶液中必须将二氧化碳除去，才能保持这个酸溶液的浓度。

我们常常忽略在酸存在下，水对酸度的贡献，因为水的离解在酸存在时被抑制了。

7.5　高温下的 pH：血液的 pH

对于室温下溶液的酸度计算和 pH 测量，学生和化学家都认为是很方便的，pK_w 是常数。水在 $100\,^\circ\!C$ 时，$K_w = 5.5 \times 10^{-13}$，是中性溶液：

所以 $[H^+] = [OH^-] = \sqrt{5.5 \times 10^{-13}} = 7.4 \times 10^{-7} (\text{mmol/mL})$

$$pH = pOH = 6.13$$

$$pK_w = 12.26 = pH + pOH$$

中性溶液在室温以上时 pH < 7。

测量并不都是在室温下完成的，必须考虑温度对 K_w 的影响（第 6 章介绍的平衡常数是依赖于温度的）。一个重要的例子就是体液的 pH。身体温度（$37\,^\circ\!C$）的血液 pH 是 7.35 到 7.45。这个值相对于室温下的水的 pH 偏碱性。在 $37\,^\circ\!C$，$K_w = 2.5 \times 10^{-14}$，$pK_w = 13.60$。中性溶液中 $pH = pOH = 13.60/2 = 6.80$。氢离子（或氢氧根离子）浓度为 1.6×10^{-7} mmol/mL。因为 $37\,^\circ\!C$ 时中性溶液 pH = 6.80，在 $37\,^\circ\!C$ 时血液 pH 7.4 相对于在 $25\,^\circ\!C$ 的高了 0.2 个 pH，更偏碱性。

这一点是很重要的,一个人体内 pH 变化 0.3 个 pH 单位都是很极端的。

在胃中的盐酸浓度约为 0.1～0.02 mmol/mL。由于 pH = lg[H⁺],0.02 mmol/mL 盐酸的 pH 是 1.7。不考虑温度的影响,pH 是相同的,因为氢离子浓度是一样的(忽略溶剂量的变化),在任一温度下测量的 pH 值都是相同的。但是,在 25℃时,pOH = 14.0 − 1.7 = 12.3,在 37℃时,pOH = 13.6 − 1.7 = 11.9。

温度不仅影响体内水的电离,改变了中性水的 pH 值,也影响体内缓冲系统的酸和碱的电离常数。我们将在本章的后面看到,温度影响了缓冲液的 pH 值,因此在 37℃测量的血液的 pH 值(7.4)和室温下测量的 pH 值是不一样的。与此相反,胃的 pH 值,将由强酸的浓度来确定。由于这个原因,用于诊断目的的血液 pH 值的测量通常在 37℃完成(见第 13 章)。

血液的 pH 值必须在体温时被测量,这能准确反映血液缓冲液的状态。

7.6　弱酸弱碱的 pH

到目前为止,我们只做了有限的计算,假定强酸和强碱电离是完全的,因为 H⁺ 或 OH⁻ 的浓度很容易由酸或碱的浓度来确定,计算是简单的。正如在式(7.3)中看到的,弱酸(或碱)仅部分离子化。无机酸和碱(如盐酸、高氯酸、硝酸和 NaOH 都是强电解质)在水中完全电离;而在临床应用中发现大多数有机酸和碱都是弱电解质。

电离常数可用于计算离解的量,由此可计算 pH 值。在 25℃乙酸酸度常数是 1.75×10^{-5}:

$$\frac{[\text{H}^+][\text{OAc}^-]}{[\text{HOAc}]} = 1.75 \times 10^{-5} \tag{7.20}$$

当乙酸电离,它离解的 H⁺ 和 OAc⁻ 是等量的,对式(7.20)左侧计算将总是等于 1.75×10^{-5}:

$$\text{HOAc} \Longrightarrow \text{H}^+ + \text{OAc}^- \tag{7.21}$$

如果乙酸的初始浓度为 c,离子化乙酸的浓度(H⁺ 和 OAc⁻)为 x,则对于每个物种的最终平衡浓度由下式给出:

$$\begin{array}{ccccc}
\text{HOAc} & \Longrightarrow & \text{H}^+ & + & \text{OAc}^- \\
(c-x) & & x & & x
\end{array} \tag{7.22}$$

例 7.7　计算 1.00×10^{-3} mmol/mL 溶液的 pH 和 pOH。

解:

$$\text{HOAc} \Longrightarrow \text{H}^+ + \text{OAc}^-$$

各物质平衡时的浓度为：

	[HOAc]	[H$^+$]	[OAc$^-$]
初始值	1.00×10^{-3}	0	0
浓度变化（单位为 mmol/mL，HOAc 离解）	$-x$	$+x$	$+x$
等式	$1.00 \times 10^{-3} - x$	x	x

根据式(7.20)，得：

$$\frac{x \cdot x}{1.00 \times 10^{-3} - x} = 1.75 \times 10^{-5}$$

这是一个二次方程。如果低于约 10%（或 15%）的酸被电离，则该表达式可以忽略 x（10^{-3} mmol/mL 在这种情况下）来简化。这是一个随意的（而不是非常严格的）标准。如果 K_a 小于 $0.01c$ 就可以做简化处理，即，当 $c = 0.01$ mmol/mL 时，K_a 小于 10^{-4}；当 $c = 0.1$ mmol/mL 时，K_a 小于 10^{-3}，等。在这些条件下，计算误差为 5% 或更低，在平衡常数允许的准确度内，我们的计算简化为

$$\frac{x^2}{1.00 \times 10^{-3}} = 1.75 \times 10^{-5}$$

$$x = 1.32 \times 10^{-4} \text{ mmol/mL} \equiv [\text{H}^+]$$

因此

$$\text{pH} = -\lg(1.32 \times 10^{-4}) = 4 - \lg 1.32 = 4 - 0.12 = 3.88$$

$$\text{pOH} = 14.00 - 3.88 = 10.12$$

如果 $c_{\text{HA}} > 100K_a$，x 相对于 c_{HA} 可以忽略。

在计算中简化不会导致严重的错误，特别是因为你通常不知道高精密度的平衡常数（通常不超过 $\pm 10\%$）。在上文的例子中，二次方程的结果是 $[\text{H}^+] = 1.26 \times 10^{-4}$ mmol/mL（5%）和 pH $= 3.91$。使用简化的计算，此 pH 值是在 0.03 个单位内，这个精度是可以的。它几乎接近 K_a 和 K_b 值的实验误差。事实上，在计算中我们使用的是浓度而不是活度。在我们的计算中，也忽略了水电离贡献的氢离子（显然这是合理的）；除了极稀（$< 10^{-6}$ mmol/mL）或很弱（$K_a < 10^{-12}$）的酸，这一般是允许的。

pH 值测量的绝对精度不超过 0.02 个 pH 值单位，见第 13 章。

类似的方程和计算也适用于弱碱。然而，应当指出，使用计算工具，如 Goal Seek 或 Excel SolverExcel 求解器，可以像解二次（或高阶）方程那么容易来解没有做近似处理的原始方程。本章的网站章节中有一个 Goal Seek 的例

子 7.7。

例 7.8   在 25℃氨的碱度常数 K_b 是 1.75×10^{-5}(等于醋酸的 K_a 纯属巧合)。计算 1×10^{-3} mmol/mL 氨溶液的 pH 和 pOH。

解：

$$NH_3 \qquad + H_2O \Longleftrightarrow \quad NH_4^+ \quad + \quad OH^-$$
$$(1.00 \times 10^{-3} - x) \qquad\qquad x \qquad\qquad x$$

$$\frac{[NH_4^+][OH^-]}{[NH_3]} = 1.75 \times 10^{-5}$$

同样的规则适用于弱酸,因此,

$$\frac{x\,x}{1.00 \times 10^{-3}} = 1.75 \times 10^{-5}$$

$$x = 1.32 \times 10^{-4} \text{ mmol/mL} = [OH^-]$$

$$pOH = -\lg 1.32 \times 10^{-4} = 3.88$$

$$pH = 14.00 - 3.88 = 10.12$$

该章网站例 7.8 是没有进行近似处理的用 Excel Goal Seek 解答的例子。

 教授推荐案例

由 University of NewHampshire 的 W. Rudolph Seitz 教授提供
将碱以其共轭酸的形式处理

许多酸和碱的电离常数只列出了酸度常数。也就是说,碱是以它们的共轭酸的形式表示的,见式(7.1)。附录 C 表 c.2b 列出了相应的酸和酸离解常数,碱列在表 C.2a 中。胺化合物的氨基基团是质子化的(+1 价),可以视其为任何其他弱酸给予的相应共轭碱。

所以,可以认为有两种类型的单质子酸,一个是不带电的(HA),例如醋酸 HOAc;一个是带电的(HA$^+$),例如 NH_4^+。同样,双质子酸有三种类型,不带电的(H_2A),例如草酸 $H_2C_2O_4$;带一个电荷的(H_2A^+),例如 $^+NH_3CH_2COOH$;带两个电荷的($H_2A_2^+$),例如乙二胺离子($^+NH_3C_2H_4NH_3^+$)。因此,氨的质子化形式是 NH_4^+,相应的酸离解常数是 5.71×10^{-10}。为了计算氨溶液的 pH(例 7.8),先通过 NH_4^+ 酸的 K_a 用公式 $K_b = K_w/K_a$($K_b = 1.00 \times 10^{-14}/5.71 \times 10^{-10} = 1.75 \times 10^{-5}$)计算其共轭碱的 K_b。

对于二元酸-碱对,如乙二胺 $NH_2C_2H_4NH_2$,及其酸形式或质子化形式 $^+NH_3C_2H_4NH_3^+$ 和 $NH_2C_2H_4NH_3^+$(每个质子化氨基团都带 1 个电荷)。质子化的氨基团的离解逐步形成 $NH_2C_2H_4NH_3^+$ 和 $NH_2C_2H_4NH_2$,相应的酸离解常数为 $K_{a1}=1.41 \times 10^{-7}$ 和 $K_{a2}=1.18 \times 10^{-10}$。作为共轭碱 $K_{b1}=K_w/K_{a2}$,$K_{b2}=K_w/K_{a1}$。由于 K_{a1} 大于 K_{a2},所以 K_{b2} 小于 K_{b1}。在本书中所有 Excel 练习中处理 α 值时,我们遵循了这一方法:在酸离解常数方面考虑到所有问题。建议你也这样做。

7.7　弱酸弱碱盐——它们不是中性的

OAC^- 的水解和例 7.8 中 NH_3 的"电离"是不同的。

一种弱酸盐,例如醋酸钠,是一种强电解质,几乎所有的盐都完全电离。此外,弱酸盐的阴离子是 Brønsted 碱,它将接受质子,在水中部分水解(Brønsted 酸)形成氢氧根离子和相应的未离解的酸,例如,

$$OAc^- + H_2O \Longleftrightarrow HOAc + OH^- \tag{7.23}$$

这里醋酸没有离解,因此对溶液的 pH 没有贡献。这个电离也称盐离子的水解。因为水解出 OH^-,故醋酸钠显弱碱性,是乙酸的共轭碱。电离常数等于盐负离子的碱离解常数。共轭酸越弱,共轭碱就越强。也就是说,盐越容易结合水中离解的质子,式(7.23)中离子化向右移。对于人们考虑的这些 Brønsted 碱的平衡可以做相同处理。其一个平衡常数可写为:

$$K_H = K_b = \frac{[HOAc][OH^-]}{[OAc^-]} \tag{7.24}$$

式中,K_H 是盐的水解常数,和碱度常数相同。我们将用 K_b 表示以强调这些盐和任何其他弱碱一样。

K_b 值可以由乙酸的 K_a 计算得到,如果我们把两者的分子和分母同乘 $[H^+]$:

$$K_b = \frac{[HOAc]}{[OAc^-]} \cdot \frac{\boxed{[OH^-]}}{[H^+]} \cdot \frac{[H^+]}{} \tag{7.25}$$

虚线内的数量是 K_w,其余的是 $1/K_a$。因此,

$$K_b = \frac{K_w}{K_a} = \frac{1.0 \times 10^{-14}}{1.75 \times 10^{-5}} = 5.7 \times 10^{-10} \tag{7.26}$$

我们从较小的 K_b 值可以看到,醋酸根离子是一个只有一小部分电离的弱碱。任何弱酸的 K_a 和共轭碱的 K_b 的乘积总是等于 K_w:

$$K_a K_b = K_w \tag{7.27}$$

你会明白这仅仅是对上一节中所描述的关于共轭酸碱对的重新描述。酸离解常数和它的共轭碱的碱离解常数的乘积总是等于 K_w。

对于任何在水中水解的弱酸盐，

$$A^- + H_2O \Longleftrightarrow HA + OH^- \tag{7.28}$$

$$\frac{[HA][OH^-]}{[A^-]} = \frac{K_w}{K_a} = K_b \tag{7.29}$$

这种盐的 pH(Brønsted 碱)可以和其他任何弱碱以相同的方式计算。盐水解时得到等量的 HA 和 OH^-。如果 A^- 的原浓度为 c_{A^-}，则

$$\begin{array}{cccc} A^- & + H_2O \Longleftrightarrow & HA & + & OH^- \\ (c_{A^-} - x) & & x & & x \end{array} \tag{7.30}$$

如果 $c_{A^-} > 100K_b$，x 相对于 c_{A^-} 可以忽略，对于弱电离的碱情况通常也是这样的。

我们可以通过式(7.30)求出 OH^-：

$$\frac{[OH^-][OH^-]}{c_{A^-}} = \frac{K_w}{K_a} = K_b \tag{7.31}$$

和例 7.8 的代数表达式比较，它们是相同的：

$$[OH^-] = \sqrt{\frac{K_w}{K_a} \cdot c_{A^-}} = \sqrt{K_b \cdot c_{A^-}} \tag{7.32}$$

这个方程仅适用于 $c_{A^-} > 100K_b$，同时 x 相对于 c_{A^-} 可以忽略。如果不是这种情况，对于其他碱必须用二次方程解决。

例 7.9 计算 0.10 mmol/mL 醋酸钠溶液的 pH。

解：

写出平衡式

$$NaOAc \longrightarrow Na^+ + OAc^- \text{（离子化）}$$

$$OAc^- + H_2O \Longleftrightarrow HOAc + OH^- \text{（水解）}$$

写出平衡常数

$$\frac{[HOAc][OH^-]}{[OAc^-]} = K_b = \frac{K_w}{K_a} = \frac{1.0 \times 10^{-14}}{1.75 \times 10^{-5}} = 5.7 \times 10^{-10}$$

x 代表 HOAc 和 OH^- 的浓度，平衡时

$$[HOAc] = [OH^-] = x$$

$$[OAc^-] = c_{OAc^-} - x = 0.10 - x$$

因为 $c_{OAc^-} \gg K_b$，相对于 c_{A^-}，x 可以忽略，则

$$\frac{x \cdot x}{0.10} = 5.7 \times 10^{-10}$$

$$x = \sqrt{5.7 \times 10^{-10} \times 0.10} = 7.6 \times 10^{-6} \text{ mmol/mL}$$

和式(7.32)最后一步比较，同时也和例 7.8 中解法比较，形成的 HOAc 是不离解的，对 pH 是没有贡献的。

$$[OH^-] = 7.6 \times 10^{-6} \text{ mmol/mL}$$

$$[H^+] = \frac{1.0 \times 10^{-14}}{7.6 \times 10^{-6}} = 1.3 \times 10^{-9} \text{ mmol/mL}$$

$$pH = -\lg 1.3 \times 10^{-9} = 9 - 0.11 = 8.89$$

对于例 7.9 中 Excel Goal Seek 解法，请看网站教材。

对于弱碱盐中阳离子也有类似的方程（盐完全离解）。下式为 Brønsted 酸在水中的电离。

$$BH^+ + H_2O \rightleftharpoons B + H_3O^+ \tag{7.33}$$

B 是不离解的，对于 pH 没有贡献，酸离解常数是

$$K_H = K_a = \frac{[B][H_3O^+]}{[BH^+]} \tag{7.34}$$

酸离解常数分子分母同时乘以 $[OH^-]$：

$$K_a = \frac{[B]}{[BH^+]} \cdot \frac{[H_3O^+][OH^-]}{[OH^-]} \tag{7.35}$$

虚线中为 K_w，其余为 $1/K_b$，因此

$$\frac{[B][H_3O^+]}{[BH^+]} = \frac{K_w}{K_b} = K_a \tag{7.36}$$

对于 NH_4^+

$$K_a = \frac{K_w}{K_b} = \frac{1.0 \times 10^{-14}}{1.75 \times 10^{-5}} = 5.7 \times 10^{-10} \tag{7.37}$$

当然我们可以从式(7.27)中计算，NH_4^+ 的 K_a 和 OAc^- 的 K_b 在数值上也是一致的。

弱碱盐离解形成等量的 B 和 H_3O^+（如果我们不考虑水之前离解出的 H^+）。因此我们可以计算出 H^+ 的浓度（假设 $c_{BH^+} > 100K_a$）：

$$\frac{[H^+][H^+]}{c_{BH^+}} = \frac{K_w}{K_b} = K_a \tag{7.38}$$

$$[H^+] = \sqrt{\frac{K_w}{K_b} \cdot c_{BH^+}} = \sqrt{K_a \cdot c_{BH^+}} \tag{7.39}$$

这个方程仅适用于 $c_{BH^+} > 100K_a$，否则得用二次方程解决。

注：从酸离解常数列表中可以直接获得 K_a，式（7.33）酸平衡在附录 C 表 C.2b 给出；代替式（7.34）用式（7.39）求解氢离子浓度。

例 7.10　计算 0.25 mmol/mL 氯化铵溶液的 pH。

解：

写出平衡式

$$NH_4Cl \longrightarrow NH_4^+ + Cl^- （离子化）$$

$$NH_4^+ + H_2O \Longleftrightarrow NH_4OH + H^+ （水解）$$

$$(NH_4^+ + H_2O \Longleftrightarrow NH_3 + H_3O^+)$$

写出平衡常数

$$\frac{[NH_4OH][H^+]}{[NH_4^+]} = K_a = \frac{K_w}{K_b} = \frac{1.0 \times 10^{-14}}{1.75 \times 10^{-5}} = 5.7 \times 10^{-10}$$

x 代表 $[NH_4OH]$ 和 $[H^+]$ 平衡时的浓度，则平衡时

$$[NH_4OH] = [H^+] = x$$

$$[NH_4^+] = c_{NH_4^+} - x = 0.25 - x$$

因为 $c_{NH_4^+} \gg K_a$，相对于 $c_{NH_4^+}$，可忽略 x，则

$$\frac{x\,x}{0.25} = 5.7 \times 10^{-10}$$

$$x = \sqrt{5.7 \times 10^{-10} \times 0.25} = 1.2 \times 10^{-5} \text{ mmol/mL}$$

和式（7.39）最后一步比较，同时也和例 7.7 中解法比较，形成的 NH_4OH 是不离解的，对 pH 是没有贡献的。

$$[H^+] = 1.2 \times 10^{-5} \text{ mmol/mL}$$

$$pH = -\lg(1.2 \times 10^{-5}) = 5 - 0.08 = 4.92$$

对于例 7.8 中 Excel Goal Seek 解法，看本章网络视频 Goal Seek pH

NH_4F，描述了用 Excel Goal Seek 如何计算 NH_4F 的 pH。（这是一个未经编辑的学生的视频，包含了一些对错误的声明，比如其中的 NH_3 的 K_a 应该指 NH_4^+ 的 K_a；他描述碱已接受电子，其实是碱已接受质子等，尽管有这些对错误的声明，但这还是一个很好的使用 Excel Goal Seek 解决问题的例子！）

Video: Goal Seek
pH NH_4F

7.8　缓冲液——保持 pH 不变（或者几乎不变）

缓冲液是指当加入少量的酸或碱或当溶液轻度稀释后，可以抵抗 pH 改变的溶液。在进行反应时，对于将 pH 值维持在最佳范围内是非常有用的。缓冲液由弱酸及其共轭碱，或弱碱及其共轭酸在预定浓度或比率的混合物组成。也就是说，我们有一个弱酸和它的盐或一个弱碱及其盐的混合物。如醋酸-醋酸根缓冲液，其平衡如下：

$$HOAc \rightleftharpoons H^+ + OAc^-$$

现在，如果我们给这个体系加入了醋酸根离子（例如醋酸钠），氢离子浓度就不再等于乙酸离子浓度。氢离子浓度为

$$[H^+] = K_a \frac{[HOAc]}{[OAc^-]} \tag{7.40}$$

这个等式的每边取负对数，我们有

$$-\lg[H^+] = -\lg K_a - \lg \frac{[HOAc]}{[OAc^-]} \tag{7.41}$$

$$pH = pK_a - \lg \frac{[HOAc]}{[OAc^-]} \tag{7.42}$$

把最后一项上下颠倒，就变为加号：

$$pH = pK_a + \lg \frac{[OAc^-]}{[HOAc]} \tag{7.43}$$

缓冲液的 pH 值是由共轭酸碱对的比值决定的。

这种形式的电离常数方程称为 Henderson – Hasselbalch 方程。其在计算包含其盐的弱酸溶液的 pH 值来说是有用的。弱酸的一般形式可以写为 HA，其盐离子化为 A^- 和 H^+：

$$HA \rightleftharpoons H^+ + A^- \tag{7.44}$$

$$pH = pK_a + \lg \frac{[A^-]}{[HA]} \tag{7.45}$$

$$pH = pK_a + \lg \frac{[共轭碱]}{[酸]} \qquad (7.46)$$

$$pH = pK_a + \lg \frac{[质子受体]}{[质子供体]} \qquad (7.47)$$

例 7.11 计算 10 mL 0.10 mmol/mL 乙酸和 20 mL 0.10 mmol/mL 乙酸钠组成的缓冲液的 pH。

解：我们需要计算溶液中酸和盐的最终浓度，最终体积为 30 mL

$$c_1 \times V_1 = c_2 \times V_2$$

对于 HOAc，

$$0.10 \text{ mmol/mL} \times 10 \text{ mL} = c_{HOAc} \times 30 \text{ mL}$$
$$c_{HOAc} = 0.033 \text{ mmol/mL}$$

对于 OAc^-

$$0.10 \text{ mmol/mL} \times 20 \text{ mL} = c_{OAc^-} \times 30 \text{ mL}$$
$$c_{OAc^-} = 0.067 \text{ mmol/mL}$$

一些醋酸离解成 H^+ 和 OAc^-，平衡时醋酸浓度的量包括增加的 (0.033 mmol/mL)减去离解的，而 OAc^- 浓度包含添加量(0.067 mmol/mL) 和醋酸离解的。然而，酸离解的量是非常小的，特别是在加入盐后（通过共存离子抑制效应），所以可以忽略。因此，我们可以假设添加的浓度是平衡浓度：

酸的电离被盐抑制，可以忽略不计。

$$pH = -\lg K_a + \lg \frac{[质子受体]}{[质子供体]}$$

$$pH = -\lg(1.75 \times 10^{-5}) + \lg \frac{0.067 \text{ mmol/mL}}{0.033 \text{ mmol/mL}}$$
$$= 4.76 + \lg 2.0$$
$$= 5.06$$

我们可以使用物质的量（mmol）代替物质的量浓度。因为这些项是以比率出现的，只要这些单位是相同的，它们可以抵消。但它涉及的一定是物质的量或物质的量浓度而不是质量。

我们可以通过在 lg 项中取消体积来简化计算。所以我们可以采用物质的量的比：

$$n_{HOAc} = 0.10 \text{ mmol/mL} \times 10 \text{ mL} = 1.0 \text{ mmol}$$

$$n_{OAc^-} = 0.10 \text{ mmol/mL} \times 20 \text{ mL} = 2.0 \text{ mmol}$$

$$pH = 4.76 + lg\frac{2.0\ mmol}{1.0\ mmol} = 5.06$$

弱酸及其盐的混合物也可用弱酸和一些强碱通过中和反应获得,或者用过量盐和强酸产生弱酸来组成缓冲液。

例 7.12　计算 25 mL 0.10 mmol/mL 氢氧化钠和 30 mL 0.20 mmol/mL 乙酸混合液的 pH(这实际是滴定中典型的一步)。

继续使用物质的量计算。

解:

$$n_{HOAc} = 0.20\ mmol/mL \times 30\ mL = 6.0\ mmol$$

$$n_{NaOH} = 0.10\ mmol/mL \times 25\ mL = 2.5\ mmol$$

反应如下:

$$HOAc + NaOH \rightleftharpoons NaOAc + H_2O$$

反应后

$$n_{NaOAc} = 2.5\ mmol$$

$$n_{HOAc} = 6.0 - 2.5 = 3.5\ mmol$$

$$pH = 4.76 + lg\frac{2.5}{3.5} = 4.61$$

下面解释弱酸和盐的混合物的缓冲原理,pH 取决于盐和酸的比值的对数:

$$pH = 常数 + lg\frac{[A^-]}{HA} \tag{7.48}$$

如果溶液稀释,比例保持不变,溶液的 pH 值并不会改变。[在实际情况中,由于盐的活度系数的增加,其 pH 值通过降低离子强度会略有增加。一个不带电荷的分子的活度(即未离解的酸)等于其物质的量浓度(见第 6 章),所以比值增大,导致 pH 值略有增加,见本章的结尾。]如果加入少量强酸,它将结合等量的 A^- 转换为 HA。也就是说,在平衡 $HA \rightleftharpoons H^+ + A^-$ 中,根据 Le Chatelier 原理,如果有过量的 A^-,加入的 H^+ 将结合 A^- 形成 HA,平衡将向左移动。$[A^-]/[HA]$比值变化很小,因此 pH 的变化也很小。如果把酸溶液添加到一个没有缓冲作用的溶液中(例如,一个 NaCl 溶液),pH 值会明显下降。如果添加少量的强碱,它会和部分 HA 反应形成等量 A^-。这样比例的变化是很小的。

稀释时并不能改变缓冲成分的比值。

缓冲容量随缓冲液浓度的增加而增加。

在不引起 pH 值大改变的情况下，增加酸或碱的量是由溶液的缓冲容量来决定的。这是由 HA 和 A^- 的浓度确定的。它们的浓度越高，就越能抵抗溶液的酸或碱。溶液的缓冲强度或缓冲指数定义为

$$\beta = dc_B/dpH = -dc_{HA}/dpH \qquad (7.49)$$

式中，dc_B 和 dc_{HA} 分别代表强碱或强酸的物质的量浓度，用 dpH 表示 pH 的变化。虽然这些项缓冲强度和缓冲容量往往交替使用，缓冲容量是综合形式的缓冲强度（例如，强酸/强碱的比值能够改变的 pH 值的大小是有限的），其值总是一个正数。缓冲强度越大，溶液对 pH 改变的抵抗也越大。对于浓度大于 0.001 mmol/mL 的一元弱酸/共轭碱缓冲液，缓冲强度近似为：

$$\beta = 2.303 \frac{c_{HA}c_{A^-}}{c_{HA} + c_{A^-}} \qquad (7.50)$$

式中，c_{HA} 和 c_{A^-} 分别代表酸及其盐的分析浓度。因此，如果我们有一个 0.10 mol/L 乙酸和 0.10 mol/L 的醋酸钠的混合物，则缓冲强度为：

$$\beta = 2.303 \times \frac{0.10 \times 0.10}{0.10 + 0.10} = 0.050 \text{ mol/L}$$

如果我们加入 0.005 0 mol/L 氢氧化钠，则 pH 值的变化是

$$dpH = dc_B/\beta = 0.005\ 0/0.050 = 0.10 = \triangle pH$$

见第 8 章，8.11 节为缓冲强度的推导。
缓冲强度在 pH = pK_a 时最大。

除了浓度，缓冲强度也取决于 HA 和 A^- 的比值。当比值为 1 时，缓冲强度最大，也就是，当 pH = pK_a：

$$pH = pK_a + \lg\frac{1}{1} = pK_a \qquad (7.51)$$

这相当于一个弱酸滴定到中点。一般来说，只要浓度不是太稀，缓冲容量在 $pK_a \pm 1$ pH 值范围都是令人满意的。我们将在第 8 章中更详细地讨论缓冲容量，并用滴定曲线进行讨论。

 教授推荐典型案例
由 Francis Marion University，Florence，South Carolina 的 Kris Varazo 教授提供

例 7.13 当缓冲液中加入强酸或强碱的时候，计算缓冲液的 pH。
作为例子，假设有 100 mL 含有 0.100 mmol/mL 的乙酸和 0.050 0 mmol/mL

的醋酸钠组成的缓冲液。计算加入 3 mL 1 mmol/mL 盐酸后缓冲液的 pH 值。

作为第一步，在加入强酸前使用 Henderson - Hasselbalch 公式计算缓冲液的 pH 值：

$$pH = pK_a + lg \frac{[A^-]}{[HA]}$$

所以我们所需要的决定缓冲液 pH 的量就是乙酸的 pK_a，它是 4.76：

$$pH = 4.76 + lg \frac{0.050\,0}{0.100} = 4.46$$

前文提到过加酸时溶液的 pH 值一定会降低，所以我们应该期待的缓冲液的 pH 值应低于 4.46。解决这一问题最好的方式是计算乙酸的、醋酸钠的和加入盐酸的物质的量：

$$100 \text{ mL} \times \frac{0.100 \text{ mol}}{1\,000 \text{ mL}} = 0.010\,0 \text{ mol 乙酸}$$

$$100 \text{ mL} \times \frac{0.050\,0 \text{ mol}}{1\,000 \text{ mL}} = 0.005\,00 \text{ mol 醋酸钠}$$

$$3.00 \text{ mL} \times \frac{1.00 \text{ mol}}{1\,000 \text{ mL}} = 0.003\,00 \text{ mol 盐酸}$$

注意，我们用物质的量浓度代替每 1 000 毫升的物质的量。尽管 Henderson - Hasselbalch 公式采用物质的量浓度，因为只有一个缓冲液的体积，所以我们可以简单地使用我们刚刚计算的物质的量。我们还需要知道在缓冲液中加入强酸时所发生的化学反应：

$$A^- + H^+ \longrightarrow HA$$

该反应显示，在缓冲液中的乙酸离子会与所添加的酸反应，乙酸根的物质的量会减少，乙酸的物质的量会增加。减少和增加会有多大呢？它等于加入的强酸的量。我们写出 Henderson - Hasselbalch 公式并解释乙酸根的减少和乙酸物质的量的增加：

$$pH = pK_a + lg \frac{(n_{A^-} - n_{H^+} \text{ 增加})}{(n_{HA} + n_{H^+} \text{ 增加})} \tag{7.52}$$

$$pH = 4.76 + lg \frac{(0.005\,00 - 0.003\,00)}{(0.010\,0 + 0.003\,00)}$$

$$pH = 4.22$$

缓冲液的 pH 值比原来的值低,而且很有意义,因为在溶液中加入很强的酸,即使是缓冲液,也会使 pH 值降低。反之亦同,当加入一个很强的碱时,缓冲液的 pH 值将增加,而相关的化学反应是:

$$HA + OH^- \longrightarrow H_2O^+\ A^-$$

这时,醋酸的物质的量会减少,醋酸根的物质的量会增加。Henderson - Hasselbalch 公式可以写成如下形式计算溶液的 pH:

$$pH = pK_a + \lg \frac{(n_{A^-} + n_{OH^-,增加})}{(n_{HA} - n_{OH^-,增加})} \tag{7.53}$$

注意,缓冲液可以抵抗 pH 的变化,即使加入的强酸或强碱的物质的量比平衡时 H^+ 或 OH^- 的大。例 7.13 中,缓冲液的 pH 是 4.46,$[H^+] = 3.5 \times 10^{-5}$ mmol/mL,H^+ 的物质的量 $(3.5 \times 10^{-5}$ mmol/mL$) \times (100$ mL$) = 3.5 \times 10^{-3}$ mmol(缓冲组成平衡时),我们增加了 3.00 mmol H^+,远远超过了这个值。然而,由于缓冲组成的变化(在这种情况下 OAc^- 与 H^+ 反应),加入的 H^+ 被消耗,只要我们不超过缓冲量,就可以使 pH 保持相对恒定。

类似的计算也适用于弱碱及其盐的混合物。我们可以考虑碱 B 和它的共轭酸 BH^+ 达到平衡时的共轭(Brønsted)酸 K_a:

$$BH^+ \rightleftharpoons B + H^+ \tag{7.54}$$

$$K_a = \frac{[B][H^+]}{[BH^+]} = \frac{K_w}{K_b} \tag{7.55}$$

以下是 Henderson - Hasselbalch 公式的对数形式为:

$$[H^+] = K_a \cdot \frac{[BH^+]}{[B]} = \frac{K_w}{K_b} \cdot \frac{[BH^+]}{[B]} \tag{7.56}$$

$$-\lg[H^+] = -\lg K_a - \lg \frac{[BH^+]}{[B]} = -\lg \frac{K_w}{K_b} - \lg \frac{[BH^+]}{[B]} \tag{7.57}$$

$$pH = pK_a + \lg \frac{[B]}{[BH^+]} = (pK_w - pK_b) + \lg \frac{[B]}{[BH^+]} \tag{7.58}$$

$$pH = pK_a + \lg \frac{[质子受体]}{[质子供体]} = (pK_w - pK_b) + \lg \frac{[质子受体]}{[质子供体]} \tag{7.59}$$

因为 $pOH = pK_w - pH$,通过式(7.58)或式(7.59)我们也可知:

$$pOH = pK_b + \lg \frac{[BH^+]}{[B]} = pK_b + \lg \frac{[质子供体]}{[质子受体]} \tag{7.60}$$

弱碱及其盐的混合物可作为一个缓冲液,弱酸和它的盐的混合物也具有同样的缓冲能力。当加入强酸的时候,它会和碱 B 反应形成盐 BH^+。相反,碱会和 BH^+ 反应形成 B。因为比值的变化很小,所以 pH 值变化很小。而且,缓冲容量在 $pH = pK_a = 14 - pK_b$ 时最大(或 $pOH = pK_b$),$pK_a \pm 1$ 是一个通用的范围。虽然我们讲了关于 pK_b 的计算,但仍建议使用共轭酸的 pK_a 进行所有的计算;为了统一,你最好使用同一种计算方式。

对于弱碱 $pK_a = 14 - pK_b$,碱性缓冲液的缓冲容量最大是在 $pOH = pK_b (pH = pK_a)$ 时。

当一个缓冲液被稀释后,pH 值不会明显改变,因为[质子供体]/[质子受体]将保持不变。(买一瓶缓冲液不断稀释和重用,不是一个好的商业计划。这是因为缓冲液稀释后,缓冲能力将下降。如果已经稀释,则大气中溶解的 CO_2 和水的电离会影响缓冲液的 pH。)

例 7.14　计算制备浓度为 0.200 mmol/mL pH 10.00 的 100 mL 缓冲液所需浓氨水的体积和氯化铵的质量。

解:我们需要 0.200 mmol/mL NH_4Cl 100 mL,因此,

$$n_{NH_4Cl} = 0.200 \text{ mmol/mL} \times 100 \text{ mL} = 20.0 \text{ mmol}$$

$$m_{NH_4Cl} = 20.0 \text{ mmol} \times 53.5 \text{ mg/mmol} = 1.07 \times 10^3 \text{ mg}$$

pK_a 可以直接从附录 C 表 C.2b 所给的 K_a 计算获得。

因此我们需要 1.07 g NH_4Cl。

我们通过下式计算 NH_3 的浓度:

$$pH = pK_a + \lg \frac{[\text{质子受体}]}{[\text{质子供体}]}$$

$$= (14.00 - pK_b) + \lg \frac{[NH_3]}{[NH_4^+]}$$

$$10.0 = (14.00 - 4.76) + \lg \frac{[NH_3]}{0.200 \text{ mmol/mL}}$$

$$\lg \frac{[NH_3]}{0.200 \text{ mmol/mL}} = 0.76$$

$$\frac{[NH_3]}{0.200 \text{ mmol/mL}} = 10^{0.76} = 5.8$$

$$[NH_3] = 0.200 \times 5.8 = 1.1_6 \text{ mmol/mL}$$

浓氨水中氨的物质的量浓度是 14.8 mmol/mL,因此,$c_1 V_1 = c_2 V_2$,

$$100 \text{ mL} \times 1.1_6 \text{ mmol/mL} = 14.8 \text{ mmol/mL} \times V_{NH_3}$$

$$V_{NH_3} = 7.8 \text{ mL}$$

例 7.15 需要多少克氯化铵和多少毫升的 3 mmol/mL 氢氧化钠加入 200 mL 水稀释至 500 mL,最终盐的浓度为 0.10 mmol/mL,pH 值为 9.50?

解: 我们需要例 7.14 中的 $[NH_3]/[NH_4^+]$ 比值

$$pH = pK_a + \lg \frac{[NH_3]}{[NH_4^+]} = 9.24 + \lg \frac{[NH_3]}{[NH_4^+]}$$

$$9.50 = 9.24 + \lg \frac{[NH_3]}{[NH_4^+]}$$

$$\lg \frac{[NH_3]}{[NH_4^+]} = 0.26$$

$$\frac{[NH_3]}{[NH_4^+]} = 10^{0.26} = 1.8$$

NH_4^+ 的最终浓度是 0.10 mmol/mL,因此

$$[NH_3] = 1.8 \times 0.10 = 0.18 \text{ mmol/mL}$$
$$n_{NH_4^+, 最终} = 0.01 \text{ mmol/mL} \times 500 \text{ mL} = 50 \text{ mmol}$$
$$n_{NH_3, 最终} = 0.18 \text{ mmol/mL} \times 500 \text{ mL} = 90 \text{ mmol}$$

氨气是由同等数量的 NH_4Cl 与 NaOH 反应形成的。因此,需要氯化铵 $50 + 90 = 140(\text{mmol})$,即

$$m_{NH_4Cl} = 140 \text{ mmol} \times 53.5 \text{ mg/mmol} = 7.49 \times 10^3 \text{ mg} = 7.49 \text{ g}$$

用 NH_4^+ 反应生成 90 mmol NH_3 需要 NaOH 的量:

$$3.0 \text{ mmol/mL} \times x \text{ mL} = 90 \text{ mmol}$$
$$x = 30 \text{ mL NaOH}$$

选择所需缓冲液的 pH 值应和缓冲液 pK_a 值相近。

我们知道对于一个给定的 pH 缓冲液的制备选择弱酸(或弱碱)和其盐,其 pK_a 值应和我们需要的 pH 值尽量接近。这样的酸和碱有许多,任何所需 pH 范围的缓冲液都可以通过选择适当的酸和碱来制备。在酸性溶液中,弱酸及其盐在酸性溶液中具有最佳的缓冲作用,而在碱性溶液中,弱碱及其盐的作用最好。下面介绍一些在生理溶液中用于测量的有用的缓冲液。美国国家标准与技术研究所(NIST)用于校准 pH 电极的缓冲液见第 13 章所述。

一系列的 NIST 标准缓冲液见第 13 章。缓冲盐不会明显地水解。

你可能想知道为什么缓冲液的混合物中盐不与水反应水解为酸或碱。这是因为该反应被现有的酸或碱抑制。式(7.28)中,相当数量的 HA 或 OH^- 的存在几乎完全抑制了酸或碱的电离。式(7.33)中 B 或 H_3O^+ 的存在也会抑制

酸或碱的电离。

Goal Seek 可用于计算前文所述的制备缓冲液中酸和碱混合物的 pH 值。请观看计算碳酸和氢氧化钠混合物的 pH 值的网络教材的视频：Goal Seek pH mixture。

Vodeo：Goal Seek
pH mixture

7.9　多元酸及其盐

许多酸或碱都是多元的,也就是说,它们有一个以上的可离子化的质子或氢氧根离子。这些物质的电离是逐步进行的,每步离解都可以用平衡常数来表达。例如,磷酸的电离:

$$H_3PO_4 \rightleftharpoons H^+ + H_2PO_4^- \qquad K_{a1} = 1.1 \times 10^{-2} = \frac{[H^+][H_2PO_4^-]}{[H_3PO_4]} \qquad (7.61)$$

$$H_2PO_4^- \rightleftharpoons H^+ + HPO_4^{2-} \qquad K_{a2} = 7.5 \times 10^{-8} = \frac{[H^+][HPO_4^{2-}]}{[H_2PO_4^-]} \qquad (7.62)$$

$$HPO_4^{2-} \rightleftharpoons H^+ + PO_4^{3-} \qquad K_{a3} = 4.8 \times 10^{-13} = \frac{[H^+][PO_4^{3-}]}{[HPO_4^{2-}]} \qquad (7.63)$$

多元弱酸分步离解的 K_a 值逐渐变小,因为负电荷的增加使下一个质子更难离解。

第 6 章提到,整体的电离是这些分步电离的总和,总的电离常数是分步电离常数的乘积:

$$H_3PO_4 \rightleftharpoons 3H^+ + PO_4^{3-}$$

$$K_a = K_{a1} K_{a2} K_{a3} = 4.0 \times 10^{-22} = \frac{[H^+]^3[PO_4^{3-}]}{[H_3PO_4]} \qquad (7.64)$$

我们可以分步滴定 H_3PO_4 到前两个质子。第三级太弱而不能被滴定。

各步的 pK_a 值对应的 pK_{a1},pK_{a2},和 pK_{a3} 分别为 1.96,7.12 和 12.32,为了更准确地计算 pH 值,每步电离的质子都必须考虑在内。准确计算是较困难的,因为[H^+]是未知的,除了磷酸各种类型外,需要一个烦琐的叠加过程。例如,参考文献 8 和 11 中的计算。Excel 或其他电子表格计算较简单,这将在后文说明。

在大多数情况下,可以做近似处理使每步电离都可以独立考虑。如果相邻电离常数之间的差异超过 10^3,那么在滴定分析中每一个质子都可以被区分开,也就是说,每步滴定在滴定曲线分别给出滴定突跃。(如果一个电离常数约小于 10^{-9},则电离太小,滴定曲线上没有明显的滴定突跃,例如 H_3PO_4 的第三级离解。)当包含三个类型或更多各级彼此分离的 pK_a 时,计算就简化了,因为体系可以被视为只是浓度相同彼此不发生反应的三个弱酸的混合。

1) 对于多元弱酸缓冲液的计算

在每一步电离中,右侧的阴离子可以被认为是从酸派生出来的盐(共轭碱)。也就是说,在式(7.61)中,$H_2PO_4^-$ 是 H_3PO_4 的盐。在式(7.62)中,HPO_4^{2-} 是 $H_2PO_4^-$ 的盐,在式(7.63)中,PO_4^{3-} 是 HPO_4^{2-} 的盐。每一对构成一个缓冲体系,所以磷酸盐缓冲液可以在较宽的 pH 范围内制备。每一对的最佳缓冲容量 pH 值对应于其 pK_a。$HPO_4^{2-}/H_2PO_4^-$ 是血液中的一种有效的缓冲体系(见下文)。

我们可以配制磷酸缓冲液,其 pH 值在 $1.96(pK_{a1})$,$7.12(pK_{a2})$ 和 12.32 (pK_{a3})**附近。**

例 7.16　血液的 pH 为 7.40。计算血液中 $[HPO_4^{2-}]/[H_2PO_4^-]$ 的比值(假设 25℃)。

解:

$$pH = pK_a + \lg\frac{[\text{质子受体}]}{[\text{质子供体}]}$$

$$pK_{a2} = 7.12$$

因此

$$pH = 7.12 + \lg\frac{[HPO_4^{2-}]}{[H_2PO_4^-]}$$

$$7.40 = 7.12 + \lg\frac{[HPO_4^{2-}]}{[H_2PO_4^-]}$$

$$\frac{[HPO_4^{2-}]}{[H_2PO_4^-]} = 10^{(7.40-7.12)} = 10^{0.28} = 1.9$$

2) 对于多元弱酸的离解计算

因为每步的电离常数很不同,磷酸溶液的 pH 值可以像计算其他任何弱酸一样来计算。第一步电离的 H^+ 有效地抑制了其他的两步电离,所以,相对于第一级电离,它们对于 H^+ 的贡献可以忽略不计。因为 K_{a1} 比较大,所以需要求解二次方程。

例 7.17　计算 0.100 mmol/mL H_3PO_4 的 pH。

解:

$$H_3PO_4 \approx H^+ + H_2PO_4^-$$
$$0.100 - x \qquad x \qquad x$$

由式(7.61)得:

$$\frac{x \times x}{0.100 - x} = 1.1 \times 10^{-2}$$

$c \geqslant 100 K_a$ 时才可以忽略 x，这里它仅是 10 倍 K_a，因此用二元方程求解：

$$x^2 + 0.011x - 1.1 \times 10^{-3} = 0$$

$$x = \frac{-0.011 \pm \sqrt{(0.011)2 - 4 \times (-1.1 \times 10^{-3})}}{2}$$

$$x = [H^+] = 0.028 \text{ mmol/mL}$$

将 H_3PO_4 当作一元酸。但相对于 c，x 不能忽略。

酸离解了 28%，则

$$pH = -\lg(2.8 \times 10^{-2}) = 2 - 0.45 = 1.55$$

可以判断，假设质子唯一重要的来源是磷酸是对的。$H_2PO_4^-$ 将是下一个 247 质子最可能的来源。式 (7.62) 中 $[HPO_4^{2-}] = K_{a2}[H_2PO_4^-]/[H^+]$。 假设 $H_2PO_4^-$ 和 H^+ 的浓度为近似计算值 0.028 mmol/mL，则 $[HPO_4^{2-}] \approx K_{a2} = 7.5 \times 10^{-8}$ mmol/mL，这相比 0.028 mmol/mL $H_2PO_4^-$ 是非常小的，所以进一步离解确实是微不足道的。这说明我们的假设是合理的。

7.10 梯形图

教授典型案例

由 Howard University 的 Galena Talanova 教授提供

给定的 pH 值的主要有效成分组成是什么？

简单的方法，就是通过想象给定的 pH 值的主要组成是什么去构建 David Harvey of Depauw University（http://acad. depauw. edu/~ harvey/ ASDL2008/introduction.html）所谓的梯形图。在系统中绘制一个以 pH 为纵轴交叉于不同 pK_a 值的图形，如图 7.1 所示。

根据图 7.1(a)，pH 为 4.76 以下时（乙酸的 pK_a 值）以未离解的乙酸为主，高于此值的 OAC^- 阴离子占优势。参考图 7.1(b)，人们考虑的所有三个酸碱体系可以同时或单独存在。对于 HF - F^- 体系，HF 在 pH 值低于 pK_a 3.17 时占主导地位，高于该值时 F^- 占优势。同样，H_2S 和 NH_4^+ 在 pH 值分别低于 6.88 和 9.25 时占主导地位，而 HS^- 和 NH_3 在高于相应的 pH 值时占主导地位。这个图表明在一个给定 pH 值的混合系统中哪种类型将是占主导地位的；例如 pH 为 6，我们期待 F^-，NH_4^+ 和 H_2S 在各自的共轭酸/碱中是占主导 248 地位的物种。最后，图 7.1(c) 显示 EDTA 的情况，这代表一个六元酸体系；游

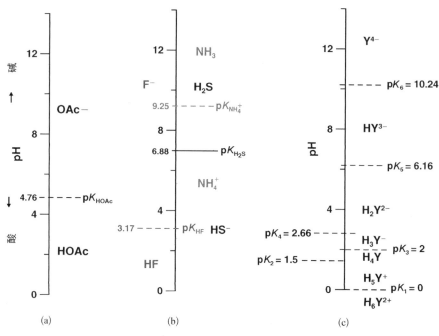

图 7.1 梯形图描述系统包含(a) 乙酸和乙酸盐;(b) 氨根离子和氨、氢氟酸和氟离子、H_2S 和 HS^-;(c) 去质子化乙二胺四乙酸(EDTA)(H_6Y^{2+})和其他六种失去质子后的形式

离酸实际上是以去质子化形成 H_6Y^{2+} 存在的,这种类型主要存在于非常强的酸溶液中(pH < 0)。 其他类型存在于各自的区域范围(例如,Y_4^- 在 pH > 10 为主)。 更多的细节和例子在网络教材的 PowerPoint 文件中(Ch7 7.10 ladder diagrams.PPT)。

7.11 一定给定 pH 值下的离解组分的比例: α 值——表示每种类型所占比例

通常,作为 pH 值的函数,知道多元酸的不同类型所占比例是有意义的,也就是说,在缓冲液中已知氢离子浓度。

例如,考虑磷酸的离解。在式(7.61)~式(7.63)所给的平衡中,在平衡时所有四个磷酸物种共存,虽然在特定的 pH 值下一些浓度可能是非常小的,但通过改变 pH 值,平衡发生移动,相关浓度也发生变化。从给定的氢离子浓度能够计算特定形式酸的比例。对于一个给定的磷酸的总的分析浓度为 $c_{H_3PO_4}$,我们可以写出:

$$c_{H_3PO_4} = [PO_4^{3-}] + [HPO_4^{2-}] + [H_2PO_4^-] + [H_3PO_4] \qquad (7.65)$$

平衡时 H_3PO_4，$H_2PO_4^-$，HPO_4^{2-}，PO_4^{3-} 共存。pH 值决定每个类型所占的比例。

方程右边分别为每个物种的平衡浓度。已知最初的总浓度 $c_{H_3PO_4}$，希望求出平衡时各个物种浓度的比例。

定义

$$\alpha_0 = \frac{[H_3PO_4]}{c_{H_3PO_4}} \qquad \alpha_1 = \frac{[H_2PO_4^-]}{c_{H_3PO_4}} \qquad \alpha_2 = \frac{[HPO_4^{2-}]}{c_{H_3PO_4}}$$

$$\alpha_3 = \frac{[PO_4^{3-}]}{c_{H_3PO_4}} \qquad \alpha_0 + \alpha_1 + \alpha_2 + \alpha_3 = 1$$

在平衡时每一个物种的分数都表达出来了。注意：下标表示游离质子的数目或物种的电荷数。可以通过式（7.65）和平衡常数表达式（7.61）～式（7.63）得到所需的物种的表达式，然后代入适当的方程获得和 $[H^+]$、平衡常数相关的 α 值。例如，为了计算 α_0，可以重新结合式（7.61）～式（7.63），除了 $[H_3PO_4]$，其余所有物种代入式（7.65）：

$$[PO_4^{3-}] = \frac{K_{a3}[HPO_4^{2-}]}{[H^+]} \tag{7.66}$$

$$[HPO_4^{2-}] = \frac{K_{a2}[H_2PO_4^-]}{[H^+]} \tag{7.67}$$

$$[H_2PO_4^-] = \frac{K_{a1}[H_3PO_4]}{[H^+]} \tag{7.68}$$

我们希望所有这些只包含 $[H_3PO_4]$（和 $[H^+]$，变量）。对于 $[H_2PO_4^-]$ 我们可以把式（7.68）代入式（7.67）：

$$[HPO_4^{2-}] = \frac{K_{a1}K_{a2}[H_3PO_4]}{[H^+]^2} \tag{7.69}$$

对于 $[HPO_4^{2-}]$，可以把式（7.69）代入式（7.66）：

$$[PO_4^{3-}] = \frac{K_{a1}K_{a2}K_{a3}[H_3PO_4]}{[H^+]^3} \tag{7.70}$$

最后，可以把式（7.68）～式（7.70）代入式（7.65）：

$$c_{H_3PO_4} = \frac{K_{a1}K_{a2}K_{a3}[H_3PO_4]}{[H^+]^3} + \frac{K_{a1}K_{a2}[H_3PO_4]}{[H^+]^2} + \frac{K_{a1}[H_3PO_4]}{[H^+]} + [H_3PO_4] \tag{7.71}$$

我们可以把表达式两边都除以$[H_3PO_4]$获得$1/\alpha_0$:

$$\frac{c_{H_3PO_4}}{[H_3PO_4]} = \frac{1}{\alpha_0} = \frac{K_{a1}K_{a2}K_{a3}}{[H^+]^3} + \frac{K_{a1}K_{a2}}{[H^+]^2} + \frac{K_{a1}}{[H^+]} + 1 \qquad (7.72)$$

两边取倒数

$$\alpha_0 = \frac{1}{K_{a1}K_{a2}K_{a3}/[H^+]^3 + K_{a1}K_{a2}/[H^+]^2 + K_{a1}/[H^+] + 1} \qquad (7.73)$$

右边分子和分母同乘以$[H^+]^3$,则有:

$$\alpha_0 = \frac{[H^+]^3}{[H^+]^3 + K_{a1}[H^+]^2 + K_{a1}K_{a2}[H^+] + K_{a1}K_{a2}K_{a3}} \qquad (7.74)$$

用式(7.74)计算溶液中 H_3PO_4 的分数。

类似的方法可以被用来获得其他 α 的表达式。例如,对于 α_1,根据 $[H_2PO_4^-]$ 平衡常数表达式将求出所有物种的 α,代入式(7.65)获得含有 $[H_2PO_4^-]$ 和 $[H^+]$ 的 $c_{H_3PO_4}$ 表达式,从式中计算出 α_1。其他 α 的结果是:

$$\alpha_1 = \frac{K_{a1}[H^+]^2}{[H^+]^3 + K_{a1}[H^+]^2 + K_{a1}K_{a2}[H^+] + K_{a1}K_{a2}K_{a3}} \qquad (7.75)$$

$$\alpha_2 = \frac{K_{a1}K_{a2}[H^+]^2}{[H^+]^3 + K_{a1}[H^+]^2 + K_{a1}K_{a2}[H^+] + K_{a1}K_{a2}K_{a3}} \qquad (7.76)$$

$$\alpha_3 = \frac{K_{a1}K_{a2}K_{a3}}{[H^+]^3 + K_{a1}[H^+]^2 + K_{a1}K_{a2}[H^+] + K_{a1}K_{a2}K_{a3}} \qquad (7.77)$$

这些方程的推导在问题 62 中。

请注意:所有 α 具有相同的分母,分子之和等于分母。对于 α_0,分母中的第一项为分子;对于 α_1,分母中的第二项为分子;对于 α_2,分母中的第三项为分子,依次类推。问题 63 可以看到其他 α 更详细的推导。

在一般情况下,一个 n 元酸 ($n = 1, 2, 3$, 对于 $HOAc$, $H_2C_2O_4$, H_3PO_4 等)有 $n+1$ 种类型(例如,$H_2C_2O_4$, $HC_2O_4^-$, $C_2O_4^{2-}$),因此,有 $n+1$ 个 α 值。在 α 值的分母(Q_n)中也包含 $n+1$ 项。

$$Q_n = \sum_{i=0}^{i=n} [H^+]^{n-i} K_{a0} \cdots K_{ai} \qquad (7.78)$$

K_{a0} 为 1。于是

$$Q_1 = [H^+] + K_a \qquad (7.79)$$

$$Q_2 = [H^+]^2 + K_{a1}[H^+] + K_{a1}K_{a2} \tag{7.80}$$

$$Q_3 = [H^+]^3 + K_{a1}[H^+]^2 + K_{a1}K_{a2}[H^+] + K_{a1}K_{a2}K_{a3} \tag{7.81}$$

$$Q_4 = [H^+]^4 + K_{a1}[H^+]^3 + K_{a1}K_{a2}[H^+]^2 + K_{a1}K_{a2}K_{a3}[H^+]$$
$$+ K_{a1}K_{a2}K_{a3}K_{a4} \tag{7.82}$$

虽然式(7.78)可能看起来复杂,式(7.79)~式(7.82)为代表,这是很容易记住的模式。以$[H^+]^n$开始,n 是游离质子数并用一个K_a 取代一个H^+,以K_{a1}开始直到用完。对于$\alpha_0 \sim \alpha_n$,记得在 Q 表达式中对于 α_0 第一项成为分子,对于 α_1 第二项成为分子等。因此,对于一元酸 $\alpha_{1,m}$ 的 α_1 为:

$$\alpha_{1,m} = K_a/Q_1 = \frac{K_a}{[H^+] + K_a} \tag{7.83}$$

对于四元酸 $\alpha_{3,\text{te}}$ 的 α_3 为:

$$\begin{aligned}
\alpha_{3,\text{te}} &= K_{a1}K_{a2}K_{a3}[H^+]/Q_4 \\
&= K_{a1}K_{a2}K_{a3}[H^+]/([H^+]^4 + K_{a1}[H^+]^3 + K_{a1}K_{a2}[H^+]^2 \\
&\quad + K_{a1}K_{a2}K_{a3}[H^+] + K_{a1}K_{a2}K_{a3}K_{a4})
\end{aligned} \tag{7.84}$$

例 7.18 计算在 pH 3.00 的 0.10 mmol/mL 磷酸溶液中不同类型的平衡浓度($[H^+] = 1 \times 10^{-3}$ mmol/mL)。

解:代入式(7.79),得:

$$\alpha_0 = \frac{(1.0 \times 10^{-3})^3}{\begin{array}{l}(1.0 \times 10^{-3})^3 + (1.1 \times 10^{-2}) \times (1.0 \times 10^{-3})^2 + (1.1 \times 10^{-2}) \times \\ (7.5 \times 10^{-8}) \times (1.0 \times 10^{-3}) + (1.1 \times 10^{-2}) \times (7.5 \times 10^{-8}) \times (4.8 \times 10^{-13})\end{array}}$$

$$= \frac{1.0 \times 10^{-9}}{1.2 \times 10^{-8}} = 8.3 \times 10^{-2}$$

$$[H_3PO_4] = c_{H_3PO_4} \alpha_0 = 0.10 \times 8.3 \times 10^{-2} = 8.3 \times 10^{-3} (\text{mmol/mL})$$

类似的,

$$\alpha_1 = 0.92$$

$$[H_2PO_4^-] = c_{H_3PO_4} \alpha_1 = 0.10 \times 0.92 = 9.2 \times 10^{-2} (\text{mmol/mL})$$

$$\alpha_2 = 6.9 \times 10^{-5}$$

$$[HPO_4^{2-}] = c_{H_3PO_4} \alpha_2 = 0.10 \times 6.9 \times 10^{-5} = 6.9 \times 10^{-6} (\text{mmol/mL})$$

$$\alpha_3 = 3.3 \times 10^{-14}$$

$$[PO_4^{3-}] = c_{H_3PO_4} \alpha_3 = 0.10 \times 3.3 \times 10^{-14} = 3.3 \times 10^{-15} (\text{mmol/mL})$$

我们可以看到在 pH＝3 时,磷酸主要以所占比例为 8.3％的磷酸和所占

比例为 92% 的 $H_2PO_4^-$ 存在,PO_4^{3-} 仅占 $3.3 \times 10^{-12}\%$。

表示这些图的关系为直线(lg-lg 图),见第 7.16 节。

我们可以准备一个表格,计算每个物种的分数作为 pH 值的函数。公式和计算都在表格中显示。[任何 Excel 电子表格中"标准视图"包括在单元格中输入数字和公式的结果。通常它不会显示单元格中包含的公式,直到你的光标点在单元格中,然后在公式栏中显示公式。在任何时候,你可以通过同时按 Ctrl 和 '(重音)键改变"标准视图"为"查看公式"。]图 7.2 显示的是相应的 α-pH 图。K_a 值分别输入单元格 B4,D4 和 F4。pH 值输入 A 栏中。所有公式的每个单元格都需要列在表格的底部,它们最初输入黑体单元格。对于相应的氢离子浓度的计算公式(用于 α 计算)输入单元格 B6。用于计算每个 α 值分母的公式输入单元格 C6。注意,常数输入绝对值,从特定的 pH 值计算出氢离子浓度的输入 A 栏。三个 α 的计算公式输入单元格 D6,E6,F6,所有的公式被复制到第 34 行。

重叠曲线表示缓冲区。α_1 和 α_2 都是 1 时的 pH 值代表磷酸的滴定终点。

到目前为止理解 Excel 文本最好的方式是当你读这篇文章的时候,用你的电脑打开相关的 Excel 文件。

关于 figure 7.2.xlsx 指的是[你在网站上也可以看到(网站截图如图 7.3 所示)],$\alpha_0,\alpha_1,\alpha_2$ 和 α_3(从 D 到 G 分别标为 $\alpha_0,\alpha_1,\alpha_2$ 和 α_3)对 pH 值的函数图(A 列)。做到这一点最便捷的方式是离开 x 轴(pH),它在 A 列,沿 y 轴移动三组绘制我们想要的连续列。因此我们选择$[H^+]$和分母(Q)数据(B5:C34),从单元格 H5 开始我们不希望绘制、剪切、粘贴(输入 Ctrl-x,Ctrl V)。我们选择 B5:C34 再删除空格(Alt-ED,右侧单元格左移)。现在突出的所有数据列,我们希望绘制(A5:E34)和插入散点图。如果只想看线条图,你可以选择在 1 列 2 行中下拉菜单显示的散点图。否则,你会看到如图 7.2 所示的散

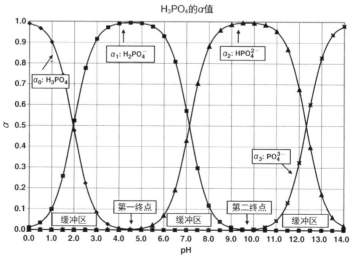

图 7.2　H_3PO_4 各形式的分布分数和 pH 的关系

点图,散点图可能显示在 2 列 1 行。你可以将它移到一个单独的表(通过右键点击图表框架,选择移动图表,建新表,然后确定)。按照菜单栏上的图表输出:你可以点击输出 3(网格线和线性拟合),在这里拟合的线性是无关的,随后可以通过单击拟合线并删除它们,留下网格线。还可以点击轴和图表标题,并将它们更改为你希望它们显示的内容等。

	A	B	C	D	E	F	G
1	Calculation of alpha values for H_3PO_4 vs. pH.						
2	Alpha (α_i) denominator = $[H^+]^3 + K_{a1}[H^+]^2 + K_{a1}K_{a2}[H^+] + K_{a1}K_{a2}K_{a3}$						
3	Numerators: $\alpha_0 = [H^+]^3$; $\alpha_1 = K_{a1}[H^+]^2$; $\alpha_2 = K_{a1}K_{a2}[H^+]$; $\alpha_3 = K_{a1}K_{a2}K_{a3}$						
4	$K_{a1}=$	1.10E-02	$K_{a2}=$	7.50E-08	$K_{a3}=$	4.80E-13	
5	pH	$[H^+]$	Denominator	α_0	α_1	α_2	α_3
6	0.0	1	1.01E+00	9.89E-01	1.09E-02	8.16E-10	3.92E-22
7	0.5	0.316228	3.27E-02	9.66E-01	3.36E-02	7.97E-09	1.21E-20
8	1.0	0.1	1.11E-03	9.01E-01	9.91E-02	7.43E-08	3.57E-19
9	1.5	0.031623	4.26E-05	7.42E-01	2.58E-01	6.12E-07	9.29E-18
10	2.0	0.01	2.10E-06	4.76E-01	5.24E-01	3.93E-06	1.89E-16
11	2.5	0.003162	1.42E-07	2.23E-01	7.77E-01	1.84E-05	2.80E-15
12	3.0	0.001	1.20E-08	8.33E-02	9.17E-01	6.87E-05	3.30E-14
13	3.5	0.000316	1.13E-09	2.79E-02	9.72E-01	2.30E-04	3.50E-13
14	4.0	0.0001	1.11E-10	9.00E-03	9.90E-01	7.43E-04	3.56E-12
15	4.5	3.16E-05	1.11E-11	2.86E-03	9.95E-01	2.36E-03	3.58E-11
16	5.0	0.00001	1.11E-12	9.02E-04	9.92E-01	7.44E-03	3.57E-10
17	5.5	3.16E-06	1.13E-13	2.81E-04	9.77E-01	2.32E-02	3.52E-09
18	6.0	0.000001	1.18E-14	8.46E-05	9.30E-01	6.98E-02	3.35E-08
19	6.5	3.16E-07	1.36E-15	2.32E-05	8.08E-01	1.92E-01	2.91E-07
20	7.0	1E-07	1.93E-16	5.19E-06	5.71E-01	4.29E-01	2.06E-06
21	7.5	3.16E-08	3.71E-17	8.53E-07	2.97E-01	7.03E-01	1.07E-05
22	8.0	1E-08	9.35E-18	1.07E-07	1.18E-01	8.82E-01	4.24E-05
23	8.5	3.16E-09	2.72E-18	1.16E-08	4.05E-02	9.59E-01	1.46E-04
24	9.0	1E-09	8.36E-19	1.20E-09	1.32E-02	9.86E-01	4.73E-04
25	9.5	3.16E-10	2.62E-19	1.21E-10	4.19E-03	9.94E-01	1.51E-03
26	10.0	1E-10	8.30E-20	1.20E-11	1.33E-03	9.94E-01	4.77E-03
27	10.5	3.16E-11	2.65E-20	1.19E-12	4.15E-04	9.85E-01	1.49E-02
28	11.0	1E-11	8.65E-21	1.16E-13	1.27E-04	9.54E-01	4.58E-02
29	11.5	3.16E-12	3.00E-21	1.05E-14	3.66E-05	8.68E-01	1.32E-01
30	12.0	1E-12	1.22E-21	8.19E-16	9.01E-06	6.76E-01	3.24E-01
31	12.5	3.16E-13	6.57E-22	4.81E-17	1.67E-06	3.97E-01	6.03E-01
32	13.0	1E-13	4.79E-22	2.09E-18	2.30E-07	1.72E-01	8.28E-01
33	13.5	3.16E-14	4.22E-22	7.49E-20	2.61E-08	6.18E-02	9.38E-01
34	14.0	1E-14	4.04E-22	2.47E-21	2.72E-09	2.04E-02	9.80E-01
35	Formulas for cells in **boldface**:						
36	**Cell B6** = $[H^+]$ =	10^-A6					
37	**Cell C6**=denom.=	B6^3+$B$4*B6^2+$B$4*$D$4*B6+$B$4*$D$4*$F$4					
38	**Cell D6** = α_0 =	B6^3/C6					
39	**Cell E6** = α_1 =	($B$4*B6^2)/C6					
40	**Cell F6** = α_2 =	($B$4*$D$4*B6)/C6					
41	**Cell G6** = α_3 =	($B$4*$D$4*$F$4)/C6					
42	Copy each formula down through Cell 34						
43	Plot A6:A34 vs. D6:D34, E6:E34, F6:F34, and G6:G34 (series 1, 2, 3, and 4)						

图 7.3　文件 figure 7.2.xlsx 的截图(电子表格在文本的网站中)

上文所描述列于图 7.2 中。这个图说明了四种磷酸类型的比例随 pH 的变化而变化的情况。例如,用 NaOH 滴定磷酸。在高于或低于一定的 pH 值时一些磷酸类型看上去浓度为零,但它们并不是真正的零,只是浓度很小。例如,我们看到的例 7.18,在 pH 为 3.00,H_3PO_4 分析浓度为 0.1 mmol/mL 时,PO_4^{3-} 的浓度只有 3.3×10^{-15} mmol/mL,但它确实是存在的。2 个曲线重叠的 pH 区域(具有明显的浓度)表示配制缓冲液可以使用这 2 种类型。例如,H_3PO_4 和 $H_2PO_4^-$ 的混合物可用于制备 pH 2 ± 1 的缓冲液,$H_2PO_4^-$ 和 HPO_4^{2-} 的混合物可用于制备 pH 7.1 ± 1 的缓冲液。HPO_4^{2-} 和 PO_4^{3-} 的混合物可用于配制 pH 为 12.3 ± 1。一种类型的分布分数所在的 pH 值本质上对应于强碱滴定磷酸的各级滴定终点,也就是说 $H_2PO_4^-$ 在第一终点(pH 4.5),HPO_4^{2-} 在第二终点(pH 9.7)。

式(7.71)可以用于特定浓度的 H_3PO_4(没有添加其他 H^+),准确地计算磷酸离解出的氢离子浓度,但这涉及烦琐的叠加计算。作为第一步近似处理,$[H^+]$ 可以从例 7.17 中的 K_{a1} 计算,假设磷酸只有第一步离解是主要的。(事实上,在那个例中也是这种情况。)计算出的第一级 $[H^+]$ 可能随后被通过式(7.71)计算出第二级近似 $[H_3PO_4]$ 取代,并通过 K_{a1} 将其用于第二级 $[H^+]$ 计算等,直到浓度是常数。一个较简单的方法是例 7.19 所使用的 Excel and Goal Seek。

The University of Athens 的 Constantinos Efstathiou 教授发明了一个有用的小程序,可以轻松地绘制一元酸到四元酸的分布图:http://www.chem.uoa.gr/applets/appletacid/appl_distr2.html。验证磷酸图与图 7.1,第 9 章 EDTA(H_4A)与图 9.1 比较。改变 pK_a 值观察图的变化。该小程序还可以绘制酸的 lg 模式图(第 7.16 节)。改变 figure 7.2.xlsx 电子表格中的 K_a 值可观察分布如何发生变化。

例 7.19 通过电荷平衡计算磷酸体系 pH。

使用 Excel and Goal Seek 计算 0.050 mmol/mL 磷酸的 pH 值。如果向 1 L 该溶液中加入 0.11 mol 的醋酸钠和 0.02 mol 的磷酸氢二钾,此时的 pH 值是多少?

电荷平衡法是指任何溶液中正电荷之和等于负电荷之和。所以对于仅含有磷酸的溶液,有关的电荷平衡方程是:

$$[H^+] = [OH^-] + [H_2PO_4^-] + 2[HPO_4^{2-}] + 3[PO_4^{3-}] \tag{7.85}$$

请注意,系数 2 和 3 是必要的,因为 HPO_4^{2-} 和 PO_4^{3-} 的电荷分别是 2 和 3。把所有项放在一边,用 $K_w/[H^+]$ 表达 $[OH^-]$,各磷酸类型用分布分数表示,有:

$$[\mathrm{H}^+] - K_\mathrm{w}/[\mathrm{H}^+] - c_p(\alpha_1 + 2\alpha_2 + 3\alpha_3) = 0 \qquad (7.86)$$

式中，c_p 是各磷酸类型的总浓度，此时为磷酸的分析浓度。在网站上 The Example 7.19.xlsx 电子表格是可以用的。在单元格 B1:B5，我们分别写 K_{a1}，K_{a2}，K_{a3}，c_p 和 K_w 值。不幸的是，许多化学问题传统上不允许为 K_{a1} 使用 Excel 等，实际上它指的是在 K_{a1} 列和 1 行的单元格。类似地，C 和 R 也指列和行，也不被允许用于其他任何含义。因此，出于我们自己的目的，我们命名 K_{a1}，K_{a2}，K_{a3} 和 c_p 为 KAA，KAB，KAC 和 CP，把它们写在紧邻数字列的 A 列中。接下来我们把这些名字赋予具体数字，所以我们每次写 KAA，Excel 会知道我们指的 KAA 是它的数字 1.1×10^{-2}。为此，我们把光标放在单元格 B2。在公式栏上右上角通常会说 B2。但请注意它说 KAA。这是因为我们已经给单元格 B2 命名 KAA。我们把光标放在单元格 B2 上，单击名称框（左上角公式栏），输入 KAA 并敲回车键（Excel 2010 年以前的版本有不同的程序）。这样单元格 B2 的名字为 KAA，可通过移动到其他单元格回到单元格 B2，注意名称框说 KAA 验证。（试试对另一个电子表格单元格命名。）为方便起见，以同样方式命名单元格 B3:B5 为 KAB，KAC，CP 和 KW。

现在下面两行我们设置列标题为 pH 值，H^+，OH^-，Q3，α_1，α_2，α_3 和方程。在单元格 A8，我们将尝试计算 pH 值。现在可以输入你认为合理的 $0\sim14$ 之间的任何一个值，输入哪个并不重要。现在让我们输入 0。同时命名单元格 pH（我们真的不需要这样做，我们可以保持单元格 A8，但给单元格命名是非常有意义的）。在单元格 B8，我们想计算相应的 $[\mathrm{H}^+]$ 值。Excel 不能通过推理知道 pH 值和 $[\mathrm{H}^+]$ 的关系。因为我们知道，$[\mathrm{H}^+]$ 可以表示为 $10^{-\mathrm{pH}}$，我们在单元格 B8 输入 $=10^{-\mathrm{pH}}$。（如果我们不能命名单元格 A8 作为 pH 值，那么我们将不得不在 B8 中输入 $=10^{-A8}$。）再次，虽然这是没有必要的，为了方便起见，我们命名单元格 B8 作为 H。为了计算 $[\mathrm{OH}^-]$，我们输入 $=$ KW/H。为了更好地计算，我们命名单元格 C8 为 OH。标题下 Q3，我们必须输入式（7.81）的表达式，用现有的名字，所以我们在单元格 D8 输入：

$$= \mathrm{H}^3 + \mathrm{KAA} * \mathrm{H}^2 + \mathrm{KAA} * \mathrm{KAB} * \mathrm{H} + \mathrm{KAA} * \mathrm{KAB} * \mathrm{KAC}$$

以及单元格名称 Q（我们可以叫它 Q 或 Q 三，但不是 Q3，还记得吗？）。同样地，我们按照式（7.75）～式（7.77）在单元格 E8:G8 输入 α 公式和它们的名字，分别为 ALFA1，ALFA2 和 ALFA3。例如，我们已经输入了单元格 F8

$$= \mathrm{KAA} * \mathrm{KAB} * \mathrm{H}/\mathrm{Q}$$

最后，我们准备在单元格 H8 输入式（7.86）：

$$= (1\mathrm{E}10) * (\mathrm{H} - \mathrm{OH} - \mathrm{CP} * (\mathrm{ALFA1} + 2 * \mathrm{ALFA2} + 3 * \mathrm{ALFA3}))$$

你会注意到接下来 1E10 乘数的表达式（记住这是阻止 Excel 过早地相信

它找到了一个解决方法)是式(7.86)的表示。现在所有我们要做的是去调用 Goal Seek (Data/What-If Analysis/Goal Seek),在设置单元格中输入 H8,在 "To Value"框中键入 0[式(7.86)],在"By changing cell"框中输入 pH(或 A8)。即得到解决方法,pH 值是 1.73。在"Equation"单元格(H8)中,对整个括号表达式开方是有好处的,因为这使得它只能是正值。当我们解决一个单一的问题时,这不是很重要。但当我们同时解决多个问题时,它是非常重要的,在后面的章节中我们将深入讨论。

现在让我们解决问题的第二部分,我们把 0.11 mmol/mL NaOAc, 0.02 mmol/mL K_2HPO_4 加入溶液中。通常引入另一种酸碱系统会成为一个令人敬畏的问题。其实不是,我们可以在现有的电子表格上做少量的额外工作就可以解决这个问题。在文本网站电子表格的 7.19b.xlsx 制订出了解决方案,但目前我们一直努力修改 The Example 7.19.xlsx 表格。

首先,我们需要了解变化。我们已经添加了钠(0.11 mmol/mL,CNA),钾(2×0.02=0.04 mmol/mL,CK)和醋酸物种(共 0.11 mmol/mL,COAC)。总磷酸盐物种的浓度从 0.050 mmol/mL 提高到 0.070 mmol/mL,我们需要定义醋酸离解常数(1.75e−5,KOAC)。新物种的加入要求我们修改式(7.85):

$$[H^+]+[Na^+]+[K^+]=[OH^-]+[OAc^-]+[H_2PO_4^-]$$
$$+2[HPO_4^{2-}]+3[PO_4^{3-}] \quad (7.87)$$

如果我们定义 Q1 是有关醋酸体系的分母[见式(7.79)],然后醋酸体系的 α_1(ALFA1OAC,名字 ALFA1 已经被磷酸根体系采用——这些乙酸和磷酸系统的两个 α_1 值是不相同的——虽然它们是同一个解决方案,受相同的 pH 影响,但这两个系统的 K_a 值是不同的)将由式(7.83)给出,我们可以写出式(7.87):

$$[H^+]+[Na^+]+[K^+]-K_w/[H^+]-C_{OAc}\alpha_{1OAc}-c_p(\alpha_1+2\alpha_2+3\alpha_3)=0$$
$$(7.88)$$

现在要回到电子表格,在单元格 D1:D4 分别输入 KOAC,CNA,CK 和 COAC 并赋予这些单元格相应的名字。我们把光标放在 H 行插入两行(Alt - I 和 C,连续两次),所以我们可以创建标题 Q1 和 Alpha1OAc。在这两个单元格中分别输入对于 Q1,在单元格 H8 输入=H+KOAC 并命名为 Qone。对于 Alpha1OAc(单元格 I8),我们输入=KOAC/Q,也叫单元格 ALFA1OAC。现在的问题是修改单元格 J8 中的方程为:

= (10000000000) * (H+CK+CNA−OH−COAC*ALFA1OAC−CP
   *(ALFA1+2*ALFA2+3*ALFA3))

通过改变单元格的 pH 值再次调用 Goal Seek 设置单元格 J8 的值为 0,可以马上得到答案,pH 值为 5.17。

7.12 多元酸盐——酸,碱或两者都是

由 H_3PO_4 这样的酸得到的盐可能是酸性也可能是碱性。质子化的盐即有酸性又有碱性($H_2PO_4^-$,HPO_4^{2-}),而非质子化盐是一个简单的水解 Brønsted 碱(PO_4^{3-})。

1) 两性盐

$H_2PO_4^-$ 具有酸性和碱性。也就是说,它是两性的。作为一种弱酸电离,它也作为 Brønsted 碱水解:

$$H_2PO_4^- \rightleftharpoons H^+ + HPO_4^{2-} \qquad K_{a2} = \frac{[H^+][HPO_4^{2-}]}{[H_2PO_4^-]} = 7.5 \times 10^{-8} \tag{7.89}$$

$$H_2PO_4^- + H_2O \rightleftharpoons H_3PO_4 + OH^- \quad K_b = \frac{K_w}{K_{a1}} = \frac{[H_3PO_4][OH^-]}{[H_2PO_4^-]}$$

$$= \frac{1.00 \times 10^{-14}}{1.1 \times 10^{-2}} = 9.1 \times 10^{-13} \tag{7.90}$$

$H_2PO_4^-$ 既是酸又是碱。7.16 节的最后解释了如何用 lg - lg 图评价每个平衡的程度。

因此,该溶液是碱性还是酸性取决于谁电离得更多。由于第一电离的 K_{a2} 比第二电离的 K_b 大了几乎 10^5 倍,在这种情况下显然溶液是酸性的。

在一个溶液中(如 $H_2PO_4^-$),氢离子浓度的表达式如下。总的氢离子浓度等于式(7.89)中的电离平衡和水的电离所产生的氢离子总量,式(7.90)水解产生的 OH^- 很少。我们可以写成:

$$c_{H^+} = [H^+]_{total} = [H^+]_{H_2O} + [H^+]_{H_2PO_4^-} - [OH^-]_{H_2PO_4^-} \tag{7.91}$$

或

$$[H^+] = [OH^-] + [HPO_4^{2-}] - [H_3PO_4] \tag{7.92}$$

如果盐溶液的 pH 值接近 7,这里包括水的离解,因为它不可以忽略不计。虽然在特殊情况下,溶液如果是酸性的,水的电离可以忽略不计。

我们可以通过把平衡常数表达式(7.61)、式(7.62)和 K_w 代入式(7.92)仅留有变量 $[H_2PO_4^-]$ 和 $[H^+]$,求出 $[H^+]$:

$$[H^+] = \frac{K_w}{[H^+]} + \frac{K_{a2}[H_2PO_4^-]}{[H^+]} - \frac{[H_2PO_4^-][H^+]}{K_{a1}} \tag{7.93}$$

方程两边都乘以 $[H^+]$,整理各项,把 $[H^+]^2$ 放在左边,并求出 $[H^+]^2$:

$$[H^+]^2 = \frac{K_w + K_{a2}[H_2PO_4^-]}{1 + \dfrac{[H_2PO_4^-]}{K_{a1}}} \tag{7.94}$$

$$[H^+] = \sqrt{\frac{K_{a1}K_w + K_{a1}K_{a2}[H_2PO_4^-]}{K_{a1} + [H_2PO_4^-]}} \tag{7.95}$$

也就是说,对 HA^- 有:

$$[H^+] = \sqrt{\frac{K_{a1}K_w + K_{a1}K_{a2}[HA^-]}{K_{a1} + [HA^-]}} \tag{7.96}$$

对来自酸 H_2A 的任何盐 HA^-(或 HA^{2-} 来自 H_2A^- 等)这个方程都是有效的。$[H_2PO_4^-]$ 用 $[HA^-]$ 表示。

对于 HA^{2-},用 $[HA^{2-}]$ 代替 $[HA^-]$,K_{a2} 代替 K_{a1},K_{a3} 代替 K_{a2}。

如果我们假设平衡浓度 $[HA^-]$ 等于所加盐的浓度,也就是说,电离和水解的程度是相当小的,那么这个值和常数可以被用于计算 $[H^+]$。如果和盐 HA^- 相关的两平衡常数(K_{a1} 和 K_b)很小,溶液不太稀,这样的假设就是合理的。在许多情况下,分子中的 $K_{a1}K_w \ll K_{a1}K_{a2}[HA^-]$,所以可以忽略。此外,如果我们忽略了水的分解,在分母中 $K_{a1} \ll [HA^-]$,方程可简化为

$$[H^+] = \sqrt{K_{a1}K_{a2}} \tag{7.97}$$

对于 HA^{2-},$[H^+] = \sqrt{K_{a2}K_{a3}}$。

因此,如果假设成立,一个 $H_2PO_4^-$ 溶液的 pH 值是独立于其浓度的! 这种近似处理对我们是足够的。方程一般适用于 K_{a1}、K_{a2} 差异较大的情况。对于 $H_2PO_4^-$ 的情况,则,

$$[H^+] \approx \sqrt{K_{a1}K_{a2}} = \sqrt{1.1 \times 10^{-2} \times 7.5 \times 10^{-8}} = 2.9 \times 10^{-5}\,(\text{mmol/mL}) \tag{7.98}$$

pH 值大约是独立于盐的浓度(pH ≈ 4.54)。 这是 NaH_2PO_4 溶液 pH 的近似值。

同样,HPO_4^{2-} 是酸也是碱。这里涉及的 K 值是 H_3PO_4 的 K_{a2} 和 K_{a3}($H_2PO_4^- \equiv H_2A$,$HPO_4^{2-} \equiv HA^-$)。 由于 $K_{a2} \gg K_{a3}$,Na_2HPO_4 溶液的 pH 值可以这样计算:

$$[H^+] \approx \sqrt{K_{a2}K_{a3}} = \sqrt{7.5 \times 10^{-8} \times 4.8 \times 10^{-13}} = 1.9 \times 10^{-10} \tag{7.99}$$

pH 计算值为 9.72。由于这类两性盐的 pH 值基本上是独立于浓度的,这种盐被用于制备已知 pH 值的溶液是有用的,常用于校准 pH 计。例如,邻苯

二甲酸氢钾,$KHC_8H_4O_2$,在 25℃时 pH 4.0。然而,这些盐对于酸或碱的缓冲作用是很弱的;它们的 pH 不在缓冲区但出现在滴定曲线的终点,虽然稀释不会对 pH 值有太多影响,但加入酸或碱时该处 pH 值显著改变。

KHP 是 NIST 规定的标准缓冲液(见 13 章)。其溶液的 pH 值是固定的。但它本身不能被调节。

2)非质子化盐

非质子化的磷酸溶液是一种相当强的 Brønsted 碱,电离如下:

$$PO_4^{3-} + H_2O \rightleftharpoons HPO_4^{2-} + OH^- \qquad K_b = \frac{K_w}{K_{a3}} \qquad (7.100)$$

常数 K_{a3} 是非常小的,所以平衡显著地偏向于右边。因为 K_{a3} 远远小于 K_{a2},HPO_4^{2-} 水解被来自第一级的 OH^- 抑制,PO_4^{3-} 的 pH 值可以仅作为一元弱碱计算。然而,因为 K_{a3} 太小,K_b 比较大,相对于 PO_4^{3-} 的初始浓度 OH^- 的量是不可忽略的,必须用二元方程解决,也就是说,PO_4^{3-} 是相当强的碱。

例 7.20　计算 0.100 mmol/mL Na_3PO_4 的 pH。

解:

$$\begin{array}{ccccc} PO_4^{3-} & + H_2O \rightleftharpoons & HPO_4^{2-} & + & OH^- \\ 0.100 - x & & x & & x \end{array}$$

$$\frac{[HPO_4^{2-}][OH^-]}{[PO_4^{3-}]} = K_b = \frac{K_w}{K_{a3}} = \frac{1.0 \times 10^{-14}}{4.8 \times 10^{-13}} = 0.020$$

$$\frac{x \, x}{0.100 - x} = \frac{1.0 \times 10^{-14}}{4.8 \times 10^{-13}} = 0.020$$

浓度仅是 K_b 的 5 倍,因此用二元方程求解

$$x^2 + 0.020x - 2.0 \times 10^{-3} = 0$$

$$x = \frac{-0.020 \pm \sqrt{(0.020)^2 - 4 \times (-2.0 \times 10^{-3})}}{2}$$

$$x = [OH^-] = 0.036 \text{ mmol/mL}$$

$$pH = 12.56$$

离解程度(水解)是 36%,磷酸盐是相当强的碱。查看二次方程计算程序的文本网站。

例 7.21　分别计算 0.001 mmol/mL,0.002 mmol/mL,0.005 mmol/mL,0.01 mmol/mL,0.02 mmol/mL,0.05 mmol/mL,0.1 mmol/mL,0.2 mmol/mL,0.5 mmol/mL,1.0 mmol/mL H_3PO_4,NaH_2PO_4,Na_2HPO_4 和 Na_3PO_4 溶液的 pH。忽略活度的影响。

解:我们必须计算四种化合物分别在十个不同浓度时的 pH 值,我们将

使用强大的程序 Solver 同时处理 10 组数据。这个问题让我们了解 Microsoft Excel SolverTM 的实力，它可以一次解决多个参数（或多个方程）。在写这篇文章时，Excel 2010 是当前版本，与以前的版本相比，这个版本的 Excel 求解具有更多的功能，包括节省多达 32 个可调参数，具有同一时间解决 200 个参数（虽然我们不推荐后者）的能力；实际上它需要更多的时间来解决 50 个参数（例如，H^+）方程，四倍于一次解决 200 个参数方程所需要的时间。相比较而言，Goal Seek 在一个单一的方程中只能解决一个参数，不允许合并我们想要解决的参数（例如，计算 pH 值时，它可以设置算法，答案位于 $0\sim14$）。

当你第一次安装 Office 2010 在计算机上时，Solver 不会自动安装。打开 Office 2010 后，去文件/选项/添加插件，点击，选择 Solver，并单击"确定"安装。下一次打开 Excel 时，点击 Data tab，就可以看到菜单栏右上角的 Solver 图标。

推荐从文本网站下载 Example 7.21.xlsx。目前，只是从一个空的电子表格开始。和我们在例 7.19 中已经完成的非常相似，在单元格 B1：B4 输入 K_{a1}，K_{a2}，K_{a3} 和 K_w，分别命名它们为 KAA，KAB，KAC 和 KW。首先，我们处理磷酸（H_3PO_4），在第 5 行我们写下来作为标题。从第 6 行的单元格 A6 开始，创建 10 列，标题分别为 CP，pH，H^+，CNA，OH，Q3，Alpha1，Alpha2，Alpha3 和 Equation。在 A7：A16，我们连续输入题目所述的浓度，即题目列举的 0.001 到 1.0。在 pH 列（单元格 B7）让我们输入一个占位符，例如，在 H^+ 列（单元格 C7）我们定义与 pH 值（$=10^{-B7}$）。然后在 CAN 列单元格 D7 输入零（在所有纯 H_3PO_4 的溶液中钠的浓度是零）。在 OH^- 列（单元格 E7）输入 OH^- 和 H^+ 之间的关系（=KW/C7）。在 Q3 列（单元格 F7）输入（和例 7.19 同样的公式）：

$$=C7^3+KAA*C7^2+KAA*KAB*C7+KAA*KAB*KAC$$

请注意，不是定义和使用我们引用 C7 使用的单元格的 H，因为我们会解决一些方程，分别为氢离子浓度，一次在一个单独的行。每一行中的氢离子浓度都会不同（在 C7：C16），我们不能像例 7.19 中所做的一样指定一个单一值为 H。在单元格 G7：I16 中的 Alpha1：Alpha3 在例 7.19 中也完全明确，但使用 C7 而不是 H。我们的电荷平衡方程除了在左侧添加了 $[Na^+]$ 外和式（7.85）是相同的，对于含钠的溶液，表示平衡常数时，是和式（7.86）相同的，再次要将 $[Na^+]$ 加在左边。最后，在单元格 J7 的方程被输入；我们对电荷平衡求平方（见下文原因）。虽然 CNA 对于 H_3PO_4 可以是零，在电荷平衡表达式我们保留了这项，以至于在四种情况下，我们可以使用相同的表达式，整体乘以 10^{10}：

$$=(1E10)*(C7+D7-E7-A7*(G7+2*H7+3*I7))^2$$

我们现在强调单元格 B7：J7，从单元格 B8 开始复制并粘贴（Ctrl－C，Ctrl－V）；因此 B8：J8 填充满了。我们可以以连续相同的方式复制到 B17：J16，但它是更方便的突出的两排（B7：J8）并拖动光标从底角 J8 到 J16，从而填补剩余的行。（请注意，如果我们只在排满第 7 行填充操作，在所有非形式化的单元格，默认情况下，在每个后续行的每一步，Excel 会以数值 1 递增，例如，初始分配单元格 pH 的值将在 B8 是 2，在 B9 是 3，等，直到 B16 是 10；我们没必要这样。在单元格 B8 和 B7 具有相同的值，在拖动填充过程，在那个列的行之间 Excel 被告知增量为零，执行如下指令。）

接下来我们要在 J7：J16 通过在 B7：B16 求出 pH 的校正值设置 10 个方程。首先，在单元格 J18 输入所有的方程表达式的加和值：

$$=SUM(J7：J16)$$

现在我们准备调用 Solver。转到数据标签，然后点击菜单栏右上角的 Solver。Solver 将打开一个下拉菜单框。在顶部的"Set Objective"对话框，你应该看到出现和强调 J18，因为你将光标放在这个单元格上打开 Solver。如果不在这里，输入 J18。为了求解我们的方程，我们希望 J18（电荷平衡式）为零。如果每个方程表达式为零，那它们的总和必须为零。在数字域、在数值求解我们都能够实现，好的解决方案很少，如果有，完全为零，但将能够达到一个非常小的数（需要注意的是我们要给表达式乘以 10^{10}）。因为我们用加和表达式一次解决多个方程，你会理解为什么我们使用表达式的平方而不是表达式本身。从解一个方程来看，一边是零，显然它不是说我们试图解决 $x = 0$ 或 $x^2 = 0$ 这样的问题。而是，如果我们有两个方程 $x = 0, y = 0$，通过方程 $x + y = 0$ 分别尝试解决它们，我们可能从来不能获得正确的解决方法，因为任何非零值的 x 和 y，其中将有这样的条件 $x = -y$。然而，对于任何 x 和 y 的真值，实现了 $x^2 + y^2 = 0$ 的解决方法，就必须得到解 $x = 0$ 和 $y = 0$。Solver 的下一步将我们的目标"最大化"，最大化，或对一个值我们有权去指定。我们可以选择"min"按钮（首选）或"设置 0"，两者都会有相同的影响。因为我们已经平方表达式，J18 值从不能小于零，因此试图去最小化和试图让它为零有同样的效果。接下来我们点击"通过改变可变单元格"。我们需要键入我们要解决的（B7：B16）或用光标选择这些单元格。这个格子现在应该读 $\$B\$7：\$B\$16$。格子"使无约束变量为正"应该已经被选择。我们的变量是 pH 值，在实际问题中它应该是正的。在系统默认的方法中"选择一个解决方法"是 GRG 非线性，别的是"单纯形 LP"和"进化"，在我们所有的工作中我们将使用这个；（GRG 代表广义即梯度）。你可以领悟到 Excel 里的这些解决方法之间的差异。

在"受约束"框中，我们希望增加的 pH 值低于 14。我们点击"添加"按钮，一个新的格子打开了。在格子里的"单元格引用"我们输入或选择 B7：B16。

给了我们一个选择$<=,=,>=$,整数等。默认$<=$操作,是我们需要的。所以我们继续下一个格子,"约束",输入 14。然后点击回车或点击确定。我们返回到 Solver 主页面。目前正继续进行"选项"按钮可以打开一个可调整的选项,你应该探索,但目前正继续进行。将求解对话框屏幕移动到一个角落里,这样你可以看到 J18 的内容,你试着去最小化。目前它可能是一个非常大的数字。现在点击"解决"按钮,一个新的格子"求解结果"将出现。移动它,这样你可以看到 J18 的内容。你会看到它比以前小,但它仍然是非常大的。我们可能需要多次调用"求解",所以选择"回归求解参数"对话框,点击"OK"。求解主菜单出现,再次点击"解决"。这一次求解的结果可能会使 J18 值不同。一直这样做,直到没有变化。事实上,只再多一个循环,J18 就会到 10^{-15} 值域,再进一步调用求解器也不会改变。这一次当求解对话框出现时,单击"关闭",而不是"解决"。在列 B7:B16 就解决了 pH 值,它的范围从 3.03 到 1。

现在让我们对 NaH_2PO_4 做同样的事情。我们将在行 21 写一个标题 MONOSODIUM PHOSPHATE。从单元格 A22 开始复制包括标题的整个计算(A6:J18)。我们唯一需要改变的是 CNA 列,注意磷酸二氢钠的 CNA 值总是等于 CP,在单元格 D23 我们输入=A23,然后拖动填充单元格值一直到 D32。当然,你的方程会立即改变到非常高的值。我们点击单元格 J34 和调用求解器 Solver。它将按以前的条件打开(例如,J18 为目标单元格等);这样你必须改变目前的需要。我们设定目标单元格 J34,并指定 B23:B32 是可变的单元格,选择框式约束中的条目,点击"改变"。当改变框式约束出现,改变 B7:B16 为 B23:B32,点击 OK 和 Solve(确保你强调的单元格 J34 为目标单元格)。再次重复大约四次,你会看到,结果是非常小的,并没有任何改变。pH 值将从在 CP=0.001 mmol/mL 的 5.08 变为在 CP=1.0 mmol/mL 时的 4.54,你也会看到在约 0.1 mmol/mL 之后 pH 是如何变化的,pH 值几乎没有变化。

我们对 Na_2HPO_4 和 Na_3PO_4 做同样的处理,唯一的变化是,对于 Na_2HPO_4,我们注意在 CNA 单元格,CNA 单元格的值等于 $2 *$ 相应的单元格 CP 的值。同样对于 Na_3PO_4,CNA 单元格的值等于 $3 *$ 相应的单元格 CP 的值。当完成这些求解的时候,注意模式。Na_2HPO_4 的 pH 值在 CP 高浓度的情况下将收敛至 9.72,Na_3PO_4 的 pH 会随着浓度增大不断增加。

例 7.22　EDTA 是一个包含 4 个质子的多元酸(H_4Y);它可以进一步质子化形成多元酸(H_6Y^{2+})。计算 0.010 0 mmol/mL Na_2EDTA (Na_2H_2Y)溶液中氢离子的浓度。

解:

H_2Y^{2-} 包含的两个平衡为:

$$H_2Y^{2-} \rightleftharpoons H^+ + HY^{3-} \qquad K_{a3} = 6.9 \times 10^{-7}$$

$$H_2Y^{2-} + H_2O \rightleftharpoons H_3Y^- + OH^- \qquad K_b = \frac{K_w}{K_{a2}} = \frac{1.0 \times 10^{-14}}{2.2 \times 10^{-3}}$$

相比以前二元酸被认为是部分中和的盐，H_2Y^{2-} 相当于 HA^-，H_3Y^- 相当于 H_2A。所涉及的平衡常数是 K_{a2}，K_{a3}（前者是 H_3Y^- 水解的共轭酸）。因此，

$$[H^+] = \sqrt{K_{a2}K_{a3}} = \sqrt{(2.2 \times 10^{-3}) \times (6.9 \times 10^{-7})}$$
$$= 3.9 \times 10^{-5} \, (\text{mmol/mL})$$

7.13　生理缓冲体系——它们让你活着

健康人血液的 pH 值在 $7.45 \sim 7.35$ 保持恒定不变。这是因为血液中含有大量的缓冲液，可以保护因酸性或碱性代谢物的存在而引起的 pH 的变化。从生理的角度来看，一个 0.3 pH 单位的变化都是极端的。通常产生的酸代谢物的数量比碱代谢物多，二氧化碳是主要的酸代谢物。处理 CO_2 血液缓冲容量估计分布在下面不同的缓冲体系：血红蛋白和氧合血红蛋白，62%；$H_2PO_4^- / HPO_4^{2-}$，22%；血浆蛋白，11%；HCO_3^-，5%。蛋白质中含有羧酸和氨基，分别是弱酸和弱碱。因此，它们是有效的缓冲剂。血液中为中和酸的综合缓冲能力被"临床医生"指定为"碱储备"，这是经常在临床实验室测定的。某些疾病会导致身体的酸平衡失调。例如，糖尿病会引起"酸中毒"，这是致命的。一个重要的诊断分析是血液中 CO_2/HCO_3^- 的平衡。这个比例和通过 Henderson - Hasselbalch 公式(7.45)计算的 pH 有关：

$$pH = 6.10 + \lg \frac{[HCO_3^-]}{[H_2CO_3]} \tag{7.101}$$

式中，H_2CO_3 浓度可以认为是与血液中溶解的 CO_2 浓度相等；在体温（37℃）时血中碳酸的 pK_{a1} 为 6.10。正常情况下，血液中的 HCO_3^- 浓度约为 26.0 mmol/L，而二氧化碳的浓度为 1.3 mmol/L。

$$pH = 6.10 + \lg \frac{26 \text{ mmol/L}}{1.3 \text{ mmol/L}} = 7.40$$

CO_2 和 HCO_3^- 平衡可以从式(7.101)中的两个参数估计。

HCO_3^- 浓度可通过滴定法（实验10）或者总二氧化碳含量（HCO_3^-＋溶解 CO_2）确定，总二氧化碳含量可以通过酸化后 CO_2 气体的测量确定。[CO_2 的体积可以测量，但是通过温度和大气压力，可以计算出 CO_2 的物质的量，然后再计算溶液中的浓度。在标准温度和压力下（0℃和 1 个大气压的压力），体积为 22.4 L 的气体为 1 mol。]如果进行分析，HCO_3^-/CO_2 的比值可以计算，因此可以得出患者中关于酸或碱的情况。或者，如果测量 pH 值（在 37℃），HCO_3^- 或者总 CO_2，那么碳酸平衡的一个完整的信息需要被测量，因为

$[HCO_3^-]/[H_2CO_3]$比值可以从式(7.101)计算。

在这种情况下,还可测量二氧化碳的分压(例如,使用 CO_2 电极),$[H_2CO_3] \approx 0.30 p_{CO_2}$。这样,只有 pH 和 $[HCO_3^-]$ 需要确定。

请注意,虽然血液中有其他缓冲系统,但这些平衡和式(7.101)是有关的。pH 值是所有缓冲体系的综合结果,$[HCO_3^-]/[H_2CO_3]$比值由 pH 决定。

HCO_3^-/H_2CO_3 缓冲系统在肺的血液(肺泡血液)是最重要的一个。从空气吸入结合血红蛋白的氧,氧合血红蛋白电离,释放出一个质子。多余的酸通过和 HCO_3^- 反应去除:

$$H^+ + HCO_3^- \longrightarrow H_2CO_3$$

但需要注意的是,在 pH 7.4 时 $[HCO_3^-]/[H_2CO_3]$ 比是 $26/1.3 = 20:1$。这不是一个非常有效的缓冲比率;大量 HCO_3^- 转化为碳酸,pH 会降低以维持新的比。但是,幸运的是,在碳酸酐酶作用下,产生的 H_2CO_3 迅速分解为 CO_2 和 H_2O,而且二氧化碳由肺呼出。因此,HCO_3^-/H_2CO_3 比还保持在 $20:1$。

例 7.23 在血液样本中总二氧化碳含量($HCO_3^- + CO_2$)是通过酸化样品,用 Van Slyke manometric 装置测量收集的 CO_2 确定。在 37℃血液 pH 7.48 时,总浓度确定为 28.5 mmol/L。血液中的 HCO_3^- 和 CO_2 的浓度各是多少?

解:
$$pH = 6.10 + \lg \frac{[HCO_3^-]}{[CO_2]}$$

$$7.48 = 6.10 + \lg \frac{[HCO_3^-]}{[CO_2]}$$

$$\lg \frac{[HCO_3^-]}{[CO_2]} = 1.38$$

$$\frac{[HCO_3^-]}{[CO_2]} = 10^{1.38} = 24$$

$$[HCO_3^-] = 24[CO_2]$$

但是

$$[HCO_3^-] + [CO_2] = 28.5 \text{ mmol/L}$$
$$24[CO_2] + [CO_2] = 28.5$$
$$[CO_2] = 1.1_4 \text{ mmol/L}$$
$$[HCO_3^-] = 28.5 - 1.1 = 27.4 \text{ mmol/L}$$

[263] 7.14 生物缓冲体系和临床测量

许多有趣的生物反应发生在 pH 6～8。特别是可用于分析的特定的酶的反应(见第 23 章),数值可能会出现在 pH 4~10,甚至超出这个范围。对于生物反应的研究或用于临床分析中选择合适的缓冲体系在确定是否影响反应方面是很关键的,缓冲体系必须有合适的 pK_a 接近生理 pH,因此 Henderson-Hasselbalch 中 $[A^-]/[HA]$ 的比值不能偏离 1 太远,它必须生理兼容。

1) 磷酸盐缓冲液

磷酸盐缓冲液是很有用的缓冲体系。生物系统本身通常含有一些磷酸盐,在许多情况下磷酸盐缓冲液不会被干扰。通过选择适当的 $H_3PO_4/H_2PO_4^-$,$H_2PO_4^-/HPO_4^{2-}$ 或 HPO_4^{2-}/PO_4^{3-} 的混合,可制备具有较宽 pH 范围的缓冲液。G. D. Christian 和 W. C. Purdy [J. Electroanal. Chem., 3 (1962) 363]中介绍了在离子强度是 0.2 的一个系列磷酸盐缓冲液的组成。离子强度是衡量溶液总盐量的一个指标(第 6 章),它经常影响反应,特别是动力学研究。因此,在这些缓冲体系都可以使用的情况下,离子强度必须是恒定的。否则,缓冲能力明显降低,因为当 pH 值达到单盐的 pH 值,而单盐不是缓冲体系。因此最好的缓冲能力,在半中和点,是在各自的 pK_a 值 ± 1 pH 单位内,也就是 1.96 ± 1,7.12 ± 1 和 12.32 ± 1。

例 7.24　准备一个离子强度是 0.100,pH 7.45 的缓冲液 1 L,需要 NaH_2PO_4 和 Na_2HPO_4 的质量各是多少?

解: 让 $x = [Na_2HPO_4]$,$y = [NaH_2PO_4]$。因为有 2 个未知数,所以需要 2 个方程(记住必须有相同数目的方程来解答未知数)。我们的第一个方程是离子强度方程:

$$\mu = \frac{1}{2} \sum c_i Z_i^2$$

$$0.100 = \frac{1}{2} [Na^+] \times 1^2 + [HPO_4^{2-}] \times 2^2 + [H_2PO_4^-] \times 1^2$$

$$0.100 = \frac{1}{2} [(2x+y) \times 1^2 + x \times 2^2 + y \times 1^2]$$

$$0.100 = 3x + y \tag{1}$$

第二个方程是 Henderson-Hasselbalch 方程:

$$pH = pK_{a2} + \lg \frac{[HPO_4^{2-}]}{[H_2PO_4^-]}$$

$$7.45 = 7.12 + \lg \frac{x}{y} \tag{2}$$

$$\frac{x}{y} = 10^{0.33} = 2.1_4$$

$$x = 2.1_4 y \tag{3}$$

代入式(1):

$$0.100 = 3 \times (2.14)y + y$$
$$y = 0.013_5 \text{ mol/L} = [NaH_2PO_4]$$

代入式(3):

$$x = (2.1_4) \times (0.013_5) = 0.028_9 \text{ mol/L} = [Na_2HPO_4]$$
$$\rho_{NaH_2PO_4} = 0.013_5 \text{ mol/L} \times 120 \text{ g/mol} = 1.6_2 \text{ g/L}$$
$$\rho_{Na_2HPO_4} = 0.028_9 \text{ mol/L} \times 142 \text{ g/mol} = 4.1_0 \text{ g/L}$$

2) 用 EXCEL SOLVER 解例 7.24

我们可以用 Example 7.21.xlsx 作为模板,使用唯一的一排数字。因为我们知道,离子强度将是 0.1,CP 应不少于 0.1。在一个原始的基础上,我们给 CP 和 CNA 都输入 0.1。我们为 pH(单元格 B7)输入 7.45——该问题中 pH 不是一个变量;我们在方程前插入另一列,离子强度,在单元格 J7 中表达为:

$$= 0.5 * (C7 + D7 + E7 + A7 * (G7 + 4 * H7 + 9 * I7))$$

我们需要改变 CP 和 CNA 得到表达为零的电荷平衡方程和为 0.1 的离子强度 I。后者等于说,我们要解决的方程 $I - 0.1 = 0$。在单元格 L7 中我们输入表达式:=J7−0.1。现在在单元格 M7 中有我们想要解决的两个方程表达式的平方的加和值,再乘以 10^{10}。作为限制,我们只需确定输入的 CP 小于 0.1。启用 Solver 求解器;通过改变 CP(A7)和 CNA(D7)最小化求单元格 M7。

Solver 求解了 CP=0.042 4 mmol/mL 和 CNA=0.071 2 mmol/mL 的溶液。如果从 0.042 4 mmol/mL NaH_2PO_4 开始,左边有 0.071 2 − 0.042 4 = 0.028 8(mmol/mL)Na,然后这将获得 0.028 8 mmol/mL Na_2HPO_4,剩余 0.042 4 − 0.028 8 = 0.013 6(mmol/mL) NaH_2PO_4。

该题目的解答在网站 7.24.xlsx 中。

磷酸盐缓冲液的使用在某些情况下是有限的。除了特定 pH 值时其缓冲能力有限,如果磷酸盐还与许多多价阳离子发生沉淀或络合反应,也会参与或抑制反应。例如,不应该使用钙剂,因为它的沉淀会影响到反应。

3) TRIS 缓冲体系

广泛应用在生理 pH 值范围的在临床实验室和生化研究中的缓冲体系是三(羟甲基)氨基甲烷[$(HOCH_2)_3CNH_2$ - Tris,或 THAM]和它的共轭酸(氨基质子化)制备的。它是一级标准物质,具有良好的稳定性,在生理溶液中具有较高的溶解度、吸湿性,明显不吸收 CO_2,也不沉淀钙盐,并没有出现抑制许多酶的反应,与生物溶液兼容。它的 pK_a 接近生理 pH(共轭酸的 pK_a = 8.08),但 pH 值低于 7.5 时它的缓冲能力开始降低。其他的缺点是初级脂肪族伯胺具有相当大的潜在活性,它与亚麻纤维连接反应,当饱和甘汞(参比)电极用于测量 pH 时(第 13 章);应该使用参考电极、陶瓷、石英或套结。这些缓冲体系通常是通过添加酸(如盐酸)到 Tris 溶液中调节 pH 值到所需的值制备的。

Tris 缓冲液常用于临床化学测量。

4) 好的缓冲液

Norman E. Good 和他的同事试图制造合理的低价的稳定的光学透明($\lambda \geqslant 230$ nm)缓冲元件在 $6 \sim 8$ 生物 pH 值范围内起缓冲作用。他们希望这些缓冲物质具有良好的水溶性,但在脂肪中溶解性差(因此不会透过细胞膜),表现出最小的盐效应(见第 7.12 节)和温度影响,而不是与目前在生物系统中存在的(至少不沉淀)典型阳离子相互作用。基于实验研究他们提出了一些建议的缓冲化合物,也包括 Tris。一些不容易商业化,其余的列于表 7.3 中。

表 7.3　Good 的缓冲液[1]

化 合 物	结 构 式	pK_a(20℃)
吗啉代乙磺酸(MES)		6.15
N-(2-乙酰氨基)亚氨基二乙酸(ADA)		6.6
哌嗪-N,N'-双(乙磺酸)		6.8
N-(2-乙酰氨基)-2-氨基乙磺酸		6.9
N,N-双(2-羟乙基)-2-氨基乙磺酸(BES)		7.15
N-[三(羟甲基)甲基]-2-氨基乙碘酸(TES)		7.5
4-(2-羟乙基)-1-哌嗪乙磺酸(HEPES)		7.55

[1]　N. E. Good, G. D. Winget, W. Winter, T. N. Connolly, S. Izawa, and R. M. M. Singh, *Biochemistry* 5 (1966) 467.

（续表）

化　合　物	结　构　式	pK_a(20℃)
N-[三(羟甲基)甲基]甘氨酸		8.15
甘氨酰胺		8.2
N-[双(羟甲基)甲基]甘氨酸		8.35

266

对于好的缓冲物质的讨论见 Q. Yu，A. Kardegedara，Y. Xu，and D. B. Rorabacher，"Avoiding Interferences from Good's Buffers：A Contiguous Series of Noncomplexing Tertiary Amine Buffers Covering the Entire pH Range of pH 3 - 11，"*Anal. Biochem.*，253(1) (1997) 50 - 56.

7.15　酸碱中多种离子效应：^cK_a 和 ^cK_b——盐改变 pH

在第 6 章中，我们讨论了基于活度而不是浓度的热力学平衡常数。不同的盐会影响活度，因此也影响弱电解质的离解程度，如弱酸或弱碱。如果是不带电的未离解酸或碱的活性系数为 1。对于酸 HA

$$K_a = \frac{a_{H^+} \cdot a_{A^-}}{a_{HA}} \approx \frac{a_{H^+} \cdot a_{A^-}}{[HA]} \tag{7.102}$$

$$K_a = \frac{[H^+]f_{H^+} \cdot [A^-]f_{A^-}}{[HA]} = cK_a f_{H^+} f_{A^-} \tag{7.103}$$

$$cK_a = \frac{K_a}{f_{H^+} f_{A^-}} \tag{7.104}$$

在离子强度是零的溶液中 K_a 是真正的平衡常数，在一个有限的离子强度溶液中 ^cK_a 是有效的"浓度常数"。

因此，我们可以预测随离子强度增加 ^cK_a 和离解都增加，活度系数降低。见例 6.18 和第 6 章习题 22。对于弱碱，类似的关系也适合(见本章习题 65)。

在随后的讨论中，pH，我们用电极测量的平均 pH；即 $-\lg a_{H^+}$，因为离子强度的影响、弱酸和弱碱的离解都会影响缓冲液的 pH 值。Henderson - Hasselbalch 公式可以写为：

$$\mathrm{pH} = \mathrm{p}K_a + \lg \frac{a_{A^-}}{[\mathrm{HA}]} = \mathrm{p}K_a + \lg \frac{[\mathrm{A^-}]}{[\mathrm{HA}]} + \lg f_{A^-} \qquad (7.105)$$

通过向缓冲液添加一些无关紧要的盐(例如氯化钠)，$[\mathrm{A^-}]/[\mathrm{HA}]$ 在缓冲区不会改变。在式(7.105)中，加入盐或稀释影响的是右边的 $\lg f_{A^-}$ 项。如果缓冲液被稀释，离子强度将降低，f_{A^-} 和 $\lg f_{A^-}$ 将增加，因此 pH 增加，见本章前面的脚注。

对于 $\mathbf{HPO_4^{2-}/H_2PO_4^-}$ 缓冲体系，$a_{\mathrm{HPO_4^{2-}}}/a_{\mathrm{H_2PO_4^-}}$ 随离子强度的增加而减少，这是因为多电荷离子所受影响更大。

7.16 $\lg c$ - pH 图

绘制各种浓度的酸碱与 pH 图本质上就是绘制 lg - lg 图，这样可以在较宽浓度范围和 pH 下看见系统的整体状态。特别是将$[\mathrm{H^+}]$和$[\mathrm{OH^-}]$合并在一起提供了总体情况，即使是复杂的也有助于了解系统的本质。它也允许简单的近似值估计，甚至是一些合理的复杂系统。这也许会产生争论，然而，相对于生成 $\lg c$ - pH 图所付出的努力，系统精确的 pH 计算可能是较简单的电荷平衡法(见文本网站例 7.19、7.19b)。因此，对于这个更详细的阐述在文本网站中，但在这里，我们提出了一个关于如何创建这样一个图表，以及它的用处的一般描述。不管精确的电荷平衡方法有多优越，$\lg c$ - pH 图提供的视角，是其他方法无法比拟的。在某种程度上它们是更好看的梯形图。

创建这样一个图的第一步是使一个电子表格具有绘图所需的数据。我们可以用以前产生的 α 值表格，但我们需明确用于该目的创建表格可以笼统地使用任何 $\lg c$ - pH 图所包含的一个或多个酸-碱系统。主电子表格是一个有价值的工具，对文本网站 $\lg c$ - pH Master.xlsx 应该在这里讨论。请注意，基于当前的目的，主要是针对碱，因它更容易处理和它相关的共轭酸。参照表格 $\lg c$ - pH Master.xlsx，如图 7.4 所示部分的前三列(A：C)(从开放网站下载电子表格)pH(0～14，0.1 pH 单位分开，A9：A149)、列 B 和列 C 的相应值$[\mathrm{H^+}]$和 $[\mathrm{OH^-}]$[分别计算 $10^{-\mathrm{pH}}$ 和 $10^{-(14-\mathrm{pH})}$]。电子表格的顶部有常数和浓度的两种酸碱系统 A 和 B。这些都设置为四元酸系统(与相应的离解常数 KAAA1，KAAA2，KAAA3，KAAA4，和 KAAB1，KAAB2 等)和 CONCA 与 CONCB 的总浓度。注意，如果 Kn 输入为零，n 元酸体系数学计算自动减少为$(n-1)$质子酸体系。因此，如果 KAAA4 是零，系统 A 将视为三元酸，如果 KAAA4 和 KAAA3 都输入零，系统将视为二元酸等。事实上，只有 KAAA1 和 KAAB1 电子表格为非零值，其他都为零，它将默认为两个一元酸碱体系(KAAA1 = 1.75×10^{-5}，和 HOAc 一样，KAAB1 = 5.71×10^{-10}，和 $\mathrm{NH_4^+}$ 一样)，两者的浓度都是默认为 0.1 mmol/mL，因此该电子表格对应情况为 0.1 mmol/mL醋酸铵。

log C-pH diagrams Master Spreadsheet

System A		System B	
KAAA1	1.75E-05	KAAB1	5.71E-10
KAAA2	0.00E+00	KAAB2	0.00E+00
KAAA3	0.00E+00	KAAB3	0.00E+00
KAAA4	0.00E+00	KAAB4	0.00E+00
CONCA	0.1	CONCB	0.1

pH	[H+]	[OH-]	A Free aci	A Monoanion	A Dianion	A Trianion	A Tetraarion	B Free aci	B Monoanion	B Dianion	B Trianion	B Tetraarion	QA	QB
0	1	1E-14	0.0999925	1.74997E-06	0	0	0	0.1	5.7E-11	0	0	0	1.0000171	1.00000001
0.1	0.7943282	1.25889E-14	0.0999928	2.20307E-06	0	0	0	0.1	7.18464E-11	0	0	0	0.3981594	0.39810771
0.2	0.6309573	1.58489E-14	0.0999923	2.77349E-06	0	0	0	0.1	9.0497E-11	0	0	0	0.5949373	0.5949393
0.3	0.5011872	1.99526E-14	0.0999965	3.49159E-06	0	0	0	0.1	1.13929E-10	0	0	0	0.063089373	0.063039735
0.4	0.3981072	2.51189E-14	0.0999956	4.2995E-06	0	0	0	0.1	1.43429E-10	0	0	0	0.025119866	0.025119864
0.5	0.3162278	3.16228E-14	0.0999947	5.53868E-06	0	0	0	0.1	1.80556E-10	0	0	0	0.010000055	0.01
0.6	0.2511886	3.98107E-14	0.0999303	6.96639E-06	0	0	0	0.1	2.2737E-10	0	0	0	0.003981345	0.003981072
0.7	0.1995262	5.01187E-14	0.0999281	8.77001E-06	0	0	0	0.1	2.86178E-10	0	0	0	0.001586632	0.001584893
0.8	0.1584893	6.30957E-14	0.0999896	1.10405E-05	0	0	0	0.1	3.60277E-10	0	0	0	0.000631027	0.000630957
0.9	0.1258925	7.94328E-14	0.099981	1.38988E-05	0	0	0	0.1	4.5354E-10	0	0	0	0.000251224	0.000251189
1	0.1	1E-13	0.099925	1.74963E-05	0	0	0	0.1	5.7E-10	0	0	0	0.0000100001	0.0001
1.1	0.0794328	1.25893E-13	0.0999797	2.20263E-05	0	0	0	0.1	7.18464E-10	0	0	0	3.9815E-05	3.98107E-05
1.2	0.0630957	1.58489E-13	0.0999227	2.77279E-05	0	0	0	0.1	9.0497E-10	0	0	0	1.58499E-05	1.58489E-05
1.3	0.0501187	1.99526E-13	0.099951	3.49049E-05	0	0	0	0.1	1.13929E-09	0	0	0	6.31018E-06	6.30957E-06
1.4	0.0398107	2.51189E-13	0.0999506	4.39397E-05	0	0	0	0.1	1.43429E-09	0	0	0	2.512996E-06	2.51189E-06
1.5	0.0316228	3.16228E-13	0.099944	5.53093E-05	0	0	0	0.1	1.80556E-09	0	0	0	1.00005E-06	1E-06
1.6	0.0251189	3.98107E-13	0.0999138	6.96203E-05	0	0	0	0.1	2.2737E-09	0	0	0	3.98365E-07	3.98107E-07
1.7	0.0199526	5.01187E-13	0.0999122	8.76306E-05	0	0	0	0.1	2.86179E-09	0	0	0	1.58328E-07	1.58489E-07
1.8	0.0158489	6.30957E-13	0.099887	0.000110124	0	0	0	0.1	3.60277E-09	0	0	0	6.31454E-08	6.30957E-08
1.9	0.0125893	7.94328E-13	0.0998619	0.000138814	0	0	0	0.1	4.5356E-09	0	0	0	2.51536E-08	2.51189E-08
2	0.01	1E-12	0.0998531	0.000174684	0	0	0	0.1	5.7E-09	0	0	0	1.00075E-08	1E-08
2.1	0.0079433	1.25893E-12	0.0997607	0.000219829	0	0	0	0.1	7.18464E-09	0	0	0	3.98964E-09	3.98107E-09
2.2	0.0063096	1.58489E-12	0.0997241	0.0002767609	0	0	0	0.1	9.0497E-09	0	0	0	1.58296E-09	1.58489E-09
2.3	0.0050119	1.99526E-12	0.0996304	0.0003474856	0	0	0	0.1	1.13929E-08	0	0	0	6.3316E-10	6.30957E-10
2.4	0.0039811	2.51189E-12	0.0995234	0.0004374856	0	0	0	0.1	1.43429E-08	0	0	0	2.52293E-10	2.51189E-10
2.5	0.0031623	3.16228E-12	0.0994465	0.000550353	0	0	0	0.1	1.80566E-08	0	0	0	1.00553E-10	1E-10
2.6	0.0025119	3.98107E-12	0.0993061	0.0006931667	0	0	0	0.1	2.2737E-08	0	0	0	4.0088E-11	3.98107E-11
2.7	0.0019953	5.01187E-12	0.0981355	0.0008698452	0	0	0	0.1	2.86179E-08	0	0	0	1.59629E-11	1.58489E-11
2.8	0.0015849	6.30957E-12	0.09890709	0.001092716	0	0	0	0.1	3.60277E-08	0	0	0	6.37924E-12	6.30958E-12

图 7.4　图 7.5.xlsx 的部分屏幕截图

268

　　给五个 A -物种和 B -物种留出 10 列(D:M)，我们为 α 值分母在第 9 行 N 列和 O 列(名为 QA 和 QB)输入公式。然后从 $C\alpha_0$ 到 $C\alpha_4$，各种 A -物种浓度设置在列 D:H，相应的 B -物种浓度设置在列 I:M。现在选择 D9:O9，双击右下角 O9，将填满整个电子表格。

　　对于 0.1 mmol/mL NH$_4$OAc 体系，我们绘制前，删除(Alt - E D，左移单元)系统不存在的 A 阴离子(F8:H149)和空格。我们重新标记"游离酸"和"单阴离子"分别为"HOAc"和"OAc$^-$"，"B 游离酸"和"单阴离子 B"分别为"NH$_4^+$"和"NH$_3$"。现在我们选择 A 列到 G 列，通过选择 Insert - Charts - Scatter 绘图。选择没有点的光滑图。对于显示的个别数据点我们有太多点。单击 Layout3 得到网格和线性趋势线，然后删除趋势线(你会发现它更适宜精确击线，如果你通过从框架角向外拖动扩展图形和点击图是最容易的)。现在让我们标记轴，点击 X 轴标题，突出"坐标轴标题"，然后键入"pH"，同样改变 Y 轴标题输入"浓度"。我们不想 pH 轴数值到达 16，但它目前是。将鼠标光标放在 X 轴的"16"附近移动，直到你看到标签"水平(值)轴"；现在，单击右键。将有一个菜单弹出，底部进入"格式轴"，点击"格式轴"，一个新的"格式轴"菜单将出现。第二排 X 轴最大值为最大值，在固定的按钮，点击进入 14。你可以保持多色图，但在本书中，我们要让它是灰色。所以我们点击菜单栏上的样式 1。

　　我们绘制的是浓度与 pH 的关系图。为了在更大范围内看到更大的浓度变化,我们需要绘制 $\lg c$ 和 pH 图,而不是计算浓度的对数,给坐标取对数是很容易的。再次慢慢地移动光标到 Y 轴附近有刻度与数字的标签,当你看到一个标签弹出,显示"垂直轴"时,你找对地方了;现在右击。点击格式轴。一个新的"格式轴"菜单将出现。在对数方框里打钩。为了避免 Y 轴标签变为坐标轴标题,我们应该都用科学计数法表示。再调整 Y 轴格式,在坐标轴格式菜单上点击次数(左窗格中的第二项)和选择科学。这个问题已经不见了。现在我们使用虚线更清楚;让我们对乙酸 HOAc 和氨 NH_3 的曲线也同样处理。在图的右边,从底部,第二行是醋酸的曲线。通过右键单击它,并在弹出菜单中选择该曲线,选择格式数据序列。当菜单出现,点击线式,点击子菜单的下拉箭头虚线型短破折号(第四项)。在图的左边缘底部的第二行重复这个过程可以得到 NH_3 曲线。

　　现在用图来描述,如图 7.5 所示,该系统的 $\lg c$ - pH 图。这表明所有物种在任何 pH 值的分布情况,斜率是 -1 的对角线是 $[H^+]$ 线,斜率是 $+1$ 的对角线是 $[OH^-]$ 线。除了在 pH 的两端,$HOAC/OAc^-$ 或 NH_4^+/NH_3 浓度比是较低的。

　　如何从图 7.5 确定 0.1 mmol/mL 醋酸铵 NH_4OAc 溶液的 pH 值? 首先,它总是很好被假设,因占主导地位的物种是自己提出的。如果我们把醋酸铵输入,让我们假设 NH_4^+ 和 OAC^- 是占主导地位的物种,那么它们必须相等。事实上,在 pH 5.5～8.5 内这些是几乎相同的,为 0.1 mmol/mL。虽然这告诉我们,NH_4OAc 在整个 pH 范围内将有良好的缓冲能力,但它并不能准确地告诉我们溶液的 pH 值是多少。$[NH_4^+]=[OAc^-]$ 时两曲线相交。如果你在这个区域放大 Y 轴刻度通过设置最小值为 0.09 和最大值为 0.1,你将能够看到交叉点的 pH 值为 7。如果你想通过设置最小值为 6 和最大值为 8 放大的 X

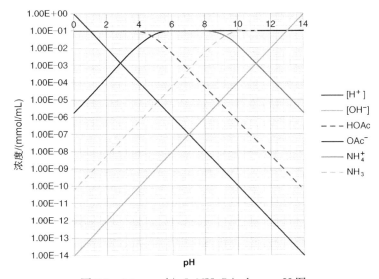

图 7.5　0.1 mmol/mL NH_4OAc $\lg c$ - pH 图

轴,你将能够看到交叉点的 pH 值也为 7.0。

作为练习,绘制 0.1 mmol/mL $(NH_4)_2HPO_4$ 的 lg c - pH 图。输入 H_3PO_4 三个相关离解常数到单元格 B2:B4,并注明 NH_4^+/NH_3 系统的浓度为 0.2 mmol/mL,改变单元格 F6(CONCB)的值为 0.2。再次假设初始物种(NH_4^+ 和 HPO_4^{2-})为优势物种。如果是这样,电荷平衡方程将是:

$$[NH_4^+] = 2\,[HPO_4^{2-}]$$

如果你绘出正确的 lg c - pH 图,你将能够验证,在 pH 8.4 时,$[NH_4^+]$ 的值是$[HPO_4^{2-}]$的两倍,也是在这个 pH 所有其他带电物种的浓度要比计量点低得多。忽略其他所有带电物种是不现实的。文本网站有相关的表格和系统的 lg c - pH 图。在 7.11 节的小程序中也提供分布图和单-四元酸的 lg 图(lg 图显示不同的酸物种,但不是$[H^+]$ 和 $[OH^-]$)。

7.17 精确的 pH 值计算器

对强酸、弱酸和碱的混合物简单的计算 pH 值的一个强大的程序见 www. phcalculation.se。该程序是从文本网站访问,并给出了详细的说明。(见代码 QR 的参考文献 15 访问的程序介绍。)应用 Newton - Raphson 法计算可使用浓度(ConcpH)或活度(ActpH)。根据德拜-休克尔方程(见第 6 章)输入浓度,离子活度系数会自动计算出来。本文作者曾与 Sig Johansson 在瑞典细化活度计算通用程序。所有物种的平衡浓度都可计算。ActpH 还计算了物种的活度系数与离子强度。这两者可操作的程序都在网站上。

该程序需要对 ConcpH 和反应物浓度输入 pK 值,包括酸和碱。此外,对于 ActpH,离子尺寸参数是必需的,从 Kielland 表,以及在第 6 章文献 9(所给 pH 计算网站上)可以获得。ActpH 是 pH 计所测量的,即 $-$lg a_{H^+}(见第 13 章)。

pH 计算网站给出了一个复杂混合物的例子:

计算 0.012 mmol/mL $(NH_4)_2LiPO_4$, 0.020 mmol/mL NaH_2PO_4, 0.013 mmol/mL K_2HAsO_4 和 0.002 1 mmol/mL NaOH 混合后溶液的 pH。

H_3PO_4:pK_1=2.15 pK_2=7.21 pK_3=12.36 H_3A=0
H_2A^-=0.020 HA^{2-}=0 A^{3-}=0.012 H_3AsO_4:pK_1=2.25
pK_2=7.00 pK_3=11.52 H_3A=0 H_2A^-=0 HA^{2-}=0.013
A^{3-}=0 MeOH=0.002 1 NH_4^+:K_b=4.76 B=0 BH^+=0.024

输入数据(如果你去文本网站,Stig Johannson 文件夹,产品 4.,你可以更容易地查看和比较这个例子,这里的插图给你一个快速的概述和显示计算器的能力):

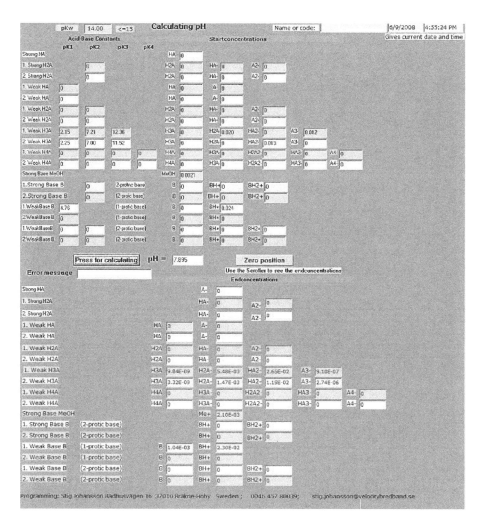

计算出的 pH 值为 7.985。同时给出了所有物种的平衡浓度。

对于同一混合物,为了计算 ActpH 必须知道以下内容。

离子的直径(d):

所有的酸离子 $d = 4$,NH_4^+ $d = 3$,Li^+ $d = 6$,Na^+ $d = 4$,K^+ $d = 3$

对于非水离子浓度:$Li^+ = 0.026$,$Na^+ = 0.022\ 1$ 和 $K^+ = 0.026$

输入给出的参数:

本程序计算了 ConcpH 和 ActpH。后者是 7.590 8,而 ConcpH 是 7.835 4.计算可以精确到 0.01 pH,因为 pH 计不能达到更高的测量精度,虽然对于 0.001 水平的 pH 值的变化大家可能会更感兴趣。请注意,所有的平衡物种的活度系数都和浓度有关,所以活度是已知的。

此程序可用于计算几乎任何混合酸和碱的 pH 值,如果 pK 值(对于 ActpH 离子尺寸参数)是已知的。用这个例子作为练习。然后试着做一个混合

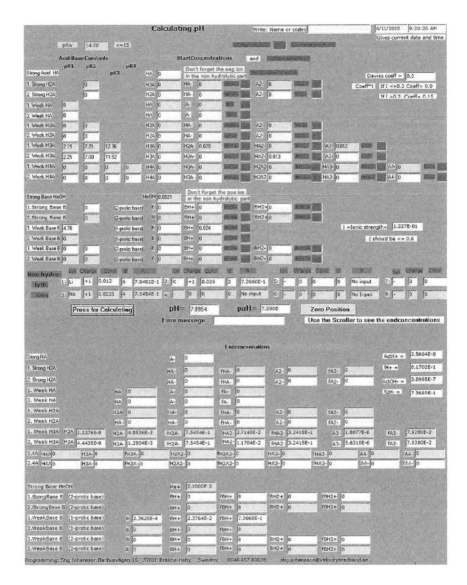

物,并计算 pH。

第二有用的程序是由 Ivano Gutz 编写的 CurTiPot, Universidad de São Paulo, Brazil：http://www2.iq.usp.br/docente/gutz/Curtipot_.html.（见代码 QR 的参考文献 16。）

它是一个强大的和非常灵活的程序,可做相同的 pH 和 paH 计算,滴定曲线,α 图,它提供：

● 计算任何水溶液中的酸、碱、盐,包括缓冲液,两性氨基酸,从单一成分到复杂成分的混合物（平衡时 30 种以上物种）的 pH；

● 缓冲容量,离子强度,分数的分布,活度和所有物种平衡时的表观离解常数。

它是一个较高级的学习曲线,实践中它提供了丰富的信息。你可以尝试使用这两个程序进行相同的计算。应该得到同样的结果。

我们也可以用 Goal Seek 寻求解决酸碱混合物的 pH。看视频中描述的 $NaOH$ 和 H_2CO_3 的混合物的相关计算。

教授典型例题

由 University of Montana 的 Michael De Grandpre 教授提供

例 7.25 海水的 pH

你知道海洋的 pH 值正在下降吗(看下页图)? 化石燃料燃烧释放出的二氧化碳一部分被海洋吸收,形成碳酸。这个过程称为"海洋酸化",海洋表面的平均 pH 值在过去约 100 年里降低了 0.1 单位。化学海洋学家已经意识到跟踪和研究海洋中的 CO_2 的重要性。在 20 世纪 80 年代开始就发展研究分析工具来做这件事,包括测量 pH 的新方法,pH 玻璃电极,pH 应用的仪器,但这些都不能足够精确记录这些小的 pH 值随时间的变化。海洋学家用一种老的但很少使用的方法,用指示剂通过分光光度法测定 pH 值。正如你可能已经猜到,导出的 pH 值的函数就是 Henderson-Hasselbalch 公式:

$$pH = pK_a' + \lg \frac{[A^-]}{[HA]}$$

pH 值被定义为总氢离子的浓度(定义和描述见参考文献 17 和 19)。pK_a' 是表面离解常数,$[A^-]$ 和 $[HA]$ 是非质子和质子形式的 pH 指示剂。提高了在和 pH 值规格一致的海水中的 CO_2 平衡的 pK_a 值的测量(见参考文献 19 和 20)。指示剂的浓度 $[A^-]$ 和 $[HA]$ 通过分光光度计记录,在相同的温度下,在纯海水(空白)的透射率为 100% 时加入少量的指示剂海水样品的信号来测量。用朗伯比尔定律可以求出 $[A^-]/[HA]$ 比值:

$$\frac{[A^-]}{[HA]} = \frac{A_2 \varepsilon_{1HA}}{A_1 \varepsilon_{2A}} \tag{7.106}$$

式中,A_i 和 ε 分别是指示剂吸光度和摩尔吸光系数,吸光度最大值为质子化的(1)和非质子化的(2)形式(见下图)。然而,对于此应用的磺酞类指示剂,这两种光谱会重叠,所以必须使用下面的方程(参考文献 20 和 21):

$$pH = pK_a' + \lg \left[\frac{A_2/A_1 - e_1}{e_2 - e_3(A_2/A_1)} \right] \tag{7.107}$$

式中,$e_1 = \varepsilon_{2HA}/\varepsilon_{1HA}$,$e_2 = \varepsilon_{2A}/\varepsilon_{1HA}$,$e_3 = \varepsilon_{1A}/\varepsilon_{1HA}$。方程(7.107)给出了可重复性的在给定温度和盐度的海水 pH 值的测量。(在最近的工作中,为了避

免其他指示剂的增加对海水 pH 值影响,测量了通过添加不同量的指示剂和
测量 pH 值为零时增加的指示剂。使用基本的流动注射技术将指示剂单一注
入流动的海水流可以获得需要的数据。)

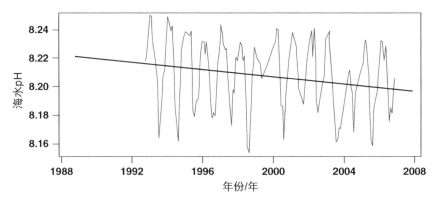

(来源:N. R. Bates/From M.D. Degrandpre. Data for plot,courtesy of Nicholas B. Bates.转载。)

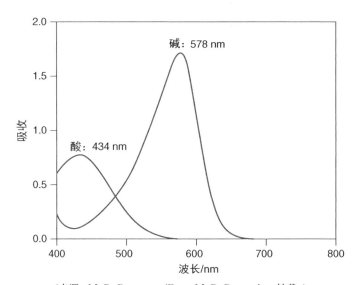

(来源:M. D. Degranpre/From M. D. Degrandpre 转载。)

例 7.26   在大西洋百慕大群岛时间序列站(BATS),从海洋表面得到的样
品是利用指示剂间甲酚紫(mCP)来分析。测定波长为 434 nm 和 578 nm,对
应于质子化和非质子化形式的吸光度最大值。在这些波长的 e_1,e_2,e_3 分别等
于 0.006 91,2.222,和 0.133 1。mCP $pK_a = 1\,245.69/T + 3.827\,5 + (2.11 \times 10^{-3})(35 - S)$,$T$ 是开尔文温度,S 是盐度(千分之几)(参考文献 20)。少量
的 mCP 加入海水样品,用紫外可见分光光度计测定吸光度发现 $A_1 = 0.389\,2$,
$A_2 = 0.852\,8$。计算海水样品的 pH 值是多少? 测量的温度是 22.3℃,盐度 = 35.16 ppt。小的影响是由于忽略了指示剂的弱酸性和对温度有依赖性的 e_i

对海水的 pH 值的影响。

解： 吸光度是 2 个物种重叠光谱的综合结果。如果在两种波长下测量，通常在两态的吸光度最大，吸光度是单个物种吸光度的总和：

$$A_2 = \varepsilon_{2HA} b[HA] + \varepsilon_{2A} b[A^-] \tag{1}$$

$$A_1 = \varepsilon_{1HA} b[HA] + \varepsilon_{1A} b[A^-] \tag{2}$$

将式(1)中[HA]代入式(2)：

$$[A^-] = \frac{A_2 \varepsilon_{1HA} - A_1 \varepsilon_{2HA}}{\varepsilon_{1HA} \varepsilon_{2A} b - \varepsilon_{2HA} \varepsilon_{1A} b}$$

同样，将式(2)中[A$^-$]代入式(1)：

$$[HA] = \frac{A_1 \varepsilon_{2A} - A_2 \varepsilon_{1A}}{\varepsilon_{1HA} \varepsilon_{2A} b - \varepsilon_{2HA} \varepsilon_{1A} b}$$

将[A$^-$]和[HA]代入 Henderson‐Hasselbalch 公式得到了上面的方程 (7.107)。

$$pH = pK_a' + \lg \left[\frac{A_2/A_1 - e_1}{e_2 - e_3(A_2/A_1)} \right]$$

$e_1 = \varepsilon_{2HA}/\varepsilon_{1HA}$，$e_2 = \varepsilon_{2A}/\varepsilon_{1HA}$，$e_3 = \varepsilon_{1A}/\varepsilon_{1HA}$。当没有重叠时 $e_1 = e_3 = 0$ 和方程简化为方程(7.106)[这用方程(7.106)和(7.107)可以直接导出，$\varepsilon_{2HA} = \varepsilon_{1A} = 0$]

$$pH = pK_a' + \lg \left[\frac{A_2 \varepsilon_{1HA}}{A_1 \varepsilon_{2A}} \right]$$

把 T 值(开尔文)和 S 代入 pK_a 方程，e_1，e_2，e_3，A_1，和 A_2 代入 pH 方程，给出了 pK_a 在这个温度和盐度是 8.043 0。从 BATS 站点计算出海水的 pH 值是 8.096 7。

思 考 题

1. 解释强电解质和弱电解质的区别。"不溶性"盐是弱电解质还是强电解质？

2. 什么是 Brønsted 酸‐碱理论？路易斯酸‐碱理论是什么？

3. 什么是共轭酸？什么是共轭碱？

4. 写出苯胺($C_6H_5NH_2$)在冰醋酸中的电离反应，确定苯胺的共轭酸。写出苯酚(C_6H_5OH)在乙烯二胺($NH_2CH_2CH_2NH_2$)中的电离反应，识别苯酚的共轭碱。

5. 什么是好的缓冲液？

---------------------------- 习　　题 ----------------------------

275

强酸强碱

6. 计算下列强酸溶液的 pH 和 pOH：(a) 0.020 mmol/mL $HClO_4$，(b) $1.3×10^{-4}$ mmol/mL HNO_3，(c) 1.2 mmol/mL HCl，(d) $1.2×10^{-9}$ mmol/mL HCl，(e) $2.4×10^{-7}$ mmol/mL HNO_3。

7. 计算下列强碱溶液的 pH 和 pOH：(a) 0.050 mmol/mL NaOH，(b) 0.14 mmol/mL $Ba(OH)_2$，(c) 2.4 mmol/mL NaOH，(d) $3.0×10^{-7}$ mmol/mL KOH，(e) $3.7×10^{-3}$ mmol/mL KOH。

8. 计算下列溶液的氢氧根离子浓度：(a) $2.6×10^{-5}$ mmol/mL HCl，(b) 0.20 mmol/mL HNO_3，(c) $2.7×10^{-9}$ mmol/mL $HClO_4$，(d) 1.9 mmol/mL $HClO_4$。

9. 用下列 pH 计算溶液中氢离子的浓度：(a) 3.47，(b) 0.20，(c) 8.60，(d) −0.60，(e) 14.35，(f) −1.25。

10. 计算 0.10 mmol/mL H_2SO_4 和 0.30 mmol/mL NaOH 等体积混合后的溶液的 pH 和 pOH。

11. 计算 pH 3.00 强酸和 pH 12.00 强碱等体积混合后的溶液的 pH。

 教授推荐问题

由 University of Puerto Rico, Rio Piedras 的 Noel Motta 教授提供

12. V_a(mL) pH 2.00 和 V_b(mL) pH 11.00 溶液混合，如果溶液是中性，请写出 V_a 和 V_b 的关系，溶液温度是 24℃。

温度效应

13. 计算 50℃的中性溶液中氢离子浓度和 pH（在 50℃ $K_w = 5.5×10^{-14}$）。

14. 计算血液样品的 pOH，在 37℃时血液样品的 pH 为 7.40。

弱酸弱碱

15. 乙酸溶液的 pH 是 3.26。乙酸溶液的浓度是多少？ 离解的酸的百分比是多少？

 教授推荐问题

由 The University of Texas at El Paso 的 Wen Yen Lee 教授提供

16. 乙酸（CH_3COOH）的 K_a 是 $1.75×10^{-5}$，K_w 是 $1.00×10^{-14}$。(a) 求醋酸根离子（CH_3COO^-）的 K_b。(b) 在 24℃，水中溶解的醋酸钠浓度为 0.1 mmol/mL 时，溶液的 pH 是多少？ 假设溶液为理想溶液。

17. 0.20 mmol/mL 胺 RNH_2 溶液的 pH 为 8.42。求胺的 pK_b。

18. 当 100 g 一元有机酸溶解于 1 L 水中时 3.5% 离解，求酸的相对分子质量。该酸的 K_a 为 $6.7×10^{-4}$。

19. 计算 0.25 mmol/mL 丙酸溶液的 pH。

20. 计算 0.10 mmol/mL 弱碱溶液苯胺的 pH。

21. 计算 0.1 mmol/mL HIO_3 溶液的 pH。

22. 硫酸的第一个质子完全离解,但第二个质子部分离解,$K_{a2} = 1.2 \times 10^{-2}$。 计算 0.010 0 mmol/mL 硫酸溶液中氢离子浓度。

23. 计算 0.100 mmol/mL 三氯乙酸溶液中氢离子浓度。

24. 胺(RNH_2),$pK_b = 4.20$。 计算 0.20 mmol/mL 该碱溶液的 pH。

25. 如果乙酸的离解度为 3.0%,求乙酸的浓度。

26. 0.100 mmol/mL 弱酸 HA 被稀释到多少才能使离解度增大一倍? 假设 $c > 100K_a$。

弱酸弱碱盐

276

27. 如果 25 mL 0.20 mmol/mL NaOH 加入 20 mL 0.25 mmol/mL 硼酸中,计算该溶液的 pH。

28. 计算 0.010 mmol/mL NaCN 溶液的 pH。

29. 计算 0.050 mmol/mL 苯甲酸钠溶液的 pH。

30. 计算 0.25 mmol/mL HCl 盐酸吡啶溶液的 pH。

31. 计算将 12.0 mL 0.25 mmol/mL H_2SO_4 加入 6.0 mL 1.0 mmol/mL NH_3 溶液中溶液的 pH。

32. 计算将 20 mL 0.10 mmol/mL HOAc 加入 20 mL 0.10 mmol/mL NaOH 溶液中溶液的 pH。

33. 将 0.10 mol 羟胺和 0.10 mol 盐酸溶于 500 mL 水中,计算溶液的 pH。

34. 计算 0.001 0 mmol/mL 水杨酸钠溶液的 pH。

35. 计算 1.0×10^{-4} mmol/mL NaCN 溶液的 pH。

多元酸碱及其盐

36. 0.010 0 mmol/mL 邻苯二甲酸溶液的 pH 是多少?

37. 0.010 0 mmol/mL 邻苯二甲酸钾溶液的 pH 是多少?

38. 0.010 0 mmol/mL 邻苯二甲酸氢钾溶液的 pH 是多少?

39. 计算 0.600 mmol/mL Na_2S 溶液的 pH。

40. 计算 0.500 mmol/mL Na_3PO_4 溶液的 pH。

41. 计算 0.250 mmol/mL $NaHCO_3$ 溶液的 pH。

42. 计算 0.600 mmol/mL NaHS 溶液的 pH。

43. 计算 0.050 mmol/mL Na_3HY 溶液的 pH。

 教授推荐问题

由 Marshall University 的 Bin Wang 教授提供

44. 判断下列溶液中那种类型占优势?

    (a) 二元酸体系(H_2X)如果(i) $pH > pK_{a2}$;(ii) $pK_{a1} < pH < pK_{a2}$;(c) $pH < pK_{a1}$?

    (b) 三元酸体系(H_3A)(i) $pH = 1/2(pK_2 + pK_3)$;(ii) $pH > pK_a$?

缓冲液

45. 计算 0.050 mmol/mL 甲酸和 0.10 mmol/mL 甲酸钠混合溶液的 pH。

46. 计算 5.0 mL 0.10 mmol/mL NH_3 和 10.0 mL 0.020 mmol/mL HCl 混合溶液的 pH。

47. pH 5 的醋酸-醋酸钠缓冲液,醋酸钠的浓度为 0.100 mmol/mL。在 100 mL 缓冲液中加入 10 mL 0.1 mmol/mL NaOH 后计算缓冲液的 pH。

48. 20 mL 0.10 mmol/mL 氢氧化钠溶液与 50 mL 0.10 mmol/mL 乙酸溶液混合,计算缓冲液的 pH。

49. 25 mL 0.050 mmol/mL 硫酸溶液与 50 mL 0.10 mmol/mL 氨水溶液混合,计算缓冲液的 pH。

50. 阿司匹林(乙酰水杨酸)是以(非电离)酸的形式被胃吸收。如果患者服用抗酸剂,调节胃内容物的 pH 为 2.95,然后服用两片阿司匹林(共 0.65 g),那么有多少克阿司匹林可被胃直接吸收? 假设立即溶解,还假设阿司匹林不改变胃内容物的 pH。阿司匹林的 pK_a 为 3.50,其相对分子质量为 180.2。

51. 三(羟甲基)氨基甲烷[$(HOCH_2)_3CNH_2$ - Tris 或 THAM]是一种弱碱经常用来制备生化缓冲液。它的 K_b 是 1.2×10^{-6} 和 pK_b 是 5.92。相应的 pK_a 为 8.08,这是接近生理缓冲液的 pH,因此在生理 pH 它具有良好的缓冲能力。需要多少克 THAM 与 100 mL 的 0.50 mmol/mL HCl 制备 1 L pH 7.40 的缓冲液?

52. 对问题 23,如果溶液中三氯醋酸钠的浓度为 0.100 mmol/mL,计算氢离子浓度。

 教授推荐问题

由 Marshall University 的 Bin Wang 教授提供

53. 在下列溶液中 (a) pH 为 3;(b) pH 为 5 用 Henderson - Hasselbalch 计算 $[C_6H_5COOH]/[C_6H_5COO^-]$,$C_6H_5COOH$ 的 pK_a 为 4.20。

多元弱酸缓冲液

54. 一个含有 0.20 mmol/mL 邻苯二甲酸和 0.10 mmol/mL 邻苯二甲酸氢钾(KHP)溶液的 pH 是多少?

55. 一个含有 0.25 mmol/mL 邻苯二甲酸和相同量邻苯二甲酸氢钾(KHP)溶液的 pH 是多少?

56. 血液样本中的总磷浓度用分光光度法测定为 3×10^{-3} mmol/mL。如果血液样品的 pH 为 7.45,血液中的 $H_2PO_4^-$ 和 HPO_4^{2-} 浓度分别是多少?

57. 一个学生称出 0.652 9 g 无水磷酸氢二钠(Na_2HPO_4)和 0.247 7 g 磷酸二氢钾磷酸钠($NaH_2PO_4H_2O$),然后将它们溶解在 100 mL 蒸馏水中。计算溶液的 pH。

缓冲强度

58. 缓冲液含有 0.10 mmol/mL NaH_2PO_4 和 0.070 mmol/mL Na_2HPO_4。缓冲强度是多少? 如果 0.010 mL 1 mmol/mL HCl 或 1 mmol/mL NaOH 加入到 10 mL 缓冲液中,pH 的变化有多少?

59. 你想制备一个 pH 4.76 的醋酸-醋酸钠缓冲液,缓冲强度是每 pH 1 mmol/mL。醋酸和醋酸钠的浓度分别是多少?

常量离子强度缓冲液

60. 要准备 200 mL pH 为 7.40 缓冲液,离子强度为 0.20(见第 6 章对离子强度的定义),需要 Na_2HPO_4 和 KH_2PO_4 各多少克?

61. 制备 pH 3,离子强度为 0.20 的缓冲液 200 mL,需要多少 mL 85%(质量分数),相对密度为 1.69 的 H_3PO_4 和多少克 KH_2PO_4?

α 值计算

62. 计算在 pH 4($[H^+] = 1 \times 10^{-4}$ mmol/mL) 时 0.010 0 mmol/mL 的亚硫酸(H_2SO_3)溶液中不同物种的平衡浓度。

63. 从式(7.75)～式(7.77)推导磷酸的 α_1, α_2 和 α_3。

多元盐效应

64. 计算包含 0.020 0 mmol/mL HCN 的 0.100 mmol/mL NaCl 溶液中氢离子浓度(不同的离子效应)。

65. 推导出不带电的弱碱 B 的相当于式(7.104)的盐效应方程。

对数浓度图

你可以使用 HOAc 电子表格的文本练习作为习题 66(电子表格的问题)的引导。为习题 69 准备一个使用 α 值的电子表格。见文本网站的 HOAc 关于 α 的对数图。

[278]

66. 构建一个 10^{-3} mmol/mL 乙酸溶液的 lg-lg 图。

67. 从习题 66 的图估计 10^{-3} mmol/mL 乙酸溶液的 pH。这一溶液中的醋酸离子浓度是多少?

68. 对于习题 66,导出酸性溶液的 $\lg[OAc^-]$ 表达和计算 pH 2 时 10^{-3} mmol/mL 醋酸溶液的乙酸浓度。与 lg-lg 图中估计的值进行比较。

69. 为 10^{-3} mmol/mL 苹果酸使用 α 值制备电子表格构建 lg-lg 图。

70. 从习题 69 的图,估计 pH 和每个物种的浓度:(a) 10^{-3} mmol/mL 苹果酸;(b) 10^{-3} mmol/mL 苹果酸钠溶液。

71. 对于习题 69,在酸性和碱性区为 HA^- 曲线导出表达式。

72. 计算公式:(a) $\lg[H_3PO_4]$pH 在 pK_{a1} 和 pK_{a2} 之间;(b) $\lg[H_2PO_4^-]$ 在 pK_{a2} 和 pK_{a3} 之间;(c) $\lg[HPO_4^{2-}]$pH 在 pK_{a2} 和 pK_{a1} 之间;(d) $\lg[PO_4^{3-}]$pH 在 pK_{a3} 和 pK_{a2} 之间,检查曲线上的代表性的点。

73. 对 0.001 mmol/mL 磷酸用 α 值构建 lg-lg 图。从电子表格 7.2(文本网站)开始,将其与文本的网站(附录 7.16 部分)图 7.16.3 比较。改变不同的磷酸浓度并观察曲线是如何变化的。

74. The Stig Johansson pH 计算器已经显示给出 NIST 标准缓冲液的 pH,在千分之几的 NIST 值 pH 单位的 pH 计算。在第 13 章中给出 NIST 的缓冲液。参考文献 15 计算 0.025 mmol/mL KH_2PO_4 和 0.025 mmol/mL Na_2HPO_4 组成的 NIST 磷酸盐缓冲液的 pH,在 50℃,与 NIST 值 6.833 比较。在 50℃ 时,$pK_w = 13.26, pK_1 = 2.25, pK_2 = 7.18, pK_3 = 12.36$,别忘了输入温度。

75. 使用 Stig Johansson pH 计算器计算习题 41 pH。

76. 使用 Stig Johansson pH 计算器计算习题 43 pH。

教授推荐问题

由 University of Kansas George S. Wilson 教授提供

77. 许多地球化学过程是由简单的化学平衡控制的。石灰岩溶洞中的钟乳石和石笋的形成,是一个很好的亨利定律的描述,如下图所示。

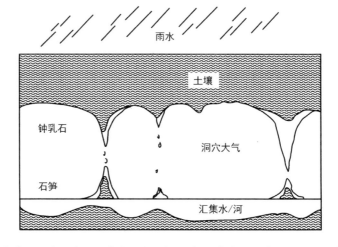

雨水

土壤

钟乳石

洞穴大气

石笋

汇集水/河

279

雨水渗入土壤。由于土壤中的微生物活动,土壤中的孔隙空间的 CO_2 气体的浓度(以大气中 CO_2 的分压表示,p_{CO_2})是 3.2×10^{-2} atm (1 atm$=10^5$ Pa),明显高于周围空气(3.9×10^{-4} atm;目前环境大气中的 CO_2 浓度以每年 2×10^{-6} atm 增加,目前的大气 CO_2 浓度见 http://CO2now.org)。水通过土壤渗滤达到平衡,称为亨利定律平衡,由亨利定律给出土壤质 p_{CO_2}:

$$[H_2CO_3] = K_H p_{CO_2}$$

式中,$[H_2CO_3]$是碳酸浓度,K_H 是亨利常数。对于 CO_2,在土壤温度为 15℃时,K_H 为 4.6×10^{-2} mol/(L·atm)。来自土壤层的二氧化碳饱和水再在石灰岩层裂缝处渗出,在那里它是饱和的碳酸钙。这种饱和碳酸钙水滴来自洞顶。由于洞穴内外昼夜温差变化,洞穴的"呼吸":在洞穴空气中的和在环境空气中的 CO_2 浓度基本相同,为 3.9×10^{-4} atm。水滴落,当在洞穴空气 p_{CO_2} 水平时又重新达到平衡,一些滴水中的钙会沉淀为碳酸钙,从而形成钟乳石和石笋。假设洞穴温度是 15℃。在这个温度下 H_2CO_3 离解常数是:$K_{a1} = 3.8 \times 10^{-7}$,$K_{a2} = 3.7 \times 10^{-11}$,$K_w$ 为 4.6×10^{-15},$CaCO_3$ 的 K_{sp}是 4.7×10^{-9}。

见文本网站(以及解决方案手册)对这个复杂问题的详细答案。网站上也给出了相应的 Goal Seek 计算。

 教授典型挑战

由 University of Puerto Rico, Rio Piedras 的 Noel Motta 教授提供

78. 以下 5 个数学表达式可以用来近似计算不同环境下的 H^+ 浓度:

(a) $\sqrt{K_a c_a}$; (b) $\dfrac{10^{-14}}{\sqrt{K_b c_b}}$; (c) $\sqrt{\dfrac{K_w K_a}{K_b}}$; (d) $\sqrt{\dfrac{c_a K_1 K_2}{K_1 + c_a}}$; (e) $\sqrt{\dfrac{c_a K_2 K_3}{K_2 + c_a}}$

下列每个盐溶液的浓度都为 0.10 mmol/mL, 选择最合适的表达式计算 $[H^+]$:
(i) K_2HPO_4 ; (ii) NH_4CN ; (iii) CH_3NH_3Cl ; (iv) Na_2CO_3 ; (v) $NaHSO_3$;
(vi) $CH_3COONH(CH_3)_3$; (vii) Na_2H_2Y (其中: $H_4Y=EDTA$, $H_4C_{10}H_{12}N_2O_8$)。

教授推荐问题

由 University of Puerto Rico, Rio Piedras 的 Noel Motta 教授提供

79. 一个给定的多元酸 H_nX 由以下部分组成(α 值)与 pH 值: 请问在下列情况下 n 分别为几?

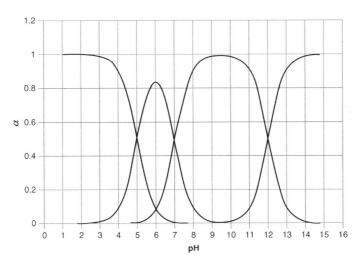

如果用 0.10 mmol/mL NaOH 滴定 15 mL 的 0.10 mmol/mL H_nX, 滴定曲线清楚地表明: (a) $V = 15$ mL 时, 只有一个对等点; (b)一个在 $V = 15$ mL 对等点, 另一个在 $V = 30$ mL; (c) 只有一个对等点 $V = 30$ mL; (d) 一个在 $V = 15$ mL 对等点, 另一个在 $V = 45$ mL; (e)一个在 $V = 15$ mL 对等点, 另一个在 $V = 30$ mL, 还有一个在 $V = 45$ mL。

参 考 文 献

酸碱理论, 缓冲液

1. R. P. Buck, S. Rondini, A. K. Covington, F. G. K Baucke, C. M. A. Brett, M. F. Camoes, M. J. T. Milton, T. Mussini, R. Naumann, K. W. Pratt, and others, "Measurement of pH. Definition, Standards, and Procedures," *Pure and Applied Chemistry*, 74 (2002) 2169. From oceanographypaper as the authoritative reference on the modern definition and measurement of pH.

2. H. Kristensen, A. Salomen, and G. Kokholm, "International pH Scales and Certification of pH," *Anal. Chem.*, 63 (1991) 885A.

3. R. G. Bates, "Concept and Determination of pH," in I. M. Kolthoff and P. J. Elving, eds., *Treatiseon Analytical Chemistry*, Part I, Vol. 1. New York: Wiley-Interscience, 1959, pp. 361 - 401.

4. N. W. Good, G. D. Winget, W. Winter, T. N. Connally, S. Izawa, and R. M. M. Singh, "Hydrogen Ion Buffers for Biological Research," *Biochemistry*, 5 (1966) 467.

5. D. E. Gueffroy, ed., *A Guide for the Preparation and Use of Buffers in Biological Systems*. LaJolla, CA: Calbiochem, 1975.

6. D. D. Perrin and B. Dempsey, *Buffers for pH and Metal Ion Control*. New York: Chapman and Hall, 1974.

平衡计算

7. S. Brewer, *Solving Problems in Analytical Chemistry*. New York: Wiley, 1980. Describesiterative approach for solving equilibrium calculations.

8. J. N. Butler, *Ionic Equilibria. A Mathematical Approach*. Reading, MA: Addison-Wesley, 1964.

9. W. B. Guenther, *Unified Equilibrium Calculations*. New York: Wiley, 1991.

10. D. D. DeFord, "The Reliability of Calculations Based on the Law of Chemical Equilibrium," *J. Chem. Ed.*, 31 (1954) 460.

11. E. R. Nightingale, "The Use of Exact Expressions in Calculating H^+ Concentrations," *J. Chem. Ed.*, 34 (1957) 277.

12. R. J. Vong and R. J. Charlson, "The Equilibrium pH of a Cloud or Raindrop: A Computer-Based Solution for a Six-Component System," *J. Chem. Ed.*, 62 (1985) 141.

13. R. deLevie, *A Spreadsheet Workbook for Quantitative Chemical Analysis*. New York: McGrawHill, 1992.

14. H. Freiser, *Concepts and Calculations in Analytical Chemistry. A Spreadsheet Approach*. BocaRaton, FL: CRC Press, 1992.

网络 pH 计算

15. www.phcalculation.se　描述了使用浓度(ConcpH)或活度(ActpH)计算强酸与弱酸以及强碱与弱碱的混合溶液的 pH 的程序。计算了所有物种的平衡浓度。后者还计算了物种的活度系数和离子强度。本教材网站转载了该程序的网站,可从那里下载这一程序。

16. www2.iq. usp. br/docente/gutz/Curtipot. html　一个计算混合酸或混合碱的 pH 或 pOH、滴定曲线和分布曲线、α 图的免费程序(由 Late Stig Johannson 提供)。可在文本网站上找到 Curtipot 程序。

海水 pH 规格

17. I. Hansson, "A New Set of pH-Scales and Standard Buffers for Seawater". *Deep-Sea*

Research 20 (1973) 479.

18. A. G. Dickon. pH Scales and Proton-Transfer Reactions in Saline Media Such as Sea Water. *Geochim. Cosmochim. Acta* 48 (1984) 2299.

19. R. E. Zeebe and D. Wolf-Gladrow, CO_2 in Seawater: Equilibrium, Kinetics, Isotopes, ElsevierScience B.V., Amsterdam, Netherlands, 2001.

20. T. D. Clayton and R. H. Byrne, "Spectrophotometric Seawater pH Measurements: TotalHydrogen Ion Concentration Scale Calibration of m-Cresol Purple and At-Sea Results," *Deep-Sea Research*, 40 (1993) 2115 – 2129.

21. M. P. Seidel, M. D. DeGrandpre, and A. G. Dickson, "A Sensor for in situ Indicator-Based Measurements of Seawater pH," *Mar. Chem.*, 109 (2008) 18 – 28.

第 8 章
酸碱滴定

第 8 章网址

学习要点
- 酸碱滴定曲线的计算
- 强酸,强碱(表 8.1)
- 强酸强碱中的电荷平衡,Goal Seek,Solver
- 电子表格计算
- 弱酸,弱碱(表 8.2)
- 弱酸强碱中的电荷平衡,Goal Seek,Solver
- 电子表格计算,弱酸-强碱
- 指示剂[主要方程式:式(8.12),式(8.13)]
- 滴定的推导,Goal Seek, Solver, website
- 缓冲强度,缓冲容量
- Na_2CO_3 的滴定
- 多元酸的滴定(表 8.3)
- 推导滴定曲线的电子表格计算,第 8.11 节(website,掌握用 Solver 求解多元酸滴定的方法),问题 52(website 通用酸滴定器)
- 氨基酸的滴定
- 含氮化合物的凯氏定氮分析,蛋白质

在第 7 章中,我们介绍了酸碱平衡的原理,这些对建立和解释酸碱滴定曲线尤其重要。在这一章中,我们会讨论各种类型的酸碱滴定反应,包括强酸、强碱、弱酸、弱碱的滴定,以及介绍各种滴定曲线。通过对指示剂理论的学习,完成特定的滴定反应的指示剂的选择。同时阐述弱酸、弱碱与两种或两种以上物质的滴定以及混合酸碱的滴定。也阐述了用于有机和生物样品中的氮元素测定的凯氏定氮法。

酸碱滴定在多个行业中都很重要。它们提供了精确的测量结果。手动滴定比较烦琐,而自动滴定仪较为常用,可以毫不费力地进行准确滴定。酸碱滴定在食品工业中用于脂肪酸含量、果汁饮料的酸度、葡萄酒的总酸量、食用油的酸值和醋中的醋酸含量的测定；也用于生物中废植物油的酸度测定，这种废植物油是柴油机生产的主要成分，废植物油必须被中和以去除游离脂肪酸，该游离脂肪酸通常用于生产肥皂而不是生物柴油。氨对水生生物毒性很大，酸碱滴定可用于水族馆氨含量的测定。另外，酸碱滴定在电镀工业中，可用于镀镍溶液中硼酸浓度的测定；在金属行业中，可用于蚀刻溶液中酸的测定；在环境领域，可用于城市污水酸碱度的测定；在石油行业，可用于发动机润滑油的酸值测定，以及乙酸乙烯酯中醋酸的测定；在制药行业，可用于胃酸中碳酸氢钠的测定。酸碱滴定可用于测定化学药品的纯度。通过测量皂化每克脂肪酸所需 KOH 的质量，用羧酸的皂化值来确定脂肪酸链在脂肪中的平均长度。

向 Metrohm AG.致敬

8.1 强酸强碱——最简单的滴定

酸碱滴定反应过程涉及中和反应，在这个反应中，酸和等当量的碱反应。通过建立滴定曲线，我们能够很容易地解释怎样识别这些滴定的终点。终点预示着反应的完成。滴定曲线是通过绘制溶液的 pH 和所加滴定剂之间的关系建立的。滴定剂通常是强酸或强碱。而分析物可能是强碱、强酸、弱酸或者弱碱。

在强碱滴定强酸过程中，标准溶液和分析物都可以作为滴定剂，因其都可以完全电离。比如盐酸和氢氧化钠的滴定：

$$H^+ + Cl^- + Na^+ + OH^- \longrightarrow H_2O + Na^+ + Cl^- \tag{8.1}$$

仅强酸强碱被用作滴定剂。

H^+ 和 OH^- 结合生成 H_2O，Na^+ 和 Cl^- 仍然未改变，因此，滴定的最终结果是把盐酸变成了 NaCl 中性溶液，如图 8.1 所示为用 0.1 mmol/mL NaOH 滴定 100 mL 0.1 mmol/mL HCl 的滴定曲线。

滴定曲线的计算涉及在滴定不同阶段的特定物种浓度下 pH 计算，使用在第 7 章提到的方法。确定该物种的浓度时，必须考虑滴定过程中体积的变化。

表 8.1 总结了滴定曲线的不同部分的方程式。我们用 f 表示用滴定剂滴定分析物的分数，如图 8.1 所示，在滴定开始（$f=0$）时，有 0.1 mmol/mL HCl，所以初始 pH 值为 1.0。当 $0 < f < 1$ 时，H^+ 部分从溶液中反应变成水，所以 H^+ 浓度逐渐降低。在中和 90%（$f=0.9$）（90 mL NaOH）时，只有 10%

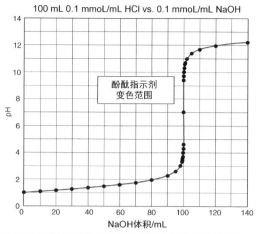

	A	B	C	D	E	F	G
1	100.00 mL of 0.1000 M HCl vs. 0.1000 M NaOH						
2	mL$_{HCl}$=	100.00	M$_{HCl}$=	0.1000			
3	M$_{NaOH}$=	0.1000	K$_w$=	1.00E−14			
4	mL$_{NaOH}$	[H$^+$]	[OH$^-$]	pOH	pH		
5	0.00	**0.1**			**1.00**		
6	10.00	0.0818182			1.09		
7	20.00	0.0666667			1.18		
8	30.00	0.0538462			1.27		
9	40.00	0.0428571			1.37		
10	50.00	0.0333333			1.48		
11	60.00	0.025			1.60		
12	70.00	0.0176471			1.75		
13	80.00	0.0111111			1.95		
14	90.00	0.0052632			2.28		
15	95.00	0.0025641			2.59		
16	98.00	0.0010101			3.00		
17	99.00	0.0005025			3.30		
18	99.20	0.0004016			3.40		
19	99.40	0.0003009			3.52		
20	99.60	0.0002004			3.70		
21	99.80	0.0001001			4.00		
22	99.90	5.003E−05			4.30		
23	99.95	2.501E−05			4.60		
24	100.00	**0.0000001**			7.00		
25	100.05		2.5E−05	4.60	9.40		
26	100.10		5E−05	4.30	9.70		
27	100.20		1E−04	4.00	10.00		
28	100.40		0.0002	3.70	10.30		
29	100.80		0.0004	3.40	10.60		
30	101.00		0.0005	3.30	10.70		
31	102.00		0.00099	3.00	11.00		
32	105.00		0.00244	2.61	11.39		
33	110.00		0.00476	2.32	11.68		
34	120.00		0.00909	2.04	11.96		
35	140.00		0.01667	1.78	12.22		
36	Formulas for cells in **boldface**:						
37	Cell B5: [H$^+$] = (mL$_{HCl}$ x M$_{HCl}$ − mL$_{NaOH}$ x M$_{NaOH}$)/(mL$_{HCl}$ + mL$_{NaOH}$)						
38	= ($B$2*$D$2−A5*$B$3)/($B$2+A5)			Copy through Cell B23			
39	Cell E5 = pH =		(−LOG10(B5))		Copy through Cell E24		
40	Cell B24 = [H$^+$] = K$_w^{1/2}$ =		SQRT(D3)				
41	Cell C25 = [OH$^-$] = (mL$_{NaOH}$ x M$_{NaOH}$ − mL$_{HCl}$ x M$_{HCl}$)/(mL$_{HCl}$ + mL$_{NaOH}$)						
42	= (A25*$B$3−$B$2*$D$2)/($B$2+A25)			Copy to end			
43	Cell D25 = pOH = −log[OH$^-$] =		(−LOG10(C25))		Copy to end		
44	Cell E25 = pH = 14 − pH =		14−D25		Copy to end		

图 8.1　用 0.1 mmol/mL NaOH 滴定 100 mL 0.1 mmol/mL HCl 的滴定曲线①

① 译者注：mL$_{HCl}$，mL$_{NaOH}$分别为 HCl，NaOH 体积；M$_{HCl}$，M$_{NaOH}$分别为 HCl，NaOH 浓度。

的 H^+ 存在。忽略体积变化,在这一点上,H^+ 浓度是 10^{-2} mmol/mL,pH 值仅上升一个 pH 单位。(如果校正由体积引起的变化,结果会稍微高些,如图 8.1 中表格所示。)然而,随着接近化学计量点,H^+ 浓度迅速降低,直至化学计量点($f=1$)。当中和完成时,中性溶液中只有 NaCl,pH 值为 7。我们继续加入 NaOH($f>1$),则 OH^- 浓度从化学计量点时的 10^{-7} mmol/mL 开始迅速增加,结果为 $10^{-2}\sim10^{-1}$ mmol/mL;然后形成 NaOH 和 NaCl 的混合溶液。因此,pH 值在化学计量点时保持相对恒定,在接近化学计量点时,它的变化非常明显。可以通过测定 pH 或者 pH 引起的这样大的变化来确定反应的完成(例如,电极的电位变化或指示剂的颜色变化)。

化学计量点是理论上反应完全的那一点。

表 8.1　强酸强碱滴定计算公式

滴定分数 f	强　酸		强　碱	
	类型	公式	类型	公式
$f=0$	HX	$[H^+]=[HX]$	BOH	$[OH^-]=[BOH]$
$0<f<1$	HX/X$^-$	$[H^+]=$［剩余 HX］	BOH/B$^+$	$[OH^-]=$［剩余 BOH］
$f=1$	X$^-$	$[H^+]=\sqrt{K_w}$ ［式(7.13)］	B+	$[H^+]=\sqrt{K_w}$ ［式(7.13)］
$f>1$	OH$^-$/X$^-$	$[OH^-]=$［过量的滴定剂］	H$^+$/B$^+$	$[H^+]=$［过量的滴定剂］

例 8.1　用 0.100 mmol/mL NaOH 滴定 50.0 mL 0.100 mmol/mL HCl,计算滴定为 0,10%,90%,100% 和 110%(化学计量点体积百分比)时的 pH 值。

继续保留使用 mmol。

解：在 0% 时：pH $=-\lg 0.100=1.00$

在 10% 时：加入 5.0 mL NaOH,初始时 H^+ 的物质的量 0.100 mmol/mL $\times$ 50.0 mL $=5.00$ mmol

加入 NaOH 后,计算 H^+ 的浓度为：

初始时 H^+ 的物质的量　　　　　　　　　　　　　$=5.00$ mmol
加入后 OH^- 的物质的量 $=0.100$ mmol/mL$\times$5.0 mL　$=0.500$ mmol
剩余 H^+ 的物质的量　　　　　　　　　　　　　$=4.50$ mmol(H^+ 在 55.0 mL 溶液中)

$$[H^+]=4.50 \text{ mmol}/55.0 \text{ mL}=0.081\,8 \text{ mmol/mL}$$
$$pH=-\lg 0.081\,8=1.09$$

在 90% 时：

初始时 H^+ 的物质的量　　　　　　　　　　　　　$=5.00$ mmol
加入后 OH^- 的物质的量 $=0.100$ mmol/mL$\times$45.0 mL　$=4.50$ mmol

284

剩余 H^+ 的物质的量 $=0.50$ mmol (H^+ 在 95.0 mL 溶液中)

$$[H^+]=0.005\ 26\ \text{mmol/mL}$$
$$pH=-\lg 0.005\ 26=2.28$$

在 100% 时:所有 H^+ 和 OH^- 反应,得到 0.050 0 mmol/mL NaCl 溶液,因此 pH 是 7.00。

在 110% 时:溶液包含 NaCl 和过量的 NaOH。

OH^- 的物质的量 $=0.100$ mmol/mL$\times 5.00$ mL$=0.50$ mmol (OH^- 在 105 mL 溶液中)

$$[OH^-]=0.004\ 76\ \text{mmol/mL}$$
$$pOH=-\lg 0.004\ 76=2.32, pH=11.68$$

值得注意的是,在化学计量点之前,酸过量,存在关系 $[H^+]=(c_{酸}\times V_{酸}-c_{碱}\times V_{碱})/V_{总}$,其中 V 是体积。可以将此用于计算$[H^+]$,如例 8.1。同样,在化学计量点后,有过量的碱,$[OH^-]=(c_{碱}\times V_{碱}-c_{酸}\times V_{酸})/V_{总}$。 值得注意的是,$V_{总}$ 是酸和碱的总体积。

突跃的大小将取决于酸的浓度和碱的浓度。不同浓度的滴定曲线如图 8.2 所示。反滴定曲线与此曲线成镜像关系。0.1 mmol/mL HCl 滴定 0.1 mmol/mL NaOH 如图 8.3 所示。指示剂的选择在下文进行讨论。

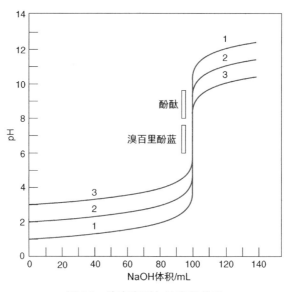

图 8.2　滴定突跃与浓度的关系

曲线 1:0.1 mmol/mL NaOH 滴定 100 mL 0.1 mmol/mL HCl;
曲线 2:0.01 mmol/mL NaOH 滴定 100 mL 0.01 mmol/mL HCl;
曲线 3:0.001 mmol/mL NaOH 滴定 100 mL 0.001 mmol/mL HCl;
化学计量点 pH 均为 7.00

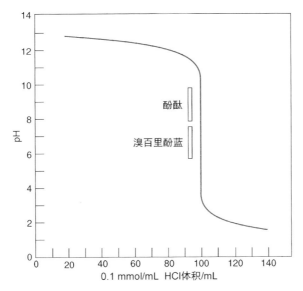

图 8.3 0.1 mmol/mL HCl 滴定 100 mL 0.1 mmol/mL
NaOH 的滴定曲线,化学计量点 pH 为 7.00

随着溶液越来越稀,指示剂的选择变得更加关键。

电子表格练习——强碱滴定强酸

做一个电子表格来构建图 8.1,在指定表格输入 HCl 的体积、浓度、NaOH 的浓度、K_w(见表格 B2,D2,B3 和 D3)。这些绝对值将被用于公式。在电子表格中,c_{H^+} 用剩余 HCl 的物质的量除以总体积得到(表格 B5 公式)。达到化学计量点时,H^+ 的浓度是 $\sqrt{K_w}$(表格 B24 公式)。在化学计量点后,c_{OH^-} 由过量的 NaOH 的物质的量除以总体积得到(表格 C25 公式)。需要注意的是公式中所用 HCl 和 NaOH 浓度,HCl 体积和 K_w 均为绝对值。我们输入公式用 [H^+] 来计算 pH(表格 E5),用 [OH^-] 计算 pOH(表格 D25),pH 也可以通过 pOH 计算得到(表格 E25)。

滴定曲线选择插入/图表/散布,以 A5:A35 为 X 轴,E5:E35 为 Y 轴来绘制,参照第 7 章电子表格练习 α 与 pH 部分,图 7.2 详细地说明了图表的制作,具体的制作过程在教科书网站第 8 章。

8.2 电荷平衡法——Excel 练习强酸与强碱的滴定

电荷平衡法被广泛地用于溶液 pH 的计算,通过单变量求解来计算滴定过程中任意化学计量点的 pH。或者借助 Excel 工具同时计算多个化学计量点的滴定。与之前的电子表格法不同的是电荷平衡法不需要借助不同的方程式,只取决于滴定分数来计算 pH($f<1$,$f=0$ 或 $f>1$),当然同一电荷平衡方程式可被反复使用。

我们重新整合一下之前考虑的问题：0.1 mmol/mL NaOH 滴定 100 mL 0.1 mmol/mL HCl。电荷平衡法作为一种通用方法解决问题的一般步骤如下：

（1）列出任意时刻溶液中存在的粒子种类，在当前这种情况下，除了 NaOH 加入之前，其余任何时间，溶液中都有：H_2O，H^+，OH^-，Na^+ 和 Cl^-。

（2）写下任何可能存在的平衡式。由于强酸强碱完全电离，这里只考虑水的电离：

$$[H^+][OH^-] = K_w$$

同时考虑到反应后的总体积，$[Cl^-]$ 在任何时刻，都代表盐酸的初始量，$[Na^+]$ 在任何时刻都代表 NaOH 的初始量。

（3）写下电荷平衡的表达式，把所有的带电粒子写在方程的左边，乘以各浓度的电荷量（在目前的情况下，这些都是1），设置正电荷和负电荷的总和为零。在目前的情况下，这相当于：

$$([Na^+] + [H^+]) - ([OH^-] + [Cl^-]) = 0 \tag{8.2}$$

（4）将所有参数转化为已知值，它可能涉及的浓度、体积（或滴定分数）、平衡常数等，或一个单一变量，通常是 H^+。初始体积为 V_A，浓度为 c_A eq/L（NaOH 和 HCl 浓度单位 mmol/mL 和 eq/L 之间没有区别）。如果加入体积为 V_B，浓度为 c_B eq/L 的碱后，根据定义滴定分数为：

$$V_B c_B = f V_A c_A \tag{8.3}$$

或者，V_B 可以表示为

$$V_B = f V_A c_A / c_B \tag{8.4}$$

在此种情况下，因 $c_A = c_B = 0.1$ eq/L，V_B 可以写作 $f V_A$，因此任何时刻的总体积（$V_A + V_B$）可以表示为：

$$V_A + V_B = V_A + f V_A = V_A(1 + f) \tag{8.5}$$

现在我们可以对氯离子的浓度进行稀释校正，从 c_A 开始，但滴定过程中因加入滴定剂而被稀释了。因此，在任何时候：

$$[Cl^-] = (V_A c_A)/(V_A + V_B) = (V_A c_A)/V_A(1 + f) = c_A/(1 + f) \tag{8.6}$$

我们也必须意识到因为反应的化学计量点，$[Na^+]$，它直接反映了 NaOH 的加入量，必须是

$$[Na^+] = f[Cl^-] = f c_A/(1 + f) \tag{8.7}$$

知道 $[OH^-] = K_w/[H^+]$，我们可以把式(8.6)和式(8.7)代入式(8.2)，得

到我们想要的等式：

$$fc_A/(1+f) + [H^+] - K_w/[H^+] - c_A/(1+f) = 0 \qquad (8.8)$$

将末项和首项合并：

$$[H^+] - K_w/[H^+] + (fc_A - c_A)/(1+f) = 0$$

可简化为更理想的等式：

$$[H^+] - \left[\frac{K_w}{[H^+]} + \frac{1-f}{1+f}c_A\right] = 0 \qquad (8.9)$$

鉴于 K_w 和 c_A 已知，$[H^+]$ 和 pH 值可以通过 f 采用 Goal Seek 计算，利用 Solver 和多个方程，可以计算方程中每个未知数。

建立一个 Excel 表（或用本网站第 8.2 节电荷平衡法求解的 HCl 与 NaOH 的电子表格程序 8.2xlsx）。在单元格 A1 写 CA，在 B1 中填 0.1 并命名为 CA；同样在 A2 中写 KW，在 B2 填 1E-14，并定义为 KW，从第 5 行开始，输入列标题 f，pH，H^+，KW/H^+ 和 Equation。在 A6 写 0，A7 中写 0.05。然后选中这两个单元格，拖动鼠标到 A30。这样让这些单元格的 f 值从 0 到 1.2，间隔 0.05。输入任何值到 B6，比如说是 0。在 C6 输 $[H^+] = 10^{-B6}$（如果我们在 B6 输入 0，应改写为 1）。在单元格 D6 输 $=KW/B6$。现在我们写出式（8.9）。我们输入：$=C6-(D6+CA*(1-A6)/(1+A6))$。记得前面用 Excel 数值解的经验吗？我们平方所有的东西同时解决多重问题的多行计算（见例 7.21）。然后我们乘以 1E10 防止过早得解。现在在单元格 E6 的最终计算如下：$=10000000000*(C6-(D6+CA*(1-A6)/(1+A6)))^2$。

现在选中单元格 E6，进行数据分析。通过改变单元格 B6，设置单元格 E6 值为 0。如果键入的是正确的，Goal Seek 会发现单元格 B6 为 1，单元格 E6 将有一个低的最佳值，大约为 0.000 5。我们可以用这种方式处理每一行的单元格 B7 到单元格 B30，以计算不同 f 下的 pH 值。我们也可以尝试一次性计算出所有行，要做到这一点，让我们选择单元格 B6:E6 并复制（Ctrl+C）。然后粘贴到同样的单元格 B7:E7（Ctrl+V，开始在 B7）。然后我们选择行 B6:E7 和拖动鼠标到 E30，填补其余的行。在单元格 E32 中输入公式 $=SUM(E6:E30)$ 把 E6 到 E30 的值都加起来。

现在，我们调用 Solver（数据/分析/Solver）。将 E32 设定为目标单元格。B6:B30 为可变单元格，我们需要给 B6:B30 单元格的允许值设置限定条件，限定它们为 0～14。使用添加按钮弹出"添加约束"对话框，点击单元格引用框选中 B6:B30，使对话框中默认的"＜="后的约束条件中输入 14，然后单击添加。在新添加约束窗口中，再次选中 B6:B30，但是这次在操作箭头点击选择"＞="，并在约束框中输入 0。点击"OK"，将返回到 Solver 的主菜单。现在点击求解选项，在精密度单元格中输入 1E-10，最大时间设置为 500s，最高迭代设置为 100 000,点击"OK",返回主菜单,然后点击"Solve"。

Solver 会打开结果窗格,并提供一些初步的(和不正确的)解。Solver 将执行多次求解任务,直至单元格 E32 的数值不再降低。接下来需要交替检查 Solver 窗格和结果窗格 4~5 次,直至单元格 E32 的数值不再降低(约 0.005 78)。Solver 在求和模式中已经发挥得淋漓尽致了,实际上除了 $f = 1.00$ 之外,其他数据均被正确解析。$f = 1.00$ 的值是独特的,因为当 $f = 1.00$ 时,$[Na^+]$ 和 $[Cl^-]$ 完全相等,电荷平衡由 $[H^+]$ 和 $[OH^-]$ 决定。显然,式(8.2)是满足的,此时 $[H^+] = [OH^-]$,pH $= 7$。然而,即使求解尝试 pH $= 6$,与其他行获得正确的解的剩余相比,$[H^+]$ 和 $[OH^-]$ 之间的差别依旧很小。结果,求解返回 pH $= 6.38$,溶液的 $f = 1$。该行可以通过自身进行检查。例如,如果我们乘以 1E20 而不是 1E10,以至于剩余值较高可以阻止过早得解,然后调用单变量求解使单元格 E26 为零,改变单元格 B26 的值,它会立刻调到 pH 为 7 的正确解。总的来说通过自身来解决确切的中和点的 pH 值的方法是可取的。

接下来可以通过突出显示单元格 A6:B30 来构建滴定曲线,点击插入/图表/散布,并选择输出"流畅的线条和标记"。滴定曲线根据某种特定比例,以 pH 的形式绘制。如果你想将图表移动到一个单独的表,可以在图表的框架上单击鼠标右键,然后依次点击移动图表/新建工作表/确定。

8.3 滴定终点的确定: 指示剂

目的是终点和化学计量点一致。

进行滴定的过程是没有什么价值的,除非我们能准确地说出酸完全中和了碱,即达到化学计量点。因此,我们希望准确测定化学计量点。观察到的反应的终点被称为滴定终点。选择测量的终点和化学计量点要一致或接近。化学计量点与终点的区别被称为滴定误差;作为测量,我们要减少误差。确定终点最明显的方法是测量滴定不同点的 pH 值,可以用一个 pH 计来测量,这会在第 13 章中讨论。

通常情况下,在溶液中加入一种指示剂,肉眼观察其颜色变化是比较方便的方法。酸碱滴定的指示剂是一种弱酸或弱碱,有明显颜色变化。电离态的颜色与非电离态的颜色有明显不同。一种形式可能是无色的,但至少一种形式必须是有色的。这些物质通常是由高度共轭的有机物组成而出现不同颜色(第 16 章)。

设想指示剂是一种弱酸 HIn,假设其非电离态是红色,电离态为蓝色:

$$\text{HIn} \Longrightarrow \text{H}^+ + \text{In}^- \qquad (8.10)$$
$$\text{(红)} \qquad\qquad \text{(蓝)}$$

我们可以写出 Henderson - Hasselbalch 方程:

$$pH = pK_{In} + lg \frac{[In^-]}{[HIn]} \tag{8.11}$$

一般情况下,如果两种形式的浓度比为 10∶1,那么肉眼只能观察到一种颜色。

指示颜色在一个 pH 值范围内变化。变色范围取决于观测浅颜色变化的能力。指示剂在两种形式下都有颜色,当仅观察到离子形式的颜色时,$[In^-]/[HIn] = 10/1$。如果摩尔吸光系数(第 16 章)如颜色强度等没有太大的不同;只有较大浓度形式的颜色能被看到。从这个信息,我们可以计算出从一个颜色到另一个颜色的 pH 值变色范围。当只能观察到非离子形式的颜色时,$[In^-]/[HIn] = 1/10$,因此,

$$pH = pK_a + lg \frac{1}{10} = pK_a - 1 \tag{8.12}$$

当只能观察到离子形式的颜色时,$[In^-]/[HIn] = 10/1$,因此,

$$pH = pK_a + lg \frac{10}{1} = pK_a + 1 \tag{8.13}$$

因此,从一个颜色变为另一个颜色 pH 值是从 $pK_a - 1$ 到 $pK_a + 1$。这时 pH 值变化为 2,大多数指示剂需要一个变色范围,约 2 个 pH 单位。在这个转变过程中,所观察到的颜色是两种颜色的混合色。

中间的过渡,这两种形式的浓度是相等的,而且 $pH = pK_a$。很明显,该指示剂的 pK_a 值应接近化学计量点附近的 pH 值。

选择指示剂的 pK_a 和化学计量点接近。

弱碱的指示剂的计算和这些类似,都揭示了相同的变色范围;pOH 中途转型等于 pK_b,pH 等于 $14 - pK_b$。因此,一个弱碱的指示剂,应选择 pH = $14 - pK_b$。发现用弱碱对应的共轭酸去处理弱碱和使用 pK_a 值很方便。

看书后的指示剂列表。

图 8.4 列举了一些常用指示剂的颜色和变色范围。在某些情况下,该范围可能会有所减小,这取决于颜色;有些颜色比其他颜色更容易观察到。如果一种指示剂颜色变浅,变色范围则更容易看到。因此,酚酞通常用作强酸-强碱滴定时的指示剂(图 8.1,滴定 0.1 mmol/mL 盐酸)。然而,在稀溶液中,酚酞落在了陡峭的滴定曲线的外面(如图 8.2 所示),此时指示剂必须使用溴百里酚蓝。类似的情况也适用于 NaOH 和 HCl 的滴定(如图 8.3 所示)。一个更完整的指示剂在附录 D.1 已列出。也可以参考 http://en.wikipedia.org/wiki/pH_indicator,它给出了指示剂对 pH 范围的颜色变化,并显示酸和碱形式的颜色。

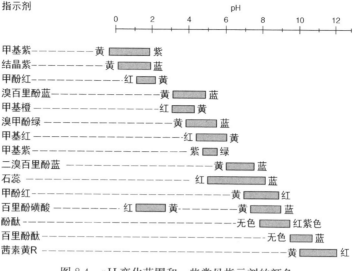

图 8.4　pH 变化范围和一些常见指示剂的颜色

指示剂是弱酸或弱碱,为避免它对 pH 值的影响,应使加入量保持最少,因此要求加入少量滴定剂就会引起颜色的变化。即,当浓度较低时颜色变化会更灵敏,因为只需要少量的酸或碱把它从一种形式转换到另一种形式。当然,溶液中必须加入足够的指示剂以容易辨别颜色。一般来说,只需加入百分之零点几(质量/体积)的指示剂,即两三滴即可。

两滴(0.1 mL)0.004 mmol/mL 的指示剂(0.1%相对分子质量为 250 的溶液)等于 0.01 mL 0.04 mmol/mL 的滴定剂。

8.4　标准酸碱溶液

盐酸通常用来作为碱滴定时的强酸滴定剂,而氢氧化钠通常是滴定酸的滴定剂。大多数金属氯化物溶解,伴随的一些副反应可能生成盐酸。这很容易处理。

这些都不是标准溶液,所以需制备近似浓度的溶液,并用酸碱溶液对其进行滴定。配制盐酸和氢氧化钠的标准滴定剂在第 2 章中已提到。

配制和标定酸和碱溶液的特殊程序见第 2 章。

8.5　弱酸与强碱——有点不太简单

100 mL 0.1 mmol/mL 醋酸滴定 0.1 mmol/mL 氢氧化钠的滴定曲线如图 8.5 所示。中和反应如下:

$$HOAc + Na^+ + OH^- \longrightarrow H_2O + Na^+ + OAc^- \tag{8.14}$$

乙酸只有百分之几离解（这和它的浓度有关），被中和生成水和盐。开始滴定前，我们有 0.1 mmol/mL 醋酸，pH 值用在第 7 章描述的弱酸时的方法计算。表 8.2 总结了滴定曲线上不同比例的方程，如第 7 章所示。一旦开始滴定，一些乙酸转化为醋酸钠，建立了一个缓冲体系。作为滴定所得，pH 值随着 $[OAc^-]/[HOAc]$ 的比值的增大缓慢增加。在滴定中点，$[OAc^-]=[HOAc]$，且 $pH = pK_a$。在化学计量点，我们得到醋酸钠溶液。因为这是 Brønsted 碱（水解），在化学计量点时 pH 为碱性。pH 值将取决于乙酸钠的浓度 [见式(7.32)和图 8.6]。浓度越大，pH 越高。当过量 NaOH 的加入导致超过化学计量点时，OAc^- 的量可以忽略不计，见式(7.23)，pH 值只取决于 OH^- 的浓度。因此，超过化学计量点后滴定曲线将和强酸的滴定一致。

对于弱酸强碱滴定或者弱碱强酸滴定，当弱酸或弱碱被滴定一半时，即半中点时，此时曲线是最平的，因为缓冲能力是最强的。

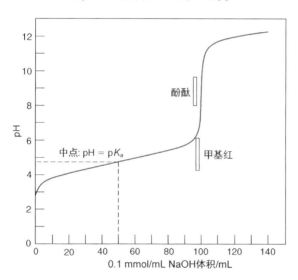

图 8.5　0.1 mmol/mL NaOH 滴定 100 mL 0.1 mmol/mL HOAc 的滴定曲线。注意化学计量点 pH 不是 7，按照式(7.32)，对于 0.05 mmol/mL NaOAc 化学计量点 pH 为 8.73

表 8.2　弱酸弱碱滴定计算公式

滴定分数 f	弱　酸		弱　碱	
	类型	公　式	反应	公　式
$f=0$	HA	$[H^+]=\sqrt{K_a \cdot c_{HA}}$ [式(7.20)]	B	$[OH^-]=\sqrt{K_b \cdot c_B}$ [式(7.8)]
$0<f<1$	HA/A$^-$	$pH = pK_a + \lg \dfrac{c_{A^-}}{c_{HA}}$ [式(7.45)]	B/BH$^+$	$pH = (pK_w - pK_b) + \lg \dfrac{c_B}{c_{BH+}}$ [式(7.58)]

(续表)

滴定分数 f	弱 酸		弱 碱	
	类型	公 式	反应	公 式
$f = 1$	A^-	$[OH^-] = \sqrt{\dfrac{K_w}{K_a} \cdot c_{A^-}}$ [式(7.32)]	BH^+	$[H^+] = \sqrt{\dfrac{K_w}{K_b} \cdot c_{BH^+}}$ [式(7.39)]
$f > 1$	OH^-/A^-	$[OH^-] = [过量的滴定剂]$	H^+/BH^+	$[H^+] = [过量的滴定剂]$

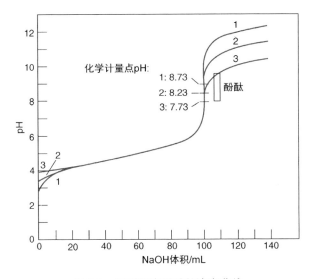

图 8.6 不同浓度弱酸的滴定曲线

曲线 1：0.1 mmol/mL NaOH 滴定 100 mL 0.1 mmol/mL HOAc；
曲线 2：0.01 mmol/mL NaOH 滴定 100 mL 0.01 mmol/mL HOAc；
曲线 3：0.001 mmol/mL NaOH 滴定 100 mL 0.001 mmol/mL HOAc

例 8.2 用 0.100 mmol/mL NaOH 去滴定 50.0 mL 0.100 mmol/mL 乙酸，计算分别消耗 0 mL，10.0 mL，25.0 mL，50.0 mL 和 60.0 mL NaOH 时溶液的 pH。

解：

在 0 mL 时，溶液中只有 0.100 mmol/mL HOAc：

$$\frac{x \times x}{0.100 - x} = 1.75 \times 10^{-5}$$

$$[H^+] = x = 1.32 \times 10^{-3} \text{ mmol/mL}$$

$$pH = 2.88$$

在 10.0 mL 时，$0.100 \text{ mmol/mL} \times 50.0 \text{ mL} = 5.00 \text{ mmol HOAc}$；部分和 OH^- 反应转化为 OAc^-：

$$初始 \text{ HOAc 物质的量} = 5.00 \text{ mmol}$$
$$加入 OH^- 物质的量 = 0.100 \text{ mmol/mL} \times 10.0 \text{ mL} = 1.00 \text{ mmol}$$
$$= 在 60.0 \text{ mL 溶液中形成的 } OAc^- 的物质的量$$
$$在 60.0 \text{ mL 溶液中剩余 HOAc 物质的量} = 4.00 \text{ mmol}$$

$$pH = pK_a + \lg \frac{[OAc^-]}{[HOAc]}$$

$$pH = 4.76 + \lg \frac{1.00}{4.00} = 4.16$$

我们得到的缓冲液，因为体积消掉了。

物质的量单位继续用 mmol。

在 25.0 mL 时，有一半 HOAc 转化成 OAc^-，因此 $pH = pK_a$：

$$初始 \text{ HOAc 物质的量} = 5.00 \text{ mmol}$$
$$OH^- 物质的量 = 0.100 \text{ mmol/mL} \times 25.0 \text{ mL}$$
$$= 2.50 \text{ mmol } OAc^- 形成的$$
$$剩余 \text{ HOAc 物质的量} = 2.50 \text{ mmol}$$

$$pH = 4.76 + \lg \frac{2.50}{2.50} = 4.76$$

50.0 mL 时，所有 HOAc 转化为 OAc^-（5.00 mmol 在 100 mL 中，或 0.050 0 mmol/mL）：

$$[OH^-] = \sqrt{\frac{K_w}{K_a}[OAc^-]}$$

$$= \sqrt{\frac{1.0 \times 10^{-14}}{1.75 \times 10^{-5}} \times 0.050\ 0} = 5.35 \times 10^{-6} \text{ (mmol/mL)}$$

$$pOH = 5.27 \quad pH = 8.73$$

在 60.0 mL 时，我们得到 NaOAc 溶液和过量的 NaOH，过量 NaOH 加入，OAc^- 的水解可以忽略不计，见式(7.23)，pH 值只取决于 OH^- 的浓度。

$$110 \text{ mL 溶液中 } OH^- 物质的量 = 0.100 \text{ mmol/mL} \times 10.0 \text{ mL} = 1.00 \text{ mmol}$$
$$[OH^-] = 0.009\ 09 \text{ mmol/mL}$$
$$pOH = 2.04；pH = 11.96$$

在化学计量点之前，缓慢上升的区域称为缓冲区。它在中点时是很平坦的,即此处$[OAc^-]/[HOAc]$为 1 个单位(见缓冲和缓冲能力,第 7.8 节),$pH = pK_a$时缓冲强度是最大的,缓冲能力取决于 HOAc 和 OAc^-的浓度,随着浓度增加,缓冲能力增大。换句话说,在 pK_a两边的平坦部分的距离会随着$[HOAc]$和$[OAc^-]$增加而增加。pH 值偏离酸 pK_a的一侧,缓冲区将可以承受更多的碱,但会承受更少的酸;与 $pH = pK_a$相比,加入少量的碱,pH 值的改变会变大,因为曲线是不平坦的,所以,缓冲强度在 $pH = pK_a$时最大。相反,pK_a的碱性一侧,可以承受更多的酸和少量的碱。见第 7 章讨论缓冲区强度和缓冲容量。

见第 7.8 节缓冲能力的定量描述。

你可能已经注意到,与弱酸滴定相比,强酸强碱滴定(图 8.1 和图 8.2)对应的区域是非常平坦的。在这方面,加入 H^+或 OH^-后引起 pH 变化,强酸或强碱溶液比缓冲体系更能承受 pH 变化。事实上,高浓度的强酸和强碱是非常好的缓冲液。问题是,它们被限制在一个很窄的 pH 范围内,要么酸性很强,要么碱性很强,尤其是如果酸或碱浓度足够大,则可以对抗 pH 值的变化。这些都是很少有实用价值的区域。此外,稀释后的强酸和碱溶液 pH 变化比缓冲液弱。因此,我们通常使用弱酸或弱碱及其相应的盐作为缓冲液。这可使所需 pH 值落在希望的区域中。通常,一个缓冲液仅在指定的 pH 值使用,并且没有多余的酸或碱加入。可以更容易地获得期望的 pH,并且与使用强酸或强碱相比其对常规缓冲液的变化不太敏感。

强酸实际上是很好的缓冲液,除非它变稀。

滴定弱酸时,指示剂的变色范围必须落在 pH 7～10(图 8.5),酚酞刚好适合。如果指示剂使用甲基红,它将在滴定开始后不久,改变颜色,并逐渐从碱性色改变至酸性色(pH 6),甚至在达到化学计量点之前就完成变色了。

弱酸滴定要求仔细选择指示剂。

滴定曲线的形状和化学计量点 pH 值与浓度的关系如图 8.6 所示。显然,溶液稀释为 10^{-3} mmol/mL,酚酞不能作为指示剂(曲线 3)。请注意,当弱酸性体系变稀(不发生在强酸性体系)时,化学计量点的 pH 值会降低。

电子表格练习——弱酸强碱滴定

我们将对强酸强碱的滴定 the Spreadsheet 8.2.xlsx 进行修改以应用于强碱弱酸的滴定,如 0.05 mmol/mL 醋酸和 0.05 mmol/mL NaOH。我们需要定义乙酸的离解常数 K_a,在这个问题中,与盐酸不同,醋酸不完全电离,因此,c_A代表 HOAc 和 OAc^-浓度的总和。

过程同前:

(1) 存在的物种形式:H_2O,HOAc,H^+,OH^-,Na^+和 OAc^-。

(2) 平衡可表达为:

$$[H^+][OH^-] = K_w$$

$$\frac{[H^+][OAc^-]}{[HOAc]} = K_a$$

对游离的物种组分的表达,如第 7 章所述(第 7.11 节)可以算出 α 值。特别是,我们对乙酸根离子的浓度感兴趣:

$$[OAc^-] = \alpha_1 c_A$$

这里 $\alpha_1 = \dfrac{K_a}{K_a + [H^+]}$。

考虑到总体积,我们知道 $[Cl^-]$ 在任何点都代表初始量的 HCl,同样地,$[Na^+]$ 在任何点都代表 NaOH 的初始量。

(3) 电荷平衡表达式可表示为:

$$([Na^+] + [H^+]) - ([OH^-] + [OAc^-]) = 0 \qquad (8.15)$$

(4) 考虑稀释,我们得到:

$$[OAc^-] = \alpha_1 c_A V_A / (V_A + V_B) \qquad (8.16)$$

代入式(8.4),式(8.16)简化为:

$$[OAc^-] = \alpha_1 c_A / (1 + f c_A / c_B) \qquad (8.17)$$

因为这种情况下 $c_A = c_B$,可继续简化为:

$$[OAc^-] = \alpha_1 c_A / (1 + f) \qquad (8.18)$$

如在例 8.2 中,式(8.7)所示

$$[Na^+] = f c_A / (1 + f)$$

我们知道 $[OH^-] = K_w / [H^+]$,现在我们可以把式(8.7)和式(8.18)代入到式(8.15),写出我们所需的方程:

$$f c_A / (1 + f) + [H^+] - K_w / [H^+] - c_A \frac{K_a}{(K_a + [H^+])(1 + f)} = 0 \quad (8.19)$$

建立一个 Excel 表(或修改 the Spreadsheet 8.2.xlsx)。(在网站上看第 8.5 节。HOAc - NaOH 的表格。)此外,CA 和 KW 已指定的名称,KA 在单元格 A3,1.75E-5 在单元格 B3,改变 CA 值为 0.05。从第 5 行开始,输入列标题 F,pH,H⁺,Na⁺,KW/H⁺,OAc⁻ 和 Equation。你可以使用现有的电子表格,把你的光标放在 D,先用 Alt-I,后点 C,插入新列,$[Na^+]$ 作为列标题和类别在 A6 输入式(8.7),=A6 * CA/(1+A6),把光标放在 F 列,再创建新列,标题为 $[OAc^-]$ 进入单元格 F6 输入式(8.18)就像式(8.19)中提供的:=KA * CA/((KA+C6) * (1+A6))。最后在单元格 G6 中,输入电荷平衡式,在平方前先乘以 1E10：＝1E10＊(C6＋D6－E6－F6)^2。

让我们更具信心，并用更高的分辨率进行这个滴定，删除 6 行以下的数据。让我们先检查一下，我们是否正确地设置了公式/表达式。所以我们用 Goal Seek 解决 pH 值，如果一切都对，pH 值将是 3.03，偏差小于 0.001。然而，这表明偏差可能变得太小，以致 Solver 到达先前的解。让我们回到单元格 G6，又乘数 1E15 代替 1E10，我们可以用 Goal Seek 计算，但已经没必要。

我们用 $f = 0.01$ 解决这个问题，所以我们在 A7 输入 0.01，选择单元格 A6 和 A7，拖动右下角到 126(f 值为 1.2)。现在我们复制 B6:G6 粘贴到 B7:G7。选择 B6:G7 拖动右下角来填补其余的表格。在单元格 G128，求 G6:G126 加和。

我们现在使用的是 Solver，添加约束条件 B6:B126>=0 和 B6:B126<= 14，试图通过改变 B6:B126 以减少 G128 的值。总之，我们正试图同时解决 120 个方程组！在 4 或 5 个周期解达到 G128，不会进一步变化(～49 553)。如果仔细看一下 G 列中的值，会发现 $f=1$ 有非常大的用途。再者，这个特殊的行需要通过自己来解决问题得到正确的解(原始值 8.22 将变为 8.58)。请注意，在公式中没有变化是必要的，当试图获得一个准确的 $f=1$ 的解，而不是使用所有的方程组合在一起，你可以使用 Solver，通过改变 B106，设置 G106 的最小值，一定要删除适用于 B6:B126 的约束条件。你可以得到只适用于 B106 的限制条件。在一般情况下，如果不指定一个约束条件，它也可以起作用。既然要解决一个单一的参数，你当然可以使用 Goal Seek。

再次选中 A6:B126，你可以做一个计算表，点击插入/图表/散射和选择绘制"流畅的线条和标记"(右上)。以 pH 值作为滴定分数的一个功能制作滴定曲线。

图 8.7 显示 0.1 mmol/mL NaOH 滴定 100 mL 0.1 mmol/mL 不同的 K_a

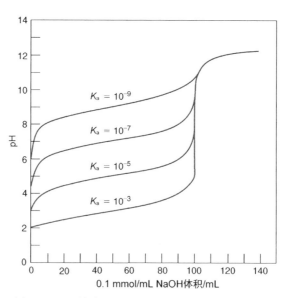

图 8.7 0.1 mmol/mL NaOH 滴定 100 mL 0.1 mmol/mL 不同 K_a 的弱酸的滴定曲线

值的弱酸的滴定曲线。终点的敏锐度随着 K_a 的减小而降低。如图 8.6 所示，当浓度降低时，其敏锐度也会降低。一般来说，采用视觉指示剂，浓度较大且（约 0.1 mmol/mL）K_a 值为 10^{-6} 的酸可被准确滴定。用合适的颜色进行对比，甚至那些 K_a 值接近 10^{-8} 的酸也可以精确滴定。通过绘制滴定曲线，很弱的酸可用酸度计得到更精确的结果。

教授最喜欢的挑战：在文本的网站，你可以在图 8.7 中以不同的 K_a 值生成不同的曲线来修改 8.5.xlsx 吗？

8.6　弱碱强酸滴定

一个弱碱和一个强酸的滴定完全类似于上述情况，但滴定曲线和弱酸与强碱滴定曲线相反。用 0.1 mmol/mL 盐酸滴定 100 mL 0.1 mmol/mL 氨的滴定曲线如图 8.8 所示。中和反应

$$NH_3 + H^+ + Cl^- \longrightarrow NH_4^+ + Cl^- \tag{8.20}$$

在滴定开始，有 0.1 mmol/mL 的 NH_3，pH 的计算如第 7 章描述的弱碱计算一样，见表 8.2。加入一些酸，一些 NH_3 转化为 NH_4^+，就会处于缓冲区域。在滴定中点，$[NH_4^+]=[NH_3]$，pH 值等于（14−pK_b）或 NH_4^+ 的 pK_a。在化学计量点时，我们得到 NH_4Cl 溶液，弱 Brønsted 酸水解为酸溶液。同样，pH 值将取决于浓度：浓度越大，pH 值越低，见式（7.39）。除了化学计量点，自由的氢离子会抑制电离[见式（7.33）]，pH 值也由加入的过量氢离子决定。因此，过了化学计量点后滴定曲线将和强碱的滴定一致（图 8.3）。因为氨水的 K_b 恰好等于乙酸的 K_a，氨对强酸的滴定曲线与醋酸对强碱的滴定曲线成镜像关系。

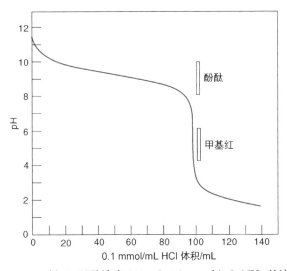

图 8.8　0.1 mmol/mL HCl 滴定 100 mL 0.1 mmol/mL NH_3 的滴定曲线

图 8.8 中的滴定指示剂必须在 pH 4~7。甲基红符合这一要求,如图 8.8 所示。如果用酚酞作指示剂,它会在化学计量点到达前,pH 8~10 逐渐失去颜色。

不同浓度的 NH_3 与不同浓度的盐酸的滴定曲线将与图 8.6 中的曲线成镜像。甲基红不能用作稀溶液的指示剂。对于不同 K_b 值的弱碱(100 mL, 0.1 mmol/mL)和 0.1 mmol/mL HCl 的滴定曲线如图 8.9 所示。在涉及大的浓度滴定(约 0.1 mmol/mL)时,使用视觉指示剂可以准确滴定 K_b 为 10^{-6} 的弱碱。

教授最喜欢的挑战:你能使用 8.5.xlsx 电子表格的方法得到图 8.9 吗?参考网站图 8.9 电子表格的解法。

297

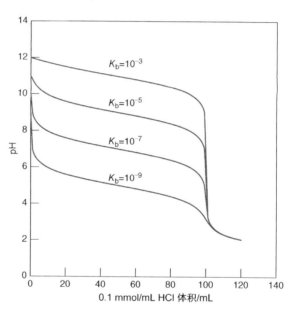

图 8.9 0.1 mmol/mL HCl 滴定 100 mL 0.1 mmol/mL 不同 K_a 的弱碱的滴定曲线

8.7 碳酸钠的滴定——二元碱

碳酸钠是 Brønsted 碱,它是一级标准物质,被用于标定强酸。它存在两步水解:

$$CO_3^{2-} + H_2O \Longrightarrow HCO_3^- + OH^- \qquad K_{H1} = K_{b1} = \frac{K_w}{K_{a2}} = 2.1 \times 10^{-4}$$

$$\tag{8.21}$$

$$HCO_3^- + H_2O \Longrightarrow CO_2 + H_2O + OH^- \qquad K_{H2} = K_{b2} = \frac{K_w}{K_{a1}} = 2.3 \times 10^{-8}$$

$$\tag{8.22}$$

式中，K_{a1} 和 K_{a2} 涉及 H_2CO_3 的 K_a 值；HCO_3^- 是 CO_3^{2-} 的共轭酸，H_2CO_3 是 HCO_3^- 的共轭酸；K_b 值的计算和第 7 章描述弱酸和碱盐的计算一样（即 $K_aK_b = K_w$）。

碳酸钠滴定终点为 HCO_3^- 和 CO_2 对应的质子[碳酸，H_2CO_3，在酸性溶液中生成 CO_2（H_2CO_3 的酸酐）和 H_2O]。K_b 值至少相差 10^4 才能得到良好地分离。

碳酸钠与盐酸的滴定曲线如图 8.10 所示（实线）。虽然 K_{b1} 远远大于 10^{-6}，第一化学计量点之后形成 CO_2，pH 突跃降低，第二个终点不是特别锐利，可能是因为 K_{b2} 小于 10^{-6}。幸运的是，这一终点可以变尖，因为 HCO_3 中和生成 CO_2，CO_2 经煮沸可脱离溶液，正如下文的描述。

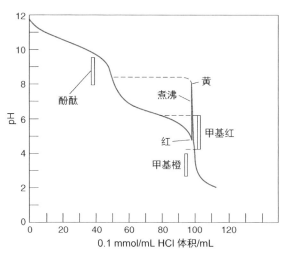

图 8.10　0.1 mmol/mL HCl 滴定 50 mL 0.1 mmol/mL Na_2CO_3 的
滴定曲线。实线代表已经煮沸除去 CO_2 的滴定曲线

在滴定开始时，pH 值是由 Brønsted 碱 CO_3^{2-} 的水解决定的。滴定开始后，CO_3^{2-} 部分转化为 HCO_3^-，CO_3^{2-}/HCO_3^- 缓冲体系建立。在第一个化学计量点，还有 HCO_3^- 溶液，$[H^+] \approx \sqrt{K_{a1}K_{a2}}$。在第一个化学计量点之后，$HCO_3^-$ 部分转化为 H_2CO_3（CO_2）建立了第二个缓冲区，pH 由 $[HCO_3^-]/[CO_2]$ 决定。第二个化学计量点由弱酸性二氧化碳的浓度决定。

煮沸溶液以除去 CO_2，HCO_3^- 的 pH 为 8.73，在未煮沸的情况下，对于 0.033 mmol/mL CO_2 第二个化学计量点处的 pH 为 3.92，沸腾后为 7(NaCl)。

酚酞用来检测第一终点，甲基橙用于检测第二个终点。然而，无论终点是否尖锐。在实践中，酚酞终点仅用于获得一个近似第二终点的地方。超出第一终点酚酞无色，也不干扰。第二化学计量点常用于准确滴定，但用甲基橙指示终点通常不是很准确，因为甲基橙的颜色渐变。这是由在第一终点后 HCO_3^-/CO_2 缓冲体系的 pH 逐渐降低引起的。

超出第一个化学计量点,加入 HCl 后,煮沸从溶液中除去 CO_2,HCO_3^-/CO_2 缓冲系统将被移除,只留下 HCO_3^- 在溶液中。这即是弱酸也是弱碱,它的 pH(≈ 8.3)是独立的($[H^+] = \sqrt{K_{a1}K_{a2}}$ 或 $[OH^-] = \sqrt{K_{b1}K_{b2}}$,见第 7 章)。实质上,pH 将保持基本不变,直到化学计量点,当溶液中剩余水和氯化钠时,溶液为中性(pH=7)。滴定曲线如图 8.10 虚线所示。

图 8.10 所示的程序可以被用来锐化终点。甲基红作为指示剂,滴定一直持续,直到从黄色到橙色再到明确的红色。这将发生在化学计量点之前。颜色的变化是逐渐的。颜色将从 pH 约为 6.3 处时开始变化,刚好是在化学计量点之前。此时,停止滴定,轻轻煮沸清除二氧化碳。现在溶液应该转化为黄色,因为我们只有稀的 HCO_3^- 溶液。溶液冷却,继续滴定直到颜色为红色。这里的化学计量点并不是在 pH 为 7 的时候发生的。因为在滴定煮沸后还有少量的 HCO_3^-。也就是说,在滴定的剩余部分中,仍有轻微的缓冲作用,而稀释的二氧化碳仍将留在化学计量点处。

溴甲酚绿可以与甲基红以类似的方式使用。其 pH 变色范围为 $3.8\sim5.4$,颜色由蓝变绿再变黄(实验 8)。类似地,还可使用甲基紫(实验 21)。

给甲基橙加入蓝色染料二甲苯蓝 FF 可以用作指示剂(不沸腾)。这种混合物被称为改性的甲基橙。蓝色是 pH 约为 2.8 的甲基橙橙色的补充。这在化学计量点给人一种灰色,其中变色的范围小于甲基橙。这样会有一个更清晰的终点。但它仍没有甲基红的终点敏锐清晰。邻苯二甲酸氢钾溶液的 pH 接近 4,甲基橙可以用作它的指示剂。

8.8　用电子表格完成碳酸钠-HCl 滴定

我们可以用 Solver 来构建图 8.10 中的滴定曲线。正如前文所述,弱碱可以用数学的方法来处理它们的共轭酸的值。碳酸钠是一种碳酸盐,在第 7.11 节中,我们已经学会了计算 α_1 和 α_2 的值。100 mL 0.1 mmol/mL Na_2CO_3 和 HCl 的滴定,我们可以考虑 $f=1$ 为 1 mol HCl 加入到 Na_2CO_3 溶液(溶液成分为 $NaHCO_3$ 和 NaCl),$f=2$ 时,它已经被完全中和。

过程跟之前一样,任何一点的电荷平衡如下式所示:

$$[Na^+] + [H^+] - [OH^-] - [HCO_3^-] - 2[CO_3^{2-}] - [Cl^-] = 0 \quad (8.23)$$

初始浓度的碳酸盐物种(包括 H_2CO_3,HCO_3^-,CO_3^{2-} 通常表示为 c_T)是 0.1 mmol/mL,在任何时刻,c_T 都可以表示为 $c_T = 0.1/(1+f)$。HCO_3^- 和 CO_3^{2-} 的浓度分别给出为 $\alpha_1 c_T$ 和 $\alpha_2 c_T$,其中 α_1 是 $K_{a1}[H^+]/Q$,α_2 是 $K_{a1}K_{a2}[H^+]/Q$,Q 为(见第 7.11 节):

$$Q = [H^+]^2 + K_{a1}[H^+] + K_{a1}K_{a2}$$

氯离子的浓度在任何一点就是 fc_T，钠的浓度 $[Na^+]$ 可以表示为 $2c_T$。

创建一个表格 8.9.xlsx（自己做，如果你需要帮助，可参考本书的网站图 8.10）。定义和命名 CTIN（c_T 的初始值，0.1），KAA（K_{a1}，4.3×10^{-7}），KAB（K_{a2}，4.8×10^{-11}），KW。使下列标题在该行从 A6 开始输入：**F，pH，[H+]，Q，CT，[HCO3−]，[CO32−]，[Na+]，[Cl−]，[OH−]** 和 **Equation**。

在单元格 A7 和 A8 分别输入 0 和 0.02，然后选中并向下拖动到 A117，到 f 值为 2.2，在单元格 B7 插入初始 pH 值（例如，12，碳酸钠是碱性的），在单元格 C7 输入计算 $[H^+]$ 的公式 pH＝10^−B7。在单元格 D7 中输入 Q 的表达：C7^2＋KAA＊C7＋KAA＊KAB。在单元格 E7 输入 CT 稀释纠正表达式：＝CT/(1＋A7)。对于 $[HCO_3^-]$ 在单元格 F7 输入稀释校正表达式 $C_T\alpha_1$，＝E7＊KAA＊C7/D7。对于 $[CO_3^{2-}]$ 在单元格 G7 输入 $C_T\alpha_2$，＝E7＊KAA＊KAB/D7。在单元格 H7，$[Na^+]$ 是 $2c_T$，输入：＝2＊E7。在单元格 I7，$[Cl^-]$ 是 fc_T，表达为＝A7＊E7；在单元格 J7，$[OH^-]$ 有通常的表达，$K_w/[H^+]$ 输入＝KW/C7。方程（单元格 K7）简单地设置为电荷平衡式的表达。式 (8.23) 平方后乘以 10^{10}。检查都是通过调用 Solver，通过改变 B7 减小单元格 K7；单元格 B7 应该收敛到 pH 为 11.65。现在像以前我们选择 B7:K7 一样，复制并粘贴到单元格 B8:K8。然后我们选择 B7:K8，从 K8 右下角拖动到 117 行。解决所有方程的总和，单独解决 $f=2$（107 行）。然后像以前一样在单元格 K119 求加和 B7:B119，通过改变 B7:B117 以减小单元格 K119。

现在可以模拟计算，我们煮沸消除二氧化碳第一个终点达到后发生了什么情况？考虑到 $f=1$，这个过程是

$$Na_2CO_3 + HCl \longrightarrow NaHCO_3 + NaCl \qquad (8.24)$$

进一步加盐酸形成 H_2CO_3，分解为 H_2O 和 CO_2，加热时后者被移除。

$$NaHCO_3 + HCl \longrightarrow H_2O + CO_2 \uparrow + NaCl \qquad (8.25)$$

从数学上说，这种二氧化碳的损失只不过是相同数量 c_T 的减少。考虑到这一点，你会发现，形成的 H_2CO_3［因此按式 (8.25) 损失］是氯离子浓度减去钠浓度的一半。直到 $f=1$（当达到 $[Cl^-]=\dfrac{1}{2}[Na^+]$），根据式 (8.25) 可知不会再生成 H_2CO_3。

为了计算，我们复制单元格 A57:K117 粘贴到 M57:W117。复制 A6:K6 的标题到 M6:W6。记得我们有 $[Na^+]$ 和 $[Cl^-]$ 表达式（Q 栏）。如果改变计算 c_T 的方法，然后 $[Na^+]$ 和 $[Cl^-]$ 的值也会发生改变；我们不想有这样的情况发生。所以在 T 和 U 列改变 $[Na^+]$ 和 $[Cl^-]$ 的定义的 c_T 值，在 E 列前计算，不会改变任何现有 Q 的 c_T 值。现在 T57 输入＝2＊Q57 改为＝2＊E57。同样 U57 输入＝M57＊Q57 改为＝M57＊E57。然后选择这两个单元格，双击 U57 右下角填写下面的行。现在可以修改 Q57 中 c_T 的表达。它为＝CTIN/(1＋M57)，改为

=CTIN/(1＋M57)－(U57－T57/2)。这是 c_T 初始值减去氯和钠的一半的差值。通过双击右边 Q57 的右下角,改变 Q 列的剩余部分。继续在 W119 求加和值,通过最小化 W119 解决 N57:N117。再一次需要自己解决的是 $f = 2$ 的值。

通过选择 A7:B117 作图,单击插入/图表/散射和选择"分散线条平滑"(左中)作图。以滴定残留的 pH 值为函数作滴定曲线图。右键点击图,点击选择的数据,然后选择系列 1(它将被选中),并点击编辑。在"系列名称"框中,输入"原始",再单击"确定"。点击"添加"时的编辑系列对话框打开,该系列命名为"移除的二氧化碳"。X -数据,选择 M57:M117;Y -数据,选择 N57:N117。两次点击确定后,得到图,与图 8.10 完全一样。你可以右键点击"蒸发",选择"轮廓"(从下拉菜单栏左侧选择第二个),选择破折号和变化的痕迹为虚线样式。在滴定完成一半的任意点,实线(蓝线)代表 pH 值,如果通过煮沸去除 CO_2,pH 值如虚线所示,X 值不变。

300 8.9　多元酸滴定

二元酸可像碳酸钠那样被逐步滴定。为了第一个电离获得好的终点滴定,K_{a1} 应该至少等于 $10^4 \times K_{a2}$。如果对于一个成功的滴定,K_{a2} 规定为 $10^{-7} \sim 10^{-8}$ 完成第二个滴定。三元酸(例如 H_3PO_4)可类似滴定,但对于获得的第三个滴定终点来说,K_{a3} 通常太小。图 8.11 为二元酸 H_2A 的滴定曲线,表 8.3 总结了滴定曲线的不同部分的方程。如果溶液不太稀(见第 7 章多元酸的讨论),$[H^+]$ 在滴定开始时的 pH 值由第一个质子电离所决定。如果 K_{a1} 不够大,与酸的分析浓度相比,可忽略,近似方程可以用来计算 $[H^+]$。否则二次式必须被用来求解,式(7.20),见例 7.17。

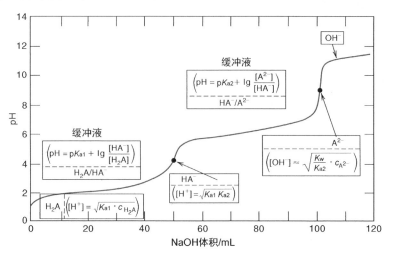

图 8.11　用 NaOH 滴定二元酸 H_2A

表 8.3 二元酸滴定(H_2A)计算公式

滴定分数 f	类 型	公 式
$f=0$（0%）	H_2A	$[H^+] \approx \sqrt{K_{a1} c_{H_2A}}$ （例 7.7） 或式（7.20），例 7.17，二次方程，近似强酸
$0 < f < 1$（0～100%）	H_2A/HA^-	$pH = pK_{a1} + \lg \dfrac{c_{HA^-}}{c_{H_2A}}$ ［式（7.45）］ 或 $c_{HA^-} + [H^+]$ 和 $c_{H_2A} - [H^+]$，强酸
$f=1$（100%）（第一个化学计量点）	HA^-	$[H^+] \approx \sqrt{K_{a1} K_{a2}}$ ［式（7.84）］ 或式（7.83），H_2A 近似强酸
$1 < f < 2$（100%～200%）	HA^-/A^{2-}	$pH = pK_{a2} + \lg \dfrac{c_{A^{2-}}}{c_{HA^-}}$ ［式（7.45），例 7.16，例 7.24］
$f=2$（200%）第二个化学计量点	A^{2-}	$[OH^-] \approx \sqrt{\dfrac{K_w}{K_{A2}} c_{A^{2-}}}$ ［式（7.32）］ 或式（7.29），例 7.20，二次方程，A^{2-} 近似强碱
$f > 2$（>200%）	OH^-/A^{2-}	$[OH^-] = $［过量的滴定剂］

　　滴定至第一个化学计量点时，HA^-/H_2A 缓冲区建立。在第一个化学计量点，HA 溶液存在，且 $[H^+] \approx \sqrt{K_{a1}K_{a2}}$。除了这一点外，存在一个 A^{2-}/HA^- 缓冲液；最后在第二个化学计量点，pH 值由 A^{2-} 水解决定。如果盐 A^{2-} 不是太强的碱，然后近似方程可用于计算 $[OH^-]$。否则，必须用二次方程（7.29）的例 7.20 求解。图 8.11 和表 8.3 说明了滴定曲线的每个部分所存在的物种。如前所述，如果 K_{a1} 或 $K_{b1}(=K_w/K_{a1})$ 相当大，我们可以不作出简化假设，滴定开始或在第二个化学计量点必须用二次方程。在实际中，很少有二元酸不是这种情况。此外，如果 K_{a1} 相当大（例如，铬酸，$K_{a1}=0.18$，$K_{a2}=3.2 \times 10^{-7}$），Henderson - Hasselbalch 方程不能被用于第一缓冲区的计算，因为假设推导时，K_{a1} 表达式由 H_2A 或 HA^- 电离或水解出的 H^+ 或 OH^- 与 H_2A 或 HA^- 的浓度相比，可以忽略。对于一个强酸，我们可以写成

$$H_2A \rightleftharpoons H^+ + HA^-$$

和
$$HA^- + H_2O \rightleftharpoons H_2A + OH^-$$

　　从计算得到的分析浓度的量可知，H_2A 的平衡浓度等于 c_{H_2A} 减去 $[H^+]$ 加上增加的 $[OH^-]$：

$$[H_2A] = c_{H_2A} - [H^+] + [OH^-]$$

HA$^-$ 的浓度等于 c_{HA^-} 减去[OH$^-$]加上增加的量(等于[H$^+$])

$$[HA^-] = c_{HA^-} + [H^+] - [OH^-]$$

因为溶液呈酸性,我们可以忽略[OH$^-$]

$$[H_2A] = c_{H_2A} - [H^+]$$

$$[HA^-] = c_{HA^-} + [H^+]$$

(为了简化,我们可以从 H_2A 离解写出与以上相同的方程。)所以较强的酸我们必须用 $K_{a1} = [H^+][HA^-]/[H_2A]$ 替代公式:$[H_2A] = c_{H_2A} - [H^+]$ 和 $[HA^-] = c_{HA^-} + [H^+]$,在缓冲区解一元二次方程,此处,$c_{H_2A}$ 和 c_{HA^-} 的计算来自一个在滴定中给定的点的酸碱反应:

$$[H^+]^2 + (K_{a1} + c_{HA^-})[H^+] - K_{a1}c_{H_2A} = 0$$

另外,如果 A^{2-} 的 K_{b1} 较大,然后仅超出第二个化学计量点,与滴定过量的 OH^- 相比,A^{2-} 水解产生的 OH^- 不可忽略。因此,我们将继续使用 K_{b1} 的公式,$K_{b1} = K_w/K_{a2} = [HA^-][OH^-]/[A^{2-}]$,此处,$[A^2] = c_A^{2-} - [OH^-]$,$[HA^-] = [OH^-]$,解二次方程。添加 0.5 mL NaOH 后有过量的氢氧根抑制 A^{2-} 水解,可以从过量的氢氧根浓度计算 pH 值。最后对于 HA$^-$ 在第一化学计量点,可以使用更精确的式(7.96)代替式(7.97)计算[H$^+$]得到精确的 pH 值,由于 K_{a1} 相对于[HA$^-$](式中 $K_{a1}K_w$ 不可忽略不计)不可忽略不计,所以

$$[H^+] = \sqrt{\frac{K_{a1}K_{a2}[HA^-]}{K_{a1} + [HA^-]}}$$

在化学计量点附近,可能需要更复杂的表达式。这是因为我们所考虑的这些类型,在每个滴定区域的差异都会导致问题复杂化。

相反,如果使用电荷平衡方程的系统方法计算,就没有必要简化和近似,单一的电荷平衡方程适用于在滴定过程中任何点的计算。

我们在这里不会构建一个二元酸滴定曲线,但你可能已经意识到,通过电荷平衡构建一种多元酸滴定曲线比较直接。本书网页的第 8 章有一份表格,允许你构建了一个四元酸滴定曲线的网站,Master polyprotic acid titration spreadsheet.xlsx。请注意,在这个电子表格计算中增加一个常数增量滴定剂(或 f 是恒定的增量变化)。试着用一些在附录 C 中给出的多元酸的离解常数,表 C.1。用主滴定电子表格的方式模仿所做的实验,即添加一点滴定剂测量 pH 值,计算可变方法,在那里我们需要添加多少滴定剂获得一定的 pH 是很容易的。这种方法在第 8.11 节讨论,也体现在教授推荐电子表格练习题 52 中。对于多元碱滴定,见文本的补充网站第 8.11b。一个简单的计算电子表格。

另外看网站视频"Excel H$_3$PO$_4$ titration curve",建立一个磷

Video:Excel H$_3$PO$_4$ titration curve

酸滴定曲线。the University of Athens 的 Constantinos Efstathiou 教授说明了 26 种不同的酸滴定和 22 种不同的碱滴定：http://www.chem.uoa.gr/applets/applettitration/appl_titration2.htmL。

8.10　混合酸碱

如果强度有明显的差异，混合酸（或碱）可逐步滴定。一般来说，K_a 值必须至少比其他的大 10^4 倍，才可以清楚地看到每个终点。如果其中一个酸是强酸，那对于弱酸只有其 K_a 大约为 10^{-5} 甚至更小时，单独的终点才可以被观察到。举例来说，图 8.12 中盐酸有一个突跃。较强的酸首先被滴定，在化学计量点会出现一个 pH 突跃。接着是弱一点的酸，在其化学计量点有一个 pH 突跃。图 8.12 所示为盐酸和乙酸混合酸与氢氧化钠的滴定曲线。在盐酸的化学计量点，醋酸和氯化钠溶液共存，因此化学计量点时呈酸性。过了化学计量点后，OAc^-/HOAc 缓冲区建立，这明显抑制 HCl 的 pH 突跃，与无乙酸时，单独的盐酸滴定相比，HCl 的化学计量点发生一个小的 pH 值变化，滴定曲线的其余部分与图 8.5 的醋酸滴定相同。

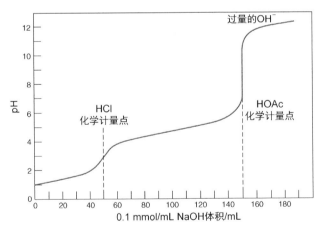

图 8.12　用 0.1 mmol/mL NaOH 滴定 50 mL 0.1 mmol/mL HCl 和 0.1 mmol/mL HOAc 的混合物

如果两强酸在一起同时滴定，它们之间没有不同，只出现一个化学计量点突跃，与相应的酸单独滴定是相同的。如果两个弱酸的 K_a 值没有明显的不同，结果也是一样的。例如，乙酸 $K_a=1.75\times10^{-5}$ 和丙酸 $K_a=1.3\times10^{-5}$ 的混合物，一起滴定时只有一个化学计量点。把柠檬酸，一个三元酸，离解常数写在网站滴定法的电子表格，构建滴定曲线，观察有几个滴定突跃。

对于硫酸第一个质子完全电离，第二质子电离 K_a 约 10^{-2}。因此，第二质子电离作为一个强酸性被滴定，且只有一个化学计量点的突跃出现。对于一

个 K_a 约 10^{-2} 的强酸与弱酸的混合物也是一样的。

亚硫酸 H_2SO_3 的第一电离常数是 $1.3×10^{-2}$,第二电离常数为 $5×10^{-6}$。因此,在与 HCl 混合后,H_2SO_3 第一质子会随着 HCl 一起被滴定,化学计量点处的 pH 值取决于剩余的 HSO_3^-,也就是说,$[H^+]=\sqrt{K_{a1}K_{a2}}$,由于 HSO_3^- 既是酸又是碱。接着会有第二质子被滴定出现第二个化学计量点。第一个化学计量点消耗的体积总是大于从第一个化学计量点到第二个化学计量点的滴定剂的体积,因为它包含两个酸的滴定。H_2SO_3 的量取决于第二质子滴定所需要的 HCl 的量。实际上,这种滴定没什么实际用途,因为 H_2SO_3 在强酸性溶液中,会以 SO_2 气体的形式从溶液中损失。

磷酸与强酸的混合物类似上文的例子。第一个质子和强酸先被滴定,随后第二个质子被滴定,达到第二个化学计量点;第三个质子太弱而不能被滴定。一种多元酸的滴定基本与以上 K_a 相对应的混合一元酸的滴定是相同的,单独的一元脂肪酸都具有相同的浓度。图 8.13 给出了磷酸滴定曲线。滴定曲线的导数将在第 8.11 节中讨论。

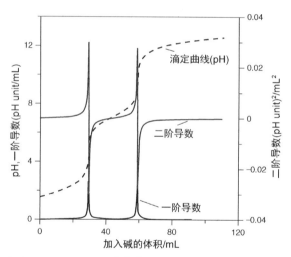

图 8.13　对于 H_3PO_4 - NaOH 滴定曲线和在 the spreadsheet 8.11.xlsx(文本 website 第 8.11 节导数滴定——容易的方法)中制作的两个导数曲线

例 8.3　用 0.100 0 mmol/mL NaOH 滴定盐酸和磷酸的混合物。第一个终点(甲基红)发生在 35.00 mL 处,第二个终点(溴百里酚蓝)发生在一个总体积 50.00 mL 处(第一终点后 15.00 mL)。计算溶液中盐酸和磷酸含量。

解:

H_3PO_4 的量与第二终点对应 ($H_2PO_4^- \longrightarrow HPO_4^-$)。因此,$H_3PO_4$ 的量与用于 15.00 mL 滴定质子的 NaOH 相同:

$$H_3PO_4 \text{ 的物质的量} = c_{NaOH} × V_{NaOH} = 0.100\ 0\ \text{mmol/mL} × 15.00\ \text{mL}$$
$$= 1.500\ \text{mmol}$$

盐酸和磷酸的第一个质子在一起滴定。15.00 mL 的碱用于 H_3PO_4 第一质子(同第二质子)滴定,剩余 20.00 mL 用于滴定 HCl。因此,

$$\text{HCl 的物质的量} = 0.100\ 0\ \text{mmol/mL} \times (35.00 - 15.00)\ \text{mL}$$
$$= 2.000\ \text{mmol}$$

同样,如果混合碱强度差别足够大,也可滴定。K_b 差值必须至少为 10^4 倍。同时,如果其中一个是强碱,一个是弱碱,K_b 必须不大于 10^{-5} 才能获得独立的终点。例如 Na_2CO_3 存在时,CO_3^{2-} 滴定到 HCO_3^-($K_{b1} = 2.1 \times 10^{-4}$),氢氧化钠不能给出一个独立终点。

8.11　滴定曲线导数化学计量点

用仪器监测一个滴定,如用一个 pH 电极(或其他一些电位电极,见第 13 章),终点是由滴定曲线的导数确定的。你会注意到,在所有上述滴定曲线中,pH 值变化率最大的是在化学计量点加入滴定剂的时候。用碱滴定一个酸样品,这一变化率是 pH 对 V_B 作图,或者 dpH/dV_B。这种滴定中 pH 值是增加的,dpH/dV_B 是正值,总是在终点达到其最大值。相反,当碱被酸滴定,pH 值单调减小且 dpH/dV_A 总是负值,在终点达到最低值(最大负值)。如果已经做了微积分,那么知道任何函数的最大值或最小值的条件是,当达到最大值或最小值时,该函数的导数为零。虽然下面的讨论只是集中在碱滴定酸,但在用酸滴定碱时,基本上做同样的处理。

要重申如果将酸滴定的 pH 作为加入碱的体积的函数(pH 对 V_B),图的一阶导数 dpH/dV_B 对 V_B 将在化学计量点显示最大值,图的二阶导数表示为 d^2pH/dV_B^2 对 V_B,终点将通过 0(或等效点的计算曲线)。在一般情况下,导数显示了奇妙的特点,这些特点并不总是原始图可观察到的,虽然这样求导是从真实数据的产生得到一个更烦琐的结果。微积分的严格定义,辩证属于增量(例如体积基础上添加)是无穷小。然而,只要体积增量或导致 pH 值增量不是太大,使用 $\Delta pH/\Delta V_B$(这意味着在两个相邻 pH 值间的差异,ΔpH,它是被有限增量的碱带来的,ΔV_B)产生同样好的结果,而不是理论上所需的 dpH/dV_B。

我们可以使用任何迄今为止已产生的滴定数据,除了在滴定中,碱的恒定的增量滴定法和 pH 变化太大而不能得到好的导数曲线的临近化学计量点的数据。有两种选择:在化学计量点附近生成可以提供更高的分辨率(低体积增量)的数据,或者通过滴定找到高分辨率(每个滴定一千个点)的滴定数据。后一种方法并不需要在化学计量点附近选择一个区域(这就要求我们知道化学计量点在哪里!)以产生高分辨率数据。产生拥有 1 000 个点的高分辨率的滴定图是相当高级的,这必须使用 Goal Seek 或以前提到的 Solver。另一方

面,如果我们的首要目标是生成一个滴定图,它不需要一定通过滴定剂的体积不变的增量做。如果我们知道一个酸的浓度,用平衡原理来计算出我们需要多少碱来获得一定的 pH 值,这是相当容易的。

考虑物质的量浓度为 c_A 的三元酸的滴定,用 c_B M 氢氧化钠滴定,在任何时候添加消耗 V_B mL。电荷平衡要求

$$[Na^+] = [OH^-] + c_A(\alpha_1 + 2\alpha_2 + 3\alpha_3) - [H^+]$$

如果 V_B mL NaOH 已添加,总体积为 $V_A + V_B$,上述方程变为

$$V_B c_B/(V_A + V_B) = [OH^-] - [H^+] + V_A c_A(\alpha_1 + 2\alpha_2 + 3\alpha_3)/(V_A + V_B)$$

等式两边乘以 $(V_A + V_B)$:

$$V_B c_B = (V_A + V_B)([OH^-] - [H^+]) + V_A c_A(\alpha_1 + 2\alpha_2 + 3\alpha_3)$$

分开 V_A 和 V_B 的乘数,换位:

$$V_B[c_B - ([OH^-] - [H^+])] = V_A([OH^-] - [H^+]) + V_A c_A(\alpha_1 + 2\alpha_2 + 3\alpha_3)$$

或者

$$V_B = V_A\{([OH^-] - [H^+]) + c_A(\alpha_1 + 2\alpha_2 + 3\alpha_3)\}/(c_B + [H^+] - [OH^-])$$

$$(8.26)$$

如果知道离解常数并指定 pH(就是 $[H^+]$),我们很容易就可计算出 α 值和所有式(8.26)右面的未知数。

让我们用 0.10 mmol/mL 磷酸溶液($K_{a1} = 1.1 \times 10^{-2}$,$K_{a2} = 7.5 \times 10^{-8}$,$K_{a3} = 4.8 \times 10^{-13}$)和 0.17 mmol/mL NaOH 进行说明。使用文本的网站电子表格"Sec. 8.11 derivative titrations easy method.xlsx"以便下面的讨论。在单元格 A1:B7,我们输入 c_A,c_B,V_A,K_{a1},K_{a2},K_{a3}(K_{a1},K_{a2},K_{a3} 的命名分别为 KAA,KAB 和 KAC,所以 Excel 将接受这些名字)和 K_w 的值且定义这些名字。V_B,pH,$[H^+]$,Q,α_1,α_2,α_3 和 $[OH^-]$ 标题放在 D8:K8,在第 9 行 E9 我们输入 pH 的任何试验值,表达 F9 = 10^ - E9,Q,α_1,α_2,α_3 分别为它们的习惯表达,最后在 K9 将 $[OH^-]$ 表达为 $K_w/[H^+]$。只有这一行(第 9 行)的计算,没有添加碱,由随后的不同行可以知道开始的 pH 值是多少。仅这一行在 A9 输入电荷平衡表达 $[OH^-] - [H^+] + c_A(\alpha_1 + 2\alpha_2 + 3\alpha_3)$,乘以 1E10 和使用 Goal Seek,通过改变 E9(pH)设置 A9 为零。一旦这个问题解决了,进入下一个 0.01 pH 单元更高pH 值(到最近的 0.01 pH 单元)的 E10 和 E11。然后选择 E10 和 E11,从 E11 右下角拖动向下填充所需的 pH 值(在说明的情况下,停止 pH 为 12.55)。现在选择 F9:K9,在 K9 的右下角双击,填写剩余数据。在 D9 V_B 先输入零。但从 D10开始,输入表达式(8.26);这将直接解出 V_B。现在双击单元格 D10 的右下角填写D 列。由 D 和 E 列(V_B 和 pH 值)制作滴定曲线。

现在准备计算一阶导数。M10 内为 ΔV_B 作为 V_B 值之间的差异，D10 - D9，同样在 N10 内计算 ΔpH 值，E10 - E9。那么，O10 内为 ΔpH$/\Delta V_B$，即 N10/M10。我们要绘制 ΔpH$/\Delta V_B$ 对 V_B 的曲线，但是有两个 V_B，一个在 D9，一个在 D10。因为 ΔpH$/\Delta V_B$ 的数据是来自两个 V_B 值，所以 V_B 可以用两者的平均值。我们指定一列作为"平均 V_B"计算 D9 和 D10 的平均($V_{B,平均}$)。现在准备填列 L，所以双击 L10 右下角填列。绘制标准滴定图(pH 对 V_B)，在图上单击右键，选择数据和"添加"，并添加新的 X 和 Y 的数据，即相应的 V_B 和 ΔpH$/\Delta V_B$。如果愿意，你可以把第二个图放在右边，选择"数据系列格式"，选择绘制使用次坐标轴。图中标记为"Tit plot & 1stDeriv"显示了这样一个重叠图。可以很容易地看到，在这个滴定中，尖锐的拐点表明了两个化学计量点。在下文的教授推荐例题中(图 8.14 所示的红葡萄酒滴定)，如果没有导数图，两个化学计量点的精确位置将比原始图更难找到。

各种滴定法被广泛应用于工业实验室，但很少涉及人工滴定。机器和自动滴定仪(第 14 章)广泛使用。自动滴定仪中滴定剂由一个电动滴定管分配(第 13 章)，其中 pH 电极是一个标志性的例子，不表现出特别快的响应时间。如果滴定剂连续加入速度太快，系统可能会越过化学计量点而不能得到准确的结果。另一方面，如果将滴定剂连续加入速率调慢，要花很长时间才能完成滴定。这样的仪器不断地计算一阶导数，随着它的值开始增加，系统降低滴定的速率，快到化学计量点时，滴定剂添加变慢，这样比较精确。

1) 缓冲强度

首先注意在第 7.8 节讨论了一阶导数 dpH$/$dV_B 和缓冲强度 β 存在直接关系。在式(7.49)中定义为 d$c_B/$dpH，其中 dc_B 是使得 pH 引起 dpH 变化而增加的无限小的碱的浓度。注意，dV_B 乘以 c_B 很容易转化为和碱相关的量。然后再除以总体积，很容易转换到相应的增量的浓度：

$$\mathrm{d}c_B = (c_B \mathrm{d}V_B)/(V_A + V_B)$$

当使用有限的增量数据时，我们将不得不使用 $V_{B,av}$ 代替 V_B(当它是一个真正的微分时才是完全相等的)，β 近似为：

$$\beta \approx \Delta c_B / \Delta \mathrm{pH} = \{(c_B/V_B)/(V_A + V_{B,av})\}\mathrm{pH} \tag{8.27}$$

β 是根据 P 列式(8.27)计算的。一元酸碱体系的计算，为 β 所做的严格表达式(见本书的网站 8.11 节，补充缓冲强度的详细推导和讨论，一些熟悉的将需要基本微分运算)：

$$\beta = 2.303\,(c\alpha_0\alpha_1 + [\mathrm{H^+}] + [\mathrm{OH^-}]) \tag{8.28}$$

式中，c 是溶液中缓冲液的总浓度。在$[\mathrm{H^+}]$和$[\mathrm{OH^-}]$相对 $c\alpha_0\alpha_1$ 可以忽略不计，式(8.28)可简化，由于稀释，$c = c_A V_A/(V_A + V_B)$，则

$$\beta = 2.303\, c_A \alpha_0 \alpha_1 / (V_A + V_B) \tag{8.29}$$

请注意,这是限制最大值,只有当增量无穷小才可以得到。再参考本文中的网站电子表格"8.11节电子表格导数 Goal Seek.xlsx"。在图表"Tit plot & Beta vs VB"(如果不看这个标签,点击左边的箭头指向左边的标签滚动),依据式(8.27)(P栏)和式(8.29)(Q栏)的滴定曲线图(pH 对 V_B)和 β 进行计算。利用式(8.29)我们知道不是一个单质子酸,这里的二元酸的第二个质子被中和,所以在计算 Q 中的数据时,我们使用 $\alpha_1 \alpha_2$ 而不使用 $\alpha_0 \alpha_1$。此外,我们限制了计算的范围,只有这些物种是重要的,其中 α_1 和 α_2 至少是 0.1(总浓度的10%)。观察得到的结果与式(8.27)和式(8.29)完全一致。如果比较实际数值列 P 和 Q,会发现,两种计算中 pH 最大都达到 7.06,P 栏中有限差异计算值是 Q 栏中有限差异计算值的 99.9%。在 β 达到最大值前计算的精确 pH 值在 pK_{a2} 前一点,原因有两个:(a)这是一个滴定系统,浓度不是常数,随着酸的滴定浓度连续降低,pH 值增加;(b)虽然离解不密切,但它们仍然有些影响,在这种情况下,pK_{a1} 值略接近 pK_{a2} 值而不是 pK_{a3} 值。

2)取决于 pH 值分辨率的缓冲强度计算:缓冲容量

如果我们检查了"Beta vs pH"图,在同一个电子表格中,很清楚地看到即使 β 在最大值时相对不变,但只有在一个相当小的范围内是恒定的。虽然在最大值时,我们观察每个 pH 单位~31 meq/L,这取决于目前的计算单位是 0.01 pH 的 pH 分辨率。为了实用,研究人员通常对需要多少碱或酸引起 pH 值较大的变化等,如 1 pH 单元,有极大的兴趣。因为 β 在整个范围并不保持恒定,计算出的 β 值并不可能直接解决问题,比如:如果大量的酸或碱增加,pH 值能改变多少。例如,如果有和图中最大 β 对应的缓冲液,我们增加~31 meq/L 碱(没有体积变化),pH 值将增加超过 1 pH 单位,因为图中也表明在 1 pH 单元范围 β 不会保持在最大值。

检查 β 是如何随着使用 pH 分辨率的函数变化的。在列 T:AF,AH:AT 和 AV:BH 我们基本上复制和粘贴前文的计算,然后重复它们的 pH 值分辨率为 0.1,0.5 和 1 单位。结果绘制在"缓冲强度和容量"图中。很容易地看到,从 0.1 到 0.01 的 pH 值中,没有显著的变化,当 pH 值降低到 1 和 0.5 时,它会迅速减小。在最大位置的明显移动是一个假象:试图通过仅有的数据点绘制一条平滑的曲线(在最小的分辨率显示的点)。没有在这个位置 pH 值的移动,β 在较宽的范围内降低可以使用移动平均功能在数据/数据分析观察到(如 Solver,"数据分析"工具是不会自动安装的,你必须从 Excel 选项安装它)。图表也显示来自 0.01 pH 分辨率的数据的一个 200 点运行的平均 pH 值和 β;注意最大的位置实际上并不移动,但 β 降低。

当提到整个 pH 区间变化时应该使用缓冲容量而不是缓冲强度。例如 pH 值从 7.1~8.1,溶液的缓冲容量约为 21 meq/L(见 BH17)。

3) 二阶导数

二阶导数 $\Delta^2 pH/\Delta V_B^2$ 在终点时通过零终点,使得终点简单定位于这一点。在原则上,它也允许定位的终点精度大于数据点的分辨率。我们通过获得连续的两个一阶导数(列 O)之间的差异计算二阶导数(数据列 R)。注意,计算二阶导数初始 pH 值和 V_B 的数据在我们最终使用的行 9,10,11,因为这个原因当相对 V_B(不是 11 列 $V_{B,av}$)绘图时,值是集中在第 10 行。原滴定法、一阶导数和二阶导数图一起显示在工作表中的"一阶和二阶导数"。滴定曲线和导数曲线如图 8.13 所示。

 教授推荐例题

由 Universidad Autónoma Metropolitana-Iztapalapa, Mexico 的 Alberto Rojas-Hernandez 教授提供

红葡萄酒酸-碱滴定:滴定酸度(TA),酒石酸含量(g/L)和最大缓冲容量。

红酒由几种酸碱性物质组成,可考虑三种主要组分:羧酸、羧基多酚酸和多酚酸。常见的羧酸是酒石酸($pK_{a1}=3.2, pK_{a2}=4.3$)、苹果酸($pK_{a1}=3.4$, $pK_{a2}=5.1$)和柠檬酸($pK_{a1}=3.1, pK_{a2}=4.7, pK_{a3}=6.4$)。常见的羧基多酚酸是高卢酸($pK_{a1}=4.4, pK_{a2}=8.6, pK_{a3}=11.2, pK_{a4}=12.0$)和咖啡酸($pK_{a1}=4.4, pK_{a2}=8.6, pK_{a3}=11.5$)。 最后,常见的多酚酸是单宁酸(几个 pK_a 值为 6~10),像花青素和黄酮醇类黄酮酸(给予葡萄酒颜色的)。

图 8.14 显示了用 0.192 6 mmol/mL NaOH 滴定 25 mL 红葡萄酒的滴定曲线,用自动滴定仪得到结果。滴定显示两个化学计量点。第一个化学计量点对应羧酸基团的滴定,通常称为可滴定酸度(TA)。第二个化学计量点对应真实总酸度[TAc,例如,*Journal of Food Composition and Analysis*, Composition study of method for deternimation of titrable acidity in wine, 16(2003)555 - 562],第二步是由于滴定酚基团形成的。

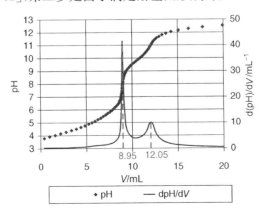

图 8.14　用 0.192 6 mmol/mL NaOH 滴定 25 mL 红葡萄酒的
滴定曲线(点线)和曲线的一阶导数(实线)

如果我们假设葡萄酒中唯一存在的羧酸为酒石酸(HOOC—CHOH—CHOH—COOH ═ H₂tar),25 mL 红酒样品中酒石酸质量(m_{H_2tar})是:
$m_{H_2tar} \approx (8.95 \text{ mL}) \times (0.192\ 6 \text{ mmol/mL}) \times (1 \text{ mmol } H_2tar/2 \text{ mmol NaOH}) \times (150.1 \text{ mg/mmol}) = 129.4 \text{ mg}$,相当于 5.18 g/L 的酒石酸。

红葡萄酒样品的缓冲容量如图 8.15 所示。缓冲容量具有最大值 pH≈3.85,靠近试样的初始 pH。缓冲容量是 40 mmol/L 每 pH 值单位。这意味着,改变酒的初始 pH 值,使其增加 1 个单位,NaOH 或 HCl 量约为 (40 mmol/1 000 mL) × (25 mL) = 1 mmol,见式 (7.50)。

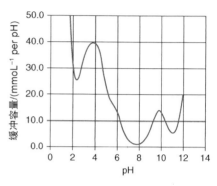

图 8.15　红酒样品的 pH 函数的缓冲容量,滴定曲线见图 8.14

8.12　氨基酸的滴定——都是酸碱

氨基酸在药物化学和生物化学中都很重要。这些都是两性物质,含有酸性和碱性基团(即它们可以作为酸或碱)。酸性基团是羧酸基团(—CO₂H),碱性基团是氨基(—NH₂)。在水溶液中,这些物质都会经历羧酸基团和氨基内部的质子转移,因为 RNH₂ 是比 RCO₂⁻ 更强的碱。结果产生两性离子:

$$R—CH—CO_2^-$$
$$\ \ \ \ \ \ \ \ |$$
$$\ \ \ \ \ \ \ NH_3^+$$

因为它们都是两性的,这些物质可用强酸或强碱滴定。许多氨基酸太弱而不能在水溶液中被滴定,但一些可以,特别是如果用 pH 计来构建一个滴定曲线。

我们可以考虑两性离子的共轭酸为二元酸,它逐步电离:

$$R—CH—CO_2H \rightleftharpoons H^+ + R—CH—CO_2^- \rightleftharpoons H^+ + R—CH—CO_2^-$$
$$\ \ \ \ \ |\ |\ |$$
$$\ \ \ NH_3^+\ NH_3^+\ NH_2$$

两性离子共轭酸　　　　　　两性离子　　　　　　两性离子共轭碱

(8.30)

氨基酸经常列出 K_{a1} 和 K_{a2} 值(见附录 C 表 C.1)。列出的值代表连续电离的质子化的形式(即共轭酸的两性离子);它离子化后首先得到两性离子,再次电离为共轭碱,作为弱酸水解盐这是相同的。氨基酸的酸碱平衡就像任何其他二元酸。两性离子的氢离子浓度用和任何两性盐相同的方式计算,如

HCO_3^- ,正如我们在第 7 章所描述的

$$[H^+] = \sqrt{K_{a1}K_{a2}} \tag{8.31}$$

氨基酸滴定不像其他两性物质滴定,如 HCO_3^- 。后者与碱滴定给出了 CO_3^{2-} ,建立一个中间 CO_3^{2-}/HCO_3^- 缓冲区,继续滴定给出 H_2CO_3 ,有中间 HCO_3^-/H_2CO_3 缓冲区。

当一个氨基酸的两性离子与强酸滴定,缓冲区由两性离子("盐")和共轭酸组成,缓冲区首次建立。滴定到半终点时,$pH = pK_{a1}$ (HCO_3^-/H_2CO_3 同时存在);化学计量点时,pH 决定于共轭酸的 (K_{a1} , H_2CO_3)。当两性离子与强碱滴定,共轭碱("盐")和两性离子(现在的"酸")的缓冲区就建立了。化学计量点的一半,$pH = pK_{a2}$ 值(如 HCO_3^-/CO_3^{2-});在化学计量点 pH 值是确定的共轭碱 ($K_b = K_w/K_{a2}$,如 CO_3^{2-})。

氨基酸可能含有多个羧基或氨基;在这种情况下,它们可能像其他多元酸(或碱)一样逐步电离,提供不同的产物,它们的 K 值至少相差 10^4 倍才能被准确滴定。

8.13　凯式定氮法: 蛋白质检测

准确测定蛋白质和其他含氮化合物中的氮的一个重要方法是凯氏定氮分析法。由氮的量可以计算出蛋白质含量。虽然确定蛋白质的其他更迅速的方法也存在,但凯氏定氮法是所有方法的基础。

用硫酸消解法将材料分解,将氮转化为硫酸氢铵:

$$C_aH_bN_c \xrightarrow[\text{催化剂}]{H_2SO_4} aCO_2 \uparrow + \frac{1}{2}bH_2O + cNH_4HSO_4$$

将溶液冷却后,加入浓碱溶液,使溶液呈碱性,易挥发的氨用过量的酸标准溶液吸收,以下是蒸馏,多余的标准酸溶液用标准碱溶液滴定。

$$cNH_4HSO_4 \xrightarrow{OH^-} cNH_3 \uparrow + cSO_4^{2-}$$

$$cNH_3 + (c+d)HCl \longrightarrow cNH_4Cl + dHCl$$

$$dHCl + dNaOH \longrightarrow \frac{1}{2}dH_2O + dNaCl$$

N(c) 的物质的量 = 反应的 HCl 的物质的量
　　　　　　　 = 过量的 HCl 的物质的量
　　　　　　　　　 $\times (c+d) -$ NaOH(d) 的物质的量
$C_aH_bN_c$ 的物质的量 = N 的物质的量 $\times 1/c$

丹麦化学家 Johan Kjeldahl (1849—1900 年),他建立的凯氏定氮法用于蛋白质分析的标准方法,为嘉士伯实验室化学系主任(嘉士伯啤酒)。他的氮和蛋白质实验室分析技术仍然是公认的分析方法

通过加入硫酸钾提高了消解速度,增加了沸点,并用硒盐和铜盐等作为催化剂。对含氮化合物中氮的含量以质量比表示。

例 8.4 0.200 0 g 含尿素样品的凯式定氮法。

$$\overset{\displaystyle O}{\underset{\displaystyle NH_2-C-NH_2}{\parallel}}$$

氨用 50.00 mL 0.050 00 mmol/mL H_2SO_4 收集,多余的酸用 0.050 00 mmol/mL NaOH 滴定,消耗 3.40 mL。计算样品中尿素的含量。

解:

滴定反应是

$$H_2SO_4 + 2NaOH \longrightarrow Na_2SO_4 + 2H_2O$$

NaOH 消耗的物质的量 = 3.40 mL × 0.05 mmol/mL = 0.17 mmol

H_2SO_4 中和的物质的量 = 0.17/2 mmol = 0.085 mmol

H_2SO_4 初始的物质的量 = 0.050 00 mmol/mL × 50.00 mL = 2.500 mmol

H_2SO_4 被 NH_3 中和的物质的量 = (2.500 − 0.085) mmol = 2.415 mmol

和氨气的反应是

$$2NH_3 + H_2SO_4 \longrightarrow (NH_4)_2SO_4$$

2 mmol NH_3 和 1 mmol 硫酸反应,2 mmol NH_3 来自 1 mmol 尿素。因此,硫酸被氨中和 2.415 mmol,和尿素量相同。通过乘以 60.05 mg/mmol,我们得到 2.415 mmol × 60.05 mg/mmol = 145.02 mg 尿素。

尿素质量比为 145.02/200.0 × 100% = 72.51%

大量不同的蛋白质中含有几乎相同比例的氮。N 含量是正常血清蛋白(球蛋白和白蛋白)的质量因素,蛋白质饲料混合物的质量比是 6.25(即蛋白质含氮 16%)。当样品几乎完全是球蛋白时,6.24 更准确。如果它包含的主要是白蛋白,则 6.27 是首选。

许多蛋白质几乎包含同样量的氮。

在传统的凯氏定氮法中,两个标准溶液是必需的,用于收集氨气和返滴定酸。一种可用于改性直接滴定的标准酸是硼酸,在硼酸溶液中收集到的氨在蒸馏过程中,形成了等量的硼酸铵:

$$NH_3 + H_3BO_3 \Longrightarrow NH_4^+ + H_2BO_3^- \tag{8.32}$$

硼酸太弱而不能被滴定,但硼酸相当于氨的量,是一个相当强的 Brønsted 碱,它可以用标准酸以甲基红为指示剂来滴定。硼酸很弱从而不会产生干扰,且其浓度不需准确知道。同时,硼酸几乎不电离,所以它是不导电的。相比之下,硼酸铵是离子化的,是导电的。如今,是通过测定形成的硼酸铵的电导率来测定氨吸收,而不是滴定法。

例 8.5 用改进的凯氏定氮法测定 0.300 g 饲料样品中蛋白质含量。如果滴定需要 25 mL 0.100 mmol/mL HCl,求样品的蛋白质含量是多少?

解:

这是 HCl 与 NH_3 1:1 直接滴定法,NH_3 的物质的量(也是 N 的)等于盐酸的物质的量。乘以 6.25 得到蛋白质的质量(毫克)。

$$蛋白质含量 = \frac{0.10 \text{ mmol/mL HCl} \times 25.0 \text{ mL HCl} \times 14.01 \text{ mg N/mmol HCl} \times 6.25 \text{ mg 蛋白质/mg N}}{300 \text{ mg}}$$
$$\times 100\% = 73.0\%$$

硼酸法(直接法)更简单,通常更准确,因为它需要标准化和精确的测量,只有一种溶液。然而终点突跃没那么尖锐,需要返滴定的间接法通常倾向于微量凯氏定氮分析。宏观凯氏定氮分析需要 5 mL 的血液,而微量凯氏定氮分析只需要大约 0.1 mL。

我们只讨论物质中以 -3 价态存在的氮,如氨。这些化合物包括胺和酰胺类化合物。含有氧化形式的氮,如有机硝基和偶氮化合物的化合物,必须用还原剂进行处理,以达到完全转化为铵离子,此时应用还原剂如铁(Ⅱ)或硫代硫酸钠。通过这种处理无机硝酸盐和亚硝酸根不会转化为氨。

8.14 无测量体积的滴定

没有测量体积能滴定吗?是的。the University of Montana 的 Michael DeGrandpre 教授开发了"示踪剂监测"滴定(TMT),其用分光光度法监测滴定剂的稀释程度,而不是体积增量,把分析的任务放在分光光度计上。大多数现代滴定系统是完全自动化的精密泵。TMT 的方法对泵的精度和自动滴定仪重复性不要求,可以允许应用不精确和不太昂贵的泵。

惰性示踪剂(例如,染料)加入滴定剂。稀释滴定剂滴定容器中的脉冲跟踪总示踪剂浓度,测定吸光度(测量有色物质的浓度光吸收的仪器技术基于 Beer 定律,参见第 16 章)。检测到终点的示踪剂的浓度(例如,从 pH 测量),通过 Beer 定律计算滴定剂和样品的相对比例。

传统的滴定法中样品中分析物的浓度为[分析物],即

$$[分析物] = \frac{Q[滴定剂]V_{\text{tit.ep}}}{V_{样品}} \tag{8.33}$$

式中,Q 是反应的化学计量(摩尔分析物:摩尔滴定剂);[滴定剂]是滴定

剂浓度；$V_{\text{tit.ep}}$ 是终点滴定剂的体积；$V_{\text{样品}}$ 是样品起始体积。

TMT 的方法是基于确定终点滴定剂的稀释因子 D_{ep}，用惰性示踪剂测定：

$$D_{\text{ep}} = \frac{V_{\text{tit.ep}}}{V_{\text{tit.ep}} + V_{\text{sample}}} = \frac{[示踪剂]_{\text{ep}}}{[示踪剂]_{\text{tit}}} \tag{8.34}$$

式中，$[示踪剂]_{\text{ep}}$ 是终点混合物中的示踪剂浓度；$[示踪剂]_{\text{tit}}$ 是滴定剂示踪物浓度。样品分析物的浓度为

$$[分析物] = \frac{Q[滴定剂]}{\dfrac{1}{D_{\text{ep}}} - 1} \tag{8.35}$$

所以我们可以使用任何惰性示踪剂，只需要确定 D_{ep}，例如，可以在滴定剂中使用低浓度的荧光染料。该技术也可以应用于其他类型的滴定之中，例如，配位滴定或氧化还原滴定。还将认识到，如果在滴定开始时，在样品中添加指示剂染料，那么，随着滴定的进行，滴定剂只是以相同的滴定进程简单地稀释染料浓度。无论哪种方式，该方法消除了需要的体积测量。然而染料浓度范围必须遵守 Beer 定律（第 16 章）的使用原则。

该方法的详细信息见参考文献 10 和 11。

思 考 题

1. 在终点要求指示剂变色的最低的 pH 值变化是什么？为什么？
2. 酸碱滴定中如何选择指示剂？
3. 缓冲液的缓冲容量最大的 pH 值多大？
4. 弱酸的滴定终点为中性、碱性还是酸性？为什么？
5. 用盐酸滴定氨的合适的指示剂是什么？用氢氧化钠滴定乙酸呢？
6. 解释为什么在滴定碳酸钠终点附近煮沸，终点的尖锐度增加。
7. 能够在溶液中被滴定的最弱酸或碱，pK 值近似为多少？
8. 在滴定过程中，要区分两个不同强度的酸有什么要求？
9. 区分一级标准和二级标准。
10. 什么是两性离子？
11. 典型的蛋白质中氮的含量是多少？
12. 滴定碱优选的酸是什么？为什么？

习 题

标定计算

13. 盐酸溶液用 0.454 1 g 一级标准物质三（羟甲基）氨基甲烷标定。如果需要 35.37 mL 盐酸，酸的浓度是多少？

14. 盐酸溶液用 0.232 9 g 一级标准物质碳酸钠标定,用甲基红作为指示剂,近终点时煮沸溶液去除二氧化碳。如果消耗 42.87 mL 酸,其物质的量浓度是多少?

15. 氢氧化钠溶液用 0.859 2 g 基准物质邻苯二甲酸氢钾标定至酚酞终点,消耗 32.67 mL 碱溶液。碱溶液的物质的量浓度是多少?

16. 10.00 mL 盐酸溶液与过量的硝酸银反应,用质量法分析氯化银沉淀物。如果获得 0.168 2 g 沉淀,酸的物质的量浓度是多少?

指示剂

17. 为弱碱指示剂 B 写 Henderson - Hasselbalch 公式,计算从一种颜色变化到另一种颜色所需的 pH,变色范围是多少?

滴定曲线

你可能希望使用电子表格来做这些计算。

18. 对于 50.0 mL 0.100 mmol/mL NaOH 的滴定,计算分别消耗 0.200 mmol/mL HCl 0 mL,10 mL,25 mL,30.0 mL 时的 pH 值。

19. 对于 25.0 mL 0.100 mmol/mL NaOH 的滴定,计算分别消耗 0.100 mmol/mL HCl 10 mL,25 mL,50 mL,60.0 mL 时的 pH 值。$K_a = 2 \times 10^{-5}$。

20. 对于 50.0 mL 0.100 mmol/mL NH_3 的滴定,计算分别消耗 0.100 mmol/mL HCl 0 mL,10 mL,25 mL,50 mL 和 60.0 mL 时的 pH 值。

21. 用 0.100 mmol/mL NaOH 滴定 100 mL 0.100 mmol/mL 二元酸 H_2A,计算加入 NaOH 体积百分比分别为 0,25.0%,50.0%,75%,100% 和 125% 的 pH 值。$K_{a1} = 1.0 \times 10^{-3}$,$K_{a2} = 1.0 \times 10^{-7}$。

22. 用 0.100 mmol/mL HCl 滴定 100 mL Na_2HPO_4 到 $H_2PO_4^-$,计算加入 HCl 体积百分比分别为 0,25%,50%,75%,100% 和 150% 时的 pH 值。

定量测定

23. 用 0.112 mmol/mL NaOH 滴定 0.492 g KH_2PO_4 样品需要 25.6 mL。

$$H_2PO_4^- + OH^- \longrightarrow HPO_4^{2-} + H_2O$$

KH_2PO_4 的纯度百分比是多少?

24. 滴定 90% 纯氢氧化锂 0.293 g,需要 0.155 mmol/mL H_2SO_4 的体积是多少?

25. 用脂肪的平均相对分子质量指示其皂化值,表示为毫克 KOH 水解(皂化)需要 1 g 的脂肪:

$$
\begin{array}{l}
CH_2CO_2R \\
| \\
CHCO_2R \quad +3KOH \longrightarrow \\
| \\
CH_2CO_2R
\end{array}
\quad
\begin{array}{l}
CH_2OH \\
| \\
CHOH \quad +3RCO_2K \\
| \\
CH_2OH
\end{array}
$$

在这里 R 是可变的。一个 1.10 g 奶油样品用 0.250 mmol/mL KOH 溶液处理。皂化完成后,未反应的 KOH 用 0.250 mmol/mL HCl 返滴定,需要 9.26 mL。皂化值和平均相对分子质量(假设黄油是所有的脂肪)各是多少?

26. 一个样本含有丙氨酸 $CH_3CH(NH_2)COOH$,包含惰性物质由凯氏定氮法分析。2.00 g 样品消解,NH_3 蒸馏,用 50 mL 0.150 mmol/mL H_2SO_4 收集,需要 9 mL 0.100 mmol/mL 的 NaOH 返滴定。计算样品中丙氨酸的含量。

27. 2.00 mL 血清样品分析采用改进的凯氏定氮法测定蛋白质。样品消解,氨蒸馏成硼酸溶液,用标准 HCl 15.0 mL 对硼酸铵滴定。盐酸用 0.330 g 纯 $(NH_4)_2SO_4$ 处理。如果需要 33.3 mL 酸,在血清中蛋白的浓度是多少?用%(质量/体积)表示。

混合物的定量分析

28. 用 0.200 mmol/mL 的 NaOH 滴定 100 mL HCl 和 H_3PO_4 的混合物,甲基红终点发生在 25 mL 时,溴百里酚蓝终点发生在其后 10.0 mL(总 35.0 mL)。计算溶液中的盐酸和磷酸的浓度是多少。

29. 含有 Na_2CO_3,$NaHCO_3$ 和惰性杂质的混合物样品 0.527 g,用 0.109 mmol/mL HCl 滴定,达到酚酞终点时消耗 HCl 15.7 mL,达到甲基橙终点时消耗 HCl 总体积为 43.8 mL。计算混合物中 Na_2CO_3 和 $NaHCO_3$ 的含量分别是多少。

30. 氢氧化钠和碳酸钠一起滴定达到酚酞终点($OH^- \longrightarrow H_2O$;$CO_3^{2-} \longrightarrow HCO_3^-$)。用 0.250 mmol/mL HCl 滴定 NaOH 和 Na_2CO_3 的混合物,达到酚酞终点需要 26.2 mL,额外加 15.2 mL 到甲基橙终点。计算混合物中 NaOH 和 Na_2CO_3 的含量分别是多少。

31. 碳酸钠可以与 NaOH 或 $NaHCO_3$ 共存,但不同时共存,因为它们会发生形成碳酸钠的反应。氢氧化钠和碳酸钠一起滴定达到酚酞终点($OH^- \longrightarrow H_2O$;$CO_3^{2-} \longrightarrow HCO_3^-$)。一种是 Na_2CO_3 和 NaOH 或 Na_2CO_3 和 $NaHCO_3$ 的混合物与盐酸滴定。酚酞终点发生在 15.0 mL,甲基橙终点发生在 50.0 mL(超出第一终点 35.0 mL)。盐酸滴定碳酸钠 0.477 g,要求 30.0 mL 达到甲基橙终点。求混合物由什么物质组成,含量各是多少?

32. 如果第二终点发生在 25.0 mL 后(超出第一终点 10.0 mL),那么问题 31 的答案是什么?

33. 一个重 0.150 g 只含碳酸钡和碳酸锂的混合物。如果需要 25 mL 0.120 mmol/mL 盐酸中和($CO_3^{2-} \longrightarrow H_2CO_3$),样品中 $BaCO_3$ 的含量是多少?

34. P_2O_5 样品含有磷酸杂质。一个 0.405 g 样品与水反应($P_2O_5 + 3H_2O \longrightarrow 2H_3PO_4$),将得到的溶液用 0.250 mmol/mL NaOH 滴定($H_3PO_4 \longrightarrow Na_2HPO_4$)。如果需 42.5 mL NaOH,磷酸杂质的含量是多少?

 教授推荐问题

由 The University of Memphis 的 Tarek Farhat 教授提供

35. 含氢氧化钠溶液的起泡器作为过滤器从空气流清洗手套箱中除 CO_2 气体。发生的反应如下:

$$2NaOH + CO_2(g) \longrightarrow Na_2CO_3 + H_2O$$

如果起泡器包含 100 mL 的 NaOH 溶液,NaOH 溶液最初 pH 为 12,计算经过空气流后 pH 值的下降量(1 atm,25℃),流速 5.0 mL/min 含 0.5% CO_2 气体在 25℃ 和 1 atm(a)

1 h,(b) 5 h?

由 University of Idaho 的 Peter R. Griffiths 教授提供

36. 下面哪个曲线和用 NaOH 水溶液滴定硫酸氢钠曲线最接近(HSO_4^- 离解常数 $=1.2\times 10^{-2}$)。

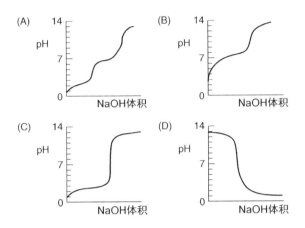

下面问题是由 University of Puerto Rico - Río Piedras 的 Noel Motta 教授提供

37. 下面曲线对应哪种滴定?

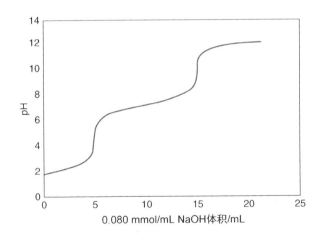

0.080 mmol/mL NaOH体积/mL

(a) 5 mL 0.080 mmol/mL 的二元酸 H_2A

(b) 5 mL 0.080 mmol/mL H_2A 和 0.080 mmol/mL HA^- 的混合物

(c) 5 mL K_a 相同的两种酸的混合物,0.080 mmol/mL HA 和 0.16 mmol/mL HB

(d) 5 mL 浓度都为 0.080 mmol/mL 但 K_a 不同的两种酸的混合物

38. 改变滴定条件可产生重要影响,用下面例子说明操作是否可行。上图是用 0.010 mmol/mL NaOH 滴定 0.010 mmol/mL 铵。下图是选择设定的条件 NaOH 滴定 NH_4^+ 曲线。

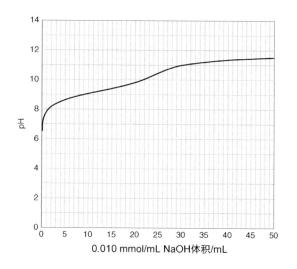

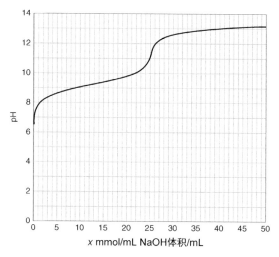

（a）0.010 mmol/mL NaOH 滴定 50.0 mL 0.005 0 mmol/mL NH_4^+

（b）0.50 mmol/mL NaOH 滴定 25.0 mL 0.50 mmol/mL NH_4^+

（c）1.0 mmol/mL NaOH 滴定 25.0 mL 0.010 mmol/mL NH_4^+

（d）0.001 mmol/mL NaOH 滴定 12.5 mL 0.020 mmol/mL NH_4^+

（e）0.010 mmol/mL NaOH 滴定 12.5 mL 0.005 0 mmol/mL NH_4^+

39. 在下面的例子中，与强酸相比通过改变弱酸的滴定条件，化学计量点前的区域明显不同，化学计量点后的区域没有什么差异：

在 A 和 B 情况下，0.50 mmol/mL 和 0.025 mmol/mL 酸分别用 0.50 mmol/mL 和 0.025 mmol/mL NaOH 滴定。情况 A 对应弱酸滴定（表示为 H_{weak}），情况 B 对应于强酸滴定（表示为 H_{strong}）。

解释为什么当条件改变的时候，在化学计量点前的区域 A 和 B 不同，在化学计量点后的区域相同。

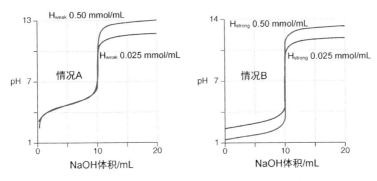

40. 分析家用 0.010 0 mmol/mL HCl 滴定两种溶液。分析师知道其中一种含有 CO_3^{2-} 和 OH^-，另一种含有 CO_3^{2-} 和 HCO_3^-。然而分析师不知道哪一溶液对应哪个组成。为了弄清楚，她取每种溶液 10.00 mL 进行电位滴定，得到以下滴定曲线，请确定 A 和 B 的组成。

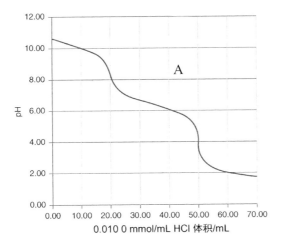

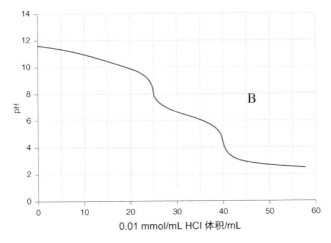

41. 下面的滴定曲线是一种新合成的三元酸。

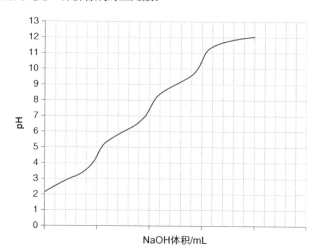

为了确定酸的相对分子质量,学生用少量的水溶解纯净样品(400.0 mg),然后又转移到 100.0 mL 容量瓶中定容。学生移取 25.00 mL 该溶液用 0.075 0 mmol/mL NaOH 滴定达到酚酞终点消耗 NaOH 15.90 mL。酸的相对分子质量为:(a) 111.8,(b) 167.7,(c) 218.5,(d) 286.2,(e) 335.4。

42. 下面哪种二元酸是用 0.100 mmol/mL NaOH 滴定的? 滴定曲线显示只是一个化学计量点,反应计量关系为 2:1。

(a) 间苯二酚:pK_1:9.30;pK_2:11.06

(b) 亮氨酸:pK_1:2.33;pK_2:9.74

(c) 马来酸:pK_1:1.82;pK_2:6.59

(d) 水杨酸:pK_1:2.97;pK_2:13.74

(e) 酒石酸:pK_1:3.036;pK_2:4.366

319

43. 下列哪种氨基酸用 0.10 mmol/mL NaOH 滴定显示三个明确的终点。

	pK_1	pK_2	pK_3
I. 天门冬氨酸	1.99	3.90	10.00
II. 精氨酸	1.82	8.99	12.48
III. 组氨酸	1.70	6.02	9.08

(a) 仅 I;(b) 仅 II;(c) 仅 III;(d) II 和 III;(e) I, II 和 III。

44. 0.987 2 g 含邻苯二甲酸氢钾(KHP)的未知样品与 28.23 mL 0.103 7 mmol/mL NaOH 中和。样品中的 KHP 的含量是多少?

45. 0.202 7 g 石灰石样品(主要是碳酸钙)溶解在 50.00 mL 0.103 5 mmol/mL HCl 中。该溶液被加热排出反应产生的二氧化碳。然后剩余的 HCl 用 0.101 8 mmol/mL 的 NaOH 滴定,消耗 16.62 mL。计算在石灰石样品中碳酸钙的含量。

下列问题由 the University of Texas at El Paso 的 Wen-Yee Lee 教授提供

46. 凯氏定氮法用来分析 500 μL 溶液中含有 50.0 mg 蛋白/毫升的溶液。释放的 NH_3 用

5.00 mL 0.030 0 mmol/mL HCl 收集。剩余的酸需要用 10.00 mL 0.010 mmol/mL NaOH 完成滴定。求蛋白质中氮的含量是多少?

下列问题由 San Diego State University 的 Christopher Harrison 教授提供

47. (a) 包含 12.00 mg H_3PO_4 的纯水的 pH 值是多少? (b) 多少毫克柠檬酸配成一升溶液恰好是磷酸溶液物质的量浓度的两倍? (c) 需要多少毫克氢氧化钠加到柠檬酸溶液中,以获得与磷酸溶液相同的 pH 值? 做这件事容易吗? (参考文本网站的计算。)

48. 一缓冲液,通常每升由 30 mmol 亚硫酸氢钠(NaHSO₃)和 90 mg 亚硫酸钠(Na₂SO₃)组成。但你已经用完了这些溶液。现在有固体碳酸钠、固体磷酸氢二钠、1 mmol/mL 二甲胺、固体氢氧化钠和 1 mmol/mL 的硝酸。使用这些化学品的几个或全部制备与亚硫酸钠-亚硫酸氢钠缓冲液具有相同 pH 值的溶液。化学品各多少克或多少毫升(忽略需要的水)? 相关的离解常数数据在附录 C。

49. 配制 500 mL pH 2.45 的硝酸溶液需要含 25%(质量含量)的 HNO_3 储备溶液(密度为 1.18 g/mL)多少毫升?

以下是 University of Michigan 的 Michael D. Morris 教授最喜欢的期末考试问题

50. Finalic 酸的 pK_a 是 6.50。
    (a) 具有相同物质的量的 finalic 酸和 finalate 酸钠的 pH 是多少? 假设两种溶液都是 0.1 mmol/mL。
    (b) 如果减少每种成分的浓度至 0.01 mmol/mL,缓冲容量变高还是变低,为什么?
    (c) 水的电离对该溶液 pH 值有什么影响?
    (d) 只考虑溶液的 pH 值,饮用 0.1 mmol/mL finalic 酸溶液安全吗? 0.01 mmol/mL 呢?

 教授典型困惑

以下难题由 Virginia Commonwealth University 的 Fred Hawkridge 教授提供

320

51. 你要制备一个 0.100 mmol/mL pH 7.0 的磷酸缓冲液。查找 H_3PO_4 K_a 值,决定主要使用 Na_2HPO_4,需要一点酸调 pH 值。但是当你添加酸时 0.100 mmol/mL Na_2HPO_4 将改变,你打算怎样配制呢?

 教授最喜欢的电子表格练习

52. University of Illinois 的 Alexander Scheeline 教授开发了一个电子表格通用酸滴定器(看到这本书的网站,8.52 Universal Acicl Titrator.xlsx)。在第 11 行你可以输入任何酸的 pK_a 值(s),或在第 9 行中输入 pK_a 值(s),并生成一个滴定图(pH 对碱体积),用强一元碱如氢氧化钠。Scheeline 教授用电子表格生成不同的滴定曲线(我们建议当较大 K 值不相关时,直接为第 11 行输入 0)。而不是根据加入碱的量计算 pH 值,这种方法也基于电荷平衡,计算加入多少碱获得给定的 pH。下面是一些有挑战性的问题:

(a) 为什么它是那么容易直接计算所需碱的量,没有用 Solver 或 Goal Seek 而是根据加入的碱的量计算 pH 值?

(b) 尤其是在低 pH 值时,为什么一些计算的碱体积被忽略(它们没有被绘制在图上)?

(c) 对于任一你选择(或你合成)的酸,可以通过详细计算或 Goal Seek 或 Solver 来计算当没有碱加入时 $(V=0)$ 的 pH。然后使用当前的电子表格计算需要加入多少碱来达到该 pH,确认是否需要到 0。

(d) 对于多数使用者,在利用这种(忽略活度矫正)电子表格来计算滴定曲线后,将离子强度和活度考虑在内,在每个 pH 连续近似计算,然后做校准过的滴定曲线。比较活度校准和未校准的滴定曲线,判断活度校准在哪更重要?

下列问题由 Brigham Young University 的 Steven Goates 教授以文本方式在网站上给出

53. 针对用强碱对强酸的理论滴定法设计了一个电子表格程序计算加入碱的体积对应的 pH 值。计算下面描述的用 NaOH 滴定 KHP 的滴定曲线,并用图表法给出结果。(即使你以 pH 为 y 轴,滴定液的体积为 x 轴绘制,如上文第 52 题描述的,你会发现在计算过程中,以 pH 为自变量,加入碱的体积为因变量来计算更加的方便。)你需要计算每隔 0.100 pH 为单位直到 pH=12.500 所需加入碱的不同体积。对于此问题,假设所有活度系数为 1,pH=$-\lg a_{H^+}$,KHP 的纯度为 100.00%,氢氧化钠溶液中不含任何碳酸盐,碱的体积是添加的。离解常数的数据在附录 C 中。对于以下滴定计算(这样的电子表格中所有数值通过一种方式可以任意改变):0.994 mL 0.410 3 mmol/mL KHP 溶液放在一个滴定瓶中,加入 5.00 mL 蒸馏水。然后用 0.210 2 mmol/mL NaOH 溶液滴定该溶液。考虑当加入的是 6 mL 水而不是 5 mL 水时,滴定曲线会有什么样的变化?

54. 考虑活度系数的情况下,修改 53 题的计算。通过至少两轮计算。第一次,对 53 题计算离子强度 μ[式(6.18)]。从该离子强度,按照教科书给出的 Debye-Huckel 方程计算活度系数[式(6.19)]。假设离子参数大小,H^+,OH^-,HP^- 和 P^{2-} 分别为 9、3.5、6 和 6,转换已知常量 K_w,K_{a1} 和 K_{a2} 为给定浓度对应的值,因为质量平衡方程最终必须用浓度而不是活度。使用这些和浓度相关的常量,再次计算新 $[H^+]$,$[OH^-]$,α_1,α_2 和离子强度。然后重复计算,为 53 题绘制 V_b 与 pH 值图,并讨论有什么不同。

参 考 文 献

指示剂

1. R. W. Sabnis, *Handbook of Acid-Base Indicators*. Boca Raton, FL: CRC Press, 2008.
2. G. Gorin, "Indicators and the Basis for Their Use," *J. Chem. Ed.*, 33 (1956) 318.
3. E. Bishop, *Indicators*. Oxford: Pergamon, 1972.

滴定曲线

4. R. K. McAlpine, "Changes in pH at the Equivalence Point," *J. Chem. Ed.*, 25 (1948) 694.
5. A. K. Covington, R. N. Goldberg, and M. Sarbar, "Computer Simulation of Titration

Curves with Application to Aqueous Carbonate Solutions," *Anal. Chim. Acta*, 130 (1981) 103.

滴定

6. Y.-S. Chen, S. V. Brayton, and C. C. Hach, "Accuracy in Kjeldahl Protein Analysis," *Am. Lab.*, June (1988) 62.

7. R. M. Archibald, "Nitrogen by the Kjeldahl Method," in D. Seligson, ed., *Standard Methods of Clinical Chemistry*, Vol. 2. New York: Academic, 1958, pp. 91 – 99.

网上 pH 滴定计算器

8. www2.iq.usp.br/docente/gutz/Curtipot.htmL 一个免费的程序,计算酸和碱的混合物的 pH 和 paH、滴定曲线和分布曲线图、α 等。

9. www.pHcalculation.se 一个免费的程序,用浓度(concph)或活度(actph)计算复杂混合物强弱酸碱的 pH 值。所有物种按平衡浓度计算。后者也计算物种的活性系数和离子强度。一个变化的程序允许计算滴定曲线,通过添加不同量的分析物溶液滴定。

(Source: Stig Johansson/www.phcalculation.se/Courtesy of late Stig Johannson.)

不用测量体积的滴定

10. T. R. Martz, A. G. Dickson, and M. D. DeGrandpre, "Tracer Monitoring Titrations: Measurement of Total Alkalinity," *Anal. Chem.*, 78 (2006) 1817.

11. M. D. DeGrandpre, T. R. Martz, R. D. Hart, D. M. Elison, A. Zhang, and A. G. Bahnson, "Universal Tracer Monitored Titrations," *Anal. Chem.*, 83 (2011) 9217.

第 9 章
络合反应与滴定

> "Simple things should be simple. Complex things should be possible."
>
> ——Alan Kay

学习要点
- 形成常数
- EDTA 平衡[重点方程式：式(9.5)~式(9.8)]
- EDTA 滴定指示剂
- α_M 和 β[重点方程式：式(9.17)~式(9.21)]

许多金属离子都能与不同的配体(络合试剂)形成弱电离的络合物。分析化学家会明智地使用络合物来掩蔽不需要的反应。络合物的形成构成简便并是可精确滴定金属离子的基础,在此类滴定中,滴定剂就是络合试剂。络合滴定被用于测定大量金属元素。选择性滴定可通过适当地使用掩蔽剂(加入其他能与产生干扰的金属离子反应,但不与被测金属离子反应的络合剂)和调控pH 值来实现,这是因为大部分络合剂是弱酸或弱碱,其平衡受 pH 值影响。在本章中,我们将讨论金属离子和它们的平衡,以及 pH 值对这些平衡的影响;阐述非常实用的络合剂 EDTA 滴定金属离子、影响络合滴定的因素以及络合滴定的指示剂。EDTA 同时滴定钙和镁,通常被用来测定水的硬度。在食品工业中,常用络合滴定法测定玉米片中的钙。在电镀工业和五金行业中,络合(也称螯合)滴定法被用来测定镀液和蚀刻液中的镍。在制药工业中,相似的滴定方法被用来测定液体抗酸剂中的氢氧化铝。几乎所有的金属元素都能用络合滴定法进行精确测定。在重量分析法、分光光度法和荧光测定法中,络合反应被用于掩蔽干扰离子。

9.1 络合物和络合常数

络合物在许多化学和生化过程中都发挥着重要的作用。例如血液中的血红素分子能与铁紧密结合,这是因为血红素中的氮原子可形成强配位或络合键。总之,氨基中的氮是一个强配体。另一方面,Fe(Ⅱ)很容易跟氧键合,它从肺部将氧气传输到身体的其他部位以后又很容易地将氧释放出来,因为氧是一个弱配体。一氧化碳中毒是因为它是强配体,可把氧置换出来,其与血红素的结合能力是氧的 200 倍,形成碳氧血红蛋白。

在溶液中,许多阳离子能与多种具有一对孤电子对(如分子中 N,O,S 等原子)且满足金属阳离子配位数的物质反应形成络合物。金属阳离子属于路易斯酸(电子对受体),而络合剂则属于路易斯碱(电子对给体)。金属阳离子的配位数和配体分子的络合基团共同决定了一个络合物中所含络合剂(称为**配体**)分子的个数。

大部分配体中含有 O,S 或 N 作为配位原子。

氨是一种简单配体,它只含一对孤对电子,能与铜离子络合:

$$Cu^{2+} + 4 \ddot{:} NH_3 \Longrightarrow \left[H_3N \ddot{:} \underset{\underset{NH_3}{\overset{..}{}}}{\overset{\overset{NH_3}{\overset{..}{}}}{Cu}} \ddot{:} NH_3 \right]^{2+}$$

此反应中,铜离子为路易斯酸,氨则为路易斯碱。Cu^{2+}(水合)在溶液中呈淡蓝色,而它与氨形成的络合物(氨络物)则呈深蓝色。一个类似的反应为:绿色的水合镍离子与氨发生络合反应生成深蓝色的氨络物。

氨也可与银离子络合,生成无色的络合物。两分子氨与一个银离子以多级的方式络合,我们可以写出每一级的平衡常数,称为**形成常数 K_f**:

$$Ag^+ + NH_3 \Longrightarrow Ag(NH_3)^+ \quad K_{f1} = \frac{[Ag(NH_3)^+]}{[Ag^+][NH_3]} = 2.5 \times 10^3 \quad (9.1)$$

$$Ag(NH_3)^+ + NH_3 \Longrightarrow Ag(NH_3)_2^+ \quad K_{f2} = \frac{[Ag(NH_3)_2^+]}{[Ag(NH_3)^+][NH_3]} = 1.0 \times 10^4 \tag{9.2}$$

总反应为两步反应之和,总形成常数则为各级形成常数之积:

$$Ag^+ + 2NH_3 \Longrightarrow Ag(NH_3)_2^+ \quad K_f = K_{f1} \cdot K_{f2} = \frac{[Ag(NH_3)_2^+]}{[Ag^+][NH_3]^2} = 2.5 \times 10^7 \tag{9.3}$$

对生成简单的 1:1 络合物(例如:M+L=ML)的反应来说,形成常数为 $K_f = [ML]/[M][L]$。形成常数也称为**稳定常数 K_s 或 K_{stab}**。

我们可以把络合平衡像电离平衡一样反过来写。如果我们这么做,则平衡常数表达式中的各浓度项要取其倒数。此时的平衡常数就简单地表示成形成常数的倒数,称为**不稳定常数 K_i**,或者**电离常数 K_d**:

$$Ag(NH_3)_2^+ \Longrightarrow Ag^+ + 2NH_3 \quad K_d = \frac{1}{K_f} = \frac{[Ag^+][NH_3]^2}{[Ag(NH_3)_2^+]} = 4.0 \times 10^{-8} \tag{9.4}$$

$K_f = K_s = 1/K_i$ 或 $1/K_d$。

在计算中,只要使用适当的反应式与正确的表达式,就可以使用任意一种平衡常数。另外,酸的电离($HA \rightleftharpoons H^+ + A^-$)实际上与金属-配体络合物的电离($ML \rightleftharpoons M + L$)非常相似。尽管如此,按照惯例,我们通常把前者写成电离反应,把后者写成缔合反应。

例 9.1　二价离子 M^{2+} 与配体 L 反应生成 1∶1 络合物:

$$M^{2+} + L \rightleftharpoons ML^{2+} \quad K_f = \frac{[ML^{2+}]}{[M^{2+}][L]}$$

计算 0.20 mol/L M^{2+} 与 0.20 mol/L L 等体积混合反应后溶液中 M^{2+} 的浓度。$K_f = 1.0 \times 10^8$。

解:

我们已经按照化学计量比加入等量的 M^{2+} 和 L。络合物足够稳定所以两者的反应实际上是完全的。由于我们加入相等的体积,各组分的浓度被稀释成其初始浓度的一半。用 x 表示 $[M^{2+}]$。平衡时,我们有:

$$M^{2+} + L \rightleftharpoons \qquad ML^{2+}$$
$$x \qquad x \qquad\quad 0.10 - x \approx 0.10$$

基本上,所有的 M^{2+}(初始浓度为 0.20 mmol/mL)都被转化成等量的 ML^{2+},只余下一小部分未络合的金属离子。把各浓度值代入 K_f 表达式中:

$$\frac{0.10}{x\,x} = 1.0 \times 10^8$$

$$x = [M^{2+}] = 3.2 \times 10^{-5} \text{ mol/L}$$

也可以通过 Excel 中的"单变量求解"函数求解方程 $(0.10 - x)/x^2 = K_f$。 即使在 K_f 不是很高的时候这个方法也适用,实际上我们不能假设 x 值很小,$0.10 - x$ 取近似值 0.10。

例 9.2　银离子与三亚乙基四胺[$NH_2(CH_2)_2NH(CH_2)_2NH(CH_2)_2NH_2$,简称"trien"]反应生成稳定的 1∶1 络合物。将 25 mL 0.010 mmol/mL 硝酸银加入 50 mL 0.015 mmol/mL "trien"中,计算银离子的平衡浓度。$K_f = 5.0 \times 10^7$。

解:

$$Ag^+ + trien \rightleftharpoons Ag(trien)^+ \quad K_f = \frac{[Ag(trien)^+]}{[Ag^+][trien]}$$

计算加入的 Ag^+ 和"trien"的物质的量(mmol):

$$Ag^+: 25 \text{ mL} \times 0.010 \text{ mmol/mL} = 0.25 \text{ mmol}$$

$$\text{trien: } 50 \text{ mL} \times 0.015 \text{ mmol/mL} = 0.75 \text{ mmol}$$

由于平衡向右进行得很完全,故实际上可以假设所有的 Ag^+ 与 0.25 mmol trien 完全反应(余下过量的 0.50 mmol trien 未反应)生成 0.25 mmol 络合物。计算各组分物质的量浓度:

$$[Ag^+] = x$$

$$[\text{trien}] = (0.50 \text{ mmol}/75 \text{ mL}) + x = 6.7 \times 10^{-3} + x$$
$$\approx 6.7 \times 10^{-3} (\text{mmol/mL})$$

$$[Ag(\text{trien})^+] = (0.25 \text{ mmol}/75 \text{ mL}) - x = 3.3 \times 10^{-3} - x$$
$$\approx 3.3 \times 10^{-3} (\text{mmol/mL})$$

尝试把 x 与其他浓度相比较后将其忽略:

$$\frac{3.3 \times 10^{-3}}{x \times 6.7 \times 10^{-3}} = 5.0 \times 10^7$$

$$x = [Ag^+] = 9.8 \times 10^{-9} \text{ mmol/mL}$$

由此可知,我们忽略 x 是合理的。

325

尝试应用 Excel"单变量求解"函数:

假设在本例中的配体不是"trien"而是其他配体 L,反应类型相同但是缔合常数值只为 5。问反应后 AgL^+ ,Ag^+ 和 L 的浓度各为多少?

9.2　螯合: EDTA——金属离子的终极滴定剂

简单的络合剂如氨等很少用作滴定剂,因为很难得到明显的反应终点,该终点相对应于络合反应的化学计量点。由于各级平衡常数经常彼此相近且其值都不够大,所以观察不到单一化学计量比的络合物。然而,分子中含有两个或者多个络合基团的某些络合剂确实能形成结构明确的络合物,因而可用作滴定剂。施瓦岑巴赫(Schwarzenbach)证实如果使用双齿配体(一个配体中含两个配位基团),则络合产物的稳定度可得到大幅提高(他的诸多贡献见参考文献 4)。例如他展示用双齿乙二胺$[NH_2CH_2CH_2NH_2(en)]$取代氨,可生成高度稳定的$Cu(en)_2^{2+}$ 络合物。

"螯合"这一名词来自希腊语,意为"爪状"。从字面上理解,螯合剂就是那些能把金属离子包裹起来的试剂。

通常情况下,最有用的滴定剂是氨基羧酸,其中氨基氮和羧酸根基团充当配体。氨基氮比羧酸根基团更显碱性,质子化(—NH$_3^+$)能力更强。当这些基团与金属原子键合时,它们会失去质子。不论金属离子带有多少电荷,它们与这些多齿络合剂形成络合物的比例通常是 1:1,因为一个配体分子有足够的配位基团满足金属离子的所有配位点。

　　具有两个或两个以上基团能同时与金属离子络合的有机试剂称为**螯合剂**,形成的复合物称为**螯合物**。螯合剂被称为"配体"。使用螯合剂的滴定称为**螯合滴定**,这类滴定也许是络合滴定中最重要和最实用的类型。

　　在滴定中应用最广泛的螯合剂是**乙二胺四乙酸(EDTA)**。EDTA 的分子式为:

$$HO_2CH_2C \qquad\qquad CH_2CO_2H$$
$$\underset{O_2CH_2C}{\overset{H}{N_+}} \ CH_2CH_2 \ \underset{CH_2CO_2^-}{\overset{H}{N_+}}$$

该分子中两个氮和四个羧基基团均各包含一对能与金属离子络合的孤电子对。因此,EDTA 包含六个络合基团。我们将以符号"H$_4$Y"代表 EDTA。它是一个四元酸,H$_4$Y 中的氢指四个羧酸基团中可电离的氢。在足够低的 pH 条件下,两个氮原子也能被质子化,生成双质子化的 EDTA,可视其为六元酸。但是这只发生在非常低的 pH 条件下,而 EDTA 几乎从未在这种条件下使用。实际上是未质子化的配体"Y^{4-}"与金属离子形成络合物,即:当进行络合反应时,EDTA 中的质子被金属离子置换出来。

　　当与金属离子发生螯合时,EDTA 的质子被置换出来,形成了带负电的螯合物。

　　请注意:上文分子式中我们已经把该 EDTA 的分子结构画成不带电的两性离子(8.12 节);这是它实际存在的形式。这也是为什么最容易得到的是 EDTA 钠盐,其中两个电离的羧酸基团形成盐。

　　1) 螯合效应——络合基团越多越好

　　与结构相似的二齿或者单齿配体相比,多齿螯合剂能与金属离子形成稳定性更强的络合物。这是络合物生成时热力学效应的结果。化学反应由焓的降低(放热,负 ΔH)和熵的增加(混乱度增加,正 ΔS)所驱动。回顾第 6 章的式(6.7):当吉布斯自由能的变化值(ΔG)为负时,化学过程自发进行,$\Delta G = \Delta H - T\Delta S$。基团相似的配体其焓变通常也是相似的。例如四个氨分子与Cu^{2+}络合和来自两个乙二胺分子的四个氨基与Cu^{2+}络合将释放大致相等的热量。然而,Cu(NH$_3$)$_4^{2+}$ 络合物的电离(生成了五个组分)比 Cu(NH$_2$CH$_2$CH$_2$NH$_2$)$_2^{2+}$ 的电离(生成了三个组分)产生的混乱度或者熵值更大。因此,前者电离产生更大的 ΔS,导致 ΔG 更负,从而增大了其电离趋势。综上,多齿络合物更稳定(有更大的 K_f 值)主要原因在于熵效应,这就是著名的**螯合效应**,是针对螯合试剂如 EDTA 所提出来的。EDTA 有足够多的配体原子,可占据多达六个金属离子配位点。

螯合试剂设计的更多讨论见 C. N. Reilley, R. W. Schmid, and F. S. Sadek, " Chelon Approach to Analysis（Ⅰ）. Survey of Theory and Application," *J. Chem. Ed.*, 36（1959）555. 示范实验在第二篇论文 *J. Chem. Ed.*, 36（1959）619 中给出。

螯合效应是一种熵效应。

2) EDTA 平衡

一般情况 EDTA 被认为有 4 个 K_a 值,与 4 个质子的分步电离相对应[①]:

$$H_4Y \Longrightarrow H^+ + H_3Y^- \qquad K_{a1} = 1.0 \times 10^{-2} = \frac{[H^+][H_3Y^-]}{[H_4Y]} \qquad (9.5)$$

$$H_3Y^- \Longrightarrow H^+ + H_2Y^{2-} \qquad K_{a2} = 2.2 \times 10^{-3} = \frac{[H^+][H_2Y^{2-}]}{[H_3Y^-]} \qquad (9.6)$$

$$H_2Y^{2-} \Longrightarrow H^+ + HY^{3-} \qquad K_{a3} = 6.9 \times 10^{-7} = \frac{[H^+][HY^{3-}]}{[H_2Y^{2-}]} \qquad (9.7)$$

$$HY^{3-} \Longrightarrow H^+ + Y^{4-} \qquad K_{a4} = 5.5 \times 10^{-11} = \frac{[H^+][Y^{4-}]}{[HY^{3-}]} \qquad (9.8)$$

多元酸的平衡已经在第 7.9 节中讨论过,请先回顾这节内容再看接下来的讨论。

图 9.1 显示了 EDTA 每一个形态的分布图,它是 pH 的函数。在络合物

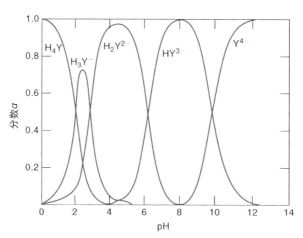

图 9.1 EDTA 各组分的 pH 函数分布图。在这张图中
我们忽略了 H_4Y 以外氮的进一步质子化

① 如前所述,EDTA 分子中的氮能质子化,所以实际上有 6 个电离步骤和 6 个 K_a 值,其中前两个约为 1.5 和 0.032。这两个氮的碱性比羧基氧强,所以它们更容易质子化。氮的质子化确实影响了 EDTA 在酸中的溶解度。

形成过程中,由于配体是 Y^{4-} 阴离子,所以络合平衡明显地受 pH 影响。H_4Y 在水中的溶解度非常低,所以通常使用的是有两个羧基被中和的钠盐 $Na_2H_2Y \cdot H_2O$。该盐在水溶液中电离出主要组分 H_2Y^{2-};溶液的 pH 大致范围是 4~5(从 $[H^+] = \sqrt{K_{a2}K_{a3}}$ 计算出的理论值为 4.4)。

以下阶梯图显示了 EDTA 在 pH 变化时的形态分布。该阶梯图来自哈佛大学的 Galina Talanova 教授。如上所述,EDTA 分子中的氮在非常强的酸性溶液中可质子化,当考虑到这个问题时,我们能写出 6 个 K_a 值,以下阶梯图中的 $pK_3 \sim pK_6$ 与式(9.5)~式(9.8)中的 $K_{a1} \sim K_{a4}$ 相对应(请注意:氮的质子化发生在 pH 0~1.5)。

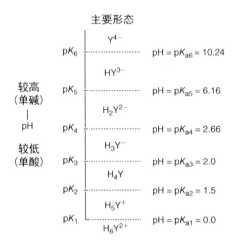

3) 形成常数

以 EDTA 与 Ca^{2+} 形成螯合物为例。可由下式表示:

$$Ca^{2+} + Y^{4-} \rightleftharpoons CaY^{2-} \tag{9.9}$$

该平衡的形成常数为:

$$K_f = \frac{[CaY^{2-}]}{[Ca^{2+}][Y^{4-}]} \tag{9.10}$$

一些典型的 EDTA 形成常数值收录在附录 C.4 中。

4) EDTA 平衡的 pH 效应——Y^{4-} 形态有多少?

当氢离子浓度增加时,由于氢离子竞争螯合阴离子,式(9.9)中的平衡向左移动。电离平衡方程式如下所示:

$$CaY^{2-} \rightleftharpoons Ca^{2+} + \underbrace{Y^{4-} \xrightarrow{H^+} HY^{3-} \xrightarrow{H^+} H_2Y^{2-} \xrightarrow{H^+} H_3Y^- \xrightarrow{H^+} H_4Y}_{c_{H_4Y}}$$

请注意:$c_{H_4Y} = [Ca^{2+}]$。 或者,从总平衡可得:

328

$$Ca^{2+} + H_4Y \Longrightarrow CaY^{2-} + 4H^+$$

根据勒夏特列原理,增加酸度有利于竞争平衡,即:有利于 Y^{4-} 的质子化(平衡式中包括了 EDTA 的所有形态,但有些形态的浓度非常低,见图 9.1)。降低酸度则有利于 CaY^{2-} 螯合物的形成。

网上教材中题为"H_4Y alpha plot Excel 1 和 H_4Y alpha plot Excel 2"给出了两种使用 Excel 生成该图的方法。

Video:H_4Y alpha plot Excel 1　　Video:H_4Y alpha plot Excel 2

从已知的 pH 以及所涉及的平衡可得,式(9.10)可以用来计算不同溶液条件下的游离 Ca^{2+} 浓度(如用于解释滴定曲线)。也可根据此方法计算出不同 pH 条件下 Y^{4-} 的浓度(见第 7 章,多元酸)。如果我们设 c_{H_4Y} 为未络合的 EDTA 各形态的总浓度,则:

$$c_{H_4Y} = [Y^{4-}] + [HY^{3-}] + [H_2Y^{2-}] + [H_3Y^-] + [H_4Y] \qquad (9.11)$$

我们也能写出:

$$[Y^{4-}] = \alpha_4 c_{H_4Y} \qquad (9.12a)$$

α_4 指 c_{H_4Y} 中以 Y^{4-} 的形态分布,由下式给出[回顾第 7 章;该表达式的推导过程见式(7.78)~式(7.84)]:

$$
\begin{aligned}
\alpha_4 &= K_{a1} K_{a2} K_{a3} K_{a4}/Q_4 \\
&= K_{a1} K_{a2} K_{a3} K_{a4}/([H^+]^4 + K_{a1}[H^+]^3 + K_{a1} K_{a2}[H^+]^2 \\
&\quad + K_{a1} K_{a2} K_{a3}[H^+] + K_{a1} K_{a2} K_{a3} K_{a4})
\end{aligned}
\qquad (9.12b)
$$

对 EDTA 的其他形态分布,可推导出类似的 $\alpha_0, \alpha_1, \alpha_2$ 和 α_3 方程,见第 7 章(这是构建图 9.1 的方法)。

然后我们可以用式(9.12b)计算出给定 pH 条件下 EDTA 中的 Y^{4-} 形态分布;结合未络合的 EDTA(c_{H_4Y})浓度值,使用式(9.10)我们就能计算出游离 Ca^{2+} 的浓度。

质子与金属离子竞争 EDTA 离子。为应用式(9.10),我们必须用 $\alpha_4 c_{H_4Y}$ 取代 $[Y^{4-}]$,作为 Y^{4-} 组分的平衡浓度。

例 9.3　计算 pH 10 时 EDTA 的 Y^{4-} 形态分布,并以此计算 pH 10 时,向 100 mL 0.100 mmol/mL Ca^{2+} 加入 100 mL 0.100 mmol/mL EDTA 后的 pCa。

解:

由式(7.82)得:

$$Q_4 = [H^+]^4 + K_{a1}[H^+]^3 + K_{a1}K_{a2}[H^+]^2$$
$$+ K_{a1}K_{a2}K_{a3}[H^+] + K_{a1}K_{a2}K_{a3}K_{a4}$$

代入 $[H^+] = 10^{-10}$ 和式(9.5)~式(9.8)中列出的各 K_a 值,我们得出:

$$Q_4 = 2.3_5 \times 10^{-21}$$

式(9.12b)中的分子为:

$$K_{a1}K_{a2}K_{a3}K_{a4} = 8.3_5 \times 10^{-22}$$

因此,从式(9.12b)可得:

$$\alpha_4 = 8.3_5 \times 10^{-22} / 2.3_5 \times 10^{-21} = 0.36$$

Ca^{2+} 和 EDTA 按化学计量比相混合生成等量的 CaY^{2-},其电离的量较少:

$$n_{Ca^{2+}} = 0.100 \text{ mmol/mL} \times 100 \text{ mL} = 10.0 \text{ mmol}$$
$$n_{EDTA} = 0.100 \text{ mmol/mL} \times 100 \text{ mL} = 10.0 \text{ mmol}$$

在 200 mL 体积中生成了 10.0 mmol CaY^{2-},即 0.050 0 mmol/mL:

$$Ca^{2+} + EDTA \Longleftrightarrow CaY^{2-}$$

$$x \qquad x \qquad\qquad 0.050\ 0 \text{ mmol/mL} - x$$
$$\approx 0.050\ 0 \text{ mmol/mL(因为 } K_f \text{ 很大)}$$

x 指所有形态的 EDTA 的总平衡浓度 c_{H_4Y},必须代入式(9.10)的 $[Y^{4-}]$ 等于 $\alpha_4 c_{H_4Y}$。由此,我们把式(9.10)写成:

$$K_f = \frac{[CaY^{2-}]}{[Ca^{2+}]\alpha_4 c_{H_4Y}}$$

从附录 C.4 中可查出 $K_f = 5.0 \times 10^{10}$,因此:

$$5.0 \times 10^{10} = \frac{0.050\ 0}{x \times 0.36 \times x}$$

$$x = 1.7 \times 10^{-6} \text{ mmol/mL}$$

$$pCa = 5.77$$

5) 条件形成常数——在固定的 pH 条件下使用

"条件形成常数"这个术语在特定的条件下(如在某 pH 条件下)使用,计算时很方便。在使用条件形成常数时,我们认为 EDTA 只有一部分以 Y^{4-} 的形态存在。在式(9.10)中,我们可用 $\alpha_4 c_{H_4Y}$ 代替 $[Y^{4-}]$:

$$K_f = \frac{[CaY^{2-}]}{[Ca^{2+}]\alpha_4 c_{H_4Y}} \qquad (9.13)$$

9.3 金属－EDTA 滴定曲线

通过向样品溶液中滴加螯合试剂来实现滴定；反应的发生如式（9.9）所示。图 9.3 是 pH 10 条件下用 EDTA 滴定 Ca^{2+} 的滴定曲线。在等当量点之前，Ca^{2+} 浓度几乎与未螯合（未反应）的钙相等，因为螯合物是弱电离（类似于未沉淀离子数）。在等当量点及等当量点之后，给定 pH 条件下的 pCa 根据螯合物的电离，使用 K_f 或 K_f' 计算得到，如例 9.3 和例 9.4 所示。从图 9.3 中 pH 7 的滴定曲线可看出，pH 对滴定有较大影响。

你将会回想起在 pH 滴定中，计算需要多少滴定标准液才能达到指定的 pH 值会比反过来计算（例如：求算加入一定量的滴定标准液后的 pH 值）更加简单。回顾第 8.11 节和习题 8.52 对这些问题的处理。对金属离子(M)-EDTA(L)滴定也一样。

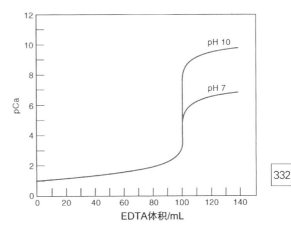

图 9.3 pH 7 和 pH 10 时的滴定曲线：0.1 mmol/mL Na_2EDTA 滴定 100 mL 0.1 mmol/mL Ca^{2+}

332

与通常情况一样，我们可以假定滴定是在 pH 值不变的缓冲介质中进行，条件形成常数为 K_f'。我们取体积为 V_M mL，分析浓度为 c_M 的金属离子进行滴定。在任意给定点加入体积为 V_L mL，浓度为 c_L 的滴定标准液 L，并且我们希望能计算出游离金属离子浓度（以 pM 表示，类似于以 pH 表示氢离子的浓度）。根据 $pM = -\lg[M]$，求 V_L 值。

基于质量平衡方法，很容易得到（见第 9.3 节的网上补充材料）：

$$V_L = \frac{V_M c_M - [M](1 + K_f'[M])}{c_L(K_f' + [M]) + [M](1 + K_f'[M])} \tag{9.15}$$

我们以 10^{-pM} 先计算出[M]值，然后再计算 V_L 值。为了生成图 9.3 的数据，我们取 K_f 值为 5.01×10^{-10}（附录 C，表 C.4），计算出 pH 10 和 pH 7 时的 α_4 分别为 0.35_5 和 4.80×10^{-4}，进而计算出 K_f' 分别为 1.8×10^{10} 和 2.4×10^7。计算过程见网上教材 Figure 9.3a.xlsx 中 pH 7 和 pH 10 的工作表。

但是，请注意：与酸-碱滴定中水的电离使问题复杂化不同，当前情况是对包含 M 和 L 的组分均可列出质量平衡方程式。以此产生如下所示的二次方程，而该方程可精确求解。以式（9.14）为例，对金属离子 M 和配体 L，我们可

以写出:

$$K'_f = \frac{[ML]}{[M][L_T]}$$

式中,L_T 指所有含 L 而非 ML 的组分。我们设滴定任意点的总体积为 $V_M + V_L$(两者单位皆为 mL),为 V_T;$c_M V_M$ 为初始取用的金属离子物质的量,mmol;$c_L V_L$ 为任意滴定点处配体的总物质的量,mmol。M 的质量平衡要求金属离子的初始用量减去 ML,然后除以 V_T 必须等于[M]:

$$[M] = (c_M V_M - [ML] V_T) / V_T$$

同理,对组分 L,也产生一个类似的质量平衡方程:

$$[L_T] = (c_L V_L - [ML] V_T) / V_T$$

以上三个方程联立,得出:

$$K'_f (c_M V_M - [ML] V_T)(c_L V_L - [ML] V_T) = [ML] V_T^2$$

这是一个关于[ML]的二次方程,通常记为:

$$a = K'_f V_T^2, b = -V_T(K'_f(c_M V_M + c_L V_L) + V_T) \text{ 和 } c = K'_f c_M V_M c_L V_L$$

本书的网上教材中的 Figure 9.3b. xlsx 详细说明了如何使用以上精确方程来生成图 9.3。请注意:二次方程的两个解中,负数解在该习题中是有意义的,否则计算出的浓度值将为负值。

螯合物越稳定(K_f 越大),平衡反应[式(9.9)]将向右进行得更完全,终点突跃也将越明显。同样,螯合物越稳定,就可以在更低的 pH 条件下进行滴定(图 9.2)。这一点很重要,因为它允许一些离子在很低的 pH 条件下被滴定,而其他共存金属离子则由于其与 EDTA 生成的螯合物在低 pH 条件下稳定性太差而不能被滴定。

只有一部分金属离子螯合物在酸溶液中足够稳定,可以在酸性条件下被滴定;其他金属离子则需要在碱溶液中滴定。

图 9.4 给出了 EDTA 滴定不同金属离子的最低 pH 值。曲线上的每一个点表示对应的金属离子的条件形成常数 K'_f 值为 10^6 时的 pH 值($\lg K'_f = 6$,强制选定该值作为得到敏锐的终点突跃的最低要求)。请注意:K_f 越小,溶液碱性必须越强以使 K'_f 达到 10^6(比如 α_4 必须越大才行)。因此,由于 Ca^{2+} 的 K_f 值大约为 10^{10},故要求 pH ≥ 8。根据各金属离子的形成常数,图中的虚线将它们分成几组。其中在高酸度(pH < 3)溶液中可滴定第一组金属离子,在 pH 3~7 中可滴定第二组金属离子,在 pH > 7 时可滴定第三组金属离子。在 pH 的最高区域,所有金属离子都将参与反应,但由于会生成氢氧化物沉淀,所以并不是所有这些离子都能被直接滴定。例如:在不使用返滴定法或者辅助

络合试剂以避免水解的情况下,Fe^{3+} 和 Th^{4+} 就不能在高 pH 范围直接滴定。在 pH 中间范围内,不能滴定第三组离子,而第二组离子则可以在第三组离子存在的情况下被滴定。最后,在酸度最强的 pH 范围内,只有第一组离子能被滴定,而且在其他两组离子存在的情况下都可以被准确测定。

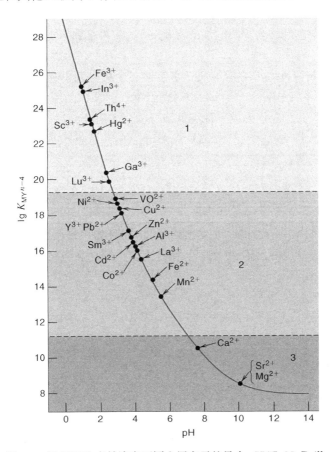

图 9.4 用 EDTA 有效滴定不同金属离子的最小 pH(C. N. Reilley and R. W. Schmid, *Anal. Chem.*, 30 (1958) 947)

掩蔽可以通过产生沉淀、生成络合物、氧化-还原反应和动力学等方法来实现。这些技术通常相互结合使用。例如:Cu^{2+} 可以通过使用抗坏血酸将其还原成 $Cu(I)$ 和使用 I^- 与其络合的方法进行掩蔽。滴定铋时,可用硫酸根沉淀共存的铅离子。大部分的掩蔽都是通过选择性地形成一种稳定且可溶的络合物来实现。钙溶液中的铝离子可以用氢氧根离子络合成 $Al(OH)_4^-$ 或 AlO_2^- 进行掩蔽以实现钙离子的滴定。在滴定 $Sn(II)$ 时,氯离子可以掩蔽 $Sn(IV)$。氨可与铜络合,所以很难在氨缓冲液中用 EDTA 滴定 $Cu(II)$。在 $Cr(III)$ 存在的情况下,其他金属离子可被滴定,原因在于虽然 $Cr(III)$ 的 EDTA 络合物非常稳定,但只能缓慢生成。

9.4　终点检测

　　如果有合适的电极（如离子选择电极，见第 13 章），我们就能够通过电位滴定法测定 pM，但如果能使用指示剂，则测定过程会更简单。用于络合滴定的指示剂本身也是螯合剂。它们通常是 o,o'-二羟基偶氮类染料。

　　1）铬黑 T

　　铬黑 T 是一种典型的指示剂。它包括三个可电离的质子，所以我们将其写成 H_3In。该指示剂能用于 EDTA 滴定 Mg^{2+}。往样品溶液中加入很少量的铬黑 T，它与部分 Mg^{2+} 形成一种红色络合物。未络合的铬黑 T 呈蓝色。一旦所有游离的 Mg^{2+} 被滴定完毕，EDTA 就开始把镁从指示剂中置换出来，使溶液颜色由红变蓝：

$$MgIn^- + H_2Y^{2-} \longrightarrow MgY^{2-} + HIn^{2-} + H^+ \qquad (9.16)$$
$$\text{（红）} \qquad \text{（无色）} \qquad \text{（无色）} \quad \text{（蓝）}$$

　　该反应将在一定的 pMg 值范围内发生，而且如果指示剂的浓度尽可能稀但又保证足够量以使颜色变化明显，则终点颜色变化会更灵敏。

铬黑 T

　　当然，金属-指示剂络合物的稳定性必须比金属-EDTA 络合物低，否则 EDTA 将无法将金属离子从指示剂中置换出来。另一方面，它又必须具有一定的稳定性，否则 EDTA 在滴定开始时就会将其置换出来，导致终点难以判定。总之，金属-指示剂络合物的 K_f 应该为金属-滴定剂络合物的 $1/100 \sim 1/10$。

　　钙和镁的 EDTA 络合物的形成常数太接近以至于无法在 EDTA 滴定中将两者区分，甚至通过调节 pH 也不行（图 9.4）。所以它们只能被一起滴定，可用铬黑 T 按上述方法进行指示终点。该滴定被用来测定**水的总硬度**（Ca^{2+} 加 Mg^{2+}，见网上教材 Experiment 11）。然而，在不含镁的溶液中，铬黑 T 不能被用来指示用 EDTA 滴定钙的终点，因为指示剂与钙形成的络合物稳定性太差不能产生敏锐的终点变化。如上所述，往含 Ca^{2+} 的溶液中加入少量浓度已知的 Mg^{2+}，因为只要 Ca^{2+} 和少量游离的 Mg^{2+} 被一起滴定，终点颜色变化就会很明显(Ca^{2+}首先被滴定因为其与 EDTA 形成的螯合物更稳定)。在缓冲液中加入等量的Mg^{2+}进行"空白"滴定,以此来校正混合溶液中用于滴定Mg^{2+}的 EDTA 的量。

水的总硬度以 ppm CaCO$_3$ 表示,指钙镁总量。

与加入 MgCl$_2$ 相比,直接加入 2 mL 0.005 mmol/mL Mg‐EDTA 更加便捷。该溶液制备如下:0.01 mmol/mL MgCl$_2$ 与 0.01 mmol/mL EDTA 等体积混合后,加入 pH 10 的缓冲液和铬黑 T,用逐滴加入的方法调节 MgCl$_2$ 和 EDTA 的比例,直到试剂部分呈暗紫色。此时,一滴 0.01 mmol/mL EDTA 就可以使溶液变蓝,而一滴 0.01 mmol/mL MgCl$_2$ 则可使溶液变红。

如果我们往样品溶液中加入 Mg‐EDTA,样品中的Ca^{2+}会把Mg^{2+}从 EDTA 中置换出来(因为 Ca‐EDTA 更稳定),释放出的Mg^{2+}与指示剂反应。到达滴定终点时,等量的 EDTA 则把指示剂从Mg^{2+}中置换出来,导致颜色改变,这样就不需要对加入的 Mg‐EDTA 进行校正。网上教材中的 Experiment 11 即使用本方法。

另一种方法则是添加少量的Mg^{2+}到 EDTA 溶液中。Mg^{2+}立即与 EDTA 反应形成MgY^{2-},平衡后只余下非常少的游离Mg^{2+}。这实际上降低了 EDTA 的物质的量浓度。所以加入Mg^{2+}后的 EDTA 溶液用基准碳酸钙(溶解在 HCl 中并调节 pH)进行标定。当指示剂加入到钙离子溶液中以后,溶液呈浅红色。但是一旦滴定开始,指示剂被镁离子络合使溶液呈酒红色,在滴定终点时,溶液变成蓝色,因为指示剂从镁中被置换出来了。不需要对加入的这部分Mg^{2+}进行校正,因为 EDTA 溶液已经被标定过了。该 EDTA 溶液不能用于滴定除了钙以外的其他金属离子。

2) 高纯度 EDTA

高纯度 EDTA 可以通过在 80℃下干燥 Na$_2$H$_2$Y·2H$_2$O 2 h 制得。水合分子仍然保留;它可作为基准物用于配置 EDTA 标准溶液。

钙和镁的 EDTA 滴定在 pH 10 的氨‐氯化铵缓冲液中进行。pH 不能太高,否则可能产生金属离子的氢氧化物沉淀,导致钙和镁与 EDTA 的反应变得非常慢。在镁存在的条件下使用强碱把 pH 升高到 12,可对钙离子进行精确滴定;此时镁生成Mg(OH)$_2$沉淀而不被滴定。

由于铬黑 T 和其他一些指示剂都是弱酸,它们的颜色将取决于 pH,因为它们的离子组分显示不同的颜色。例如:对铬黑 T,H$_2$In$^-$ 显红色(pH<6),HIn^{2-} 显蓝色(pH 6~12),In^{3-} 则显黄橙色(pH>12)。这样,指示剂可以在指定的 pH 范围内使用。但是应该强调:络合滴定的指示剂对 pH 有响应,但是滴定的作用机理并不包括 pH 变化,因为滴定是在缓冲液中进行的。不过,pH 影响指示剂与金属离子生成的络合物的稳定性,同样也影响 EDTA 与金属离子生成的络合物的稳定性。在给定的 pH 条件下,当金属离子与滴定剂反应生成的络合物比其与指示剂生成的络合物更稳定时,这样的指示剂才可用于指示滴定终点。这听起来可能有点复杂,但使用不同的螯合试剂进行滴定时,所选用的适当的指示剂都是人们所熟知的。

对使用 EDTA 滴定钙和镁而言,钙镁指示剂的终点指示比铬黑 T 更灵敏。其保质期也更长。二甲酚橙用于指示那些与 EDTA 形成强稳定性络合物的滴定,pH 范围为 1.5~3.0。例如钍(Ⅳ)和铋(Ⅲ)的直接滴定,以及通过返滴定前两种金属离子之一而实现锆(Ⅳ)和铁(Ⅲ)的间接测定。还有许多其他指示剂可用于 EDTA 滴定。Flaschka 和 Barnard 的工作(参考文献 6)展示了许多 EDTA 滴定的实例,对不同金属离子的滴定过程进行了详细描述。

钙镁指示剂　　　　　　　　二甲酚橙

还有其他大量的有用试剂适用于络合滴定。乙二醇双(β-氨基乙基醚)-N,N,N',N'-四乙酸(EGTA)就是一个典型的例子。这是一个 EDTA 的醚同类物,它在镁存在时能选择性滴定钙:

对比镁重的碱土金属离子,含醚键的络合试剂具有很强的络合能力。钙-EGTA 的 lg K_f 为 11.0,而镁-EGTA 则只为 5.2。其他螯合剂及其应用,见参考文献 4 和 6。

EGTA 可以在镁存在时滴定钙。

除碱金属外,几乎每种金属都可以用络合滴定法进行精准测定。这些方法比重量分析法更加快速和方便,因此除了少数精度要求更高的案例以外,人们更喜欢络合滴定法。但是,近年来这些络合滴定测定金属的方法正被原子光谱法和质谱法所取代(见第 17 章)。

在临床检验中,络合滴定法受限于那些浓度相当高的组分,因为容量分析法通常不够灵敏。血液中钙的测定是络合滴定法的重要应用之一。螯合试剂如 EDTA 被用于重金属中毒的处置,例如:当儿童误食含铅的油漆碎片时,灌食钙螯合物(分子式 Na_2CaY)以避免铅在体内蓄积;服食 Ca - EDTA(而非 Na_2EDTA)以防止骨钙的流失。铅等重金属与 EDTA 形成的络合物比钙更稳定,会把钙从 EDTA 中置换出来。螯合的铅通过肾脏排出体外。

一些 EDTA 螯合物形成常数值见附录 C 中的表 C.4。

9.5 络合物的其他用途

除了滴定法之外,络合物还有其他方面的应用。例如:通过**溶剂萃取**,金属离子可以形成螯合物并被萃取到与水不相溶的溶剂中进行分离。金属离子与螯合剂双硫腙形成的络合物被用于萃取。这些螯合物通常高度显色。它们的形成则构成**分光光度法**和**原子光谱法**测定金属离子的基础,也可能形成荧光络合物。金属离子螯合物有时候会发生沉淀。在重量分析法中,镍-丁二酮肟沉淀就是个实例。表 10.2 列举了一些其他金属螯合沉淀物。络合平衡可能影响色谱分离,另外,络合试剂可作为掩蔽剂以避免干扰反应。例如:在使用螯合试剂喹啉(8-羟基喹啉,见第 10 章)对钒进行溶剂萃取时,用 EDTA 螯合铜可避免铜被萃取,从而避免了铜-喹啉螯合物的形成。许多金属离子螯合物带有很亮的颜色。如今的惯用做法是:先通过色谱分离金属离子,再引入生色螯合配体非选择性地与不同的金属离子反应;然后用分光光度法检测产物。此时,缺乏选择性是个优点,因为同一种螯合试剂可以用于检测大量已经被分离的金属离子。

双硫腙丁二酮肟

螯合反应应用于重量分析法、分光光度法、荧光检测法、溶液萃取法和色谱法中。

所有这些络合反应都取决于 pH,而人们总是需要通过调控 pH(用缓冲液)以优化想要的反应或者抑制不想要的反应。

9.6 累积络合常数 β 和分步形成的络合物中特定组分的浓度

EDTA 与金属离子基于 1:1 的计量比反应。许多配体,特别是那些有多于一个有限结合位点的配体,将以分步的方式与金属离子反应,一次累加一个配体。例如：氨与Ni^{2+}的络合反应分6步进行，最终形成$Ni(NH_3)_6^{2+}$。金属离子与配体反应的分步形成常数可以写成：

$$M + L \Longrightarrow ML \quad [ML]/[M][L] = K_{f1}$$

$$ML + L \Longrightarrow ML_2 \quad [ML_2]/[ML][L] = K_{f2}$$

依此类推，

$$ML_{n-1} + L \Longrightarrow ML_n \quad [ML_n]/[ML_{n-1}][L] = K_{fn}$$

如果将其与多元酸H_nA相比较，你将会注意到H类似于L，而M类似于A。但是我们不仅把平衡写成缔合反应而非电离反应，而且我们也有相反的分步平衡次序。对酸的电离，我们会把第一步电离写成H_nA电离出$H_{n-1}A^-$和H^+，并且把电离常数指定为K_{a1}。所以，$1/K_{fn}$与K_{a1}相对应，$1/K_{fn-1}$与K_{a2}相对应，依此类推直到$1/K_{f1}$，它与K_{an}相对应。

在处理缔合反应平衡时，也经常用到指定为β的累积常数。生成ML_n时，其累积形成常数指定为β_n，其值为各级K_f值的乘积，因此：

$$\beta_n = K_{f1}K_{f2}K_{f3}\cdots K_{fn} \tag{9.17}$$

例如：对ML_3的累积生成，平衡以及相应的常数写成：

$$M + 3L \Longrightarrow ML_3 \quad \frac{[ML_3]}{[M][L]^3} = K_{f1}K_{f2}K_{f3} = \beta_3$$

请注意：β_1与K_{f1}相同。虽然β_0没有物理意义，但为了数学处理方便(在下一节中其原因就会很明显)，β_0取1。

在一个含M，L，各种ML_n组分的金属离子-配体体系，各种金属组分的浓度总和(包括游离的金属离子)通常称为金属离子的分析浓度，指定为c_M：

$$c_M = [M] + [ML] + [ML_2] + [ML_3] + \cdots + [ML_n]$$

该式很容易展开成：

$$c_M = [M] + \beta_1[M][L] + \beta_2[M][L]^2 + \beta_3[M][L]^3 + \cdots + \beta_n[M][L]^n$$

$$c_M = [M](1 + \beta_1[L] + \beta_2[L]^2 + \beta_3[L]^3 + \cdots + \beta_n[L]^n) \tag{9.18}$$

假如β_0取1，式(9.18)可以写成一个更紧凑的形式：

$$c_M = [M]\sum_{i=0}^{i=n}(\beta_i[L]^i) \tag{9.19}$$

游离金属离子所占的分数(以α_M表示，我们经常对其感兴趣)，很容易从式(9.18)求得：

$$\alpha_M = [M]/c_M = \Big(\sum_{i=0}^{i=n}\beta_i[L]^i\Big)^{-1} \tag{9.20}$$

因为[M]也可以被表达成:

$$[M] = c_M / \left(\sum_{i=0}^{i=n} \beta_i [L]^i \right) \qquad (9.21)$$

所以任何其他组分如ML_i也很容易计算出其浓度为$\beta_i [M][L]^i$。举例说明如下。

例 9.5　已知Cu^{2+}形成四氨络合物,对$i=1 \sim 4$,其$\lg \beta_i$值依次为 3.99,7.33,10.06 和 12.03。从表 C.4 查得Cu^{2+}-EDTA 络合物的形成常数为6.30×10^{18}。计算在NH_3-NH_4Cl缓冲液中Cu^{2+}-EDTA 络合物的条件形成常数。设 pH 为 10,$[NH_3] = 1.0$ mmol/mL。评论在这些条件下用 EDTA 滴定Cu^{2+}的可行性。

解:

条件平衡常数不仅取决于各 EDTA 形态中Y^{4-}组分所占的分数(我们之前已经计算得到 pH 10 时$\alpha_{Y^{4-}} = 0.35$),它也取决于未被氨络合的Cu^{2+}离子所占的分数(α_{Cu};未计入与 EDTA 络合的部分)。换言之,条件平衡常数可以写成:

$$K_f = \frac{[CuY^{2-}]}{[Cu^{2+}][Y^{4-}]} = \frac{1}{\alpha_{Cu} \, \alpha_{Y^{4-}}} \frac{[CuY^{2-}]}{c_{Cu} \, c_{Y^{4-}}} = \frac{K_f'}{\alpha_{Cu} \, \alpha_{Y^{4-}}}$$

因此

$$K_f' = \alpha_{Cu} \, \alpha_{Y^{4-}} K_f$$

我们从式(9.20)中计算出α_{Cu}:

$$\alpha_{Cu} = (1 + 10^{3.99} \times 1.0 + 10^{7.33} \times 10^2 + 10^{10.06} \times 10^3 + 10^{12.03} \times 10^4)^{-1}$$
$$= (1 + 9\,770 + 2.14 \times 10^7 + 1.15 \times 10^{10} + 1.07 \times 10^{12})^{-1} = 9.26 \times 10^{-13}$$

所以$K_f' = 9.26 \times 10^{-13} \times 0.35 \times 6.3 \times 10^{18} = 1.2 \times 10^6$

判定一个滴定可行性的最低条件形成常数为10^6,所以在这些条件下刚好可以进行滴定。

例 9.6　11.9 mg $NiCl_2 \cdot 6H_2O$ 溶解在 100 mL 0.010 mmol/mL NH_3 溶液中,Ni^{2+} 的 NH_3 络合物的 $\lg \beta_i$ 值依次为 2.67,4.79,6.40,7.47,8.10,8.01($i = 1 \sim 6$)。计算不同$Ni(NH_3)_i^{2+}$组分的浓度。

解:

$NiCl_2 \cdot 6H_2O$ 的相对分子质量为 237.7 g/mol,11.9 mg 为$11.9/238 = 0.050\,0$ mmol,溶解在 0.1 L NH_3 溶液中,$c_{Ni} = 5.00 \times 10^{-4}$ mmol/mL。一个非常简单的方法是假设游离 NH_3(L)的浓度为1.0×10^{-2} mmol/mL;因此,我们可用式(9.19)计算[注意代数缩略记法,如$\beta_1 L_1$:$\beta_1 L_1 = 10^{2.67} \times 10^{-2} =$

$10^{(2.67-2)}$]：

$$\alpha_{Ni} = (1 + 10^{(2.67-2)} + 10^{(4.79-4)} + 10^{(6.40-6)} + 10^{(7.47-8)} + 10^{(8.10-10)} + 10^{(8.01-12)})^{-1}$$
$$= (1 + 4.68 + 6.17 + 2.51 + 0.30 + 0.01 + 1.00 \times 10^{-4})^{-1} = 6.8 \times 10^{-2}$$

$[Ni^{2+}] = c_{Ni}\,\alpha_{Ni} = 5.00 \times 10^{-4} \times 6.8 \times 10^{-2} = 3.4 \times 10^{-5}$ mmol/mL

$[Ni(NH_3)^{2+}] = [Ni^{2+}]\beta_1[L] = 3.4 \times 10^{-5} \times 4.68 = 1.6 \times 10^{-4}$ mmol/mL

$[Ni(NH_3)_2^{2+}] = [Ni^{2+}]\beta_2[L]^2 = 3.4 \times 10^{-5} \times 6.17 = 2.1 \times 10^{-4}$ mmol/mL

$[Ni(NH_3)_3^{2+}] = [Ni^{2+}]\beta_3[L]^3 = 3.4 \times 10^{-5} \times 2.51 = 8.5 \times 10^{-5}$ mmol/mL

$[Ni(NH_3)_4^{2+}] = [Ni^{2+}]\beta_4[L]^4 = 3.4 \times 10^{-5} \times 0.30 = 1.0 \times 10^{-5}$ mmol/mL

$[Ni(NH_3)_5^{2+}] = [Ni^{2+}]\beta_5[L]^5 = 3.4 \times 10^{-5} \times 0.01 = 3.4 \times 10^{-7}$ mmol/mL

$[Ni(NH_3)_6^{2+}] = [Ni^{2+}]\beta_6[L]^6 = 3.4 \times 10^{-5} \times 1.00 \times 10^{-4}$
$$= 3.4 \times 10^{-9} \text{ mmol/mL}$$

但是该解法只解出近似值，因为它忽略了生成 $Ni(NH_3)_n$ 络合物时所消耗的 NH_3。0.16 mmol/L $Ni(NH_3)^{2+}$，0.21 mmol/L $Ni(NH_3)_2^{2+}$，0.085 mmol/L $Ni(NH_3)_3^{2+}$ 和 0.01 mmol/L $Ni(NH_3)_4^{2+}$ 分别消耗 0.16 mmol/L，0.42 mmol/L，0.26 mmol/L 和 0.04 mmol/L NH_3，总计 0.88 mmol/L NH_3。当总 NH_3 初始值为 10 mmol/L 时，该消耗将给结果带来明显误差。使用"单变量求解"我们可以无误差地解决这个问题。

我们首先按照常用的方法写出 α_M 和 $[M]$ 的表达式，然后写出配体总浓度（$L_T = 0.01$），为含该配体的所有项之和：

$$L_T - ([L] + [ML] + 2 \times [ML_2] + 3 \times [ML_3]$$
$$+ 4 \times [ML_4] + 5 \times [ML_5] + 6 \times [ML_6]) = 0$$

将结果乘以 10^{10}，调用"单变量求解"（Goal Seek）函数，设置目标值为 0，解得 L 值。Excel 工作表实例见网上补充材料"Example 9.6.xlsx"。解得 $[Ni^{2+}]$ 值为 3.97×10^{-5} mmol/mL。

对金属离子作附加检验：

$$c_M - ([L] + [ML] + [ML_2] + [ML_3] + [ML_4] + [ML_5] + [ML_6]) = 0$$

代入各项的值后可证得该结果满足条件。

见本书的网上视频对该问题的"单变量求解"，它解出相同的 $[Ni^{2+}]$ 值 3.97×10^{-5} mmol/mL。

Video：Example 9.6

思 考 题

1. 区分络合试剂和螯合试剂。

2. 解释螯合滴定中指示剂的作用原理。

3. 以铬黑 T 为指示剂滴定钙时，为什么要往 EDTA 溶液中加入少量的镁盐？

4. 在强氨性的溶液中，为什么很难用 EDTA 滴定 Cu^{2+}？

---------------------------------- 习　　题 ----------------------------------

络合平衡的计算（K_f）

5. 钙离子与硝酸根反应生成弱稳定的 1∶1 络合物，形成常数为 2.0。0.010 mmol/mL $CaCl_2$ 与 2.0 mmol/mL $NaNO_3$ 各 10 mL 相混合，问 Ca^{2+} 和 $Ca(NO_3)^+$ 的平衡浓度各为多少？忽略异离子效应。

6. 银-乙二胺络合物 $[Ag(NH_2CH_2CH_2NH_2)^+]$ 的形成常数为 5.0×10^4。计算 0.10 mmol/mL 络合物溶液中 Ag^+ 的平衡浓度（假设没有更高配位数的络合物）。

7. 如果习题 6 的溶液中也含有 0.10 mmol/mL 乙二胺（$NH_2CH_2CH_2NH_2$），问 Ag^+ 的平衡浓度为多少？

8. 银离子与硫代硫酸根离子（$S_2O_3^{2-}$）分步形成络合物，$K_{f1} = 6.6 \times 10^8$，$K_{f2} = 4.4 \times 10^4$。1.00 mmol/mL $Na_2S_2O_3$ 溶液中含 0.010 0 mmol/mL $AgNO_3$，计算所有银组分的平衡浓度。忽略异离子效应。

条件平衡常数

9. 铅-EDTA 螯合物（PbY^{2-}）的形成常数是 1.10×10^{18}。计算在（a）pH 3 和（b）pH 10 时的条件形成常数。

10. 使用习题 9 中得到的条件平衡常数计算 50 mL 含 0.025 0 mmol/mL Pb^{2+} 溶液加入（1）0 mL，（2）50 mL，（3）125 mL，（4）200 mL 0.010 0 mmol/mL EDTA 后在（a）pH 3 和（b）pH 10 时的 pPb（$-\lg[Pb^{2+}]$）值。

11. 从例 9.4 中 pH 10 的条件下计算得到的钙-EDTA 螯合物的条件形成常数是 1.8×10^{10}。计算 pH 3 时的条件平衡常数。将该值与习题 9 中 pH 3 时计算得到的铅的 EDTA 螯合物的条件形成常数相比较。在钙存在和 pH 为 3 的条件下，铅能否被 EDTA 滴定？

12. 计算 pH 10 的含氨缓冲液中（$[NH_3] = 0.10$ mmol/mL）镍-EDTA 螯合物的条件形成常数。相关的氨络合常数见例 9.6。

标准溶液

13. 计算制备 500 mL 0.050 00 mmol/mL EDTA 所需的 $Na_2H_2Y_2 \cdot 2H_2O$ 的质量。

14. EDTA 溶液用高纯 $CaCO_3$ 标定：溶解 0.398 2 g $CaCO_3$ 于盐酸中，用氨缓冲液调节 pH 到 10，然后滴定。如果滴定所需的体积为 38.26 mL，问 EDTA 的物质的量浓度为多少？

15. 计算 0.100 0 mmol/mL EDTA 以 mg $CaCO_3$/mL 计的滴定度。

16. 如果使用 0.010 00 mmol/mL EDTA 滴定 100.0 mL 水样，问以水硬度/mL 计的 EDTA 的滴定度是多少？

定量络合滴定

17. 奶粉中钙的测定：干灰化（见第 1 章）1.50 g 样品然后用 EDTA 溶液滴定钙，需要

EDTA 溶液 12.1 mL。EDTA 的标定：溶解 0.632 g 金属锌于酸中并稀释到 1 L。取 10.0 mL 该溶液，用 EDTA 溶液滴定，所需 EDTA 溶液为 10.8 mL。问以 ppm 计的奶粉中钙的浓度是多少？

18. 血清中的钙含量用 EDTA 微量滴定法测得。100 μL 样品用两滴 2 mmol/mL KOH 处理，加入 Cal-Red 指示剂，使用微量滴定管，用 0.001 22 mmol/mL EDTA 进行滴定。如果需要 0.203 mL EDTA，问血清中的钙分别以 mg/dL 和 meq/L 计各为多少？

19. 在氰离子的李比希（Liebig）滴定法中，形成了可溶的络合物；在等当量点，形成固态氰化银以指示终点：

$$2CN^- + Ag^+ \longrightarrow Ag(CN)_2^- （滴定）$$
$$Ag(CN)_2^- + Ag^+ \longrightarrow Ag[Ag(CN)_2]（终点）$$

0.472 3 g KCN 被 0.102 5 mmol/mL AgNO$_3$ 滴定，需要体积 34.95 mL。问 KCN 的百分比纯度是多少？

20. 污水处理厂附近咸水中铜的测定：先分离后通过溶剂萃取浓缩，在 pH 3 时将它的双硫腙螯合物萃取到二氯甲烷中，然后蒸发溶剂，灰化螯合物以破坏有机组分，最后用 EDTA 滴定铜。三份 1 L 样品各用 25 mL 二氯甲烷进行萃取，将萃取液合并到 100 mL 容量瓶中，稀释定容。取 50 mL 一份进行蒸发、灰化和滴定。如果 EDTA 溶液的 CaCO$_3$ 滴定度为 2.69 mg/mL，滴定铜所需 EDTA 体积为 2.67 mL，问铜在咸水中以 ppm 计的浓度是多少？

21. 血清中的氯用 Hg(NO$_3$)$_2$ 滴定法进行测定：$2Cl^- + Hg^{2+} \rightleftharpoons HgCl_2$。Hg(NO$_3$)$_2$ 用 2.00 mL 0.010 8 mmol/mL NaCl 溶液进行标定，需要 1.12 mL 才能达到二苯卡巴腙滴定终点。一份 0.500 mL 血清样品用 3.50 mL 水，0.50 mL 10% 钨酸钠溶液和 0.50 mL 0.33 mmol/mL H$_2$SO$_4$ 溶液处理以沉淀蛋白质。蛋白质沉淀后，样品用干燥膜过滤到一个干燥的烧瓶中。取 2.00 mL 滤液一份，用 Hg(NO$_3$)$_2$ 溶液滴定，需要 1.23 mL。计算血清中氯的浓度，以 mg/L 计。（请注意：由于汞的毒性，今天已经很少使用汞。）

 教授推荐问题

由 Marshall University 的 Bin Wang 教授提供

22. 以铬黑 T 为指示剂，用标准 EDTA 溶液滴定 0.102 1 g 含 ZnO 的样品。消耗 25.52 mL 0.010 0 mmol/mL EDTA 后到达滴定终点。问样品中 ZnO 的百分含量是多少？

工作表习题

推荐设置见网上教材第 9 章。

23. 为图 9.2 中钙、铅和汞的 $\lg K_f' - pH$ 设置工作表。这将需要计算 EDTA 的 α_4 以及钙、铅和汞的 K_f。以 0.5 pH 为间隔计算，把所画的图和图 9.2 进行比较。

24. 设置 pH 10 条件下用 0.100 0 mmol/mL Na$_2$ EDTA 滴定 100.00 mL 0.100 0 mmol/mL Hg^{2+} 的工作表（与 pCa-V EDTA 类似，图 9.3）。以 pHg = 1 开始，间隔 0.1，上升到 pHg = 17。见 Figure 9.3.xlsx（解法见网上教材。）

25. 设置工作表，对 Ni^{2+}-NH$_3$ 体系中作为 [NH$_3$] 浓度函数的七种组分的形态分布作图。

作图范围为 $0.001 \sim 1.0$ mmol/mL NH_3,间隔取 0.001 mmol/mL,X 轴(氨浓度)取对数坐标。

参 考 文 献

1. *Stability Constants of Metal-Ion Complexes. Part A: Inorganic Ligands*, E. Hogfeldt, ed., *Part B: Organic Ligands*, D. D. Perrin, ed. Oxford: Pergamon, 1979, 1981.

2. A. Martell and R. J. Motekaitis, *The Determination and Use of Stability Constants*. New York: VCH, 1989.

3. J. Kragten, *Atlas of Metal-Ligand Equilibria in Aqueous Solution*. London: Ellis Horwood, 1978.

4. G. Schwarzenbach, *Complexometric Titrations*. New York: Interscience, 1957.

5. H. Flaschka, *EDTA Titrations*. New York: Pergamon, 1959.

6. H. A. Flaschka and A. J. Barnard, Jr., "Titrations with EDTA and Related Compounds," inC. L. Wilson and D. W. Wilson, eds. *Comprehensive Analytical Chemistry*, Vol. 1B. New York: Elsevier, 1960.

7. F. J. Welcher, *The Analytical Uses of Ethylenediaminetetraacetic Acid*. Princeton: Van Nostrand,1958.

8. J. Stary, ed., *Critical Evaluation of Equilibrium Constants Involving 8-Hydroxyquinoline and ItsMetal Chelates*. Oxford: Pergamon, 1979.

9. H. A. Flaschka, *Chelates in Analytical Chemistry*, Vols. 1 - 5. New York: Dekker, 1967 - 1976.

第 10 章
重量分析法和沉淀平衡

> "担子有轻有重。有的人拈轻怕重……"
>
> ——毛泽东

　　重量分析法是宏观定量分析中最精准的方法之一。在重量分析过程中，分析物被选择性地转化成不溶物。分离出的沉淀经过干燥或者焙烧（可能转化成别的物质），然后精确称重。从沉淀的质量及其化学成分，我们能计算出所求化学形态的分析物质量。

　　重量分析法能进行极其准确的分析。实际上，重量分析法用于测定许多元素的原子量，精度可达六位有效数字。哈佛大学西奥多·威廉·理查兹（Theodore W. Richards）教授开发了高精准的银和氯的重量分析法。他使用这些方法测定了 25 种元素的原子量：首先制备这些元素的氯化物纯样，然后分解质量已知的这些化合物，最后通过重量分析法测定这些化合物的氯含量。鉴于这项工作，他成了第一个获得诺贝尔奖的美国人。他是位伟大的分析化学家！

西奥多·威廉·理查兹（Theodore W. Richards）重量分析法是最精确的分析技术之一（但是它却耗时冗长！）。西奥多·威廉·理查兹使用重量分析法测定原子量，并因此项工作获得 1914 年的诺贝尔化学奖。他对杂质的细心研究见 *Z. Anorg. Chem.*, 8 (1895), 413, 419, 421 以及 http://nobelprizes.com

　　因为重量分析法的计算只基于原子量或分子量，所以它并不需要系列标准物来计算未知物含量。测定时只需准确地分析平衡。由于精确度高，重量分析法也可以代替标准参考物来校正仪器。然而该方法耗时冗长，它的潜在应用是那些对结果要求非常准确的领域，例如：用于铁矿石中铁含量的测定（矿石的价值由铁含量决定），或用于测定水泥中的氯含量。在环境化学中,硫酸根用钡离子沉淀;在石油领域,脱硫废水中的硫化氢用银离子沉淀。

本章描述了重量分析法的详细步骤,包括合适沉淀剂的制备、沉淀过程以及如何获得高纯和可过滤的沉淀、过滤和洗涤中如何避免损失和引入杂质、如何加热沉淀将其转化为可称量的化学形态。按第 5 章介绍的原理给出了从沉淀质量中计算分析物含量的计算过程。同时也提供了一些重量分析法的常见实例。最后,讨论了溶度积和相关的沉淀平衡。

10.1　如何成功实现重量分析

成功的重量分析包括许多重要操作步骤,这些步骤被设计用于获取适合称重分析的纯的和可过滤的沉淀。你也许希望通过往含氯溶液中加入硝酸银以获得氯化银沉淀。比起简单地往含氯溶液中倒入硝酸银溶液然后过滤,重量分析需要更多的操作步骤。

精确的重量分析法要求仔细控制沉淀的生成和处理。

其具体步骤如下:

① 溶液制备;② 沉淀;③ 消化;④ 过滤;⑤ 洗涤;⑥ 干燥或灼烧;⑦ 称重;⑧ 计算。

这些操作步骤及其重要性如下所述。

1) 首先是制备溶液

进行重量分析的第一步是制备溶液。可能需要一些初步的分离以去除干扰物质。我们也必须调节溶液条件以维持沉淀的低溶解度以及获得适合过滤的沉淀形态。在沉淀之前对溶液条件的适当调节也可能掩蔽掉潜在的干扰。必须考虑的因素包括沉淀过程中溶液的体积、待测物的浓度范围、其他共存组分及浓度、温度和 pH 等。

虽然可能需要初步分离,但是在一些其他实例中重量分析法在沉淀这一步的选择性是足够的,这样就不需要其他的分离步骤。pH 值很重要因为它通常会影响分析物沉淀的溶解度和其他物质干扰的可能性。例如:草酸钙在碱性介质中是不溶的,但在低 pH 条件下草酸根离子与氢离子结合形成弱酸并开始溶解。8 -羟基喹啉(也称 8 -喹啉醇)可以用来沉淀大量元素,但通过调控 pH 值,我们可以选择性沉淀某些元素。铝离子在 pH 4 时沉淀,但是在该 pH 值下喹啉阴离子的浓度太低而不能沉淀镁离子;羟基喹啉镁有大得多的溶度积,溶度积的概念将在本章后面讨论。

通常情况下,沉淀反应对分析物具有选择性。

8 -羟基喹啉结合 pH 调节可用于选择性沉淀不同金属离子。在 pH 4 时 Al^{3+} 可以选择性地从含 Mg^{2+} 溶液中沉淀出来。

为沉淀镁,需要更高的 pH 值以使离子化步骤向右进行。然而,如果 pH

太高,将会发生氢氧化镁沉淀,导致干扰。

当我们讨论到沉淀步骤时,前面提到的其他因素的作用将会变得更加明显。

2) 其次是产生沉淀——要在适当的条件下

准备好溶液之后,下一个步骤就是沉淀。再次强调:条件很重要。沉淀首先应该是溶解度小,这样才能忽略沉淀溶解产生的损失。沉淀应该生成容易过滤的大晶粒。所有的沉淀都趋向于带出溶液中的其他组分。这部分杂质应该是可忽略不计的。保持大的沉淀颗粒能够使杂质含量降到最少。

首先通过观察**沉淀过程**我们可以筛选合适的沉淀条件。当一种沉淀剂加入被测溶液形成沉淀时(例如 $AgNO_3$ 溶液加入含氯化物溶液中产生 AgCl 沉淀),实际沉淀过程是按一系列步骤进行的。沉淀过程包括异相平衡,所以它不是瞬时完成的(第 6 章)。平衡条件用溶度积来表示,这将在本章的结束部分讨论。首先发生**过饱和**,即液相中含有溶解盐的浓度比平衡时更多。这是一种亚稳状态,它将驱动体系达到平衡(饱和)。这一过程以**成核作用**开始。为使成核现象发生,必须有最低数量的颗粒物聚集到一起以产生固相晶核。过饱和度越高,成核速率越大。单位时间内形成的晶核数越多,将最终生成粒度更小、数量更多的晶体。晶体总表面积将会越大,而吸附杂质的危险性也将越高(见以下讨论)。

在沉淀过程中,先发生过饱和(应尽量避免!),随后是成核及沉淀。

虽然成核现象理论上是自发发生的,但它却通常被诱导产生,如粉尘颗粒、容器表面的划痕,或者加入沉淀晶种(在非定量分析中)。

成核之后,随着其他沉淀颗粒的沉降,初始晶核会生长形成某种特定几何形状的晶体。再次强调:溶液过饱和度越大,晶体的生长速度就越快。晶核生长速度过快会增加晶体缺陷和包埋杂质的概率。

冯·韦曼(Von Weimarn)发现在沉淀过程中,沉淀的颗粒度与溶液的相对过饱和度成反比。

$$相对过饱和度 = \frac{Q-S}{S}$$

式中,Q 为沉淀发生前混合液的浓度;S 为平衡时沉淀的溶解度;$Q-S$ 为过饱和度。该比率$(Q-S)/S$ 为相对过饱和度,也称为冯·韦曼比率。

如前所述,当一种溶液过饱和时,它处于亚稳平衡状态,这有利于快速成核,进而形成大量小颗粒物,即:

相对过饱和度高──►许多小晶体

(表面积大)

相对过饱和度低──►更少、更大的晶体

(表面积小)

因此,在沉淀过程中我们显然想保持 Q 值低而 S 值高。通常用来维持沉淀有利条件的措施有以下几种。

1. 从稀溶液中沉淀,这样可以保持低 Q 值。
2. 缓慢加入低浓度的沉淀剂,并进行有效搅拌。这也可以保持低 Q 值。搅拌避免试剂局部过量。
3. 从热溶液中沉淀。这可以增大 S 值。溶解度不应太大否则沉淀将无法定量(未沉淀量低于 1‰)。可以先在热溶液中进行沉淀,然后冷却溶液以实现定量沉淀。
4. 在尽可能低的 pH 条件下进行沉淀以保持定量沉淀。正如我们所见,许多沉淀在酸介质中溶解度更好,这可降低沉淀速率。沉淀在酸中溶解度更大是因为沉淀的阴离子(来自弱酸)与溶液中的质子相结合。

这是如何使过饱和度降到最低,获取更大晶粒的方法。

这些操作步骤中的大多数也能降低杂质含量。杂质浓度被维持在更低的水平、增大它们的溶解度以及降低沉淀速率都能减少这些杂质被沉淀带出的概率。越大的晶体具有越小的比表面积(例如单位质量的表面积更小),因而吸附杂质的概率就越小。请注意:最难溶的沉淀物并不是获取纯的和易于过滤的沉淀的最佳选择。例如水合铁氧化物(或氢氧化铁)就形成了大比表面积的凝胶型沉淀。

非常难溶的沉淀物并不是重量分析法的最佳选择! 它们易形成过饱和溶液。

当进行沉淀时,加入稍微过量的沉淀剂能通过质量作用(同离子效应)降低沉淀的溶解度并保证沉淀完全。**应避免沉淀试剂过量太多,因为这除了浪费试剂以外,还增加了沉淀表面吸附的概率。**如果已知分析物的大致含量,则通常加入过量 10% 的沉淀剂。通过等沉淀沉降后往上清液中加入几滴沉淀试剂来判断沉淀反应是否完成。如果没有新沉淀生成,则沉淀反应已经完成。

检查沉淀反应是否完成!

3) 沉淀老化以制备更大和更纯的晶体

我们知道小晶体的比表面积大,比大晶体具有更高的表面能和更大的表观溶解度。这是初始速率现象,并不代表平衡条件,它是异相平衡的结果。当沉淀出现在**母液**(产生沉淀的溶液)中时,大晶粒的生长消耗了小晶粒。这个过程称作**老化**,或者**奥斯瓦尔德老化**(Ostwald ripening),如图 10.1 所示。小颗粒比大颗粒具有更大的表面积,相应的表面能更大,溶解度也更大一些。小颗粒趋向于溶解并重新沉淀到更大的晶体表面。此外,单独的颗粒间会发生**凝聚**以有效共享对离子层(图 10.1),凝聚的颗粒最终会通过形成连接桥而粘在一起。这明显降低了表面积。

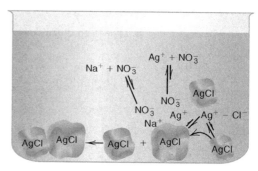

图 10.1　奥斯瓦尔德老化

奥斯瓦尔德老化改善了沉淀的纯度和结晶度。

老化可减弱晶体的缺陷,被吸附或者包埋的杂质在老化过程中也会重新溶解到溶液中。虽然在有些情况下老化是在室温下进行的,但是通常情况下为了加快消化进程,它会在较高温度下进行。这改善了沉淀的可滤性及其纯度。

许多沉淀的冯·韦曼比率并不令人满意,特别是那些非常难溶的沉淀。因此,不可能直接产生晶形沉淀(少量的大颗粒物),沉淀首先是**胶状的**(大量的小颗粒物)。

胶状颗粒非常小(1～10 nm),其表面与质量之比非常大,这促使了表面吸附。胶状颗粒的形成是由沉淀机理决定的。作为沉淀的一种形式,沉淀中的离子是以固定模式排列的。例如在 AgCl 沉淀中,将会有 Ag^+ 和 Cl^- 交替排列在沉淀表面(图 10.2)。虽然沉淀表面有局部正电荷和负电荷,但是其净电荷数为零。然而,沉淀表面确实倾向于吸附溶液中过量的构晶离子,例如用过量的 Ag^+ 来沉淀 Cl^-,这将使 AgCl 沉淀表面带电荷(与倾向于形成胶体的那些颗粒物相比,晶形沉淀吸附离子的程度通常比较小)。这种吸附产生了具有强吸附性能的**初始吸附层**,成为晶体不可分割的一部分。该初生层会吸引位于**对离子层**或次生层的带相反电荷的离子,使整体显电中性。将会有溶剂分子散布在这两层之间。一般情况下,对离子层会完全中和初生层,且很靠近初生层,所以颗粒会聚集在一起形成更大的颗粒,即它们会**凝聚**。然而,如果次生层结合松散,则初生层将会排斥同类粒子,从而维持胶体状态。

当凝聚的颗粒被过滤时,它们保持了吸附的初生层和次生离子层以及层间的溶剂。用水洗涤这些沉淀颗粒增加了层间的溶剂分子(水),导致次生层

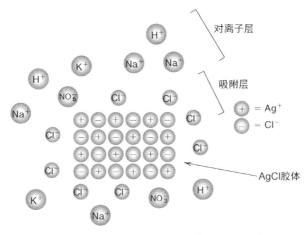

图 10.2　Cl⁻过量时的氯化银胶体颗粒和吸附层

结合松散,使沉淀颗粒回复到胶体状态。这个过程称为**胶溶**,在接下来的沉淀洗涤部分会进行详细讨论。加入电解质将会使次生层结合更紧密从而促进凝聚。加热会减弱吸附并减少吸附层的有效电荷,因此有利于凝聚。搅拌也有利于凝聚。

胶溶是凝聚的逆过程(使沉淀返回胶体状态而损失)。通过使用可挥发电解质溶液进行洗涤可以避免胶溶。

所有的胶体体系都会增加分析测定的难度,其中某些体系比另一些影响更重。根据分散质对水的亲和程度,胶体体系可分为**亲水**和**疏水**两种体系。前者在水中趋于产生稳定的分散系,而后者则倾向于产生凝聚。

疏水胶体的凝聚很容易发生,它产生凝乳状沉淀,例如氯化银。亲水胶体(如水合氧化铁)则很难凝聚,它产生凝胶型沉淀;这些胶状沉淀很难过滤,因为它们会堵塞滤纸中的孔道。另外,由于表面积大,胶状沉淀容易吸附杂质。有时候需要对过滤后的沉淀进行再沉淀。再沉淀过程中,溶液中的杂质(来自原样基质)浓度被降到很低,从而使吸附到沉淀上的杂质变得很少。

AgCl 形成疏水胶体(一种溶胶),很容易发生凝聚。$Fe_2O_3 \cdot xH_2O$ 则形成表面积大的亲水胶体(一种凝胶)。

尽管氯化银具有胶体的特性,但是与其他技术如滴定法相比,重量分析法测定氯化物是最精确的分析测定方法之一。实际上,它被西奥多·威廉·理查兹用来测定原子量,他使用浊度法(光散射)来校正氯化银胶体。

4) 沉淀中的杂质

沉淀具有将其他通常可溶的组分从溶液中带出的趋势,导致沉淀掺杂。这一过程称为**共沉淀**。该过程可能基于平衡或受动力学控制。杂质共沉淀方式有许多种。

(1) **包藏和混晶**。在**包藏**过程中,非晶体结构部分的物质被包埋在晶体中。例如当 $AgNO_3$ 晶体形成时水分子被包埋在晶体中,它可以通过溶解和重结晶去除一部分。在沉淀过程中如果发生这种机械包埋,则被包埋的水中将含有溶解的杂质。当具有相似粒径和荷电量的离子被包含在晶格(同晶型包含,如 K^+ 包含于 NH_4MgPO_4 沉淀)中时,则发生**混晶**。这种混晶并不属于平衡过程。

包藏指沉淀内部包埋杂质。

被包藏或混晶的杂质很难去除。老化可能有助于去除一部分但并非完全有效。该杂质不能通过洗涤去除。通过溶解和再沉淀进行纯化有利于去除该杂质。

(2) **表面吸附**。我们已经提到过沉淀表面将有一个由过量构晶离子组成的第一吸附层。这就会导致**表面吸附**,是最常见的掺杂形式。例如当硫酸钡完全沉淀之后,过量的晶格离子为钡离子,它们构成了第一吸附层。对离子则为外源阴离子,如两个硝酸根与一个钡离子配对。所以净结果就是产生了基于平衡过程的硝酸钡吸附层。这些吸附层通常可以通过洗涤去除,或者被容易挥发的离子取代。然而,凝胶型沉淀则特别麻烦。老化降低了表面积因此降低了表面吸附量。

杂质的表面吸附是重量分析法中最常见的误差来源。可以通过合理的沉淀技术、老化和洗涤来减少吸附量。

(3) **同晶置换**。如果两种化合物具有相同类型的分子式,以相似的几何构型结晶,则它们属于**同晶化合物**。当它们的晶格尺寸基本相同时,一种化合物的离子可以取代另一种化合物晶体中的离子,导致**混晶**的产生。这一过程称为**同晶置换**或同晶取代。例如,以磷酸铵镁的形式沉淀Mg^{2+}时,K^+与NH_4^+具有几乎相同的离子半径,它可取代NH_4^+生成磷酸钾镁。同晶置换的发生会导致主要的干扰,没有什么办法能解决该问题。当沉淀中发生同晶置换时,它极少用于分析。例如在其他卤化物存在的情况下,氯化物不能以 $AgCl$ 沉淀的形式进行选择性测定,反之亦然。生成混晶是一种沉淀平衡方式,虽然它可能受沉淀速率影响。这种混合沉淀与固溶体类似。如果晶体与溶液的最终组分平衡(均质共沉淀),则混晶可能是空间均质的;如果混晶的生成与溶液之间瞬时达到平衡(非均质共沉淀),则混晶可能是空间非均质的,因为在沉淀过程中溶液的组成会发生变化。

(4) **后沉淀**。有时候,当沉淀与母液保持接触时,另一种物质会缓慢地与沉淀剂形成沉淀,这称为**后沉淀**。例如在镁离子存在的情况下产生草酸钙沉淀时,草酸镁并没有立即沉淀,因为它首先倾向于形成过饱和溶液。但是如果溶液放置太长时间不进行过滤,则会发生草酸镁沉淀。类似地,在锌离子存在的酸性溶液中,硫化铜会首先产生沉淀而硫化锌不沉淀,但是最终硫化锌也会发生沉淀。后沉淀是一个缓慢的平衡过程。

5) **沉淀的洗涤和过滤——必须小心否则可能会损失部分沉淀**

共沉淀杂质(特别是表面的共沉淀杂质)可以通过过滤后洗涤沉淀将其去

除。沉淀被母液润湿,通过洗涤也可以除去母液。因为会发生**胶溶**,所以许多沉淀不能用纯水洗涤。如前所述,胶溶是凝聚的逆过程。

以上讨论的凝聚过程至少是部分可逆的。我们已经看到凝聚的颗粒有一层由被吸附的构晶离子和对离子组成的中性吸附层。我们也看到加入其他电解质会导致对离子更接近吸附层,因而促进凝聚。这些外源离子在凝聚时被带出。用水洗涤可稀释和去除这些外源离子,而对离子将占据更大的体积,对离子层与吸附层之间的溶剂分子数会更多。结果是颗粒间的排斥力再次变强,部分颗粒返回胶体状态,穿过滤纸而流失。这可通过往洗涤液中加入电解质来避免,例如在 AgCl 沉淀的洗涤液中加入 HNO_3 或 NH_4NO_3(但不能是 KNO_3 因为它不挥发,如下所述)。

所加入的电解质必须在干燥或灼烧的温度下可挥发,而且它不能溶解沉淀。例如稀硝酸被用作氯化银的洗涤液,硝酸取代 Ag^+|阴离子吸附层,且它在 110℃ 干燥时可挥发。硝酸铵被用作水合铁氧化物的洗涤电解质。当沉淀在高温下通过灼烧进行干燥处理时,它被分解成 NH_3、HNO_3、N_2 和氮氧化物。

当洗涤沉淀时,应该进行一次测试以判断洗涤是否完成。这通常通过测试滤液中是否存在沉淀剂离子来实现。用小体积的洗涤液进行数次洗涤后,在试管中收集几滴滤液进行测试,例如若氯离子用硝酸银试剂沉淀,则可通过加入氯化钠或者稀 HCl 来检测滤液中的银离子。我们在第 2 章讨论过该过滤技术。

6) 干燥或灼烧沉淀

若过滤后收集到的沉淀适合称重,则必须加热沉淀以去除来自洗涤液的水分和吸附电解质。干燥通常可通过在 110～120℃ 下加热 1～2 h 来完成。如果沉淀必须被转化成一种更适于称重的化学形态,则必须在更高的温度下进行**灼烧**。例如,在 900℃ 下灼烧,磷酸铵镁(NH_4MgPO_4)会被分解成焦磷酸盐($Mg_2P_2O_7$)。水合氧化铁($Fe_2O_3 \cdot xH_2O$)被灼烧成无水氧化铁。许多用有机试剂(如 8-羟基喹啉)或者硫离子沉淀的金属离子形成沉淀后被灼烧成相应的氧化物。沉淀灼烧技术也在第 2 章中讨论过。

干燥去除了溶剂和洗涤电解质。

10.2　重量分析法的计算——有多少分析物

我们称量的沉淀物的化学形态通常与我们要报告其质量的分析物的形态不一致。将一种化学物质转化成另一种物质的质量换算原理我们在第 5 章(第 5.8 节)已经介绍过,所使用的是摩尔化学计量关系。我们引入**重量分析因子**(GF),用以表示每单位质量沉淀物中的分析物质量。该因子是通过分析物与沉淀物的分子量的比值乘以每摩尔沉淀物所对应的分析物的物质

的量,即:

$$GF = \frac{M_{r\text{分析物}}}{M_{r\text{沉淀物}}} \times (n_{\text{分析物}}/n_{\text{沉淀物}}) \tag{10.1}$$

$$= m_{\text{分析物}}/m_{\text{沉淀物}}$$

因此,如果一个样品中的 Cl_2 被转化成氯化物并以 AgCl 的形态沉淀,那么生成 1 g AgCl 所对应的 Cl_2 为:

$$m_{\text{AgCl}} \times \frac{M_{r\text{Cl}_2}}{M_{r\text{AgCl}}} \times \frac{1}{2}$$

$$= m_{\text{AgCl}} \times GF$$

$$= m_{\text{AgCl}} \times 0.247\,3_7$$

分析物克数等于沉淀物克数×GF。

例 10.1 对以下转化过程,计算每克沉淀物所对应的分析物的质量:

分析物	沉淀物
P	Ag_3PO_4
K_2HPO_4	Ag_3PO_4
Bi_2S_3	$BaSO_4$

解:

$$m_P/m_{\text{Ag}_3\text{PO}_4} = \frac{M_{rP}(\text{g/mol})}{M_{r\text{Ag}_3\text{PO}_4}(\text{g/mol})} \times \frac{1}{1}$$

$$GF = \frac{30.97(\text{g/mol})}{418.58(\text{g/mol})} \times \frac{1}{1} = 0.073\,99$$

$$m_{\text{K}_2\text{HPO}_4}/m_{\text{Ag}_3\text{PO}_4} = \frac{M_{r\text{K}_2\text{HPO}_4}(\text{g/mol})}{M_{r\text{Ag}_3\text{PO}_4}(\text{g/mol})} \times \frac{1}{1}$$

$$GF = \frac{174.18(\text{g/mol})}{418.58(\text{g/mol})} \times \frac{1}{1} = 0.416\,12$$

$$m_{\text{Bi}_2\text{S}_3}/m_{\text{BaSO}_4} = \frac{M_{r\text{Bi}_2\text{S}_3}(\text{g/mol})}{M_{r\text{BaSO}_4}(\text{g/mol})} \times \frac{1}{3}$$

$$GF = \frac{514.15(\text{g/mol})}{233.40(\text{g/mol})} \times \frac{1}{3} = 0.734\,29$$

在重量分析法中,我们通常对样品中分析物的质量分数感兴趣,即:

$$\omega_{\text{目标物质}} = \frac{m_{\text{目标物质}}(\text{g})}{m_{\text{样品}}(\text{g})} \times 100\% \tag{10.2}$$

式中，$\omega_{\text{目标物质}}$为目标物质的质量分数，%。

从沉淀物质量和相应物质的质量/摩尔关系式中[式(10.1)]，我们获得目标物质的质量：

$$m_{\text{目标物质}}(\text{g}) = m_{\text{沉淀物}}(\text{g}) \times \frac{M_{\text{r所求}}(\text{g/mol})}{M_{\text{r沉淀物}}(\text{g/mol})} \times (n_{\text{所求}}/n_{\text{沉淀物}}) \tag{10.3}$$
$$= m_{\text{沉淀物}}(\text{g}) \times \text{GF}$$

计算通常以百分数计：

$$\omega_{\text{A}} = \frac{m_{\text{A}}}{m_{\text{样}}} \times 100\% \tag{10.4}$$

式中，m_{A}指目标物的质量，g；$m_{\text{样}}$指用于分析的样品质量，g。

我们可以写出一个通用的公式用于计算所求物质的含量：

$$\omega_{\text{所求物质}} = \frac{m_{\text{沉淀物}}(\text{g}) \times \text{GF}}{m_{\text{样品}}(\text{g})} \times 100\% \tag{10.5}$$

检查单位！

例 10.2 磷酸根(PO_4^{3-})通过磷钼酸铵[$(NH_4)_3PO_4 \cdot 12MoO_3$]称重法测定。如果从 0.271 1 g 样品中获得 1.168 2 g 沉淀，计算样品中 P 和 P_2O_5 的百分数。使用重量分析因子和仅用量纲分析计算 ω_P。

解：

351

$$\omega_{\text{P}} = \frac{1.168\,2\text{ g} \times \dfrac{M_{\text{rP}}}{M_{\text{r}(NH_4)_3PO_4 \cdot 12MoO_3}}}{0.271\,1\text{ g}} \times 100\%$$

$$= \frac{1.168\,2\text{ g} \times (30.97/1\,876.5)}{0.271\,1\text{ g}} \times 100\% = 7.111\%$$

$$\omega_{\text{P}_2\text{O}_5} = \frac{1.168\,2\text{ g} \times \dfrac{M_{\text{rP}_2\text{O}_5}}{M_{\text{r}(NH_4)_3PO_4 \cdot 12MoO_3}} \times \dfrac{1}{2}}{0.271\,1\text{ g}} \times 100\%$$

$$= \frac{1.168\,2\text{ g} \times [141.95/(2 \times 1\,876.5)]}{0.271\,1\text{ g}} \times 100\%$$

$$= 16.30\%$$

现在使用量纲分析计算 ω_P。

$$\omega_P = \frac{1.168\ 2\ \text{g}\ \cancel{(NH_4)_3PO_4 \cdot 12MoO_3} \times (30.97/1\ 876.5)\text{g P/g}\ \cancel{(NH_4)_3PO_4 \cdot 12MoO_3}}{0.271\ 1\ \text{g}}$$

$$\times 100\%^{①}$$

$$= 7.111\ \text{g/g 样品} = 7.111\%$$

请注意：$(NH_4)_3PO_4 \cdot 12MoO_3$ 组分互相约除(量纲分析)，分子中只留下 gP。

当我们把量纲分析法与重量分析因子计算法相比较时，我们看到等式其实是等同的。但是，量纲分析法更好地显示了消除以及留下哪些单位。

例 10.3 通过将矿石中的锰转化成 Mn_3O_4 然后称重以分析该矿石中的锰含量。如果样品量为 1.52 g，生成 Mn_3O_4 为 0.126 g，则样品中 Mn_2O_3 的百分含量是多少？Mn 的百分含量是多少？

解：

$$\omega_{Mn_2O_3} = \frac{0.126\ \text{g} \times \dfrac{3M_{rMn_2O_3}}{2M_{rMn_3O_4}}}{1.52\ \text{g}} \times 100\%$$

$$= \frac{0.126\ \text{g} \times [3 \times 157.9/(2 \times 228.8)]}{1.52\ \text{g}} \times 100\% = 8.58\%$$

$$\omega_{Mn} = \frac{0.126\ \text{g} \times \dfrac{3M_{rMn}}{M_{rMn_3O_4}}}{1.52\ \text{g}} \times 100\%$$

$$= \frac{0.126\ \text{g} \times (3 \times 54.94/228.8)}{1.52\ \text{g}} \times 100\% = 5.97\%$$

以下两个实例说明重量分析法计算的某些特殊应用。

例 10.4 必须称量多少克黄铁矿(不纯的 FeS_2)用于分析才能使所获得的 $BaSO_4$ 沉淀质量等于样品中 S 百分含量的一半？

解：

如果 S 含量为 $A\%$，则 $BaSO_4$ 的质量为 $\dfrac{1}{2}A$ g。因此：

$$A\% = \frac{\dfrac{1}{2}A \times \dfrac{M_{rS}}{M_{rBaSO_4}}}{m_g} \times 100\%$$

或

---

① 译者注：原著数值有误。

$$1\% = \frac{\dfrac{1}{2} \times \dfrac{32.064}{233.40}}{m_g} \times 100\%$$

$$m_{样品} = 6.869 \text{ g}$$

混合沉淀——我们需要两种质量。

例 10.5　一种混合物样品只含 $FeCl_3$ 和 $AlCl_3$,称得 5.95 g。该混合氯化物被转化成水合氧化物然后灼烧至生成 Fe_2O_3 和 Al_2O_3。称得混合氧化物质量为 2.62 g。计算原混合物中 Fe 和 Al 的百分含量。

解:

因为有两个未知数,所以必须联立两个方程才能求解。设 $x = m_{Fe}$, $y = m_{Al}$。 以此列第一个方程:

$$m_{FeCl_3} + m_{AlCl_3} = 5.95 \text{ g} \tag{1}$$

$$x\left(\frac{M_{r\,FeCl_3}}{M_{r\,Fe}}\right) + y\left(\frac{M_{r\,AlCl_3}}{M_{r\,Al}}\right) = 5.95 \text{ g} \tag{2}$$

$$x\left(\frac{161.21}{55.85}\right) + y\left(\frac{133.34}{26.98}\right) = 5.95 \text{ g} \tag{3}$$

$$2.90x + 4.94y = 5.95 \text{ g} \tag{4}$$

$$m_{Fe_2O_3} + m_{Al_2O_3} = 2.62 \text{ g} \tag{5}$$

$$x\left(\frac{M_{r\,Fe_2O_3}}{M_{r\,Fe} \times 2}\right) + y\left(\frac{M_{r\,Al_2O_3}}{M_{r\,Al} \times 2}\right) = 2.62 \text{ g} \tag{6}$$

$$x\left(\frac{159.69}{2 \times 55.85}\right) + y\left(\frac{101.96}{2 \times 26.98}\right) = 2.62 \text{ g} \tag{7}$$

$$1.43x + 1.89y = 2.62 \text{ g} \tag{8}$$

联立方程(4)和(8)解出 x 和 y:

$$x = 1.07 \text{ g}$$

$$y = 0.58 \text{ g}$$

$$\omega_{Fe} = \frac{1.07 \text{ g}}{5.95 \text{ g}} \times 100\% = 18.0\%$$

$$\omega_{Al} = \frac{0.58 \text{ g}}{5.95 \text{ g}} \times 100\% = 9.8\%$$

见网上补充材料例 10.5 中含两个变量的联立方程组求解。

10.3　重量分析法实例

　　一些最精准的分析是基于重量分析法而实现的。有许多实例,你应该熟悉一些常见的例子。它们被归纳在表 10.1 中,该表列举了待分析物、生成的沉淀、用于称重的化学形态和不能共存的常见干扰元素。我们并没有给出太多细节因为重量分析法现在已经不常用了(该方法耗时劳力,除非是为了满足高度精准的要求)。你应参考更专业的教科书和综合性分析参考书以获取这些物质以及其他物质的重量分析测定方法。

10.4　有机沉淀物

　　迄今为止,除了喹啉、铜铁试剂和丁二酮肟(表 10.1)以外,我们提到过的所有沉淀试剂都是无机物。其实大量有机化合物也是非常有用的金属离子沉淀剂。其中有些化合物选择性极强,其他化合物所能沉淀的元素种类则非常广泛。

表 10.1　一些常用的沉淀分析法

待测物	生成的沉淀	用于称重的沉淀	干　扰　物　质
Fe	$Fe(OH)_3$	Fe_2O_3	多种,Al,Ti,Cr 等
	铜铁试剂	Fe_2O_3	四价金属离子
Al	$Al(OH)_3$	Al_2O_3	多种,Fe,Ti,Cr 等
	$Al(ox)_3$ [a]	$Al(ox)_3$	多种,在酸性溶液中 Mg 不干扰
Ca	CaC_2O_4	$CaCO_3$ 或 CaO	除了碱金属和 Mg 以外的所有金属
Mg	$MgNH_4PO_4$	$Mg_2P_2O_7$	除了碱金属以外的所有金属
Zn	$ZnNH_4PO_4$	$Zn_2P_2O_7$	除了 Mg 以外的所有金属
Ba	$BaCrO_4$	$BaCrO_4$	Pb
SO_4^{2-}	$BaSO_4$	$BaSO_4$	NO_3^-,PO_4^{3-},ClO_3^-
Cl^-	AgCl	AgCl	Br^-,I^-,SCN^-,CN^-,S^{2-},$S_2O_3^{2-}$
Ag	AgCl	AgCl	$Hg(I)$
PO_4^{3-}	$MgNH_4PO_4$	$Mg_2P_2O_7$	MoO_4^{2-},$C_2O_4^{2-}$,K^+
Ni	$Ni(dmg)_2$ [b]	$Ni(dmg)_2$	Pd

[a] ox=喹啉(8-羟基喹啉)单价阴离子。

[b] dmg=丁二酮肟单价阴离子。

　　有机沉淀剂的优势在于有机沉淀物在水中的溶解度非常低且具有令人满意的重量分析因子。它们大多数是螯合剂,能与金属离子形成微溶、不带电的**螯合物**。螯合剂是一类络合试剂,具有两个或两个以上基团能与金属离子络合。螯合剂与金属离子生成的络合物称为螯合物。关于螯合物的更深入的讨论见第 9 章。

由于螯合剂是弱酸,所以通常使用调节 pH 值的方法来控制被沉淀元素的数量及选择性。反应可以归纳为(下划线表示沉淀化合物):

$$M^{n+} + nHX \rightleftharpoons \underline{MX_n} + nH^+$$

有机沉淀剂中可能含有一个以上的可电离质子。金属螯合物越不稳定,实现沉淀的 pH 值就需要越高。一些常用的有机沉淀剂列于表 10.2。其中有些沉淀并非按化学计量比进行,可通过灼烧成金属氧化物以获得准确的结果。还有一些(例如二乙基二硫代氨基甲酸钠)可用于组分离,与使用硫化氢类似。可参考本章结尾关于这些有机沉淀剂和其他无机沉淀剂的专门文献。Hollingshead 的多卷专著中关于喹啉及其衍生物的用法对如何应用这些可挥发试剂非常有帮助(见本章末的参考文献 4)。

金属螯合沉淀(具有选择性)有时被灼烧成金属氧化物以改善化学计量。

355

表 10.2 一些有机沉淀试剂

试 剂	结 构	金属离子沉淀物
丁二酮肟	$H_3C - C = NOH$ $\|$ $H_3C - C = NOH$	Ni(Ⅱ) 在 NH_3 或 HOAc 缓冲液中;Pb(Ⅱ) 在 HCl 中 ($M^{2+} + 2HR \longrightarrow \underline{MR_2} + 2H^+$)
α-苯偶姻肟(试铜灵)	OH NOH 苯环-CH-C-苯环	Cu(Ⅱ)在 NH_3 和酒石酸盐中;Mo(Ⅵ) 和 W(Ⅵ) 在 H^+ 中 ($M^{2+} + H_2R \longrightarrow \underline{MR} + 2H^+$;$M^{2+} = Cu^{2+}, MoO_2^{2+}, WO_2^{2+}$) 称重金属氧化物
N-亚硝基苯胲铵(铜铁试剂)	N=O 苯环-N-O-NH_4	Fe(Ⅲ), V(Ⅴ), Ti(Ⅳ), Sn(Ⅳ), U(Ⅳ) ($M^{n+} + n\,NH_4R \longrightarrow \underline{MR_n} + n\,NH_4^+$) 称重金属氧化物
8-羟基喹啉(喹啉)	OH 喹啉结构	许多金属离子。对 Al(Ⅲ)和 Mg(Ⅱ)有效 ($M^{n+} + nHR \longrightarrow \underline{MR_n} + nH^+$)
二乙基二硫代氨基甲酸钠	$\overset{S}{\overset{\|}{N(C_2H_5)_2 - C - S^- Na^+}}$	酸溶液中的许多金属离子 ($M^{n+} + nNaR \longrightarrow \underline{MR_n} + n\,Na^+$)
四苯硼钠	$NaB(C_6H_5)_4$	$K^+, Rb^+, Cs^+, Tl^+, Ag^+, Hg(Ⅰ),$ $Cu(Ⅰ), NH_4^+, RNH_3^+, R_2NH_2^+,$ R_3NH^+, R_4N^+。酸性溶液 ($M^+ + NaR \longrightarrow \underline{MR} + Na^+$)
氯化四苯砷	$(C_6H_5)_4AsCl$	$Cr_2O_7^-, MnO_4^-, ReO_4^-, MoO_4^{2-},$ $WO_4^{2-}, ClO_4^-, I_3^-$。酸性溶液 ($A^{n-} + nRCl \longrightarrow \underline{R_nA} + nCl^-$)

10.5　沉淀平衡：溶度积

当一种物质具有有限的溶解度,且溶质含量超过其溶解度时,则在溶液与固态物质的平衡中产生部分溶解的离子。所谓不溶化合物通常具有该性质。

当一种化合物被称为不溶物时,实际上它是**微溶**而不是完全不溶的。例如:如果把 AgCl 固体加入水中,则有一小部分会溶解:

$$AgCl \Longleftrightarrow (AgCl)_{aq} \Longleftrightarrow Ag^+ + Cl^- \tag{10.6}$$

"不溶"的物质也具有轻微的溶解度。

在给定的温度下,沉淀将有一个明确的溶解度(例如:有确定的溶解量),单位为 g/L 或 mol/L(一种饱和溶液)。平衡时,一小部分未电离的化合物通常存在于水相中(例如:在 0.1% 的量级,但是这通常少于用来分析的沉淀量,且取决于 K_{sp} 值),而且它的浓度是不变的。化合物未电离组分的量很难测定,并且我们感兴趣的是该化合物的溶解度及化学可利用性。因此,通常可以忽略未电离组分的存在。

我们可以为以上的多级平衡写出一个总平衡常数,称为**溶度积** K_{sp}。当两个分步平衡常数相乘时,$(AgCl)_{aq}$ 这一项就被消除了。

$$K_{sp} = [Ag^+][Cl^-] \tag{10.7}$$

固态组分没有出现在 K_{sp} 表达式中。

任何固体的"浓度"(例如 AgCl)都是常数,并且结合在平衡常数中从而给出 K_{sp} 值。不管存在多少未电离的中间物,上述的关系式都成立,即游离离子的浓度严格由式(10.7)定义,我们将以此来度量一种化合物的溶解度。在指定温度下如果一种化合物的溶度积已知,则我们能计算出该化合物平衡时的溶解度(溶度积是反过来通过测量溶解度而得到的)。

只要有一部分固体存在,微溶盐溶解的量就不取决于固液平衡时固体的量。固体溶解的量反而取决于溶剂的体积。非对称盐(分子中阳离子与阴离子个数所占的比例不同)如 Ag_2CrO_4 的 K_{sp} 如下:

$$Ag_2CrO_4 \Longleftrightarrow 2Ag^+ + CrO_4^{2-} \tag{10.8}$$

$$K_{sp} = [Ag^+]^2[CrO_4^{2-}] \tag{10.9}$$

此类电解质的溶解或电离并不是分步进行的,因为它们实际上是强电解质。溶解的部分完全电离。因此,没有各级 K_{sp} 值。与任何平衡常数一样,在指定温度下,溶度积 K_{sp} 在所有的平衡条件下都成立。由于我们处理的是异相平衡,达到平衡态的速度要比均相溶液平衡慢得多。

不管溶液存放在烧杯中还是游泳池里,只要平衡中有固体组分存在,饱和

溶液中溶质的浓度都是相同的,但是将有更多的固体溶解在游泳池中! 饱和溶液的浓度与未溶解的固体的量也不相关。

1) 饱和溶液

例 10.6　25℃时 AgCl 的 K_{sp} 为 1.0×10^{-10}。计算饱和 AgCl 溶液中 Ag^+ 和 Cl^- 的浓度和 AgCl 的摩尔溶解度。

解:

AgCl 电离时生成了等量的 Ag^+ 和 Cl^-; $AgCl \Longrightarrow Ag^+ + Cl^-$, $K_{sp} = [Ag^+][Cl^-]$。设 s 为 AgCl 的摩尔溶解度。因为溶解 1 mol AgCl 产生 Ag^+ 和 Cl^- 各 1 mol,所以:

$$[Ag^+]=[Cl^-]=s$$
$$s^2=1.0\times10^{-10}$$
$$s=1.0\times10^{-5}\ \text{mol/L}$$

AgCl 的摩尔溶解度为 1.0×10^{-5} mol/L。

2) 降低溶解度——同离子效应

如果一种离子的浓度超过另一种离子,则另一种离子被抑制(**同离子效应**),相应的沉淀溶解度也降低。不过我们仍然能够利用溶度积计算浓度。

加入同种离子可降低溶解度。

例 10.7　往 10 mL 0.10 mol/L NaCl 中加入 10 mL 0.20 mol/L AgNO₃。计算平衡时溶液中 Cl^- 的浓度以及 AgCl 的溶度积。

解: 溶液最终体积为 20 mL。加入的 Ag^+ 的物质的量(mmol)等于 $0.20\times10=2.0$ mmol。所取的 Cl^- 的物质的量(mmol)等于 $0.10\times10=1.0$ mmol。所以,Ag^+ 过量 $(2.0-1.0)=1.0$ mmol。从例 10.6 我们看到从沉淀溶解的 Ag^+ 浓度很小,即无同离子效应时,其量级在 10^{-5} mmol/mL。该值在 Ag^+ 过量时将会更小,因为 AgCl 的溶解度受到抑制。因此,与过量的 Ag^+ 相比,我们可以把沉淀溶解产生的 Ag^+ 忽略不计。故 Ag^+ 的最终浓度为 1.0 mmol/20 mL $=0.050$ mmol/mL,由 AgCl 的溶度积得:

$$0.050\times[Cl^-]=1.0\times10^{-10}$$

$$[Cl^-]=2.0\times10^{-9}\ \text{mmol/mL}$$

AgCl 的溶解度与 Cl^- 浓度相等,为 2.0×10^{-9} mmol/mL。

因为溶度积 K_{sp} 总是成立,所以除非 $[Ag^+]$ 与 $[Cl^-]$ 的乘积超过 K_{sp},否则沉淀将不会发生。如果两者的乘积刚好等于 K_{sp},则所有的 Ag^+ 和 Cl^- 将仍然保持在溶液中,不产生沉淀。

构成沉淀产物的离子浓度乘积必须超过溶度积,沉淀才能发生。

3) 溶解度取决于化学计量

表 10.3 列出了一些溶度积以及据此计算出的相应微溶盐的摩尔溶解度。

摩尔溶解度并不一定要正比于 K_{sp},因为它取决于盐的化学计量。AgI 的 K_{sp} 为 5.0×10^{15},比 $Al(OH)_3$ 的 K_{sp} 大得多,但是它的摩尔溶解度只是 $Al(OH)_3$ 的 2 倍。即:对给定的 K_{sp} 值,1∶1 型的盐的溶解度比非对称盐低。请注意: HgS 的溶度积仅为 4×10^{-53},其摩尔溶解度为 6×10^{-27} mol/L! 这相当于沉淀平衡时,1 L 溶液中溶解的 Hg^{2+} 和 S^{2-} 个数均小于 1,要使这两种离子共存所需的体积大约是 280 L。(你能用阿伏加德罗常数计算出该值吗?)所以这就像两个离子在浴缸中互相寻找对方!(实际上,它们找到的是沉淀物。)附录 C 中有更加完整的溶度积列表。

表 10.3　一些微溶盐的溶度积常数

微溶盐	K_{sp}	溶解度 s/(mol/L)
$PbSO_4$	1.6×10^{-8}	1.3×10^{-4}
$AgCl$	1.0×10^{-6}	1.0×10^{-5}
$AgBr$	4×10^{-13}	6×10^{-7}
AgI	1×10^{-16}	1×10^{-8}
$Al(OH)_3$	2×10^{-32}	5×10^{-9}
$Fe(OH)_3$	4×10^{-38}	2×10^{-10}
Ag_2S	2×10^{-49}	4×10^{-17}
HgS	4×10^{-53}	6×10^{-27}

例 10.8　在 1.0×10^{-3} mol/L NaCl 溶液中,若要刚好开始产生 AgCl 沉淀,则必须加入 Ag^+ 的浓度为多少?

解:

$$[Ag^+] \times (1.0 \times 10^{-3}) = 1.0 \times 10^{-10}$$
$$[Ag^+] = 1.0 \times 10^{-7} \text{ mol/L}$$

所以 Ag^+ 的浓度必须刚好超过 10^{-7} mol/L 才能开始产生沉淀。

需注意:就像我们之前观察到的,在沉淀开始前溶液必须过饱和。实际上,不太可能在 Ag^+ 的浓度刚好超过 10^{-7} mol/L 时就开始发生沉淀。

例 10.9　如果 PbI_2 的溶度积是 7.1×10^{-9},那么它的溶解度是多少(以 g/L 计)?

解:

沉淀平衡为 $PbI_2 \rightleftharpoons Pb^{2+} + 2I^-$,$K_{sp} = [Pb^{2+}] \times [I^-]^2 = 7.1 \times 10^{-9}$。设 s 表示 PbI_2 的摩尔溶解积,则:

$$[Pb^{2+}] = s, [I^-] = 2s$$
$$(s)(2s)^2 = 7.1 \times 10^{-9}$$

$$s = \sqrt[3]{\frac{7.1 \times 10^{-9}}{4}} = 1.2 \times 10^{-3} \text{ mol/L}$$

因此,以 g/L 计的溶解度为:

$$1.2 \times 10^{-3}\,\text{mol/L} \times 461.0\,\text{g/mol} = 0.55\,\text{g/L}$$

请注意:在平方之前 I^- 的浓度并没有乘以 2;$2s$ 表示它的实际平衡浓度,而不是浓度的 2 倍。我们可以设 s 表示 I^- 的浓度以取代 PbI_2 的摩尔溶解度,在此情况下 $[Pb^{2+}]$ 以及 PbI_2 的溶解度为 $\frac{1}{2}s$。计算出的 s 值会是原来的 2 倍,但是每个组分的浓度还是跟原来一样。你可以试一下这种计算方式!

例 10.10　计算 $PbSO_4$ 的摩尔溶解度并将其与 PbI_2 的摩尔溶解度值相比较。

解:

$$PbSO_4 \rightleftharpoons Pb^{2+} + SO_4^{2-}$$
$$[Pb^{2+}][SO_4^{2-}] = 1.6 \times 10^{-8}$$
$$s \times s = 1.6 \times 10^{-8}$$
$$s = 1.3 \times 10^{-4}\,\text{mol/L}$$

虽然 PbI_2 的 K_{sp}(7.1×10^{-9})比 $PbSO_4$ 的(1.6×10^{-8})小,但是 PbI_2 的溶解度却更大(例 10.9),这是 PbI_2 沉淀的非对称性导致的。

与构型对称的沉淀相比,非对称沉淀的 K_{sp} 越小并不表示它的溶解度就越小。

相同价态类型的电解质之间,其溶解度的量级将与相应的溶度积的量级相一致。但是当比较不同价态类型的盐时,量级可能就不一致。当化合物 AB 与 AC_2 具有相同的 K_{sp} 时,AB 的摩尔溶解度将比 AC_2 小。

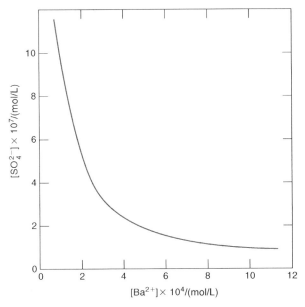

图 10.3　过量的 Ba^{2+} 对 $BaSO_4$ 溶解度的可预测影响。平衡时 SO_4^{2-} 的浓度等于 $BaSO_4$ 的溶解度。当 Ba^{2+} 不过量时,其溶解度为 10^{-5} mol/L

在沉淀分析法中,我们利用同离子效应来降低沉淀的溶解度。例如:硫酸根离子是通过往溶液中加入氯化钡产生 $BaSO_4$ 沉淀来测定的。图 10.3 说明了过量的钡离子对 $BaSO_4$ 溶解度的影响。

例 10.11 从 0.10 mol/L $FeCl_3$ 溶液中刚好产生 Fe(Ⅲ)氢氧化物沉淀时需要的 pH 是多少?

由于 $Fe(OH)_3$ 的 K_{sp} 很小,实际上它在酸性溶液中就会沉淀。

解:

$$Fe(OH)_3 \rightleftharpoons Fe^{3+} + 3OH^-$$

$$[Fe^{3+}][OH^-]^3 = 4 \times 10^{-38}$$

$$0.1 \times [OH^-]^3 = 4 \times 10^{-38}$$

$$[OH^-] = \sqrt[3]{\frac{4 \times 10^{-38}}{0.1}} = 7 \times 10^{-13} \text{ mol/L}$$

$$pOH = -\lg(7 \times 10^{-13}) = 12.2$$

$$pH = 14 - 12.2 = 1.8$$

因此,当 pH 刚超过 1.8 时,我们就能在酸溶液中看到 Fe(Ⅲ)氢氧化物沉淀!当你在水中制备 $FeCl_3$ 溶液时,它将会缓慢水解产生 Fe(Ⅲ)氢氧化物(水合铁氧化物),它是一种铁锈色的凝胶型沉淀。为了 Fe(Ⅲ)溶液稳定,必须酸化溶液,例如用盐酸酸化。

请注意:通常不会刚好在所计算出的 pH 条件下开始沉淀,因为沉淀需要溶液过饱和。

360

例 10.12 25 mL 0.100 mmol/mL $AgNO_3$ 与 35.0 mL 0.050 0 mmol/mL K_2CrO_4 溶液相混合。(a)计算平衡时每种离子组分的浓度。(b)银被定量(>99.9%)沉淀吗?

解:

(a)该反应为:

$$2Ag^+ + CrO_4^{2-} \rightleftharpoons Ag_2CrO_4$$

我们混合

$$25.0 \text{ mL} \times 0.100 \text{ mmol/mL} = 2.50 \text{ mmol } AgNO_3$$

与

$$35.0 \text{ mL} \times 0.050 \text{ 0 mmol/mL} = 1.75 \text{ mmol } K_2CrO_4$$

因此将有 1.25 mmol CrO_4^{2-} 与 2.50 mmol Ag^+ 反应,余下过量的 0.50 mmol CrO_4^{2-}。混合后最终体积为 60.0 mL。如果我们设 s 为 Ag_2CrO_4 的摩尔溶解度,那么平衡时:

$$[CrO_4^{2-}]=0.50 \text{ mmol}/60.0 \text{ mL}+s=0.008\,3+s \approx 0.008\,3 \text{ mmol/mL}$$

由于CrO_4^{2-}过量,所以s值将会非常小,与$0.008\,3$相比,可将其忽略。

$$[Ag^+]=2s$$

$$[K^+]=3.50 \text{ mmol}/60.0 \text{ mL}=0.058\,3 \text{ mmol/mL}$$

$$[NO_3^-]=2.50 \text{ mmol}/60.0 \text{ mL}=0.041\,7 \text{ mmol/mL}$$

$$[Ag^+]^2[CrO_4^{2-}]=1.1 \times 10^{-12}$$

$$(2s)^2(8.3 \times 10^{-3})=1.1 \times 10^{-12}$$

$$s=\sqrt{\frac{1.1 \times 10^{-12}}{4 \times 8.3 \times 10^{-3}}}=5.8 \times 10^{-6} \text{ mmol/mL}$$

$$[Ag^+]=2 \times (5.8 \times 10^{-6})=1.1_6 \times 10^{-5} \text{ mmol/mL}$$

(b) 沉淀的银的含量为:

$$\frac{2.50 \text{ mmol}-60.0 \text{ mL} \times 1.1_6 \times 10^{-5} \text{mmol/mL}}{2.50 \text{ mmol}} \times 100\%=99.97\%$$

或者留在溶液中的银的含量为:

$$\frac{60.0 \text{ mL} \times 1.1_6 \times 10^{-5} \text{mmol/mL}}{2.50 \text{ mmol}} \times 100\%=0.028\%$$

因此,沉淀是定量的。

10.6　异离子效应对溶解度的影响: K_{sp}和活度系数

在第 6 章中我们定义了以活度系数项表示的热力学平衡常数,用于说明惰性电解质对平衡的影响。多种盐分的存在通常会增加沉淀的溶解度,原因是屏蔽了电离的离子组分(其活度被降低)。以 AgCl 的溶解度为例。其热力学溶度积K_{sp}的表达式为:

$$K_{sp}=a_{Ag^+} \cdot a_{Cl^-}=[Ag^+] f_{Ag^+} [Cl^-] f_{Cl^-} \tag{10.10}$$

由于浓度溶度积$^cK_{sp}$为$[Ag^+][Cl^-]$,故

$$K_{sp}={}^cK_{sp} f_{Ag^+} f_{Cl^-} \tag{10.11}$$

或者

$$^cK_{sp}=\frac{K_{sp}}{f_{Ag^+} f_{Cl^-}} \tag{10.12}$$

在所有活度下K_{sp}值都成立。在零离子强度条件下,$^cK_{sp}$等于K_{sp},但是在可观

的离子强度下,对每一个离子强度都必须使用式(10.12)计算出$^cK_{sp}$值。请注意:像定性预测的一样,该方程说明离子强度降低会导致$^cK_{sp}$增大,从而增大摩尔溶解度。

在所有离子强度下,K_{sp}都成立。而$^cK_{sp}$则必须用离子强度来校正。

例 10.13   计算0.10 mmol/mL NaNO$_3$溶液中氯化银的溶解度。

解:

在附录 C 中列出的是离子强度为零时的平衡常数,即它们实际上是热力学平衡常数[①]。因此,从表 C.3 可查得氯化银的 $K_{sp}=1.0\times10^{-10}$。

我们需要 Ag$^+$ 和 Cl$^-$ 的活度系数。离子强度为 0.10。从第 6 章的参考文献 10 我们可以找出 $f_{Ag^+}=0.75$, $f_{Cl^-}=0.76$[也可以使用参考文献中的α_{Ag^+} 和 α_{Cl^-} 值,然后应用式(6.19)计算活度系数]。从式(10.12)可得:

$$^cK_{sp}=\frac{1.0\times10^{-10}}{0.75\times0.76}=1.8\times10^{-10}=[Ag^+][Cl^-]=s^2$$

$$s=\sqrt{1.8\times10^{-10}}=1.3\times10^{-5}\text{ mmol/mL}$$

这比零离子强度时的值(1.0×10^{-5} mmol/mL)大 30%。

加入不同的盐分可以增加沉淀的溶解度,并且多电荷离子对沉淀的影响更大。

图 10.4 说明由于异离子效应的影响,在NaNO$_3$ 存在时BaSO$_4$ 的溶解度增大了。

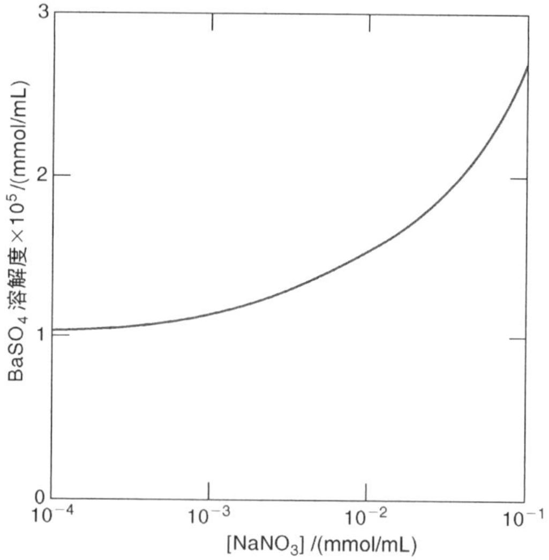

图 10.4   增大离子强度对BaSO$_4$ 溶解度的可预测影响。BaSO$_4$
在零离子强度下的溶解度为 1.0×10^{-5} mmol/mL

---

①   通常在不同的离子强度下通过实验均可获取 K_{sp} 值,该值可以用来计算给定离子强度下的摩尔溶解度,不需要计算活度系数。

包含多电荷离子时,沉淀溶解度的增大更明显。在非常高的离子强度下(此时活度系数可能会大于 1),溶解度是减小的。在重量分析法中,加入足够过量的沉淀剂以使溶解度降低到很小的值,这样我们就不需要担心异离子效应了。

酸经常影响沉淀的溶解度。当 H^+ 浓度增大时,它能更有效地与被测金属离子竞争沉淀剂(可能为弱酸阴离子)。随着可用的游离试剂的减少,而 K_{sp} 保持恒定,盐的溶解度必须增大:

$$M^{n+} + nR^- \rightleftharpoons \underline{MR_n} \qquad \text{(所需反应)}$$

$$R^- + H^+ \rightleftharpoons HR \qquad \text{(竞争反应)}$$

$$\underline{MR_n} + nH^+ \rightleftharpoons M^{n+} + nHR \qquad \text{(总反应)}$$

类似地,络合剂与沉淀的金属离子反应将会增大溶解度,例如当氨与氯化银反应时:

$$AgCl + 2NH_3 \rightleftharpoons Ag(NH_3)_2^+ + Cl^-$$

在溶解度的计算中,对这些效应的定量处理将会在第 11 章讨论。

工作表实例

2.287 g 铁矿石样品中铁含量的测定:首先生成 $Fe(OH)_3$ 沉淀,再灼烧成 Fe_2O_3,然后称重。结果得到 Fe_2O_3 净重 0.879 2 g。设置一张工作表以计算矿石中的 Fe 含量(%)。

363

	A	B	C	D	E	F	G	H
1	Calculation of % Fe.							
2	g. sample:	2.287	g. Fe₂O₃:	0.879 2				
3	% Fe:	**26.887 97**						
4								
5	%Fe = {[g Fe₂O₃ × 2Fe/Fe₂O₃ (g Fe/g Fe₂O₃)]/g sample} × 100%							
6	=	{[0.879 2 g Fe₂O₃ × 2(55.845/159.69)g Fe/g Fe₂O₃]/2.287 g sample} × 100%						
7	**B3 =**	(D2*2*(55.845/159.69)/B2)*100						
8								
9	The answer is 26.89% Fe.							

思　考　题

1. 描述重量分析法的常用操作步骤,并简要指出每个步骤的目的。

2. 什么是冯·韦曼(von Weimarn)比率? 指出表达式中各项的含义。

3. 冯·韦曼比率给了我们哪些信息涉及沉淀的最佳条件?

4. 沉淀的消化指的是什么? 为什么需要这一步骤?

5. 概述获得纯净和可过滤沉淀的最佳条件。

6. 什么是共沉淀? 列举共沉淀的不同类型,并指出如何使共沉淀降到最低水平(或如何处置共沉淀)。

7. 为什么必须洗涤已过滤的沉淀?

8. 为什么洗涤液通常包含电解质? 对该电解质有哪些要求?

9. 有机沉淀剂有哪些优势?

-- 习　　题 --

重量分析因子

10. 计算 50.0 g Na_2SO_4 中所含钠的质量。

11. 如果通过沉淀和称重 $BaSO_4$ 来求解习题10,那么将得到多少克沉淀?

12. 计算以下各物质的重量分析因子:

待测物	称重的物质
As_2O_3	Ag_3AsO_4
$FeSO_4$	Fe_2O_3
K_2O	$KB(C_6H_5)_2$
SiO_2	$KAlSi_3O_8$

13. 1.00 g 巴黎绿 $[Cu_3(AsO_3)_2 \cdot 2As_2O_3 \cdot Cu(C_2H_3O_2)_2]$ 中含有多少克 CuO 和多少克 As_2O_3?

定量计算

14. 一个质量为 523.1 mg 的 KBr 样品用过量的 $AgNO_3$ 进行沉淀,获得 814.5 mg AgBr。问 KBr 的纯度是多少?

15. 从 0.482 3 g 纯度为 99.89% 的铁丝获得的 Fe_2O_3 的质量是多少?

16. 用重量分析法测定一种合金中的铝含量:用 8-羟基喹啉沉淀得到 $Al(C_9H_6ON)_3$。如果 1.021 g 样品产生 0.186 2 g 沉淀,那么该合金中铝的含量是多少?

17. 通过重量分析法称重 Fe_2O_3 的方式分析矿石中的铁含量。要求结果含有四位有效数字。如果铁的含量范围在 11%~15%,那么要获得 100.0 mg 沉淀所需要的最小样品量是多少?

18. 将 0.12 g 纯度为 95% 的 $MgCl_2$ 样品中的氯沉淀成 AgCl。计算把氯全部沉淀所需要的过量 10% 的 0.100 mmol/mL $AgNO_3$ 溶液的体积?

19. 铵离子的分析:通过使用 H_2PtCl_6 将其沉淀成 $(NH_4)_2PtCl_6$,然后灼烧成铂金属进行称重 $[(NH_4)_2PtCl_6 \longrightarrow Pt+2NH_4Cl(g)+2Cl_2(g)]$。使用本方法,1.00 g 样品最终生成 0.100 g Pt,计算铵离子的含量(%)。

20. 一个样品中氯含量通过生成 AgCl 沉淀并称重进行分析。需要取多少克样品才能使沉淀质量与样品中的氯的百分含量相等?

21. 黄铁矿(不纯的 FeS_2)的分析:把硫转化成硫酸盐,然后沉淀成 $BaSO_4$。需要取多少克矿石用于分析才能使沉淀的克数等于 0.100 0 乘以 FeS_2 的含量(%)?

22. 一种含 BaO 和 CaO 的混合物重 2.00 g。氧化物被转化成相应的混合硫酸盐后称得

4.00 g。计算原混合物中 Ba 和 Ca 的含量(%)。

23. 一种只含 $BaSO_4$ 和 $CaSO_4$ 的混合物中含有的 Ba^{2+} 和 Ca^{2+} 共占总质量的一半。问该混合物中 $CaSO_4$ 的含量(%)?

24. 一种只含 AgCl 和 AgBr 的混合物重 2.000 g。把它定量还原成单质银,称得 1.300 g。计算原混合物中 AgCl 和 AgBr 的质量。

溶度积计算

25. 写出以下化合物的溶度积表达式:(a) AgSCN,(b) $La(IO_3)_3$,(c) Hg_2Br_2,(d) $Ag[Ag(CN)_2]$,(e) $Zn_2Fe(CN)_6$,(f) Bi_2S_3。

26. 碘化铋(BiI)的溶解度为 7.76 mg/L,它的 K_{sp} 为多少?

27. 饱和 Ag_2CrO_4 溶液中 Ag^+ 和 CrO_4^{2-} 的浓度各为多少?

28. 计算当 15.0 mL 0.200 mmol/mL K_2CrO_4 加入 25.0 mL 0.100 mmol/mL $BaCl_2$ 中,达到平衡后溶液中钡的浓度。

29. PO_4^{3-} 的浓度必须是多少才能在 0.10 mmol/mL $AgNO_3$ 溶液中刚好开始产生 Ag_3PO_4 沉淀?

30. Ag^+ 的浓度必须为多少才能开始沉淀 0.10 mmol/mL PO_4^{3-}? 0.10 mmol/mL Cl^-?

31. $Al(OH)_3$ 开始从 0.10 mmol/mL $AlCl_3$ 中沉淀出来的 pH 值为多少?

32. 250 mL 水能溶解多少克 Ag_3AsO_4?

33. 在 0.10 mmol/mL K_2CrO_4 中,Ag_2CrO_4 的溶解度是多少?

34. 化合物 AB 和 AC_2 的溶度积均为 4×10^{-18}。哪个化合物的溶解度(以 mol/L 计)更大?

35. Bi_2S_3 的溶解积是 1×10^{-97},HgS 的溶解度为 4×10^{-53}。哪个溶解度更小?

36. 一个学生提出一种钡的重量分析法:用 NaF 产生 BaF_2 沉淀。假设 Ba^{2+} 样品的质量为 200 mg,要在 100 mL 的体积中产生沉淀,而且为了准确定量,要求必须有 99.9% 的 Ba^{2+} 产生沉淀,评论该分析方法的可行性。

异离子效应对溶解度的影响

37. 写出下列各电离平衡的热力学溶度积表达式:

(a) $\underline{BaSO_4} \Longrightarrow Ba^{2+} + SO_4^{2-}$

(b) $\underline{Ag_2CrO_4} \Longrightarrow 2Ag^+ + CrO_4^{2-}$

38. 计算 0.012 5 mmol/mL $BaCl_2$ 中 $BaSO_4$ 的溶解度。考虑异离子效应。

39. 你将要使用重量分析法通过沉淀 CaF_2 来测定氟离子。加入 $Ca(NO_3)_2$,使沉淀后钙离子过量 0.015 mmol/mL。溶液中也含有 0.25 mmol/mL $NaNO_3$。如果体积为 250 mL,那么平衡时溶液中含多少克氟离子?

Excel 练习

把你的答案与网上教材相比较。

40. 设置一张工作表以计算例 10.2 中 P_2O_5 的含量(%)。使用它计算该样品中的 P_2O_5 含量(%)。若 0.526 7 g 样品给出 2.026 7 g 沉淀,再次计算样品中的 P_2O_5 含量(%)。

41. 设置一张工作表以计算 $BaSO_4$ 的溶解度,它是过量 Ba^{2+} 浓度的函数,如图 10.3 所示。

绘制溶解度-Ba^{2+}浓度图,使用 Excel 的绘图函数,并与图 10.3 相比较。

42. 设置一张工作表用以计算 $BaSO_4$ 的溶解度,它是离子强度的函数,如图 10.4 所示。绘制溶解度-离子强度图,使用 Excel 的绘图函数,并与图 10.4 相比较。

43. 使用"规划求解"计算例 10.9 中 PbI_2 的溶解度 s。

-------------- 参 考 文 献 --------------

综合和无机

1. F. E. Beamish and W. A. E. McBryde, "Inorganic Gravimetric Analysis," in C. L. Wilson and D. W. Wilson, eds., *Comprehensive Analytical Chemistry*, Vol. 1A. New York：Elsevier, 1959, Chapter VI.

2. C. L. Wilson and D. W. Wilson, eds., Comprehensive Analytical Chemistry, Vol. 1C, *Classical Analysis: Gravimetric and Titrimetric Determination of the Elements*, New York：Elsevier, 1962.

有机试剂

3. K. L. Cheng, K. Ueno, and T. Imamura, eds., *Handbook of Organic Analytical Reagents*. Boca Raton, FL：CRC Press, 1982.

4. R. G. W. Hollingshead, *Oxine and Its Derivatives*. London：Butterworth Scientific, 1954－1956.

5. F. Holmes, "Organic Reagents in Inorganic Analysis," in C. L. Wilson and D. W. Wilson, eds., *Comprehensive Analytical Chemistry*, Vol. 1A. New York：Elsevier, 1959, Chapter II.8.

均相溶液的沉淀

6. L. Gordon, M. L. Salulsky, and H. H. Willard, *Precipitation from Homogeneous Solution*. New York：Wiley, 1959.

第 11 章
沉淀反应与滴定

"If you're not part of the solution, then you're part of the precipitate."

——Anonymous

学习要点
- 酸度对溶解度的影响[重点方程式：式(11.4)，式(11.6)]
- 质量平衡计算
- 络合效应对溶解度的影响[重点方程式：式(11.10)，式(11.11)]
- 计算沉淀滴定曲线
- 沉淀滴定指示剂

许多阴离子与某些金属离子反应生成微溶性沉淀,可以用金属溶液来滴定这些阴离子,例如：氯离子用银离子滴定,硫酸根用钡离子滴定。沉淀平衡可能受 pH 和络合剂的影响。生成沉淀的阴离子可能来自弱酸,因此易与酸溶液中的质子结合导致沉淀溶解。另一方面,金属离子可能与配体(络合剂)络合使平衡朝溶解方向偏移。如银离子可与氨络合导致氯化银溶解。

在本章中,我们描述沉淀平衡中的酸度和络合产生的定量影响,讨论使用硝酸银、硝酸钡滴定剂与不同类型指示剂的沉淀滴定及其理论。首先应该复习一下第 10 章中描述的基础——沉淀平衡。大部分离子分析物,特别是无机阴离子,可以很方便地用离子色谱法(第 21 章)进行测定,但是对于高浓度分析物,当沉淀滴定法适用时,它可给出更准确的测定结果。第 10 章描述了应用重量分析法测定许多分析物,如果用沉淀滴定法对这些分析物进行测定则可能会显得更容易,但是其准确度不如重量分析法。

11.1　酸度对沉淀溶解度的影响

在讨论沉淀滴定之前,我们将首先考虑竞争平衡对沉淀溶解度的影响。在往下阅读之前,可以复习一下多元酸平衡和第 7 章中 α 值(给定 pH 条件下每一种酸组分的形态分布)的计算。

阴离子来自弱酸的沉淀,其溶解度在酸加入后会增大,因为酸与阴离子有

结合趋势,从而把阴离子从沉淀中溶解出来。例如:沉淀 MA 的部分溶解会产生 M^+ 和 A^-,呈现如下平衡:

$$MA \Longrightarrow \left.\begin{array}{c} M^+ + A^- \\ + \\ H^+ \\ \Updownarrow \\ HA \end{array}\right\} A_T$$

阴离子 A^- 能与质子结合从而增加了沉淀的溶解度。A^- 和 HA 的缔合平衡浓度组成了 A 的分析总浓度 A_T(或生成浓度,见第 5 章),它的浓度与从沉淀中溶解出来的 $[M^+]$ 相等(如果 M^+ 和 A^- 均不过量)。通过应用所涉及的平衡常数,我们能计算出给定酸度下沉淀的溶解度。

以 CaC_2O_4 在强酸中的溶解度为例。该平衡为:

$$\underline{CaC_2O_4} \Longrightarrow Ca^{2+} + C_2O_4^{2-} \qquad K_{sp} = [Ca^{2+}][C_2O_4^{2-}] = 2.6 \times 10^{-9} \qquad (11.1)$$

$$C_2O_4^{2-} + H^+ \Longrightarrow HC_2O_4^- \qquad K_{a2} = \frac{[H^+][C_2O_4^{2-}]}{[HC_2O_4^-]} = 6.1 \times 10^{-5} \qquad (11.2)$$

$$HC_2O_4^- + H^+ \Longrightarrow H_2C_2O_4 \qquad K_{a1} = \frac{[H^+][HC_2O_4^-]}{[H_2C_2O_4]} = 6.5 \times 10^{-2} \qquad (11.3)$$

质子与钙离子相互竞争草酸根离子。

CaC_2O_4 的溶解度 s 等于 $[Ca^{2+}] = Ox_T$,Ox_T 指平衡时草酸所有组分的浓度和($= [H_2C_2O_4] + [HC_2O_4^-] + [C_2O_4^{2-}]$)。 在 K_{sp} 的表达式中,可以用 $Ox_T \alpha_2$ 替代 $[C_2O_4^{2-}]$:

$$K_{sp} = [Ca^{2+}] Ox_T \alpha_2 \qquad (11.4)$$

式中,α_2 指 $C_2O_4^{2-}$ 的形态分布($\alpha_2 = [C_2O_4^{2-}] / Ox_T$)。 应用第 7 章中计算 $H_3PO_4 \alpha$ 值的方法可得:

$$\alpha_2 = \frac{K_{a1} K_{a2}}{[H^+]^2 + K_{a1}[H^+] + K_{a1} K_{a2}} \qquad (11.5)$$

由此,我们可以写出:

$$\frac{K_{sp}}{\alpha_2} = K'_{sp} = [Ca^{2+}] Ox_T = s^2 \qquad (11.6)$$

式中,K'_{sp} 指**条件溶度积**,它类似于第 9 章中讨论的条件形成常数。**条件溶度积只在特定的 pH 条件下成立。**

例 11.1　计算含 0.0010 mmol/mL H^+ 的溶液中 CaC_2O_4 的溶解度。

解：

$$\alpha_2 = \frac{(6.5 \times 10^{-2}) \times (6.1 \times 10^{-5})}{(1.0 \times 10^{-3})^2 + (6.5 \times 10^{-2}) \times (1.0 \times 10^{-3}) + (6.5 \times 10^{-2}) \times (6.1 \times 10^{-5})}$$

$$= 5.7 \times 10^{-2}$$

$$s = \sqrt{K_{sp}/\alpha_2} = \sqrt{2.6 \times 10^{-9}/5.7 \times 10^{-2}} = 2.1 \times 10^{-4} \text{ mmol/mL}$$

该值与使用式 (11.1) 计算出来的水溶液中 CaC_2O_4 的溶解度 5.1×10^{-5} mmol/mL 相比，说明 CaC_2O_4 在酸溶液中的溶解度增大 300%。请注意：$[Ca^{2+}]$ 和 Ox_T 均为 2.1×10^{-4} mmol/mL。通过将该值乘以草酸的 α_0，α_1 和 α_2 值，我们可以分别获得平衡时 0.0010 mmol/mL H^+ 的溶液中草酸根其他形态的浓度 $[H_2C_2O_4]$，$[HC_2O_4^-]$ 和 $[C_2O_4^{2-}]$。在这里我们不进行推导 α_0 和 α_1，但是算出来的结果是 $[C_2O_4^{2-}] = 1.2 \times 10^{-5}$ mmol/mL，$[HC_2O_4^-] = 2.0 \times 10^{-4}$ mmol/mL，$[H_2C_2O_4] = 3.1 \times 10^{-6}$ mmol/mL。（尝试计算这些值；它们在第 7 章都已经讨论过了。）

请注意：这个问题比求溶解在 0.0010 mmol/mL HCl 中的 CaC_2O_4 的质量要简单。在本题的求解过程中，H^+ 的平衡浓度被假定为 0.0010 mmol/mL。CaC_2O_4 在 0.0010 mmol/mL HCl 中的溶解将会消耗一部分质子，这样就需要迭代计算。见网上教材 Example 11.1.xlsx 中对含 HCl 的这个问题的"单变量求解"。

在上述的计算中我们假设最终溶液中 $[H^+] = 0.0010$ mmol/mL。另一种更常见的情况是以 $[H^+] = 0.0010$ mmol/mL 开始计算，然后看有多少 CaC_2O_4 会溶解。但这个过程会消耗 H^+。在上述计算中，我们可以看到五分之一的 H^+ 会反应生成 $HC_2O_4^-$。生成 $H_2C_2O_4$ 所反应掉的 H^+ 可以忽略不计。如果要求更确切的结果，那么我们可以像上述计算一样，从初始酸溶液中减去反应掉的酸，然后使用新的酸度重复计算。重复这一迭代过程直到最终的结果达到精度要求。使用 0.8×10^{-3} mmol/mL 酸重新计算给出钙的浓度值为 1.9×10^{-4} mmol/mL，比原值少 10%。见网上教材中"单变量求解"的精确算法。

应该强调的是：当处理多平衡时，一个给定平衡表达式的有效性绝不受外加竞争平衡影响。因此不管酸加入与否，上例中 CaC_2O_4 溶度积的表达式都表述了 Ca^{2+} 和 $C_2O_4^{2-}$ 之间的关系。换言之，只要溶液中存在固体 CaC_2O_4，$[Ca^{2+}]$ 和 $[C_2O_4^{2-}]$ 之积就是常数。然而，由于溶液中的 $C_2O_4^{2-}$ 被转化成 $HC_2O_4^-$ 和 $H_2C_2O_4$，溶解的 CaC_2O_4 的量就增加了。

11.2　多平衡体系的质量平衡方法

我们也可以通过使用第 6 章所述的系统方法，应用平衡常数表达式、质量平衡表达式和电荷平衡表达式来解决多平衡问题。

系统方法非常适用于竞争平衡的计算。

　　例 11.2　计算 1 L 0.10 mmol/mL HCl 中所能溶解的 MA 的物质的量。设 MA 的 K_{sp} 值为 1.0×10^{-8}，HA 的 K_a 值为 1.0×10^{-6}。

　　解:

各组分平衡及电离方程为:

$$MA \Longrightarrow M^+ + A^-$$
$$A^- + H^+ \Longrightarrow HA$$
$$H_2O \Longrightarrow H^+ + OH^-$$
$$HCl \longrightarrow H^+ + Cl^-$$

平衡表达式为:

$$K_{sp} = [M^+][A^-] = 1.0 \times 10^{-8} \tag{1}$$

$$K_a = \frac{[H^+][A^-]}{[HA]} = 1.0 \times 10^{-6} \tag{2}$$

$$K_w = [H^+][OH^-] = 1.0 \times 10^{-14} \tag{3}$$

质量平衡表达式为:

$$[M^+] = [A^-] + [HA] = A_T \tag{4}$$

$$[H^+] = [Cl^-] + [OH^-] - [HA] \tag{5}$$

$$[Cl^-] = 0.10 \text{ mmol/mL} \tag{6}$$

电荷平衡表达式为:

$$[H^+] + [M^+] = [A^-] + [Cl^-] + [OH^-] \tag{7}$$

表达式的个数对未知量的个数:

　　有 6 个未知量($[H^+]$, $[OH^-]$, $[Cl^-]$, $[HA]$, $[M^+]$ 和 $[A^-]$)和 6 个独立方程(电荷平衡方程可以通过其他方程的线性组合得到,所以不能计入独立方程)。

　　方程的个数必须等于或者超过未知量的个数。进行简化设定以简化计算。

简化设定:

　　(1) 在酸溶液中,HA 的电离受到抑制,导致 $[A^-] \ll [HA]$,所以从式(4)可得:

$$[M^+] = [A^-] + [HA] \approx [HA]$$

　　(2) 在酸溶液中 $[OH^-]$ 非常小,所以从式(5)和式(6)可得:

$$[H^+] = 0.10 + [OH^-] - [HA] \approx 0.10 - [HA]$$

计算:

为了获得溶解于一升酸中的 MA 的量,我们需要计算$[M^+]$。

从式(1)可得:

$$[M^+] = \frac{K_{sp}}{[A^-]} \tag{8}$$

从式(2)可得:

$$[A^-] = \frac{K_a[HA]}{[H^+]} \tag{9}$$

所以,式(8)除以式(9),得:

$$[M^+] = \frac{K_{sp}[H^+]}{K_a[HA]} = 1.0 \times 10^{-2} \frac{[H^+]}{[HA]} \tag{10}$$

从假定(1)得:

$$[M^+] \approx [HA]$$

从假定(2)得:

$$[H^+] \approx 0.10 - [HA] \approx 0.10 - [M^+]$$

$$[M^+] = \frac{(1.0 \times 10^{-2})(0.10 - [M^+])}{[M^+]}$$

$$\frac{[M^+]^2}{0.10 - [M^+]} = 1.0 \times 10^{-2}$$

用二次方程求解,得$[M^+] = 0.027 \text{ mol/L}$。

所以,在 1 L 体积中,将有 0.027 mol MA 溶解。将该值与在水中溶解 0.000 10 mol 相比较。验证:

(1)　　　　　$[HA] \approx [M^+] = 0.027 \text{ mol/L}$。

$$[A^-] = \frac{K_{sp}}{[M^+]} = \frac{1.0 \times 10^{-8}}{0.027} = 3.7 \times 10^{-7} \text{ mol/L}$$

因为$[A^-] \ll [HA]$,所以假定(1)是可接受的。

(2)　　　　　$[H^+] \approx 0.10 - [M^+] = 0.073 \text{ mol/L}$

$$[OH^-] = \frac{K_w}{[H^+]} = \frac{1.0 \times 10^{-14}}{0.073} = 1.4 \times 10^{-13}$$

因为$[OH^-] \ll [Cl^-]$或$[HA]$,所以假定(2)是可接受的。

假定的有效性可检验。

基于"单变量求解"的替代解法

对 Excel 掌握越多,你就会发现这个非近似解法既简单又快速。

电荷平衡方程为:

$$[H^+] + [M^+] - [Cl^-] - [A^-] - [OH^-] = 0$$

可以写成:

$$s + [H^+] - 0.10 - s\,\alpha_1 - K_w / [H^+] = 0$$

用 $\sqrt{K_{sp}/\alpha_1}$ 取代 s,"单变量求解"很容易就能找到一个解为 $s = 0.027$ mol/L,见网上教材 Example 11.2 Goal Seek.xlsx。

例 11.3 使用系统方法计算 $0.001\,0$ mmol/mL HCl 溶液中 CaC_2O_4 的溶解度。

解:

各组分平衡及电离方程为:

$$\underline{CaC_2O_4} \rightleftharpoons Ca^{2+} + C_2O_4^{2-}$$
$$C_2O_4^{2-} + H^+ \rightleftharpoons HC_2O_4^-$$
$$HC_2O_4^- + H^+ \rightleftharpoons H_2C_2O_4$$
$$H_2O \rightleftharpoons H^+ + OH^-$$
$$HCl \longrightarrow H^+ + Cl^-$$

平衡常数的表达式为:

$$K_{sp} = [Ca^{2+}][C_2O_4^{2-}] = 2.6 \times 10^{-9} \tag{1}$$

$$K_{a1} = \frac{[H^+][HC_2O_4^-]}{[H_2C_2O_4]} = 6.5 \times 10^{-2} \tag{2}$$

$$K_{a2} = \frac{[H^+][C_2O_4^{2-}]}{[HC_2O_4^-]} = 6.1 \times 10^{-5} \tag{3}$$

$$K_w = [H^+][OH^-] = 1.0 \times 10^{-14} \tag{4}$$

371

质量平衡表达式为:

$$[Ca^{2+}] = [C_2O_4^{2-}] + [HC_2O_4^-] + [C_2O_4^{2-}] = Ox_T \tag{5}$$

$$[H^+] = [Cl^-] + [OH^-] - [HC_2O_4^-] - 2[C_2O_4^{2-}] \tag{6}$$

$$[Cl^-] = 0.001\,0 \text{ mol/L} \tag{7}$$

电荷平衡表达式为:

$$[H^+] + 2[Ca^{2+}] = 2[C_2O_4^{2-}] + [HC_2O_4^-] + [Cl^-] + [OH^-] \tag{8}$$

共有 7 个未知量（$[H^+]$,$[OH^-]$,$[Cl^-]$,$[Ca^{2+}]$,$[C_2O_4^{2-}]$,$[HC_2O_4^-]$ 和 $[H_2C_2O_4]$）和 7 个独立方程。

简化设定：

（1）K_{a1} 值相当大，而 K_{a2} 值却很小，所以假定 $[HC_2O_4^-] \gg [H_2C_2O_4]$，$[C_2O_4^{2-}]$。

（2）在酸溶液中 $[OH^-]$ 非常小，所以从式（6）和式（7）可得：

$$[H^+] = 0.0010 + [OH^-] - [HC_2O_4^-] - 2[C_2O_4^{2-}] \approx 0.0010 - [HC_2O_4^-] \tag{9}$$

计算：

为了获得溶解在 1 L 溶液中的 CaC_2O_4 的物质的量，我们需要计算 $[Ca^{2+}]$。

从式（1）可得：

$$[Ca^{2+}] = \frac{K_{sp}}{[C_2O_4^{2-}]} \tag{10}$$

从式（3）可得：

$$[C_2O_4^{2-}] = \frac{K_{a2}[HC_2O_4^-]}{[H^+]} \tag{11}$$

所以：

$$[Ca^{2+}] = \frac{K_{sp}[H^+]}{K_{a2}[HC_2O_4^-]} \tag{12}$$

从假定（1）得：

$$[Ca^{2+}] = [HC_2O_4^-] \tag{13}$$

从假定（2）得：

$$[H^+] \approx 0.0010 - [HC_2O_4^-] \approx 0.0010 - [Ca^{2+}] \tag{14}$$

把式（13）和式（14）代入式（12）：

$$[Ca^{2+}] = \frac{K_{sp}(0.0010 - [Ca^{2+}])}{K_{a2}[Ca^{2+}]} = \frac{(2.6 \times 10^{-9}) \times (0.0010 - [Ca^{2+}])}{(6.1 \times 10^{-5}) \times [Ca^{2+}]}$$

$$[Ca^{2+}] = \frac{(4.6 \times 10^{-5}) \times (0.0010 - [Ca^{2+}])}{[Ca^{2+}]}$$

用二次方程求解,得 $[Ca^{2+}]=1.9\times10^{-4}$ mol/L。 这与例 11.1 使用条件溶度积方法校正 H^+ 消耗量后计算所得的结果一致。在本例中,我们在计算中校正了 H^+ 消耗量。请注意:在例 11.1 中,我们计算出的 $HC_2O_4^-$ 的浓度是 $[Ca^{2+}]$ 的 95%,所以假定(1)是合理的。

本例的"单变量求解"见网上教材 Example 11.1。

当使用 K'_{sp} 时,计算出的答案是一样的(例 11.1)。

372 ## 11.3　络合效应对溶解度的影响

与酸竞争阴离子一样,络合剂会竞争沉淀中的金属离子。沉淀 MA 电离出 M^+ 和 A^-,其中金属离子与配体 L 络合形成 ML^+ 从而产生如下平衡:

$$\begin{array}{l}MA \rightleftharpoons M^+ \\ \qquad\quad + \\ \qquad\quad L \\ \qquad\quad \updownarrow \\ \qquad\quad ML^+\end{array}\left.\begin{array}{l} +A^- \\ \\ \\ \\ \end{array}\right\}M_T$$

平衡时 $[M^+]$ 和 $[ML^+]$ 之和是分析浓度 M_T,其值等于 $[A^-]$。该情况的计算方法完全类似于那些酸效应对溶解度影响的计算。

以 NH_3 存在时 AgBr 的溶解度计算为例,该平衡为:

$$AgBr \rightleftharpoons Ag^+ + Br^- \tag{11.7}$$

$$Ag^+ + NH_3 \rightleftharpoons Ag(NH_3)^+ \tag{11.8}$$

$$Ag(NH_3)^+ + NH_3 \rightleftharpoons Ag(NH_3)_2^+ \tag{11.9}$$

AgBr 的溶解度 s 等于 $[Br^-]=Ag_T$,Ag_T 指平衡时所有银组分的总浓度 $(=[Ag^+]+[Ag(NH_3)^+]+[Ag(NH_3)_2^+])$。 如前所述,在 K_{sp} 的表达式中我们能用 $Ag_T\alpha_M$ 替代 $[Ag^+]$,α_M 指银组分中 Ag^+ 的形态分布:

$$K_{sp}=[Ag^+][Br^-]=Ag_T\alpha_M[Br^-]=4\times10^{-13} \tag{11.10}$$

因此

$$\frac{K_{sp}}{\alpha_M}=K'_{sp}=Ag_T[Br^-]=s^2 \tag{11.11}$$

K'_{sp} 为条件溶度积,其值取决于氨的浓度。

K'_{sp} 值只在给定 NH_3 浓度的条件下成立。

例 11.4　计算 0.10 mmol/mL 氨溶液中溴化银的摩尔溶解度。

解：

从式(9.20)和K_f值[式(9.1)和式(9.2)]，我们可计算出 0.10 mmol/mL 氨溶液中溴化银的溶解度。

$$\alpha_{Ag} = 1/(1 + K_{f1}[NH_3] + K_{f1}K_{f2}[NH_3]^2)$$
$$= 1/[1 + 2.5 \times 10^3 \times 0.10 + 2.5 \times 10^3 \times (1.0 \times 10^4) \times (0.10)^2]$$
$$= 4.0 \times 10^{-6}$$

$$s = \sqrt{K_{sp}/\alpha_M} = \sqrt{4 \times 10^{-13}/4.0 \times 10^{-6}} = 3._2 \times 10^{-4} \,(mmol/mL)$$

把该值与溴化银在水中的溶度积 6×10^{-7} 相比较（可溶性增大了 530 倍）。请注意：$[Br^-]$ 和 Ag_T 均为 $3._2 \times 10^{-4}$ mmol/mL。平衡时其他银组分也可计算得到，分别为：$[Ag^+] = Ag_T\alpha_M$，$[Ag(NH_3)^+] = [Ag^+]\beta_1[NH_3]$，$[Ag(NH_3)_2^+] = [Ag^+]\beta_2[NH_3]^2$。取例 9.5 中的 β 值进行计算，得 $[Ag^+] = 1.3 \times 10^{-9}$ mmol/mL，$[Ag(NH_3)^+] = 3.2 \times 10^{-7}$ mmol/mL，$[Ag(NH_3)_2^+] = 3.2 \times 10^{-4}$ mmol/mL。请注意：溶解的银离子大部分以 $Ag(NH_3)_2^+$ 形态存在。

在计算中我们忽略了与银反应所消耗的氨。与 0.10 mmol/mL 相比实际上是可以忽略不计的（6×10^{-4} mmol/mL 用于生成 $[Ag(NH_3)_2^+]$，生成 $Ag(NH_3)^+$ 时氨的用量更少）。假如氨的消耗量与 0.10 mmol/mL 相比是可观的，那么我们也可以使用迭代的方法以求得更准确的解，即：我们可以从氨的原浓度中减去其消耗量，然后使用这个新浓度计算出新的 β 值和溶解度，如此反复计算，直到解达到一个常数值。这类问题也适合使用"单变量求解"。

检验所设的氨平衡浓度是否正确。

例 11.5　计算一种 $K_{sp} = 1 \times 10^{-8}$ 的盐 MS 在 0.0010 mmol/mL 配体溶液 L 中的摩尔溶解度，L 是一种碱，其 K_b 值为 1.0×10^{-3}，与 M 缔合的 β_1、β_2 值分别为 1.0×10^5 和 1.0×10^8。（可在第 9.6 节中回顾 β 值。）

单变量求解

在例 11.4 中我们忽略了氨的碱性（部分氨会电离生成 NH_4^+，不会参与银的络合反应）；如果我们碰到一种碱性不这么弱的配体，那么我们就不能将其忽略。类似地，我们可以假定由络合物的生成所导致的游离配体浓度降低是可忽略的。但如果盐的溶解度更大（K_{sp} 更大）和/或络合常数更高，则情况不同。本例故意使用这些限制，所以不能进行近似假定。然而，通过"单变量求解"却很容易得到一个迭代解。

L 的碱性使其水解生成 OH^-：

$$L + H_2O \rightleftharpoons LH^+ + OH^-$$

373

相关的平衡常数表达式为：

$$K_b = \frac{[LH^+][OH^-]}{[L]}$$

如果我们由于溶液显碱性而忽略水自身的电离，那么分子中，两种离子的唯一来源就是上述平衡中的离子，而且它们的浓度会相等，如 $[LH^+]=[OH^-]$。所以

$$K_b = [LH^+]^2/[L]$$

$$[LH^+]=\sqrt{K_b[L]}$$

L 的质量平衡要求：

$$[L]_T = 0.001 = [L]+[LH^+]+[ML^+]+2[ML_2^+]$$

若溶解度为 s，则像例 11.4 一样，我们也能得到 $s=\sqrt{\dfrac{K_{sp}}{\alpha_M}}$，$[M^+]=s\,\alpha_M$，使用这两个关系式，我们可以得到 $[L]_T$ 表达式中后两项为：

$$[ML^+]=\beta_1[M^+][L]$$

$$[ML_2^+]=\beta_2[M^+][L]^2$$

只要各项关系式都定义好，我们就能将它们输入质量平衡方程（MBE）。运行网上教材给出的 Example 11.5 的"单变量求解"执行程序 Goal Seek. xlsx，可得 $s=4.5\times10^{-4}$ mmol/mL。

11.4 沉淀滴定

假如反应平衡是快速的，而且有合适的终点检测方法，则应用沉淀剂进行滴定可测定某些分析物的含量。讨论滴定曲线将会使我们进一步理解指示剂选择、准确度以及混合滴定。

1) 滴定曲线——计算 pX

以 $AgNO_3$ 标准液滴定 Cl^- 为例。与酸碱滴定类似，该沉淀的滴定曲线可以通过 pCl（$-\lg[Cl^-]$）对 $AgNO_3$ 体积作图得到。一种典型的滴定曲线如图 11.1 所示。图中的 pX 指卤化物浓度的负对数。在滴定开始时，我们有 0.10 mmol/mL Cl^-，pCl 为 1。随着滴定的进行，一部分 Cl^- 以 AgCl 沉淀的形式从溶液中移出，pCl 由溶液中剩余的 Cl^- 确定；除非临近等当量点，否则沉淀电离产生的 Cl^- 是可忽略的。在等当量点，我们得到 AgCl 饱和溶液，pCl 值为 5，$[Cl^-]=\sqrt{K_{sp}}=10^{-5}$ mmol/mL（见第 10 章）。过了等当量点之后，Ag^+ 过量，$[Cl^-]$ 则由 $[Ag^+]$ 和 K_{sp} 共同确定，如第 10 章例 10.7（$[Cl^-]=K_{sp}/$

$[Ag^+]$)。见网上教材应用 Excel 绘制这些曲线。

AgI 的溶解度最低,所以等当量点之后的$[I^-]$值更小,pI 更大。

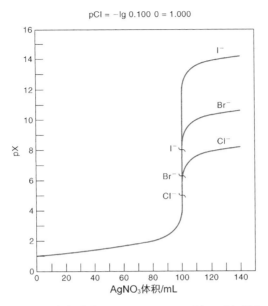

图 11.1 滴定曲线:100 mL 0.1 mmol/mL 氯、溴和
碘溶液滴定 0.1 mmol/mL $AgNO_3$

例 11.6 用 0.100 0 mmol/mL $AgNO_3$ 滴定 100.0 mL 0.100 0 mmol/mL Cl^-,计算当加入 $AgNO_3$ 的体积分别为 0.00,20.00,99.00,99.50,100.00,100.50 和 110.00 mL 时的 pCl。

解:

加入 0.00 mL 时:

$$pCl = -\lg 0.100\,0 = 1.000$$

加入 20.00 mL 时:

$$n_{Cl^-} = 100.00\ \text{mL} \times 0.100\,0\ \text{mmol/mL} = 10.00\ \text{mmol}$$

$$n_{Ag^+} = 20.00\ \text{mL} \times 0.100\,0\ \text{mmol/mL} = 2.000\ \text{mmol}$$

$$[Cl^-]_{余量} = 10.00 - 2.00 = 8.00\ \text{mmol}/120.0\ \text{mL} = 0.066\,7\ \text{mmol/mL}$$

$$pCl = -\lg 0.066\,7 = 1.18$$

加入 99.00 mL 时:

$$n_{Ag^+} = 99.00\ \text{mL} \times 0.100\,0\ \text{mmol/mL} = 9.900\ \text{mmol}$$

$$[Cl^-]_{余量} = 10.00 - 9.90 = 0.10\ \text{mmol}/199.0\ \text{mL} = 5.0 \times 10^{-4}\ \text{mmol/mL}$$

$$pCl = -\lg (5.0 \times 10^{-4}) = 3.26$$

加入 99.50 mL 时:

$$n_{Ag^+} = 99.50 \text{ mL} \times 0.100\ 0 \text{ mmol/mL} = 9.950 \text{ mmol}$$

$$[Cl^-]_{余量} = 10.00 - 9.95 = 0.05 \text{ mmol}/199.5 \text{ mL} = 2._5 \times 10^{-4} \text{ mmol/mL}$$

$$pCl = -\lg(5.0 \times 10^{-4}) = 3.60$$

加入 100.0 mL 时,所有的 Cl^- 与 Ag^+ 反应:

$$[Cl^-] = \sqrt{K_{sp}} = \sqrt{1.0 \times 10^{-10}} = 1.0 \times 10^{-5} \text{ (mmol/mL)}$$

$$pCl = -\lg(1.0 \times 10^{-5}) = 5.00$$

加入 100.50 mL 时:

$$n_{Ag^+} = 100.50 \text{ mL} \times 0.100\ 0 \text{ mmol/mL} = 10.05 \text{ mmol}$$

$$[Ag^+]_{余量} = 10.05 - 10.00 = 0.05 \text{ mmol}/200.5 \text{ mL} = 2._5 \times 10^{-4} \text{ mmol/mL}$$

$$[Cl^-] = K_{sp}/[Ag^+] = 1.0 \times 10^{-10}/(2._5 \times 10^{-4}) = 4._0 \times 10^{-7} \text{ (mmol/mL)}$$

$$pCl = -\lg(4._0 \times 10^{-7}) = 6.40$$

加入 110.00 mL 时:

$$n_{Ag^+} = 110.00 \text{ mL} \times 0.100\ 0 \text{ mmol/mL} = 11.00 \text{ mmol}$$

$$[Ag^+]_{余量} = 11.00 - 10.00 = 1.00 \text{ mmol}/210 \text{ mL} = 4.76 \times 10^{-3} \text{ mmol/mL}$$

$$[Cl^-] = K_{sp}/[Ag^+] = 1.0 \times 10^{-10}/(4.76 \times 10^{-3}) = 2.1 \times 10^{-8} \text{ (mmol/mL)}$$

$$pCl = -\lg(2.1 \times 10^{-8}) = 7.67$$

[376] K_{sp} 越小,在等当量点处的突跃越明显。我们可以通过比较图 11.1 中 Cl^-、Br^- 和 I^- 对 Ag^+ 的滴定曲线来说明这一点。AgCl、AgBr 和 AgI 的 K_{sp} 值分别为 1.0×10^{-10}、4×10^{-13} 和 1×10^{-16}。在滴定开始时,每种阴离子的浓度都一样,所以在接近等当量点的时候每种阴离子的浓度仍然保持一样,因为从溶液中移出的部分是相同的。在等当量点时,K_{sp} 越小,则相应的 $[X^-]$ 越小;因此相应的盐饱和溶液的 pX 越大。过了等当量点以后,K_{sp} 越小,相应的 $[X^-]$ 也越小;同样导致 pX 的突跃更明显。所以总效应为当化合物越难溶时,在等当量点处的 pX 突跃就越明显。

K_{sp} 值越小,终点突跃越灵敏。

如果滴定反过来进行,即用 Cl^- 滴定 Ag^+,那么以 pCl 对 Cl^- 的体积作图,则图 11.1 中的滴定曲线将会翻转。在等当量点之前,$[Cl^-]$ 由过量的 Ag^+ 和 K_{sp} 控制;而在等当量点之后,则仅由过量的 Cl^- 确定。若反过来以 pAg 对氯离子溶液的体积作图,则曲线看起来与图 11.1 一样。

请注意:与金属-配体滴定(如第 9.3 节所讨论)非常相似,目前的沉淀滴定情况可以用一个二次方程对所有点进行精确求解。实际上这比金属-配体滴定更简单,因为与金属-配体络合产物 ML 的形成常数不同,沉淀滴定的相应表达式(溶度积 K_{sp})并没有分母项。这两种情况是等同的(除非金属-配体的平衡常数按惯例被写成电离常数,而溶度积也写成电离常数)。对难溶盐 XY,假设我们取物质的量浓度为 c_X 的溶液 V_X mL,用物质的量浓度为 c_Y 的 Y 溶液进行滴定,在任一点加入 Y 的体积为 V_Y mL,总体积为 V_T(等于 $V_X + V_Y$)。溶度积表达式中的隐含浓度单位为摩尔体积。为保持所有物质的量纲为摩尔和摩尔体积,我们取体积的单位为升。

$$K_{sp} = [X][Y] = \frac{(c_X V_X - p)}{V_T} \frac{(c_Y V_Y - p)}{V_T} \tag{11.12}$$

式中,p 指沉淀的 XY 的物质的量。这就产生了一个关于 p 的二次方程:

$$p^2 - (c_X V_X + c_Y V_Y)p + (c_X V_X c_Y V_Y - V_T^2 K_{sp}) = 0 \tag{11.13}$$

与金属-配体络合的情况一样,这个方程的负根通常是 p 的有意义的解。很容易计算出 [X] 和 [Y](以及 pX 与 pY)分别为 $(c_X V_X - p)/V_T$ 和 $(c_Y V_Y - p)/V_T$。我们在网上教材补充材料 Figure 11.1.xlsx 中证明使用该方法生成图 11.1。请注意:在加入 Y 之前,并没有 XY 沉淀,因而溶度积平衡不适用。对 $V_Y = 0$,必须手动输入 $p = 0$。

2) 分步沉淀滴定

如果两种分析物的 K_{sp} 值差别足够大,则它们可以用相同的试剂进行分步滴定。以银离子滴定碘离子和氯离子的混合溶液为例。AgI 的 K_{sp} 值约为 AgCl 的 $1/10^6$,所以 AgI 首先沉淀。只要第一滴滴定剂加入到溶液中,AgI 就发生沉淀,沉淀精确地按前一节所述的进行,且只与 AgI 的溶解平衡有关。这样一直持续到碘离子几乎被完全滴定且 $[Ag^+]$ 达到一个阈值(该值与 $[Cl^-]$ 乘积等于 AgCl 的 K_{sp})为止。此后 AgCl 将会开始沉淀,此时 AgI 与 AgCl 沉淀同时存在。我们可以按照之前讨论 AgCl 沉淀来处理该问题,但是这一次让我们以溶液中银离子余量为变量来求解。考虑以下条件。

设:

V_X 为被滴定溶液的初始体积,0.1 L;I_0 为 I^- 的初始浓度,0.1 mol/L;Cl_0 为 Cl^- 的初始浓度,0.1 mol/L;c_{Ag} 为 $AgNO_3$ 滴定剂的浓度;V_{Ag} 为任意点加入的滴定剂体积,单位为 L;V_T 为任意点的总体积 $(V_X + V_{Ag})$,单位为 L。

AgCl 沉淀开始之后:

加入的 Ag^+ 物质的量 = AgI 沉淀物质的量 + AgCl 沉淀物质的量
+ 溶液中 Ag 物质的量

$$V_{Ag} c_{Ag} = (I^- \text{ 的初始物质的量} - \text{溶液中 } I^- \text{ 的物质的量})$$
$$+ (Cl^- \text{ 的初始物质的量} - \text{溶液中 } Cl^- \text{ 的物质的量})$$
$$+ [Ag^+] V_T$$
$$V_{Ag} c_{Ag} = (V_X I_0 - [I^-] V_T) + (V_X Cl_0 - [Cl^-] V_T) + [Ag^+] V_T$$

$$(11.14)$$

因为 $[I^-]$ 和 $[Cl^-]$ 可以分别表示为 $K_{sp,AgI}/[Ag^+]$ 和 $K_{sp,AgCl}/[Ag^+]$,式(11.14)变成

$$[V_{Ag} c_{Ag} - V_X(I_0 + Cl_0)]/V_T = [Ag^+] - (K_{sp,AgI} + K_{sp,AgCl})/[Ag^+]$$

$$(11.15)$$

式(11.15)是以 $[Ag^+]$ 为未知数的二次方程,在常用的记法中,取 $a = 1, b = -[V_{Ag} c_{Ag} - V_X(I_0 + Cl_0)]/V_T$ 和 $c = -(K_{sp,AgI} + K_{sp,AgCl})$。 此时正根给出合理的解。相关的工作表在网上教材 Figure 11.2.xlsx 中,绘出的图如图 11.2 所示。当到了碘离子的等当量点以后,我们可以假设此时开始产生 AgCl 沉淀。但是我们能找出开始产生 AgCl 沉淀时银离子加入的确切体积,方法在工作表中讨论。实际上,这个点与碘离子的滴定终点非常靠近,差别难以分辨。

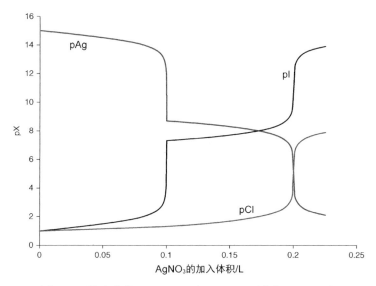

图 11.2　滴定曲线:0.1 mmol/mL AgNO₃ 滴定 100 mL 含
0.1 mmol/mL 碘和 0.1 mmol/mL 氯的混合溶液

例 11.7　在美国,食盐中碘的添加是以碘化钠或碘化钾的方式实现的。浓度为 45 mg I/kg 盐。在忽略其他组分的情况下,如果想用硝酸银滴定碘离子含量,则当 AgCl 开始沉淀的时候溶液中碘离子的含量是多少?假设你已经把盐溶解到水中得到 0.1 mmol/mL NaCl 溶液。

解：

NaCl 的相对分子质量为 58.5。氯与碘的物质的量之比为：

$$\frac{\dfrac{1\,000\ g}{58.5\ g\ NaCl/mol}}{\dfrac{0.045\ g}{127\ g\ I^-/mol}}=4.82\times10^4$$

如果溶液中含 0.1 mmol/mL Cl^-，则 I^- 的浓度为 $0.1/(4.82\times10^4)=2.07\times10^{-6}$ (mmol/mL)。

对含有 0.1 mmol/mL Cl^- 的溶液，当 $[Ag^+]=K_{sp,AgCl}/[Cl^-]=10^{-10}/0.1=10^{-9}$ (mmol/mL) 时，AgCl 开始沉淀。

在此 $[Ag^+]$ 下，碘离子浓度为 $K_{sp,AgI}/[Ag^+]=10^{-16}/10^{-9}=10^{-7}$ (mmol/mL)。因此，未沉淀的碘离子的含量为 $10^{-7}/(2.07\times10^{-6})\times100\%=4.83\%$。

3）终点检测：指示剂

可以通过使用适当的电极和电位计测定 pCl 或 pAg 值来检测滴定终点，我们会在第 13 章中讨论该内容。如果能用指示剂则更加方便。沉淀滴定的指示剂作用机理与酸碱滴定指示剂不同。沉淀滴定中指示剂的性质并不取决于溶液中某些离子的浓度（pCl 或 pAg）。

在沉淀滴定中，化学家们通常使用两种类型的指示剂。第一种类型的指示剂在滴定剂过量时能与滴定剂形成有色沉淀。第二种类型称为**吸附指示剂**，它在滴定的等当量点由于沉淀性质变化而突然被吸附到沉淀上，且当指示剂被吸附时其颜色发生变化。对这两种机理讨论如下。

（1）**指示剂与滴定剂反应**。有些指示剂与滴定剂生成有色沉淀。**莫尔（Mohr）法**测定氯离子就是实例之一，即用硝酸银标准液滴定氯离子：加入一种可溶性的铬酸盐作为指示剂，它会使溶液变黄。当氯离子完全沉淀后，过量的 Ag^+ 会立即与指示剂反应生成红色的铬酸银沉淀：

约瑟夫·路易·盖-吕萨克（Joseph L. Gay-Lussac，1778—1850 年）在 1829 年用比浊滴定法对银进行检验，相对精度低于 0.05%。卡尔·弗雷德里契·莫尔（Karl F. Mohr，1808—1879 年）通过 K_2CrO_4 指示剂改进了其终点检测方法

$$CrO_4^{2-}+2Ag^+\longrightarrow \underset{\text{（红色）}}{Ag_2CrO_4}\qquad(11.16)$$
（黄色）

指示剂的浓度很重要。Ag_2CrO_4 应该在等当量点处才开始沉淀，此时的溶液为饱和 AgCl 溶液。从 AgCl 的 K_{sp} 可得到，等当量点时 Ag^+ 的浓度为

10^{-5} mmol/mL(在等当量点之前浓度小于该值)。所以,Ag_2CrO_4 沉淀应该刚好发生在 $[Ag^+] = 10^{-5}$ mmol/mL 时。 Ag_2CrO_4 的溶度积为 1.1×10^{-12}。在 Ag_2CrO_4 的 K_{sp} 方程中代入该 Ag^+ 浓度,我们可以计算出此时产生 Ag_2CrO_4 沉淀所需要的$[CrO_4^{2-}]$ 应该为 0.011 mmol/mL:

$$(10^{-5})^2[CrO_4^{2-}] = 1.1 \times 10^{-12}$$
$$[CrO_4^{2-}] = 1.1 \times 10^{-2}$$

如果CrO_4^{2-} 浓度比该值大,则 Ag_2CrO_4 沉淀在$[Ag^+]$小于10^{-5} mmol/mL 时就开始发生(在等当量点之前)。如果它小于 0.011 mmol/mL,那么在 Ag_2CrO_4 沉淀开始时$[Ag^+]$将会超过10^{-5} mmol/mL(在等当量点之后)。

在实际情况中,指示剂的浓度保持在 0.002~0.005 mmol/mL。如果比该浓度范围高太多,则铬酸根离子的亮黄色会使 Ag_2CrO_4 沉淀的红色变得模糊不清而且需要过量的 Ag^+ 来产生肉眼观察到的红色沉淀。应该进行指示剂空白滴定,然后从滴定体积中扣除该空白值以校正指示剂产生的误差。使用该沉淀反应对滴定剂进行标定也应该考虑指示剂误差。

来自指示剂的滴定误差使得终点判定太早或太晚,这可以通过空白滴定或者在相同的滴定中用基准 NaCl 标定滴定剂的方法来校正。

莫尔滴定必须在 pH 大致为 8 的时候进行。如果溶液太酸($pH < 6$),则一部分指示剂将以 $HCrO_4^-$ 形态存在,这将需要更多的 Ag^+ 才能生成 Ag_2CrO_4 沉淀。pH 在 8 以上时,则可能产生氢氧化银沉淀(在 pH>10 时)。通过加入固体碳酸钙到溶液中可使 pH 保持在合适的范围内。(虽然碳酸根离子是一个相当强的布朗斯特(Brønsted)碱,但是饱和碳酸钙溶液则刚好足够使 pH 保持在 8 左右。)莫尔滴定用于测定中性或非缓冲液(如饮用水)中的氯离子。

莫尔滴定在弱碱性溶液中进行。

该类型指示剂的第二个例子是**福尔哈德(Volhard)滴定**。这是一个间接滴定过程,用于测定能与银离子形成沉淀的阴离子(Cl^-,Br^-,SCN^-),该滴定在酸性溶液(HNO_3)中进行。在进行滴定时,我们加入已知量的过量 $AgNO_3$ 以沉淀阴离子,然后使用标准硫氰化钾溶液通过返滴定法测定过量的 Ag^+:

$$X^- + Ag^+ \longrightarrow \underline{AgX} + 过量的 Ag^+ \tag{11.17}$$

$$过量的 Ag^+ + SCN^- \longrightarrow AgSCN$$

福尔哈德滴定在酸性溶液中进行。

我们通过加入铁(Ⅲ)(铁钒、硫酸铁铵)来检测滴定终点,硫酸铁铵与过量的滴定剂生成可溶的红色络合物:

$$Fe^{3+} + SCN^- \longrightarrow Fe(SCN)^{2+} \tag{11.18}$$

如果 AgX 沉淀比 AgSCN 更难溶或者溶解度相当,我们就不必在滴定前先分离出沉淀。例如 I^-,Br^- 和 SCN^- 的滴定案例。在滴定 I^- 过程中,直到所有 I^- 都沉淀以后我们才加入指示剂,因为 I^- 会被铁(Ⅲ)氧化。如果沉淀的溶解度比 AgSCN 好,则沉淀会与滴定剂 SCN^- 反应,使滴定终点值偏高,且突跃不明显。AgCl 沉淀就属于这种情况:

$$AgCl + SCN^- \longrightarrow AgSCN + Cl^- \tag{11.19}$$

所以,在滴定之前我们先过滤去除沉淀。

显然,这些指示剂不能与滴定剂形成比沉淀滴定更加稳定的沉淀物,否则当第一滴沉淀剂加入时显色反应就开始发生。

(2) **吸附指示剂**。吸附指示剂的反应只发生在沉淀表面。吸附指示剂是一种染料,在溶液中以离子的形式存在,且通常为阴离子 In^-。为说明指示剂的作用机理,我们必须用到沉淀反应的机理(更多细节见第 10 章)。

以 Ag^+ 滴定 Cl^- 为例。在等当量点之前,Cl^- 过量,第一吸附层为 Cl^-。这一层排斥指示剂阴离子,而更加松散的第二吸附层(对离子层)为阳离子,例如 Na^+:

$$AgCl : Cl^- :: Na^+$$

在等当量点之后,Ag^+ 过量,沉淀表面变成带正电,这时第一吸附层为 Ag^+。这一层会吸引指示剂阴离子,把这些阴离子吸附到对离子层中。

$$AgCl : Ag^+ :: In^-$$

被吸附指示剂与未被吸附的指示剂颜色不同,从而指示终点。对此颜色变化的一种可能解释为指示剂与 Ag^+ 生成有色络合物,它由于太不稳定而不能存在于溶液中,但其生成被沉淀的表面吸附所促进(它变成"不溶的")。

pH 很重要。如果 pH 太低,则指示剂(通常为弱酸)将由于电离量太少而不能以阴离子形态被吸附。在给定 pH 条件下,指示剂的吸附也不能太强,否则它将会在到达等当量点之前把第一吸附层中的沉淀阴离子(如 Cl^-)置换出来。当然,这将取决于沉淀阴离子的吸附程度。例如:Br^- 与 Ag^+ 生成更难溶的沉淀,所以它的吸附能力更强,所以应选用吸附能力更强的指示剂。

更难溶的沉淀可以选用吸附能力更强的指示剂,在酸性更强的溶液中进行滴定。

通过增强酸度可以降低指示剂的吸附程度。指示剂的酸性越强,它就能在更宽的 pH 范围内被吸附。在 Br^- 的滴定中,由于可用酸性更强(吸附能力更强)的指示剂,其滴定的 pH 在酸区域比 Cl^- 更广。

表 11.1 列举了一些常见吸附指示剂。在 pH 7 时,荧光素可以用作任意卤化物的指示剂,因为它不会置换出任何一种卤素阴离子。二氯荧光素在 pH

7 时会置换出 Cl^-,而在 pH 4 时则不会。因此,若在 pH 7 的条件下进行滴定,结果将偏低。使用这类指示剂对氯化物进行滴定称为**法扬斯法**(Fajans' method)。荧光素是法扬斯较早使用的一种指示剂。

表 11.1　吸附指示剂

指示剂	滴　定	溶　液
荧光素	Ag^+ 滴定 Cl^-	pH 7~8
二氯荧光素	Ag^+ 滴定 Cl^-	pH 4
溴甲酚绿	Ag^+ 滴定 SCN^-	pH 4~5
曙红	Ag^+ 滴定 Br^-,I^-,SCN^-	pH 2
甲基紫	Cl^- 滴定 Ag^+	酸溶液
罗丹明 6G	Br^- 滴定 Ag^+	HNO_3($\leqslant$0.3 mmol/mL)
吐啉	Ba^{2+} 滴定 SO_4^{2-}	pH 1.5~3.5
HgS	Cl^- 滴定 Hg^{2+}	0.1 mmol/mL 溶液
原色母 T	CrO_4^{2-} 滴定 Pb^{2+}	中性,0.02 mmol/mL 溶液

381　　　　现在指示剂的首选是二氯荧光素。由于曙红的吸附能力太强,它在任何 pH 条件下都不能用来滴定 Cl^-。

这些滴定的终点大部分与等当量点不一致,因此滴定剂应该用与滴定样品相同的滴定反应来进行标定。如果用于标定与分析的滴定剂大致相等,则使用这种方法可以基本校正误差。

银离子滴定中误差的一个主要来源为 AgX 的光分解,该过程可以被吸附指示剂催化。然而,通过合适的标定,精度仍可达 1‰。

在等当量点(没有一种离子过量)时,沉淀不带电。因此胶状沉淀(如氯化银)趋向于在这一点产生凝聚,特别是沉淀溶液被摇晃时。这正是我们在重量分析中想要的,但是在这里我们想要的却是相反的结果。凝聚降低了指示剂吸附的表面积,从而降低了终点指示的灵敏度。通过往溶液中加入糊精,我们可以避免氯化银发生凝聚。

与重量分析法相反,对吸附型指示剂而言,我们希望以最大表面积进行吸附。

对使用银离子滴定剂的快速沉淀滴定,使用目视指示剂很方便。电势测定法的终点检测也被广泛应用,特别是对稀溶液,例如在毫摩尔单位体积的浓度范围内(第 14 章)。

4) 钡离子滴定硫酸根

硫酸根可以用钡离子滴定,生成 $BaSO_4$ 沉淀。与重量分析法通过硫酸钡沉淀测定硫酸根一样,该滴定受限于共沉淀导致的误差。阳离子如 K^+,Na^+

和NH_4^+（特别是K^+）以硫酸盐的形式共沉淀：

$$BaSO_4 \colon SO_4^{2-} \colon 2M^+$$

因此只需要很少的钡离子就可以完成硫酸根离子的沉淀，而且计算结果偏低。一些金属离子会与指示剂络合而产生干扰。外来阴离子可能会以钡盐的形式共沉淀而导致结果偏高。由氯离子、溴离子和高氯酸根离子导致的误差比较小，但是硝酸根能导致明显误差，所以溶液中必须不含硝酸根离子。

阳离子干扰很容易用氢型强阳离子交换树脂予以消除：

$$2Rz^- H^+ + (M)_2SO_4 \longrightarrow 2Rz^- M^+ + H_2SO_4$$

强酸型阳离子交换树脂包含—SO_3H基团，其质子可以交换金属阳离子，从而去除以上反应方程式中所示的金属离子。离子交换原理将在第 21 章中讨论。

该滴定在水-有机溶剂混合液中进行。有机溶剂降低了指示剂的电离，从而阻止了钡-指示剂络合物的形成。它也使沉淀的絮凝度更大（当胶体从悬浮液中以絮状或片状凝出时），使指示剂的吸附特性变得更好。

思　考　题

1. 解释氯离子的福尔哈德滴定和菲恩氏法滴定。哪一个用在酸溶液中？为什么？
2. 解释吸附指示剂的工作原理。

习　　题

酸效应对溶解度的影响

3. 计算 0.100 mmol/mL HNO_3 溶液中 $AgIO_3$ 的溶解度。同时计算 IO_3^- 和 HIO_3 的平衡浓度。

4. 计算 0.100 mmol/mL HCl 溶液中 CaF_2 的溶解度。同时计算 F^- 和 HF 的平衡浓度。

5. 计算 0.010 0 mmol/mL HCl 溶液中 PbS 的溶解度。同时计算 S^{2-}，HS^- 和 H_2S 的平衡浓度。

络合效应对溶解度的影响

6. 银离子与乙二胺(en)分步形成 1 : 2 型络合物，形成常数 $K_{f1} = 5.0 \times 10^4$，$K_{f2} = 1.4 \times 10^3$。计算 0.100 mmol/mL 乙二胺中氯化银的溶解度。同时计算 $Ag(en)^+$ 和 $Ag(en)_2^+$ 的平衡浓度。

质量平衡计算

7. 使用质量平衡方法计算 0.100 mmol/mL HNO_3 溶液中 $AgIO_3$ 的溶解度。与习题 3 进行比较。

382

8. 使用质量平衡方法计算 0.010 0 mmol/mL HCl 溶液中 PbS 的溶解度。与习题 5 进行比较。

9. 使用质量平衡方法计算 0.100 mmol/mL 乙二胺中氯化银的溶解度。与习题 6 进行比较。形成常数在习题 6 中给出。

定量沉淀测定

10. 盐水溶液中的氯离子用福尔哈德法测定。往一份 10.00 mL 的溶液中加入 15.00 mL 0.118 2 mmol/mL AgNO$_3$ 标准液。过量的银离子用 0.101 mmol/mL KSCN 标准液滴定,需要 2.38 mL 才能到达红色 Fe(SCN)$^{2+}$ 滴定终点。计算盐水溶液中氯离子的浓度,以 g/L 计。

11. 用硝酸银滴定氯离子的摩尔滴定法中,在指示剂的制备过程中引入了误差。在滴定终点时,滴定瓶中的铬酸盐指示剂浓度并不是 0.011 mmol/mL,而是仅为 0.001 1 mmol/mL。如果终点时滴定瓶中含有 100 mL 溶液,则滴定误差为多少[以 0.100 mmol/mL 滴定剂的体积(mL)计]? 忽略由于溶液颜色导致的误差。

工作表习题

12. 50 mL 0.1 mmol/mL 硫氰酸盐 与 100 mL 0.1 mmol/mL 氯离子溶液混合后用 0.1 mmol/mL AgNO$_3$ 溶液滴定。两步滴定均使用式(11.15)绘制滴定曲线。解法见网上教材。

教授推荐问题

由 University of Texas at El Paso 的 Wen-Yee Lee 教授提供

13. 给定 K_{sp}:Mn(OH)$_2$ = 1.6 × 10^{-13};Ca(OH)$_2$ = 6.5 × 10^{-6}。加 NaOH 到含 0.10 mmol/mL Mn^{2+} 和 0.10 mmol/mL Ca^{2+} 的混合溶液中,问有可能在不产生 Ca(OH)$_2$ 沉淀的情况下从 Ca^{2+} 中分离出 99.0% 的Mn^{2+} 吗? 用计算结果来回答问题。

附录 A
分析化学文献

"To reinvent the wheel is a waste of time and talent."

——Anonymous

当遇到问题时,分析者做的第一件事情是去查阅科学文献,看看这一特别问题是否已解决以及其采用的方法。在许多分析化学特定领域的参考书中,它们描述了在一个特定的学科中常用的分析方法,也有些并不常见。这些参考书通常给出原始的化学期刊文献。对于很多的具体分析过程,规定的标准程序已被各种专业协会所采用。

如果在参考书中没有找到解决问题的办法,那么必须求助于科学期刊。Chemical Abstracts(化学文摘)是开始文献检索的合理的地方。这个期刊包含世界上主要化学出版物中出现的所有论文摘要。年刊和累积索引可辅助文献检索。待测元素或化合物以及分析样品的类型均可以通过这些来查询。作者索引也是可用的。你所在单位的图书馆也许订阅了 SciFinder Scholar(化学文摘网络版),这样就可以在线访问化学文摘。可以通过化学物质、主题、作者、公司名称、可访问摘要的期刊来检索。还可以通过一篇在线文章,链接到论文中引用的文章。

你还可以通过使用 Web 搜索引擎来查找某一具体问题的许多相关文献。下面是一些分析化学文献的精选列表。各种测量方法的文献包含在章节末尾,涵盖这些方法贯穿整个文章。

A.1　期刊①

1. *American Laboratory*
2. *Analytical Biochemistry*
3. *Analytical ChimicaActa* (P. K. Dasgupta 是该期刊编辑,强烈推荐)
4. *Analytical Abstracts*
5. *Analytical Chemistry*
6. *Analytical Instrumentation*
7. *Analytical Letters*

---

① 化学文摘的每个期刊缩写都使用斜体。

8. *Analyst*

9. *Applied Spectroscopy*

10. *Clinica Chimica Acta*

11. *Clinical Chemistry*

12. *Electroanalysis*

13. *Journal of AOAC International*

14. *Journal of Chromatographic Science*

15. *Journal of Chromatography*

16. *Journal of Electroanalytical Chemistry and Interfacial Electrochemistry*

17. *Microchemical Journal*

18. *Spectrochimica Acta*

19. *Talanta*（G.D.Christian 为本刊主编，请看看！）

20. *Zeitschrift für analytische Chemie*

A.2　通用参考文献

　　第 1 章中给出了一些一般的参考文献，包括百科全书在内。在整个文本章节中给出了更多具体的文献和有用的网站以供参考。以下是几个经典的引用，可以为分析工作者提供很多有用的信息。它们在许多图书馆都能被查到。

1. *Annual Book of ASTM Book of Standards*, Multiple volumes for many different industrial materials. Philadelphia：American Society for Testing and Materials.

2. R. Belcher and L. Gordon, eds., *International Series of Monographs on Analytical Chemistry*. New York：Pergamon. 多卷系列。

3. N. H. Furman and F. J. Welcher, eds., *Scott's Standard Methods of Chemical Analysis*, 6th ed., 5 vols. New York：Van Nostrand, 1962 –1966.

4. I. M. Kolthoff and P. J. Elving, eds., *Treatise on Analytical Chemistry*. New York：Interscience. 多卷系列。

5. I. M. Kolthoff, E. B. Sandell, E. J. Meehan, and S. Bruckenstein, *Quantitative Chemical Analysis*, 4th ed. London：Macmillan, 1969.

6. C. N. Reilly, ed., *Advances in Analytical Chemistry and Instrumentation*. New York：Interscience. 多卷系列。

7. C. L. Wilson and D. W. Wilson, *Comprehensive Analytical Chemistry*, G. Sveha, ed., New York：Elsevier. 多卷系列。

8. *Official Methods of Analysis of AOAC International*, 18th ed., Revision 3, G. W. Lewis and W. Horwitz, eds. Gaithersburg, MD：

AOAC International，2010. 有 CD‐ROM 版本。

A.3　无机物质

1. *ASTM Methods for Chemical Analysis of Metals*. Philadelphia：American Society for Testing and Materials，1956.

2. F. E. Beamish and J. C. Van Loon，*Analysis of Noble Metals*. New York：Academic，1977.

3. T. R. Crompton，*Determination of Anions: A Guide for the Analytical Chemist*. Berlin：Springer，1996.

A.4　有机物质

1. J. S. Fritz and G. S. Hammond，*Quantitative Organic Analysis*. New York：Wiley，1957.

2. T. S. Ma and R. C. Rittner，*Modern Organic Elemental Analysis*. New York：Marcel Dekker，1979.

3. J. Mitchell，Jr.，I. M. Kolthoff，E. S. Proskauer，and A. W. Weissberger，eds.，*Organic Analysis*，4 vols. New York：Interscience，1953‐1960.

4. S. Siggia，Jr.，and J. G. Hanna，*Quantitative Organic Analysis via Functional Group Analysis*，4th ed. New York：Wiley，1979.

5. A. Steyermarch，*Quantitative Organic Microanalysis*，*2nd ed*. New York：Academic，1961.

A.5　生物临床物质

1. M. L. Bishop，E. P. Fody，and L. E. Schoeff，eds，*Clinical Chemistry: Techniques*，*Principles*，*Correlations*，6th ed. Baltimore：Lippincot Williams & Wilkins，2010.

2. G. D. Christian and F. J. Feldman，*Atomic Absorption Spectroscopy. Applications in Agriculture*，*Biology*，*and Medicine*. New York：Wiley-Interscience，1970.

3. D. Glick，ed.，*Methods of Biochemical Analysis*. New York：Interscience,多卷系列。

4. R. J. Henry，D. C. Cannon，and J. W. Winkelman，*eds.*，*Clinical Chemistry. Principles and Techniques*，*2nd ed*. Hagerstown，MD：

Harper & Row, 1974.

5. M. Reiner and D. Seligson, eds., *Standard Methods of Clinical Chemistry*. New York：Academic. 自 1953 年起多卷系列。

6. C. A. Burtis, E. R. Ashwood, and D. E. Bruns, eds., Tietz *Fundamentals of Clinical Chemistry*, 6th ed., St. Louis, MO：Saunders：Elsevier, 2008. 976 pages.

A.6　气体

1. C. J. Cooper and A. J. DeRose, *The Analysis of Gases by Gas Chromatography*. New York：Pergamon, 1983.

A.7　水和空气污染物

1. *Quality Assurance Handbook for Air Pollution Measurement Systems*, U. S. E. P. A., Office of Research and Development, Environmental Monitoring and Support Laboratory, Research Triangle, NC 27711. Vol. I, *Principles*. Vol. II , *Ambient Air Specific Methods*.

2. *Standard Methods for the Examination of Water and Wastewater*. New York：American Public Health Association.

A.8　职业健康安全

1. National Institute of Occupational Health and Safety (NIOSH), P. F. O'Connor, ed., *Manual of Analytical Methods*, 4th ed. Washington, DC：DHHS (NIOSH) Publication No. 94 - 113 (August 1994).

附录 B
数学运算的复习：
指数、对数和二次方程式

B.1 指数

它在数学运算中是很方便的，即使当使用对数时，也可使用指数的形式表示。指数的数学运算主要如下：

$$N^a N^b = N^{a+b} \qquad 例如 10^2 \times 10^5 = 10^7$$

$$\frac{N^a}{N^b} = N^{a-b} \qquad 例如 \frac{10^5}{10^2} = 10^3$$

$$(N^a)^b = N^{ab} \qquad 例如 (10^2)^5 = 10^{10}$$

$$\sqrt[a]{N^b} = N^{b/a} \qquad 例如 \sqrt{10^6} = 10^{6/2} = 10^3$$

$$\sqrt[3]{10^9} = 10^{9/3} = 10^3$$

数字中的小数点使用指数形式是很方便放置的。小数点放在单位的位置，它乘以 10 的几次幂，指数的数值等于整个数字中小数点移动的位数。如果小数点向右移动则指数为负（这个数小于 1），如果小数点向左移动则指数为正（这个数大于等于 10）。例子如下：

数	指数形式
0.002 67	2.67×10^{-3}
0.48	4.8×10^{-1}
52	5.2×10^1
6 027	6.027×10^3

任何数的零次幂都等于 1。因此，$10^0 = 1$，2.3 用指数形式表示为 2.3×10^0。1 至 10 之间的数字不需要用指数形式表示。

B.2 数字中的对数

用对数或从对数中找到一个数去表示数中的指数是很方便的。以下法则适用：

$$N = b^a$$

$$\log_b N = a$$

或

$$N = 10^a$$
$$\log_{10} N = a$$

举例:

$$\lg 10^2 = 2$$
$$\lg 10^{-3} = -3$$

且

$$\lg(ab) = \lg a + \lg b$$

举例:

$$\lg(2.3 \times 10^{-3}) = \lg 2.3 + \lg 10^{-3}$$
$$= 0.36 - 3$$
$$= -2.64$$
$$\lg(5.67 \times 10^7) = \lg 5.67 + \lg 10^7$$
$$= 0.754 + 7$$
$$= 7.754$$

指数实际上是一个数的对数的特征数,且 1 到 10 的对数是小数。因此,在此例中记录 2.3×10^{-3}, -3 是特征数, 0.36 是小数。

B.3 从它们的对数中找到数字

有以下关系:

$$\log_{10} N = a$$
$$N = 10^a = \text{antilg } a \text{(逆对数)}$$

例如,

$$\lg N = 0.371$$
$$N = 10^{0.371} = \text{antilg } 0.371 = 2.35$$

一般情况下,从它的对数中得到一个数,以指数的形式写出这个数,并且将这个指数分成小数和特征数两部分。然后在此基础上,用小数的逆对数乘以特征数的指数形式:

$$\lg 10^N = mc$$
$$N = 10^{mc} = 10^m \times 10^c$$
$$N = (\text{antilg } m) \times 10^c$$

举例：

$$\lg N = 2.671$$
$$N = 10^{2.671} = 10^{0.671} \times 10^2$$
$$= 4.69 \times 10^2 = 469$$
$$\lg N = 0.326$$
$$N = 10^{0.326} = 2.12$$
$$\lg N = -0.326$$
$$N = 10^{-0.326} = 10^{0.674} \times 10^{-1}$$
$$= 4.72 \times 10^{-1} = 0.472$$

当对数是一个负数时,指数分为一个负整数(特征数)和一个小于 1 的正的非整数,即 $0<a<1$(小数),如最后一个示例。请注意,在示例中,两个指数的总和等于原始指数(-0.326)。另一个例子是

$$\lg N = -4.723$$
$$N = 10^{-4.723} = 10^{0.277} \times 10^{-5}$$
$$= 1.89 \times 10^{-5} = 0.000\,018\,9$$

B.4　用对数找根

使用对数找到给出的根是很简单的。例如,假设你想要寻找 325 的立方根。让 N 代表立方根：

$$N = 325^{1/3}$$

则两边同时取对数,

$$\lg N = \lg 325^{1/3}$$

这个 1/3 可以提到前面：

$$\lg N = 1/3\lg 325 = 1/3 \times 2.512 = 0.837$$
$$N = 10^{0.837} = \text{antilg } 0.837 = 6.87$$

B.5　二次方程式

二次方程式的一般形式

$$ax^2 + bx + c = 0$$

利用二次公式求得：

$$x = \frac{-b \pm \sqrt{b^2 - 4ac}}{2a}$$

二次方程式在使用电离平衡常数表达式计算电离物种的平衡浓度时经常遇到。因此,以下类型的公式可能需要计算:

$$\frac{x^2}{1.0 \times 10^{-3} - x} = 8.0 \times 10^{-4}$$

或

$$x^2 = 8.0 \times 10^{-7} - 8.0 \times 10^{-4}x$$

排列以上二次方程式,我们可以得到

$$x^2 + 8.0 \times 10^{-4}x - 8.0 \times 10^{-7} = 0$$

或

$$a = 1 \quad b = 8.0 \times 10^{-4} \quad c = -8.0 \times 10^{-7}$$

800

因此,

$$x = \frac{-8.0 \times 10^{-4} \pm \sqrt{(8.0 \times 10^{-4})^2 - 4 \times 1 \times (-8.0 \times 10^{-7})}}{2 \times 1}$$

$$= \frac{-8.0 \times 10^{-4} \pm \sqrt{0.64 \times 10^{-6} + 3.20 \times 10^{-6}}}{2}$$

$$= \frac{-8.0 \times 10^{-4} \pm \sqrt{3.84 \times 10^{-6}}}{2}$$

$$= \frac{-8.0 \times 10^{-4} \pm 1.96 \times 10^{-3}}{2}$$

$$= \frac{1.16 \times 10^{-3}}{2}$$

$$= 5.80 \times 10^{-4}$$

浓度只能是正数,所以 x 所得为负值不是其正确的解。你可以使用 Excel 规划求解二次方程,见第 6 章。

附录 C
常数表

表 C.1 酸的离解常数

名 称	化 学 式	25℃下的离解常数			
		K_{a1}	K_{a2}	K_{a3}	K_{a4}
醋酸	CH_3COOH	1.75×10^{-5}			
丙氨酸	$CH_3CH(NH_2)COOH$[①]	4.5×10^{-3}	1.3×10^{-10}		
砷酸	H_3AsO_4	6.0×10^{-3}	1.0×10^{-7}	3.0×10^{-12}	
亚砷酸	H_3AsO_3	6.0×10^{-10}	3.0×10^{-14}		
苯甲酸	C_6H_5COOH	6.3×10^{-5}			
硼酸	H_3BO_3	6.4×10^{-10}			
碳酸	H_2CO_3	4.3×10^{-7}	4.8×10^{-11}		
一氯乙酸	$ClCH_2COOH$	1.51×10^{-3}			
柠檬酸	$HOOC(OH)C$ $(CH_2COOH)_2$	7.4×10^{-4}	1.7×10^{-5}	4.0×10^{-7}	
乙二胺四乙酸	$(CO_2^-)_2NH^+$ $CH_2CH_2NH^+(CO_2^-)_2$[①]	1.0×10^{-2}	2.2×10^{-3}	6.9×10^{-7}	5.5×10^{-11}
甲酸	$HCOOH$	1.76×10^{-4}			
甘氨酸	H_2NCH_2COOH[②]	4.5×10^{-3}	1.7×10^{-10}		
氢氰酸	HCN	7.2×10^{-10}			
氢氟酸	HF	6.7×10^{-4}			
硫化氢	H_2S	9.1×10^{-8}	1.2×10^{-15}		
次氯酸	$HOCl$	1.1×10^{-8}			
碘酸	HIO_3	2×10^{-1}			
乳酸	$CH_3CHOHCOOH$	1.4×10^{-4}			
亮氨酸	$(CH_3)_2CHCH_2CH$ $(NH_2)COOH$[②]	4.7×10^{-3}	1.8×10^{-10}		
顺丁烯二酸	$cis\text{-}HOOCCH=CHCOOH$	1.5×10^{-2}	2.6×10^{-7}		
羟基丁二酸	$HOOCCHOHCH_2COOH$	4.0×10^{-4}	8.9×10^{-6}		
亚硝酸	HNO_2	5.1×10^{-4}			
草酸	$HOOCCOOH$	6.5×10^{-2}	6.1×10^{-5}		

(续表)

名　称	化学式	25℃下的离解常数			
		K_{a1}	K_{a2}	K_{a3}	K_{a4}
苯酚	C_6H_5OH	1.1×10^{-10}			
磷酸	H_3PO_4	1.1×10^{-2}	7.5×10^{-8}	4.8×10^{-13}	
亚磷酸	H_3PO_3	5×10^{-2}	2.6×10^{-7}		
邻苯二甲酸	$C_6H_4(COOH)_2$	1.12×10^{-3}	3.90×10^{-6}		
苦味酸	$(NO_2)_3C_6H_5OH$	4.2×10^{-1}			
丙酸	CH_3CH_2COOH	1.3×10^{-5}			
水杨酸	$C_6H_4(OH)COOH$	1.07×10^{-3}	1.82×10^{-14}		
氨基磺酸	NH_2SO_3H	1.0×10^{-1}			
硫酸	H_2SO_4	$\gg 1$	1.2×10^{-2}		
亚硫酸	H_2SO_3	1.3×10^{-2}	1.23×10^{-7}		
三氯乙酰	Cl_3COOH	1.29×10^{-1}			

① 前两个羧基质子最易离解，K_a 值分别为 1.0 和 0.032。氮碱性越强质子结合越牢固（K_{a3} 和 K_{a4}）。

② K_{a1} 和 K_{a2} 分别是 R—CH—CO$_2$H 的逐级离解常数。
　　　　　　　　　　　　|
　　　　　　　　　　　NH$_3^+$

表 C.2a　碱类化合物的离解常数

名　称	化学式	25℃下的离解常数	
		K_{b1}	K_{b2}
氨	NH_3	1.75×10^{-5}	
苯胺	$C_6H_5NH_2$	4.0×10^{-10}	
丁胺	$CH_3(CH_2)_2CH_2NH_2$	4.1×10^{-4}	
二乙胺	$(CH_3CH_2)_2NH$	8.5×10^{-4}	
二甲胺	$(CH_3)_2NH$	5.9×10^{-4}	
乙醇胺	$HOC_2H_4NH_2$	3.2×10^{-5}	
乙胺	$CH_3CH_2NH_2$	4.3×10^{-4}	
乙二胺	$NH_2C_2H_4NH_2$	8.5×10^{-5}	7.1×10^{-8}
甘氨酸	$HOOCCH_2NH_2$	2.3×10^{-12}	
肼	H_2NNH_2	1.3×10^{-6}	1.0×10^{-15}
羟胺	$HONH_2$	9.1×10^{-9}	
一甲胺	CH_3NH_2	4.8×10^{-4}	
哌啶	$C_5H_{11}N$	1.3×10^{-3}	

(续表)

名　　称	化 学 式	25℃下的离解常数	
		K_{b1}	K_{b2}
吡啶	C_5H_5N	1.7×10^{-9}	
三乙胺	$(CH_3CH_2)_3N$	5.3×10^{-4}	
三甲胺	$(CH_3)_3N$	6.3×10^{-5}	
三(羟甲基)氨基甲烷	$(HOCH_2)_3CNH_2$	1.2×10^{-6}	
氢氧化锌	$Zn(OH)_2$		4.4×10^{-5}

表 C.2b　碱类化合物的酸离解常数[①]

名　　称	化 学 式	25℃下的离解常数	
		K_{a1}	K_{a2}
铵离子	NH_4^+	5.71×10^{-10}	
苯铵离子	$C_6H_5NH_3^+$	2.50×10^{-5}	
丁铵离子	$CH_3(CH_2)_2CH_2NH_3^+$	2.44×10^{-11}	
二乙铵离子	$(CH_3CH_2)_2NH_2^+$	1.18×10^{-11}	
二甲铵离子	$(CH_3)_2NH_2^+$	1.69×10^{-11}	
乙醇铵离子	$HOC_2H_4NH_3^+$	3.1×10^{-10}	
乙铵离子	$CH_3CH_2NH_3^+$	2.33×10^{-11}	
乙二铵离子	$NH_2C_2H_4NH_3^+$	1.41×10^{-7}	1.18×10^{-10}
甘氨酸离子	$HOOCCH_2NH_3^+$	4.4×10^{-3}	
肼离子	$H_3NNH_3^{2+}$	10.0	1.0×10^{-15}
一甲铵离子	$CH_3NH_3^+$	2.08×10^{-11}	
哌啶离子	$C_5H_{11}NH^+$	7.7×10^{-12}	
吡啶离子	$C_5H_5NH^+$	5.9×10^{-6}	
三乙铵离子	$(CH_3CH_2)_3NH^+$	1.89×10^{-11}	
三甲铵离子	$(CH_3)_3NH^+$	1.59×10^{-10}	
三(羟甲基)氨基甲烷	$(HOCH_2)_3CNH_3^+$	8.3×10^{-9}	
氢氧化锌离子	$Zn(OH)_2H^+$	2.27×10^{-10}	

① 某些列表中只列出酸性和碱性物质的酸离解常数,可以质子酸(共轭酸)表示碱性化合物,表 K_a 值用于质子酸,表 K_b 值用于共轭碱, $K_b = K_w/K_a$(双质子物质,如乙二胺 $K_{b1} = K_w/K_{a2}$; $K_{b2} = K_w/K_{a1}$)。 例如 $Zn(OH)_2$ 的第一个 OH^- 完全电离,因此只列出 K_{a1}(因此共轭碱只列出 K_{b2})。

表 C.3 溶度积常数

物 质	化 学 式	K_{sp}
氢氧化铝	$Al(OH)_3$	2×10^{-32}
碳酸钡	$BaCO_3$	8.1×10^{-9}
铬酸钡	$BaCrO_4$	2.4×10^{-10}
氟化钡	BaF_2	1.7×10^{-6}
碘酸钡	$Ba(IO_3)_2$	1.5×10^{-9}
高锰酸钡	$BaMnO_4$	2.5×10^{-10}
草酸钡	BaC_2O_4	2.3×10^{-8}
硫酸钡	$BaSO_4$	1.0×10^{-10}
氢氧化铍	$Be(OH)_2$	7×10^{-22}
次氯酸铋	$BiOCl$	7×10^{-9}
铋碱	$BiOOH$	4×10^{-10}
硫化铋	Bi_2S_3	1×10^{-97}
碳酸镉	$CdCO_3$	2.5×10^{-14}
草酸镉	CdC_2O_4	1.5×10^{-8}
硫化镉	CdS	1×10^{-28}
碳酸钙	$CaCO_3$	8.7×10^{-9}
氟化钙	CaF_2	4.0×10^{-11}
氢氧化钙	$Ca(OH)_2$	5.5×10^{-6}
草酸钙	CaC_2O_4	2.6×10^{-9}
硫酸钙	$CaSO_4$	1.9×10^{-4}
溴化亚铜	$CuBr$	5.2×10^{-9}
氯化亚铜	$CuCl$	1.2×10^{-6}
碘化亚铜	CuI	5.1×10^{-12}
硫氰化亚铜	$CuSCN$	4.8×10^{-15}
氢氧化铜	$Cu(OH)_2$	1.6×10^{-19}
硫化铜	CuS	9×10^{-36}
氢氧化亚铁	$Fe(OH)_2$	8×10^{-16}
氢氧化铁	$Fe(OH)_3$	4×10^{-38}
碘酸镧	$La(IO_3)_3$	6×10^{-10}
二氯化铅	$PbCl_2$	1.6×10^{-5}
铬酸铅	$PbCrO_4$	1.8×10^{-14}
碘化铅	PbI_2	7.1×10^{-9}

（续表）

物　　质	化　学　式	K_{sp}
草酸铅	PbC_2O_4	4.8×10^{-10}
硫酸铅	$PbSO_4$	1.6×10^{-8}
硫化铅	PbS	8×10^{-28}
磷酸铵镁	$MgNH_2PO_4$	2.5×10^{-13}
碳酸镁	$MgCO_3$	1×10^{-5}
氢氧化镁	$Mg(OH)_2$	1.2×10^{-11}
草酸镁	MgC_2O_4	9×10^{-5}
氢氧化锰	$Mn(OH)_2$	4×10^{-14}
硫化锰	MnS	1.4×10^{-15}
溴化亚汞	Hg_2Br_2	5.8×10^{-23}
氯化亚汞	Hg_2Cl_2	1.3×10^{-18}
碘化亚汞	Hg_2I_2	4.5×10^{-29}
硫化汞	HgS	4×10^{-53}
砷酸银	Ag_3AsO_4	1.0×10^{-22}
溴化银	$AgBr$	4×10^{-13}
碳酸银	Ag_2CO_3	8.2×10^{-12}
氯化银	$AgCl$	1.0×10^{-10}
铬酸银	Ag_2CrO_4	1.1×10^{-12}
氰化银	$Ag[Ag(CN)_2]$	5.0×10^{-12}
碘酸银	$AgIO_3$	3.1×10^{-8}
碘化银	AgI	1×10^{-16}
磷酸银	Ag_3PO_4	1.3×10^{-20}
硫化银	Ag_2S	2×10^{-49}
硫氰化银	$AgSCN$	1.0×10^{-12}
草酸锶	SrC_2O_4	1.6×10^{-7}
硫酸锶	$SrSO_4$	3.8×10^{-7}
氯化铊	$TlCl$	2×10^{-4}
硫化铊	Tl_2S	5×10^{-22}
六氰合铁（Ⅱ）酸锌	$Zn_2Fe(CN)_6$	4.1×10^{-16}
草酸锌	ZnC_2O_4	2.8×10^{-8}
硫化锌	ZnS	1×10^{-21}

表 C.4 EDTA 金属螯合物的形成常数

$$(M^{n+} + Y^{4-} \rightleftharpoons MY^{n-4})$$

元　素	化　学　式	K_f
铝	AlY^-	1.35×10^{16}
铋	BiY^-	1×10^{23}
钡	BaY^{2-}	5.75×10^7
镉	CdY^{2-}	2.88×10^{16}
钙	CaY^{2-}	5.01×10^{10}
钴(Co^{2+})	CoY^{2-}	2.04×10^{16}
(Co^{3+})	CoY^-	1×10^{36}
铜	CuY^{2-}	6.30×10^{18}
镓	GaY^-	1.86×10^{20}
铟	InY^-	8.91×10^{24}
铁(Fe^{2+})	FeY^{2-}	2.14×10^{14}
(Fe^{3+})	FeY^-	1.3×10^{25}
铅	PbY^{2-}	1.10×10^{18}
镁	MgY^{2-}	4.90×10^8
锰	MnY^{2-}	1.10×10^{14}
汞	HgY^{2-}	6.30×10^{21}
镍	NiY^{2-}	4.16×10^{18}
钪	ScY^-	1.3×10^{23}
银	AgY^{3-}	2.09×10^7
锶	SrY^{2-}	4.26×10^8
钍	ThY	1.6×10^{23}
钛(Ti^{3+})	TiY^-	2.0×10^{21}
(TiO^{2+})	$TiOY^{2-}$	2.0×10^{17}
钒(V^{2+})	VY^{2-}	5.01×10^{12}
(V^{3+})	VY^-	8.0×10^{25}
(VO^{2+})	VOY^{2-}	1.23×10^{18}
钇	YY^-	1.23×10^{18}
锌	ZnY^{2-}	3.16×10^{16}

表 C.5 标准和表观还原电极电势

半 反 应	E^0/V	表 观 电 势
$F_2 + 2H^+ + 2e^- \rightleftharpoons 2HF$	3.06	
$O_3 + 2H^+ + 2e^- \rightleftharpoons O_2 + H_2O$	2.07	
$S_2O_8^{2-} + 2e^- \rightleftharpoons 2SO_4^{2-}$	2.01	
$Co^{3+} + e^- \rightleftharpoons Co^{2+}$	1.842	
$H_2O_2 + 2H^+ + 2e^- \rightleftharpoons 2H_2O$	1.77	
$MnO_4^- + 4H^+ + 3e^- \rightleftharpoons MnO_2 + 2H_2O$	1.695	
$Ce^{4+} + e^- \rightleftharpoons Ce^{3+}$		1.70 (1 mol/L $HClO_4$);
		1.61 (1 mol/L HNO_3);
		1.44 (1 mol/L H_2SO_4)
$HClO + H^+ + e^- \rightleftharpoons 1/2\ Cl_2 + H_2O$	1.63	
$H_5IO_6 + H^+ + 2e^- \rightleftharpoons IO_3^- + 3H_2O$	1.6	
$BrO_3^- + 6H^+ + 5e^- \rightleftharpoons 1/2\ Br_2 + 3H_2O$	1.52	
$MnO_4^- + 8H^+ + 5e^- \rightleftharpoons Mn^{2+} + 4H_2O$	1.51	
$Mn^{3+} + e^- \rightleftharpoons Mn^{2+}$		1.51 (8 mol/L H_2SO_4)
$ClO_3^- + 6H^+ + 5e^- \rightleftharpoons 1/2\ Cl_2 + 3H_2O$	1.47	
$PbO_2 + 4H^+ + 2e^- \rightleftharpoons Pb^{2+} + 2H_2O$	1.455	
$Cl_2 + 2e^- \rightleftharpoons 2Cl^-$	1.359	
$Cr_2O_7^{2-} + 14H^+ + 6e^- \rightleftharpoons 2Cr^{3+} + 7H_2O$	1.33	
$Tl^{3+} + 2e^- \rightleftharpoons Tl^+$	1.25	0.77 (1 mol/L HCl)
$IO_3^- + 2Cl^- + 6H^+ + 4e^- \rightleftharpoons ICl_2^- + 3H_2O$	1.24	
$MnO_2 + 4H^+ + 2e^- \rightleftharpoons Mn^{2+} + 2H_2O$	1.23	
$O_2 + 4H^+ + 4e^- \rightleftharpoons 2H_2O$	1.229	
$2IO_3^- + 12H^+ + 10e^- \rightleftharpoons I_2 + 6H_2O$	1.20	
$SeO_4^{2-} + 4H^+ + 2e^- \rightleftharpoons H_2SeO_3 + H_2O$	1.15	
$Br_2(aq) + 2e^- \rightleftharpoons 2Br^-$	1.087[①]	
$Br_2(l) + 2e^- \rightleftharpoons 2Br^-$	1.065[①]	
$ICl_2^- + e^- \rightleftharpoons 1/2\ I_2 + 2Cl^-$	1.06	
$VO_2^+ + 2H^+ + e^- \rightleftharpoons VO^{2+} + H_2O$	1.000	
$HNO_2 + H^+ + e^- \rightleftharpoons NO + H_2O$	1.00	
$Pd^{2+} + 2e^- \rightleftharpoons Pd$	0.987	
$NO_3^- + 3H^+ + 2e^- \rightleftharpoons HNO_2 + H_2O$	0.94	

(续表)

半　反　应	E^0/V	表　观　电　势
$2Hg^{2+} + 2e^- \rightleftharpoons Hg_2^{2+}$	0.920	
$H_2O_2 + 2e^- \rightleftharpoons 2OH^-$	0.88	
$Cu^{2+} + I^- + e^- \rightleftharpoons CuI$	0.86	
$Hg^{2+} + 2e^- \rightleftharpoons Hg$	0.854	
$Ag^+ + e^- \rightleftharpoons Ag$	0.799	0.228（1 mol/L HCl）; 0.792（1 mol/L $HClO_4$）
$Hg_2^{2+} + 2e^- \rightleftharpoons 2Hg$	0.789	0.274（1 mol/L HCl）
$Fe^{3+} + e^- \rightleftharpoons Fe^{2+}$	0.771	
$H_2SeO_3 + 4H^+ + 4e^- \rightleftharpoons Se + 3H_2O$	0.740	
$PtCl_4^{2-} + 2e^- \rightleftharpoons Pt + 4Cl^-$	0.73	
$C_6H_4O_2(醌) + 2H^+ + 2e^- \rightleftharpoons C_6H_4(OH)_2$	0.699	0.696（1 mol/L HCl, H_2SO_4, $HClO_4$）
$O_2 + 2H^+ + 2e^- \rightleftharpoons H_2O_2$	0.682	
$PtCl_6^{2-} + 2e^- \rightleftharpoons PtCl_4^{2-} + 2Cl^-$	0.68	
$I_2(aq) + 2e^- \rightleftharpoons 2I^-$	0.617[②]	
$Hg_2SO_4 + 2e^- \rightleftharpoons 2Hg + SO_4^{2-}$	0.615	
$Sb_2O_5 + 6H^+ + 4e^- \rightleftharpoons 2SbO^+ + 3H_2O$	0.581	
$MnO_4^- + e^- \rightleftharpoons MnO_4^{2-}$	0.564	
$H_3AsO_4 + 2H^+ + 2e^- \rightleftharpoons H_3AsO_3 + H_2O$	0.559	0.577（1 mol/L HCl, $HClO_4$）
$I_3^- + 2e^- \rightleftharpoons 3I^-$	0.535 5	
$I_2(s) + 2e^- \rightleftharpoons 2I^-$	0.534 5[②]	
$Mo^{6+} + e^- \rightleftharpoons Mo^{5+}$		0.53（2 mol/L HCl）
$Cu^+ + e^- \rightleftharpoons Cu$	0.521	
$H_2SO_3 + 4H^+ + 4e^- \rightleftharpoons S + 3H_2O$	0.45	
$Ag_2CrO_4 + 2e^- \rightleftharpoons 2Ag + CrO_4^{2-}$	0.446	
$VO^{2+} + 2H^+ + e^- \rightleftharpoons V^{3+} + H_2O$	0.361	
$Fe(CN)_6^{3-} + e^- \rightleftharpoons Fe(CN)_6^{4-}$	0.36	0.72（1 mol/L $HClO_4$, H_2SO_4）
$Cu^{2+} + 2e^- \rightleftharpoons Cu$	0.337	
$UO_2^{2+} + 4H^+ + 2e^- \rightleftharpoons U^{4+} + 2H_2O$	0.334	
$BiO^+ + 2H^+ + 3e^- \rightleftharpoons Bi + H_2O$	0.32	
$Hg_2Cl_2(s) + 2e^- \rightleftharpoons 2Hg + 2Cl^-$	0.268	0.242（sat'dKCl - SCE）; 0.282（1 mol/L KCl）

807

(**续表**)

半　反　应	E^0/V	表　观　电　势
$AgCl + e^- \rightleftharpoons Ag + Cl^-$	0.222	0.228 (1 mol/L KCl)
$SO_4^{2-} + 4H^+ + 2e^- \rightleftharpoons H_2SO_3 + H_2O$	0.17	
$BiCl_4^- + 3e^- \rightleftharpoons Bi + 4Cl^-$	0.16	
$Sn^{4+} + 2e^- \rightleftharpoons Sn^{2+}$	0.154	0.14 (1 mol/L HCl)
$Cu^{2+} + e^- \rightleftharpoons Cu^+$	0.153	
$S + 2H^+ + 2e^- \rightleftharpoons H_2S$	0.141	
$TiO^{2+} + 2H^+ + e^- \rightleftharpoons Ti^{3+} + H_2O$	0.1	
$Mo^{4+} + e^- \rightleftharpoons Mo^{3+}$		0.1 (4 mol/L H_2SO_4)
$S_4O_6^{2-} + 2e^- \rightleftharpoons 2S_2O_3^{2-}$	0.08	
$AgBr + e^- \rightleftharpoons Ag + Br^-$	0.07	
$Ag(S_2O_3)_2^{3-} + e^- \rightleftharpoons Ag + 2S_2O_3^{2-}$	0.01	
$2H^+ + 2e^- \rightleftharpoons H_2$	0.000	
$Pb^{2+} + 2e^- \rightleftharpoons Pb$	-0.126	
$CrO_4^{2-} + 4H_2O + 3e^- \rightleftharpoons Cr(OH)_3 + 5OH^-$	-0.13	
$Sn^{2+} + 2e^- \rightleftharpoons Sn$	-0.136	
$AgI + e^- \rightleftharpoons Ag + I^-$	-0.151	
$CuI + e^- \rightleftharpoons Cu + I^-$	-0.185	
$N^2 + 5H^+ + 4e^- \rightleftharpoons N_2H_5^+$	-0.23	
$Ni^{2+} + 2e^- \rightleftharpoons Ni$	-0.250	
$V^{3+} + e^- \rightleftharpoons V^{2+}$	-0.255	
$Co^{2+} + 2e^- \rightleftharpoons Co$	-0.277	
$Ag(CN)_2^- + e^- \rightleftharpoons Ag + 2CN^-$	-0.31	
$Tl^+ + e^- \rightleftharpoons Tl$	-0.336	-0.551 (1 mol/L HCl)
$PbSO_4 + 2e^- \rightleftharpoons Pb + SO_4^{2-}$	-0.356	
$Ti^{3+} + e^- \rightleftharpoons Ti^{2+}$	-0.37	
$Cd^{2+} + 2e^- \rightleftharpoons Cd$	-0.403	
$Cr^{3+} + e^- \rightleftharpoons Cr^{2+}$	-0.41	
$Fe^{2+} + 2e^- \rightleftharpoons Fe$	-0.440	
$2CO_2(g) + 2H^+ + 2e^- \rightleftharpoons H_2C_2O_4$	-0.49	
$Cr^{3+} + 3e^- \rightleftharpoons Cr$	-0.74	
$Zn^{2+} + 2e^- \rightleftharpoons Zn$	-0.763	
$2H_2O + 2e^- \rightleftharpoons H_2 + 2OH^-$	-0.828	

(续表)

半 反 应	E^0/V	表 观 电 势
$Mn^{2+} + 2e^- \rightleftharpoons Mn$	-1.18	
$Al^{3+} + 3e^- \rightleftharpoons Al$	-1.66	
$Mg^{2+} + 2e^- \rightleftharpoons Mg$	-2.37	
$Na^+ + e^- \rightleftharpoons Na$	-2.714	
$Ca^{2+} + 2e^- \rightleftharpoons Ca$	-2.87	
$Ba^{2+} + 2e^- \rightleftharpoons Ba$	-2.90	
$K^+ + e^- \rightleftharpoons K$	-2.925	
$Li^+ + e^- \rightleftharpoons Li$	-3.045	

① $Br_2(l)$ 的 E^0 用于溴的饱和溶液而 $Br_2(aq)$ 的 E^0 用于溴的不饱和溶液。

② $I_2(s)$ 的 E^0 用于碘的饱和溶液而 $I_2(aq)$ 的 E^0 用于碘的不饱和溶液。

附录 D
常用表格

表 D.1

pH 指示剂			pH 变色范围		
甲酚红	粉	0.2		1.8	黄
间甲酚紫	红	1.2		2.8	黄
百里酚蓝	红	1.2		2.8	黄
对二甲酚蓝	红	1.2		2.8	黄
2,2′,2″,4,4″-五甲基氧红-三苯甲醇	红	1.2		3.2	无色
2,4-二硝基酚	无色	2.8		4.7	黄
二甲基黄	红	2.9		4.0	橙黄
溴氯酚兰	黄	3.0		4.6	紫
溴酚蓝	黄	3.0		4.6	紫
甲基橙	红	3.1		4.4	橙黄
溴甲酚绿	黄	3.8		5.4	蓝
2,5-二硝基酚	无色	4.0		5.8	黄
茜素红	黄	4.3		6.3	蓝紫
甲基红	红	4.4		6.2	橙黄
甲基红钠	红	4.4		6.2	橙黄
氯酚红	黄	4.8		6.4	紫
苏木精	黄	5.0		7.2	蓝紫
高纯石蕊	红	5.0		8.0	蓝
溴酚红	橙黄	5.2		6.8	紫
溴甲酚红紫	黄	5.2		6.8	紫
4-硝基苯酚	无色	5.4		7.5	黄
溴酚蓝	黄	5.7		7.4	蓝
茜草色素	黄	5.8		7.2	红
溴百里酚蓝	黄	6.0		7.6	蓝
酚红	黄	6.4		8.2	红
3-硝基苯酚	无	6.6		8.6	橙黄
中性红	蓝红	6.8		8.0	橙黄
4,5,6,7-四溴苯酚酞	无色	7.0		8.0	紫
甲酚红	橙	7.0		8.8	紫
萘酸酞	褐	7.1		8.3	蓝绿
间甲酚紫	黄	7.4		9.0	紫
百里酚蓝	黄	8.0		9.6	蓝
对二甲酚蓝	黄	8.0		9.6	蓝
酚酞	无色	8.2		9.8	红蓝紫
百里酚酞	无色	9.3		10.5	蓝
茜黄素 GG	亮黄	10.2		12.1	黄褐
依波西隆蓝	橙	11.6		13.0	蓝紫

改编自 pH Indicators, E. Merck and Co。

表 D.2　化学品等级

等　级	纯　度	备　注
工业用或民用	品质模糊	也许会作为清洁剂或用于初步的探究性工作中。不能用于分析工作中
C.P.(化学纯)	纯度提升,但是其品质仍然不清楚	
U.S.P.	达到最低纯度标准	遵守《美国药典》对污染物对健康的危害所设定的限度
A.C.S.试剂	高纯度	遵守美国化学协会的化学试剂委员会制定的最低使用规格
基准物	最高纯度	应用于精确地容量分析(作为标准溶液)

表 D.3　商品化试剂的浓度—酸和碱的等级[①]

试剂	F.Wt.[②]	M[③]	质量分数/%	密度(20°)/(克/立方厘米)
硫酸	98.08	17.6	94.0	1.831
高氯酸	100.5	11.6	70.0	1.668
盐酸	36.46	12.4	38.0	1.188
硝酸	63.01	15.4	69.0	1.409
磷酸	98.00	14.7	85.0	1.689
乙酸	60.05	17.4	99.5	1.051
氨	17.03	14.8	28.0	0.898

① 上述为近似浓度并且不能用于之辈标准溶液。
② 相对分子质量。
③ 物质的量浓度。

表 D.4　美国国家标准及技术研究所对玻璃量器的限定公差,类别 A[①]

容量(少于和包括)/mL	公差/mL		
	容量瓶	移液管	滴定管
1 000	±0.30		
500	±0.15		
100	±0.08	±0.08	±0.10
50	±0.05	±0.05	±0.05
25	±0.03	±0.03	±0.03
10	±0.02	±0.02	±0.02
5	±0.02	±0.01	±0.01
2		±0.006	

① 康宁耐热玻璃器皿和金博尔 KIMAX,类别 A,遵守这些公差。

表 D.5 基本物理常量

阿伏加德罗常数$(N) = 6.022 \times 10^{23}$ 原子/克 $= 1\ \mathrm{mol}^{-1}$

玻耳兹曼常数$(k) = 1.380\,65 \times 10^{-23}\ \mathrm{J/K} = 8.617\,3 \times 10^{-5}\ \mathrm{eV/K}$

气体常数$(R) = 8.314\,5\ \mathrm{J/(mol \cdot K)}$

普朗克常量$(h) = 6.626\,1 \times 10^{-34}\ \mathrm{J \cdot s} = 4.135\,7 \times 10^{-15}\ \mathrm{eV \cdot s}$

光速$(c) = 2.997\,92 \times 10^{8}\ \mathrm{m/s}$

习题答案

第 2 章

14. 24.920 mL

15. $V_{25℃} = 25.071$ mL；$V_{20℃} = 24.041$ mL

16. 10 mL：$+0.05$；20 mL：$+0.08$；30 mL：$+0.08$；40 mL：$+0.06$；50 mL：$+0.11$

17. 0.051 40 mmol/mL

18. (b)

19. 15.920 g

第 3 章

4. (a) 5 (b) 4 (c) 3

5. (a) 4 (b) 4 (c) 5 (d) 3

6. 68.946 6

7. 177.3

8. $162._2$

9. 0.008_2

10. 称量精度为 1‰g=0.01 g,保留三位有效数字(百分之一天平)

11. (a) 100 meq/L (b) -2 meq/L (c) -2%

12. (a) 128.0 g (b) 128.1 g (c) 1.9 g

13. (a) 0.05 g,$0.2_{2\%} = 2._2$ ppt
    (b) -0.29 mL,$-0.64\% = -6.4$ ppt
    (c) -0.03%,$-1._{1\%} = -1_1$ ppt
    (d) 0.6 cm,$0.7\% = 7$ ppt

14. (a) 相对偏差 0.052%,变异系数 0.16%
    (b) 相对偏差 0.002 1%,变异系数 8.8%

15. (a) 0.42 ppm (b) 0.41% (c) 0.21 ppm (d) 0.20%

16. (a) 0.052% (b) 0.026% (c) 0.027%

17. (a) 1.07% (b) 10,700

18. (a) $s_a = \pm 9.1$;517 ± 9 (b) $s_a = \pm 0.067$;6.82 ± 0.07 (c) $s_a = \pm 1.1$;981 ± 1

19. (a) $\pm 0.000\ 3$ (b) ± 0.032 (c) ± 42

20. $s_a = \pm 0.023$;1.22 ± 0.03

21. (a) 0.88 W/m²,'aerosols'(气溶胶)对不确定度贡献最大 (b) 1.13K,± 0.89 K (c) 是,相符

22. 0.502 4～0.503 0 mmol/mL

23. B 品牌

24. (a) 139.6 ± 0.47 meq/L 或 139.1～140.1 meq/L
    (b) 139.6 ± 0.64 meq/L 或 139.0～140.2 meq/L
    (c) 139.6 ± 1.17 meq/L 或 138.4～140.8 meq/L

25. ± 3.9 ppm

26. $\mu = 4._7 \pm 0.768$;450 万细胞/mL 血细胞浓度在 95% 的置信区间内,因此测试者的血细胞浓度不低。

27. ± 1.2 meq/L

28. Ave. = 95.4,S.D. = 3.0_3

29. 0.106 4～0.107 2 mmol/mL

30. (a) $Q_{3.16} = 0.5$；< 0.64,不可剔除
    (b) Mean = 3.04_4；S.D. = 0.07_4；C.L. = $\pm 0.09_2$. 置信水平 95%,$t = 2.776$,相符

31. $t_{计算} = 1.8_6$. 该值小于 95% 置信度自由度 16 的查表所得值,而非 90% 置信度的值。有可能两组数据的差别是真实地,还有待进一步研究确诊。

32. $t_{计算} = 4.925\ 8$；$t_{表} = 3.355$. 存在显著性差异。

33. $t_{计算} = 0.8_7$；$t_{表} = 2.365$. 无显著性差异。

34. $s_p = 0.025$ 吸收度

35. $F_{计算} = 2.79$；$F_{表} = 4.88$. 无显著性差异。

36. $t_{计算} = 0.713, t_{表} = 2.31$. 无显著性差异。

37. $t_{计算} = 5._9 \ll t_{表}$，在99％存在显著性差异。

38. $t_{计算} = 3.6(> t_{表})$，存在显著性差异（95％置信度）。

39. (a) $t_{计算} = 0.285\,7, t_{表} = 3.182$.
    (b) $t_{计算} = 0.162\,4, t_{表} = 2.228$. 无显著性差异。

40. 0.105 0 时 Q 为 0.76，$Q_{表}$ is 0.829，因此 95％置信水平，结果并非随机误差。

41. 33.27 时 Q 为 0.70，$Q_{表}$ is 0.970，因此 95％置信水平，结果并非随机误差。

42. $Q = 0.50$；$Q_{表} = 0.710$. 22.09 有效。

43. (a) $Q_{计算} = 0.31(41.99$ 时) 和 0.51 (45.71 时)，$Q_{表} = 0.56$. 两者都有效。
    (b) (43.58 ± 1.22)％　(c) $t_{计算} = 1.82, t_{表} = 2.365$. 是，应该抓捕。

44. 0.44 ppm

45. 两者都是 $0.502\,7 \pm 0.000\,26$

46. 139.0～140.2；138.4～140.8

47. 两者都是 $m = 53.7_5$

48. 3.05 ppm

49. $m = 0.205 \pm 0.004$；$b = 0.00_0 \pm 0.01_2$；3.05 ± 0.08 ppm

50. 最小二乘法线性回归方程不适用：误差并非随机分布时，如存在异常值；或数据拟合的函数形式并非直线。

51. $r^2 = 0.84$

52. $r^2 = 0.978$

53. $t_{计算} = 1.8_6$，$t_{表} = 2.262$，无显著性差异，$r^2 = 0.998$

54. 检测限 0.17 ppm；总度数 0.36

55. (a) $0.002\,2_5$　(b) $m = 0.749\,3$
    (c) 0.002 3 ppb

56. 1.6 g

57. (a) 800　(b) $s = 13$

58. $n = 3.84$

第 4 章

20. 16％

21. $z = -1.0$

第 5 章

10. (a) 5.23％　(b) 55.0％　(c) 1.82％

11. (a) 244.27　(b) 218.16　(c) 431.73
    (d) 310.18

12. (a) 1.98　(b) 4.20　(c) 1.28
    (d) 3.65　(e) 2.24　(f) 1.31

13. (a) 5.06 g　(b) 2.38 g　(c) 7.80 g
    (d) 2.74 g　(e) 4.46 g　(f) 1.31 g

14. (a) 5.84×10^4 mg　(b) 3.42×10^4 mg
    (c) 1.71×10^3 mg　(d) 284 mg
    (e) 7.01×10^3 mg　(f) 2.25×10^3 mg

15. (a) 500 mL　(b) 500 mL　(c) 2.00×10^3 mL　(d) 50.0 mL　(e) 80.0 mL
    (f) 809 mL　(g) 1.06×10^3 mL

16. 0.033 3，　0.100，　0.001，　Mn^{2+}
    0.033 3 mmol/mL，NO_3^-，K^+，SO_4^{2-}

17. 0.001 47 g/mL

18. (a) 0.408 mmol/mL　(b) 0.300 mmol/mL　(c) 0.147 mmol/mL

19. (a) 7.10 g　(b) 49.0 g　(c) 109 g

20. (a) 1.40 g　(b) 8.08 g　(c) 4.00 g

21. 8.06 mL

22. (a) 11.6 mmol/mL　(b) 15.4 mmol/mL
    (c) 14.6 mmol/mL　(d) 17.4 mmol/mL
    (e) 14.8 mmol/mL

23. 1.1 mg/L Na^+；2.3 mg/L SO_4^{2-}

24. 1.06×10^3 mg/L

25. (a) 5.88×10^{-6} mol/L　(b) 2.92×10^{-6} mol/L　(c) 2.27×10^{-5} mol/L
    (d) 1.58×10^{-6} mol/L　(e) 2.73×10^{-5} mol/L　(f) 1.00×10^{-5} mol/L

26. (a) 10.0 mg/L　(b) 27.8 mg/L
    (c) 15.8 mg/L　(d) 16.3 mg/L
    (e) 13.7 mg/L　(f) 29.8 mg/L

27. 0.007 02 g；1.79×10^{-5} mol/L

28. (a) 0.123％　(b) 1.23％　(c) $1.23 \times$

10^3 ppm

29. (a) 0.254 g/L (b) 0.165 g/L

30. 156 mL

31. 0.160 g

32. 5.00 mmol/mL

33. 65 mL

34. 100 mL

36. 0.172%

37. 储备液 4.809×10^{-3} mmol/mL;内标 5.962×10^{-3} mmol/mL

38. (a) 865 ± 65 mg/mL (b)常规咖啡 $0.264 \sim 0.529$ mg/mL (c)摄入量 588.5 mg

39. 0.171 mmol/mL

40. 390 mg

41. 99.57%

42. 9.25 mg

43. (a) 26.0% (b) 89.2%

44. 15.3%

45. 4.99%

46. 7.53 mL

47. 1.04×10^3 mg

48. 22.7 mL

49. 143.9

50. 84.4%

51. 12.3 mL

52. 47.1%

53. 6.13%

54. 1.52 mg

55. 15.3 mg BaO/mL EDTA

56. 20.0 mg Fe_2O_3/mL $KMnO_4$

57. 51.2 mg Br/mL

58. (a) 36.46 g/eq (b) 85.57 g/eq (c) 389.91 g/eq (d) 41.04 g/eq (e) 60.05 g/eq

59. (a) 0.250 mol/L (b) 0.125 mol/L (c) 0.250 mol/L (d) 0.125 mol/L (e) 0.250 mol/L

60. (a) 128.1 g/eq (b) 64.05 g/eq

61. 108.3 g/eq

62. (a) 151.91 g/eq (b) 17.04 g/eq (c) 17.00 g/eq (d) 17.00 g/eq

63. 4.093 meq

64. 0.608 eq/L

65. 4.945 g/L

66. 0.189 eq/L

67. 0.267N

68. 0.474 g $KHC_2O_4 \cdot H_2C_2O_4$/gNa_2CO_3

69. 4.903 g

70. 84.5 meq/L

71. 10.0 mg/dL

72. 8.76 g/L

73. 1.85_7 g Mn

74. (a) 0.132_8 g (b) 1.31_0 g

75. $0.720\ 3_1$ g Mn/g Mn_3O_4; $2.070\ 0$ g Mn_2O_3/g Mn_3O_4; $1.061\ 7_0$ g Ag_2S/g $BaSO_4$; $0.469\ 06$ g $CuCl_2$/g $AgCl$; $1.065\ 6$ g MgI_2/gPbI_2

76. 45.20%

第 6 章

1. $[A] = 9.0 \times 10^{-5}$ mmol/mL, $[B] = 0.50$ mmol/mL, $[C] = [D] = 0.30 - x \approx 0.30$ mmol/mL

2. $[A] = 4.3 \times 10^{-7}$ mmol/mL, $[B] = 0.30$ mmol/mL,$[C] = 0.80$ mmol/mL

3. 60%

4. 0.085%

5. 10%

6. 1.1×10^{-22}

7. $[Cr_2O_7^{2-}] = 5 \times 10^{-11}$ mmol/mL, $[Fe^{2+}] = 3 \times 10^{-10}$ mmol/mL

8. (a) $4[Bi^{3+}] + [H^+] = 2[S^{2-}] + [HS^-] + [OH^-]$
   (b) $[Na^+] + [H^+] = 2[S^{2-}] + [HS^-] + [OH^-]$

9. 质量平衡:
   $0.100 = [Cd^{2+}] + [Cd(NH_3)^{2+}] + [Cd(NH_3)_2^{2+}] + [Cd(NH_3)_3^{2+}] + [Cd(NH_3)_4^{2+}]$

$0.400 = [NH_4^+] + [NH_3] + [Cd(NH_3)^{2+}] + [Cd(NH_3)_2^{2+}] + [Cd(NH_3)_3^{2+}] + [Cd(NH_3)_4^{2+}]$

$0.200 = [Cl^-]$

电荷平衡：

$2[Cd^{2+}] + [H^+] = 2[Cd(NH_3)^{2+}] + 2[Cd(NH_3)_2^{2+}] + 2[Cd(NH_3)_3^{2+}] + 2[Cd(NH_3)_4^{2+}] = [Cl^-] + [OH^-]$

11. $[F^-] + [HF] + 2[HF_2^-] = 2[Ba^{2+}]$

12. $2[Ba^{2+}] = 3([PO_4^{3-}] + [HPO_4^{2-}] + [H_2PO_4^-] + [H_3PO_4])$

13. 2.43

14. （a）0.30　（b）0.90　（c）0.90　（d）3.3

15. （a）0.30　（b）0.90　（c）0.90　（d）3.3　（e）略

16. 0.96_5

17. $f_{Na^+} = 0.867, f_{SO_4^{2-}} = 0.56, f_{Al^{3+}} = 0.35$

18. 0.001 9 mmol/mL

19. 0.008 4 mmol/mL

20. $f_\pm = 0.925$

21. （a）$K_a^0 = K_a f_{H^+} f_{CN^-}$　（b）$K_b^0 = K_b f_{NH_4^+} f_{OH^-}$

22. （a）3.25　（b）3.18

第7章

6. （a）$pH = 1.70, pOH = 12.30$
   （b）$pH = 3.89, pOH = 10.11$
   （c）$pH = -0.08, pOH = 14.08$
   （d）$pH = pOH = 7.00$
   （e）$pH = 6.55, pOH = 7.45$

7. pOH，pH：（a）1.30，12.709
   （b）0.55，13.45　（c）−0.38，14.38
   （d）6.49，7.51　（e）2.47，11.57

8. (a) 3.8×10^{-10} mmol/mL　(b) 5.0×10^{-14} mmol/mL　(c) 1.0×10^{-7} mmol/mL　(d) 5.3×10^{-15} mmol/mL

9. (a) 3.4×10^{-4} mmol/mL
   (b) 0.63 mmol/mL

(c) 2.5×10^{-9} mmol/mL

(d) 4.0 mmol/mL

(e) 4.5×10^{-15} mmol/mL

(f) 18 mmol/mL

10. $pH = 12.70, pOH = 1.30$

11. 11.65

12. $V_a = 0.10 V_b$

13. 2.3×10^{-7} mmol/mL；6.64 pH

14. 6.20

15. 3.2%

16. (a) 5.71×10^{-10}　(b) 8.88

17. 10.47

18. 18_2 g/mol

19. 2.74

20. 8.80

21. 1.2

22. 0.014_5 mmol/mL

23. 0.066 1 mmol/mL

24. 11.54

25. 0.019 mmol/mL

26. 四倍

27. 11.12

28. 10.57

29. 8.45

30. 2.92

31. 4.85

32. 8.72

33. 3.33

34. 7.00

35. 9.49

36. 2.54

37. 8.71

38. 4.16

39. 13.74

40. 12.96

41. 8.34

42. 10.98

43. 8.21

44. (a) (i) A^{2-}　(ii) HA^-　(iii) H_2A
    (b) (i) HA^{2-}　(ii) A^{3-}　(iii) H_2A^-

45. 4.05

46. 9.42

47. 5.12

48. 4.58

49. 9.24

50. 0.50_8 g

51. 7.3 g

52. 0.46_7 mmol/mL

53. (a) 16   (b) 0.16

54. 2.62

55. 5.41

56. 2.0×10^{-3} mmol/mL HPO_4^{2-}, 9.6×10^{-4} mmol/mL $H_2PO_4^-$

57. 7.53

58. $\beta = 0.095$ mol/L 每 pH (或 10.5 pH 每 mol/L 酸或碱);
    HCl: $\Delta pH = -0.011$; NaOH
    $\Delta pH = +0.011$

59. 0.868 mmol/mL = [HOAc] = [OAc⁻]

60. 1.62 g Na_2HPO_4; 0.82 g KH_2PO_4

61. 0.24 mL, 5.4 g

62. $[H_2SO_3] = 7.63 \times 10^{-5}$ mmol/mL;
    $[HSO_3^{-}] = 9.90 \times 10^{-3}$ mmol/mL;
    $[SO_3^{2-}] = 1.22 \times 10^{-4}$ mmol/mL

64. 4.8×10^{-6} mmol/mL

67. pH = 3.88, [OAc⁻] = $10^{-3.88}$ mmol/mL

68. [OAc⁻] = 1.7×10^{-6} mmol/mL

70. (a) $[H_2A] = 5.6 \times 10^{-4}$ mmol/mL;
    $[HA^-] = 4.5 \times 10^{-4}$ mmol/mL;
    $[A^{2-}] = 1.0 \times 10^{-5}$ mmol/mL
    (b) $[H_2A] = 2.0 \times 10^{-8}$ mmol/mL;
    $[HA^-] = 1.1 \times 10^{-6}$ mmol/mL;
    $[A^{2-}] = 1.0 \times 10^{-3}$ mmol/mL

74. 6.824 6 对 6.833 NIST

75. 8.345

76. 8.209

78. (i) E; (ii) C; (iii) A; (iv) B; (v) D; (vi) C; (vii) E

79. $n = 3$ (c) 等当量点 $V = 30.0$ mL

第 8 章

13. 0.106 0 mmol/mL

14. 0.102 5 mmol/mL

15. 0.128 8 mmol/mL

16. 0.117 4 mmol/mL

17. $\Delta pH = 2$, 变色范围 $pH = 14 - pK_b$

18. pH 13.00, 12.70, 7.00, 1.90

19. pH 2.70, 4.10, 4.70, 8.76, 12.07

20. pH 11.12, 9.84, 9.24, 5.27, 2.04

21. pH 2.00, 3.00, 5.00, 7.00, 9.76, 12.16

22. pH 9.72, 7.60, 7.12, 6.64, 4.54, 1.96

23. 79.2%

24. 35.5 mL

25. 201 mg/g, 838 g/mol

26. 62.8%

27. 9.85%

28. 0.020 0 mmol/mL H_3PO_4,
    0.030 0 mmol/mL HCl

29. 34.4% Na_2CO_3, 21.5% $NaHCO_3$

30. 403 mg Na_2CO_3, 110 mg NaOH

31. 4.50 mmol Na_2CO_3, 6.00 mmol $NaHCO_3$

32. 3.00 mmol Na_2CO_3, 1.5_0 mmol NaOH

33. 41.7%

34. $25._2$%

35. 1 h, pH = 11.94, 5 h, pH = 11.59

36. (C)

37. (b)

38. (b)

40. A. 0.02 mmol/mL HCO_3^- 和 0.02 mmol/mL CO_3^{2-} B. 0.015 mmol/mL CO_3^{2-} 和 0.01 mmol/mL OH⁻

41. (b) 167.7

42. (e) 酒石酸

43. (c) 组氨酸

44. 60.56%

45. 86.00%

46. 2.80%

47. (a) pH 3.917   (b) 47.04 mg
    (c) 4.80 mg

48. 120 mmol Na_2HPO_4 (0.12 mmol/mL)

和 72.9 mmol NaOH (2.915 g)

49. 0.379 mL

50. (a) pH＝6.50　(b) 变低

第 9 章

5. $[Ca^{2+}]=0.001\,7$ mmol/mL,

$[Ca(NO_3)^+]=0.003\,3$ mmol/mL

6. 1.4×10^{-3} mmol/mL

7. 2.0×10^{-5} mmol/mL

8. $[Ag^+]=3.4\times10^{-16}$ mmol/mL;

$[Ag(S_2O_3)^-]=2.2\times10^{-7}$ mmol/mL;

$[Ag(S_2O_3)_2^{3-}]=9.9\times10^{-3}$ mmol/mL

9. (a) $2.7_8\times10^7$　(b) $3.9_0\times10^{17}$

10. (a) (1) 1.60 (2) 2.12 (3) 4.80

(4) 7.22

(b) (1) 1.60 (2) 2.12 (3) 9.87

(4) 17.37

11. 1.2_6

12. 2.10×10^{14}

13. 9.306 g

14. $0.103\,9_8$ mmol/mL

15. 10.01 mg $CaCO_3$/mL EDTA

16. 10.01(mg $CaCO_3$/L・H_2O)/mL EDTA

17. 2.89×10^3 ppm

18. 9.93 mg/dL;4.95 meq/L

19. 98.79%

20. 3.04 ppm

21. 119 mg/L

22. 20.4%

第 10 章

10. 16.2 g

11. 82.2 g

12. 0.213 8,1.902,0.131 4,0.647 4

13. 0.586 g

14. 98.68%

15. 0.688 8 g

16. 1.071%

17. 636 mg

18. 26 mL

19. 1.75%

20. 24.74 g

21. 2.571 g

22. 42.5% Ba,37.5% Ca

23. 79.98%

24. 0.846 g AgCl,1.154 g AgBr

25. (a) $K_{sp}=[Ag^+][SCN^-]$

(b) $K_{sp}=[La^{3+}][IO_3^-]^3$

(c) $K_{sp}=[Hg_2^{2+}][Br^-]^2$

(d) $K_{sp}=[Ag^+][Ag(CN)_2^-]$

(e) $K_{sp}=[Zn^{2+}]^2[Fe(CN)_6^{4-}]$

(f) $K_{sp}=[Bi^{3+}]^2[S^{2-}]^3$

26. 8.20×10^{-19}

27. 1.3×10^{-4} mmol/mL Ag^+, 6.5×10^{-5} mmol/mL CrO_4^{2-}

28. 1.9×10^{-8} mmol/mL

29. 1.3×10^{-17} mmol/mL

30. 5.1×10^{-7} mmol/mL,1.0×10^{-9} mmol/mL

31. 3.8

32. 1.4×10^{-6} mmol/mL

33. 1.7×10^{-6} mmol/mL

34. AB: $s=2\times10^{-9}$ mmol/mL,AC_2: $s=1\times10^{-6}$ mmol/mL

35. Bi_2S_3 的溶解度是 HgS 的 4×10^7 倍。

36. 超过 F^- 所需含量 0.33 mmol/mL;本方法可行

37. (a) $K_{sp}f_{Ba^{2+}}f_{SO_4^{2-}}$

(b) $K_{sp}f_{Ag^+}^2 f_{CrO_4^{2-}}$

38. 2.0×10^{-5} mmol/mL

39. 4.1×10^{-4} g

第 11 章

3. $s=2.1\times10^{-4}$ mmol/mL; $[IO_3^-]=1.5\times10^{-4}$ mmol/mL; $[HIO_3]=6.9\times10^{-5}$ mmol/mL

4. $s=6.1\times10^{-3}$ mmol/mL; $[HF]=1.2_0\times10^{-2}$ mmol/mL; $[F^-]=8.0_1\times10^{-5}$ mmol/mL

5. $s=2.7\times10^{-15}$ mmol/mL; $[H_2S]=$

812

$2._7 \times 10^{-5}$ mmol/mL；$[HS^-] = 2._7 \times 10^{-10}$ mmol/mL；$[S^{2-}] = 2._9 \times 10^{-18}$ mmol/mL

6. $s = 8.4 \times 10^{-3}$ mmol/mL；

$[Ag(en)^+] = 5.9_6 \times 10^{-5}$ mmol/mL；

$[Ag(en)_2^+] = 8.4 \times 10^{-3}$ mmol/mL

7. $[Ag^+] = 1.8 \times 10^{-4}$ mmol/mL(2.1×10^{-4} mmol/mL 包括 HIO_3 信息)

8. $[Pb^{2+}] = 2._7 \times 10^{-5}$ mmol/mL

9. 8.4×10^{-3} mmol/mL $= s$(若反滴定消耗 en,则答案是 7.0×10^{-3} mmol/mL)

10. 5.434 g/L

11. 滴定剂多了 0.029 mL

13. 有可能